国家"十三五"重点图书

中宣部主题出版物

长江巨变70年丛书

高峡平湖

1949—2019

长江水利建设70年

丁毅——等编著

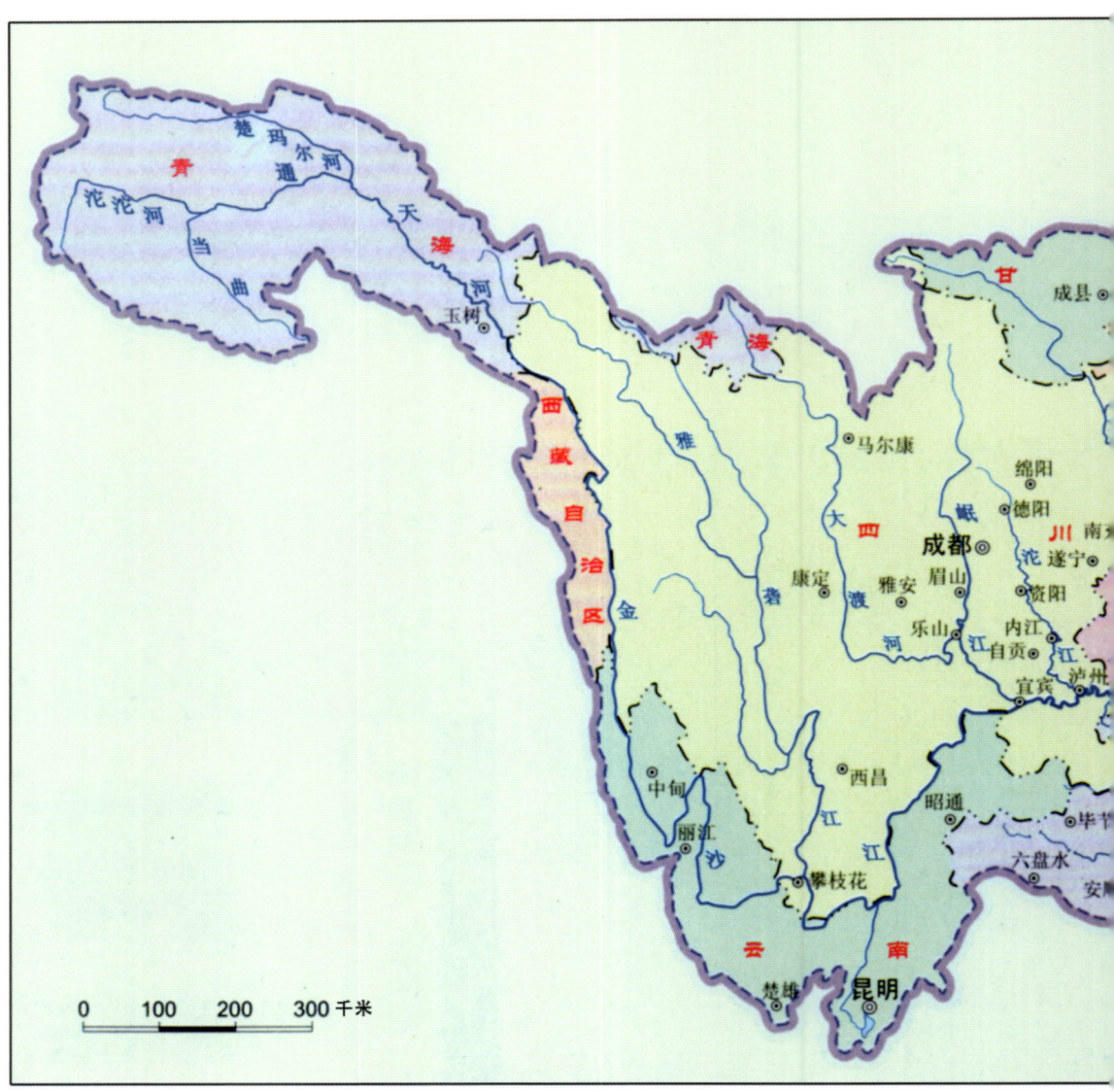

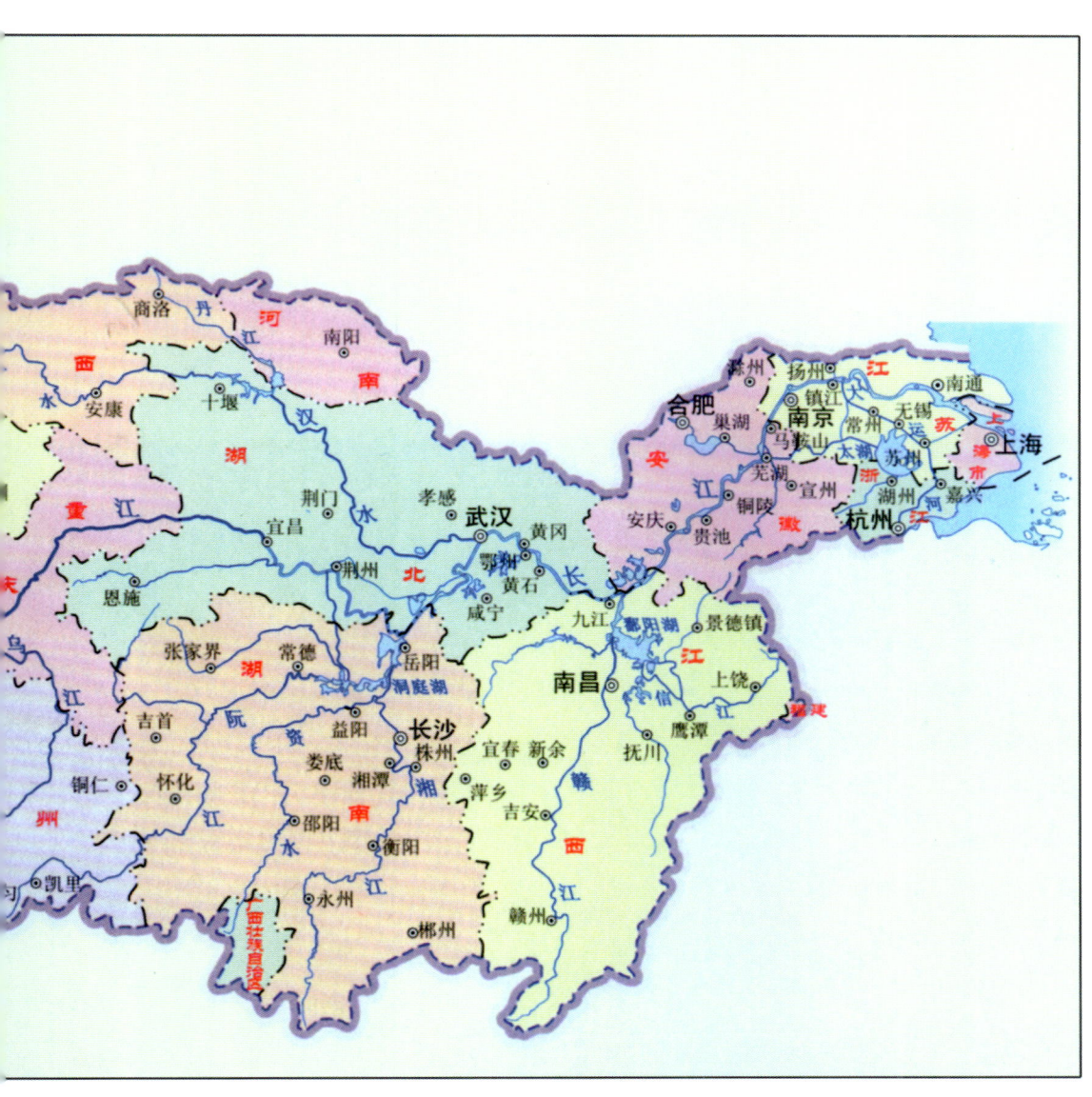

长江流域图

总 前 言

岁月不居，天道酬勤。2019年，最难忘的是隆重庆祝新中国成立70周年。我们为共和国70年的辉煌成就喝彩，被爱国主义的硬核力量震撼。大江南北披上红色盛装，人们脸上洋溢着自豪的笑容，《我和我的祖国》在大街小巷传唱。这一切，汇聚成礼赞新中国、奋斗新时代的前进洪流，给我们增添了无穷力量。共和国栉风沐雨的70年，也是长江治理保护的70年。作为世界第三、中国第一大江河，长江不仅是中华文明的摇篮之一，也是中国经济社会可持续发展的重要命脉。治理好、利用好、保护好长江，不仅是长江流域4亿多人民的福祉所系，而且关系着全国经济社会发展的大局。1950年2月24日，新中国刚刚成立4个月，中央人民政府就批准成立水利部长江水利委员会。70年来，一代代长江委人坚守为党和人民守护好长江的初心，推动治江事业取得了举世瞩目的成就。

长江是中华民族的母亲河，也是中华民族发展的重要支撑。但是新中国成立前，长江洪涝灾害频繁，平均每10年发生一次较大洪水。治国先治水，新中国成立仅4个月就组建了长江委。70年来，在党中央、国务院的亲切关怀下，我们肩负起为党和人民守护长江的重任，开启了长江治理与保护的新纪元，推动长江流域发生了翻天覆地的变化：以防洪为重点的治江三阶段计划提出实施，开展了大规模水利建设；流域综合规划3次修编，描绘了治江事业发展的美好蓝图；治江基础资料日益积累，摸清了母亲河的家底；科技平台和综合站网建设持续加强，夯实了治江管水的基础；大国重器三峡工程建成运行，实现了中华民族百年梦想；"人间天河"南水北调工程顺利通水，创造了人工调水世界奇迹；3900千米中下游干流堤防全面加固，筑牢了防洪保安的"水上长城"；100座水工程实施联合统一调度，减轻了水旱灾害损失；长江大保护战略深入实施和河湖长制全面推行，改善了流域万水千山面貌；水利改革发展总基调贯彻落实，提升了流域治理水平和能力；西南诸河（澜沧江及以西）纳入统一管理，扩大了流域管理的职责和范围；60多个国家、地区和国际组织纳入"朋友圈"，助力"一带一路"走深走实……七十载励精图治、团结拼搏，令昔日桀骜不驯、灾害频发的长江已经成为一条洪行其道、惠泽人民的安澜巨川，更是成为实现中国梦的重要战略支点。

回首波澜壮阔的70年，这是一部兴利除害、造福人民的治理史，是一部依法管江、绿色发展的保护史，是一部人才辈出、成果丰硕的创新史，更是一部坚守初心、勇担使命的奋斗史。我们为70年来取得的辉煌成就感到无比骄傲与自豪！

70年在历史长河中如沧海一粟，昨天的辉煌已经载入史册，明天的奋斗更加恢宏壮阔。进入新时代，习近平总书记高度重视长江保护与治理，两次视察长江并亲自擘画了长江大保护的宏伟蓝图，人民群众对防洪保安全、充足水资源、优质水环境、健康水生态有了新期待，水利部提出了水利改革发展总基调，治江形势发生了深刻变化。"为长江经济带高质量发展提供全面的水利支撑和保障，使长江永远润泽华夏、造福人民"成为我们新的历史使命，我们已经站在一个新的历史起点上，开启了历史性跨越的新航程。

七十载大江东去，九万里风鹏正举。忆往昔，人水和谐蓝图绘；看今朝，治理保护正扬帆。让我们高举习近平新时代中国特色社会主义思想伟大旗帜，积极响应建设"幸福河"的伟大号召，不忘初心，牢记使命，奋楫激浪，砥砺前行，当好新时代长江的守护者和长江大保护的先行者，为流域经济社会高质量发展提供更加坚实有力的水利支撑与保障，以永不懈怠的奋斗精神开启时代新征程，以一往无前的奋斗姿态再创历史新荣光！

长江巨变70年丛书

高峡平湖 长江水利建设70年

长江三峡水利枢纽工程

葛洲坝水利枢纽工程

前　言

筑坝建库　人类必需

自然资源一般是指在一定技术经济环境条件下对人类有益的资源。水是地球上分布最广泛的资源，但地球上的水只有2.53%是淡水。淡水资源分为地下水和地表水。与相对稳定的地下水资源不同，河流中的水资源是一个随着时间和空间不断变化着的量，如果不能解决其时空分布的矛盾，则无法实现"一定技术经济环境条件下对人类有益的资源"的作用，就不能称之为严格意义上的水资源。要想利用河流中的水，必须要有控制河水的手段，这个实现控制的过程就是把天然的水变成对水资源的开发。所谓对河流水资源的开发，主要是指水坝的建造和蓄水。正如阿斯旺大坝的设计师William Willcocks爵士在盛赞阿斯旺大坝时所感叹的："大坝使得防洪、发电、灌溉、航运都彻底由人控制。"人类社会对水资源的需求是有条件的，水太多了不行（会产生洪水泛滥），水太少了也不行（干旱少雨，甚至会危及生命）。埃及文明淹没于滔滔洪水，玛雅文明因干旱而衰亡……人类文明的繁盛和衰落往往与洪水和干旱息息相关。到目前为止，受科技水平局限，人为大规模调节水资源时空矛盾目前只有建造水库、蓄水调水这种方式。因此，水库尤其是大型综合利用型水库建设是现代社会文明不可或缺的内容。水库作为防洪、抗旱的最有效措施，自古就为人类所利用。从中国的都江堰、印度古代引水大坝，到埃及的阿斯旺大坝、美国胡佛大坝等都发挥着重要的作用。人类用大坝来改造自然，用大坝来发展水电，用大坝来把沙漠变为绿洲。

从某种视角来看，中华民族的历史其实就是一部人与水搏斗的历史。兴水利、除水害，事关人类生存、经济发展、社会进步，历来都是治国安邦的大事。中国古代的治水英雄一直都为全民族所敬仰，传说女娲、共工都跟洪水作过斗争，大禹治水13年三过家门而不入，古蜀的杜宇、李冰及其子二郎都是有名的治水英雄。中国古代史中很多明君廉吏，往往都是治水的贤君能臣。西门豹治水无畏，勤政为民；白居易禁豪强占湖，兼济为民；海瑞躬亲治水，清廉为官，等等。受社会发展需求和技术水平所限，古人治水大多只顾及抵御洪水威胁，对水资源在其他方面的利用少有作为。对于我们中华民族，大自然仿佛格外眷顾，灵巧的造化之手在这块锦绣大地上"勾勒"出万千河流，既有黄河、淮河、长江、珠江，也有黑龙江、辽河、澜沧江、怒江、雅鲁藏布江……数千年来，它们朝着大海，永不停息地奔流，不仅为我们孕育了万里沃野，构建了民族特有的文化心理，培养了共有的民族情感，而且赋予了我们惊人的能量。在漫长的古代社会，这惊人的能量常常幻化为雄奇绚丽的诗篇和画作等艺术形式，丰富着中国人的精神世界，却极少得到现实的开发利用。进入近现代社会以来，天然水资源的时空分布不均造成洪水泛滥和水资源短缺，已经成为人类文明发展的一个主要矛盾。与此同时，随着人类进入工业化社会及工业化进程的不断推进，对电力尤其对清洁电能的需求不断增长。长江流域水系发达，支流众多，水资源丰富，地势西高东低呈阶梯分布形成较大落差，造物主的鬼斧神工所塑造的大地、山川、江河、湖泊，为我们开发水利水电提供了良好的条件。长江水利建设者不负所望，新中国成立70年来，我们在对现代水利水电科技学习借鉴的基础上进行大胆创新，建成了一批举世瞩目的具有综合利用功能的水利水电工程，成为世界公认的水利水电强国。不仅如此，我们还把自己掌握的水利水电工程技术和积累的水利水电工程经验与世界各国特别是广大发展中国家分享，让那里的民众也能获得便利的水源和低廉的水力电能，浇灌滋润着他们的心田，点亮他们的生活和梦想。

水库建设是江河治理中重要的工程措施，大型综合利用水库一般兼具防洪、灌溉、供水、发电、航运、生态等多重功能，同时能够美化环境，形成水利景观，利于旅游开发、水产养殖等产业发展。长江治理开发保护中对水库工程的渴望，莫过于毛泽东主席"高峡出平湖"的长江三峡工程宏伟构想，这也是几代中国领导人的梦想。如今，三峡工程已经建成并历经10年试验性蓄水，"高峡出平湖"的宏大夙愿终成现实。继实现毛泽东的"高峡平湖"伟大梦想后，长江水利建设又不断演绎新的"高峡平湖"奇迹：在金沙江、雅砻江、大渡河等青藏高原高海拔地区建成一座座技术不断刷新的水库大坝，各具特色的"高峡平湖"不断涌现。回望70年来长江流域水利建设历程，水库工程建设几乎从零起步，发展到今天（截至2017年3月），长江流域已建、在建大中型水库已达到2068座。长江流域的水库建设历程，完整地展现出我国筑坝技术从人工填筑到数字大坝、智慧大坝的发展历程。

高峡平湖　　历经艰难

20世纪50年代中期，我国农业、手工业、资本主义工商业的社会主义改造基本完成，生产资料所有制社会主义革命的胜利促进了生产力的发展，社会主义建设出现突飞猛进的新局面。1956年，毛泽东视察了正在施工中的万里长江第一桥——武汉长江大桥。6月1日、3日、4日毛泽东三次畅游长江，当时武汉长江大桥的水中桥墩已经全部建成，钢梁正从汉阳岸向江中延伸。看到轰轰烈烈、热火朝天的社会主义建设场面，毛泽东心潮澎湃，挥笔写下《水调歌头·游泳》的词章。词章赞叹"一桥飞架南北，天堑变通途"，展望"更立西江石壁，截断巫山云雨，高峡出平湖"，描绘出三峡工程的壮丽宏图。其实，早在1951年12月，长江水利委员会主任林一山在《治江工作的简要报告》中，首次提出以三峡工程作为长江防洪的治本性工程。1953年2月，毛泽东与林一山进行了一次决定长江命运的历史性长谈。当时毛泽东乘坐海军"长江"舰，由"洛阳"舰护航，从武汉到南京视察长江，林一山全程陪着毛泽东从武汉到南京。在船上的三四天时间里，毛泽东着重研究长江中下游防洪问题。当林一山汇报到计划逐步在长江干流和主要支流修建一批梯级水库，以解决长江中下游的洪水灾害时，毛泽东问：修这么多水库加起来能不能抵上三峡这个水库？林一山回答抵不上。毛泽东对着《长江流域水利资源综合利用规划草图》，一挥手指向三峡出口处："那为什么不在这个总口子上卡起来,毕其功于一役！就先修这个三峡水库怎么样？"1954

年长江发生特大洪水，中下游地区损失惨重。此后，毛泽东决心要把三峡工程推上议事日程，并为此照会苏联部长会议主席布尔加宁，请求派专家来华帮助修建长江三峡工程。可见，"截断巫山云雨，高峡出平湖"的词章，不只是诗人浪漫的神驰遐想，更是这位伟人在领导亿万人民群众进行社会主义建设时，心中对长江三峡建大坝的肯定性结论。可新中国成立之初国力贫弱，百废待兴，而当时国际上有影响力的国家中，仅有苏联支持我们，西方国家集体对我们实行贸易封锁与技术封锁，新中国几乎处于孤立无援的境地，哪有能力建设世界级超级大坝！

新中国成立之初，长期战乱留下的水利设施寥寥无几且残缺不全，长江中下游地区还遭受了严重的洪涝灾害，急需恢复建设基本水利设施。这一时期国家水利投资少，连最基本的水文观测设施尚无财力布设齐全，更无能力支撑资金需求量大、技术含量高的水库工程建设，主要通过构筑堤防来保护沿江人民生命财产安全，重点是两湖治理和长江中下游蓄滞洪区建设。当时大部分工程都是最为基础的土方挖填，靠当地干部群众广泛参与和艰苦奋斗，靠人民群众肩挑背扛的辛苦劳动建成了部分简易挡水设施。

新中国成立后水库建设基本起始于20世纪60年代至70年代农田水利改造时期。三年困难时期，为解决粮食生产安全问题，在"水利是农业的命脉"的思想指导下，全国掀起了一场持续数年的农田水利改造高潮。长江流域也不例外，通过集体出工和大会战的形式，靠人海战术兴建了一批中小型水库，也建成了少数大型水库，初步保障了灌区粮食生产用水安全和部分城镇供水需求。这个时期的水库建设已经开始有轻型机械参与施工，但工程技术含量不高，施工质量难以控制，缺乏规范化的水利建设管理。

20世纪80年代至90年代，长江流域开始建设一批大型水利枢纽工程。改革开放后我国综合国力不断增强，投融资机制更加灵活。在这个时期，水利水电枢纽工程以国家投资为主，工程设计、施工和管理均以专业人员为主，建筑材料以混凝土为主。重型设备和大型施工机械大量被采用，工程规模大，技术含量高，质量管理规范，大量科技难题被攻克，长江水利水电工程建设进入技术成熟期。

大国重器　世纪圆梦

　　1994年，三峡工程开工，拉开了长江流域超大型水库建设的序幕。三峡工程面对施工期流量最大、船闸水头最高、升船机吨位最高、施工难度最大、水库移民最多等诸多世界之最的难题，这些都被我们一一攻克，并创造出一系列堪称世界之最的成就：

　　——世界防洪效益最为显著的水利工程。三峡水库总库容正常蓄水位以下393亿立方米，防洪库容221.5亿立方米。

　　——世界最大的电站。三峡水电站总装机容量2250万千瓦，年发电量882亿千瓦时。

　　——世界建筑规模最大的水利工程。三峡大坝坝轴线全长2309.47米，坝后厂房安装26台单机容量70万千瓦水轮发电机组，地下厂房安装6台单机容量70万千瓦水轮发电机组，无论单项、总体都是世界建筑规模最大的水利工程。

　　——世界工程量最大的水利工程。三峡工程主体建筑土石方挖填量约1.34亿立方米，混凝土浇筑量0.28亿立方米，耗用钢材59.30万吨。

　　——世界泄洪能力最大的泄洪闸。三峡工程泄洪闸最大泄洪能力为9.99万立方米每秒。

　　——世界上级数最多、总水头最高的内河船闸。三峡工程永久船闸为双线五级连续梯级船闸，总水头113米，被誉为"长江第四峡"。其单级船闸长280米，宽34米，槛上水深5米，可通过万吨级船队。

　　——世界规模最大、难度最高的升船机。三峡工程升船机的有效尺寸为长120米、宽18米、槛水水深3.5米，最大升程113米，承船厢带水重量达11800吨，过船吨位3000吨，是世界上规模最大、难度最高的升船机。

　　——世界水库移民最多、工作最为艰巨的移民建设工程。三峡工程水库动态移民达131万人，搬迁2座中等城市、11座县城、114个集镇。

　　……

　　三峡工程有20多项经济技术指标名列"世界之最"，被人形象地称为"科技博物馆"、世界级难题"题库",三峡工程建设推动我国筑坝技术不断实现重大突破。长江水利委员会在工程设计研究过程中提出了一系列设计理论与方法,攻克了高水头超大泄量泄水重力坝、巨型机组水电站、高水头大型连续多级船闸等重要水工建筑物的高水头超大泄量泄洪消能技术、多层大孔口结构设计技术、巨型水轮机蜗壳组合埋设技术、浅埋超大地下洞室围岩稳定控制理论与设计方法、地下电站变顶高尾水系统设计理论、全衬砌船闸结构设计理论、"显隐交互式"新型隔流堤设计技术等多项关键技术难题。三峡工程设计与建设始终走科技创新之路,坚持跨行业科技协同创新,坚持原始创新与引进、消化、吸收再创新,坚持面向解决工程重大问题的技术创新,取得了世界领先的水工建筑物科技创新成果。三峡工程的成功实践,极大地提高了我国水利水电建设技术的整体水平,在三峡工程研发中的大量创新技术已在世界上的后续水利水电项目中广泛推广应用,以三峡工程实战技术为特色的中国智慧和长江方案对世界水利水电行业技术进步起到巨大的推动作用。

"截断巫山云雨"的三峡大坝,"高峡出平湖";南水北调,让永定河畔的首都也能"共饮长江水";西电东送,让黄浦江边的上海也能"环球同此凉热"。三峡技术和长江方案助力中国标准走向世界,推进"一带一路"建设。海外版"三峡工程"在东南亚、非洲、南美洲接连诞生,"高峡平湖"将不断再现全球,造福人类。

本书共分六章,由丁毅担任主编。前言、第一章及第二章约13万字,由丁毅、陈明华撰写;第三章约28万字,由饶光辉、李文俊、蔡淑兵、喻杉、李荣波撰写;第四章约15万字,由鲁军、何小聪、李肖男撰写;第五章约15万字,由张睿、邹强、王学敏撰写;第六章约1万字,由蔡淑兵撰写。全书由丁毅主持,邹幼汉、张利升参与策划,具体由陈明华组稿、统稿,由刘丹雅、纪国强校稿。

本书涉及内容较多,加之编写时间仓促,难免存在疏漏和谬误之处,恳请广大读者和专家批评指正。

编　者

2020 年 5 月

目　录

第一章　概述 ……………………………………………………………………… 1

第一节　长江的地位与作用 ……………………………………………… 2
第二节　长江的水情 ……………………………………………………… 8
第三节　水库在长江治理开发保护中的地位与作用 …………………… 13
第四节　长江流域水库建设的主要成就 ………………………………… 23

第二章　长江流域规划历程与水利普查 ……………………………………… 32

第一节　历次长江流域规划概况 ………………………………………… 33
第二节　长江干流规划 …………………………………………………… 44
第三节　主要支流规划 …………………………………………………… 48
第四节　水利普查情况 …………………………………………………… 53

第三章　长江流域水库建设成就 ……………………………………………… 84

第一节　长江流域水库建设概况 ………………………………………… 84
第二节　主要水系水库建设 ……………………………………………… 91

第四章　高峡平湖（重点水利枢纽工程）…………………………………… 274

第一节　治理开发长江的关键性骨干工程——三峡水利枢纽 ……… 274
第二节　万里长江第一坝——葛洲坝水利枢纽 ……………………… 303

第三节	从"五利俱全"到国家战略水源地——丹江口水利枢纽	325
第四节	智慧大坝——乌东德水电站	339
第五节	国内红土层上的第一高坝——亭子口水利枢纽	347
第六节	乌江流域最大的水电站——构皮滩水电站	354
第七节	世界最高面板坝——水布垭水利枢纽	360
第八节	湖南省最大的水电站——五强溪水电站	368
第九节	千里赣江第一坝——万安水利枢纽	373

第五章 流域水库群运行管理 — 376

第一节	长江流域开展水库群联合调度的背景	377
第二节	水库群联合调度研究现状及进展	381
第三节	长江流域水库群（水工程）联合调度运用实践	391

第六章 未来水库建设运行展望 — 474

第一节	新时期长江水利发展面临的形势	474
第二节	水库建设展望	479

主要参考文献 — 482

第一章 概 述

水坝，是拦截江河渠道水流以抬高水位或调节流量的挡水建筑物，可形成水库，抬高水位、调节径流、集中水头，用于防洪、供水、灌溉、水力发电、改善航运等。兴建水坝是治理开发江河的一种主要工程形式。这里所指水坝为书中水库、水电站、枢纽、水利枢纽、航电枢纽、电航枢纽、综合利用水利枢纽的统称，包括由水利部门建设的水库大坝和由电力部门建设的水电站大坝，是修建在江河某一地点的不同类型水工建筑物的综合体。这些建筑物共同承担防治水害、开发利用水资源的任务，一般由挡水（壅水）建筑物、输水建筑物、泄水建筑物，以及该大坝枢纽开发任务需要的专业性建筑物和设备组成。专业性建筑物和设备有电站厂房及水轮发电机组、通航建筑物、灌溉取水建筑物、鱼道、筏道、闸门等。它们在总体布置上应该各得其所，在运行时相互配合，以充分有效地发挥各自的功能。由于有挡水建筑物，水坝的上游通常可形成或大或小的水库。水坝按所承担任务的不同，可分为防洪水坝、灌溉（或供水）水坝、发电水坝和航运水坝（主要是渠化航道）等。多数水坝同时承担几项水利任务，称为综合利用水坝（一般称为综合利用水利枢纽）。

长江源远流长，造就了两岸富饶的土地，哺育了亿万中华儿女，带给沿岸人民灌溉之利、舟楫之便、鱼米之裕。长江流域经济重镇星罗棋布，沿岸集聚了全国三成以上的人口、三成以上的产值、四成左右的进出口总额。滔滔江水日夜奔流，释放着中国发展的巨大能量。同时，奔腾不复的江水，也给沿江人民带来过深重的灾难。长江流域是中国自然灾害频发的地区。长江流域开发的历史进程，始终贯穿着防治自然灾害的斗争。筑坝建库是长江流域防治水旱灾害、综合利用水资源的重要手段。新中国成立 70 年来，长江流域的水库建设取得了很大的进展，综合利用水库越来越多，在经济和社会发展中所起的支撑和保障作用日显重要。

第一节 长江的地位与作用

长江是世界第三大河、中国第一大河。在世界大河长度排名中，长江仅次于非洲的尼罗河和南美洲的亚马孙河，但尼罗河和亚马孙河均为跨多国国境的国际河流，而长江则为中国所独有。长江不仅是中华文明的摇篮之一，也是中国经济和社会可持续发展的重要命脉。长江流域面积不到全国的1/5，却养育了全国1/3的人口，生产了全国1/3的粮食，创造了全国1/3的GDP。长江流域具有地理位置优越、幅员辽阔、水土资源和矿产资源丰富、经济基础雄厚、城市化水平较高、工农业较发达等综合优势。与沿海和其他经济带相比，长江经济带拥有最广阔的腹地和发展空间，是我国今后较长时期内经济增长潜力最大的地区，也是世界上可开发规模最大、影响最广的内河经济带。长江流域的淡水资源总量、技术可开发水能资源、内河通航里程分别占全国的35%、48%和56%，是中国水电开发的主要基地、南水北调水资源配置的战略水源地、连接东中西部的"黄金水道"、重要经济鱼类资源和珍稀濒危水生野生动物的天然宝库，在我国水资源优化配置和经济社会可持续发展中占有极其重要的战略地位。

一、优越的自然条件和丰富的自然资源

长江发源于青藏高原的唐古拉山脉主峰各拉丹冬雪山西南侧，干流全长超过6300余千米，居世界大河第三位。她横贯我国西南、华中、华东三大区，自西而东流经青海、四川、西藏、云南、重庆、湖北、湖南、江西、安徽、江苏、上海11个省（自治区、直辖市），注入东海。支流延展至贵州、甘肃、陕西、河南、浙江、广西、广东、福建8个省（自治区）。流域西以芒康山、宁静山与澜沧江水系为界，北以巴颜喀拉山、秦岭、大别山与黄河、淮河水系相接，南以南岭、武夷山、天目山与珠江和闽浙诸水系相邻。长江流域面积约180万平方千米，约占我国国土面积的18.8%。

长江流域地势西高东低，跨越我国地势的三大阶梯。青南川西高原、横断山区和陇南川滇山地为第一级阶梯，一般高程为3500～5000米；云贵高原、秦巴山地、四川盆地和鄂黔山地为第二级阶梯，高程一般为500～2000米；淮阳低山丘陵、长江中下游平原和江南低山丘陵组成第三级阶梯，除部分山峰高程接近或超过1000米外，一般在500米以下，长江三角洲高程则在10米以下。

长江自江源至湖北宜昌为上游，长约4500千米，集水面积约100万平方千米；宜昌至江西鄱阳湖出口处的湖口为中游，长约955千米，集水面积约68万平方千米；湖口至长江入海口为下游，长约938千米，集水面积约12万平方千米。上游干流河

段流经地势高峻、山峦起伏的高山峡谷区，除江源地区外，大多坡降较陡，水流湍急。宜昌以下，干流进入中下游冲积平原，两岸地势平坦，湖泊众多，沿岸建有完整的防洪堤，水面坡降平缓。

长江支流众多，流域面积1000平方千米以上的支流有483条，1万平方千米以上的支流有49条，其中8万平方千米以上的一级支流有雅砻江、岷江、嘉陵江、乌江、沅江、湘江、汉江、赣江8条。在上游汇入干流的主要支流，左岸有雅砻江、岷江、沱江、嘉陵江，右岸有赤水河、乌江；在中游汇入的主要支流，左岸有沮漳河、汉江、府河，右岸有清江、洞庭湖水系的"四水"（湘江、资水、沅江、澧水）和鄱阳湖水系的"五河"（赣江、抚河、信江、饶河、修水）；在下游入汇的主要支流，左岸有皖河、巢湖水系、滁河，右岸有青弋江、水阳江、太湖水系和黄浦江；淮河大部分水量在左岸扬州三江营汇入长江，南北大运河在扬州与镇江间穿越长江。这些密布在长江南北两侧的支流与长江干流形成了庞大的长江水系。

长江流域大部分地区属亚热带季风气候区，但由于流域地域广阔，地理环境复杂，各地气候差异较大。西部青藏高原为典型的高原气候，寒冷、干燥、气压低、日照长、辐射强、多冰雹大风；金沙江、雅砻江流经的横断山脉地区，高差悬殊，"一山有四季"，呈明显的立体气候特征；四川盆地因北有秦岭，南有云贵高原，北风、南风的侵入都不如长江中下游强烈，冬无严寒，夏无酷暑，少霜少雪，季风气候不如长江中下游明显；中下游地区则属典型的季风气候，冬寒夏热，四季分明，气候年内变化与季风进退密切相关，东南部地区夏季还常受台风影响。

长江流域除西部青藏高原外，大部分地区气候温和、湿润、雨量丰沛，流域多年平均年降水量约1100毫米，但地区分布差异较大，总的趋势是自东南向西北递减，下游及东部沿海平均年降水量1200～1400毫米，中游和上游地区东部平均1000毫米左右，西部高原仅300～400毫米。长江流域除金沙江中上段、雅砻江和大渡河的上游基本无暴雨外，其余约145万平方千米广大地区均有暴雨出现。四川盆地西部边缘、川东大巴山区，鄂皖大别山区，湘西—鄂西南山地，以及江西九岭山地至皖南黄山一带是长江流域的主要暴雨区。

长江流域雨量丰沛，水资源较丰富。流域水资源主要为河川径流，流域多年平均年径流量约9857亿立方米，在世界大河中居第四位。长江年径流量的地区组成，宜昌以上占46%，中游洞庭湖、汉江、鄱阳湖约占42%，下游支流水量有限。长江流域径流年际变化呈现支流大、干流小的规律，丰枯差异明显。流域径流在年内分配与降雨相应，很不均匀，干流连续最大4个月径流占全年径流百分比，从上游向下游呈递减的趋势，上游直门达站在72%以上，下游大通站约为50%。

长江是一条含沙量较少但输沙量较大的河流。河流泥沙主要来源于上游，其中金沙江和嘉陵江是上游主要产沙河流，约占宜昌站多年平均年输沙量的77%。输沙量的年际变化与径流年际变化类似，具有大水多沙、小水少沙的特点。输沙量的年内分配集中于汛期，干流各站汛期输沙量占年输沙量的85%～98%，支流更为集中。近年来，受高产沙区降雨偏少、大量水利工程修建及水土保持等影响，长江干流输沙量有减小趋势。据统计，2002年三峡水库蓄水前，宜昌、汉口和大通站多年平均年输沙量分别为4.92亿吨、3.98亿吨和4.27亿吨。三峡水库蓄水后，受上游来沙减少和三峡水库拦沙等因素的共同影响，中下游控制站年输沙量明显减少，2003年至2015年宜昌、汉口和大通站平均年输沙量分别为0.40亿吨、1.06亿吨和1.39亿吨，减幅分别为90%、73%和67%。长江干支流输沙量集中于汛期，比径流量更为集中，其中干流各站汛期集中了85%～98%的年输沙量，上游各支流汛期集中了95%以上的年输沙量。

长江流域地跨几个大构造单元，地层自上太古界至第四系均有出露，并有不同时期的岩浆岩分布，岩石建造类型齐全。按照全国地层统一区划，长江流域分属五大地层区：长江干流主要属于扬子地层区，江源通天河及金沙江上中游的绝大部分属于特提斯地层区（松潘—甘孜地层区），仅西南边缘有藏滇地层区（三江地层区），流域中部的北缘地带属于秦岭地层区，湘南赣南属于华南地层区。长江流域的新构造运动，以在板块运动的推挤作用下的面状隆起和掀斜活动、断块和断裂的差异活动及地震活动等为主要特征。流域内地震活动主要受新构造运动的强烈程度及区域性活动断裂带的控制，中强震以上地震的方向性、成带性明显。区域地壳稳定性不均一，其总体特点是：西部大幅度强烈上升，活动断裂及地震活动强烈；中部中等幅度隆起，活动断裂和地震活动微弱；东部差异升降，活动断裂和地震活动相对稍强。

长江流域是我国水资源相对丰富的地区之一。多年平均水资源总量为9958亿立方米，约占全国的35%，居全国各大江河之首；人均占有水资源量为2165立方米，略高于全国平均水平；单位国土面积水资源量为56万立方米每平方千米，约为全国平均值的2倍。

长江流域是我国水能资源最为富集的地区，水能资源理论蕴藏量达3.05亿千瓦（含理论蕴藏量1万千瓦以下河流及单站100～500千瓦装机容量，下同），约占全国的40%，年发电量2.67万亿千瓦时；技术可开发装机容量2.81亿千瓦，年发电量1.32万亿千瓦时，约占全国的48%。其中，经济可开发装机容量2.28亿千瓦，年发电量1.05万亿千瓦时，约占全国的60%。流域内煤炭、石油、天然气等矿物能源较少，但其他能源资源，如风能、太阳能、生物能、地热能等十分丰富，是我国新能源发展的重点地区。

长江素有"黄金水道"的誉称，是连通我国东、中、西部的航运大动脉，长江水系有通航河流 3600 多条，总计通航里程超过 7.1 万千米，占全国内河通航里程的 56%，其中一级航道里程占全国的 85% 以上。长江有宝贵的岸线资源，仅宜宾以下各类岸线总长就超过 7000 千米。

长江流域矿产资源丰富，种类齐全，储量占全国比重 50% 以上的约有 30 种，其中钒、钛、汞、铷、铯、磷、芒硝、硅石等矿产储量占全国的 80% 以上，铜、钨、锑、铋、锰、铊等矿产储量占全国的 50% 以上，铁、铝、硫、金、银等矿产储量也占全国的 30% 以上。

长江流域森林资源丰富，是我国重要林区之一，森林面积约 3600 万公顷，木材蓄积量约占全国的 1/4，历来为我国杉木、毛竹、油茶、油桐、茶叶、生漆等林产品的著名生产基地。

长江流域是鱼类资源和珍稀濒危水生野生动物的天然宝库，共有鱼类达 400 余种，其中特有鱼类共 166 种。中华鲟、白鲟、达氏鲟、胭脂鱼、川陕哲罗鲑、滇池金线鲃、秦岭细鳞鲑、花鳗鲡和松江鲈鱼 9 种鱼类被列入《国家重点保护野生动物名录》，中华鲟、白鲟、达氏鲟为国家一级保护动物。长江流域是我国重要的渔业生产区，淡水鱼产量约占全国的一半。

二、在我国经济和社会发展中的重要地位

长江流域自唐宋以来一直是中国的经济发达地区，近代又是我国现代工业的发祥地。新中国成立后，经过 60 多年的建设与发展，长江流域中下游沿江两岸和四川盆地已发展成为我国重要的经济区，形成了以上海、南京为中心的长江下游经济区，以武汉为中心的长江中游经济区，以重庆、成都为中心的长江上游经济区。流域工农业发展迅速，交通发达，在我国经济和社会发展中占有极其重要的地位。

长江流域横跨我国西南、华中和华东三大区，流域范围涉及 19 个省（自治区、直辖市），其中面积 95% 以上在流域范围内的有四川、重庆、湖北、湖南、江西、上海等 6 个省（直辖市），面积 50%～70% 在流域范围内的有云南、贵州，面积 30%～50% 在流域范围内的有陕西、安徽、江苏，面积 10%～30% 在流域范围内的有青海、浙江、河南，面积不足 10% 在流域范围内的有西藏、甘肃、广西、广东、福建等 5 个省（自治区）。

2018 年，长江流域总人口 4.6 亿，占全国的 33.1%。城镇化率达到 59.9%，与全国平均水平相当。流域平均人口密度为 259 人每平方千米，约为全国平均人口密度的 1.8 倍。流域内有 30 多个民族，其中汉族人口约占 95%；少数民族人口较多的有苗、藏、彝、土家、布依、侗、纳西等民族，主要集中在西南地区，少数分布在湘西、鄂西等地。

长江流域既是我国城市发展历史悠久的地区之一，也是国内城市化水平较高的地区之一。2018年，流域平均城镇化率达到59.9%。下游的南京、扬州、镇江、芜湖，中游的荆州、武汉、九江，上游的重庆、泸州、宜宾等城市，自古以来就是交通枢纽和工商业重镇。目前，流域内有地级以上城市89个，占全国地级以上城市总数的31.8%。流域内100万人口以上的大城市有47个，其中1000万人口以上的超大城市2个（上海、重庆），500万~1000万人口的特大城市4座（南京、杭州、武汉、成都）。沿长江干流分布的重庆、武汉、南京、上海4个现代超大城市既是长江流域的中心城市，又是长江流域城镇分布体系的中心，流域内已形成长江三角洲城市圈、皖江城市带、武汉城市圈、长株潭城市群、成渝经济区五大城市经济圈，聚集地级以上城市50多个，依托这些城市，沿各级交通干道初步形成了多层次的城镇群体。流域内小城镇发展水平较高，建镇密度上游每千平方千米1.3个，中游1.7个，下游2个。

新中国成立以来，特别是1990年上海浦东开发开放以来，长江流域工农业发展迅速，在我国经济和社会发展中占有极其重要的地位。2017年，长江流域地区生产总值达32.4万亿元（当年数据，下同），占全国的36.0%，人均生产总值7.01万元，略高于全国平均值。但流域内经济发展不平衡，经济重心主要集中在下游地区，特别是长江三角洲地区，而中、上游地区相对滞后。

长江流域是我国工业较发达的地区，工业结构以冶金、纺织、机械、电力、石油化工、高新技术产业等为主。流域内已形成攀枝花、重庆、武汉、马鞍山、南京、上海六大钢铁基地，昆明、清镇、黄石、株洲、贵溪、铜陵等有色金属基地，武汉、上海、重庆、南京、成都、十堰等机械工业基地，上海、南京、仪征、临湘、安庆等石油化工基地。流域内华东、华中和西南三大区拥有水、火电装机容量约占全国的44%。轻纺工业基础雄厚，各类轻纺工厂遍布长江上中下游地区，尤以中下游地区最为发达。此外，建材、化肥、食品、造纸等工业亦较为发达。2018年流域内的工业增加值约为11.5万亿元，占全国的40%。

长江流域农业发达，历来是我国重要的农业生产基地。流域内耕地面积3080万公顷，占全国的25.4%，其中水田1813.3万公顷，旱地1266.7万公顷，耕地率为17%。2018年长江流域农业总产值约2.65万亿元，占全国的43.1%；粮食总产量17065.41万吨，占全国的25.9%；棉花总产量42.56万吨，占全国的6.97%；油料总产量1489.0万吨，占全国的42.82%。全流域人均占有耕地面积约0.072公顷，低于全国平均水平，人多地少的矛盾较为突出。流域内的成都平原、江汉平原、洞庭湖区、鄱阳湖区、巢湖地区和太湖地区六大平原区，是我国重要的商品粮、棉、油生产基地。

长江流域是我国交通运输较发达的地区，已建立起比较完善的包括水运、铁路、公路、航空、管道等综合交通运输体系。长江水量丰沛，河网密布，是我国内河航运最发达的水系，干支流通航里程约 7.1 万千米。其中 3 级以上航道 3921 千米，4 级航道 3134 千米，分别占全国的 45.4% 和 46.8%。长江水系拥有内河泊位 2600 多个，码头泊位总长度约 1076 千米，逐步形成以上海、南京、武汉和重庆为中心的区域性港口群，基本形成了涵盖整个沿江地区，以石化、煤炭、矿石、集装箱和通用件杂货等大宗货物运输为主体的运输格局。

长江流域（行政中心在流域内的 8 个省、1 个自治区、2 个直辖市）拥有铁路营业里程 2.2 万千米。这些铁路组成了与全国铁路网相联的庞大运输网络，并与长江干支流水运相配合，与公路、空运相衔接，构成了流域综合运输网的主动脉。流域内公路网稠密，高速公路发展迅速，"五纵七横"国道主干线中有 8 条贯穿长江流域，各类公路通车里程约 82.1 万千米，其中二级以上公路 14.2 万千米。这些公路既是长江航运和铁路干线的辅助线，也是本地区特别是流域西部和山区的主要运输干线，并与长江支流水运交织在大江南北，组成了流域综合运输网的支脉。

长江流域具有优越的地理位置和自然条件、丰富的水土资源和矿产资源、较发达的农业和比较雄厚的工业基础以及城市化水平较高等综合优势。长江经济带拥有最广阔的腹地和发展空间，是我国今后较长一段时期内经济增长潜力最大的地区。实施长江经济带综合开发战略，加大开发力度，形成以上海为中心的长江三角洲核心圈、以武汉为中心的长江中游经济区和以重庆及成都为中心的上游经济区，是我国第三步战略目标的重要组成部分，对于支撑我国 21 世纪经济发展、加快中西部内陆地区开发，进而推动我国工业化和现代化进程都具有重要意义。长江经济带发展战略已成为国家重要战略，《长江经济带发展规划纲要》对长江经济带进行了四大战略定位：生态文明建设的先行示范带，引领全国转型发展的创新驱动，具有全球影响力的内河经济带，东中西互动合作的协调发展带。这是科学有序推动长江经济带发展的重要前提和基本遵循。

推动长江经济带发展的目标是：到 2020 年，生态环境明显改善，水资源得到有效保护和合理利用，河湖、湿地生态功能基本恢复，水质优良（达到或优于Ⅲ类）比例达到 75% 以上，森林覆盖率达到 43%，生态环境保护体制机制进一步完善；长江黄金水道功能显著提升，基本建成衔接高效、安全便捷、绿色低碳的综合立体交通走廊；创新驱动取得重大进展，研究与试验发展经费投入强度达到 2.5% 以上，战略性新兴产业形成规模，培育形成一批世界级的企业和产业集群，参与国际竞争的能力显著增强；基本形成陆海统筹、双向开放，与"一带一路"建设深度融合的全方位对外开放新格局；发展的统筹度和整体性、协调性、可持续性进一步增强，基本建立以城市群为主体形态的城镇化战略格局，城镇化率达到60%以上，人民生活水平显著提升，现行标准下农村贫困人口实现脱贫；重点领域和关键环节改革取得重要进展，协调统一、运行高效的长江流域管理体制全面建立，统一开放的现代市场体系基本建立；经济发展质量和效益大幅提升，基本形成引领全国经济和社会发展的战略支撑带。

到2030年，水环境和水生态质量全面改善，生态系统功能显著增强，水脉畅通、功能完备的长江全流域黄金水道全面建成，创新型现代产业体系全面建立，上中下游一体化发展格局全面形成，生态环境更加美好、经济发展更具活力、人民生活更加殷实，在全国经济和社会发展中发挥更加重要的示范引领和战略支撑作用。

第二节 长江的水情

一、长江流域水文气象概况

长江流域主要位于亚热带季风气候区，辽阔的地域、复杂的地貌决定了长江流域具有多样的地区气候特征。长江中下游地区，冬冷夏热，四季分明，雨热同季，季风气候十分明显；上游青藏高原为典型的高原气候区；其余地区北有秦岭、大巴山，冬季风入侵的强度比中下游地区弱，南有云贵高原，东南季风不易到达，季风气候不如中下游明显。

长江流域降水较丰沛，多年平均年降水量约1100毫米，降水量由东南向西北递减，山区大于平原，迎风坡大于背风坡。降水年内分配不均，年际变化较大。除金沙江巴塘以上、雅砻江雅江以上及大渡河上游共约35万平方千米地区，因地势高、水汽条件差，基本无暴雨外，其他广大地区均可能发生暴雨。流域内主要暴雨区有五处，按其范围的大小依次是：江西暴雨区、湘西北、鄂西南暴雨区，大巴山暴雨区，川西暴雨区和大别山暴雨区。长江流域暴雨天气系统主要有冷锋低槽、低涡切变、梅雨锋及热带气旋（台风）等。

长江流域洪水主要由暴雨形成。上游直门达以上少有洪水；直门达至宜宾洪水由暴雨和融冰化雪共同形成；宜宾至宜昌依次承接岷江、沱江、嘉陵江洪水，易形成干流洪峰高、洪量亦大的陡涨渐降型洪水过程；长江中下游干流洪水峰高量大，持续时间长，宜昌、汉口、大通站多年平均年最大洪峰流量均在50000立方米每秒以上；大通站以下为感潮河段，受上游来水和潮汐双重影响，长江口主要受风暴潮影响。支流岷江、嘉陵江、乌江、湘江、汉江和赣江多年平均年最大洪峰流量均超过10000立方米每秒。宜昌站最大30天洪量组成中，金沙江来水约占30%，嘉陵江与岷江两水系约占38%，乌江占10%，其他占22%。大通站最大60天洪量组成中，宜昌来水占51%，洞庭湖与鄱阳湖水系分别为21%和15%，汉江占5%，宜昌至大通区间约占8%。

按暴雨地区分布情况，长江洪水可分为流域性大洪水和区域性大洪水两种类型。一般年份长江流域上下游、干支流洪峰相互错开，中下游干流可顺序承泄干支流洪水，不致造成大洪水。但遇气候反常，上游洪水提前，或中下游洪水延后，长江上游洪水与中下游洪水遭遇，则形成流域性大洪水。上游干支流洪水相互遭遇或中游汉江、澧水等支流发生强度特别大的集中暴雨则会形成区域性大洪水。此外，山丘区短历时、小范围大暴雨可引发局部突发性洪水，长江河口三角洲地带受台风、风暴潮影响严重。长江洪水发生时间一般下游早于上游，江南早于江北。鄱阳湖水系、洞庭湖水系和清江一般为4月至8月，乌江为5月至8月，金沙江下游和四川盆地各水系为6月至9月，汉江则为7月至10月。长江上游干流洪水主要发生时间为7月至9月，中下游干流因承泄上游和中下游支流的洪水，汛期为5月至10月。

干流宜昌、汉口、大通站多年平均年径流量分别为4340亿立方米、7060亿立方米和8910亿立方米，多年平均入海水量9190亿立方米（不含淮河入江水量）。径流年际变化呈支流大、干流小的规律，年内丰枯差异明显。长江流域丰水年份1954年和1998年发生了严重的洪涝灾害，枯水年份1972年、1978年和2006年则造成了大面积的旱灾。径流年内分配规律与降雨相似，年内分配不均，干流上游比下游、左岸比右岸集中程度更高，干流连续最大4个月径流占全年径流百分比，自上游至下游呈递减趋势，直门达站在72%以上，大通站为50%左右。

长江中下游泥沙主要来自宜昌以上，上游主要产沙区为金沙江和嘉陵江，占宜昌站多年平均输沙量的77%。输沙量的年际变化与径流年际变化类似，具有大水多沙、小水少沙的特性。1954年长江发生全流域大洪水，宜昌站年输沙量达7.54亿吨，为历年之最。近年来，受高产沙区降水偏少、大量水利工程修建及水土保持等影响，长江干流输沙量明显减少。上游1991年至2007年与1990年前相比较，嘉陵江在径流量减少不多的情况下，输沙量有较大幅度减少，北碚站多年平均年径流量、年输沙量分别减少147亿立方米、1.09亿吨，减幅分别为21%和77%；干流寸滩站径流量变化不大，年输沙量减少1.65亿吨，减幅为36%。2002年三峡水库蓄水前，宜昌、汉口和大通站多年平均年输沙量分别为4.92亿吨、3.98亿吨和4.27亿吨；三峡水库蓄水后，受上游来沙减少和三峡水库拦沙等因素的共同影响，中下游控制站输沙量明显减少，2003年至2007年宜昌、汉口和大通站年平均输沙量分别为0.67亿吨、1.29亿吨和1.58亿吨，减幅在63%至86%之间。长江干支流输沙量集中于汛期，比径流量更为集中,上游各站 5 月至 10 月输沙量一般占全年输沙量 95% 以上;中下游各站输沙量也在 85% 以上,且大多集中于 7 月至 9 月。

二、长江水情特点及其对治理开发保护的需求

长江是我国水资源最丰富的河流,其中地表水资源量为 9856 亿立方米,占全国地表水资源量的 36%,居全国十大区地表水资源量之首。受季风气候和地形地貌影响,流域绝大部分区域地表水资源年际变化大,年内分配不均,60%～80% 的径流量集中在汛期。1998 年长江发生全流域性大洪水,该年长江流域地表水资源量为 13004 亿立方米,约占全国地表水资源量 32726 亿立方米的 40%。从统计数据看,2016 年长江流域是多水年,部分中小河流发生较为严重洪灾,当年水资源总量为 11947.1 亿立方米,其中地表水资源量为 11796.7 亿立方米,地下水资源量为 2706.5 亿立方米,地下水与地表水资源不重复量为 150.4 亿立方米。而极端干旱的 2006 年,长江流域水资源总量仅为 8060.86 亿立方米,其中地表水资源量为 7959.89 亿立方米,地下水资源量为 2194.87 亿立方米,地下水与地表水资源不重复量为 100.97 亿立方米。长江流域这种水资源时空分布不均的特点,易形成水旱灾害,进而影响供水、生态、航运等生活生产活动。同时,长江流域水能资源丰富,而矿石能源缺乏,需要优先开发水电。筑坝建库、兴建综合利用水利枢纽工程,是解决上述问题的主要工程方式。

(一)洪涝灾害频繁,需要调蓄工程

长江洪水主要由暴雨形成,洪灾基本上由暴雨洪水造成。长江流域除海拔 3000 米以上青藏高原的高寒、少雨区外,凡是有暴雨和暴雨洪水行经的地方,都可能发生洪灾,所以长江流域洪灾分布范围广泛,在山区、丘陵区、平原区、河口区都可能发生程度不同的各种洪水灾害。长江洪灾类型有:上游干流及支流山区因暴雨引起的山洪及触发的山体坍滑和泥石流灾害;上游干流与支流沿岸江河洪水上涨漫溢造成冲毁、淹没两岸河谷阶地的灾害;中下游干流及其支流下游冲积平原区,江河洪水泛滥或堤防溃决造成大片土地淹没的灾害;河口滨海地区受台风暴潮侵袭而造成海塘溃决的灾害;以及沿江河大中城市的洪涝灾害等。长江上游和支流山丘及河口地带的洪灾,一般具有洪水峰高、来势迅猛、历时短和灾区分散的特点,局部地区性大洪水有时也造成局部地区的毁灭性灾害,但其受灾范围与影响则有局限性;长江中下游受堤防保护的 11.81 万平方千米的防洪保护区,是我国经济最发达的地区之一,其地面高程一般低于汛期江河洪水位 5～6 米,最大达 10 余米,洪水灾害最为频繁严重,一旦堤防溃决,淹没时间长,损失大,特别是荆江河段,还将造成大量人口死亡的毁灭性灾害。因此,中下游平原区是长江流域洪灾最频繁、最严重的地区,也是长江防洪的重点。

针对长江洪水特点，长江中下游防洪治理的方针确定为"蓄泄兼筹，以泄为主"，同时还要考虑"江湖两利"和"左右岸兼顾，上、中、下游协调"的原则，采取合理加高加固堤防，整治河道，安排与建设平原分蓄洪区，结合兴利，逐步修建干支流水库，逐步达到以三峡水库为骨干、堤防为基础，配合以其他干支流水库、分蓄洪工程、河道整治工程及非工程防洪措施，使长江中下游防洪问题得到较好的解决。

（二）水资源较丰富，工程性缺水严重

长江流域多年平均年降水量约1100毫米，折合年降水量为19370亿立方米，占全国年降水总量的31%。流域多年平均地表水资源量为9856亿立方米，地下水资源量为2492亿立方米，多年平均水资源总量为9958亿立方米（其中地下水资源量与地表水资源量的不重复计算水量约102亿立方米），占全国水资源总量的35%；平原区多年平均地下水可开采量为150.4亿立方米。流域20%、75%和95%频率的水资源总量分别为10949亿立方米、9130亿立方米和8079亿立方米。流域多年平均产水系数为0.51，产水模数为56万立方米每平方千米，均高于全国平均值。流域人均占有水资源量为2330立方米，耕地亩均占有水资源量为2150立方米，均略高于全国平均水平。

长江流域径流量年际变化较大，年内分配不均匀。河川径流与降水量分布一致，60%~80%集中在汛期，上游比下游、左岸比右岸集中程度高。干支流控制站最枯3个月径流量占年径流量的比例一般在5.0%至12.0%之间。

长江流域水质总体良好，大部分能满足所属水域功能的要求。在69178千米评价河长中，Ⅰ、Ⅱ、Ⅲ类水河长占80.3%。干流总体水质尚好，但城市江段岸边水域水质较差，支流部分河段（特别是一些重要城镇的河段）水质污染严重，部分水库、湖泊存在向富营养转化的趋势。平原区浅层地下水Ⅰ~Ⅳ类水面积占77.1%、Ⅴ类水占22.9%，经济和社会活动强度大、人口密集、地表水污染严重和地下水天然本底较差的地区地下水水质较差。

长江流域水资源总量虽较丰沛，但时空分布不均，供水工程不足，水资源开发利用仍存在以下问题：一是局部地区供用水矛盾较为突出，现状供需平衡结果表明，50%、75%、90%保证率情况全流域分别缺水14亿立方米、38亿立方米和101亿立方米，主要集中在四川盆地腹地、滇中高原、黔中、湘南湘中、赣南、唐白河、鄂北岗地等地区；二是工程性、资源性和水质性缺水并存，以工程性缺水为主，上游和河源的局部地区存在资源性缺水问题，下游地区特别是一些沿江城市和部分湖泊存在水质性缺水情况，局部地区存在深层承压水利用量较大的现象；三是部分农村饮水安全缺乏保障，尤以高氟水、高砷水、苦咸水分布区和血吸虫病疫区更为严重；四是用水效率不高，水资源利用方式还很粗放，节水管理与节水技术还比较落后，用水浪

费现象仍较严重。

（三）水能资源丰富，矿物能源短缺

长江流域地处亚热带季风气候湿润地区，降水丰沛，径流量大，地势呈西高东低阶梯状分布，河流落差大，蕴藏丰富的水能资源。长江流域水能资源理论蕴藏量达3.05亿千瓦，年发电量2.67万亿千瓦时，约占全国总量的40%；技术可开发装机容量2.81亿千瓦，年发电量1.32亿千瓦时，约占全国总量的50%。长江流域技术可开发的水能资源中，大型水电站数量多、比重大，共有大型水电站107座，装机容量1.9亿千瓦，年发电量8600亿千瓦时，分别占全流域的68%和66%；空间分布为西多东少、支流多于干流，上游装机容量2.44万亿千瓦，占全流域的87%；干、支流装机容量为1.12亿千瓦和1.69亿千瓦，分别占全流域的40%和60%。

长江流域水能资源主要集中分布于长江上游，中游次之，下游甚少，呈"西多东少"的基本格局。长江宜昌以上干支流可能开发的水电装机容量17075.45万千瓦，年发电量9144.5亿千瓦时，占全流域可能开发水能资源总量的89%，主要集中在四川省和重庆市（占50.2%）。中下游地区可能开发的水电装机容量2648.9万千瓦，年发电量1130.6亿千瓦时，仅占全流域11%，且全部分布在支流上；其中，洞庭湖水系占50%，其次在汉江及鄱阳湖水系，其他支流水能资源较少。长江流域能源的构成与全国情况有较大差异。我国能源资源的构成以煤炭为主，煤炭资源占总能源的比例约为84.7%，水能资源仅占13.4%；而长江流域水能约占长江总能源的一半以上，煤炭次之，其他能源则相对较少。因此，水能是长江流域的主要能源。

长江流域的煤炭、石油、天然气、水能资源等储量，均折算为标准煤含量计算：煤炭为400.3亿吨，石油为2.8亿吨，天然气为2.7亿吨，水能为438.7亿吨，合计844.5亿吨，占全国的13.8%，人均拥有能源资源（折合标煤）仅215吨每人，只有全国人均水平的35.9%。因此，从能源资源总体来看，长江流域又相对贫乏。

长江流域的煤炭储量仅占全国煤炭总储量的7.7%，主要集中在上游西南地区的贵州六盘水、织金、纳雍地区，四川、云南两省较少；中游华中地区集中在河南省（在长江流域界外），而湖南、江西两省储量有限，湖北省最少；下游华东地区也主要集中在流域外的淮南、淮北和山东省。流域的需煤量主要靠"北煤南运"，本流域自身难以满足。在其他能源中，石油、核能等储量均较少，石油仅占全国总储量的2.4%，天然气有一定储量，但这些都难以作为火电的燃料，因此流域内火电的用煤主要靠外运，从而大大增加了煤炭生产和运输的压力。长期"北煤南运"造成资源浪费，引发恶性竞争，影响生态环境。因此，大力开发长江流域的水电，符合生产力布局理论和比较优势原理等经济规律要求。

（四）长江口咸潮入侵，需上游水库压咸调度

咸潮（又称咸潮上溯、盐水入侵），是一种天然水文现象。它是由太阳和月球（主要是月球）对地表海水的吸引力引起的。当淡水河流量不足，令海水倒灌，咸淡水混合造成上游河道水体变咸，即形成咸潮。

长江口地区的咸潮入侵一般发生在每年 11 月至次年 4 月。长江下游大通（距河口约 640 千米）至江阴（距河口约 220 千米）河段为感潮河段；江阴以下为河口段，是潮流往复区。在一些特枯年份，长江河口的潮汐甚至可以影响至安庆河段。咸潮入侵会导致水体盐分浓度升高，影响生产和生活供水的水质（依据国家有关标准，水中氯化物含量超过 250 毫克每升的不能用于自来水原水）。如果咸潮持续时间超过了水库蓄水所能供给的时间，那么就会面临严重的供水缺口。受咸潮入侵影响的主要是由长江引水充蓄的陈行水库、宝钢水库、青草沙水库、东风西沙水库等，以及直接从长江抽水的各自来水厂、企业自备水源等。

上海地区通过修建青草沙水库、完善整体管网连通、备用水源地建设等措施，已经具备较强的咸潮应对能力，但受到咸潮入侵后消退困难、取水量大、工程设施长期不间断运行及降低运行成本要求等方面的制约，对于叠加咸潮的应对还存在一定风险。从重要性和可行性来看，长江口压咸可以作为上游水库群水量应急调度的目标之一，但由于三峡水库到河口的时间为 10～11 天，还需要较为深入的研究，将叠加潮的预判至少提前 10 天，才能最大程度发挥上游水库应急补水效果。

此外，长江水系部分干支流存在不便用工程措施整治（如暗礁）的河段，需要筑坝渠化；部分河段存在季节性或枯水年碍航，沿江取用水也存在季节性或枯水年取水困难，甚至部分河段存在枯水期断流影响河流生态，等等。这些都需要上游建库蓄水，实施补水调度。

第三节　水库在长江治理开发保护中的地位与作用

长江流域季风气候特征明显，受季风气候影响，降水时空分布不均，年际变化大，且年内降水量主要集中在夏季，造成流域内一方面汛期洪涝灾害频发，另一方面枯水年和枯水期取用水困难，水旱灾害交替发生，流域水旱灾害治理都需要有水库对径流进行调蓄。长江沿岸地区是我国重要的钢铁、有色金属、机械、石油化工、炼油、电力、轻纺等工业基地，工业增加值占全国 40%，工业生产对能源电力需求量较大。长江流域能源资源的特点是：矿石能源缺乏，水能资源丰富，需要优先发展水电满足电力需求。无论是流域水旱灾害防治，还是流域内人民的生产生活对供水供电的需求，

都需要建设水库，尤其是综合利用性水库。

一、水库是防汛抗洪重要的调控工具

具有防洪库容的水库，是下游防汛抗洪重要的"镇水重器"。在洪水来临之前，水库按调度计划先预泄库存，为拦蓄洪水腾出库容；在洪水来临之际，利用先前腾出的库容拦蓄洪水，起到削峰、错峰的拦蓄作用，有效减轻下游汛情压力。流域内若干水库如能实行联合调度，其防洪调蓄作用将更加显著。2019年第9号台风（台风"利奇马"）8月中旬肆虐浙江沿海期间，浙江省参与调度的水库共预泄了6.75亿立方米水量，拦蓄了17.8亿立方米洪水，有效减轻了下游的防洪压力，较好地发挥了水库的调蓄作用。这次超强台风从8月8日8时开始影响浙江并出现降雨天气，而早在8月6日全省30余座水库先后开始预泄，杭嘉湖、萧绍甬、温黄、温瑞等平原河网也全力预排，截至8月9日17时，全省大中型水库预泄水量6.75亿立方米，河网累计排水量3.724亿立方米，相当于腾出了75个西湖水量的库容来迎接"利马奇"台风带来的降水。据测算，预排预泄的这75个西湖的水量，为浙江全省平均提高了30～50毫米的纳雨量，姚江流域的陆埠、梁辉、四明湖水库分别提高91毫米、71毫米和55毫米纳雨量，有效减轻了下游的防洪压力。这次应对台风"利奇马"展示了浙江省水库在东南诸河局部小区域范围防汛抗洪中的调蓄作用，仅拦蓄17.8亿立方米洪水就能展示出水库作为"镇水重器"之功效。2017年，长江流域防洪总库容已达855.74亿立方米（2011年为765.82亿立方米），一旦运用起来，尤其是实施水库群联合调度，其巨大的防洪减灾效果远非其他流域所能比拟。据最新统计信息，在应对2020年1～5号洪水的水库群联合调度中，长江流域控制性水库共拦蓄洪量累计达541.98亿立方米，其中仅三峡水库就拦蓄洪量254亿立方米。幅员辽阔且受洪水威胁更为严重的长江流域，对水库防洪调蓄的需求非常迫切。长江流域尤其长江中下游地区，是我国受洪涝灾害威胁最严重的地区。随着社会发展的变迁，能调蓄洪水的天然湖泊容量不断递减萎缩，而堤防抵御洪水的能力毕竟有限，长江的超额洪量必须通过在干支流上游建设具有相当防洪库容的水库来调蓄，"高峡平湖"的宏伟构想也是因此而生的。

其实，早在1954年9月，长江流域规划要点工作准备阶段，林一山在《关于治江计划基本方案的报告》中就提出了"治江三阶段"治江轮廓方案。该方案提出："根治长江的防洪计划应该分为三个阶段，即由一定限度地提高堤防防御能力的办法，到结合扩大农业耕种面积排除农田渍水灾害的平原蓄洪方案，最后则以配合工业交通农田灌溉的山谷拦洪计划达到基本解决问题的目的。至于将来彻底消灭一切大小灾害的要求，就必须另拟方案，以根据国家工业化的需要为主，在完成河流多目标开发计划中附带解决问题。"治江的三个阶段计划如下：

第一阶段，大力加高加固堤防，以防御出现过的最高洪水位为目标。通过1954年特大洪水考验，证明业已完成既定的堤防防御标准，即以防御有历史记录以来的1931年或1949年的最高洪水位为目标。今后长江干堤和重点防洪区堤防进一步的加高加固，应以防御1954年最高洪水位为目标。

第二阶段，利用长江中下游湖泊洼地多的特点，有计划地开辟分蓄洪区，蓄纳超过堤防能够防御的超额洪水量，以保证重点防洪区的防洪安全。为了防御1954年型特大洪水，初步规划重点工程的分蓄洪总量为677亿立方米，其中荆江地区180亿立方米，洞庭湖区200亿立方米，武汉地区197亿立方米，华阳河50亿立方米，鄱阳湖区50亿立方米。考虑到洪水过程形式、洪水遭遇等因素影响，对全江起实际作用的分蓄洪量应不少于450亿立方米。配合堤防拦泄，可防御1931年、1949年型洪水，若遭遇1954年型特大洪水时保障重点防洪区不发生意外。

第三阶段，结合兴利修建干支流水库调蓄洪水，以达到"根治"洪水的目标。由于长江中下游平原湖泊洼地的分蓄洪容量不可能完全蓄纳长江100年一遇甚至更大的洪水，这就需要在干支流修建以防洪为主的多目标开发的水库。这些库容较大的控制性水库包括长江三峡水库、汉江丹江口水库和沅江五强溪水库等，其中三峡水库拦蓄洪水对长江中下游防洪有着决定性的作用。干支流水库工程与长江中下游蓄洪垦殖工程结合使用，可以有效地控制长江洪水，并将大大减少平原分蓄洪工程运用的次数和概率。

"治江三阶段"的逐步实施，通过采取多种综合措施，将形成以三峡工程为骨干，堤防为基础，其他干支流水库、分蓄洪工程、河道整治工程及防洪非工程措施相配合，在长江流域建立一个较完善的防洪系统。

上述治江轮廓方案制定时的规划思路为：一是长江中下游地区防洪，特别是荆江地区的防洪，是治理开发长江的首要而紧迫的任务。长江中下游防洪治理的方针应是运用堤防、分蓄洪区和上游综合利用水库等措施进行综合治理，还应当考虑"江湖两利"和"左右岸兼顾，上、中、下游协调"的原则。据此，依照流域经济和社会发展水平，按近期和远景规划水平年，分阶段提出规划目标。二是堤防是长江中下游防洪的一项有效的基础性措施，应首先予以加高加固，拟定符合当时实际情况的防洪标准，以加大泄量，提高其防洪能力。由于长江洪水峰高量大，单纯依靠加高加固堤防将超过其防御能力的洪水完全泄走是不现实的，而且堤防越高，保护地区受洪水威胁也越大。荆江地区洪水威胁日益严重，就是历史上采用错误的防洪方法所造成的恶果。因此，需要为超额洪水寻找出路，即所谓的"蓄"。三是将规划的超额洪水，按照上述防洪规划原则，通过协调、平衡，合理、有计划地在中下游湖泊洼地建立分蓄洪区，对洪水进行临时调蓄，这是一项工程较为简易而有效的措施。但分蓄洪一次损失也很大，且损失随着经济和社会的发展而不断增加，需要考虑结合兴利修建山谷水库对洪水进行调蓄。四是长江上游洪水是中下游洪水的主要来源，上游水库理应分担一定的防洪任务。三峡水库能最有效地控制长江上游洪水，特别是对防止荆江地区发生毁灭性洪灾更具有不可替代的作用，而且还具有巨大的综合效益，是治江的主体工程。

虽然在长江上游地区兴建支流控制性水库对长江中下游防洪有一定的作用，但是无决定性影响。因此，毛泽东在1953年2月听取了长江治理方案的汇报后提出其战略设想："费了那么大的力量修支流水库，还达不到控制洪水的目的，为什么不集中在三峡卡住它呢？"在长江流域规划要点工作准备阶段，通过一系列的调查研究工作，明确了防洪是长江治理开发的首要任务，并从研究长江中下游地区防洪，特别是荆江地区的防洪问题中认识到三峡工程在长江中下游防洪中的战略地位和关键作用，而且是一项具有防洪、发电、航运等巨大综合利用效益的工程。

二、水库是保障生产、生活和生态用水的主要工程手段

水，在人类社会的生存和发展中居于特殊重要的地位。人类在生产、生活中需要取得所需要的水，又必须防御或逃避因水过多而带来的危害。人类早期由于生产能力低，主要采取适应自然的办法：为了用水，一般"逐水草而居"，生活在江河湖泊或泉水附近；为了躲避水害，往往"择丘陵而处之"。随着经济社会的发展，一方面人类要不断扩展生存的空间；另一方面改变自然条件的能力逐步提高，可以更多地采取人为措施改变自然条件，使之更适应人类用水和避水的需要。

（一）水库是农业生产的重要保障

农业在人类社会发展中有着悠久的历史，最古老的农业生产依赖天然降雨或土壤含水供给农作物生长，迄今一些无灌溉设施的地区还保留着这种状态。但在更多的地区，自然条件已不能满足农作物生长对水的需求，就需要进行灌溉。灌溉方式一般划分为三种：

引水灌溉，主要指由自然河道上的堰坝及涵闸引水的灌溉，包括无坝或有坝引水。无坝引水完全利用河道的天然水位和流量；有坝引水可以将河道天然水位壅高，对河道的天然流量没有或只有很少的调节作用，渠首为自流引水。

蓄水灌溉，利用水库、塘堰或湖泊，拦蓄调节径流。一般是建坝壅高水位并取得一定的调蓄库容，渠首从水库上游或下游引水灌溉。

提水灌溉，当水源水量丰富但水位较低，且不适于修建其他形式的渠首工程时，

可建泵站提水，也包括其他简单的工具和机械提水。

在三种灌溉方式中，不仅蓄水灌溉需要利用水库，实际上另外两种灌溉方式也常常需要直接或间接利用水库。大多数的引水灌溉都是直接或间接引用水库的水，提水灌溉中很多也是从水库中提水。我国作为传统的农业大国，长期以来保持了粮食基本自给，实现了国家经济和社会安全平稳的发展，离不开几十年来建设的这些水库提供的灌溉供水保障。从长江流域水利工程建设来看，93%的水库和绝大多数水闸及灌区都是1980年以前建设的，早期绝大多数水库的主要功能就是农业灌溉。

长江水利委员会于1959年编制完成的《长江流域综合利用规划要点报告》中有关地区水利化部分，对全流域的灌溉作了较全面的规划，分别提出山区、丘陵区和平原地区发展灌溉的原则、方针和对策，大部分的灌区规划都涉及水库工程措施。

在农业生产上有重大意义、与长江整体规划关系较大的有14个地区：上游有昆湖区、四川腹地区2处，中游有衡邵丘陵区、唐白河区、洞庭湖区、江汉平原区、汉北区、武汉附近区、鄱阳湖区7处，下游有华阳河区、巢滁皖地区、芜湖镇江区、通扬区、太湖区5处。除下游河口区的通扬区和太湖区为平原地区引江河湖水灌溉外，其他地区几乎都以水库工程蓄水、引水灌溉为主。

昆湖区：规划在盘龙江、宝象河、落龙江等入湖小支流的中游以中小型水库蓄洪调节，并在下游发展自流灌溉。

四川腹地区：分9个灌区，川西平原灌区利用都江堰、官渠堰等在岷江引水发展灌溉，还可从涪江上游以武都水库为主，配合支流西河、梓潼江的水库，结合小型塘堰自流灌溉；涪江、嘉陵江干流之间地区利用嘉陵江亭子口水库，配合支流东河、西河水库，并串联区内小型水库；延长川西平原灌区渠道，从沱江赵家渡九龙滩引水灌溉；延长东山灌区南干渠，利用岷江水源，由彭山青龙场附近引水，并与区内中小型水库串联运用，灌溉岷江左岸乐山以下、沱江右岸地区农田。

衡邵丘陵区：除继续兴建中小型塘堰小水库外，必须在湘江、资水及其较大支流修建较大型水利枢纽，如双牌、胡溪桥、红岩、金龙山水库等，彻底解决大面积灌溉水源，并利用渠道沟通湘、资航运使其相互通航，同时结合开发水能。

唐白河区：位于汉江中游，流域面积26800平方千米，耕地面积116.7万公顷，地势北高南低，区内主要河流有唐河、白河、刁河、湍河、小清河等。各河上游水土流失严重，水旱灾害频繁，区内大部系旱作物，根据土壤自然条件宜于发展水稻及其他粮食作物。规划以灌溉为主，结合防洪、航运，应在各河上游广泛开展水土保持，利用鸭河口、青山等水库拦蓄洪水，以减免下游洪灾，兼利中下游航运与灌溉。从汉江丹江口水库引水，总干渠以南可自流灌溉唐白河流域盆地中心地区；总干渠以北利用山谷水库发展自流及提水灌溉，小清河地区以拦蓄利用上中游径流为主，小部分由丹江口水库引水自流灌溉。

洞庭湖区：湖区低洼地区以除涝为主；东洞庭湖以西、南洞庭湖以北、澧水洪道以东的四口冲积平原地带地势较高，雨量失调时即患旱灾，可引江水自流或提水灌溉；澧水洪道和南洞庭湖以南平原应结合水网化进行灌溉，至于相邻丘陵地区则应发展支流河堰、小型塘坝水库进行灌溉。

江汉平原区：沮漳河流域及内荆河流域的长湖以北丘陵区，由于灌溉水源没有得到解决，旱灾比较严重。应以沮漳河上的观音寺、鸡公尖、黄鹤滩等水库为骨干，串联中小型塘堰、小水库，拦截山区来水及本地径流进行灌溉。荆北地区有长湖、三湖、白露湖、洪湖、大同湖、大沙湖等，地势较低洼，以除涝为主，灌溉措施可结合排水系统，在沙市、沙洋、监利、车湾等处建闸引用长江和汉江水源，借以解决边缘高地的灌溉。汉南地区位于汉江以南、东荆河以东的三角地带，除东北部为岗丘夹湖外，其余大部地势平坦。该区以扩大蓄洪、统一除涝为主，适当满足灌溉、航运、卫生等要求。灌溉措施是在泽口建闸，引汉江水源以解决西部平原区在干旱年份的灌溉问题。

汉北区：西起遥堤，东界京汉铁路，北以大别山为界，南界汉水，地势北高南低，面积25190平方千米，耕地66万公顷。区内河道纵横、湖港交织，主要河流有汉江、涢水、大富水、滠水、天门河，经汈汊湖和东西湖调蓄后分别由新沟入汉江，由谌家矶入长江。规划在各支流上游开展水土保持，修建塘堰和一系列的山谷水库拦蓄降雨径流，发展青山口、石拔河、京山、宴店和金盆浴鲤5个水库灌区。下游滨湖地区以实现河网化、减轻涝灾为主，并利用渍水发展提水灌溉，或引汉江、长江水进行灌溉。

武汉附近区：西起临湖，东止富池河口，总面积8300平方千米，耕地32.93万公顷。主要湖泊分布在长江左岸，有武湖、涨渡湖、白潭湖，江南地区有黄盖湖、西凉湖、鲁湖和梁子湖等。除黄盖湖、梁子湖外，各湖的蓄洪垦殖工程基本已告完成。该区以实现水网除涝为主，干旱年份可利用渍水发展提水灌溉。

鄱阳湖区：规划赣抚平原可在抚河李家渡建坝引水，配合清丰山小水库及塘堰工程进行自流灌溉约13.3万公顷。湖区部分可结合河网化，利用渍水或引湖水进行提水或自流灌溉。

华阳河区：规划沿江垸田引江水灌溉，沿湖平原结合水网化提取渍水灌溉，宿松、黄梅一带地势较高地区可研究从皖河花凉亭水库引水灌溉。

巢滁皖地区：巢湖流域丘陵区旱灾严重，圩垸区洪涝灾害常见，水利开发在山区及圩田区应采取不同的措施。在山区应广泛开展水土保持工作，保土蓄水，修建大、中、小型水库拦蓄径流，灌溉丘陵缺水地区，同时可以减免山洪和改善航运，并能提供电力，如龙河口水库及其他水库皆宜及早修建；滁河流域面山区、丘陵地区水土流失严重，水利开发在上游以蓄水为主，进行水土保持，并兴建黄栗树、团山、沙河集、郑家坝、山许庄等水库拦蓄径流，蓄水灌溉。下游平原区除排涝措施外，滨江地区尚可由长江提水灌溉。皖河、菜子湖、白兔湖、陈瑶湖等流域，各河中上游水流陡急，山洪为害较烈；下游平原地区湖泊很多，但受江水顶托不易排泄，常有涝灾。应在上游进行水土保持，并在地形有条件的地区修建中型水库，如花凉亭、三肩岭、乌石堰、下河山、牯牛背、龙王庙、鱼汤等水库，既可提供灌溉水源，也能提供电力，均应积极兴建。湖泊地区应充分发挥蓄涝垦殖作用。

芜湖镇江区：包括青弋江、水阳江流域和秦淮河流域两部分的中下游地区。青弋江、水阳江区域，地跨苏、皖两省，包括漳河、青弋江及水阳江三水系的中下游，有丹阳湖、固城湖、大小南漪湖、石臼湖分布其间。三河（漳河、青弋江、水阳江）分别由澛港、长河口和当涂入江，内部互相连通，水流混乱。水利规划方向是在上游山丘地区进行水土保持，并在干支流兴建综合利用水库如陈村、黄泥坦、大龙口、牛岭、港口、沙埠等水库，结合群众性修建的塘堰、小水库，拦蓄径流，统一解决防洪、航运和灌溉问题。中下游地区控制湖泊，进行河网化，免除涝灾，改善航运。秦淮河区的秦淮河发源于江苏南部句容、溧水两县，在南京三汊河入长江，流域地形起伏，支流分散，流短水急，洪水暴涨暴落，水土流失严重，易洪易旱，下游受潮汐影响，洪水时期受江水顶托，河道淤淀弯曲。水利开发应以小型为主，以蓄为主，在上游山区和丘陵区广泛修建中小型水库，同时大力开展水土保持，以防止山洪，发展灌溉。

（二）提高城乡供水保证率，支撑经济和社会持续高速发展

城市的人口密集，商品交换、生活和生产活动都离不开水，其形成必然以水为依托，江、河、湖、泉和井是城市的主要水源。城乡供水包括城市供水和乡镇供水，其任务是满足城乡人民的生活用水、工矿企业的生产用水和环境卫生、消防安全用水。我国经济实现多年的持续高速增长，城市化和工业化是两股强大的动力，而城市化和工业化进程需要有最基本的城镇供水的支撑。事实上，在城市化和工业化进程中，城乡供水发展迅速。

据《长江流域社会经济基本资料汇编》统计，1990年长江流域总人口39211万，其中城镇人口（非农业人口）7453万，城镇化率仅19%（按非农业人口占总人口比重统计）。至2017年，长江流域常住人口45952万，其中城镇人口26972万，常住人口城镇化率达到58.7%。流域内建制市从1990年的130个增加到现在约200个。流域内有县城523个，有上海、重庆2个直辖市和南京、合肥、南昌、武汉、长沙、成都、昆明、贵阳8个省会城市。随着长江流域的经济发展、人口增长和人民生活水

平的不断提高，城乡对水资源的需求量越来越大，质量要求也越来越高。从20世纪50年代初到90年代末，全流域总用水量增加5倍以上，而城乡生活用水量增加了10余倍，工业用水量（包括火电）增加了20余倍。城市用水的水量保证率要求较高，对于重要城市要求在95%～97%，一般城市也要求不低于90%。同时，由于供水水质不仅关系人们的身体健康，也影响部分产品的质量，因此对水质的要求也逐年提高。水利工程建设为长江流域星罗棋布的沿江（河）城镇提供了大量工业和城市生活用水。据统计，2000年长江流域由水利工程提供的城镇供水量约230亿立方米，占全流域城镇供水总量的96%。

提高城市用水的水量保证率和供水水质的主要手段就是增加水库供水或加强水库群联合调度。2012年完成修编并经国务院批复的《长江流域综合规划（2012—2030年）》，非常重视城市供水问题，报告中提出要兴（扩）建一批大中型水库，其中有供水功能的大型水库分别为四川省的亭子口、武都、小井沟、李家岩、关口、红鱼洞、宝石、踏水、龙塘、土溪口、米市、鲜家湾、黄桷湾、罐子坝、通江、十里铺，重庆市的高望、藻渡、观景口、金佛山、玉滩，甘肃省的太白，云南省的青山嘴、车马碧、德泽、黑滩河、大宝寺，贵州省的黔中、夹岩、大兴、岩口、黄家坝，湖北省的潭口二库、杨家峡，湖南省的竹篙滩（扩建）、犬木塘、涔天河（扩建）、长沙，陕西省的焦岩，河南省的秦岗、罗汉山、付岗，江西省的四方井、浯溪口、古亭、花桥、白梅，安徽省的下浒山等水库。

丹江口水利枢纽是我国较早建成的具有综合利用功能的重大水利工程，1967年建成使用的丹江口初期工程坝顶高程162米，正常蓄水位155米。1975年为提高工程的综合效益，将汛后蓄水位抬高到157米，较原定初期规模正常蓄水位提高2米。在完成初期规模的同时，还建成了向河南省引水的陶岔引水闸（南水北调中线工程的渠首工程）和向湖北省引水的清泉沟渠首工程。目前，丹江口水库大坝已按最终规模加高完建，坝顶高程由162米加高到176.6米，正常蓄水位由157米提高到170米，相应库容达到272亿立方米，总库容达到319.5亿立方米。南水北调中线一期工程建成运行后，丹江口水库的优质水源已经能输送至河南、河北、北京等省（直辖市），大大提高了受水区城乡用水保证率，严重缺水和水质较差的海河流域能够享用汉江的Ⅱ类水甚至Ⅰ类水。上海市受海水倒灌及黄浦江水质持续下降的影响而面临水质性缺水难题，2011年6月，上海市建成拥有优质淡水水源的青草沙水库，其水质要求达到国家Ⅱ类标准，供水规模逾719万立方米每天，占上海原水供应总规模的50%以上，受水水厂16座，受益人口超过1100万。该工程的建成和投入运行，改写了上海市饮用水80%以上主要依靠黄浦江水源的历史。

长江流域用水结构及水库数量变化见表 1–1。

表 1–1　　　　　　　　　长江流域用水结构及水库数量变化

年份	用水总量（亿立方米）	农业用水（亿立方米）	工业用水（亿立方米）	生活用水（亿立方米）	用水结构：农业/工业/生活（亿立方米）	水库总数（万座）	总库容（亿立方米）	兴利库容（亿立方米）	大型水库数量（座）
1980	1325	1029	198	82	78/15/6	4.8	1222	670	105
2011	2009	972	747	273	48/37/14	5.16	3607	1800	282

三、修建水库是解决跨流域调水稳定水源的主要措施

在全国水资源一级区中，长江流域水资源相对较丰富，长江干流下游河道、汉江上游河段、长江干流三峡河段等地区，是我国南水北调跨流域调水战略中重要的水源地。南水北调工程设计东、中、西三条线，每条调水线路调水量都较大，需有稳定的水源和足够的可调水量满足跨流域调水需求。因此，跨流域调水必须通过兴建水库蓄水，为跨流域调水储备水源。

南水北调东线调水工程是通过江都水利枢纽，从长江下游干流提水沿京杭大运河逐级翻水北送。东线工程规划从江苏省扬州市附近的长江干流引水，利用京杭大运河以及与其平行的河道输水，连通洪泽湖、骆马湖、南四湖、东平湖，并作为调蓄水库，经泵站逐级提水进入东平湖后，分水两路：一路向北穿黄河后自流到天津，从长江到天津北大港水库输水主干线长约 1156 千米；另一路向东经新辟的胶东地区输水干线接引黄济青渠道，向胶东地区供水。

南水北调中线工程是从丹江口水库调水，在丹江口水库东岸河南省淅川县境内的工程渠首开挖干渠，经长江流域与淮河流域的分水岭方城垭口，沿华北平原中西部边缘开挖渠道，通过隧道穿过黄河，沿京广铁路西侧北上，自流到北京市颐和园团城湖。建设汉江丹江口水利枢纽是实现南水北调最理想的方案，丹江口水库地理位置适中，地势地形非常有利于水库向周边地区及北方自流引水，也便于未来从三峡库区引水补充水源，水源水质优良，基本为Ⅰ、Ⅱ类水。丹江口水利枢纽工程具有防洪、供水、发电、航运等综合利用效益，是开发治理汉江的关键工程，同时也是南水北调中线的水源工程。丹江口水库大坝已按最终规模加高完建，丹江口水利枢纽以"保障水库防洪与供水安全"为核心，取得了汉江防洪、南水北调中线一期工程供水安全的多赢局面。自 2014 年 12 月 12 日正式通水至 2020 年 6 月 3 日，南水北调中线一期工程已经安全输水 2000 天，累计向北方受水区输水 300 亿立方米，使沿线 6000 万人口受益。

为满足南水北调中线工程远期调水需要，目前正在规划的引江补汉工程是从三峡水库调水，取水口位于三峡坝址上游约 7 千米处的龙潭溪。三峡工程是治理和开发长

江的关键性工程，不仅具有巨大的防洪、发电、航运效益，生态效益和供水效益也十分显著，可为沿江地区和北方供水，是我国目前最大的可再生能源基地和宝贵的战略淡水资源库。引江补汉工程是南水北调中线工程的后续水源工程，从长江三峡水库引水入汉江，在优先保障汉江中下游用水前提下，增加南水北调中线工程北调水量，提升中线工程供水保障能力；提高汉江流域的水资源调配能力，增加汉江中下游水量，为引汉济渭工程达到远期调水规模、汉江中下游梯级生态调度及鄂北二期工程增加调水量创造条件；为工程输水线路沿线地区城市生活和工业补水，并具备相机向汉江中下游应急补水的潜力。

引汉济渭工程是从汉江的黄金峡水库和三河口水库调水。陕西省引汉济渭工程地跨长江、黄河两大流域，是从陕南汉江流域调水至渭河流域关中地区的大型跨流域调水工程，由黄金峡水利枢纽、三河口水利枢纽和秦岭输水隧洞组成。工程建设任务是向陕西省渭河沿岸重要城市、县城、工业园区供水，逐步退还挤占的农业与生态用水，促进区域经济社会可持续发展和生态环境改善。工程实施后，可实现区域水资源的优化配置，有效缓解关中地区水资源供需矛盾，为陕西省"关中—天水"经济区可持续发展提供保障，还可替代超采地下水和归还超用的生态水量，增加渭河的生态水量，遏制渭河水生态恶化和减轻黄河水环境压力。

四、水库是调节河道水位—流量的应急调度工具

长江流域为季风气候区域，径流月季变化大，从而影响河道水位—流量丰枯差异变化，导致枯水期或枯水年河道取水、航运乃至生态环境问题，需要建设具有季调节或年调节功能的水库来调蓄。

例如，三峡水库就是典型的季调节水库，三峡水库有165亿立方米的调节库容和221.5亿立方米的防洪库容，而且处在长江上中游交界处，不仅对于中下游防洪具有巨大的功能，也可以使中下游干流每年12月至次年5月增加径流量，不同程度抬高各河段水位，改善枯水期长江中下游生活、生产取水条件和通航条件，可以缓解枯季长江中下游旱情和长江口咸潮入侵。

大坝加高后的丹江口水库已成为年调节水库。丹江口大坝加高后正常蓄水位170米，相应库容290.5亿立方米，汛限水位160（夏）～163.5（秋）米，死水位150米，极限死水位145米，坝顶高程176.6米。预留防洪库容110亿（夏）～81.2亿（秋）立方米，兴利调节库容98.2亿（主汛期）～190.5亿（汛后）立方米，总库容339.1亿立方米。丹江口水库具有防洪、供水、发电、航运等综合利用效益，可以实现防洪、供水、发电、航运等多目标调度。

长江流域治理开发需要解决的问题很多，主要有：提高干支流的防洪能力，消除洪水灾害；大力开发长江丰富的水能资源，实现水资源的综合利用；积极发展航运，发挥长江水运潜在优势；发展灌溉和城乡供水；加强水土保持；实施南水北调；开展水资源及水环境保护等。由于长江流域幅员广阔，不同地区情况各异，对上述任务可各有侧重，采用的工程措施也会多种多样。但从全流域来看，在各种工程措施中水利枢纽无疑居于主导地位，它们大多可以综合利用，效益显著。除宜昌以下干流及一些支流的平原河段外，长江各水系的开发治理都需要建设一批水利枢纽工程。

第四节　长江流域水库建设的主要成就

一、新中国成立初期谨慎初试

为解决降水时空分布不均，调节径流，更好地适应经济社会的发展，新中国成立后，兴建了大量水库。新中国成立初，百废待举，但长江的水利建设特别是防洪建设，仍备受政府的极大重视。长江水利枢纽建设先从规模较小的项目开始，这些项目有以开发水电为主的，也有以发展灌溉为主的。虽然当时对水利枢纽建设还缺乏经验，设计、施工和设备制造等方面尚处于初创阶段，但是工作态度谨慎踏实，故初期所建的几座水利枢纽，工作开展得比较顺利，未出现重大失误或事故。

1954年至1957年建设的狮子滩水电站，是长江大型水利枢纽建设跨出的第一步。狮子滩水电站位于重庆市长寿区（2001年撤县设区）的龙溪河上，开发任务以发电为主，兼有防洪和灌溉、水产养殖等综合利用效益。枢纽建筑物由1座堆石坝、3座副坝、岸边溢流坝、压力引水系统及电站厂房组成。主坝为钢筋混凝土斜墙堆石坝，最大坝高51米，枢纽控制流域面积3020平方千米。水库总库容（除另有说明者外，均指校核洪水位以下的库容）达10.28亿立方米，具有多年调节性能，是龙溪河梯级电站的龙头水库，也是长江流域建成的第一座较大水库。电站装机容量4.8万千瓦，新中国成立初期在川东地区电网中曾发挥过重要的调峰作用，至今仍是川东电网中较好的调峰电站。

1955年至1957年在江西省上犹县铁扇关兴建的上犹江水电站，其主体建筑物为混凝土重力坝和坝内式厂房，坝顶设有溢洪道，此外还有泄洪隧洞及过木筏道。枢纽布置紧凑，最大坝高67.5米，是新中国成立后兴建的第一座混凝土重力坝。工程以发电为主，同时兼有防洪、航运、灌溉、过木及水产养殖等综合效益，受益地区主要在赣南。电站装有4台单机容量1.5万千瓦水电机组，总装机容量6万千瓦，是新中国成立后我国自行设计兴建的第一座规模较大的水电站。

1954年长江发生大洪水后，进一步表明解决长江防洪问题需要兴修具有防洪作用的大型水库，这就涉及长江综合治理开发的问题。因此，中央决定开展长江流域规划工作，制定综合治理开发长江的规划方案，以指导长江的水利建设。1955年即由长江水利委员会承担编制长江流域规划的任务。1958年，长江流域规划办公室（1956年以长江水利委员会为基础成立长江流域规划办公室，1988年改回长江水利委员会，为水利部派出机构）提出了《长江流域综合利用规划要点报告》的讨论稿，1959年正式编制完成。该规划要点报告对长江干流主要河段和一些重要支流提出了开发治理的推荐方案。从此，长江流域内一些主要水利枢纽的建设，基本上是在该流域规划的指导下进行的。

二、"大跃进"时期开工高潮

1958年以后，在全国"大跃进"形势下，长江流域水利枢纽建设迅速发展，同时也出现了战线过长、急于求成、忽视质量、规章制度不健全等问题，有些枢纽的工期反而因此拉得很长，甚至有的停建、缓建。在经历一段曲折探索过程之后，在枢纽建设规模、施工组织管理、施工技术水平、设备制造能力及枢纽设计水平等方面，取得了较大的进步，陆续建成了一大批水利枢纽。

1958年至1965年在湖北省荆门县（1983年撤县并入荆门市）建设漳河水库，开发任务以灌溉、防洪为主，兼有发电、水产养殖、供水、航运等综合效益。大坝拦截沮漳河的4条支流，由观音寺大坝、鸡公尖大坝、林家巷坝、王家湾坝及副坝等形成2座水库，中间用明槽连通，此外还有3条输水明渠和3条溢洪道。主坝观音寺大坝为黏土斜墙坝，水库总库容20.35亿立方米，能进行多年调节。有效灌溉面积达15.3万公顷，是新中国成立后在长江流域建成的第一座大型灌溉水库，建成以后，灌区的粮食产量成倍增长。水库临近鄂西暴雨区，对坝下游沮漳河两岸有显著的防洪作用，对荆江河段沙市附近的防洪也可发挥一定的作用，可以减轻荆江大堤上段的防洪压力。漳河水库是沮漳河上的骨干工程，综合利用效益显著。

1958年在湖南省安化县动工修建资水中游的柘溪水电站，1962年开始发电，1975年全部机组建成投产。枢纽建筑物由混凝土大头坝与宽缝重力坝、右岸岸边地面式电站厂房和左岸斜面升船机等组成。最大坝高104米，坝顶设堰流溢洪道。资水水能资源丰富，大部分集中在中游河段，其下游河段及尾闾洪灾严重，资水河道滩多流急，不利于航行。柘溪水电站位置适中，适宜于承担发电、防洪、航运等方面的任务，因此被选为资水干流的第一期工程。坝址控制流域面积22640平方千米，约占资水流域面积的80%，正常蓄水位169.0米以下库容29.5亿立方米，可进行不完全年调节，是资水干流上的关键性工程。电站装机容量44.75万千瓦，建成以后相当长一段时间内是湖南电网的骨干电源。柘溪水库防洪库容原定为11.65亿立方米，后在运行时有所减少。水库对坝下游资水两岸城乡地区及尾闾的防洪发挥了重要作用，并改善枢纽上下游的航道约300千米，综合效益显著。

1958年动工兴建丹江口水利枢纽，其坝址位于湖北省均县（1983年撤销均县，设丹江口市）的汉江上，1973年初期规模建成。丹江口枢纽主要任务近期为防洪、发电、灌溉和航运，远景还有南水北调的重要任务，此外还有一定的水产养殖和旅游效益。它的建成是新中国成立以后在水利枢纽的综合开发利用方面迈出的一大步。枢纽建筑物主要由拦河大坝、坝后式电站厂房和升船机组成。大坝包括两岸土石坝、河床混凝土重力坝，重力坝坝顶设溢流堰，坝内设泄水深孔。电站装有6台单机容量15万千瓦机组，自备电厂另有2台小机组。灌溉引水渠首有2座，建在距大坝约30千米的库边。初期规模时，校核洪水位161.4米以下总库容209.7亿立方米，其中防洪库容78亿立方米。

陈村水电站位于安徽省泾县青弋江上游，1958年开工后随即停工，建设主要在1969年至1975年进行。枢纽工程主要建筑物有重力拱坝、坝后式电站厂房及两侧岸坡滑雪式溢洪道，坝内设中孔和底孔。枢纽开发任务以发电为主，兼有防洪、灌溉、航运、水产养殖、旅游等综合利用效益。根据青弋江综合利用规划，在上游以蓄为主，防洪与发电相结合，在山丘区发展自流灌溉，陈村被选为第一期工程。坝址可控制青弋江流域面积的39%，水库总库容26.4亿立方米，能进行多年调节，对坝下游邻近地区的防洪有重要作用。电站装机容量15万千瓦，是安徽电网的主要调峰电源。与其他工程配合，灌溉面积可达6.67万公顷，并可改善枢纽上下游的航道条件。陈村水电站是长江下游地区最大的水利枢纽。

1958年开工建设江西省修水中游柘林水电站，后随即停工，1970年复工，1975年竣工。枢纽建筑物主要建筑物有心墙土石坝、溢洪道、电站厂房、船筏道、竹木筏道、泄空洞等。工程以发电为主，兼有防洪、灌溉、航运、水产等综合利用效益。电站装机容量为18万千瓦，水库总库容79.2亿立方米，可进行多年调节。修水干流落差主要集中在中游段，中游还有一块需要灌溉的丘陵盆地，在此建坝可开发水能资源，兼顾山丘区灌溉，改善下游的防洪和枢纽上下游的航运。

1958年开始兴建位于安徽省太湖县皖河支流长河上的花凉亭水库，主要施工期1970年至1976年。枢纽建筑物由黏土心墙砂壳坝、溢洪道、泄洪隧洞、引水发电隧洞和电站厂房等组成，水库总库容24亿立方米。工程开发任务是防洪、灌溉、发电、并有一定的水产养殖效益。有效灌溉面积约 4.67 万公顷，电站装机容量 4 万千瓦，防洪保护对象主要是坝下游的 6.67 万公顷农田及相应人口。花凉亭水库是皖河流域控制作用较大的水库。

东江水电站位于湖南省资兴县耒水上游，1958 年开工后随即停工，1978 年复工，1989 年建成。枢纽建筑物由混凝土双曲拱坝、两岸滑雪式溢洪道、一级和二级泄水隧洞、坝后式电站厂房等组成。大坝最大坝高 157 米，是我国建成的第一座高拱坝。正常蓄水位 285 米以下的库容 81.2 亿立方米，具有较强的多年调节性能，是耒水梯级电站的龙头水库。工程开发任务以发电为主，兼有防洪、航运、供水等综合效益。电站装机容量 50 万千瓦，主要作用是在枯水季节提高电网供电的可靠性。库区通航里程 150 千米，并可改善坝下游的防洪和航道条件。

1970 年至 1982 年在贵州省遵义县乌江上建设乌江渡水电站，枢纽主要建筑物包括拱形重力坝、坝后封闭式电站厂房、开敞式溢洪道、泄洪隧洞、泄水孔、排沙孔和升船机等。枢纽采用多层重叠布置，布局比较紧凑，是峡谷地区一种较新颖的高坝枢纽布置形式，也是国内首次在岩溶地区兴建的大型水利枢纽。大坝最大坝高 165 米，是国内喀斯特地区最高的拱形重力坝。工程开发任务以发电为主，兼有航运、灌溉、防洪等综合效益，是乌江梯级开发的第一期工程。电站装有 3 台水电机组，总装机容量 63 万千瓦，是贵州电网的骨干电站。

三、葛洲坝工程建设——三峡工程的综合演习

1970 年底，长江干流上的葛洲坝水利枢纽动工兴建，1988 年底建成。工程开发任务主要是发电与航运，也具有一定的旅游效益。葛洲坝水利枢纽是三峡工程的组成部分，在三峡工程建成后担任反调节任务，以缓解三峡电站进行日调节所引起的不稳定水流对坝下游航运的不利影响。枢纽建筑物位于长江上游峡谷河段与中游平原性河段的交界处，长江在此处急拐弯，分成三汊，地形、地质条件和泥沙问题均复杂，流态紊乱，而通航条件要求高，因此需要解决的技术问题比较多。较为重大的问题有坝区河势规划、泥沙防治、枢纽总体布置、基础（有软弱夹层）处理、消能防冲、大流量下的大江截流、二期的高水头横向围堰、大型机电设备和金属结构等。枢纽主要建筑物有挡水重力坝、泄水闸、2 座电站、3 座船闸及与之配套的上游防淤堤、下游引航道、2 座冲沙闸等。枢纽布置方案是正对长江主泓布置二江泄水闸，两侧各布置 1 座电站和一线航道及相应的船闸，形成"一主两翼"的格局及"静水通航、动水冲沙"的枢纽运行条件。

葛洲坝水利枢纽的工程规模和施工强度当时均居世界同类工程的前列，其顺利建

成及良好运行，标志着我国水利枢纽的设计、施工水平已进入国际先进行列，并为兴建三峡工程做了实战准备。电站装机容量271.5万千瓦，是当时国内已建成的最大水电站。单机容量17万千瓦的轴流式水轮机在国内属首创，其转轮直径11.3米居世界第一位。葛洲坝工程1号船闸闸室尺寸为长280米、宽34米、槛上最小水深5.5米，规模在世界船闸中居领先地位，船闸下闸首的人字门规模居世界大型船闸闸门的前列。

葛洲坝电站不仅发电量巨大，平均每年可提供157亿千瓦时的低成本电能，而且加速了华中和华东电网的联结，对国内大电网的形成起了促进作用。此外，它还对改变附近地区经济社会面貌和城市的现代化建设发挥了巨大的推动作用。

1977年至1986年在四川省南部县嘉陵江支流西河上建设升钟水库，水库总库容13.39亿立方米。枢纽主要建筑物有黏土心墙石渣坝、溢洪道、放空隧洞、右总干渠及左分干渠进水口、电站厂房。工程开发任务以灌溉为主，兼有防洪、发电等综合效益。有效灌溉面积约80万亩，是长江上游地区已建成水库中灌溉效益最大的一座。

四、体制变革带来新生

20世纪80年代以前，长江水利建设是在计划经济体制下，依靠国家拨款和群众投劳来开展的。执行时间久了，其弊端就日渐显露出来。进入80年代以后，随着国家改革开放形势的发展，水利基本建设体制也开始进行改革，逐步转向推行承包经营责任制等能适应社会主义市场经济要求的新举措。对大型水利枢纽建设加强规范管理，并引入竞争机制，实行项目法人责任制、招标投标制、合同管理制、建设监理制，从而使水利枢纽建设进入了一个新阶段。1984年首先在葛洲坝二期工程试行投资包干，1988年以后开始试行新的建设管理体制，并在三峡等工程建设中逐步健全完善。这一时期，对建设资金的来源开始推行拨改贷，同时注意发挥中央与地方两者的积极性。

为了加快国民经济发展的步伐，这一阶段开始建设一批对国民经济发展有重大促进作用的骨干工程，从而使水利枢纽的设计、施工水平及有关设备制造能力上了一个新的台阶。

江西省万安县赣江中游的万安水电站建设，包括规划在内，经历了一个较长的过程，1960年开工后随即停工，80年代恢复正常施工，直到1993年才建成初期规模。枢纽建筑物由混凝土溢流坝、泄洪底孔、河床式电站厂房、船闸、混凝土非溢流坝、土坝和灌溉渠首等组成。船闸最大水头32.5米，是国内已建成水头最高的单级船闸。万安水电工程具有发电、防洪、航运、灌溉等综合效益。电站装机容量初期为40万千瓦，预留后期10万千瓦机组1台,是江西省建成的最大水电站。万安坝址控制流域面积3.69万平方千米,占赣江流域面积的45%,在赣江开发治理中占有重要地位。在初期运行水位时,水库调节性能较差。

1987年至1994年在湖北省长阳县清江上兴建隔河岩水利枢纽。主要枢纽建筑物有上重下拱的斜拱式重力拱坝,坝后岸边地面电站厂房和两级垂直升船机。这种坝型在国内尚属首次采用。升船机的提升总高度达124米,是国内第一座高升程垂直升船机。清江流域水能资源丰富,又是长江流域著名的暴雨区,防洪问题重要,流域对外水陆交通困难,清江水流湍急,航道亟待改善。隔河岩枢纽以发电为主,兼有防洪、航运等综合效益,是清江开发的关键性工程,选为第一个开发是恰当的。坝址控制流域面积14430平方千米,占清江流域面积的85%,水库正常蓄水位200米以下库容31.3亿立方米,能进行年调节,预留防洪库容5亿立方米,华中电网缺乏调峰水电,隔河岩水电站装机容量120万千瓦,在电网中能很好地发挥调峰调频作用。

1986年至1996年在湖南省沅陵县建设沅江五强溪水电站,枢纽建筑物布置采用左岸溢流坝、三级船闸和右岸坝后式电站厂房。早在20世纪50年代进行沅江流域规划时,就把五强溪水电站作为该流域的关键性工程,但目前建成的工程规模已比当年的规划缩小了很多。沅江是长江中游洪水的主要来源之一,丰富的水能资源亟待开发,其航道也有待改善。五强溪坝址地理位置优越,开发任务以发电为主,兼有防洪、航运等效益。坝址控制流域面积83800平方千米,约占沅江流域面积的94%。水库正常蓄水位108米以下库容29.9亿立方米,可进行季调节,防洪库容13.6亿立方米。电站装机容量120万千瓦,多年平均年发电量53.7亿千瓦时,是湖南省最大的水电站。

四川省广元县嘉陵江支流白龙江上的宝珠寺水电站,于1978年开工,后随即停工,1985年复工,1995年建成。枢纽主要建筑物有混凝土重力坝、坝后式电站厂房、过木道、工业取水工程及预留灌溉引水口等。工程开发任务以发电为主,兼有灌溉、防洪、工业用水及航运漂木等综合效益,电站装机容量70万千瓦,是白龙江上不可多得的综合效益较大的水利枢纽。

二滩水电站位于四川省攀枝花市雅砻江干流下段,于1991年动工兴建,2000年底竣工。工程开发任务主要是发电,兼有漂木、航运等效益。坝址控制流域面积11.64万平方千米,占雅砻江流域面积的90%。水库正常蓄水位1200米,总库容61.8亿立方米,属季调节水库。枢纽建筑物由混凝土双曲拱坝、左岸地下电站厂房、右岸泄洪隧洞及左岸木材过坝设施等组成。拱坝高240米,是我国第一座坝高超过200米的高坝。电站安装6台单机容量55万千瓦的水电机组,总装机容量330万千瓦,多年平均年发电量170.35亿千瓦时,是川西地区的骨干电源。

五、跨世纪工程圆百年梦

举世瞩目的三峡水利枢纽于1994年冬正式开工。三峡坝址位于湖北省宜昌市三斗坪,控制流域面积约100万平方千米,占长江流域总面积的56%。三峡水库正常蓄水位175米以下库容393亿立方米,其中防洪库容221.5亿立方米,建成后将是我国最大的水库。三峡工程的主要任务是防洪、发电、航运,并有水产和旅游等方面的效益。选定的枢纽布置方案是:泄洪坝段位于主河槽部位,两侧为电站坝段及非溢流坝段,水电站采用坝后式厂房,另在右岸留有将来扩机的地下厂房位置,船闸和升船机均位于左岸。三峡大坝为混凝土重力坝,船闸为双线五级连续梯级船闸。

三峡水利枢纽是长江干流上最大且最下一级控制性工程,建设规模宏大。工程的混凝土浇筑量达2900万立方米,居世界前列。三峡电站安装26台单机容量70万千瓦的水电机组,总装机容量达1820万千瓦,大于已建成的世界上最大的伊泰普水电站(1260万千瓦),位居世界第一位;加上后来建成的6台同样机组的地下厂房,总装机容量达2240万千瓦。水轮发电机组单机容量70万千瓦,居世界领先地位,其转轮直径9.85米在同容量的水电机组中是世界最大的。三峡五级船闸的总水头达113米,是世界大型船闸中水头最高的,也是连续级数最多的。三峡升船机承船厢室段塔柱建筑高度达146米,最大提升高度113米,最大提升重量超过1.55万吨,可提升3000吨级船舶快速过坝,升船机提升的吨位和高度也属世界第一位。三峡工程改善库区航道里程600余千米,用一座水库就改善如此长的航道里程在世界上是罕见的。国内外的大型水库中只有俄罗斯伏尔加河上的古比雪夫水库的长度与过坝货运量可与三峡水库媲美,但伏尔加河冬季结冰,通航期每年只有7个月,而长江则全年通航。可见三峡工程的总体规模举世无双。

更重要的是三峡水利枢纽综合效益巨大。在防洪方面,它保护着长江中游的广大腹地,保护地域之广,涉及人口与财富之多,世界罕见。特别是要防止荆江河段发生毁灭性洪水灾害,现实可行的方案就只有修建三峡工程。三峡工程的防洪作用是当时国内外已建成的有防洪作用的大型水库无法比拟的,长江的防洪体系需要多种措施相互配合,但三峡水库的作用在其中是关键性的。这是由于三峡枢纽位置适中,能控制长江洪水特别是中游成灾洪水的主要来源,而且其调度运用比其他防洪措施更为灵活、有效。规划科研人员曾经研究过用在长江上游干支流上分散建设一系列水库的方案,来代替三峡水库的防洪作用。这些水库的坝址选择受淹没条件等的限制,大坝能控制的集水面积有限,而且不能控制它们坝址以下至宜昌的区间大暴雨区,故它们在防洪上无法代替三峡水库。国内外有不少有洪灾的河流，苦于找不到控制作用大的山谷水库，如我国的淮河和海河、美国的密西西比河都是这样。三峡水利枢纽能集中控制长江上游来水，以一个枢纽取代了很多枢纽的拦洪作用，是长江防洪的一大有利条件。

三峡水库的防洪库容与兴利库容能较好地结合，因此综合效益非常显著。三峡电站装机容量大、发电量多，多年平均年发电量达890亿千瓦时左右，地理位置又接近需电地区，是全国性大电力系统东联西接的支撑点，是大系统的骨干电源，联网后能发挥巨大的补偿调节作用和水、火电互济作用。这些巨大作用是其他电站所不具备的。

在航运方面，建设三峡水库能有效地改善重庆港以下川江的航道条件，以此为契机可扭转西南水运长期落后的局面，这是航道整治等其他措施无法达到的。

20世纪70年代以来，国际上对重要水利工程的规划已扩展为考虑经济、社会、环境等多目标的规划，而不只限于原有的经济目标。三峡工程是我国对这三大目标进行较系统而深入探讨的第一个水利项目，这对我国水利科学技术的发展具有重大意义。在此之前我国已出现了多目标规划的萌芽，但有意识、系统地开展这方面的研究，则是从三峡工程开始的。研究表明，三峡工程除显著的经济效益外，同时具有巨大的社会效益和环境效益。

六、主要成就

据第一次全国水利普查成果及长江流域内各省（自治区、直辖市）水利厅（局）2017年根据《长江委办公室关于复核长江流域新增大中型水库工程基础信息的通知》填报资料，截至2011年底，长江流域已建、在建库容10万立方米及以上的水库有51643座，总库容3606.89亿立方米，其中小型水库（库容10万立方米及以上1000万立方米以下）49818座。截至2017年3月，长江流域有大中型水库2068座，长江流域大中型水库工程重要指标汇总见表1-2。

表1-2　　　　　长江流域大中型水库工程重要指标汇总

工程规模	数量（座）	总库容（亿立方米）	兴利库容（亿立方米）	防洪库容（亿立方米）
合计	2068	3255.14	1890.44	855.74
大型（总库容≥10亿立方米）	335	2841.01	1621.90	791.73
中型（0.1亿立方米≤总库容<1亿立方米）	1733	414.13	268.54	64.01

资料来源：长江流域水利基础数据重要指标统计汇总（2017年）。

按流域水系统计，长江流域大中型水库主要集中在长江干流水系、洞庭湖水系，总库容较多的是长江干流水系、洞庭湖水系、汉江水系。长江流域各水系大中型水库重要指标按流域水系统计见表1-3。

表1-3　　　长江流域各水系大中型水库重要指标按流域水系统计

序号	流域水系	工程数量（座）			总库容（亿立方米）	防洪库容（亿立方米）	兴利库容（亿立方米）
		合计	大型	中型			
		2068	335	1733	3255.13	855.74	1890.44
1	长江干流水系	603	93	510	1123.88	462.05	680.11
2	雅砻江水系	22	10	12	160.39	24.02	163.94
3	岷江水系	96	32	64	137.17	19.17	101.27
4	嘉陵江水系	187	28	159	211.78	42.79	89.38
5	乌江水系	142	25	117	263.65	11.23	150.58
6	洞庭湖水系	498	59	439	548.92	97.65	298.22
7	汉江水系	206	44	162	542.80	130.96	276.33
8	鄱阳湖水系	287	36	251	250.63	62.28	123.50
9	太湖水系	27	8	19	15.91	5.59	7.11

资料来源：长江流域水利基础数据重要指标统计汇总（2017年）。

第二章

长江流域规划历程与水利普查

　　水利规划是水利建设中一项重要的前期工作。我国在 1988 年 1 月颁布的第一部《中华人民共和国水法》和 2002 年修订的《中华人民共和国水法》中都明确规定："批准的规划是开发水资源和防治水害的基本依据。"在审批水利工程项目时，首先要审查是否有批准的"规划"作为依据。《中华人民共和国水法》赋予了水利规划在水利建设中的重要法律地位。水利规划的基本任务是：根据国家规定的建设方针和要求实现的水利目标，研究制订治理、开发江河的方向、主要措施和分期实施步骤，以指导水利工程的建设和管理（包括调度）。水利规划要求实现的目标包括经济、社会、环境等各个方面，并要协调各地区、各部门对水利的要求，以有效解决防洪、灌溉、供水、水力发电、航运、水土保持等各项治理、开发江河的任务，并能维系优良的生态与环境。长江流域水利工程建设都是在规划指导下进行的，流域内重要水利工程一般都经历过大量的勘测、调研和长期的规划论证。尤其是流域综合规划，在综合治理开发长江的实践中起到了积极的指导作用，对流域经济、社会发展做出了重要贡献，影响深远。在长江流域规划的指导下，经过 60 多年的防洪建设，长江中下游地区已初步形成了由堤防、水库、分蓄洪区、河道整治、水土保持等工程措施和非工程措施组成的综合防洪体系；上游地区通过堤防、水库工程等建设，防洪能力也有较大提高。长江流域总体防洪能力的提高，战胜了 1991 年、1995 年、1996 年、1998 年、1999 年、2010 年、2012 年、2016 年和 2018 年大洪水，大大减轻了洪涝灾害损失及对经济和社会发展的影响，为流域经济发展和人民安居乐业创造了一个安定的环境，在长江流域经济和社会全面发展中发挥了重要的保障作用。流域规划中干支流开发方案的逐步完善和分期实施，指导水能资源丰富的河流（河段）有计划地进行多目标梯级开发，促进流域内水电的快速发展，改善水资源供应状况，渠化航道，获得较好的综合利用效益。

　　多年的治江实践证明，各阶段的流域综合规划准确地把握了长江的特点和不同时期经济社会发展要求，指导思想、原则与时俱进，规划理念不断更新，规划布局不断优化，规划体系不断完善，有效指导和促进了长江治理开发与保护，支撑了流域经济社会的可持续发展。

第一节　历次长江流域规划概况

长江流域综合规划是长江流域开发、利用、节约、保护、管理水资源和防治水害的总体部署，是长江治理与保护的"蓝图"。党中央、国务院高度重视长江治理开发与保护，长江水利委员会和国家相关部门、流域各地一道始终坚持以规划编制为先导、以涉水管理为手段、以工程建设为基础、以科技创新为支撑，全方位开展长江治理开发与保护工作，取得了突出成绩。

党中央、国务院高度重视长江流域规划工作。长江水利委员会自成立初，就承担起以防洪为主的治理开发长江任务，为开展流域规划积极进行各项准备。根据国家安排，长江水利委员会会同国家有关部委，在新中国成立之初、改革开放后和进入 21 世纪后，与时俱进地开展了三轮长江流域综合规划的编制及修订工作，编制完成了《长江流域综合利用规划要点报告》《长江流域综合利用规划简要报告（1990年修订）》和《长江流域综合规划（2012—2030 年）》，为流域水利建设和管理提供了可靠的基础和基本依据。

一、《长江流域综合利用规划要点报告》

1952 年，中央提出水利建设的总方向是"由局部转向流域规划，由临时性的转向永久性的工程，由消极的除害转向积极的兴利"。1954 年长江大洪水后，中央决定加速长江的治理开发，尽快编制长江流域规划。1955 年，长江流域综合规划工作全面开展，长江水利委员会负责流域规划工作，燃料工业部、交通部、铁道部、地质部、水产部、电力部、中国科学院、文化部共同参与，邀请苏联专家协助。1958 年 3 月，周恩来总理在中央政治局成都会议上作了关于三峡水利枢纽和长江流域规划的报告，并经会议讨论通过。4 月 5 日，中央政治局正式批准了《中共中央关于三峡水利枢纽和长江流域规划的意见》。该文件为长江流域规划工作制定了"统一规划、全面发展、适当分工、分期进行"的原则，并指出："远景与近期，干流与支流，上中下游，大中小型，防洪、发电、航运与灌溉，水电与火电，发电与用电七种关系必须相互结合，并根据实际情况，分轻重缓急和先后次序，进行具体安排。"

根据中央意见，长江水利委员会编制完成《长江流域综合利用规划要点报告》。该报告在大量调查研究和深入分析长江特点的基础上，服务于多快好省建设社会主义目标，首次提出了系统的长江治理规划，谋划治江方略，勾绘了以三峡水利枢纽为主体的长江流域规划宏伟蓝图。

(一)规划的方针和任务

长江流域规划的方针是统一规划,全面发展,适当分工,分期进行。同时,需要正确地解决以下七个方面的关系:远景与近期,干流与支流,上中下游,大中小型,防洪、发电、航运与灌溉,水电与火电,发电与用电。这七种关系必须相互结合,根据实际情况分别轻重缓急和先后次序,进行具体安排。三峡工程是长江规划的主体,但要防止在规划中集中一点、不及其他和以主体代替一切的思想。

流域规划的主要任务如下:防治洪水灾害,保障人民和工农业生产的安全;消除旱涝灾害,保证农业生产的迅速发展;防止水土流失,发展广大山区经济;充分开发水力,提供大量廉价动力,促进工业的迅速发展,促进整个国民经济建设的技术改造;改善水运条件,提高运输能力,降低运输成本,便利物资交流;注意水产的发展和水利卫生的改善。此外,还必须根据全国一盘棋的精神,对南水北调和沟通相邻流域的运河问题,进行全面考虑,做出适当安排。

(二)规划的主要内容

《长江流域综合利用规划要点报告》研究了三峡水利枢纽在长江流域规划中的战略地位,它在解决长江中下游防洪这个首要任务中有着特殊的意义,同时在水电开发、通航等方面具有重大的作用,是一项对全江有重大影响的控制性工程,是长江流域规划的主体。长江流域综合利用规划的五大组成部分如下:

1. 以防洪、发电为主的水利枢纽开发计划

根据中央指示的流域规划方针和规划工作原则,在长江干流和各主要支流上,研究了包括三峡工程在内的 70 座主要水利枢纽。这些水库群分期分批逐步实施后,不但可以基本解决长江干、支流的防洪问题,在发电方面还可满足相当长时期的工农业发展的用电需求,而且还有较大的其他综合利用效益。

2. 以灌溉、水土保持为主的水利化计划

根据流域内农业、林业、牧业的现状和发展要求,以及山区、丘陵区、平原区的不同特点,研究了各地区的水利化计划,估算了全流域的灌溉用水量,并指出发展灌溉和进行水土保持工作应以中小型水利工程为主、大型水利工程为骨干。水利化计划的重点是对农业生产有重大意义且与长江整个规划关系较大的 14 个地区的灌溉和水土保持提出了规划意见。

3. 以防洪除涝为主的平原湖泊区综合利用计划

长江中下游沿江广大平原区和湖区土地肥沃,物产丰富,人口密集,交通发达,素称"鱼米之乡",是全国商品粮、棉、油的主要生产基地之一,也是工商业发达地区,沿江有武汉、南京、上海等大中型城市。但这一地区地势较低,水网交错,湖泊众多,

堤垸繁密，地面高程普遍低于长江及其支流尾闾洪水位几米至十几米，是长江流域洪涝旱灾害最为频繁而又严重的地区，主要靠长约3万千米的堤防保护。平原湖泊区综合利用规划要求培修堤防，控制湖泊洼地，开辟蓄（分）洪垦殖区，以及各地区的系统河网化，逐步实现平原湖区以防洪、除涝为主，结合发展灌溉、航运、水产和防治血吸虫病等综合治理开发的计划。并根据沿江滨湖地区的地形条件、行政区域和洪涝灾害性质，将长江中下游平原湖区划分为10个区，如江汉平原区、洞庭湖区等，进行分区规划研究。

4. 以航运为主的干流航道整治和南北运河计划

长江干流是我国东西向的运输大动脉，通过对干支流进行河道整治和梯级开发，形成干支直达和江海直达运输网。同时开辟两条南北向的京广大运河，东线京广大运河江北段为京杭大运河，江南段为赣粤运河；西线京广大运河江北段为南水北调中线总干渠，江南段为湘桂运河。并以东西向和南北向的航运运输网为骨干，沟通相邻流域的其他水道，使我国的主要河流连接成以长江水系为中心的、有统一航道标准和一定规模的、四通八达的水运网络，以充分利用廉价水运，促进国民经济发展。

5. 向相邻流域引水的计划

南方水多，北方水少，实施南水北调是跨流域进行水资源优化配置的重大举措，对加速我国经济和社会发展有着重要意义。规划通过与相邻流域各自水量平衡的分析，研究了长江上游自金沙江引水、中游自汉江丹江口水库自流引水及下游自长江干流提水三大方案，并研究了各方案的引水范围。

（三）规划的特点

其一，1958年中央政治局成都会议通过的《中共中央关于三峡水利枢纽和长江流域规划意见》提出的规划基本原则和需要正确解决的七种关系是本次规划编制的主要指导思想。

其二，《长江流域综合利用规划要点报告》规划的重点是当时急切需要解决的长江防洪问题，报告明确提出防洪是长江流域规划的首要任务，综合规划的五大组成部分有两部分都将防洪放在首要位置。

其三，该报告明确了三峡水利枢纽在流域规划中的战略地位，是流域规划的主体。报告中充分论证了三峡水利枢纽在解决长江中下游防洪中的控制性作用，同时对三峡水利枢纽的规模也进行了认真的研究。

其四，由于受当时社会经济发展状况及认识水平的影响，报告过分强调了对水能资源的充分利用，而对水库淹没处理的困难认识不足，规划了较多的高坝大库，导致这些工程移民工作量大，难以按规划方案实施。

本次规划确定的基本原则和需要正确解决的七种关系，为后续的长江流域规划奠定了基本方向，明确了防洪是长江治理的首要任务，明确了三峡水利枢纽在流域规划中的战略地位。

（四）水利枢纽工程安排

本次长江流域规划是以三峡水利枢纽为主体的规划，因为三峡工程在防洪、发电、航运等方面具有决定意义。三峡水利枢纽位于宜宾至宜昌河段的最下段，可对三峡以上洪水做最有效的控制。三峡以上的洪水，在各种典型年份的主要汛期全江水量中均占一半或更多。所以三峡水利枢纽是解决荆江及以下干流沿岸地区洪水问题的最可靠措施。三峡水利枢纽是发电能力最大、动能经济指标最优越的枢纽，且地理位置适中，交通便利。其建成对工农业的发展特别是促进耗电多的工业的发展，有巨大的意义。同时还可以根本改善重庆至宜昌间的航运条件，及为自流引水至华北创造条件。故三峡水利枢纽在流域开发中占最重要的地位，必须在稳妥可靠的基础上保证其尽早建成。规划中通过比较论证190米、195米、200米三个正常蓄水位，认为正常蓄水位200米最合适；比较了美人沱和南津关两个坝址，推荐美人沱坝址。

要点阶段对干流宜宾以上的金沙江一段未进行深入研究，自宜宾至宜昌段是干流主要洪峰汇集的河段，水能蕴藏丰富集中，在水能开发方面亦占极重要的地位，且这一河段是西南物资外运的大动脉。这一河段因为滩险流急，阻碍航运发展，所以应作为重点研究的对象。围绕三峡水利枢纽正常蓄水位200米方案，对干流宜宾至重庆段的猫儿峡275米、石硼265米和朱杨溪230米等方案进行了比选研究。总的结论是，这一河段采用低水头方案为宜，石硼265米加朱杨溪230米方案，技术经济指标良好，可以作为低水头方案的代表。

对石鼓以下金沙江河段（含雅砻江），代表方案是分8级开发，由虎跳峡、半边街、龙街、老河口、羊厩（白鹤滩）、大石包、向家坝和雅砻江下段的小得石等枢纽组成。其中龙街枢纽或羊厩（或白鹤滩）枢纽，可以解决云南省近期供电要求，可列为近期开发对象。

岷江干支流，将岷江干流上的大索桥、璇口、紫坪铺、偏窗子，青衣江上的飞仙关、止水岩，大渡河上的石棉、富林、龚嘴、铜街子，马边河上的周坝等枢纽主要指标进行比较，其中紫坪铺、富林、铜街子、偏窗子等枢纽，均可考虑作为近期开发对象。

嘉陵江，根据流域特点，在盆地边沿区，有较好的地形地质条件，适合建筑高坝枢纽。中下游河段淹没损失大，宜根据航运的要求，结合水力发电，修建低水头梯级枢纽。通过初步勘测研究，干流上的亭子口，白龙江上的飞鹅峡，涪江上的平驿铺、武都，渠河上的凤滩、罗江口等枢纽，技术经济指标良好，建成后可使上游的河流达到多年调节,均可考虑作为近期开发对象。

根据乌江流域特点和长江流域规划总的要求,应尽可能在乌江上修建大库容水库,以分担长江的防洪任务,并充分开发水力,供应工农业用电,改善航道条件,以促进流域内外的物资交流。乌江流域的开发方案,可以由乌江渡、构皮滩、洪渡、武隆等主要枢纽组成。其中乌江渡及武隆枢纽,前者可满足贵阳、遵义地区近期工农业用电要求,后者可满足重庆地区近期用电要求,综合效益均很大,可选作近期开发对象。

清江流域在盐池及其比较坝区芭王沱和长阳县城上下的隔河岩或永和坪建坝,均可以获得适当的调节库容。长阳枢纽的综合效益最大,应选作近期开发对象。下游的长滩枢纽,虽调节库容很小,但工程规模较小,有可能在短期内建成,以应工业用电急需,亦可作为近期开发对象。

洞庭湖"四水",湘江干流河道大半流经丘陵平原区,只宜结合运河要求,修建低水头的渠化梯级枢纽,以改善航运和合理开发水力。在湘江的支流上可以以较小的淹没损失建设有较大调节库容的枢纽,潇水的双牌、涔天河,舂陵水的胡溪桥,耒水的东江,涟水的水府庙和汨罗江的屈原,浏渭河的振冲等枢纽经济指标都较优越,综合效益大,都可作为近期开发对象。

资水干支流都有良好的开发条件,支流夫夷水上的金龙山枢纽,蓼水上的红岩枢纽,干流上的柘溪枢纽和金塘冲枢纽等,都有较大的综合效益,均可考虑作为近期开发对象。

沅江是长江中下游各支流中水力蕴藏最富者,具有提供巨大库容,调蓄径流,开发水利的良好条件,干流上的鹭鸶滩和五强溪枢纽综合效益最大。五强溪枢纽可对沅江洪水作有效控制,对改善沅江航运条件亦有显著作用,可作为近期开发对象。

澧水属暴雨区,下游松澧洪道区洪灾频繁。根据湖南省的资料,修建干流的沙刀湾和仙街河、支流溇水的皂市、支流溇水的长滩河等枢纽后,有效库容53.1亿立方米,使下游洪水问题得到基本解决。其中,皂市枢纽有效库容11亿立方米,可使澧水的洪水得到控制,开发的电力可供附近工矿企业急用,并可改善矿产运输条件,可选作近期开发对象。

二、《长江流域综合利用规划简要报告(1990年修订)》

1972年和1980年,水利电力部组织召开了两次长江中下游防洪座谈会,进一步明确了长江中下游防洪的标准和总体安排。1978年党的十一届三中全会后,我国进入了一个新的发展时期,全国工作的重心转移到经济建设上来,这一发展形势对长江治理开发提出了新的要求。

为适应改革开放和到20世纪末全国工农业总产值翻两番的战略目标需要，1983年12月，国家计划委员会报经国务院批准，部署开展对《长江流域综合利用规划要点报告》的修订工作。规划修订工作由国家计划委员会同水利电力部负责，国家计划委员会、水利电力部、交通部、建设部、农牧渔业部、地质矿产部、林业部、环境保护局等部局及有关单位，长江流域规划办公室，流域内各省（自治区、直辖市）计划委员会及有关厅局共同参加。

1987年12月，长江水利委员会编制完成了《长江流域综合利用规划要点报告》。1988年，水利部会同能源部对该报告进行了讨论，同年12月提出了修订补充后的《长江流域综合利用规划要点报告》并上报国务院。1990年6月，全国水资源与水土保持工作领导小组在北京召开了《长江流域综合利用规划要点报告》审查会，国务委员陈俊生主持会议。经审查，领导小组原则同意该报告。1990年9月，国务院原则批准了修改完善后的《长江流域综合利用规划简要报告（1990年修订）》。

（一）规划的方针和任务

在《长江流域综合利用规划简要报告（1990年修订）》中，明确要继续执行1958年《中共中央关于三峡水利枢纽和长江流域规划的意见》的指示，坚持长江流域规划的基本方针和原则，同时增加了"需要与可能，整体与局部，除害与兴利，生产与生活，农业与工交，左岸与右岸，滞蓄与排泄，以及水土和生物资源的利用与保护"等方面的关系。

流域规划的主要任务是：根据国家经济建设发展的新情况与要求，从流域的实际出发，全面考虑国民经济有关部门的需要，按两个不同水平年，近期以2000年国民生产总值比1980年翻两番为目标，远景以2030年为目标，提出综合开发利用长江水资源的要求，对长江干流和主要支流开发基本方案进行必要的修订和补充。主要规划任务包括水资源综合利用、防洪、治涝、水力发电、航运、灌溉、水土保持、长江中下游干流河道整治、南水北调、水产养殖、沿江城镇布局、城市供水、水资源保护与环境影响评价、发展旅游以及干流治理规划与主要支流规划，同时明确以中下游防洪、中上游水电开发、干流航运为规划的重点任务。

（二）规划的主要内容

《长江流域综合利用规划简要报告（1990年修订）》在综合利用规划中，依次分述了防洪、发电、航运等14项任务的规划内容。在干流治理开发规划中，提出了宜宾以上河段以发电、航运、灌溉、供水和分担中下游防洪为主要任务的水利枢纽开发规划，宜宾至宜昌河段以防洪、发电和航运为主要任务的水利枢纽开发规划，宜昌以下河段以防洪、航运与岸线利用为目标的河道整治规划。该报告指出，三峡水利枢纽综合利用效益巨大，经济指标优越，是提高长江中下游防洪标准、确保行洪安全有效的工程措施，建议尽早兴建。在主要支流的开发治理规划中，阐明了主要支流与长江干流在规划任务上的协调安排，提出了主要支流的治理开发任务与基本方案，并明确了各主要支流的治理开发重点和近期工程项目。

《长江流域综合利用规划简要报告（1990年修订）》提出的长江流域规划要解决的主要问题和总体方案有以下几个方面：一是继续提高长江干支流防洪能力，消除洪水灾害；二是大力开发长江水能资源，促进水资源的综合利用；三是充分开发利用长江水系水运的潜在优势，积极发展航运；四是继续发展灌溉事业，加强水土保持；五是南水北调，实现跨流域引水；六是水资源保护、城市和工矿企业供水、沿江城镇布局、发展水产、发展旅游。并根据全面规划、统筹兼顾、综合利用、远近结合等原则，推荐了一批近期可以兴建的主要工程项目。

（三）规划的特点

其一，本次规划继续执行中央政治局成都会议的决定，并在规划中增加了需要与可能、整体与局部等需要解决的七种关系；在规划任务中增加了城市供水和水资源保护等内容，在规划内容上更加充实完善，体现了"与时俱进"的精神。

其二，综合规划由14项任务组成，依据当时经济社会发展的要求，将长江中下游防洪除涝、水能开发、干流航运作为3项主要任务，进行了重点规划研究，继续明确了三峡水利枢纽工程在长江流域治理开发中具有的重要地位和作用。

其三，规划中较好地协调了综合规划和干流规划在开发任务和规划方案之间的关系，提出了干流和支流在流域防洪规划任务中的合理安排意见。

其四，综合规划提出了水资源保护和环境影响评价的任务，对长江的保护已开始受到重视，但规划的深度和广度还很不够。

（四）水利枢纽工程安排

本次规划明确，近期长江中下游需要解决的问题是洪涝灾害、能源不足，进一步发挥长江干流及主要支流的流通作用，改善和提高商品粮和经济作物基地的生产。上游地区要着手加强水电开发的前期工作，开发已成熟的电源点，改善交通条件，增加灌溉面积，解决大面积的干旱缺水问题，加强水土保持，并注意解决山洪、泥石流及四川盆地的洪水问题，为农业稳产高产创造条件。根据长江流域总体规划，按照大型为骨干、大中小相结合的原则，依据实际情况，分别轻重缓急和先后次序进行具体安排提出了近期开发工程。其中，干支流综合利用水利枢纽工程安排如下：

三峡水利枢纽安排在头等重要的位置，继续明确了三峡水利枢纽工程在长江流域治理开发中的重要地位和作用。三峡水利枢纽能有效控制长江洪水的主要来源，是保证荆江泄洪安全，防止特大洪水发生毁灭性灾害的最有效措施；电站装机容量大，电量多，指标优越，与上游干支流其他水利枢纽相比，距华东、华中最近，输电距离最短，能有效地减轻华中、华东能源紧张局面，并在促进全国联合电力系统中发挥其重要作用；三峡水利枢纽能淹没重庆至宜昌滩险，使航道得到根本改善，还可提高下游枯水航深0.6米，有效提高长江干流航运能力；三峡水利枢纽对减少洞庭湖区淤积、增加枯水期南水北调可调水量、减少调水对长江口的影响均有相当大的作用。

长江上游金沙江河段近期规划的重要水利枢纽有向家坝、溪洛渡，两枢纽开发任务以发电为主，同时改善和创造金沙江下游通航条件，结合防洪和拦沙。

上游主要支流上规划的水利枢纽除已开工的外，还有雅砻江的桐子林、锦屏，大渡河的瀑布沟，乌江的彭水、构皮滩、洪家渡等水利枢纽，开发任务是发电，改善和创造航运条件，并尽可能发挥控制洪水的作用。岷江紫坪铺，嘉陵江亭子口、合川、武都等水利枢纽的主要任务是解决川西平原、四川腹地及成都、重庆等重要城市的工农业供水、防洪，结合发电和改善航运。

中下游支流上的重要水利枢纽有清江的高坝洲、水布垭，洞庭湖水系的凌津滩、敷溪口、江垭、皂市，汉江堵河的潘口，赣江的泰和、峡江等水利枢纽，分别开发各支流的水能资源，结合解决防洪、发电、灌溉等问题。

三、《长江流域综合规划（2012—2030年）》

进入21世纪以后，党中央提出全面建成小康社会、贯彻落实科学发展观、建设资源节约型和环境友好型社会等一系列战略部署，《长江流域综合利用规划简要报告（1990年修订）》拟定的近期目标基本实现，三峡水利枢纽等流域骨干工程基本建成。考虑支撑经济社会可持续发展的需要，国务院部署了新一轮长江流域综合规划修订，由长江水利委员会同流域19个省（自治区、直辖市）有关部门全面开展修订工作。2012年国务院批复《长江流域综合规划（2012—2030年）》。

（一）规划的指导思想和任务

《长江流域综合规划（2012—2030年）》以科学发展观为统领，以可持续发展水利为指导，以"维护健康长江，促进人水和谐"为基本宗旨的新时期治江思路作为规划工作的主线。按照"在保护中促进开发，在开发中落实保护"的基本原则，正确处理好需要与可能、兴利与除害、开发与保护、不同区域与相关行业、上下游、左右岸、远近期的关系，进一步明确目标、统筹规划，因地制宜、突出重点，分步实施、协调推进，切实加强防洪减灾、水资源综合利用、水资源及水生态与环境保护、流域综合管理四大体系建设，为维护健康长江、促进流域经济社会又好又快发展提供有力的支撑。

流域规划的主要任务是：在注重维护长江生态功能的基础上，充分发挥长江的服务功能，使长江成为一条造福于人类的健康河流，以水资源的可持续利用支撑和保障经济社会的可持续发展。根据流域治理开发与保护现状、存在问题和经济社会发展的需要，拟定长江治理开发与保护的主要任务是防洪、治涝、河道整治与岸线利用、供水、灌溉、发电、航运、跨流域调水、水资源保护、水资源及水生态与环境保护、水土保持、流域综合管理等。在现已形成的治理开发与保护格局的基础上，根据流域治理开发与保护任务，逐步建成完善的防洪减灾体系、水资源综合利用体系、水资源及水生态与环境保护体系、流域综合管理体系。

（二）规划的主要内容

1. 分析研究了流域经济社会发展态势，根据经济社会发展提出了对治理开发与保护的要求

以国家经济社会发展战略以及省经济社会发展规划为依据，按东、中、西部地区分析了长江流域经济社会发展态势，按农业、工业、服务业和交通等分析了主要产业发展趋势，对流域人口、地区生产总值和产业结构等作了预测。并根据长江流域经济和社会发展态势分析，提出了对长江治理开发与保护的要求。

2. 以"维护健康长江，促进人水和谐"为宗旨，完善了河流治理开发与保护分区体系，提出了干支流重要节点的控制性指标

在已完成的防洪、水功能等专业分区的基础上，本次规划对上游干流河段水能资源开发、干流岸线利用、干流采砂等专业进行了分区，进一步完善了河流治理开发与保护分区体系。为明确治理开发重点、规范开发秩序、强化保护措施、加强流域管理提供了基础依据。

根据实现保障防洪安全、合理开发利用、维系优良生态和稳定河势河床的总体战略目标，有重点地选择了主要控制站防洪控制水位、控制断面水资源开发利用率、用水总量控制、用水效率控制、控制断面生态基流、控制断面生态环境下泄水量及控制断面水质标准作为流域治理开发和保护的控制性指标。

3. 按照"在保护中促进开发，在开发中落实保护"的原则，提出了防洪减灾、水资源综合利用、水资源及水生态与环境保护和流域综合管理体系综合规划

（1）防洪减灾体系

根据长江洪水在未来气候变化和三峡等控制性枢纽工程建成运行背景下出现的新形势与新问题，加强干流及重要支流堤防的达标建设，加强重点蓄滞洪区建设，结合兴利修建干支流水库，充分发挥三峡工程及干支流其他控制性水库的防洪作用，加快病险水库除险加固，加强城市防洪工程建设，加大山洪灾害防治力度，加强防洪非工程措施建设，进一步完善综合防洪减灾体系。

涝区治理以提高治涝标准为目标,根据"高低分排,合理蓄涝"的原则,进行分区分片治理,处理好防洪与排涝的关系,使涝区达到规划的排涝标准。

中下游河道治理以控制和改善河势、稳定岸线、保障堤防安全、扩大泄流能力为目标,全面加固已有护岸,治理新增崩岸,实施局部河段河势调整工程。

(2)水资源综合利用体系

供水以保障城乡饮水安全为目标,推进节水型社会建设,多渠道开辟水源,加强城市应急备用水源建设,注重解决农村特别是疫区饮水安全问题,保护水源地,改善水质。提出了主要城市和重点地区供水规划意见。

灌溉以保障粮食安全为目标,积极发展节水灌溉,提高灌溉效率,加快现有灌区配套和改造,新建水源工程解决灌溉水源不足问题,新增部分灌区,使灌溉面积比现状有较大增长,对重点灌区进行了规划安排。

水力发电在注重生态与环境保护和综合利用的基础上合理有序开发水能资源,以保障能源安全,开发重点为金沙江、雅砻江、大渡河等水能资源丰富的河流。同时提出了小水电开发规划意见。

跨流域调水以实现我国水资源优化配置为目标。加快实施南水北调东、中线一期工程,积极推进引江济淮、引汉济渭和滇中引水工程建设,加强南水北调中线后期引江和西线调水工程的研究,深入调研调水对当地用水和生态环境的影响及其对策措施。

航运以提供畅通、高效、安全和环保的水上运输为目标,结合枢纽工程渠化,加强航道整治,重点建设国家高等级航道,达到延上游、畅中游、深下游的要求。构筑一个以高等级航道为骨架,以主要港口为中心,航道畅通、干支衔接、沟通海洋,港口布局合理、功能完善、专业高效,运输船舶标准化、专业化、大型化的现代化长江水运体系。

(3)水资源及水生态与环境保护体系

水资源保护以促进水环境良性循环为目标,加强饮用水水源地保护,加强入河排污总量控制,加大城市废污水处理力度,保持生态基流,实施河湖生态补水。水资源保护重点地区为5个城市(上海、南京、武汉、重庆、攀枝花)、5条支流(岷江、汉江、湘江、嘉陵江、沱江)、4个重点湖泊(巢湖、滇池、洞庭湖、鄱阳湖)、2个重要水库(三峡、丹江口)和1个河口(长江口)。

水资源及水生态与环境保护以维护生物多样性和完整性为目标,严格控制生态与环境敏感区域的治理开发活动,保护物种与生物资源,强化湿地生境保护与修复,加强自然保护区建设,保护水生生物群落结构,实现水生态系统功能正常发挥。

水土保持以维护优良生态和改善人民群众生产生活条件为目标,分类实施预防保护、监督管理和综合治理，突出两大生态脆弱区（长江源头、西南石漠化地区）、两大产沙区（金沙江下游、嘉陵江上游）、两大库区（三峡库区、丹江口库区及上游）、两大湖区（洞庭湖、鄱阳湖）的水土流失综合防治。

水利血防以控制血吸虫病传播为目标，按照疫区优先治水、治水结合灭螺的原则，结合河流综合治理、饮水安全、灌区改造、小流域治理等水利工程建设，实施防螺灭螺工程。

（4）流域综合管理体系

在现有法律与体制框架下，建立以《长江保护法》为核心的流域涉水法律法规体系。建立流域会商与协调机制、补偿机制和投融资机制，培养水权和排污权交易机制，建立公众参与水事管理的平台和机制。强化监督执法制度建设，推行水利综合执法，探索跨部门协调配合执法。健全规划体系，通过实施规划同意书制度、水资源论证制度、防洪影响评价制度、采砂统一规划和许可制度、排污许可制度、水土保持报告书和环境影响评价制度等，进一步强化水行政事务管理。加强水利信息化等基础设施建设，大力培养水利科技人才，开展水科技重大问题研究，提高流域综合管理能力。

4. 按照"干支流统筹兼顾，全面发展"的原则，提出了干流、主要支流和湖泊的规划

在长江上游干流河段水能资源开发、干流岸线利用和采砂功能分区的基础上，提出了长江上游干流河段（分列通天河及以上河段、金沙江河段、宜宾至宜昌河段）、宜昌至徐六泾河段及长江口的治理开发与保护布局及主要规划方案。

提出了48条支流与湖泊的规划意见。支流、湖泊的治理开发与保护根据支流（湖泊）的自身特点和本流域的经济社会发展的要求，提出了规划布局和规划方案，同时注重了在防洪、水资源配置和水资源保护等方面服从全流域的整体规划布局，以实现流域整体效益的最大化。

（三）规划的特点

其一，本次规划提出了"维护健康长江，促进人水和谐"等新的规划理念，明确了规划任务应在注重维护长江生态功能的基础上，充分发挥长江的服务功能。因此，本次规划加强了水资源及水生态与环境保护内容，同时也重视了供水（特别是农村饮水）等涉及民生的规划内容。

其二，在流域总体规划中，较全面地提出了河流治理开发与保护分区体系，提出了干支流重要节点的控制指标，对规范开发秩序、强化保护措施、加强流域管理提供了基础依据。

其三，规划建立了四大规划体系，各项规划任务的功能更加明确，更有利于一个

体系中各项任务的协调。这是本次流域规划的创新。

其四，规划进一步明确了干支流统筹兼顾、全面发展的思想，提出了干支流在防洪、水资源配置和水资源保护等方面的协调，并服从全流域的整体规划布局。

（四）水利枢纽工程安排

本次规划分别从防洪、供水、水力发电三个方面安排了水利枢纽工程建设意见。

在防洪水库及防洪控制工程方面，计划完建或开工建设的主要防洪水库有汉江的丹江口水库大坝加高，嘉陵江的亭子口和草街，金沙江的溪洛渡、向家坝、白鹤滩、乌东德，湘江的涔天河，资水的金塘冲，澧水的宜冲桥，赣江的峡江，饶河的浯溪口等。

在供水水源工程方面，重点建设小中甸、车马碧、黔中、小井沟、清平、关口、亭子口、罐子坝、鲤鱼塘、观景口、黄金峡、金佛山、玉滩、下浒山等骨干水源工程，加快向家坝灌区、引漾入洱、都江堰扩灌（毗河供水工程）、武都引水、长征渠引水工程的前期工作，适时开工建设。

在水力发电方面，拟开发兴建的以发电为主的大型水电站包括长江干流的梨园、阿海、金安桥、龙开口、鲁地拉、观音岩、金沙、银江、乌东德、白鹤滩和小南海，雅砻江的两河口、牙根、官地、桐子林，大渡河的双江口、金川、猴子岩、长河坝、黄金坪、硬梁包、大岗山、枕头坝一级、沙坪二级，岷江的十里铺，乌江的白马。其中长江干流小南海梯级、乌江白马梯级要深入开展环境影响评价等论证工作，在条件具备的情况下立项建设。

金沙江虎跳峡河段，应进一步加强开发方式研究，对存在的问题进行充分论证，协调开发与保护的关系，明确河段开发方案，如通过比较在短期内能形成一致意见，虎跳峡河段亦可考虑近期开发。

第二节　长江干流规划

长江干流的水能资源主要分布在上游江源至宜昌河段。《长江流域综合规划（2012—2030年）》根据长江干流上游的河流特点、资源环境状况，以及开发与保护要求，按照有限、有序开发和可持续利用的原则，将长江干流上游河段划分为水能资源禁止开发区、规划保留区和开发利用区三类。

禁止开发区指干流的源头河段、国家级和省级各类自然文化保护区的核心区所在河段，以及需要重点保护的河段。该类河段内实行强制性保护，规划期内禁止水能资源开发。长江干流源头至楚玛尔河河口段、楚玛尔河河口至东仲河段内三江源国家级自然保护区核心区所涉及的河段、三块石以上 500 米至南溪镇河段和弥陀镇至松溉镇河段划为禁止开发区，共长966.23千米，占上游干流河段总长的21.4%。今后当国家对保护区核心区范围作调整时，可对上述禁止开发区作相应调整。

规划保留区指河段内具有一定的开发利用潜力，但前期工作深度不够，规划期内开发条件相对较差的河段，或对生态环境影响存在一定的不确定性的河段。对上述河段规划期内需要加强前期工作力度，深入研究对生态环境的影响。如没有生态环境等制约，今后可调整为开发利用区，如存在生态环境等制约，今后可调整为禁止开发区。楚玛尔河河口至东仲河段内除三江源国家级自然保护区核心区外的其他河段本次规划暂列为规划保留区，横江出口至三块石以上500米河段、南溪镇至沙沱子河段、沱江河口至弥沱镇河段和松溉镇至珞璜镇河段划为规划保留区，上述规划保留区共长620.72千米，占长江上游干流河段总长的13.8%。

开发利用区分为两类：一类指水能资源丰富，开发条件较好，前期工作较充分，开发需求迫切，对促进区域经济社会发展的作用较大，且开发对生态环境影响不大的河段，该类河段的水能资源应优先开发，将资源优势转化为经济优势，促进区域经济发展；另一类是水能资源丰富，开发需求迫切，但开发对生态环境影响较大，河段开发方案存在分歧，尚需深入研究的河段，该类河段应加快开发方案的比选，妥善处理好开发利用与生态环境保护的关系，合理确定开发方案。东仲至横江出口、沙沱子至沱江河口、珞璜镇至宜昌等河段划为开发利用区，共长2917.05千米，占长江上游干流河段总长的64.8%。

一、通天河及以上河段

通天河及以上河段治理开发与保护的主要任务是：按照国家有关文件要求，做好水资源和水生态与环境保护，在保护区非核心区范围，可通过河道整治和堤防建设，保障人民生命财产的安全，根据需要建设灌溉与供水工程，以满足当地对水资源的需求。拟开展巴塘河、扎西科河治理及结古沟、孟宗沟沟道治理工程，修建北山防洪渠道，使玉树州结古镇的防洪能力达到50年一遇。建设曲麻莱、称多、治多三县县城及重要城镇防洪工程。

根据上游干流水能资源开发分区，长江干流源头至楚玛尔河河口以及楚玛尔河河口至东仲河段内三江源国家级自然保护区的核心区禁止水能资源开发。其他河段本次规划暂列为规划保留区，今后要根据区域内经济社会发展、远景电力负荷增长以及优化配置水资源的需要，按照国务院有关文件要求，开展通天河的综合规划，在处理好保护与开发关系的基础上，深入研究河段开发方案，适时、适度开发本河段的水资源。按照南水北调工程总体规划，侧仿水库作为西线调水工程取水枢纽，今后应结合西线

调水工程进一步研究取水枢纽位置及对调水水源区的影响。

二、金沙江河段

金沙江河段治理开发与保护的主要任务为发电、供水灌溉、防洪、航运、水资源保护、水生态与环境保护和水土保持。

金沙江河段水能资源十分丰富，是我国西电东送的主要基地之一。根据2003年水力资源复查成果，金沙江干流水能资源理论蕴藏量为5.81万兆瓦，技术可开发量为7.67万兆瓦，分别占长江干流的63.4%和71.8%。近年来，随着西部大开发战略的实施，金沙江干支流水电开发取得了新的进展，干流溪洛渡、向家坝等电站已经相继建成。

金沙江上游河段：根据近期完成的金沙江干流综合规划，初拟该河段开发方案为东就拉（西绒）、晒拉、果通、俄南（岗托）、白丘（岩比）、波罗、降曲河口（叶巴滩）、拉哇、巴塘、王大龙（苏洼龙）、昌波、旭龙、奔子栏13个梯级，下阶段应在协调好开发与保护关系的前提下，进一步研究梯级的合理布局及各梯级规模。

金沙江中游河段：规划该河段按9级方案开发，即虎跳峡、梨园、阿海、金安桥、龙开口、鲁地拉、观音岩、金沙、银江。

金沙江下游河段：从20世纪50年代开始，各有关单位提出的金沙江下游河段规划梯级布局基本一致，本次规划维持《长江流域综合利用规划简要报告（1990年修订）》提出的4级开发方案，适当抬高乌东德水库正常蓄水位至975米，由此该河段开发方案为乌东德、白鹤滩、溪洛渡、向家坝。

三、宜宾至宜昌河段

宜宾至宜昌河段治理开发与保护的主要任务是防洪、发电、供水灌溉、航运、水资源保护、水生态与环境保护、岸线利用和江砂控制利用。

（一）防洪

加强宜宾、泸州、重庆、宜昌等重要城市以及大片农田保护区的防洪工程建设，配合金沙江梯级水库及三峡水库调洪，达到长江防洪规划拟定的防御标准。

（二）发电

充分利用已建的三峡和葛洲坝水利枢纽，为华中、华东提供电力。根据上游干流水能资源开发分区，在处理好开发与保护关系的基础上，适时开发利用本河段其他水能资源，满足地区不断增长的用电需求，为西部地区特别是重庆市的发展提供能源保障。重庆市应大力发展可再生能源和新能源等清洁能源，稳步提高重庆能源结构中清洁能源比重，积极开展小南海水电工程前期工作，抓紧论证布局大型清洁能源项目。

（三）供水灌溉

本河段水量丰富，水质良好，沿江各城镇可结合自身发展的需要，逐步开展蓄、引、提水工程建设，解决两岸人民生产、生活及农田灌溉等用水。适时研究并启动从长江向汉江补水方案，为实现南水北调中线工程最终规模创造条件。

（四）航运

通过三峡、小南海等枢纽渠化，并结合航道整治措施，使本河段航道达到航道等级要求。近期实施宜宾至泸州航道整治工程和重庆娄溪沟至铜锣峡河段炸礁工程；根据三峡水库蓄水情况和库区通航要求，加强三峡库尾变动回水区航道观测，适时实施治理工程，保障库区航道畅通。

（五）水资源保护

加强水资源保护力度，保护三峡水库水质，严格控制污染物排放，加强重点水域水污染治理，加强饮用水水源地保护，强化干流水功能区管理，完善水质监测网络，加强库区及支流富营养化控制。

（六）水生态与环境保护

建立生境保护区，采取微生境结构修复和增殖放流等措施，有效保护鱼类生境，使库区珍稀鱼类不灭绝，长江上游特有鱼类种群数量不再下降。

（七）岸线利用

本河段左右岸岸线总长 2226.21 千米，已开发利用 180.37 千米，岸线利用率为 8.1%。洲岸线长 28.47 千米，已开发利用 0.64 千米。本河段岸线利用分区为保护区 9 个、保留区 59 个、控制利用区 96 个、开发利用区 38 个，应按各分区的控制利用原则和要求实行严格管理，以实现岸线资源的可持续利用和有效保护。

（八）江砂控制利用

本河段河道采砂具有点多、量小、分散等特点，2013 年前本河段共规划 98 个可采区和 1 个保留区，其余为禁采区，年度采砂总量控制在 1330 万吨以内。2013 年后应根据上游水沙情势的变化，定期对采砂规划进行修订。

四、中下游宜昌至徐六泾河段

宜昌至徐六泾干流河段全长约 1711 千米，为长江中下游平原河流。两岸经济发达，人口密集，为长江防洪重点区域；干线航运事业发展迅猛，对河势稳定、岸线开发的要求越来越迫切；经济社会的快速发展及人口的增加，对水资源的依赖程度越来越高。本河段治理开发与保护的主要任务是防洪、供水灌溉、航运、水资源保护、水生态与环境保护、河道治理、岸线利用、洲滩及江砂控制利用。本河段的治理开发与保护应遵循"因势利导、全面规划、远近结合、分期实施"的原则，充分考虑上游干支流控制性水利水电工程运用对中下游的作用和影响，以及经济社会的发展对治理开发与保护的要求，通过采取综合措施，保障防洪安全，合理开发利用水资源，促进航运发展，维系优良生态，实现岸线、洲滩、江砂的科学、合理和可持续利用。重点是河道治理、岸线洲滩利用、采砂控制管理。

第三节　主要支流规划

长江水系发育，支流众多，流域面积在1000平方千米以上的有483条，超过1万平方千米的有49条，超过8万平方千米的有雅砻江、岷江及其支流大渡河、嘉陵江、乌江、湘江、沅江、汉江和赣江，其中以嘉陵江16万平方千米为最大；长度超过500千米的支流有17条，其中超过1000千米的有雅砻江、大渡河、嘉陵江、乌江、沅江和汉江，以汉江1577千米为最长；多年平均流量100立方米每秒以上的支流有103条，其中1500立方米每秒以上的有雅砻江、岷江及其支流大渡河、嘉陵江、乌江、湘江、沅江、汉江和赣江，以岷江2830立方米每秒为最大。

一、支流分类及其规划方向

根据河流自然状况与社会经济特点，长江支流大体可分为如下三种类型：

一是峡谷地带河流，如雅砻江、岷江上游与大渡河、乌江、清江和沅江等。流域内一般人口密度较小，耕地分布较少，自然资源特别是水能资源丰富。这类河流的开发应利用其有利的地形、地质条件和淹没损失小的特点，修建控制性枢纽，提高径流调节程度，合理开发水能，改善航运条件。有些河流应在满足本流域防洪任务的基础上，兼顾长江中下游地区的防洪要求。

二是丘陵平原地区的河流，源出高山，但大部分流经丘陵平原地带，如岷江中下游、沱江、嘉陵江中下游、资水、湘江、澧水、汉江中下游、赣江等。这类河流流域内人口密度较大，耕地较多，对灌溉、防洪、发电、航运等要求迫切。应根据可能，在中、上游峡谷河段修建控制性枢纽，调节径流，以满足本流域的灌溉与防洪要求，同时开发水能，改善航运条件，并尽可能发挥水库对长江干流的防洪作用。在中下游丘陵平原河段，只宜修建低水头枢纽。

三是长江中下游地区直接汇入江湖的中小河流，除黄浦江等少数平原河流外，其特点基本与第二类河流相似。这种河流的开发影响仅限于局部地区，开发任务主要是防洪、除涝、灌溉、航运和发电。

三种不同类型的支流都要根据各自在国民经济发展中所处的地位和需要、开发条件、资料积累与开发研究等情况，有区别地进行不同深度的综合规划。同时应妥善安排它们在长江流域规划中应承担的任务，使之最有效、最充分地发挥治理开发和保护长江的作用。

二、支流规划

长江主要支流的规划研究工作，几乎全部是在新中国成立后进行的。其规划分工的基本原则如下：在一省或大部分在一省范围内的重要河流，一般由所在省承担规划任务；跨省的大型支流或矛盾突出的重要河流，主要由流域管理机构组织完成。从流域总体看，长江中下游支流综合规划工作相对深入，上游地区较薄弱，一些重要支流只完成了干流水电规划。

（一）汉江

汉江下游流经江汉平原，是一条洪水灾害特别严重的河流。由于其特殊性，流域规划于 20 世纪 50 年代中期即已开始，基本上与长江流域规划同步进行。汉江流域规划首先要解决的是中下游平原的防洪，同时也考虑了水资源综合利用问题。1956 年编制的《汉江流域规划要点报告》指出：控制汉江洪水，不仅能改变汉江中下游地区的防洪情况，而且对长江防洪也有相当作用。因此，该规划将防洪列为治理开发的首要任务。对于引水灌溉，包括南水北调、开发水力资源、发展航运，也都被列为治理开发的重要任务。

正确选定流域开发的第一期工程，是初步实现流域治理开发任务的关键。20 世纪 50 年代的长江流域规划和汉江流域规划报告中都对此作了专门的论证。1956 年的规划已初步选定丹江口水利枢纽为第一期工程，同年还批准兴建汉江下游的杜家台分洪工程。1958 年正式提出的《汉江流域规划报告节要》肯定了选择丹江口水利枢纽为汉江治理开发的第一期工程是正确的。1958 年中央政治局成都会议批准了丹江口工程的兴建。

20 世纪 60 年代，"三线"建设兴起，汉江上游计划修建襄渝、阳安铁路。据此，长江流域规划办公室对原有规划进行了必要的补充修改，1966 年 12 月提出了《汉江流域规划上游干流河段开发方案报告》，对原有梯级方案和规模进行了调整。20 世纪 80 年代至 90 年代，根据当时长江流域综合规划修订补充工作的分工安排，北京勘测设计研究院和长江水利委员会先后完成了汉江干流夹河以上河段规划和干流夹河以下河段的综合规划。由于近年来南水北调中线工程、汉江中下游补偿工程、汉江上游引水入渭规划、丹江口水库库区及其上游河段水源和生态环境保护等项目相继实施，新一轮的汉江干流综合规划于21世纪初开展，经长江水利委员会及有关单位共同努力，2008年提出《汉江干流综合规划报告》并上报水利部。2018年11月，国务院批复《汉江生态经济带发展规划》，对汉江流域的治理与保护提出了新目标和新要求。据此，自2019年3月起，长江水利委员会组织对报告进行进一步修改完善，并将报告更名为《汉江流域综合规划》。

（二）乌江

20世纪80年代，乌江干流规划由长江水利委员会牵头，会同贵阳勘测设计研究院进行，于1987年3月共同提出了《乌江干流规划报告》，推荐11级开发方案（含六冲河洪家渡一级），既合理利用水资源，又尽量减少淹没损失。1988年8月乌江干流规划通过审查，1989年国家计划委员会代表国务院正式批准，成为《中华人民共和国水法》颁布后的第一个经国家批准的大江大河规划，并获1992年度国家科技进步二等奖。1991年12月，长江水利委员会提出了《乌江流域综合规划报告》。乌江干流规划的梯级已基本开发，2012年《长江流域综合规划（2012—2030年）》中拟定的开发治理任务是供水与灌溉、防洪、发电、水土保持、航运、水资源保护等。

（三）洞庭湖"四水"

洞庭湖"四水"规划在20世纪50年代就得到关注，1956年长江水利委员会提出《湘江流域规划要点报告》，1960年湖南省水利资源综合利用规划办公室提出了《湘水规划》，1986年湖南省水利水电勘测设计总院提出了《湘江干流规划报告》，并报经湖南省国土规划局和湖南省计划委员会批准。1957年武汉水电设计院和湖南省水利厅共同编制了《资水河流规划报告》，1978年湖南省水利水电勘测设计总院提出了《资水河流规划复核报告》，1995年湖南省水利水电勘测设计总院再次修订提出了《资水流域规划报告》，1996年水利部水利水电规划设计总院会同长江水利委员会对规划进行了审查，1998年水利部批复了该规划。1956年武汉水电设计院和湖南省水利厅共同编制了《沅江流域规划报告》，1972年湖南省水利水电勘测设计总院提出了《沅江干流中下游规划复核报告》，中南勘测设计研究院于1989年提出了《沅江流域规划报告》（湖南省境内），1990年水利部、能源部水利水电规划设计总院和湖南省计划委员会在长沙对规划进行了审查，同年12月湖南省人民政府批复了规划。澧水在1988年以前的规划中对防洪任务重视不足，洞庭湖水系1988年发生较大的秋汛，受灾较重，水利部领导指出澧水是1935年洪水的重灾区，澧水规划要求以防洪为主进行。根据此精神，湖南省水利水电勘测设计总院在长江水利委员会的协助下，以防洪为主修订了澧水规划，并于1991年通过水利部审查，1992年获国家计划委员会批复。

《长江流域综合规划（2012—2030年）》拟定湘江、沅江和资水的开发治理任务为防洪与治涝、供水与灌溉、水资源保护、发电、航运、水土保持和水利血防，澧水则以防洪、供水与灌溉、水资源保护、发电为主。

（四）清江

清江流域规划一直由长江水利委员会负责，1958年提出了《清江流域规划要点报告》，1965年提出了《清江流域规划报告》，1986年提出《清江流域规划补充报告》。在进一步厘清一些重要工程建设条件后，对原规划进行了修订补充。1993年提出了《清江流域规划报告》（1993年修订），1994年经湖北省人民政府正式批准。该规划安排恩施以下按水布垭、隔河岩、高坝洲三级开发，目前均已建设完成，并设置了约10亿立方米的防洪库容。《长江流域综合规划（2012—2030年）》拟定的主要开发治理任务是防洪、供水与灌溉、水土保持、水资源保护、航运和发电。

（五）鄱阳湖"五河"

鄱阳湖"五河"规划工作同洞庭湖"四水"一样，历来得到关注和重视。1958年长江水利委员会提出了《赣江流域规划要点报告》，1986年在江西省人民政府领导下，由江西省有关部门和长江流域规划办公室等单位共同参与的《赣江流域规划报告》编制完成，1989年12月水利部会同国家计划委员会、能源部、交通部和江西省人民政府对报告进行了审查，1990年国家计划委员会批复了该规划。1960年江西省水利规划设计院提出了《抚河流域综合利用规划报告》，1987年江西省水利规划设计院根据当时经济社会发展要求，提出了《抚河流域规划报告》，1990年江西省计划委员会审查了规划，同年获江西省人民政府办公厅批复。1960年江西省水利规划设计院提出了《信江流域规划报告》，1983年江西省水利规划设计院提出修订了《信江流域规划报告》，1992年江西省水利规划设计院提出了《信江流域规划修改补充报告》，1992年江西省计划委员会主持召开审查会，在上述两个报告基础上，1994年提出了《信江流域规划报告》，1995年江西省人民政府办公厅批复了该规划。1961年江西省水利规划设计院提出了《饶河流域规划要点报告》，1985年编制了《饶河流域规划意见》，1991年江西省水利规划设计院提出了《饶河流域规划报告》，同年江西省计划委员会和水利部水利水电规划设计总院审查了规划，1992年水利部批复了该规划。1958年武汉水力发电设计院在江西省水利水电厅等单位配合下提出了《修水河流规划报告》，1991年江西省水利规划设计院在全面规划的基础上提出了《修水流域规划报告》，江西省计划委员会组织了审查，1992年江西省人民政府批准了该规划。

根据鄱阳湖五河的实际情况和存在的问题，《长江流域综合利用规划简要报告

（1990年修订）》确定鄱阳湖"五河"的主要任务是防洪与治涝、供水与灌溉、发电、航运、水土保持、水资源保护，信江和修河还有水利血防任务。

（六）嘉陵江

嘉陵江流域是开展规划工作较多的长江上游支流，1960年长江流域规划办公室提出了《嘉陵江流域综合利用规划要点报告》，1961年四川省水利电力厅设计院规划队编写了《嘉涪和嘉渠地区水利规划报告》，1976年四川省建设委员会组织提出了《涪江流域综合利用规划报告》，此后长江水利委员会和交通部门、电力部门等单位开展了大量河段规划、支流规划、专业规划工作，并提出了相应的规划报告。根据流域实际和水利部安排，长江水利委员会组织编制了新的流域规划报告，《嘉陵江流域综合规划报告》已于2007年上报水利部，并组织了规划审查工作。《长江流域综合规划（2012—2030年）》拟定嘉陵江的主要开发治理任务是灌溉供水、防洪、航运、发电、水土保持和水资源保护。

（七）岷江

从20世纪50年代至今，有关单位和部门曾对岷江局部河段进行了勘测、规划、设计工作，但还没有一个全流域（或干流）的综合规划。岷江干流上游已建电站大多为引水式电站，造成季节性脱流河段长达80千米，枯水期上游来水几乎全部经都江堰灌区取水口进入成都平原，干流金马河河段常出现断流。消除断流，修复生态，是岷江干流亟须解决的问题。

根据流域经济社会发展的要求，当前岷江流域存在灌溉保证率偏低、农村饮水困难、水力资源开发利用程度不高、防洪能力较薄弱等问题。《长江流域综合规划（2012—2030年）》拟定岷江的主要开发治理任务是供水与灌溉、发电、防洪、水生态环境修复、航运、水资源保护、水土保持和水利血防。岷江最大支流大渡河的主要开发治理任务是发电，还有跨流域调水，并为分担川江及长江中下游的防洪预留部分防洪库容，其他任务与岷江基本一致。

（八）雅砻江

雅砻江以往的勘测、规划、设计工作主要集中在干流中下游和支流安宁河流域内，迄今未开展过流域（或干流）的综合规划。

雅砻江水力资源丰富，目前开发利用程度较低，流域内水资源利用设施缺乏，供水能力不足。流域的防洪保护对象主要在安宁河流域，根据经国务院批准的《长江流域防洪规划》，雅砻江应分担川江及长江中下游的防洪任务。《长江流域综合规划（2012—2030年）》拟定雅砻江的主要开发治理任务是发电、供水与灌溉、防洪、跨流域调水、水土保持和水资源保护。

第四节 水利普查情况

第一次全国水利普查的时点为 2011 年 11 月 31 日 24 时。本次普查分为清查阶段和普查阶段。清查阶段主要对水利工程对象进行工程数量的清查,普查阶段对规模以上水利工程进行重点调查。以独立发挥作用的各类水利工程为普查对象,查清各类水利工程的数量、分布等基础信息,重点查清一定规模以上的各类水利工程的基本情况、工程特征、作用与效益及管理情况等,对规模以下的工程主要查清数量及规模情况。普查内容涉及水库工程、水电站工程、水闸工程、泵站工程、引调水工程、堤防工程、农村供水工程、塘坝工程、窖(池)工程等。

以下简要介绍有关水库工程普查情况,重点调查总库容 10 万立方米及以上的水库工程,10 万立方米以下的水库工程简单调查,仅查清其数量和总库容。

第一次全国水利普查结果显示,长江流域共有水库 51643 座,总库容 3600 多亿立方米;水电站 19426 座,装机容量 19000 多万千瓦,相当于八个半三峡水利枢纽工程。

长江流域普查水库 51643 座。其中,大型水库 282 座,中型水库 1543 座,小型水库 49818 座;山丘水库 34697 座,平原水库 16946 座;已建水库 51321 座,在建水库 322 座;高坝水库 224 座,中坝水库 2544 座,低坝水库 48792 座。长江流域水库工程普查成果汇总见表 2-1。

表 2-1　　　　长江流域水库工程普查成果汇总

分类		水库数量（座）	总库容（亿立方米）	兴利库容（亿立方米）	防洪库容（亿立方米）
总量		51643	3606.89	1799.91	765.82
工程规模汇总	大（1）型	48	2202.97	1020.87	565.50
	大（2）型	234	677.4	320.77	92.25
	中型	1543	414.91	246.27	63.52
	小（1）型	7928	203.92	136.5	30.14
	小（2）型	41890	107.7	75.5	14.42
水库类型	山丘水库	34697	3478.08	1727.61	753.38
	平原水库	16946	128.81	72 30	12.45
建设情况	已建	51321	2943.27	1494.74	645.11
	在建	322	663.62	305.17	120.71
坝高	高坝	224	2267.93	1089.00	542.51
	中坝	2544	793.8	400.76	139.67
	低坝	48792	513.24	302 87	76 49

一、按行政分区汇总

（一）工程规模汇总

1. 工程规模组成

长江流域共有水库51643座，其中大（1）型水库48座，大（2）型水库234座，中型水库1543座，小（1）型水库7928座，小（2）型水库41890座。长江流域水库工程数量分规模汇总情况（按行政区分）见表2-2，长江流域水库工程规模比例见图2-1。

表2-2　　　　　长江流域水库工程数量分规模汇总（按行政区分）

行政分区	工程总数量（座）	大型水库			中型水库（座）	小型水库		
		大（1）型（座）	大（2）型（座）	小计（座）		小（1）型（座）	小（2）型（座）	小计（座）
合计	51643	48	234	282	1543	7928	41890	49818
上海	4		1	1	1	1	1	2
江苏	571		3	3	27	141	400	541
浙江	262		5	5	11	31	215	246
安徽	3317	2	7	9	52	362	2894	3256
福建	25			0	1	5	19	24
江西	10735	4	26	30	257	1491	8957	10448
河南	469	1	2	3	27	80	359	439
湖北	6385	10	66	76	275	1231	4803	6034
湖南	13914	8	39	47	367	1965	11535	13500
广东	17			0			17	17
广西	135		1	1	13	36	85	121
重庆	2996	3	13	16	97	481	2402	2883
四川	8146	11	40	51	219	1226	6650	7876
贵州	1846	7	13	20	79	417	1330	1747
云南	2248	3	10	13	88	361	1786	2147
西藏	1		1	1				0
陕西	539	1	5	6	24	86	423	509
甘肃	33		2	2	5	12	14	26
青海	2			0		2		2

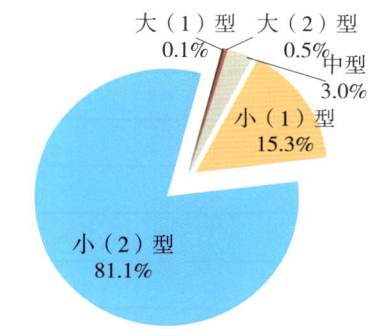

图 2-1　长江流域水库工程规模比例

2. 水库工程数量分布情况

（1）水库工程总数量及分布情况

长江流域共有水库工程 51643 座，分布最多为湖南省，建有水库 13914 座，占 26.9%（图 2-2）。

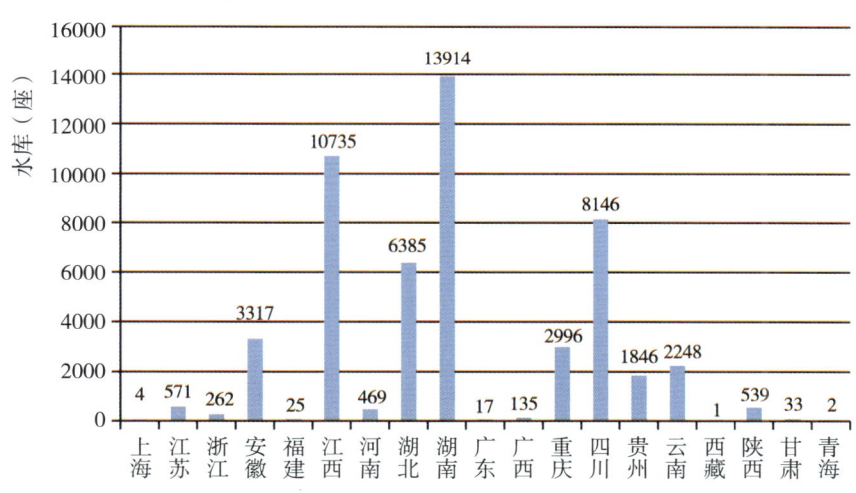

图 2-2　长江流域水库工程总数量分布（按行政区分）

（2）大型水库工程数量及分布情况

长江流域共有大型水库 282 座，分布最多为湖北省，建有大型水库 76 座，占 27.0%（图 2-3）。

（3）中型水库工程数量及分布情况

长江流域共有中型水库 1543 座，分布最多为湖南省，建有中型水库 367 座，占 23.8%（图 2-4）。

（4）小型水库工程数量及分布情况

长江流域共有小型水库 49818 座，分布最多为湖南省，建有小型水库 13500 座，占 27.1%（图 2-5）。

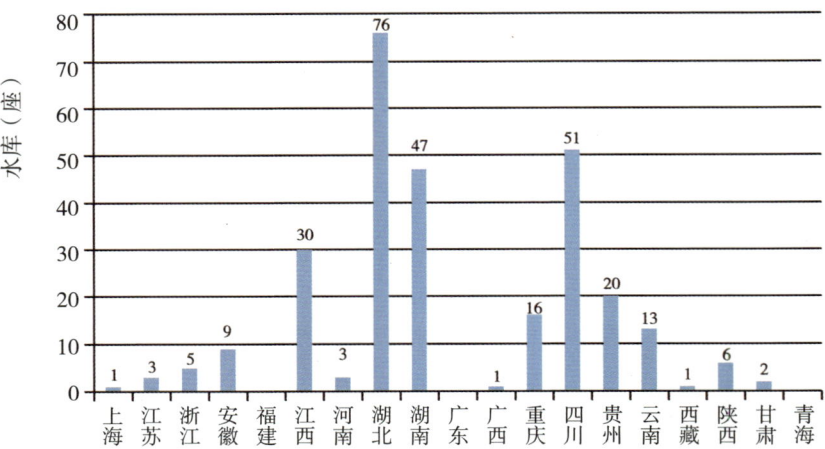

图 2-3　长江流域大型水库工程数量分布（按行政区分）

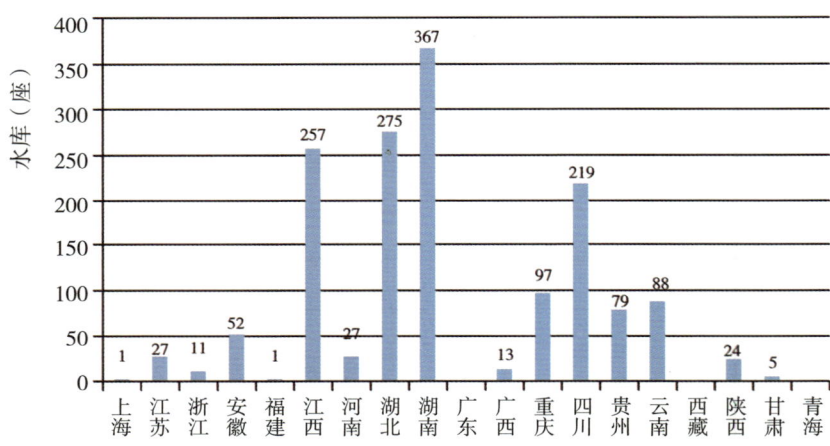

图 2-4　长江流域中型水库工程数量分布（按行政区分）

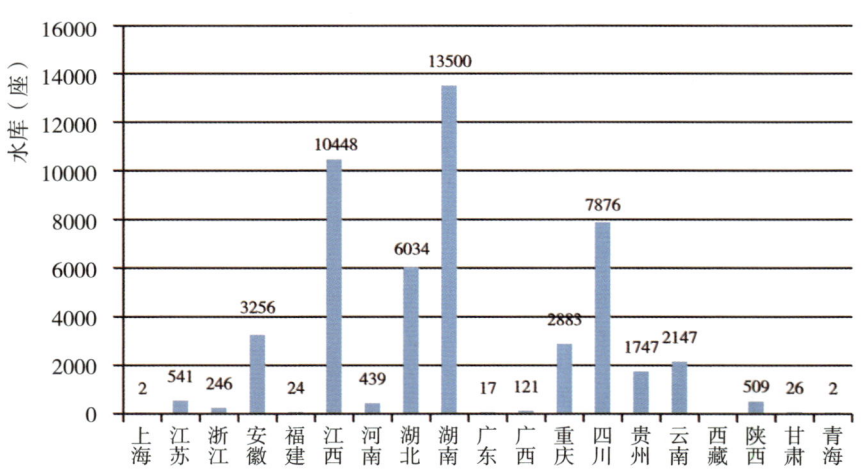

图 2-5　长江流域小型水库工程数量分布（按行政区分）

（二）主要指标汇总

1. 指标数量汇总

长江流域水库总库容3606.86亿立方米，兴利库容1799.92亿立方米，防洪库容765.83亿立方米，设计灌溉面积1162.07万公顷，设计年供水量1042.68亿立方米，2011年供水量635.68亿立方米。长江流域水库工程主要指标汇总（按行政区分）见表2-3。

表2-3　　　　　　　　长江流域水库工程主要指标汇总（按行政区分）

行政区划	工程数量（座）	总库容（亿立方米）	兴利库容（亿立方米）	防洪库容（亿立方米）	设计灌溉面积（万公顷）	设计年供水量（亿立方米）	2011年供水量（亿立方米）
合计	51643	3606.86	1799.92	765.83	1162.09	1042.68	635.67
上海	4	5.49	2.14			34.27	20.07
江苏	571	14.96	7.94	3.45	11.70	7.42	4.73
浙江	262	12.48	5.37	4.54	4.72	5.3	3.89
安徽	3317	109.9	55.57	31.66	64.95	48.15	35.79
福建	25	0.31	0.22	0.01	0.14	0.2	0.17
江西	10735	318.1	168.18	68.44	128.06	174.7	145.75
河南	469	27.27	14.43	7.61	28.07	11.41	2.58
湖北	6385	1258.47	571.45	363.44	256.23	246.83	86.84
湖南	13914	528.58	298.71	105.39	216.6	186.63	116.12
广东	17	0.04	0.03	0	0.03	0.03	0.03
广西	135	6.58	3.84	0.71	5.42	13.48	3.72
重庆	2996	120.63	54.28	12.91	57.70	30.61	16.52
四川	8146	648.71	331.95	102.47	301.48	200.22	161.25
贵州	1846	303.05	157.72	9.38	35.17	37.79	14.21
云南	2248	188.51	96.26	47.96	38.56	32.8	16.09
西藏	1	3.01	0.57		0.81	0.4	0.00
陕西	539	50.99	28.11	5.38	12.01	12.07	7.84
甘肃	33	9.68	3.08	2.48	0.45	0.37	0.07
青海	2	0.1	0.07				

2. 主要指标及分布情况

（1）总库容及分布情况

长江流域水库总库容3606.86亿立方米，数量最多为湖北省，有总库容1258.47亿立方米，占34.9%（图2-6）。

（2）兴利库容及分布情况

长江流域水库兴利库容1799.92亿立方米，数量最多为湖北省，有兴利库容571.45亿立方米，占31.7%（图2-7）。

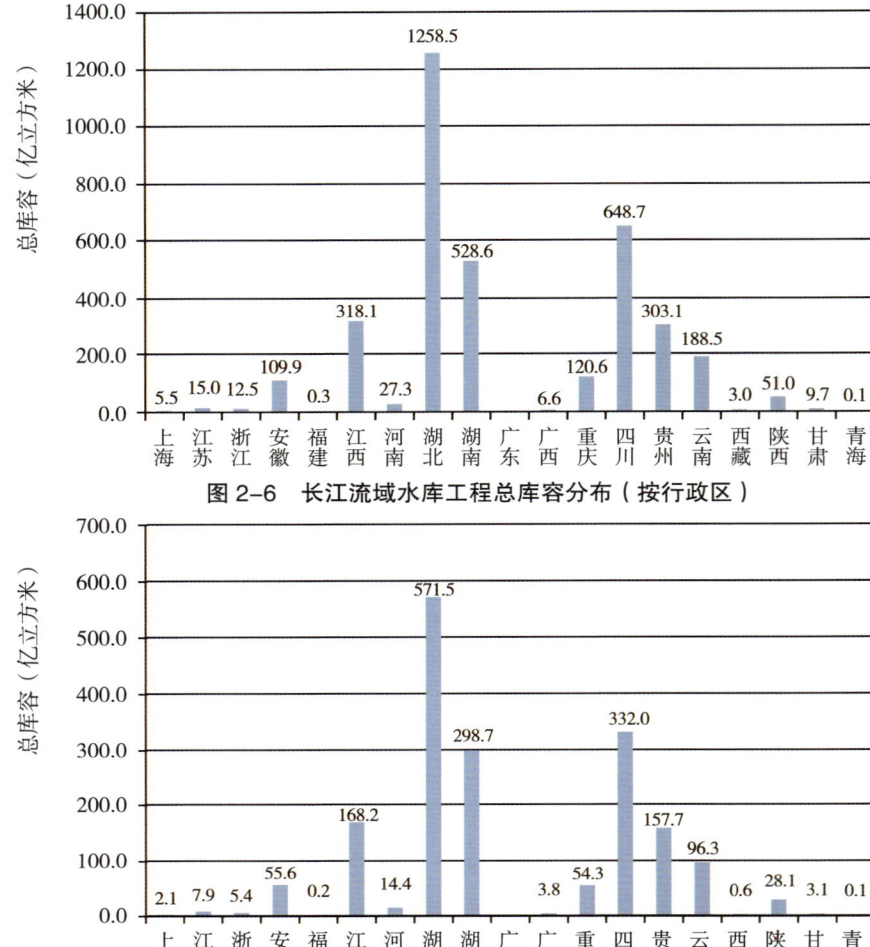

图 2-6　长江流域水库工程总库容分布（按行政区）

图 2-7　长江流域水库工程兴利库容分布（按行政区）

（3）防洪库容及分布情况

长江流域水库防洪库容 764.83 亿立方米数量最多为湖北省，有防洪库容 363.44 亿立方米，占 47.5%（图 2-8）。

（4）设计灌溉面积及分布情况

长江流域水库工程设计灌溉面积 1162.07 万公顷，数量最多为四川省，有设计灌溉面积 301.48 万公顷，占 25.9%（图 2-9）。

（5）设计年供水量及分布情况

长江流域水库工程设计年供水量 1042.69 亿立方米，数量最多为湖北省，有设计年供水量 246.83 亿立方米，占 23.7%（图 2-10）。

（6）2011 年供水量及分布情况：长江流域水库工程 2011 年供水量 635.67 亿立方米，数量最多为四川省，2011 年供水量 161.25 亿立方米，占 25.4%（图 2-11）。

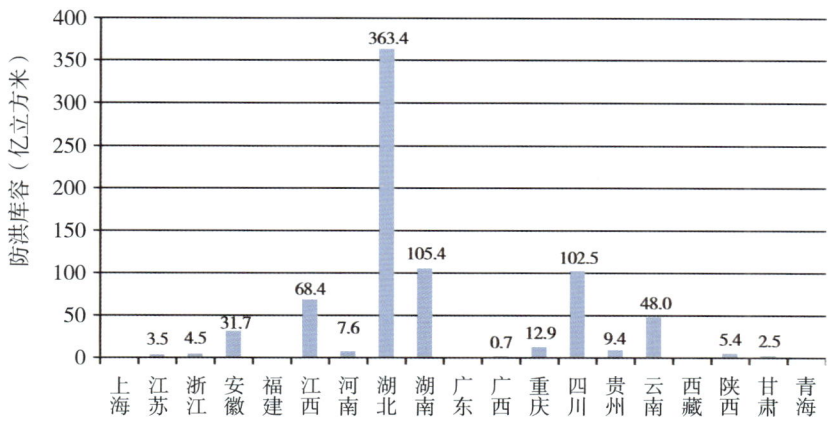

图 2-8　长江流域水库工程防洪库容分布（按行政区）

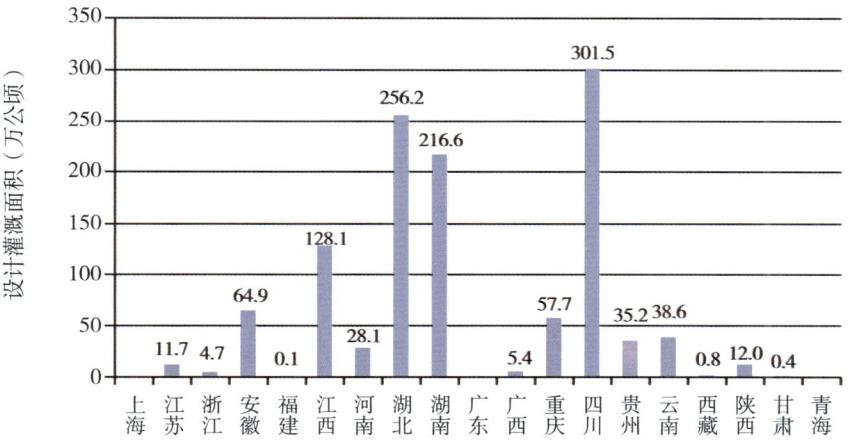

图 2-9　长江流域水库工程设计灌溉面积分布（按行政区）

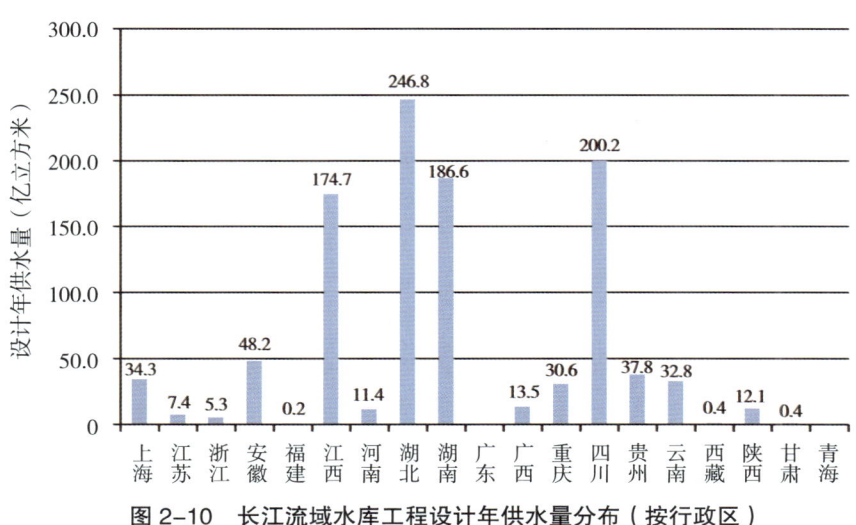

图 2-10　长江流域水库工程设计年供水量分布（按行政区）

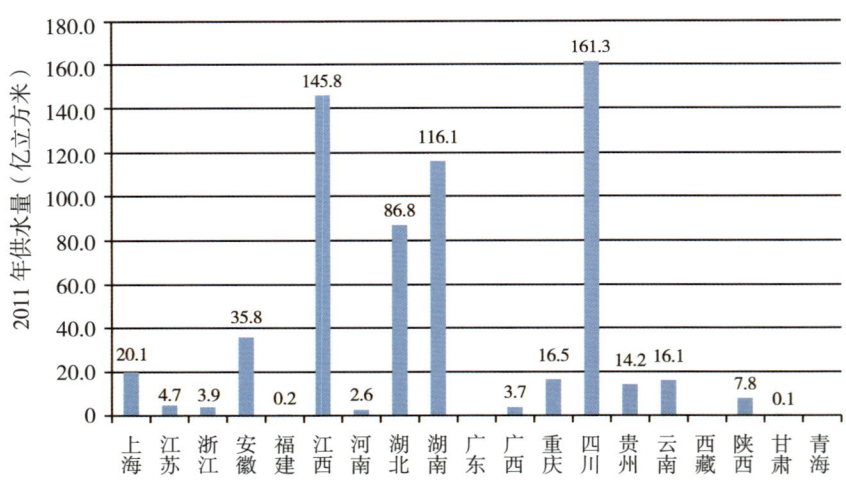

图 2-11　长江流域水库工程 2011 年供水量分布（按行政区）

3. 按工程分类汇总

长江流域水库分类汇总指标包括按水库类型、调节性能、主要任务、建设情况、坝高五类。长江流域水库工程数量分类汇总成果见表 2-4 和表 2-5。

表 2-4　　　　长江流域水库工程数量分类汇总之一（按行政区分）　　　　（单位：座）

行政区划	工程总数量	调节性能				坝高		
		多年调节	年调节	日调节	无调节	高坝	中坝	低坝
合计	51643	8490	41166	1304	683	224	2544	48792
上海	4		2	2				4
江苏	571	18	540	11	2	2	2	567
浙江	262	41	191	2	28	2	15	245
安徽	3317	291	2983	33	10	4	58	3255
福建	25	3	15	5	2		3	22
江西	10735	618	9839	202	76	13	276	10428
河南	469	55	411	3			11	458
湖北	6385	3480	2678	98	129	43	452	5882
湖南	13914	848	12554	352	160	23	686	13189
广东	17		13	4				17
广西	135	1	130	4			22	113
重庆	2996	1595	1324	71	6	29	165	2801
四川	8146	1006	6767	280	93	49	373	7693
贵州	1846	363	1291	139	53	28	203	1607
云南	2248	164	2021	44	19	23	196	2029
西藏	1	1						1

续表

行政区划	工程总数量	调节性能				坝高		
		多年调节	年调节	日调节	无调节	高坝	中坝	低坝
陕西	539	6	390	46	97	8	65	465
甘肃	33		20	8	5	2	17	14
青海	2		1		1			2

表2-5　　　长江流域水库工程数量分类汇总之二（按行政区分）　　　（单位：座）

行政区划	工程总数量	水库类型		主要任务							建设情况	
		山丘水库	平原水库	防洪	发电	供水	灌溉	航运	水产养殖	其他	已建	在建
合计	51643	34697	16946	7049	1853	11522	30930	3	121	119	51321	322
上海	4		4			4					4	
江苏	571	268	303	359	5	30	176			1	568	3
浙江	262	260	2	89	4	16	151			2	260	2
安徽	3317	2463	854	555	103	785	1865		5	4	3311	6
福建	25	25			12	1	12				25	
江西	10735	6050	4685	1511	357	2631	6218	1	8	8	10701	34
河南	469	371	98	412	2	45	10				468	1
湖北	6385	2998	3387	35	177	2430	3626	1	37	35	6368	17
湖南	13914	6818	7096	1980	388	2254	9260	1	25	6	13879	35
广东	17	17			9		8				17	
广西	135	135		1	19		115				134	1
重庆	2996	2996		539	68	691	1681		5	12	2957	39
四川	8146	7799	347	1483	381	843	5427		6	6	8070	76
贵州	1846	1846		21	210	354	1250		1	10	1798	48
云南	2248	2170	78	36	45	1316	835		4	11	2206	42
西藏	1	1					1				1	
陕西	539	448	91	16	57	121	294		30	21	526	13
甘肃	33	33		12	16	1				3	26	7
青海	2	2					2				2	

1）按水库类型分，有山丘水库34697座，平原水库16946座。

2）按调节性能分，有多年调节水库8490座，年调节水库41166座，日调节水库1304座，无调节水库683座。

3）按工程任务分，有防洪水库7049座，发电水库1853座，供水水库11522座，灌溉水库30930座，航运水库3座，水产养殖水库121座，其他水库119座（主要任务存在多项选择）。

4）按建设情况分，有已建水库51321座，在建水库322座。

5）按坝高分，有高坝水库224座，中坝水库2544座，低坝水库48792座。

二、按水资源分区汇总

（一）按工程规模汇总

1. 工程规模组成

长江流域共有水库51643座，其中大（1）型水库48座，大（2）型水库234座，中型水库1543座，小（1）型水库7928座，小（2）型水库41890座。长江流域水库工程规模汇总（按水资源分区）见表2-6。

表2-6　　　　　　长江流域水库工程规模汇总（按水资源分区）

水资源分区		工程总数量	大型水库			中型水库	小型水库		
二级区	三级区	座	大（1）型 座	大（2）型 座	小计 座	座	小（1）型 座	小（2）型 座	小计 座
长江流域合计		51643	48	234	282	1543	7928	41890	49818
金沙江石鼓以上	小计	5		1	1	1	3		3
	通天河	1					1		1
	直门达至石鼓	4		1	1	1	2		2
金沙江石鼓以下	小计	2783	6	16	22	108	455	2198	2653
	雅砻江	212	2	6	8	10	45	149	194
	石鼓以下干流	2571	4	10	14	98	410	2049	2459
岷沱江	小计	2416	3	17	20	78	525	1793	2318
	大渡河	51	2	8	10	7	7	27	34
	青衣江和岷江干流	791	1	7	8	34	163	586	749
	沱江	1574		2	2	37	355	1180	1535
嘉陵江	小计	5142	4	21	25	125	634	4358	4992
	广元昭化以上	119	1	2	3	10	18	88	106
	涪江	1685		4	4	44	237	1400	1637
	渠江	1701		5	5	35	193	1468	1661
	广元昭化以下	1637	3	10	13	36	186	1402	1588
乌江	小计	1398	7	14	21	76	290	1011	1301
	思南以上	953	6	6	12	39	214	688	902
	思南以下	445	1	8	9	37	76	323	399
宜宾至宜昌	小计	3161	2	9	11	91	491	2568	3059
	赤水河	305		1	1	7	58	239	297
	宜宾至宜昌干流	2856	2	8	10	84	433	2329	2762

续表

水资源分区		工程总数量	大型水库			中型水库	小型水库		
			大（1）型	大（2）型	小计		小（1）型	小（2）型	小计
洞庭湖水系	小计	14758	10	46	56	424	2199	12079	14278
	澧水	646	3	2	5	35	134	472	606
	沅江浦市镇以上	1755	2	11	13	69	357	1316	1673
	沅江浦市镇以下	1405	2	7	9	58	282	1056	1338
	资水冷水江以上	1144		2	2	27	201	914	1115
	资水冷水江以下	798	1	3	4	12	123	659	782
	湘江衡阳以上	3740	1	8	9	103	465	3163	3628
	湘江衡阳以下	3174	1	9	10	76	396	2692	3088
	洞庭湖环湖区	2096		4	4	44	241	1807	2048
汉江	小计	2987	5	32	37	152	587	2211	2798
	丹江口以上	1073	4	10	14	45	165	849	1014
	唐白河	680	1	4	5	45	139	491	630
	丹江口以下	1234		18	18	62	283	871	1154
鄱阳湖水系	小计	10500	4	26	30	248	1449	8773	10222
	修水	613	1	2	3	17	125	468	593
	赣江栋背以上	1104	1	5	6	45	206	847	1053
	赣江栋背至峡江	1207	1	5	6	40	159	1002	1161
	赣江峡江以下	1995		4	4	43	295	1653	1948
	抚河	1053	1	1	2	21	155	875	1030
	信江	1560		4	4	39	210	1307	1517
	饶河	1159		2	2	19	136	1002	1138
	鄱阳湖环湖区	1809		3	3	24	163	1619	1782
宜昌至湖口	小计	4263	5	35	40	141	739	3343	4082
	清江	174	2	3	5	15	49	105	154
	宜昌至武汉左岸	483	1	4	5	26	131	321	452
	武汉至湖口左岸	2307	1	23	24	68	369	1846	2215
	城陵矶至湖口右岸	1299	1	5	6	32	190	1071	1261
湖口以下干流	小计	3784	2	9	11	79	479	3215	3694
	巢滁皖及沿江诸河	2456	1	7	8	51	297	2100	2397
	青弋江和水阳江及沿江诸河	1325	1	1	2	28	182	1113	1295
	通南及崇明岛诸河	3		1	1			2	2

续表

水资源分区		工程总数量	大型水库			中型水库	小型水库		
			大(1)型	大(2)型	小计		小(1)型	小(2)型	小计
太湖水系	小计	446		8	8	20	77	341	418
	湖西及湖区	435		8	8	19	75	333	408
	武阳区								
	杭嘉湖区	8					1	7	8
	黄浦江区	3				1	1	1	2

2. 水库工程分区数量分布

（1）水库工程总数量及分布

长江流域共有水库工程51643座，数量较多为洞庭湖水系，建有水库14758座，占28.6%（图2-12）。

（2）大型水库工程及分布

长江流域共有大型水库工程282座，分布最多为洞庭湖水系，建有水库56座，占19.9%（图2-13）。

（3）中型水库工程及分布

长江流域共有中型水库工程1543座，数量最多为洞庭湖水系，建有水库424座，占27.5%（图2-14）。

（4）小型水库工程及分布

长江流域共有小型水库工程49818座，数量最多为洞庭湖水系，建有水库14278座，占28.7%（图2-15）。

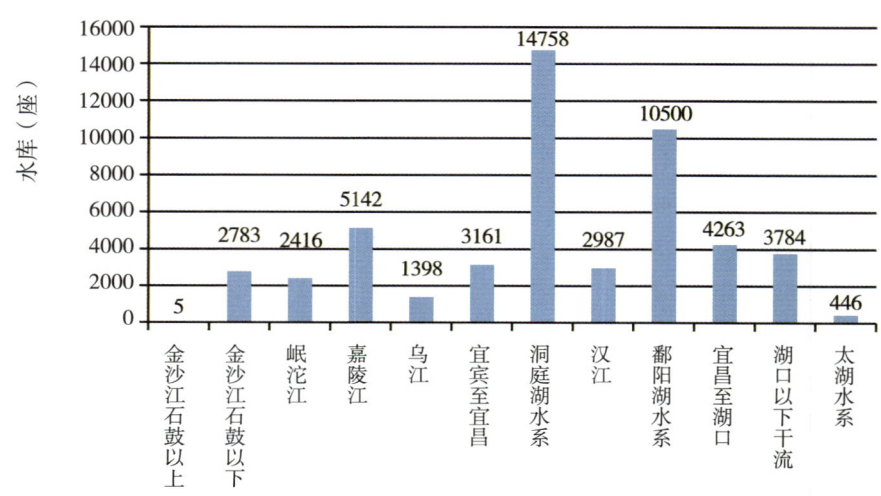

图2-12　长江流域水库工程总量分布（按水资源二级区）

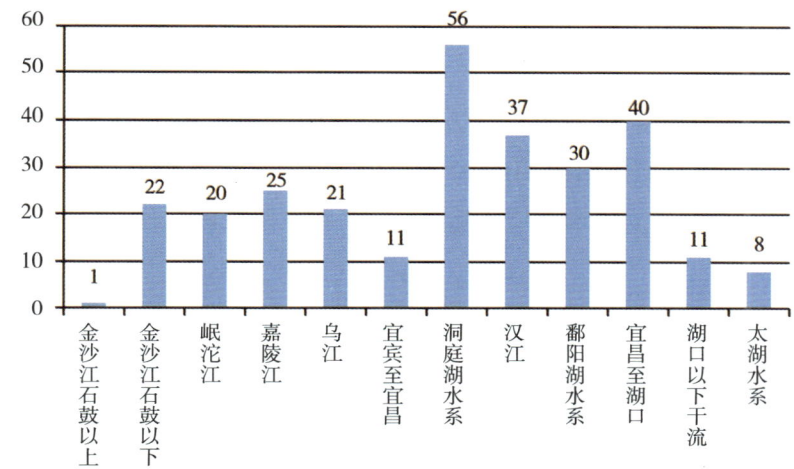

图 2-13 长江流域大型水库工程总量分布（按水资源二级区）

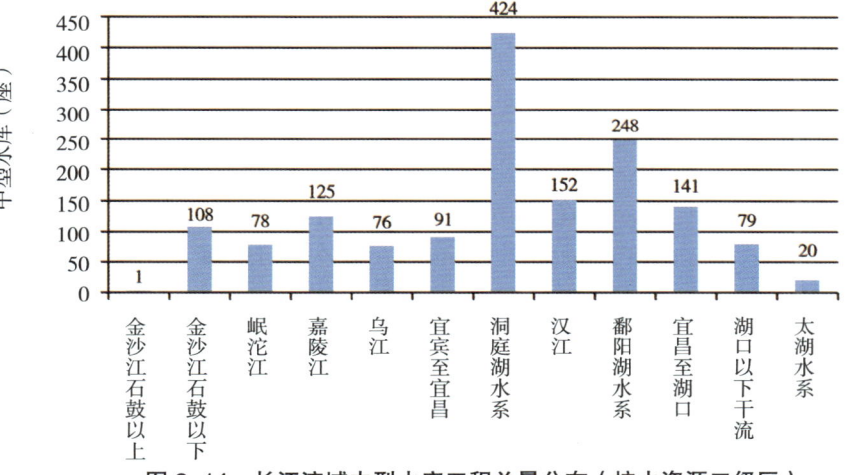

图 2-14 长江流域中型水库工程总量分布（按水资源二级区）

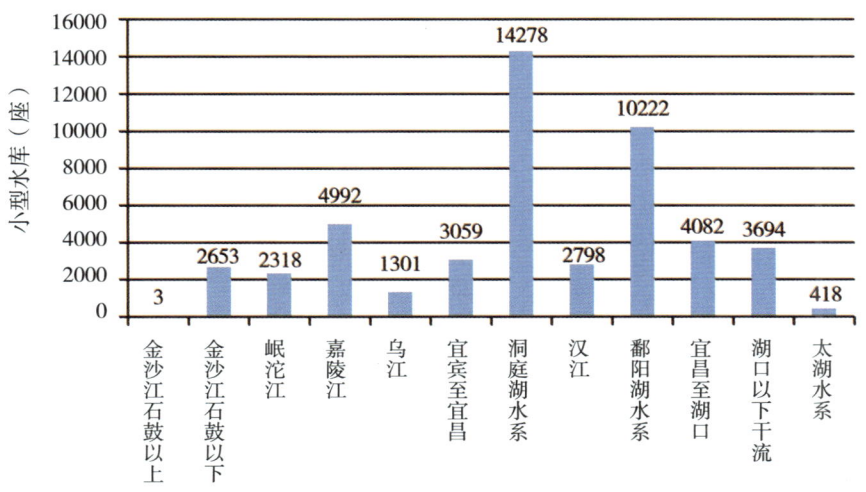

图 2-15 长江流域小型水库工程总量分布（按水资源二级区）

（二）按主要指标汇总

1. 指标数量汇总

长江流域水库总库容3606.89亿立方米，兴利库容1799.91亿立方米，防洪库容765.82亿立方米，设计灌溉面积1162.07万公顷，设计年供水量1042.68亿立方米，2011年供水量635.68亿立方米。长江流域水库工程主要指标汇总（按水资源分区）见表2-7。

表2-7　　　　长江流域水库工程主要指标汇总（按水资源分区）

水资源分区		工程数量（座）	总库容（亿立方米）	兴利库容（亿立方米）	防洪库容（亿立方米）	设计灌溉面积（万公顷）	设计年供水量（亿立方米）	2011年供水量（亿立方米）
二级区	三级区							
长江流域合计		51643	3606.89	1799.91	765.82	1162.09	1042.68	635.68
金沙江石鼓以上	小计	5	3.28	0.74	0.12	1.04	0.5	0.04
	通天河	1	0.05	0.03				
	直门达至石鼓	4	3.23	0.71	0.12	1.04	0.5	0.04
金沙江石鼓以下	小计	2783	469.15	240.28	86.9	49.9	44.4	25.29
	雅砻江	212	164.93	9875	4.26	7.34	7.88	7.01
	石鼓以下干流	2571	304.22	141.53	82.64	42.56	36.52	18.27
岷沱江	小计	2416	168.73	96	20.97	159.76	126.11	121.37
	大渡河	51	9558	50.54	733	0.99	0.77	0.14
	青衣江和岷江干流	791	47.2	29.2	6.87	116.5	11023	107.95
	沱江	1574	2594	16.26	6.77	42.27	15.11	13.28
嘉陵江	小计	5142	236.31	97.16	46.26	130.17	64.16	31.3
	广元昭化以上	119	3736	17.37	996	0.73	0.54	0.13
	涪江	1685	35.91	20.68	9.05	48.36	19.11	13.31
	渠江	1701	30.65	18.83	6.31	27.46	17.31	13.42
	广元昭化以下	1637	132.38	40.28	20.94	53.62	27.2	4.44
乌江	小计	1398	275	136.83	11.3	32.03	32.02	12.58
	思南以上	953	216.79	112.19	6.41	22.71	26.94	9.91
	思南以下	445	58.21	24.64	489	9.32	5.08	2.67
宜宾至宜昌	小计	3161	525.29	209.19	230.39	62.76	32.79	18.2
	赤水河	305	5.67	3.26	0.39	4.83	3.71	1.73
	宜宾至宜昌干流	2856	519.62	205.93	230	57.93	29.07	16.47
洞庭湖水系	小计	14758	626.31	352.46	109.6	239.78	212.7	123.87
	澧水	646	63.15	37.75	21.08	10.91	7.76	3.87
	沅江浦市镇以上	1755	117.38	60.48	13.11	17.36	16.02	8.21
	沅江浦市镇以下	1405	108.76	52.17	28.87	25.19	22.97	10.7

续表

水资源分区		工程数量（座）	总库容（亿立方米）	兴利库容（亿立方米）	防洪库容（亿立方米）	设计灌溉面积（万公顷）	设计年供水量（亿立方米）	2011年供水量（亿立方米）
二级区	三级区							
洞庭湖水系	资水冷水江以上	1144	14.88	10.61	4.62	19.73	13.54	8.35
	资水冷水江以下	798	47.79	2818	11.45	9.58	6.52	3.32
	湘江衡阳以上	3740	161.74	96.16	13.54	54.00	54.12	3244
	湘江衡阳以下	3174	73.43	4187	12.52	65.54	6326	39.75
	洞庭湖环湖区	2096	39.18	25.25	4.42	37.48	28.5	17.22
汉江	小计	2987	558.45	277.26	131.52	126.52	179.03	46.92
	丹江口以上	1073	453.82	220.48	120.29	40.57	132.65	2744
	唐白河	680	38.24	2110	6.97	39.33	16.91	6.63
	丹江口以下	1234	66.4	35.68	4.26	46.62	29.47	12.86
鄱阳湖水系	小计	10500	315.09	166.22	67.76	123.48	171.88	144.14
	修水	613	99.38	46.59	19.81	7.51	13.05	9.51
	赣江栋背以上	1104	59.64	31.14	15.08	13.62	16.1	11.58
	赣江栋背至峡江	1207	34.52	1536	10.71	22.71	1974	15.48
	赣江峡江以下	1995	32.89	20.27	5.73	21.33	27.05	21.82
	抚河	1053	29.17	13.87	6.61	19.32	50.84	51.97
	信江	1560	27.95	17.64	4.62	15.03	19.95	14.11
	饶河	1159	13.35	8.76	3.44	7.99	10.23	8.73
	鄱阳湖环湖区	1809	18.2	12.59	1.76	15.97	14.93	10.93
宜昌至湖口	小计	4263	280.61	148.86	20.43	148.69	79.86	45.36
	清江	174	99.86	51.85	10.32	2.24	2.42	1.07
	宜昌至武汉左岸	483	40.52	20.6	1.39	60.25	15.94	8.85
	武汉至湖口左岸	2307	90.04	50.86	2.81	58.44	42.23	23.28
	城陵矶至湖口右岸	1299	50.2	25.55	5.9	27.76	19.27	12.17
湖口以下干流	小计	3784	129.53	65.75	34.44	80.15	83.05	52.83
	巢滁皖及沿江诸河	2456	73.21	35.05	17.46	59.93	37.54	25.47
	青弋江和水阳江及沿江诸河	1325	51.04	28.77	16.98	20.21	19.25	15.04
	通南及崇明岛诸河	3	5.28	1.93		0.09	26.26	12.32
太湖水系	小计	446	19.14	9.16	6.13	7.81	16.18	13.78
	湖西及湖区	435	18.88	8.94	6.13	7.78	8.14	6.01
	武阳区							
	杭嘉湖区	8	0.04	0.01		0.03	0.01	0.01
	黄浦江区	3	0.22	0.21			8.03	7.76

2. 主要指标及分布情况

（1）总库容及分布情况

长江流域水库总库容 3606.89 亿立方米，分布最多在洞庭湖水系，有总库容 626.31 亿立方米，占 17.4%（图 2-16）。

（2）兴利库容及分布情况

长江流域水库兴利库容 1799.91 亿立方米，分布最多在洞庭湖水系，有兴利库容 352.46 亿立方米，占 19.6%（图 2-17）。

（3）防洪库容及分布情况

长江流域水库防洪库容 765.82 亿立方米，分布最多在宜宾至宜昌，有防洪库容 230.39 亿立方米，占 30.1%（图 2-18）。

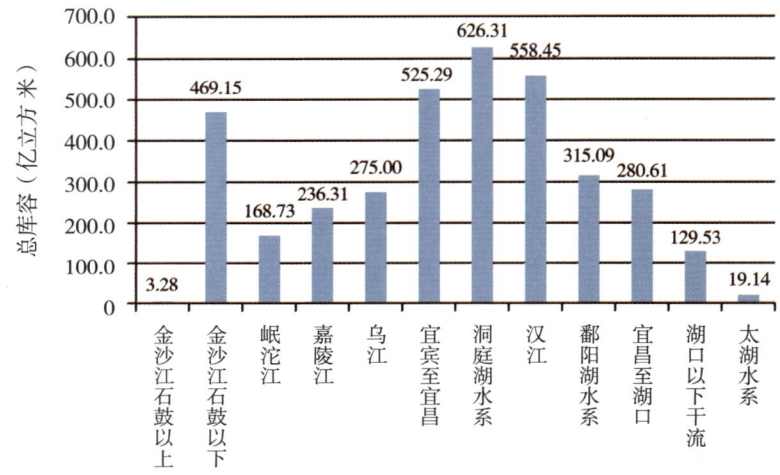

图 2-16　长江流域水库工程总库容分布（按水资源二级区）

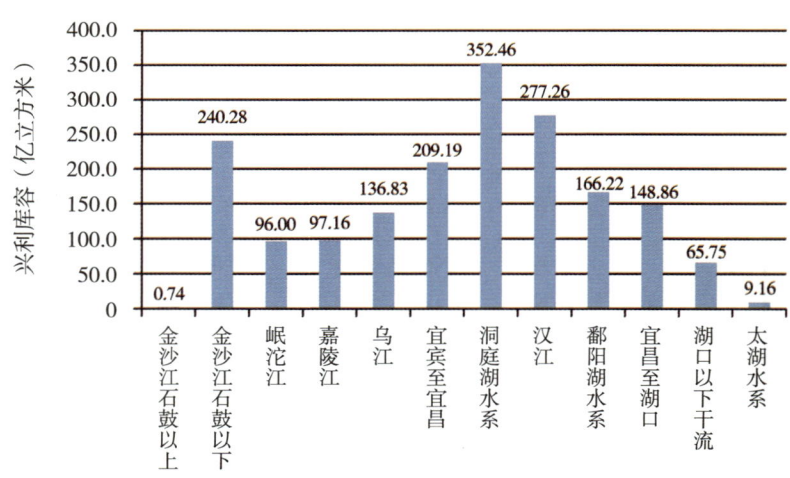

图 2-17　长江流域水库工程兴利库容分布（按水资源二级区）

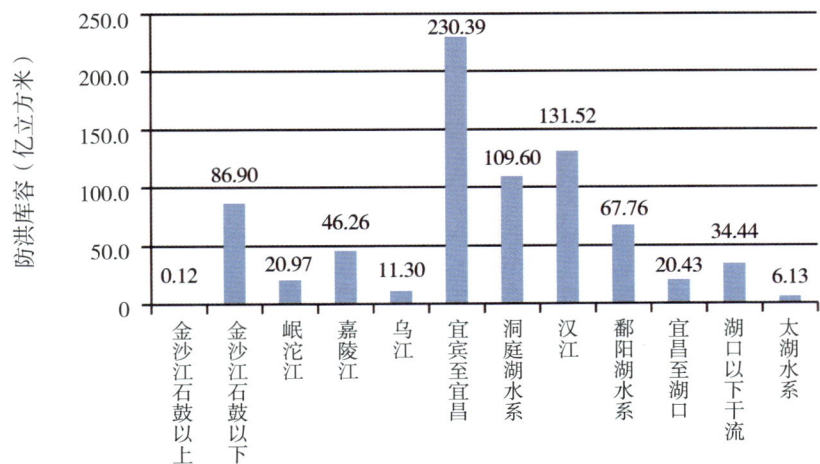

图 2-18 长江流域水库工程防洪库容分布（按水资源二级区）

（4）设计灌溉面积及分布情况

长江流域水库设计灌溉面积 1162.07 万公顷，分布最多在洞庭湖水系，设计灌溉面积 239.78 万公顷，占 20.6%（图 2-19）。

（5）设计年供水量及分布情况

长江流域水库设计年供水量 1042.69 亿立方米，分布最多在洞庭湖水系，设计年供水量 212.70 亿立方米，占 20.4%（图 2-20）。

（6）2011 年供水量及分布情况

长江流域水库 2011 年供水量 635.67 亿立方米，分布最多在鄱阳湖水系，2011 年供水量 144.14 亿立方米，占 22.7%（图 2-21）。

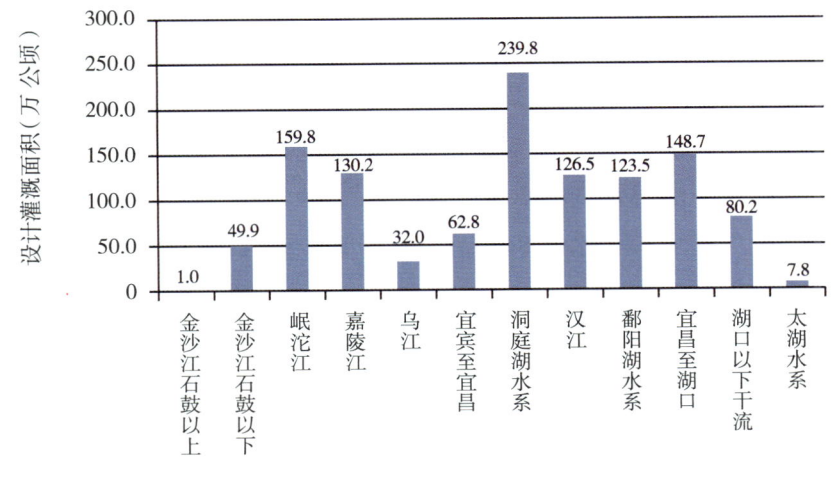

图 2-19 长江流域水库工程设计灌溉面积分布（按水资源二级区）

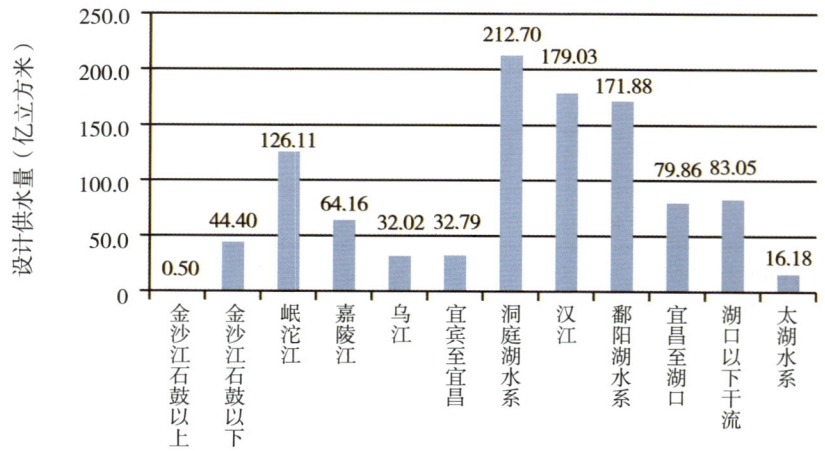

图 2-20 长江流域水库工程设计年供水量分布（按水资源二级区）

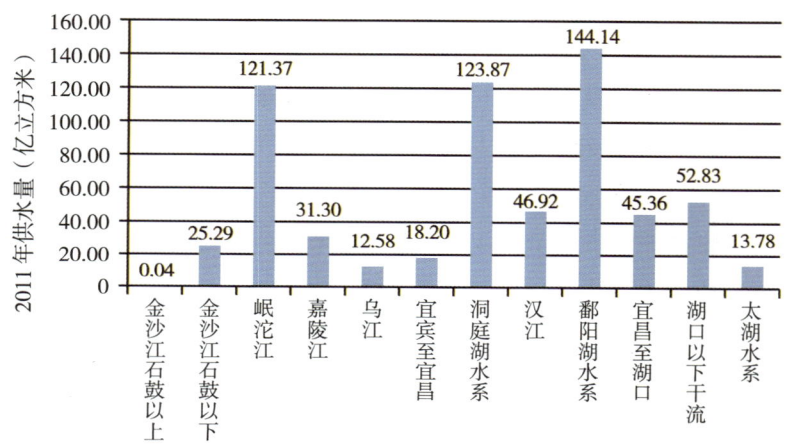

图 2-21 长江流域水库工程 2011 年供水量分布（按水资源二级区）

（三）按工程分类汇总

长江流域水库分类汇总指标包括按水库类型、调节性能、主要任务、建设情况、坝高五类。长江流域水库工程数量分类汇总成果见表 2-8 和表 2-9。

1）按水库类型分，有山丘水库 34697 座，平原水库 16946 座。

2）按调节性能分，有多年调节水库 8490 座，年调节水库 41166 座，日调节水库 1304 座，无调节水库 683 座。

3）按主要任务分，有防洪水库 7049 座，发电水库 1853 座，供水水库 11522 座，灌溉水库 30930 座，航运水库 3 座，养殖水库 121 座，其他水库 119 座（工程任务存在多项选择）。

4）按建设情况分，有已建水库 51321 座，在建水库 322 座。

5）按坝高分，有高坝水库 224 座，中坝水库 2544 座，低坝水库 48792 座。

表2-8　　长江流域水库工程数量分类汇总之一（按水资源分区）　　（单位：座）

水资源分区		工程总数量	调节性能				坝高		
二级区	三级区		多年调节	年调节	日调节	无调节	高坝	中坝	低坝
长江流域合计		51643	8490	41166	1304	683	224	2544	48792
金沙江石鼓以上	小计	5	1	3		1		2	3
	通天河	1				1			1
	直门达至石鼓	4	1	3				2	2
金沙江石鼓以下	小计	2783	182	2506	68	27	32	283	2466
	雅砻江	212	2	187	17	6	9	30	172
	石鼓以下干流	2571	180	2319	51	21	23	253	2294
岷沱江	小计	2416	418	1821	115	62	24	116	2255
	大渡河	51	1	24	24	2	11	8	30
	青衣江和岷江干流	791	68	621	66	36	12	54	709
	沱江	1574	349	1176	25	24	1	54	1516
嘉陵江	小计	5142	900	4090	123	29	14	183	4937
	广元昭化以上	119	20	75	16	8	4	24	90
	涪江	1685	320	1305	53	7	3	33	1644
	渠江	1701	155	1530	16		4	64	1633
	广元昭化以下	1637	405	1180	38	14	3	62	1570
乌江	小计	1398	320	997	70	11	39	153	1204
	思南以上	953	191	710	41	11	16	98	837
	思南以下	445	129	287	29		23	55	367
宜宾至宜昌	小计	3161	1328	1721	96	16	26	178	2955
	赤水河	305	88	207	10		5	23	277
	宜宾至宜昌干流	2856	1240	1514	86	16	21	155	2678
洞庭湖水系	小计	14758	976	13128	452	202	32	805	13898
	澧水	646	32	580	25	9	6	55	585
	沅江浦市镇以上	1755	208	1304	167	76	8	172	1567
	沅江浦市镇以下	1405	125	1154	39	87	6	97	1300
	资水冷水江以上	1144	8	1105	25	6	2	63	1078
	资水冷水江以下	798	52	729	11	6	1	53	742
	湘江衡阳以上	3740	71	3565	95	9	4	186	3550

续表

水资源分区		工程总数量	调节性能				坝高		
二级区	三级区		多年调节	年调节	日调节	无调节	高坝	中坝	低坝
洞庭湖水系	湘江衡阳以下	3174	204	2878	84	8	4	130	3030
	水系	2096	276	1813	6	1	1	49	2046
汉江	小计	2987	1258	1463	66	200	21	208	2757
	丹江口以上	1073	173	712	60	128	19	145	909
	唐白河	680	353	325	2			8	672
	丹江口以下	1234	732	426	4	72	2	55	1176
鄱阳湖水系	小计	10500	629	9575	218	78	13	270	10199
	修水	613	22	556	15	20	1	24	588
	赣江栋背以上	1104	21	914	145	24	1	79	1007
	赣江栋背至峡江	1207	9	1182	15	1	1	45	1160
	赣江峡江以下	1995	450	1528	9	8	2	35	1958
	抚河	1053	23	1011	6	13	1	12	1040
	信江	1560	52	1483	22	3	6	44	1510
	饶河	1159	22	1132	5		1	15	1143
	鄱阳湖环湖区	1809	30	1769	1	9		16	1793
宜昌至湖口	小计	4263	2062	2141	45	15	15	267	3976
	清江	174	34	117	23		13	31	130
	宜昌至武汉左岸	483	275	184	16	8	1	16	465
	武汉至湖口左岸	2307	1497	807	2	1	1	161	2142
	城陵矶至湖口右岸	1299	256	1033	4	6		59	1239
湖口以下干流	小计	3784	374	3361	36	13	4	63	3716
	巢滁皖及沿江诸河	2456	324	2111	18	3	2	45	2408
	青弋江和水阳江及沿江诸河	1325	50	1248	18	9	2	18	1305
	通南及崇明岛诸河	3		2		1			3
太湖水系	小计	446	42	360	15	29	4	16	426
	湖西及湖区	435	42	360	13	20	4	16	415
	武阳区								
	杭嘉湖区	8				8			8
	黄浦江区	3			2	1			3

表 2-9　　　　长江流域水库工程数量分类汇总之二（按水资源分区）　　　　（单位：座）

水资源分区		工程总数量	水库类型		主要任务							建设情况	
二级区	三级区		山丘水库	平原水库	防洪	发电	供水	灌溉	航运	水产养殖	其他	已建	在建
长江流域合计		51643	34697	16946	7049	1853	11522	30930	3	121	119	51321	322
金沙江石鼓以上	小计	5	4	1		2	1	2				5	
	通天河	1	1			1						1	
	直门达至石鼓	4	3	1		1	1	2				4	
金沙江石鼓以下	小计	2783	2673	110	181	82	1333	1177	1		8	2723	60
	雅砻江	212	180	32	4	24	27	157				200	12
	石鼓以下干流	2571	2493	78	177	58	1306	1020	1		8	2523	48
岷沱江	小计	2416	2268	148	497	157	129	1630		2	1	2393	23
	大渡河	51	51		12	30	5	4				43	8
	青衣江和岷江干流	791	762	29	187	73	15	516				780	11
	沱江	1574	1455	119	298	54	109	1110		2	1	1570	4
嘉陵江	小计	5142	5139	3	998	151	681	3293		4	15	5105	37
	广元昭化以上	119	118	1	16	25	9	62			7	108	11
	涪江	1685	1683	2	550	24	45	1064		2		1677	8
	渠江	1701	1701		365	53	398	882		2	1	1693	8
	广元昭化以下	1637	1637		67	49	229	1285			7	1627	10
乌江	小计	1398	1375	23	26	104	316	940		5	7	1359	39
	思南以上	953	953		10	52	249	632		4	6	930	23
	思南以下	445	422	23	16	52	67	308		1	1	429	16
宜宾至宜昌	小计	3161	2947	214	376	127	785	1856		3	14	3126	35
	赤水河	305	263	42	29	20	31	222			3	298	7
	宜宾至宜昌干流	2856	2684	172	347	107	754	1634		3	11	2828	28
洞庭湖水系	小计	14758	7711	7047	1971	560	2412	9772	1	26	14	14703	55
	澧水	646	438	208	175	36	45	384		3	1	643	3
	沅江浦市镇以上	1755	1434	321	92	247	88	1315		8	5	1732	23

续表

水资源分区		工程总数量	水库类型		主要任务							建设情况	
二级区	三级区		山丘水库	平原水库	防洪	发电	供水	灌溉	航运	水产养殖	其他	已建	在建
洞庭湖水系	沅江浦市镇以下	1405	952	453	437	74	146	743			5	1395	10
	资水冷水江以上	1144	633	511	200	25	325	594				1144	
	资水冷水江以下	798	381	417	1	19	2	776				798	
	湘江衡阳以上	3740	1414	2326	396	93	33	3217			1	3729	11
	湘江衡阳以下	3174	1464	1710	302	57	155	1254	1	3	3	3167	7
	洞庭湖环湖区	2096	995	1101	368	9	219	1489			11	2095	1
汉江	小计	2987	1595	1392	415	99	716	1678	1	44	33	2967	20
	丹江口以上	1073	919	154	103	80	266	551		41	31	1056	17
	唐白河	680	345	335	301	2	46	331				679	1
	丹江口以下干流	1234	331	903	11	17	404	796	1	3	2	1232	2
鄱阳湖水系	小计	10500	5843	4657	1414	382	2608	6078	1	8	8	10466	34
	修水	613	258	355	11	70	159	372		1		613	
	赣江栋背以上	1104	1018	86	192	153	248	504		4	3	1093	11
	赣江栋背至峡江	1207	474	733	76	39	318	773			1	1206	1
	赣江峡江以下	1995	1688	307	531	24	261	1175		3	1	1994	1
	抚河	1053	334	719	3	21	870	159				1053	
	信江	1560	886	674	187	45	274	1051	1		1	1559	1
	饶河	1159	399	760	311	28	255	564			1	1139	20
	鄱阳湖环湖区	1809	786	1023	103	2	223	1480			1	1809	
宜昌至湖口	小计	4263	2119	2144	186	80	1703	2217		23	13	4255	8
	清江	174	111	63	3	39	81	28		6	7	168	6
	宜昌至武汉左岸	483	238	245		7	224	212		8	1	482	1
	武汉至湖口左岸	2307	1211	1096	38	19	1080	1164		5	1	2307	
	城陵矶至湖口右岸	1299	559	740	145	15	318	813		4	4	1298	1

续表

水资源分区		工程总数量	水库类型		主要任务							建设情况	
二级区	三级区		山丘水库	平原水库	防洪	发电	供水	灌溉	航运	水产养殖	其他	已建	在建
湖口以下干流	小计	3784	2676	1108	772	100	796	2107		5	4	3778	6
	巢滁皖及沿江诸河	2456	1705	751	437	72	587	1352		5	3	2453	3
湖口以下干流	青弋江和水阳江及沿江诸河	1325	969	356	333	28	208	755			1	1322	3
	通南及崇明岛诸河	3	2	1	2			1				3	
太湖水系	小计	446	347	99	213	9	42	180			2	441	5
	湖西及湖区	435	340	95	213	9	38	175				431	4
	武阳区												
	杭嘉湖区	8	7	1			1	5			2	7	1
	黄浦江区	3		3			3					3	

三、按主要河流汇总

（一）按工程规模汇总

按本次普查确定的长江流域主要河流共50条，对长江主要一级支流及流域面积1万平方千米以上的二级支流上的水利工程进行汇总，长江流域水库工程数量分规模汇总（按主要河流）见表2-10。

表2-10　　　长江流域水库工程数量分规模汇总（按主要河流）　　（单位：座）

主要河流		工程总数量	大型水库			中型水库	小型水库		
序号	河流名称		大（1）型	大（2）型	小计		小（1）型	小（2）型	小计
F01	许曲	1					1		1
F02	水洛河	2						2	2
F03	普渡河	473		2	2	15	89	367	456
F04	牛栏江	323		1	1	10	59	253	312
F05	横江	163		1	1	15	40	107	147
F06	雅砻江	212	2	6	8	10	45	149	194
F07	鲜水河	3					1	2	3
F08	安宁河	65		1	1	2	12	50	62

续表

主要河流		工程总数量	大型水库			中型水库	小型水库		
序号	河流名称		大（1）型	大（2）型	小计		小（1）型	小（2）型	小计
F09	理塘河	81		2	2	2	20	57	77
F10	岷江—大渡河	854	3	16	19	41	175	619	794
F11	青衣江	97		2	2	14	22	59	81
F12	绰斯甲河								
F13	沱江	1574		2	2	37	355	1180	1535
F14	赤水河	305		1	1	7	58	239	297
F15	嘉陵江	5142	4	21	25	125	634	4358	4992
F16	西汉水	12				3	3	6	9
F17	白龙江	66	1	2	3	6	11	46	57
F18	渠江	1701		5	5	35	193	1468	1661
F19	州河	290		2	2	10	43	235	278
F20	涪江	1685		4	4	44	237	1400	1637
F21	乌江	1398	7	14	21	76	290	1011	1301
F22	清江	174	2	3	5	15	49	105	154
F23	湘江	6914	2	17	19	179	861	5855	6716
F24	洣水	755		3	3	11	69	672	741
F25	耒水	814	1		1	28	93	692	785
F26	资水	1942	1	5	6	39	324	1573	1897
F27	沅江	3160	4	18	22	127	639	2372	3011
F28	潕水	417		2	2	17	99	299	398
F29	酉水	591	1	3	4	29	120	438	558
F30	澧水	646	3	2	5	35	134	472	606
F31	汉江	2955	5	34	39	155	588	2173	2761
F32	堵河	148	2	4	6	12	24	106	130
F33	丹江	130				8	23	99	122
F34	唐白河	680	1	4	5	45	139	491	630
F35	府澴河	964		9	9	29	154	772	926
F36	赣江	4306	2	14	16	128	660	3502	4162
F37	抚河	1053	1	1	2	21	155	875	1030
F38	信江	1560		4	4	39	210	1307	1517
F39	饶河	1159		2	2	19	136	1002	1138
F40	修水	613	1	2	3	17	125	468	593
F41	皖河	343	1		1	7	38	297	335

续表

主要河流		工程总数量	大型水库			中型水库	小型水库		
序号	河流名称		大（1）型	大（2）型	小计		小（1）型	小（2）型	小计
F42	滁河	708		3	3	21	117	567	684
F43	洞庭湖区	2096		4	4	44	241	1807	2048
F44	鄱阳湖区	1809		3	3	24	163	1619	1782
F45	内荆河混合区	107		1	1	9	45	52	97
F46	华阳河水系混合区	174		1	1	7	21	145	166
F47	青弋江、水阳江混合区	567	1	1	2	10	65	490	555
F48	漳河	63				2	8	53	61
F49	大沙河	203				4	21	178	199
F50	裕溪河	787		3	3	8	63	713	776

（二）主要指标汇总

按本次普查确定的长江流域水库工程主要指标汇总（按主要河流）见表2-11和图2-22、图2-23。

表2-11　　　　　长江流域水库工程主要指标汇总（按主要河流）

主要河流		工程数量（座）	总库容（亿立方米）	兴利库容（亿立方米）	防洪库容（亿立方米）	设计灌溉面积（万公顷）	设计年供水量（亿立方米）	2011年供水量（亿立方米）
序号	河流名称							
F01	许曲	1	0.02	0.02	0	0.23	0.05	
F02	水洛河	2	0.05	0.02				
F03	普渡河	473	12.8	8.89	2.97	5.49	7.88	5.15
F04	牛栏江	323	6.45	3.73	1.46	6.12	2.98	1.57
F05	横江	163	7.65	5.5	0.44	5.56	5.07	1.42
F06	雅砻江	212	164.93	98.75	4.26	733.87	7.88	7.01
F07	鲜水河	3	0.03	0.02	0.02		0.01	0.01
F08	安宁河	65	7.38	5.79	2.85	4.72	5.53	5.38
F09	理塘河	81	6.78	4.37	0.11	1.50	0.87	61
F10	岷江—大渡河	854	144.03	80.76	14.21	117.94	111.1	108.19
F11	青衣江	97	12.28	8.37	1.47	2.07	0.85	0.48
F12	绰斯甲河							
F13	沱江	1574	25.94	16.26	6.77	42.27	15.11	13.28
F14	赤水河	305	5.67	3.26	0.39	4.83	3.71	1.73

续表

序号	主要河流 河流名称	工程数量（座）	总库容（亿立方米）	兴利库容（亿立方米）	防洪库容（亿立方米）	设计灌溉面积（万公顷）	设计年供水量（亿立方米）	2011年供水量（亿立方米）
F15	嘉陵江	5142	236.31	97.16	46.26	130.16	64.16	31.3
F16	西汉水	12	0.67	0.18	0.15	0.44	0.34	0.06
F17	白龙江	66	35.92	17.21	9.8	0.39	0.22	0.03
F18	渠江	1701	30.65	18.83	6.31	2745.53	17.31	13.42
F19	州河	290	9.14	6.06	3.3	8.99	2.97	1.85
F20	涪江	1685	35.91	20.68	9.05	48.36	19.11	13.31
F21	乌江	1398	275	136.83	11.3	32.03	32.02	12.58
F22	清江	174	99.86	51.85	10.32	2.24	2.42	1.07
F23	湘江	6914	235.17	138.03	26.06	119.54	117.38	72.19
F24	洣水	755	14.42	9.45	5.05	14.03	10.24	5.98
F25	耒水	814	103.21	59.57	4.14	7.69	6.03	4
F26	资水	1942	62.67	38.79	16.07	29.31	20.06	1168
F27	沅江	3160	226.14	112.65	41.97	42.55	38.99	18.91
F28	溆水	417	11.05	6.57	1.13	4.27	3.35	145
F29	酉水	591	36.68	17.35	10.45	10.41	7.74	4
F30	澧水	646	63.15	37.75	21.08	10.90	7.76	3.87
F31	汉江	2955	566.95	281.72	131.53	14863.47	179.29	47.01
F32	堵河	148	54.69	24.23	4.1	1.30	2.52	2.02
F33	丹江	130	5.06	2.57	0.81	1.87	1.48	0.55
F34	唐白河	680	38.24	21.1	6.97	39.33	16.91	6.63
F35	府澴河	964	35.19	19.41	0.1	22.05	14.38	931
F36	赣江	4306	127.04	66.77	31.53	57.66	62.89	48.88
F37	抚河	1053	29.17	13.87	6.61	19.32	5084	51.97
F38	信江	1560	27.95	1764	4.62	15.03	19.95	14.11
F39	饶河	1159	13.35	8.76	344	7.99	10.23	8.73
F40	修水	613	99.38	4659	19.81	7.51	13.05	9.51
F41	皖河	343	27.55	10.69	7.64	10.28	8.61	7.17
F42	滁河	708	15.95	8.13	414	16.61	704	4.26
F43	洞庭湖区	2096	39.18	25.25	4.42	37.48	2850	17.22
F44	鄱阳湖区	1809	18.2	12.59	1.76	1596.87	14.93	10.93
F45	内荆河混合区	107	4.11	1.95		6.64	2.56	1.7
F46	华阳河水系混合区	174	6.31	4.42	0.53	6.84	4.42	2.21

续表

序号	主要河流 河流名称	工程数量（座）	总库容（亿立方米）	兴利库容（亿立方米）	防洪库容（亿立方米）	设计灌溉面积（万公顷）	设计年供水量（亿立方米）	2011年供水量（亿立方米）
F47	青弋江、水阳江混合区	567	41.66	23.56	15.01	9.29	13.19	10.71
F48	漳河	63	62	0.44	0.11	0.54	0.3	0.26
F49	大沙河	203	2.34	1.4	0.26	4.59	1.8	1.05
F50	裕溪河	787	19.01	930	4.29	18.58	14.25	1004

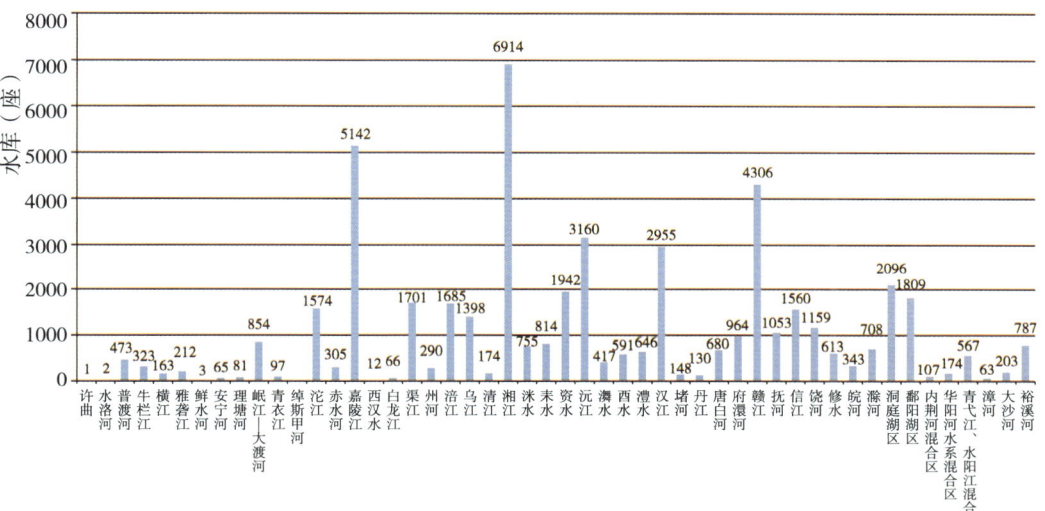

图 2-22 长江流域主要河流水库数量分布

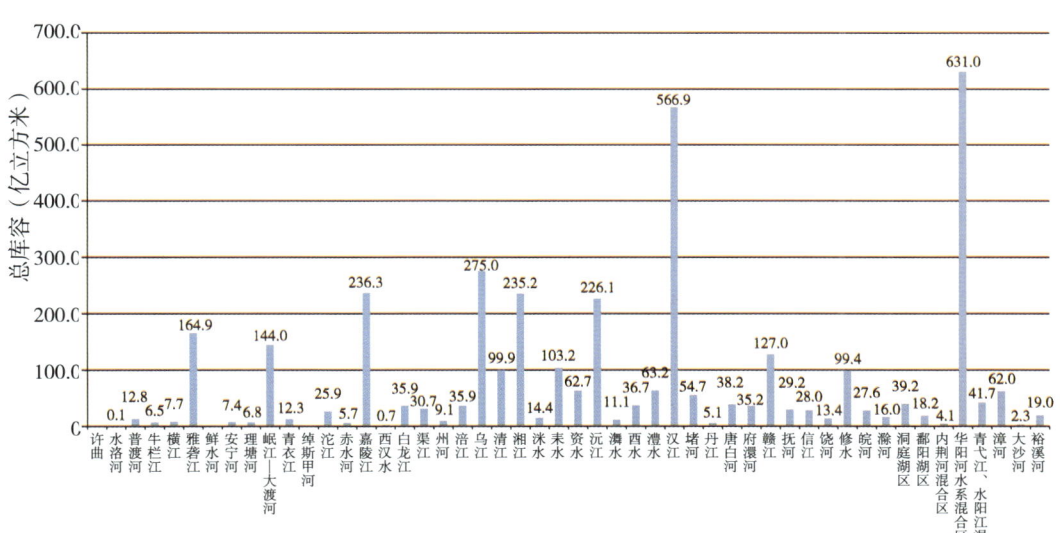

图 2-23 长江流域主要河流水库总库容分布

（三）按工程分类汇总

长江流域水库分类汇总指标包括按水库类型、调节性能、主要任务、建设情况、坝高五类。水库工程数量分类汇总（按主要河流统计）见表2-12、表2-13。

表2-12　　　　　水库工程数量分类汇总之一（按主要河流统计）　　　（单位：座）

主要流域		工程总数量	调节性能				坝高		
序号	河流名称		多年调节	年调节	日调节	无调节	高坝	中坝	低坝
F01	许曲		1					1	
F02	水洛河			2				1	1
F03	普渡河	43	423	7			3	53	417
F04	牛栏江	5	313	4	1		1	22	300
F05	横江	7	114	26	16		4	22	137
F06	雅砻江	2	187	17	6		9	30	172
F07	鲜水河			3					3
F08	安宁河		59	2	4		1	14	49
F09	理塘河		77	4			2	4	75
F10	岷江—大渡河	71	655	90	38		23	63	750
F11	青衣江	2	47	26	22		4	11	74
F12	绰斯甲河								
F13	沱江	349	1176	25	24		1	54	1516
F14	赤水河	88	207	10			5	23	277
F15	嘉陵江	900	4090	123	29		14	183	4937
F16	西汉水		11	1				7	5
F17	白龙江	17	31	13	5		4	12	50
F18	渠江	155	1530	16			4	64	1633
F19	州河	23	265	2			2	14	274
F20	涪江	320	1305	53	7		3	33	1644
F21	乌江	320	997	70	11		39	153	1204
F22	清江	34	117	23			13	31	130
F23	湘江	275	6443	179	17		8	316	6580
F24	洣水	5	708	38	4		1	21	733

续表

主要流域		工程总数量	调节性能				坝高		
序号	河流名称		多年调节	年调节	日调节	无调节	高坝	中坝	低坝
F25	耒水	38	736	39	1		1	43	770
F26	资水	60	1834	36	12		3	116	1820
F27	沅江	333	2458	206	163		14	269	2867
F28	溇水	31	328	34	24		1	42	369
F29	酉水	36	445	34	76		3	50	536
F30	澧水	32	580	25	9		6	55	585
F31	汉江	1253	1434	67	201		23	212	2718
F32	堵河	41	74	5	28		8	32	108
F33	丹江	16	96	14	4		2	20	108
F34	唐白河	353	325	2				8	672
F35	府澴河	760	202	1	1			43	918
F36	赣江	480	3624	169	33		4	159	4125
F37	抚河	23	1011	6	13		1	12	1040
F38	信江	52	1483	22	3		6	44	1510
F39	饶河	22	1132	5			1	15	1143
F40	修水	22	556	15	20		1	24	588
F41	皖河	3	335	5			2	19	322
F42	滁河	132	574	1	1			2	706
F43	洞庭湖区	276	1813	6	1		1	49	2046
F44	鄱阳湖区	30	1769	1	9			16	1793
F45	内荆河混合区	106	1						107
F46	华阳河水系混合区	70	101	3				9	164
F47	青弋江、水阳江混合区	31	529	6	1		1	11	555
F48	漳河		61	2			1		62
F49	大沙河	2	199	2				9	194
F50	裕溪河	105	675	7				6	781

表2-13　　水库工程数量分类汇总之二（按主要河流统计）　　（单位：座）

主要河流		工程总数量	水库类型		主要任务							建设情况	
序号	河流名称		山丘水库	平原水库	防洪	发电	供水	灌溉	航运	养殖	其他	已建	在建
F01	许曲	1	1					1				1	
F02	水洛河	2	2			2							2
F03	普渡河	473	473		13	8	299	149			4	469	4
F04	牛栏江	323	323		3	4	227	88			1	321	2
F05	横江	163	163		2	24	29	108				150	13
F06	雅砻江	212	180	32	4	24	27	157				200	12
F07	鲜水河	3	3			3						3	
F08	安宁河	65	65		5	2	18	40				65	
F09	理塘河	81	49	32		6	3	72				76	5
F10	岷江—大渡河	854	823	31	198	104	23	529				835	19
F11	青衣江	97	90	7	21	27		49				92	5
F12	绰斯甲河												
F13	沱江	1574	1455	119	298	54	109	1110		2	1	1570	4
F14	赤水河	305	263	42	29	20	31	222			3	298	7
F15	嘉陵江	5142	5139	3	998	151	681	3293		4	15	5105	37
F16	西汉水	12	12		7	1		1			3	12	
F17	白龙江	66	65	1	4	23	2	37				58	8
F18	渠江	1701	1701		365	53	398	882		2	1	1693	8
F19	州河	290	290		139	1	41	108		1		287	3
F20	涪江	1685	1683	2	550	24	45	1064		2		1677	8
F21	乌江	1398	1375	23	26	104	316	940		5	7	1359	39
F22	清江	174	111	63	3	39	81	28		6	7	168	6
F23	湘江	6914	2878	4036	698	150	1587	4471	1	4	3	6896	18
F24	洣水	755	188	567	19	25	459	249		2	1	755	
F25	耒水	814	318	496	42	40	5	726		1		812	2
F26	资水	1942	1014	928	201	44	327	1370				1942	
F27	沅江	3160	2386	774	529	321	234	2058		8	10	3127	33

续表

主要河流		工程总数量	水库类型		主要任务							建设情况	
序号	河流名称		山丘水库	平原水库	防洪	发电	供水	灌溉	航运	养殖	其他	已建	在建
F28	潕水	417	368	49	16	59	44	289		7	2	413	4
F29	酉水	591	474	117	210	45	130	201			5	583	8
F30	澧水	646	438	208	175	36	45	384		3	1	643	3
F31	汉江	2955	1606	1349	416	102	677	1681	1	44	33	2933	22
F32	堵河	148	134	14	1	19	39	88				142	6
F33	丹江	130	114	16	66	5	34	14		1	10	129	1
F34	唐白河	680	345	335	301	2	46	331				679	1
F35	府澴河	964	319	645	3	6	650	303		1	1	964	
F36	赣江	4306	3180	1126	799	216	827	2452		7	5	4293	13
F37	抚河	1053	334	719	3	21	870	159				1053	
F38	信江	1560	886	674	187	45	274	1051	1		1	1559	1
F39	饶河	1159	399	760	311	28	255	564			1	1139	20
F40	修水	613	258	355	11	70	159	372		1		613	
F41	皖河	343	268	75	67	47	177	52				341	2
F42	滁河	708	617	91	79	1	27	596		3	2	708	
F43	洞庭湖区	2096	995	1101	368	9	219	1489		11		2095	1
F44	鄱阳湖区	1809	786	1023	103	2	223	1480			1	1809	
F45	内荆河混合区	107	17	90			9	75				107	
F46	华阳河水系混合区	174	76	98	48	3	14	109				174	
F47	青弋江、水阳江混合区	567	396	171	155	23	188	201				566	1
F48	漳河	63	59	4	13	2	4	44				61	2
F49	大沙河	203	187	16	84	8	102	8		1		203	
F50	裕溪河	787	440	347	116	13	194	462		1	1	787	

第三章

长江流域水库建设成就

第一节 长江流域水库建设概况

一、水库建设历程

长江流域水库建设主要是从新中国成立后开始的，经历了从中、小型到大型逐步发展的过程。20世纪50年代，修建的水库多为中、小型，大型仅7座，其中总库容10亿立方米以上的只有龙溪河的狮子滩水库（10亿立方米）、唐白河的鸭河口水库（13.39亿立方米）。20世纪60年代，大型水库建设速度逐步加快。20世纪70年代初，建成长江流域第一座总库容100亿立方米以上的特大型水库——丹江口水库一期工程，水库总库容209.7亿立方米（后期大坝加高后为319.5亿立方米）。在此前后建成投入运行的有白莲河、柘溪、漳河、富水、陈村、柘林、花凉亭、黄龙滩、凤滩等一大批大型水库。20世纪70年代开始在长江干流上兴建大型水电站水库。20世纪80年代，长江干流上第一座大型水库——葛洲坝水库建成。20世纪90年代，开始修建长江流域最大的水库——三峡水库，水库总库容450.4亿立方米。进入21世纪，随着包括溪洛渡水库（总库容126.7亿立方米）在内的一大批电站水库（主要分布在长江上游地区）的建成或开工兴建，大型水库大量增加，全流域大型水库总数由1990年的100多座增至2017年的335座。同时，也兴建了一批中小型水库以及对2000年前兴建的部分水库进行了除险加固。

统计资料显示，长江流域水库工程1980年以前建成的较多，占至2011年长江流域已建和在建水库总量的85%，但其中大型水库60%建于1980年以后，主要在2000年以后；长江流域水电站建于1980年前的较少，仅占至2011年长江流域已建和在建电站水库的13%，87%的电站水库是1980年以后建成的。长江流域水利水电工程建设时间统计见表3-1。

表3-1客观反映了不同历史时期我国水利工程建设能力及不同发展阶段对水利工程的需求情况。新中国成立初期，由于国家财力所限，建设的水库大多以中小型为

主。20世纪60年代至70年代，人民群众的温饱问题形势严峻，且当时农业占国民经济比重大，为保障农业增产丰收，这一时期所建水库大多以灌溉和防洪排涝为主，"水利是农业的命脉"成为当时最广泛的共识。党和政府动员亿万人民群众整治山河，除害兴利，掀起了大规模群众性治水热潮，初步奠定了我国水利事业发展的基础。因此，这一时期建设的水库数量最多，占第一次水利普查水库总数的85%以上。1980年以来的改革开放时期，在以经济建设为中心的背景下，电力供应、交通运输等行业成为制约经济发展的瓶颈，水利工程建设要为经济建设提供支撑，所以这一时期水库建设中电站水库工程所占的比重较大。2001年我国加入世界贸易组织后，经济持续高速发展，综合国力显著增强，大多数的大型综合水利枢纽和大型电站水库都是在这一时期开工建设的。

表 3-1　　　　　长江流域水利水电工程建设时间统计　　　　　（单位：座）

序号	流域水系	水库			电站水库		
		已建	在建	合计	已建	在建	合计
	长江流域合计	51321	322	51643	9167	761	9928
1	1960年（含）以前	14802		14802	74		74
2	1961—1970年	11316		11316	251		251
3	1971—1980年	18227	2	18229	963		963
4	1981—1990年	2988		2988	1070		1070
5	1991—2000年	2025	4	2029	1375	2	1377
6	2001—2011年（含）	1963	316	2279	5434	759	6193

注：本表数据来源于《长江水库大全》。

二、长江流域水库总体分布

（一）水库数量的分布

长江流域共有水库51643座，分布最多的为中游地区，建有水库32508座，占长江流域总数量的62.9%。长江流域共有大型水库285座，分布最多的为中游地区，建有大型水库164座，占长江流域总数量的57.7%。长江流域共有中型水库1543座，分布最多的为中游地区，建有中型水库965座，占长江流域总数量的62.5%。长江流域共有小型水库49818座，分布最多的为中游地区，建有大型水库31380座，占长江流域总数量的63.0%。长江流域水库上中下游分布比例见图3-1，长江流域水库数量、规模、库容分布汇总见表3-2。

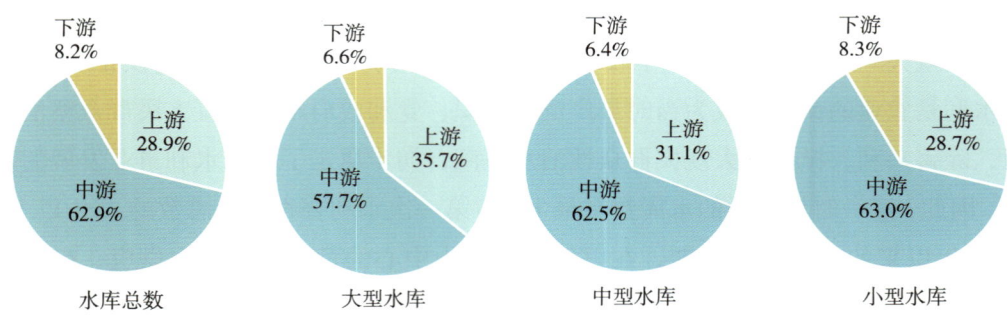

图 3-1　长江流域水库上中下游分布比例

表 3-2　　　　　　　　长江流域水库数量、规模、库容分布汇总

河流、河段		水库（座）				库容（亿立方米）		
		总数	大型	中型	小型	总库容	兴利库容	防洪库容
	全流域	51643	285	1541	49819	3606.89	1799.91	765.82
长江上游	合计	14905	102	478	14326	1677.76	780.2	395.94
	金沙江水系	2788	24	109	2656	472.43	241.02	87.02
	岷沱江水系	2416	20	78	2318	168.73	96	20.97
	嘉陵江水系	5142	26	124	4992	236.31	97.16	46.26
	乌江水系	1398	21	76	1301	275	136.83	11.3
	宜宾至宜昌	3161	11	91	3059	525.29	209.19	230.39
长江中游	合计	32508	164	964	31381	1780.46	944.8	329.31
	洞庭湖水系	14758	57	423	14279	626.31	352.46	109.6
	汉江水系	2987	37	152	2798	558.45	277.26	131.52
	鄱阳湖水系	10500	30	248	10222	315.09	166.22	67.76
	宜昌至湖口	4263	40	141	4082	280.61	148.86	20.43
长江下游	合计	4230	19	99	4112	148.67	74.91	40.57
	湖口以下干流	3784	11	79	3694	129.53	65.75	34.44
	太湖水系	446	8	20	418	19.14	9.16	6.13

注：本表数据来源于《长江水库大全》，与水利普查成果略有差异。

（二）水库库容的分布

长江流域水库总库容3606.89亿立方米，分布最多的为中游地区，有总库容1780.46亿立方米，占长江流域总数量的49.4%。其中，兴利库容17991.91亿立方米，分布最多的为中游地区，有兴利库容944.8亿立方米，占长江流域总数量的52.5%；

防洪库容765.82亿立方米,分布最多的为中游地区,有总库容395.94亿立方米,占长江流域总数量的51.7%。长江流域水库库容上中下游分布比例见图3-2,长江流域水库库容分布见表3-2。

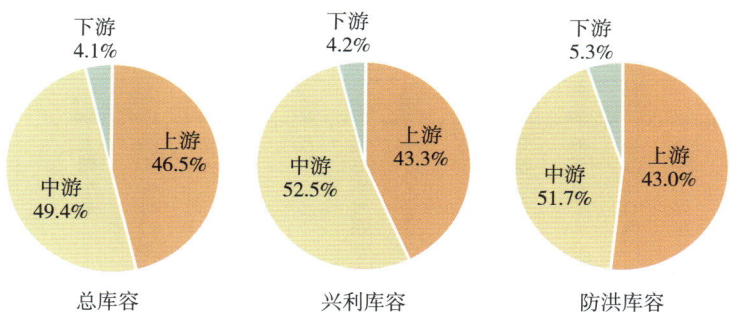

图3-2　长江流域水库库容上中下游分布

三、水库在水系、河段及主要支流的分布

（一）水库在水系、河段上的分布

长江流域共有水库51643座,分布最多的为洞庭湖水系,建有水库32508座,占流域总量的62.9%（图3-3）。其中,大型水库285座,分布最多的为洞庭湖水系,建有水库57座,占流域总量的20.0%（图3-4）；中型水库1541座,分布最多的为洞庭湖水系,建有水库423座,占流域总量的27.4%（图3-5）；小型水库49819座,分布最多的为洞庭湖水系,建有水库14279座,占流域总量的28.7%（图3-6）。

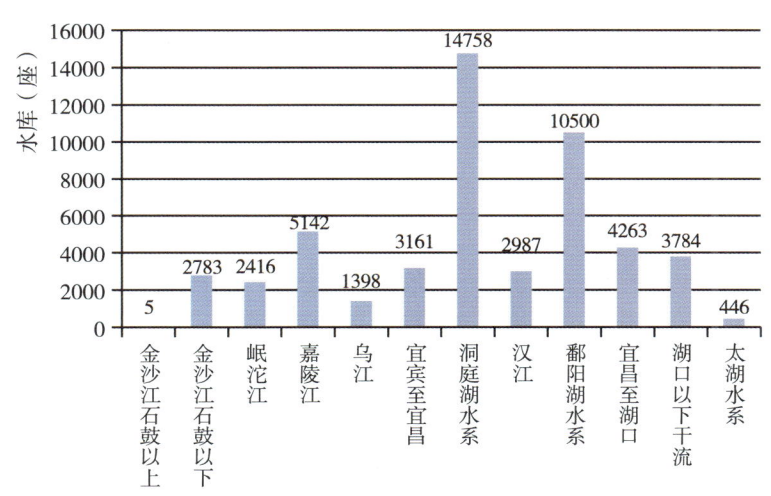

图3-3　长江流域水库工程总数量分布（按水系、河段分区）

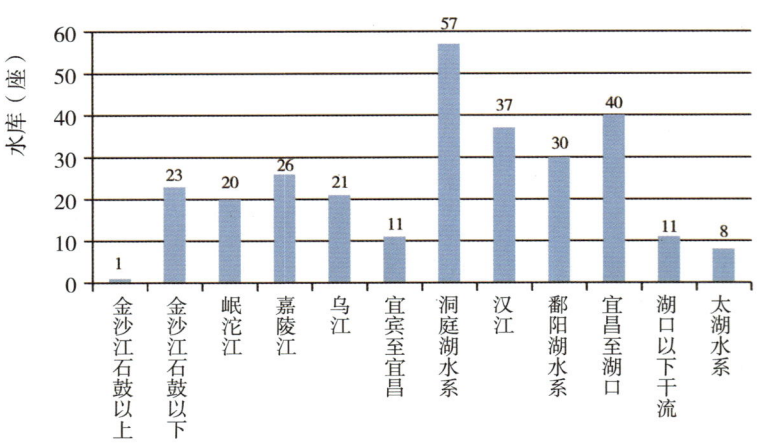

图 3-4　长江流域大型水库工程总数量分布（按水系、河段分区）

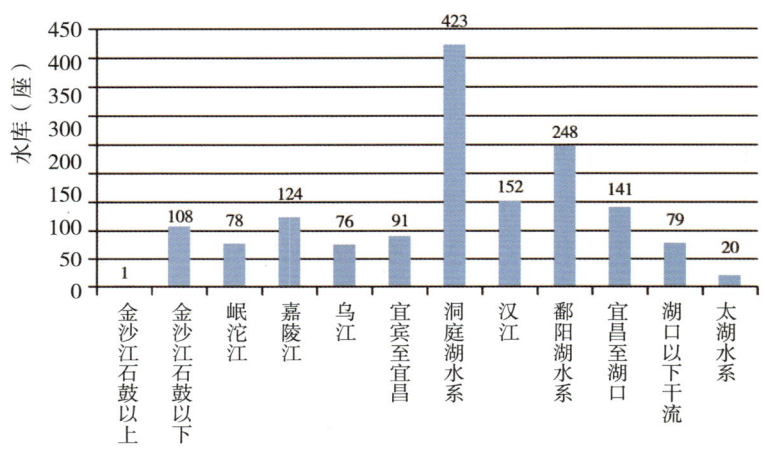

图 3-5　长江流域中型水库工程总数量分布（按水系、河段分区）

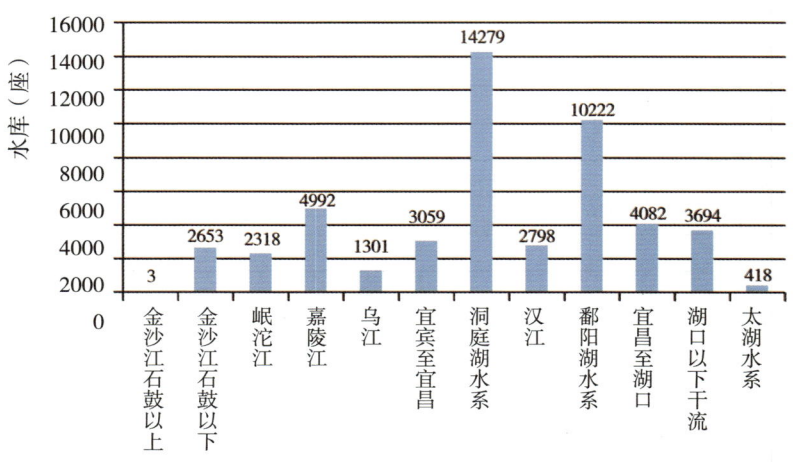

图 3-6　长江流域小型水库工程总数量分布（按水系、河段分区）

（二）水库主要指标在水系、河段上的分布

长江流域水库总库容 3606.89 亿立方米，分布最多的为洞庭湖水系，有总库容 626.31 亿立方米，占流域总量的 17.4%（图 3-7）。其中，兴利库容 1799.91 亿立方米，分布最多的为洞庭湖水系，有兴利库容 352.46 亿立方米，占流域总量的 19.6%（图 3-8）；防洪库容 765.82 亿立方米，分布最多的为宜宾至宜昌干流区间，有防洪库容 230.39 亿立方米，占流域总量的 30.08%（图 3-9）。长江流域水库设计灌溉面积 1162.08 万公顷，分布最多在洞庭湖水系，设计灌溉面积 239.8 万公顷，占流域总量的 20.6%（图 3-10）。长江流域水库设计年供水量 1042.68 亿立方米，分布最多在洞庭湖水系，设计年供水量 212.70 亿立方米，占 20.4%（图 3-11）。

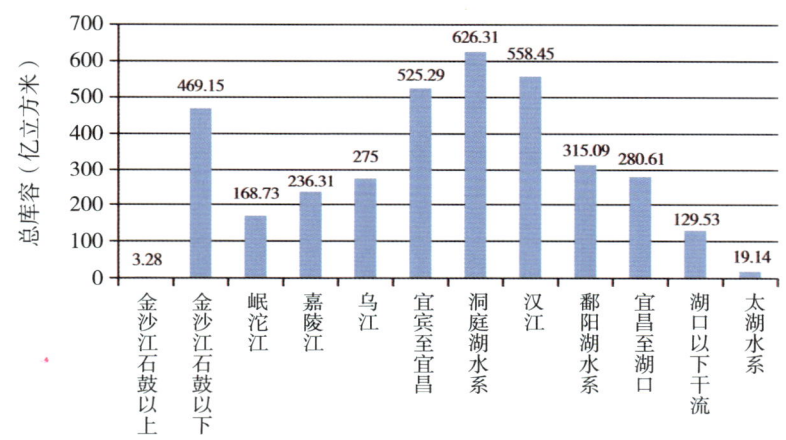

图 3-7 长江流域水库工程总库容分布（按水系、河段分区）

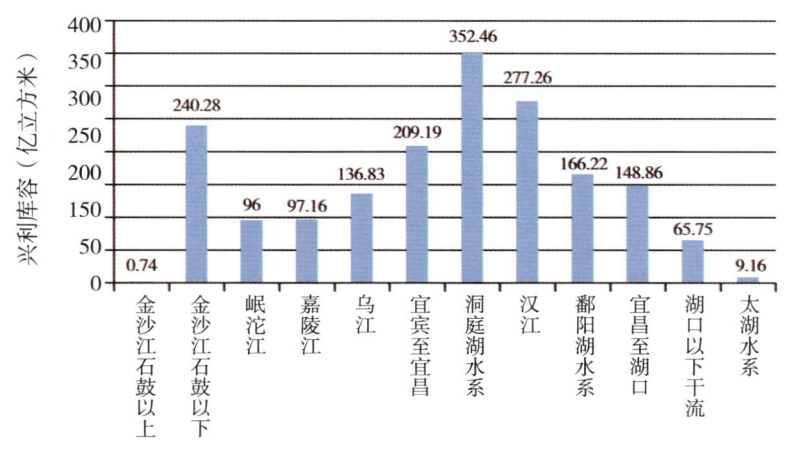

图 3-8 长江流域水库工程兴利库容分布（按水系、河段分区）

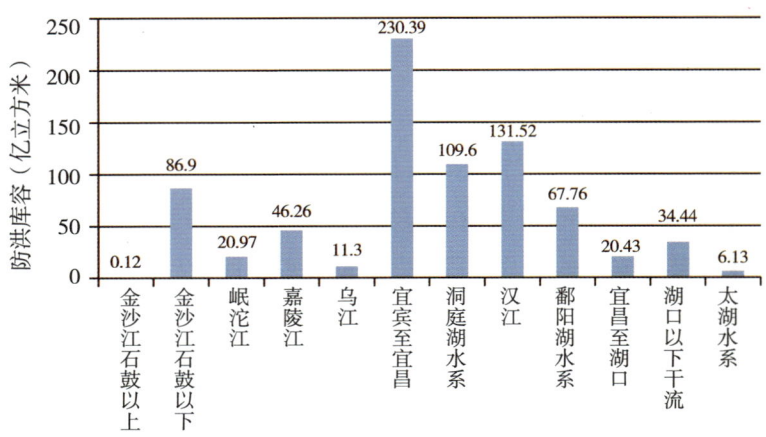

图 3-9　长江流域水库工程防洪库容分布（按水系、河段分区）

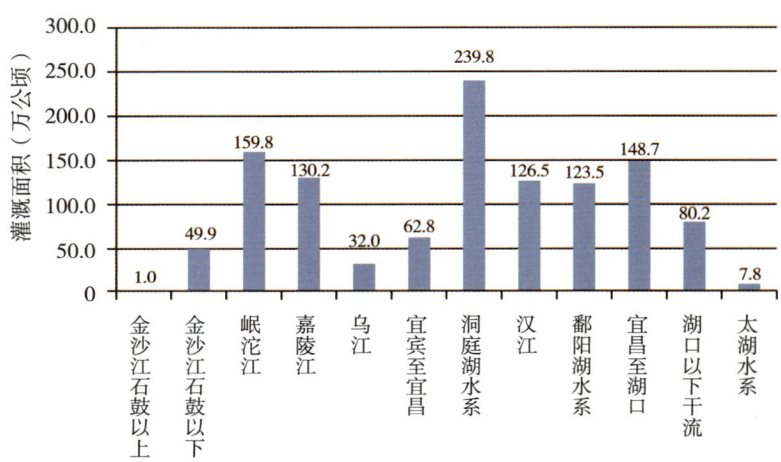

图 3-10　长江流域水库设计灌溉面积分布（按水系、河段分区）

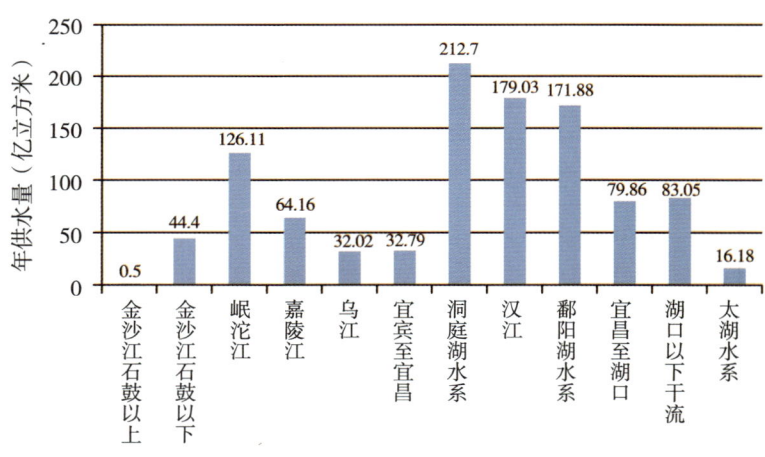

图 3-11　长江流域水库设计年供水量分布（按水系、河段分区）

（三）水库数量及总库容在各主要河流上的分布

长江流域主要河流上水库数量、总库容的分布见图 3-12 和图 3-13，水库数量以湘江最多，为 6914 座；水库总库容以汉江最多，为 566.95 亿立方米。

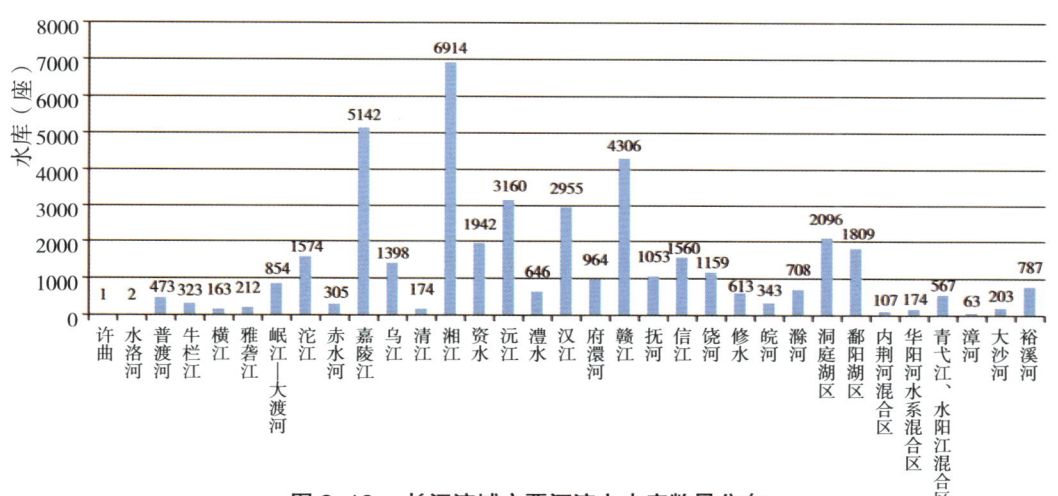

图 3-12　长江流域主要河流上水库数量分布

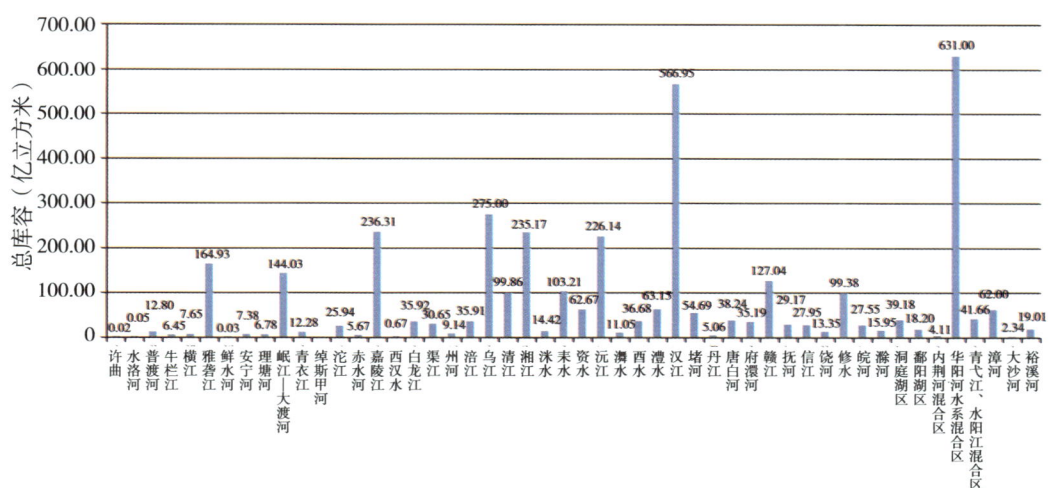

图 3-13　长江流域主要河流上水库总库容分布

第二节　主要水系水库建设

长江流域的水利枢纽建设是从支流上开始的。在众多支流中，新中国成立后水利枢纽建设工作开展较多的首推汉江，其次是乌江，再次是岷江支流大渡河、嘉陵江支流白龙江，以及清江、资江、沅江、青弋江等一些一级和二级支流。此外，还对一些较小支流进行了以发电为主的梯级开发，如云南省的以礼河梯级、贵州省的猫跳河梯级、湖南省的耒水梯级等。这些支流的治理开发，以中、下游的问题较为复杂。长江干流上的水利枢纽工程虽然很早就开始规划，但是因工程规模大和施工技术难度高，开发时机持续后延。

一、金沙江水系

（一）金沙江干流

1. 流域概况

金沙江（青海省玉树县巴塘河口至四川省宜宾市岷江口的干流河段）流经我国青藏高原、云贵高原和四川盆地西部边缘地区，流域面积约36.2万平方千米，全长约2290千米。金沙江流域由于地处高原，位置偏僻，地形复杂，交通不便，新中国成立前只进行过很少的查勘调查和研究工作。

2. 治理开发方案的确定

新中国成立后对金沙江的勘测规划比较重视，但由于受经济社会发展水平以及交通条件限制，勘测规划工作主要集中在石鼓以下的河段，石鼓以上河段所开展的工作相对较少。早在1952年，长江水利委员会长江上游工程局在查勘了雷波至宜宾河段后选出两个梯级4处坝址，一个梯级是距宜宾37千米的向家坝或距宜宾85千米的新开滩，另一个衔接梯级为距宜宾187千米的门槛滩或距宜宾196千米的燕子岩。

1953年，长江上游工程局继续查勘雷波至白鹤滩长220余千米的河段，勘选了白鹤滩坝址，编制了《金沙江雷波至白鹤滩查勘报告》。同时，为了在长江上游的金沙江、岷江、嘉陵江和乌江等河流进行兴建控制性水库方案的研究工作，对向家坝水库开展规划性设计，以其与岷江、嘉陵江、乌江三江的水库配合使用，达到基本消除宜昌以下洪患为目标，并有发电（装机容量190万千瓦）和改善干流宜宾至重庆间航道的效益。

1958年9月至1959年2月，由长江流域规划办公室、云南水力发电设计院、成都水力发电设计院及四川省水文地质工程地质大队等单位组织的查勘队，重点查勘了金沙江干流虎跳峡至龙街、大石包至宜宾河段，共长约930千米，以及雅砻江下游河段。查勘后在虎跳峡至龙街河段新选了洪门口、梓里、皮厂等坝区，在大石包至宜宾河段复勘了大石包、溪洛渡、向家坝坝区。

1960年，长江流域规划办公室编制完成了《金沙江流域规划意见书》。该意见书比较系统、全面地反映了金沙江流域各方面情况，其拟定的开发任务、开发方向和主要梯级方案是以后历次规划的基础。该意见书对长江流域的发电、防洪、航运、灌溉、水土保持、向相邻流域引水和主要支流的开发等，都做了较为详细的规划安排，对干流上以往曾查勘调查过的坝区地质等基本情况进行了分析总结，并从流域开发任务和综合利用原则出发，研究比较了干流不同的梯级开发方案。第一种方案为高水头方案（8级开发），有效库容581亿立方米（包括雅砻江上3个枢纽的有效库容，下同），可以满足年调节及部分多年调节。第二种方案为低水头方案（11级开发），有效库容410.2亿立方米。第三种方案以虎跳峡跨弯引水代替虎跳峡、洪门口、梓里3个梯级，向家坝梯级正常蓄水位以460米替代第一种方案的385米，有效库容447亿立方米。

《金沙江流域规划意见书》认为，第一种方案从电能、防洪、航运和径流调节作用等综合效益来看，均优于第二种方案和第三种方案，因此选定为金沙江干流（石鼓至宜宾河段）的梯级开发代表方案。该方案具体梯级为金沙江干流的虎跳峡（1950米）、洪门口（1640米）、皮厂（1410米）、半边街（1150米）、鲁拉戛（995米）、白鹤滩（800米）、溪洛渡（600米）、向家坝（385米）以及雅砻江的小得石（1230米），总计保证出力3284万千瓦，年发电量3398亿千瓦时。对近期开发工程，该意见书认为，从满足开发任务要求，动能经济指标优越，并结合地形、地质和施工条件等综合比较，应以溪洛渡和白鹤滩作为近期开发对象，但从交通条件、淹没损失、施工场地等现实情况考虑，选择溪洛渡作为首期开发对象尤为合适。

1965年5月至9月，中国科学院西南地区综合考察队组织了长江流域规划办公室、交通部和昆明勘测设计院等单位，对金沙江石鼓至宜宾河段的综合利用方向、开发方式以及发展水运和虎跳峡枢纽建设等问题进行了考察研究。考察后编制的《金沙江中下游（石鼓至宜宾）水利资源综合开发的几个问题（初稿）》报告认为，以发电、防洪为主，同时根治航道是远景综合利用方向，以发电和整治航道为主是近期开发的基本任务。开发方式远景以高坝为主、近期以低坝为主，发展水运近期以整治为主、远景结合综合开发逐渐渠化。1965年12月，长江流域规划办公室根据中共中央西南局领导的指示，派出工作组，在云南省计划委员会的领导下，组织昆明勘测设计院、云南省交通厅等单位查勘了老君滩，目的在于研究利用老君滩天然落差（河长4.3千米，落差41米）发电和解决该段滩险通航问题。长江流域规划办公室通过对虎跳峡河段开发进行重点勘测研究，提出了《虎跳峡河段开发意见》。

1978年4月，水利电力部规划设计管理局在北京召开金沙江规划座谈会，会议强调金沙江流域规划应贯彻综合利用的原则，以发电、防洪为主，同时发展航运、漂木，兼顾灌溉。随后组织查勘了虎跳峡、半边街、白鹤滩、向家坝及雅砻江二滩水电站等梯级坝址，提出开发意见。

经国家计划委员会批准的《长江流域综合利用规划要点报告修订补充任务书》明确了长江干流（包括金沙江）规划由长江流域规划办公室负责。规划要求金沙江规划应在1960年提出的《金沙江流域规划意见书》的基础上，对规划任务和梯级开发方案进行复核。1985年至1986年期间，长江流域规划办公室根据新的水文资料，重新进行了水文水利计算，比较了8级和9级两种不同的干流梯级开发方案，对乌东德及以上6个枢纽进行了初步规划设计（以下梯级采用1981年成都勘测设计研究院的规划成果），提出了规划阶段的主要技术经济指标。1986年至1987年期间，长江流域规划办公室综合搜集了有关资料，经过分析研究提出了《金沙江石鼓以上干流河段规划意见（初稿）》。该意见认为，该河段以发电、调引水为主要开发任务，兼顾防洪和通航的要求；拟定17级开发方案，其中直门达至石鼓河段为9级，直门达以上通天河为8级。该意见对南水北调西线调水和滇中高原引水方案也提出了初步规划意见。

1990年，经国务院原则批准的《长江流域综合利用规划简要报告（1990年修订）》，对金沙江河段的开发规划提出了部分意见。根据该河段的自然特点和国民经济发展要求，河段的主要治理开发任务为发电、航运、工农业供水与分担中下游防洪。考虑到该河段具有河谷狭窄、径流年内及年际变化小、洪、枯水期比较稳定和淹没损失小，以及河床覆盖层一般较厚、河床狭窄等特点，宜采取修建控制性高坝和梯级水位适当重叠的开发方式。这样可以增加兴利和防洪库容，有利于控制洪水和泥沙，增加调节流量，充分利用水能资源。适当重叠开发方式还有利于淹没碍航险滩，改善河段航运条件。

石鼓至宜宾河段的梯级开发方案是以1960年长江流域规划办公室编制的《金沙江流域规划意见书》拟定的8级方案为基础，结合20多年来长江流域规划办公室及其他设计院所做的规划，对原规划方案作了适当调整，包括个别梯级的坝址和正常蓄水位，选择了虎跳峡、洪门口、梓里、皮厂、观音岩、乌东德、白鹤滩、溪洛渡、向家坝组成该河段的梯级开发方案。全部梯级建成后，可获得总库容814.4亿立方米，兴利库容336.4亿立方米，防洪库容126.4亿立方米；保证出力2479万千瓦，总装机容量5033万千瓦，年发电量2476.7亿千瓦时；淹没甲等及特等险滩百余处，改善了通航条件。

《长江流域综合利用规划简要报告（1990年修订）》认为，溪洛渡和向家坝2座水利枢纽位于金沙江下段，距离西南地区负荷中心较近，施工对外交通相对较易解决，做了一定的前期工作，第一期工程可在这两个枢纽中选择。虎跳峡和白鹤滩是两个调节库容最大的控制性枢纽，有一定的前期工作基础，应列为近期重点研究对象。应继续抓紧做好上述4个枢纽的前期工作。玉树直门达至石鼓河段，以发电作为本河段的主要开发任务，河段内还有滇中高原引水和南水北调西线调水任务。该河段由于地形险阻、交通不便、气候恶劣，以往只做过局部河段的考察与粗略研究工作，基础资料缺乏。初步拟定了东就拉、晒拉、俄南、白立、降曲河口、巴塘、王大龙、日免、拖顶9级开发方案，总装机容量1173.7万千瓦，保证出力357.4万千瓦，年发电量631亿千瓦时。

长江水利委员会于2003年完成了《金沙江干流综合规划报告》并上报水利部。该综合规划报告是在1990年经国务院批准的《长江流域综合利用规划简要报告（1990年修订）》的基础上，合理采纳了中游河段水电规划和溪洛渡、向家坝等枢纽设计的有关成果，充分考虑了国民经济各方面的要求，较好地反映了当前社会普遍关注的水资源配置与保障、防洪保安、生态环境保护等问题。在深入分析河流的自然特性、综合考虑各方面要求的基础上，对金沙江干流河段进行了全面的规划。本次规划拟定的金沙江干流的治理开发任务为发电、供水灌溉、防洪、航运、水资源保护、水土保持、旅游等，其中发电、供水灌溉和防洪为主要任务。在规划中对金沙江的防洪作用、库容分配和调度原则作了较为深入的研究，确定金沙江梯级水库7月预留的防洪库容为249.0亿立方米，采取分期预留、逐步蓄水的运用方式。对滇中引水、西线调水、川南丘陵区灌溉等进行了合理的规划安排。在规划中，分别对金沙江上游河段（直门达至石鼓）、虎跳峡河段、中下游河段（石鼓至宜宾）进行了规划比较，提出了上游河段9级开发方案；推荐中下游河段10级开发方案，即虎跳峡（1950米）、阿海（1620米，长江流域规划中的洪门口，以下同）、金安桥（1410米，梓里）、龙开口（1297米）、鲁地拉（1221米，皮厂）、观音岩（1132米）、乌东德（950米）、白鹤滩（820米）、溪洛渡（600米）、向家坝（380米）。

2012年，国务院批复《长江流域综合规划（2012—2030年）》，分别对金沙江上、中、下游梯级河段开发提出建议：金沙江上游河段：根据《金沙江上游水电规划》和《金沙江干流综合规划》相关成果，开发方案为西绒（东就拉）、晒拉、果通、岗托（俄南）、岩比（白丘）、波罗、叶巴滩（降曲河口）、拉哇、巴塘、苏洼龙（王大龙）、昌波、旭龙、奔子栏13级；金沙江中游河段核心的问题是虎跳峡河段的开发方式，为满足河段综合利用需要，虎跳峡河段建设一座调节库容较大的龙头水库是必要的，但河段的开发与保护涉及问题十分复杂，今后还应对虎跳峡河段开发建设征地与移民、环境影响与保护、建坝技术、河段开发综合利用要求与效益等主要问题进行深入研究，进一步协调开发与保护关系，协调统一各方面意见。规划金沙江中游河段按9级方案开发，即虎跳峡河段梯级、梨园、阿海、金安桥、龙开口、鲁地拉、观音岩、金沙、银江；金沙江下游河段从20世纪50年代开始，各有关单位提出的金沙江下游河段规划梯级布局基本一致，本次规划维持《长江流域综合利用规划简要报告（1990年修订）》提出的4级开发方案，适当抬高乌东德正常蓄水位至975米，金沙江下游河段开发方案为乌东德、白鹤滩、溪洛渡、向家坝。

《长江流域综合规划（2012—2030年）》在防洪规划方案中对金沙江干流水库防

洪库容做了安排，要求金沙江干流预留防洪库容 220 亿～249 亿立方米，其中虎跳峡、梨园、阿海、金安桥、龙开口、鲁地拉、观音岩、乌东德、白鹤滩、溪洛渡、向家坝等 11 座水库规划预留最大库容分别为 58.6 亿立方米、1.73 亿立方米、2.15 亿立方米、2.15 亿立方米、1.58 亿立方米、1.26 亿立方米、5.64 亿立方米、5.42 亿立方米、24.4 亿立方米、75 亿立方米、46.5 亿立方米和 9.03 亿立方米。

3. 梯级开发建设情况

金沙江干流水力蕴藏量 1.124 亿千瓦，占全国水能总量的 1/6，可开发的水能资源达 8891 万千瓦，是我国规划的 12 个水电基地中最大的一个。国务院批准的《长江流域综合利用规划简要报告（1990 年修订）》表明，以溪洛渡建设为开端，金沙江中下游将规划兴建梯级电站 12 座，总装机容量为 5858 万千瓦，年发电量为 2632 亿千瓦时。2002 年，国家正式授权中国长江三峡工程开发总公司先期开发金沙江下游河段的乌东德、白鹤滩、溪洛渡、向家坝 4 座电站。这 4 座电站的总装机容量将达 4646 万千瓦，年发电量为 1964.3 亿千瓦时。金沙江干流梯级开发建设情况见表 3-3。金沙江上游梯级开发纵剖面图见图 3-14，金沙江中游河段梯级纵剖面图见图 3-15，金沙江中下游干流梯级（观音岩—向家坝）纵剖面图见图 3-16。

表 3-3　　　　　　　　　金沙江干流梯级开发建设情况

梯级名称	总库容（亿立方米）	正常蓄水位以下库容（亿立方米）	兴利库容（亿立方米）	防洪库容（亿立方米）	装机容量（万千瓦）	开发任务	备注
西绒	2.34	2.34	0.51		32	发电	规划
晒拉		2.33	0.36		38	发电	规划
果通		0.75	0.21		14	发电	规划
岗托		54.11	37.3		110	发电	前期
岩比		1.552	0.377		30	发电	规划
波罗		8.37	0.99		96	发电	规划
叶巴滩	11.85	10.80	5.37		224	发电	在建
拉哇	24.67	15.58	8.24		200	发电	在建
巴塘	1.55	1.36	0.26		75	发电	在建
苏洼龙	6.38	5.38	0.84		120	发电	在建
昌波		0.12	0.07		106	发电	前期
旭龙	8.47	7.81	1.26		222	发电	前期
奔子栏	15.82	13.53	10.07		188	发电	前期
虎跳峡（龙盘）	371.2	371.2	215.15	40	420	发电、供水、防洪	前期
梨园	8.05	7.27	1.73	1.73	240	发电、防洪	已建
阿海	8.85	8.06	2.38	2.15	200	发电、防洪	已建

续表

梯级名称	总库容（亿立方米）	正常蓄水位以下库容（亿立方米）	兴利库容（亿立方米）	防洪库容（亿立方米）	装机容量（万千瓦）	开发任务	备注
金安桥	9.13	8.47	3.46	1.58	240	发电、防洪	已建
龙开口	5.58	5.07	1.13	1.26	180	发电、防洪	已建
鲁地拉	17.18	15.48	3.76	5.64	216	发电、防洪	已建
观音岩	22.50	20.72	5.55	5.42	300	发电、防洪	已建
金沙	1.08		0.112		56	发电、防洪	在建
银江	0.594	0.312	0.018		39	发电、防洪	在建
乌东德	74.05	58.63	34	24.4	1020	发电、防洪	已建
白鹤滩	205.10	190.06	104.36	58.38	1600	发电、防洪	在建
溪洛渡	126.7	115.7	64.6	46.5	1386	发电、防洪	已建
向家坝	51.36	49.77	9.03	9.03	640	发电、防洪、航运、灌溉、供水	已建

注：表中指标，规划项目采用规划成果，前期项目采用最新研究成果，已建、在建项目为核准规模。

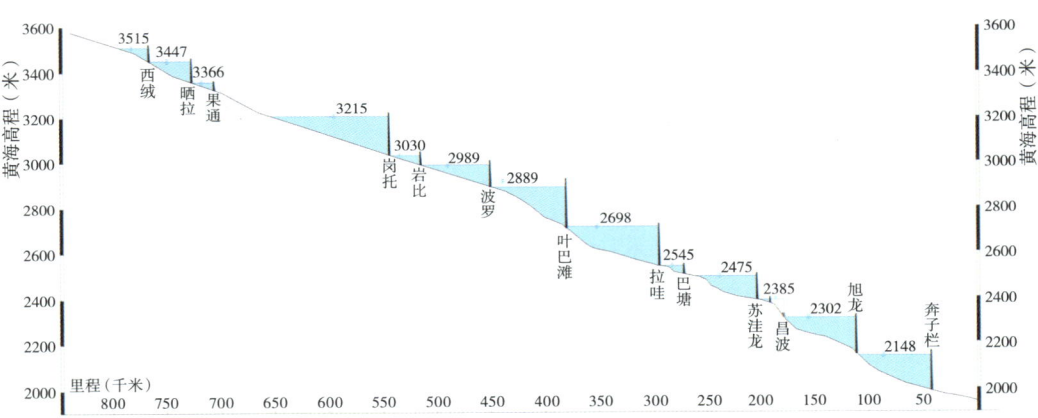

图 3-14　金沙江上游梯级开发纵剖面

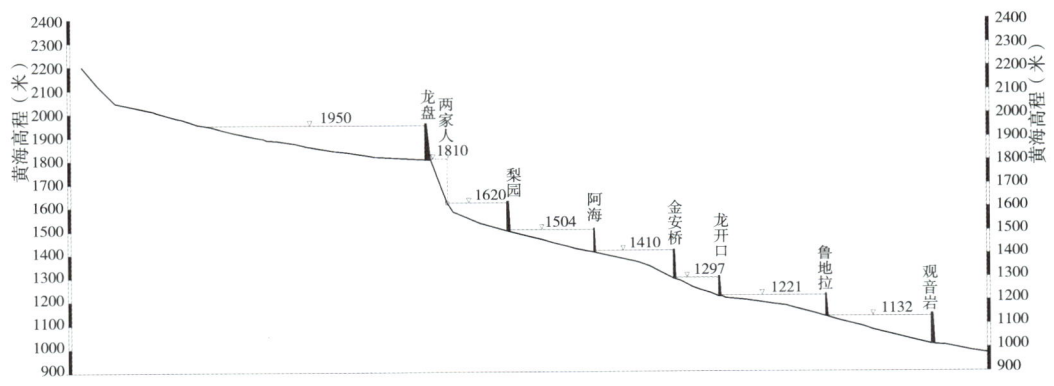

图 3-15　金沙江中游河段梯级纵剖面

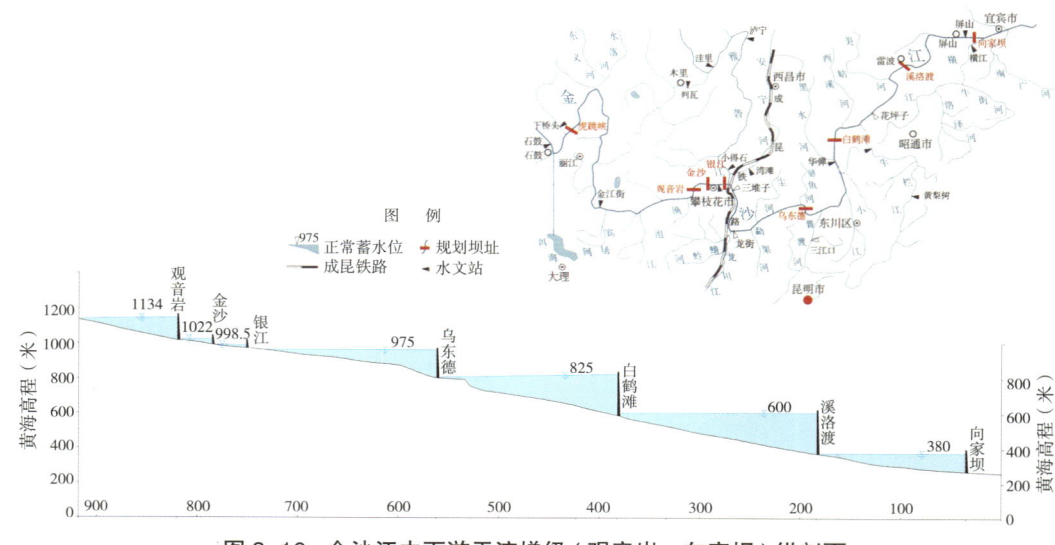

图 3-16 金沙江中下游干流梯级（观音岩—向家坝）纵剖面

金沙江干流梯级规划的实施，将带来巨大的社会效益和经济效益，其丰富的水能资源将成为我国西电东送的重要能源基地；从金沙江引调水的水资源优化配置，将改变西北和滇中高原等地区社会经济和生态环境面貌；枢纽工程形成的巨大库容，将为提高长江中下游和川江河段的防洪能力创造有利条件。金沙江治理开发是国家西部大开发战略的重要组成部分。

4. 流域典型工程介绍

金沙江水电基地下游最末一个梯级水电站——向家坝水电站。

（1）工程概况

向家坝水电站是金沙江下游河段规划的最后一个梯级，坝址位于四川省宜宾市和云南省水富县交界处，控制流域面积45.88万平方千米，占金沙江流域面积的97%，多年平均流量4570立方米每秒。电站上游距离溪洛渡坝址156.6千米，下游距四川省宜宾市区33千米，距云南省水富县城1.5千米、水富港2.5千米。工程设计开发任务以发电为主，同时改善通航条件，兼顾防洪、灌溉，并具有拦沙和对溪洛渡水电站进行反调节等作用。水库正常蓄水位380米，死水位和防洪限制水位均为370米，总库容51.63亿立方米，调节库容和防洪库容均为9.03亿立方米，具有季调节能力。

工程建设控制进度目标为：2004年7月开始筹建，2006年11月正式开工，2008年12月大江截流，2012年10月第一批机组发电，2015年工程竣工。其中，2005年6月至2008年12月由右岸主河床过流；2008年12月至2012年10月水库下闸蓄水前，利用左岸大坝预留的6个导流底孔和高程280米、宽115米缺口过流；2012年10月蓄水后由右岸坝体表孔和中孔联合过流。

工程枢纽主要由挡水建筑物、泄洪消能建筑物、冲排沙建筑物、左岸坝后引水发电系统、右岸地下引水发电系统、通航建筑物和灌溉取水口等组成。其中，拦河大坝为混凝土重力坝，最大坝高162.00米，坝顶长度896.26米；电站厂房分列两岸布置，左、右岸厂房各安装4台单机容量800万千瓦水电机组；泄洪建筑物位于河床中部略靠右侧，由12个表孔和10个中孔组成，表、中孔间隔布置，由中导墙将其分成两个消能区，采用跌坎式淹没射流底流消能；一级垂直升船机位于左岸坝后厂房左侧，最大提升高度114.20米，设计年货运量112万吨；左岸灌溉取水口位于左岸岸坡坝段，设计取水流量98立方米每秒，右岸灌溉取水口位于右岸地下厂房进水口右侧，设计取水流量38立方米每秒；冲沙孔和排沙洞分别设在升船机坝段的左侧和右岸地下厂房的进水口下部。

（2）建设背景

新中国成立后对金沙江的历次勘测规划都很重视向家坝梯级。向家坝和溪洛渡水电站建成后可以解决三峡库区最棘手的难题——泥沙淤积。专家认为，金沙江中游是长江主要产沙区之一，多年平均含沙量达1.7千克每立方米，约为三峡水库入库沙量的一半。利用金沙江输沙量高度集中在汛期的特性，合理调度可使大部分入库泥沙淤积在死库容内。而溪洛渡水库正常蓄水位达600米，死水位高达540米，拦淤泥沙后不影响电站效益。据分析计算，溪洛渡梯级竣工投入运行后，三峡库区入库含沙量将比此前天然状态减少34%以上。防洪的作用也十分明显。溪洛渡梯级273米高的拦河大坝将抬高水位230米，水库总库容达126.7亿立方米，可以较好地分担三峡水库的防洪任务。

建设向家坝和溪洛渡水电站的技术经济指标十分优越，主要表现在工程总投资较低。在水电项目中，水库移民投资是控制工程总投资的主要因素。这两座水电站发电容量总和略大于三峡水电站，但水库移民人数仅10万左右，相当于三峡工程移民总数的1/10。由于水库移民投资所占的比例小，2座水电站单位千瓦投资和造价同国内在建和拟建的大型水电工程项目相比，经济指标优越。溪洛渡水电站单位千瓦投资为3600元，向家坝水电站不到5000元。因此，以后上网的电价也很有竞争力，将成为"西电东送"中路通道的骨干电源项目。

向家坝水电站的前期工作始于1957年，1985年由中南勘测设计研究院承担勘测设计工作。1996年5月中南勘测设计研究院完成了《向家坝水电站预可行性研究报告》并通过了水利电力部会同四川、云南两省和中国长江三峡工程开发总公司联合主持的审查。1997年中国长江三峡工程开发总公司与中南勘测设计研究院签订了向家坝水电站可行性研究报告的工作合同，使向家坝水电站工程建设进入了可行性研究报告编制阶段。2002年10月，向家坝水电站经国务院正式批准立项，国家发展计划委员会提出"力争溪洛渡和向家坝水电站'十五'期间能开工建设"。

（3）建设历程

向家坝水电站工程计划总体目标是 2006 年正式开工，2008 年截流，2012 年首批机组发电，2015 年建设完工。工程筹建期从 2004 年 7 月至 2005 年 12 月。一期工程施工从 2006 年 1 月至 2008 年 12 月，二期工程施工从 2009 年 1 月至 2012 年 12 月，工程完建期为 2013 年 1 月至 2015 年 6 月。工程正式开工至首批机组发电工期 7 年，工程总工期 9 年。

向家坝水电站项目实际于 2006 年 11 月 26 日正式开工建设，2012 年 11 月 5 日首台机组投产，2014 年 7 月 10 日全面投产。具体建设进程如下：2006 年 11 月 26 日正式开工，2008 年 12 月 28 日 11 时 26 分成功截流，2011 年 8 月 29 日新翻坝转运高位码头开工，2011 年 9 月 19 日中孔钢衬腹部首仓混凝土收仓，2011 年 9 月 29 日右岸电站进水口闸门正式吊装，2012 年 3 月 6 日泄洪中孔 10 扇工作弧门全部吊装完毕，2012 年 10 月 10 日正式下闸蓄水，2012 年 11 月 5 日首台机组（7 号机组）正式投产发电，2013 年 5 月 31 日右岸 4 台机组（5 号、6 号、7 号、8 号）全部投产发电，2014 年 7 月 10 日水电站最后一台机组 10 日正式投产运行，2018 年 5 月 26 日升船机开始试通航。

（4）工程效益

向家坝水电站工程以发电为主，同时兼有改善通航条件、防洪、灌溉、拦沙、对溪洛渡水电站进行反调节等综合效益。

1）发电效益。

在上游有锦屏一级和溪洛渡水电站调节时，向家坝水电站保证出力 200.9 万千瓦，年发电量 307.47 亿千瓦时。远期上游干支流规划的虎跳峡、两河口、白鹤滩等梯级大型调蓄水库相继建成后，保证出力将增加到 350 万千瓦以上，发电量和电能质量将稳定提高。巨大的电能通直流特高压送往华中、华东地区，向家坝水电站送出的正负 800 千伏直流特高压是国产化示范工程。

2）防洪效益。

向家坝水电站汛期预留防洪库容 9.03 亿立方米，具有控制洪水比重大，距离防洪对象近的特点。川江沿岸的宜宾、泸州、重庆等城市的防洪标准仅达到 5～20 年一遇，远远低于国家规定的 50～100 年一遇的标准。因此，兴建向家坝水电站与溪洛渡水电站联合运用是解决川江防洪问题的主要工程措施之一，配合其他措施，可使宜宾、泸州、重庆等城市的防洪能力逐步达到国家规定的标准。同时，配合三峡水库进一步提高荆江河段的防洪能力，减少长江中下游地区的分洪损失。

3）航运效益。

金沙江属山区型河流，因河道狭窄，滩多流急，给航运事业的发展造成较大的困难。金沙江营运通航河段仅宜宾至新市镇105千米航道为五级航道。向家坝通航建筑物按四级航道标准设计，将淹没需要整治的84处碍航滩险，库区将成为行船安全的深水航区，航运条件得到根本改善。同时与溪洛渡水库联合调度运行，可改善下游枯水期的航运条件。

4) 灌溉效益。

紧靠向家坝坝址下游的长江两岸均系丘陵农业区，土地肥沃，气候适宜，但缺乏大型骨干水利设施，田高水低，旱灾频繁发生，水源成为此地区农业发展的制约因素之一。向家坝水库建成后，可引水灌溉下游14个县市的农田约24.7万公顷，并可解决灌渠沿线部分城镇工业和生活用水问题，对于改善当地人民生活水平、促进经济发展和社会稳定将起到积极作用。

5) 环境效益。

向家坝水电站年平均发电量300多亿千瓦时，可替代同等规模的燃煤火电厂，相当于每年减少原煤消耗约1400万吨，每年减少二氧化碳排放约2500万吨、二氧化氮约17万吨、二氧化硫约30万吨，不仅可以节约煤炭资源，而且可减少燃煤污染，改善四川盆地环境质量。

(5) 向家坝创造的世界之最

1) 最大规模沉井群。

为克服金沙江松软的地质条件，工程技术人员为向家坝水电站打造了世界上最大规模的沉井群（图3-17）。向家坝水电站沉井群位于金沙江左岸坝轴线以上约20米处的基坑中。沉井群由10个混凝土"井"组成，"井"间距为2米，10个沉井依次沿一期土石围堰呈"L"形错开布置。每个"井"长23米，宽17米，"井"内再分为6个方格。沉井下沉深度最浅43米，最深达57.4米，最大入岩深7米。该沉井群

图3-17 向家坝水电站沉井群

规模和施工难度均超过目前已建成的国内最大的四川大渡河铜街子水电站沉井群。

2）最大的超级水轮发电机组。

为最有效利用金沙江巨大的水流落差，向家坝水电站安装了由我国企业设计制造的当时世界上最大的超级水轮发电机组（图 3-18）。该机组单机额定容量为 80 万千瓦，其定子直径为 19.9 米，转子直径为 18.97 米，定子额定电压为 23 千伏，均为目前世界上机组安装等级最高的技术指标，且技术和设备制造全部实现了国产化，是名副其实的"中国芯"。向家坝水电站的成功投入运行不仅实现了国产水能机组从 70 万千瓦到 80 万千瓦的飞跃，还带动国内制造厂家极大地推进了大型水能发电机组制造及配套产品的技术创新。

图 3-18　向家坝水电站机组安装

3）世界最大单体升船机。

为配合水富万里长江第一港的区位优势不影响水富上游航运，向家坝水电站建设了当时世界最大单体升船机（图 3-19）。向家坝升船机土建结构形式、受力及边界条件异常复杂，且建筑物规模巨大，技术难度大。升船机塔柱结构高达 138 米，支撑着船厢垂直升降 114.2 米，这样的提升高度及工程规模，在国内外升船机建设史上可供借鉴经验很少，升船机土建施工技术难度可谓"超常态"。面对上述难题，升船机建设者提前考虑各种方案及应对措施，先后组织开展了塔柱施工期变形仿真分析、塔柱结构混凝土

图 3-19　向家坝水电站升船机

施工方案与施工程序、温度控制措施和施工期塔柱变形分析等关键技术研究，成功解决了在狭小场地下的超高层薄壁大体积混凝土建筑物施工精度和快速施工难题，有效控制了塔柱变形对设备安装精度的影响。

升船机机械及电气各系统设备是一整套复杂的系统，各系统相互配合，确保升船机安全可靠运行。向家坝升船机采用的是很安全的"长螺母—短螺杆"锁定装置，对运行安全起到直接保障作用的是事故安全机构和螺母柱。船厢升降运行时，当船厢遇到水位超标、地震等不平衡或异常情况时，驱动系统将接收到信号停止动作，与船厢同步运行升降的事故安全机构短螺杆也将停止转动，逐步锁死，船厢此时就牢牢固定在螺母柱上，从而保证了船厢的安全。如何始终保持船厢处于水平状态是一项十分关键的技术。该工程采用4台250千瓦的电机驱动，带动小齿轮转动，实现船厢上下运行，4个驱动点之间时刻保持高度同步，从而保证了船厢在运行中始终处于水平状态；在升船机启动、运行和停机各个阶段严格按照平滑的速度曲线运行，减少了振动，保证了船厢的平稳。在应急情况下，向家坝升船机设有迅速疏散设施，并与各高程应急疏散通道连接，船上人员可以通过疏散通道迅速离开升船机。

4）世界上最大的洪水消力池。

由于向家坝水电站紧邻城市建设，也由于金沙江松软的地质条件，向家坝大坝不能采用三峡大坝那样简单的挑流消能方式而被迫选用技术难度更大、维护成本更高的底流消能方式，为此向家坝水电站建设了世界上最大的两个大型洪水消力池。

5）采用亚洲第一大跨度的巨型国产缆机。

向家坝大坝浇筑施工中采用的缆机是亚洲第一大跨度的巨型国产缆机（图3-20）。向家坝水电站共设3台平移式缆机，横跨金沙江两岸，缆机主塔、副塔最大跨距1360多米，主塔和后拉索平衡台车最大跨距390多米，是当时国内跨距最大的缆机。该缆机重达98吨，长1400米，是电站左岸大坝一期及导流工程施工的重要机械，也是整个施工期间向家坝工地上最大的施工机械部件。

6）世界上最长砂石骨料输送带。

图3-20　向家坝水电站施工缆机

为解决向家坝砂石骨料供应问题，向家坝工程特地建设了世界上最长的砂石骨料输送带长达40余千米（图3-21）。

图 3-21　世界上最大的马延坡人工砂石加工系统

（6）向家坝水电站的"中国制造"

向家坝水电站工程建设中有诸多设备制造体现出"中国制造"的创新能力。向家坝水电站至上海的正负 800 千伏直流特高压国产化示范工程是国内输送电压等级最高、最先进的电力系统之一；国产 500 千伏高压电缆系统在向家坝水电站成功应用，打破了欧美和日本的长期技术垄断，大幅降低了设备采购成本；在中国长江三峡集团有限公司的大力支持、引导和协助下，由西安西电开关电气有限公司设计制造的六氟化硫发电机断路器成套装置在向家坝水电站成功投入运行。在很长一段时间，这种额定短路开断电流达 130 千安的大电流断路器在世界上只有瑞士 ABB 公司能够制造，长期垄断着世界市场，我国进口花费了大量的外汇。现在，大容量国产发电机组出口断路器的成功应用，彻底摆脱了大型电站发电机断路器长期依赖国外进口的局面，并使我国跻身于全球少数能够生产该类高端设备的国家之列。从某种角度而言，向家坝水电站是我国水电重大装备国产化成果的展览馆，在这里我们欣喜地看到"中国制造"之花竞相怒放，水电重大装备昂首阔步地从"中国制造"迈向"中国创造"，这在我国乃至世界的水电建设中留下了一幅浓墨重彩的美丽画卷。

（二）雅砻江

1. 流域概况

雅砻江是长江上游宜宾以上河段（金沙江）的最大支流，发源于青海省巴颜喀拉山南麓，自西北向东南流经尼达坎多后进入四川省，至两河口以下由北向南流，于攀枝花市的果棵汇入金沙江，是典型的高山峡谷型河流。雅砻江流域地跨青海、四川、云南三省，主要位于川西，地势北、西、东三面高，向南倾斜，河源地区隔巴颜喀拉山脉与黄河流域为界，流域其余周边夹于金沙江与大渡河流域之间，呈狭长形，流域面积 12.84 万平方千米。

雅砻江干流全长 1571 千米，天然落差 3870 米，平均比降 2.46‰。干流尼拖以上为上游，尼拖至理塘河口为中游，理塘河口以下为下游。上游呈高山及高原景观，河谷多为草原宽谷和少量浅丘峡谷，径流补给以冰雪为主；中下游为高原、高山峡谷河流，河宽100～150米，在支流中有宽谷和盆地出现。支流呈树枝状均匀分布，流域面积在3000平方千米以上的有麻木（摩）柯河、鲜水河（1.93万平方千米）、霍曲河、力丘河、理塘河（1.9万平方千米）、九龙河、鱳（敢）鱼河和安宁河（1.1万平方千米）8条。

雅砻江流域属川西高原气候区，降水量上游区为600～800毫米（河源为500～600毫米），中游区1000～1400毫米，下游区900～1300毫米。雅砻江径流的一半由降水形成，其余为地下水和融雪（冰）补给，径流年际变化不大，丰沛而稳定，河口多年平均流量1890立方米每秒，年径流量596亿立方米。丰水期（6月至10月）径流量占全年的77%。雅砻江中下游处于川西和安宁河两大暴雨区内，为洪水主要来源地区，其洪水特性是峰高、量小、历时短。主汛期为6月至9月，大洪水多发生于7月至8月，与长江中下游洪水大体同步。

雅砻江流域内地质构造分属甘孜阿坝褶皱带、雅砻江褶断带及康滇褶断带，出露地层自古生界至新生界均有分布，并有火成岩零星分布。干流梯级坝址岩层主要为花岗岩、砂岩、板岩及大理岩、玄武岩、花岗正长岩、闪长岩等。由于雅砻江河床急剧下切，构造强烈，岩石破碎，地震活动频繁，常产生规模较大的地质灾害，如山崩、滑坡和泥石流。流域内地震基本烈度为Ⅶ～Ⅷ度。

雅砻江流域内自然资源丰富。流域内森林为西南林区的重要组成部分，木材蓄积量约3.1亿立方米。矿产最负盛名的是攀西钒钛磁铁矿，保有铁储量达70亿吨，居全国第二位，伴生的钒和钛储量分别占全国总储量的89%和94%。雅砻江为全国十大水电基地之一。据2004年全国水力资源复查成果，全流域水能理论蕴藏量3840万千瓦，占长江流域总量的13.8%；技术可开发量3466万千瓦，年发电量1842亿千瓦时。2001年底，全流域已建和在建500千瓦以上的水电站有74座，总装机容量364.3万千瓦，年发电量216.8亿千瓦时，水能开发利用率分别为10.5%和11.8%。

2. 规划开发方案

雅砻江开发任务以发电为主，兼顾漂木和工农业用水，促进航运发展，同时控制本流域洪水，以承担长江干流防洪任务，上游河段还要承担南水北调西线调水任务。

雅砻江开发应充分利用淹没损失少的特点，在地形、地质条件合适的河段修建控制性枢纽，以充分调节径流，提高水资源开发利用程度。根据2004年全国水力资源复查成果，干流四川省呷衣寺以下初步拟定了19级开发方案：仁青岭（3747米）、热巴（3617米）、阿达（3527米）、通哈（3317米）、英达（3262米）、新龙（3142米）、共科（3022米）、龚坝沟（2937米）、两河口（2880米）、牙根（2602米）、楞古（蒙古山，2470米）、大空（2274米）、杨房沟（2135米）、卡拉（1960米）、锦屏一级（1880米）、锦屏二级（1646米）、官地（1330米）、二滩（1200米，已建）、桐子林（1015米），共利用落差2813米，总调节库容约237亿立方米，总装机容量2856万千瓦，保证出力1410万千瓦（联合运行情况，下同），年发电量1516亿千瓦时，总装机容量和年发电量较20世纪70年代的开发方案有所增加。其中，两河口和锦屏一级是控制性枢纽。两河口枢纽位于支流鲜水河汇口以下，控制全河水量的35%左右，有效库容74.9亿立方米，为多年调节水库；锦屏一级枢纽位于支流理塘河汇口以下，控制全河水量的63.5%，有效库容49.1亿立方米，为不完全年调节水库。

上述雅砻江开发方案是在未考虑南水北调西线的基础上拟定的，雅砻江梯级开发方案实施时应考虑这一因素而做必要的修改。

雅砻江下游的安宁河，流域面积约1.12万平方千米，河长320余千米，天然落差3241米，多年平均流量231立方米每秒。域内交通较便利，经济较发达，是攀西地区粮食和蔗糖生产的重要基地。根据四川省水利水电勘测设计院1991年提出的《安宁河流域规划报告》，干流开发任务以灌溉、工业及城市生活供水为主，结合防洪、发电，兼顾水产养殖等。全河规划有大桥水库等23级枢纽，其中已建10级。全梯级总调节库容约7.3亿立方米，总装机容量54.4万千瓦，年发电量30.3亿千瓦时。

3. 梯级开发建设情况

雅砻江流域梯级开发建设情况见表3-4。

表3-4　　　　　　　　　　　雅砻江流域梯级开发建设情况

梯级名称	正常蓄水位以下库容（亿立方米）	兴利库容（亿立方米）	防洪库容（亿立方米）	装机容量（万千瓦）	开发任务	备注
木罗	0.12	0.05		16	发电	规划
仁达	2.34	0.31		45	发电	规划
林达	0.24	0.07		15.8	发电	规划
乐安	0.1	0.04		10.8	发电	规划
新龙	1.24	0.25		25.8	发电	规划
共科	3	0.18		40	发电	规划
甲西	1.38	0.23		36	发电	规划
两河口	101.54	65.6	20	300	发电、防洪	在建
牙根一级	0.32	0.11		27	发电	前期
牙根二级	2.54	0.16		108	发电	前期
楞古	1.71	0.26		257.5	发电	前期
孟底沟	8.53	0.58		220	发电	前期
杨房沟	4.44	0.53		150	发电	在建
卡拉	2.34	0.37		100	发电	前期

续表

梯级名称	正常蓄水位以下库容（亿立方米）	兴利库容（亿立方米）	防洪库容（亿立方米）	装机容量（万千瓦）	开发任务	备注
锦屏一级	77.65	49.11	16	360	发电、防洪	已建
锦屏二级	0.15	0.05		480	发电	已建
官地	7.6	1.23		240	发电	已建
二滩	58	33.7	9	330	发电	已建
桐子林	0.72	0.23		60	发电、防洪	已建

注：表中指标、规划项目采用规划成果，前期项目采用最新研究成果，已建、在建项目为核准规模。

雅砻江梯级开发见图 3-22。

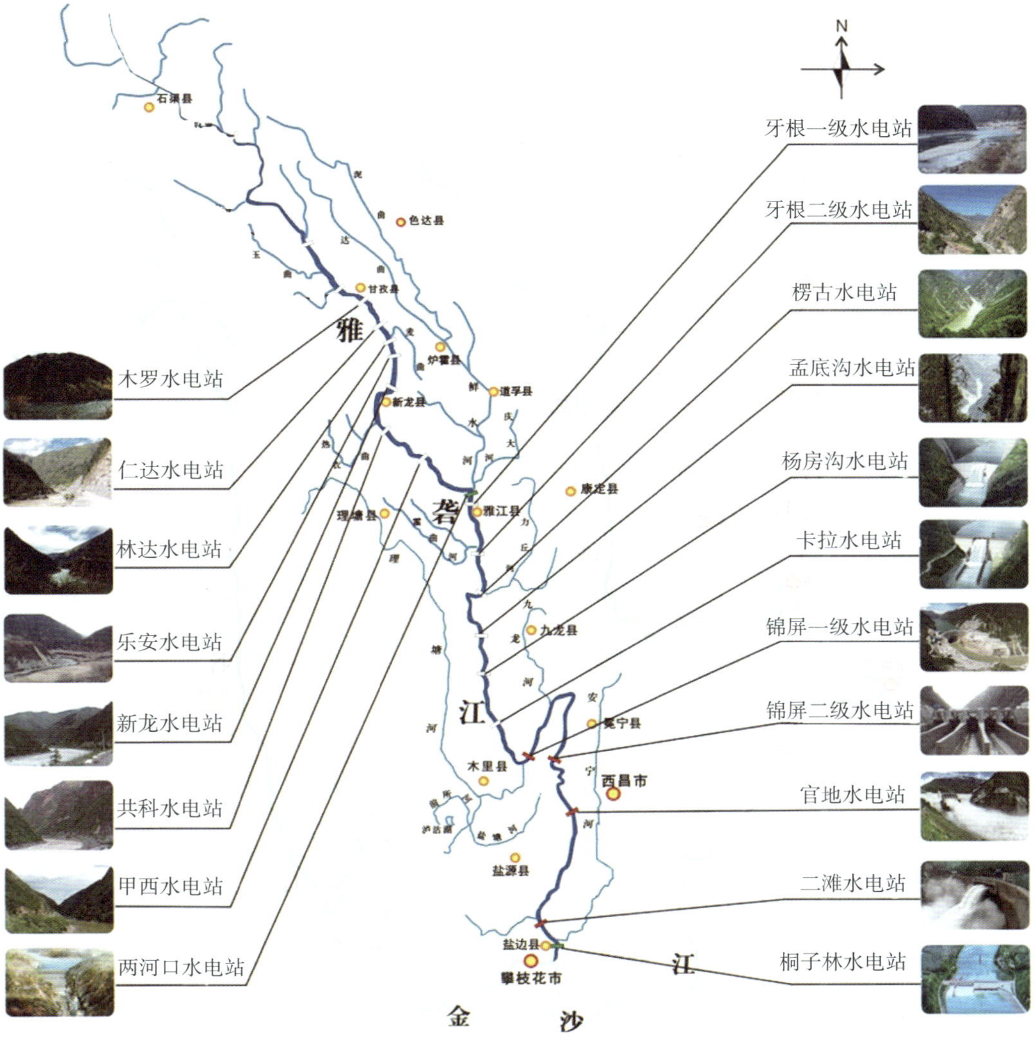

图 3-22 雅砻江梯级开发

4. 流域典型工程介绍

（1）世界第一高拱坝——锦屏一级水电站

1）工程概况。

锦屏一级水电站（图3-23）位于四川省凉山彝族自治州盐源县和木里县境内，是雅砻江干流下游河段（卡拉至江口）的控制性水库梯级电站，其下游梯级为锦屏二级、官地、二滩和桐子林水电站。

图3-23　锦屏一级大坝开始浇筑

雅砻江干流卡拉至江口下游河段长412千米，天然落差930米，水能资源富集，开发条件良好，是四川省水电重点开发河段。

锦屏一级水电站规模巨大，开发河段内河谷深切、滩多流急、不通航，沿江人烟稀少、耕地分散，无重要城镇和工矿企业，工程开发任务主要是发电，结合汛期蓄水兼有减轻长江中下游防洪负担的作用。电站装机容量360万千瓦，保证出力108.6万千瓦，多年平均年发电量166.2亿千瓦时，年利用小时数4616小时。水库正常蓄水位1880米，死水位1800米，正常蓄水位以下库容77.6亿立方米，调节库容49.1亿立方米，属年调节水库，对下游梯级电站的补偿效益显著。锦屏一级水电站工程大江截流见图3-24。

图3-24　锦屏一级水电站工程大江截流

枢纽工程由挡水、泄水及消能、引水发电等永久性建筑物组成。电站地处深山峡谷地区，地质条件较复杂，工程规模巨大，技术难度高，尤其是大坝最大高度达305米，其技术水平处于世界前列。主要技术难题是复杂地质条件的勘探评价，复杂地质条件下300米级高拱坝的结构、温控与基础处理，高边坡稳定与加固处理，高地应力环境大型地下洞室群围岩稳定，窄河谷大泄量泄洪消能技术，高拱坝混凝土骨料与碱活性抑制，以及高山峡谷复杂地形条件的施工组织。浇筑中的锦屏一级大坝及两岸见图3-25。

图3-25　浇筑中的锦屏一级大坝及两岸

2）前期工作及建设情况。

锦屏一级水电站前期勘测设计工作始于20世纪50年代，分为规划、预可行性研究和可行性研究三个阶段。可行性研究阶段又分为选坝设计研究和可行性设计研究两个阶段开展工作。2003年7月项目建议书评估通过，2003年11月可行性研究报告通过国家发展和改革委员会审查，2005年12月国务院正式批准立项，至此，前期勘测设计研究工作顺利完成。工程于2003年7月开始筹建工程施工，2006年12月4日实现大江截流，2009年10月底开始大坝混凝土浇筑，计划于2012年汛后导流洞下闸，2013年汛期水库开始蓄水，2013年8月至9月首批机组发电，2015年工程竣工建成。

3）工程效益。

锦屏一级水电站的防洪作用主要体现在配合三峡水库承担长江中下游防洪任务，必要时联合二滩等水库减轻雅砻江下游、金沙江下游和川渝河段防洪压力。

2018年7月，为有效应对长江1号、2号洪水，动态控制锦西和二滩水库水位、拦洪蓄水，流域梯级水库共拦蓄洪水约40亿立方米，充分发挥水库防洪减灾作用，为战胜长江1号、2号洪水做出了重要贡献。

（2）20世纪我国建成的最大水电站——二滩水电站

1）工程概况。

二滩水电站是雅砻江梯级水电开发的第一座水电站，位于四川省西南部攀枝花市境内的雅砻江下游，距雅砻江与金沙江的交汇口33千米，距下游攀枝花市约46

千米，距成都市约 727 千米，距昆明市 373 千米，成昆铁路桐子林车站位于电站下游 17 千米。

二滩水电站大坝坝址以上控制流域面积 11.64 万平方千米，占雅砻江流域面积的 85.6%。多年平均流量 1640 立方米每秒，设计洪水流量 19700 立方米每秒。水库正常蓄水位 1200 米，最低运行水位 1155 米，总库容 57.9 亿立方米，有效库容 33.7 亿立方米，属季调节水库。电站安装 6 台单机容量 55 万千瓦水电机组，总容量 330 万千瓦，设计年利用小时为 5400 小时，保证出力 100 万千瓦，多年平均发电量 170 亿千瓦时（图 3-26）。

枢纽主要建筑物有拦河坝、泄洪建筑物、引水建筑物、地下厂房等。拦河坝为混凝土双曲拱坝，最大坝高 240 米，坝顶高程 1205 米，坝顶全长 774.69

图 3-26　二滩水电站第一台机组转子吊装

米，坝顶宽 11 米，坝底最大宽度 55.7 米。坝体设 7 个泄洪表孔、6 个泄洪中孔和 4 个底孔，右岸布置 2 条高 13.5 米、宽 13 米的泄洪洞。左岸布置大跨度地下厂房，长 280 米，宽 25.5 米，高 65 米。

二滩水电站为一等工程，挡水建筑物、泄洪建筑物、引水建筑物和电站厂房为 1 级建筑物，大坝下游消能建筑物二道坝为 2 级建筑物，水垫塘为 3 级建筑物。

二滩水电站主体工程运行状况良好，各套泄洪建筑物运行正常，防洪度汛标准按国家审定的工程设计洪水标准执行。大坝及泄洪建筑物按 1000 年一遇洪水设计，相应设计洪水位为 1200 米；5000 年一遇洪水校核，校核洪水位为 1203.5 米；10000 年一遇洪水不漫坝顶，坝顶高程 1205 米。地下厂房按 200 年一遇洪水设计，1000 年一遇洪水校核，校核洪水位为 1035.4 米。

2）前期工作及建设情况。

二滩水电站于 1991 年 9 月动工兴建，1993 年 11 月 26 日实现大江截流，1998 年 5 月 1 日水库开始蓄水，同年 8 月 18 日第一台机组发电，1999 年 4 月大坝工程基本完工，1999 年 12 月所有机组全部并网发电，2000 年 6 月通过竣工验收。2008 年 7 月通过首次大坝安全定期检查并评定为正常坝。投产发电至今，未进行改扩建工程（图 3-27）。

图 3-27　1998 年投产初期二滩大坝浇筑还未全面完成

3）工程效益。

二滩水电站的防洪作用主要体现在配合三峡水库承担长江中下游防洪任务，必要时联合锦屏一级等水库减轻雅砻江下游、金沙江下游和川渝河段防洪压力。

二、岷沱江水系

岷江是长江水量最大的支流，发源于四川、甘肃两省交界的岷山南麓，有东、西两源，汇流于红桥关后自北向南穿越四川盆地腹部区的西缘，在宜宾市汇入长江。岷江流域位于四川盆地与青藏高原的复合地带，域内以灌县—大邑—洪雅—峨眉一线为界，东西两部分地形形成极大反差。西部地势高耸，岭谷相间，地形复杂；东部为著名的成都平原和盆地丘陵，地形平坦。岷江流域面积 13.58 万平方千米。

岷江干流全长 730 余千米，天然落差 3560 米，平均比降 4.84‰。干流灌县（都江堰市，下同）以上为上游，主要流经松潘高原和深山峡谷区；灌县至乐山为中游，干流自灌县起分多支穿越成都平原，主要分外江和内江两大水系，外江水系主流为金马河，内江水系与沱江水系串通，各河系先后在彭山区江口镇汇合后，南流进入丘陵区；乐山至宜宾为下游，河道渐宽，水流平缓，阶地发育，谷宽数千米至十余千米，仅有一段长 8 千米的峡谷河段。主要支流（流域面积 3000 平方千米以上）有黑水河、杂谷脑河、南河、大渡河、马边河 5 条。

大渡河是岷江最大支流，发源于青海省果洛山东南麓，流向先由北向南，至四川省石棉县后折向东流，于乐山城南注入岷江。大渡河干流全长 1150 余千米，落差 4175 米，平均比降 3.61‰，多年平均流量 1570 立方米每秒。泸定以上为上游，属川西高山、高原地貌；泸定至铜街子为中游，属川西南山地；铜街子以下为下游，属四川盆地丘陵区。大渡河流域面积约 9.0 万平方千米，约占岷江流域面积的 66.5%。大渡河主要支流流域面积 3000 平方千米以上的有阿柯河、梭磨河、绰斯甲河、小金川、尼（牛）日河、青衣江（1.29 万平方千米）6 条。

岷江上游属寒温带山地高原气候，中下游属亚热带湿润季风气候，年降水量汶川以上为 400~700 毫米，汶川至灌县 1100~1600 毫米，中下游地区 900~1300 毫米。岷江流域跨川西、峨眉山及青衣江等暴雨区，降水集中，6 月至 9 月降水量占全年的 70%~75%。岷江径流主要由降水形成，少部分来自高原融雪，多年平均流量 2830 立方米每秒，年径流量 892 亿立方米，汛期（5 月至 10 月）径流占全年的 80%。干流出口控制站高场站的年径流量约占长江宜昌站的 20%。

岷江上游属巴颜喀拉褶皱带、摩天岭褶皱带、康滇地轴北端和上扬子台褶带西北端，中下游属四川地台西部边缘；岷江上游出露地层，主要为寒武系—泥盆系砂岩、千枚岩和前震旦系花岗岩、花岗闪长岩侵入体及泥盆系—侏罗系砂岩、灰岩等，中下游主要为侏罗系、白垩系砂岩、页岩、黏土岩等。岷江及中小支流地区构造断裂发育，河床覆盖层较厚，干流茂县至大索桥河段最厚达 100 余米，映秀湾河段厚 60~90 米；岷江上游汶川以上地震基本烈度为Ⅶ~Ⅷ度，中下游为Ⅶ度。大渡河上游属川西甘孜褶皱带，中游属川滇南北构造带，下游属四川盆地，大渡河上游出露岩层主要为三叠系砂岩、板岩及晚期花岗岩侵入体；中游主要出露前震旦系岩浆岩，两侧盖层为三叠系以前的地层，除二叠系有峨眉山玄武岩外，均为海相碳酸盐岩或碎屑岩，下游广泛分布中生界陆相红色岩系；大渡河丹巴以上除河源阿坝地区地震基本烈度为Ⅵ度外，其余地区为Ⅶ度，丹巴至石棉段为Ⅷ度，泸定以西的康定地区为Ⅷ~Ⅸ度以上，石棉以下段为Ⅶ度。

（一）岷江干流

1. 开发任务

岷江干流上游河段开发任务是发电、灌溉、防洪、工业与生活用水，中下游河段开发任务主要是灌溉、防洪和航运并结合发电。

2. 开发方案

据 2004 年全国水力资源复查成果，岷江干流以沙坝和紫坪铺两枢纽为骨干，共布置有 26 个梯级：红桥关（3050 米）、西宁关（2800 米）、龙滩（2690 米）、五里堡（2520 米）、莲花岩（2350 米）、小海子（2216 米）、天龙湖（2148 米）、金龙潭（1911 米）、飞虹桥（1694.1 米）、燕儿岩（1605 米）、宗渠（1528 米）、石鼓（1491 米）、南新（1457.5 米）、铜钟（1475 米）、羊毛坪（1425 米）、姜射坝（1417 米）、沙坝（1300 米）、福堂坝（1268 米）、太平驿（1081 米）、映秀湾（944.5 米）、紫坪铺（877 米）、杨柳湖（鱼嘴，747 米）、板桥溪（380 米）、沙嘴（340

米）、龙溪口（320米）、偏窗子（297米），共有调节库容约22亿立方米，总装机容量457.5万千瓦，年发电量255.1亿千瓦时。

3. 梯级开发建设情况

岷江干流梯级开发建设情况见表3-5。

表3-5　　　　　　　　　　　岷江干流梯级开发建设情况

梯级名称	总库容（亿立方米）	兴利库容（亿立方米）	防洪库容（亿立方米）	装机容量（万千瓦）	开发任务	备注
天龙湖	0.312	0.000		18	发电	已建
金龙潭				18	发电	已建
十里铺	4.69			42	发电	规划
吉鱼				10	发电	已建
铜钟	0.033			5	发电	已建
姜射坝				12.8	发电	已建
中坝				1	发电	已建
福堂坝	0.0297			36	发电	已建
太平驿	0.0075			26	发电	已建
映秀湾				13.5	发电	已建
紫坪铺	11.12	7.74	1.67	76	防洪、灌溉、发电、供水	已建
合计	16.19	7.74	1.67	258.3		

注：①表中指标、规划项目采用规划成果，前期项目采用最新研究成果，已建、在建项目为核准规模；②表中总库容为正常蓄水位以下库容。

岷江上游梯级纵剖面见图3-28，岷江下游梯级纵剖面见图3-29。

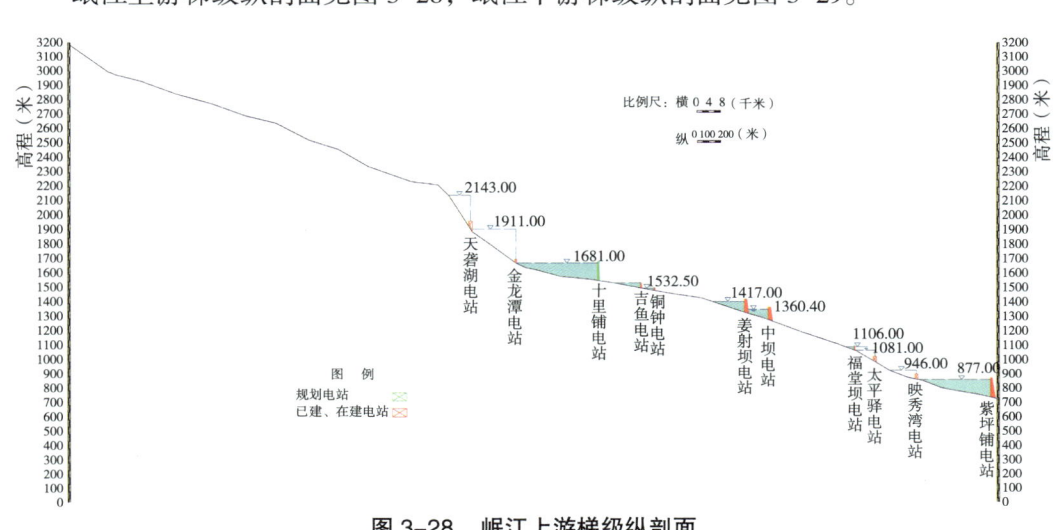

图3-28　岷江上游梯级纵剖面

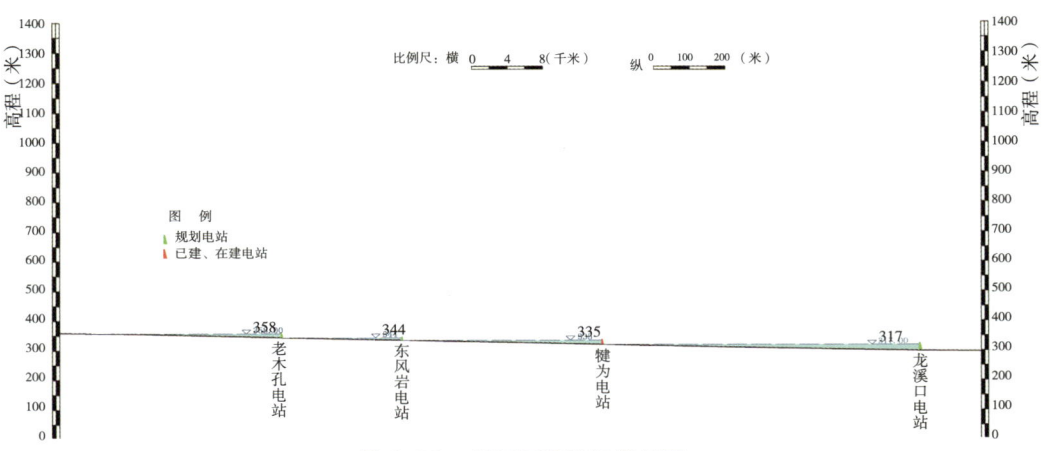

图 3-29 岷江下游梯级纵剖面

4. 流域典型工程介绍：岷江干流控制性工程——紫坪铺水利枢纽

紫坪铺水利枢纽是都江堰灌区和成都市的水源工程，以灌溉和供水为主，兼有防洪、发电、环境保护、旅游等综合效益。枢纽位于岷江上游河段下端，距都江堰市西北9千米，距成都市约60千米。紫坪铺水利枢纽是岷江干流控制性工程，也是国家西部大开发"十大工程"之一。

（1）工程概况

紫坪铺水利枢纽位于岷江上游，坝址以上流域面积22662平方千米，占岷江上游面积的98%，多年平均流量469立方米每秒，年径流量总量148亿立方米，占岷江上游径流总量的97%。紫坪铺水利枢纽是一座以灌溉和供水为主，兼有发电、防洪、环境保护、旅游等综合效益的大型水利枢纽工程（图3-30）。

图 3-30 紫坪铺水利枢纽

紫坪铺水库正常蓄水位877米，相应库容9.98亿立方米，校核洪水位883.1米，总库容11.12亿立方米，防洪库容1.67亿立方米，电站装机容量76万千瓦，保证出力16.8万千瓦，多年平均发电量34.17亿千瓦时，属大（1）型工程，其主要建筑物等级为1级，工程按千年一遇洪水设计，可能最大洪水校核。

枢纽工程由大坝、溢洪道、引水发电系统及厂房、冲沙防空洞、泄洪排沙隧洞组成。大坝为混凝土面板堆石坝，最大坝高156米。水库建成后将提高都江堰现有灌区的灌溉保证率，可满足灌区近期（2015年）达到设计灌溉面积75.6万公顷的灌溉用水要求，远期可为毗河引水工程灌区提供水源。

工程施工总工期6年（2001年至2006年），土石方开挖248.7万立方米，土石方填筑1420.35万立方米，主要建筑材料钢筋6.8万吨，水泥28.91万吨。

（2）前期工作及建设情况

2001年3月29日紫坪铺水利枢纽工程开工（图3-31），2002年11月23日大江截流成功，2005年9月30日枢纽工程下闸蓄水，2005年11月13日首批机组投产发电，2006年5月30日4台发电机组全部投产发电。

图3-31 紫坪铺水利枢纽建设工地

（3）工程效益

1）防洪效益。

紫坪铺水利枢纽的防洪作用主要体现在提高水库下游金马河防洪标准至100年一遇；必要时，适度承担川渝河段防洪任务和配合三峡水库承担长江中下游防洪任务。

2）供水效益。

紫坪铺水利枢纽建成运行可提高枯水期都江堰灌区灌溉供水保证率，可将灌区现有67.2万公顷耕地的供水保证率由30%提高到80%，枯水期增加灌溉供水量4.37亿立方米，并可为远期毗河引水灌溉丘陵灌区20.93万公顷耕地提供水源。增加枯水期成都市工业及生活供水量，调峰补枯，使成都市枯水期自岷江的引水量由28立方米每秒增至 50 立方米每秒，增供水量 2.87 亿立方米，全年可增供水量 3.1 亿～4.0 亿立方米，基本满足成都市日益增长的工业及生活用水需要。

3）发电效益。

紫坪铺水电站为川西电网提供比较经济的调峰调频电能，电站地处成都及德阳负荷中心，每年可提供 34.17 亿千瓦时优质供电量，而且还可以承担电力系统调峰、调频、事故备用等任务，是川西电网比较经济的调峰调频电源。

4）生态效益。

紫坪铺水利枢纽枯水期向成都市提供环境保护用水，枯水期可向成都市提供 20 立方米每秒环境保护用水，年增加供水量 3.15 亿立方米，使枯水期府河和南河水质达到《地表水环境质量标准》（GB 3838—2002）Ⅲ类标准。保护都江堰世界文化遗产和改善岷江上游生态环境，能有效控制岷江上游洪水和泥沙来量，为都江堰及灌区水利设施的安全运行提供保障，使都江堰世界文化遗产得到有效保护。库区移民搬迁至成都平原受益县（市、区），对移民脱贫、退耕还林和涵养水源，建立岷江上游天然林保护工程具有重要作用。

（二）大渡河

1. 开发任务

大渡河的开发任务以发电为主，兼顾漂木、航运与灌溉等，上游河段还有分担西线南水北调的任务。支流青衣江上游河段（宝兴河）开发任务以发电为主，兼顾灌溉与防洪；中下游河段开发任务以灌溉、防洪为主，兼顾发电与航运。

2. 开发方案

据 2004 年全国水力资源复查成果，大渡河在双江口（主源足木足河与西源卓斯甲河汇合口）以上，分麻尔龙等 16 级开发，其中已建两级小型水电站。双江口以下，拟定有以双江口和瀑布沟两控制性枢纽为骨干的 21 级梯级开发方案，自上而下为：双江口（2500 米）、金川（2260 米）、巴底（2135 米）、丹巴（1995 米）、猴子岩（1852 米）、长河坝（1690 米）、黄金坪（1475 米）、泸定（1374 米）、硬梁包（1250 米）、大岗山（1130 米）、龙头石（955 米）、老鹰岩（905 米）、瀑布沟（850 米，正建）、深溪沟（655 米）、枕头坝（618 米）、沙坪（575 米）、龚嘴（528 米，已建）、铜街子（474 米，已建）、沙湾（433 米）、法华寺（400 米）、安谷（377 米），其中龚嘴（70 万千瓦）和铜街子（60 万千瓦）梯级已建，瀑布沟（330 万千瓦）梯级于 2004 年 3 月开工建设。综合以上，大渡河干流 37 级梯级（双江口以上 16 级，双江口以下 21 级），总调节库容约 102 亿立方米，总装机容量 2472.5 万千瓦，保证出力 1082.3 万千瓦（考虑南水北调一期工程调水后的联合运行情况，下同），年发电量1076.2亿千瓦时。

支流青衣江（含宝兴河）共布置了飞仙关等30级梯级，其中已建和在建18级梯级，全梯级总调节库容约2.2亿立方米，总装机容量171.9万千瓦，年发电量87亿千瓦时。

3. 梯级开发建设情况

大渡河梯级开发建设情况见表3-6。

表3-6　　　　　　　　大渡河梯级开发建设情况

梯级名称	总库容（亿立方米）	兴利库容（亿立方米）	防洪库容（亿立方米）	装机容量（万千瓦）	开发任务	备注
下尔呷	28	19.24	5	54	发电、防洪	规划
巴拉	1.277	0.163		56		规划
达维	1.85	0.16		36		规划
卜寺沟	2.46			30		规划
双江口	27.32	19.17	5.1	200	发电、防洪	在建
金川	5.09			80		在建
安宁	1.55			38		规划
巴底	2.2			72		规划
丹巴	0.4			120		规划
猴子岩	7.06			170		在建
长河坝	10.75			220		在建
黄金坪	1.43			60		在建
泸定	2.4			80		已建
硬梁包	0.21			130		在建
大岗山	7.77			260		在建
龙头石	1.39			64		已建
老鹰岩一级		0.0429		22		规划
老鹰岩二级		0.0585		35		规划
瀑布沟	53.32	38.94	15	360	发电、防洪	已建
深溪沟		0.08		66		已建
枕头坝一级		0.123		64		在建
枕头坝二级		0.015		23		规划
沙坪一级		0.05		28		规划
沙坪二级		0.06		30		在建
龚嘴		0.96		76		已建
铜街子		0.55		60		已建
沙湾				40		已建
安谷		0.0645		32		已建

大渡河梯级剖面见图3-32。

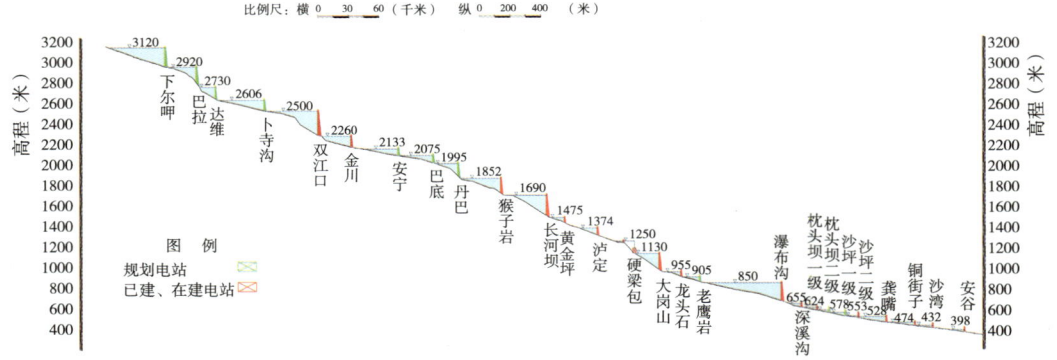

图3-32 大渡河梯级剖面

4. 流域典型工程介绍：大渡河上"水电航母"——瀑布沟水电站

（1）工程概况

瀑布沟水电站位于长江流域岷沱江水系的大渡河中游，地处四川省西部汉源和甘洛两县境内（图3-33）。该水电站水库校核洪水位851.32米，设计洪水位847.63米，正常蓄水位850米，死水位790米，校核洪水位以下库容51.77亿立方米，调节库容38.8亿立方米，具有季调节能力。电站装机容量330万千瓦（6台55万千瓦水电机组），保证出力92.6万千瓦，多年平均发电量145.8亿千瓦时。瀑布沟水电站地理位置靠近川渝地区负荷中心，输电距离至成都市200千米，至重庆市360千米，是四川省规划中的骨干电源之一。瀑布沟水电站枢纽工程主要由砾石土心墙堆石坝、泄水建筑物、放空建筑物、引水发电建筑物及尼日河引水工程组成。砾石土心墙堆石坝心墙底部至坝顶最大坝高186米；泄洪建筑物由岸边溢洪道、深孔泄洪隧洞及导流洞后期改建的泄洪隧洞组成，均布置在左岸；水库放空隧洞兼作二期导流洞，布置在右岸，出口位于尼日河与大渡河交汇处；发电厂房布置在左岸地下，安装6台55万千瓦水电机组，单机单洞引水，由6条内径9.5米引水隧洞供水，2条尾水隧洞注入大渡河；尼日河引水工程由首部枢纽和约12.4千米的引水隧洞组成。电站施工总工期9年5个月，计划2010年左右建成投产。瀑布沟水电站水库淹没影响涉及雅安地区汉源县、石棉县和凉山彝族自治州的甘洛县共3县22个乡（镇），全库2000年底的主要实物指标为淹没影响总人口8.59万、房屋面积437.4万平方米、耕地2833公顷、公路156千米、迁移县城1座、乡集镇12个，至规划设计水平年2008年瀑布沟水电站工程农村移民需生产安置人口为7.42万，需搬迁总人口10.26万。

图 3-33　瀑布沟水电站工程大江截流

（2）前期工作及建设情况

1988年8月，成都勘测设计研究院完成瀑布沟水电站可行性研究报告，1989年获能源部批复。1993年12月，瀑布沟水电站完成工程初步设计报告，1994年获电力部批复。2001年3月15日，全国人大九届四次会议将瀑布沟水电站工程列为国家"十五"计划开工项目。2001年3月29日至30日，由国家发展计划委员会组织的西电东送课题组对大渡河流域水力资源状况进行考察，考察组认为"瀑布沟水电站是一项好工程，开工建设条件已成熟，应早日促进工程上马"。2001年11月15日，瀑布沟水电站前期工程施工征地的第一批74名移民正式搬迁。2002年10月1日，瀑布沟水电站导流洞一期工程正式开工。2002年12月5日，国家发展计划委员会召开委务会讨论通过了瀑布沟水电站项目建议书，并上报国务院审批。2002年12月25日，国务院召开总理办公会，讨论通过了瀑布沟水电站项目建议书。2003年6月16日至23日，瀑布沟水电站可研报告通过中国国际工程咨询有限公司审查。2003年11月5日，国家环境保护总局批复了瀑布沟水电站环境影响报告书。2004年3月2日，瀑布沟水电站可行性研究报告经国务院审查批准。2004年3月16日，国家发展改革委员会印发了《印发国家发展改革委员会关于审批四川大渡河瀑布沟水电站可行性研究报告的请示的通知》。2004年3月17日，国家发展改革委员会印发了《国家发展改革委关于下达2004年第三批新开工固定资产投资大中型项目计划的通知》，大渡河瀑布沟水电站榜上有名。

2009年10月31日，瀑布沟水电站大坝填筑完成。同年11月1日上午10时16分，瀑布沟水电站2号导流洞开始下闸，10时22分下闸成功，标志着瀑布沟水电站水库

正式进入蓄水阶段。

瀑布沟水电站工程于2004年3月开工建设，2009年底首批两台机组发电，2010年4月7日第三台机组发电，6月29日第四台机组发电，12月23日第五台机组投产，12月26日第六台机组投产。

（3）工程效益

瀑布沟水电站的防洪作用主要体现在遇水库上游来水为主的洪水时，提高水库下游成昆铁路沙坪段防洪标准至100年一遇，必要时减轻乐山市城区和下游重要城镇的防洪压力，承担川渝河段防洪任务和配合三峡水库承担长江中下游防洪任务。

2019年，科学调度瀑布沟水库成功应对"7·21"大渡河流域洪水，瀑布沟水库水位最高上涨至840.44米，拦蓄洪量达3.15亿立方米，入库洪峰流量5800立方米每秒，最大出库流量3400立方米每秒，削峰2400立方米每秒，削峰率达41.4%，使下游峨边县城洪水重现期由近50年一遇降为常年洪水，水位降低近2米，峨边县城以下大渡河和岷江段水位全线不超警，近万人避免了因灾转移。

三、嘉陵江水系

（一）流域概况

嘉陵江是长江上游左岸的一条主要支流，发源于陕西省凤县秦岭南麓，由北向南流经甘肃省徽县境内至陕西省略阳县的两河口与西汉水汇合，过阳平关进入四川省境内，南流至广元市的昭化接纳白龙江，在阆中市和南部县境内分别有东河和西河汇入，至重庆境内合川市又接纳渠河与涪江，形成扇形水系，过合川后经切割背斜构造，形成窄深河谷，向东南流经北碚抵重庆市城区汇入长江。干流共流经陕西、甘肃、四川和重庆4个省（直辖市），流域面积约16万平方千米。

嘉陵江干流全长1120千米，落差2300米，平均比降为2.05‰。广元市以上干流称上游，广元至合川称中游，合川至河口为下游。上游为山区，河谷狭窄，河床比降大，两岸耕地少。中游河谷逐渐开阔，地形从深丘过渡至浅丘，河湾、阶地和冲沟发育，与涪江、渠江中下游成为四川盆地的重要组成部分，人烟稠密，农业发达。下游又为山区地形，构成有"小三峡"之称的峡谷河段。

嘉陵江流域属亚热带季风气候，多年平均气温15摄氏度左右。降水量的分布由南向北逐渐递减，盆地边缘区1100～1400毫米，盆地区1000毫米左右，略阳以北在850毫米以下。降水量的年内分配不均，6月至9月降水量占全年的66%左右。北碚站多年平均年径流量约660亿立方米。嘉陵江洪水由暴雨形成，是长江上游洪水的主要来源之一。流域暴雨中心主要有盆地边缘的龙门山（川西）、大巴山暴雨区，较大暴雨范围常笼罩全流域，洪水过程线多呈陡涨陡落形式，峰高量大，易造成洪灾。近150年来，嘉陵江流域发生的大洪水有1840年、1870年、1903年、1945年、1956年、1981年、1998年等。1870年特大洪水，嘉陵江北碚站流量达57300立方米每秒。

嘉陵江流域地势，东、北、西三面较高，向东南逐渐降低，地势渐趋平缓。上游属龙门山—秦岭地槽褶断带，出露地层以古生界变质岩为主，褶皱强烈，断裂发育，地质构造较复杂。中游属四川地台川中褶皱带，广泛分布侏罗—白垩系黏土岩、砂岩地层，褶皱平缓，断裂不发育，地质构造比较简单。下游属川东弧形褶皱带，出露古生—中生界的砂岩、灰岩等，地质条件一般较好，但灰岩水文地质条件较复杂。本水系区域地质构造稳定性好，地震基本烈度一般为Ⅵ～Ⅶ度。

嘉陵江流域矿产资源主要有煤、铁、天然气、石灰石、铝土页岩等。根据2004年全国水力资源复查成果，流域内水能理论蕴藏量为1613.7万千瓦（其中干流352.12万千瓦），技术可开发量1115.1万千瓦。截至2001年底，全流域已建和在建500千瓦以上水电站140座，总装机容量274.6万千瓦，水能开发利用率24.6%。

嘉陵江水系航道是连接宝成铁路与长江干流的重要水运网络，也是四川省和重庆市的一条重要通航河流。但航道条件较差，有待改善。流域内已建有宝成、成渝、达成、达渝等铁路，公路四通八达，交通条件较好。

嘉陵江流域的自然灾害除水、旱灾外，水土流失也比较严重。

（二）规划方案

1. 嘉陵江流域治理开发规划意见

1990年国务院批准的《长江流域综合利用规划简要报告（1990年修订）》中提出了嘉陵江流域治理开发规划意见。

（1）开发任务

嘉陵江流域开发任务是灌溉、防洪、航运、发电与水土保持。

（2）开发方案

嘉陵江流域内灌溉按嘉涪、嘉渠、渠河左岸和涪江右岸四片分别解决，规划灌溉面积137.5万公顷。嘉涪地区不足灌溉水量，由西河升钟、梓潼江谭家嘴、涪江武都和干流亭子口水库供给。嘉渠地区灌溉用水规划由亭子口和东河罐子坝水库补给。渠江左岸地区，地形分割但径流丰富，灌溉用水以中型蓄水工程为骨干分区解决。涪江右岸为岷涪长地区一部分，灌溉用水分别由岷江、沱江和涪江补给。

嘉陵江防洪以解决本流域洪灾为主，也要尽可能配合长江中下游的防洪。干流阆中至南充河段防洪以亭子口水利枢纽为主，结合白龙江上宝珠寺、东河上罐子坝和西河上升钟水库联合调度，并进行河道整治，提高防洪标准。涪江江油至遂宁河段防洪，近期主要依靠加固现有堤防与河道清障；远景在武都、梓潼江上谭家嘴和通口河上风箱峡枢纽预留部分防洪库容，拦蓄洪水，削减洪峰。渠河支流州河上江口和巴河上壁滩和剪刀垭水库，分别对达县和平昌县防洪有一定作用。

干流广元至重庆段是四川省的重要内河航道，近期主要依靠整治，改善航道条件，同时建设水东坝航运梯级，渠化广元至昭化航道，使广元以下航道达到Ⅵ～Ⅳ级标准。结合防洪和兴利，兴建亭子口枢纽与其他低水头梯级渠化河道，使航道提高到Ⅴ～Ⅲ级标准。渠河目前已建有凉滩等三个不连续航运梯级，根据规划完成全部渠化工程后，航道达到Ⅳ级标准。

嘉陵江支流白龙江水能资源集中，以发电为主进行开发，布置有碧口和宝珠寺等6个梯级，总装机容量249.3万千瓦，年发电量82.7亿千瓦时。干流在略阳以下，以亭子口枢纽为骨干，布置了18个梯级。支流涪江以武都枢纽为骨干，布置了12个梯级。支流渠河在渠县以下布置了南阳滩等4个航运梯级。嘉陵江是水土流失重点地区，应采取生物措施和工程措施，结合农田基本建设进行综合治理。

（3）近期工程

嘉陵江流域近期安排建设的主要工程是：亭子口、武都枢纽及相应灌溉工程，升钟水库的灌溉工程，合川水利枢纽以及其他低水头航运梯级。嘉陵江上游的陇南地区，嘉陵江中、下游地区，已列入全国水土保持的重点治理片，应有步骤地进行治理。

2. 嘉陵江广元至苍溪河段规划方案

（1）开发任务

嘉陵江广元至苍溪河段的开发任务是满足下游农田灌溉需水，减轻下游河段的洪水威胁，充分开发水电，改善航道条件、发展航运，防治水土流失、合理利用当地水土资源和加强水源保护，满足工业和城乡生活用水，发展水产养殖及开发旅游资源等。

（2）开发方案

广元至苍溪河段规划拟定了两种梯级开发方案（高程均为黄海基面）。

方案一：上石盘（468米）、水东坝（458米）、亭子口（李家嘴坝址，458米）、苍溪（373米）。

方案二：上石盘（468米）、水东坝（458米）、苍溪（458米）。

两种梯级开发方案对水资源综合利用的作用基本相同，其间的主要差别是亭子口在苍溪河段是采用一级开发还是两级开发。经综合比较，从减轻移民强度、确保工程稳妥安全和充分发挥投资效率的角度出发，推荐采用梯级开发方案一。

（3）近期工程

亭子口水利枢纽是该河段乃至整个干流的骨干枢纽，工程具有多方面的综合利用效益，亭子口枢纽的前期工作较为深入，故推荐亭子口枢纽（李家嘴坝址）为近期工程。

3. 嘉陵江苍溪至合川河段规划方案

（1）开发任务

嘉陵江苍溪至合川河段的开发任务是发电、航运、沿江提水灌溉等。

（2）开发方案

由于本河段两岸城镇、农田和交通工矿企业分布较多，人口稠密，为减少淹没，梯级布置只宜采用低水头发电、渠化河道的开发方式。这种低坝开发也较适应岩性较软弱的坝址地质条件，工程规模适当，投资不大，可以在较短期内见效。本河段推荐13级开发方案，自上而下为苍溪（380米）、沙溪（364米）、金银台（352米）、红岩子（336米）、新政（324米）、金溪场（308米）、马回（292.65米）、凤仪场（280米）、小龙门（269.0米）、青居（263米）、东西关（248.5米）、桐子壕（224米）、花滩子（213米）。总装机容量128.76万千瓦，保证出力48万~70万千瓦，年发电量67.8亿~75.8亿千瓦时。

（3）近期工程

根据各梯级电站的开发条件和电力发展的需要，结合地方办电的迫切要求与航运等有关部门对河流综合开发的需要等因素，通过技术经济比较，推荐东西关、青居、新政、金银台和花滩子5个电站为近期开发工程，并建议东西关为第一期工程。

4. 嘉陵江合川至河口河段规划方案

（1）开发任务

嘉陵江合川至河口河段开发任务为：优先安排防洪，以开发水电和改善航运条件为重点，兼顾灌溉、减淤等综合利用效益。

（2）开发方案

合川至河口河段梯级开发研究了两种开发方案。方案一：合川草街（205米）、井口上鸡冠（177.5米）；方案二：合川花滩子（205米）、井口上鸡冠（187米）。经比较分析，推荐方案一为本河段的梯级开发方案。

（3）近期工程

合川草街枢纽是本规划河段唯一具有防洪效益的综合利用工程，也是本河段的骨干工程。该工程具有较大的发电效益，是重庆电网的理想水电电源，也是本河段的主要航运梯级。草街枢纽工程有一定的前期工作基础，在本河段梯级开发方案中应予以优先安排。另外，井口上鸡冠枢纽条件成熟时可适时开发。

(三)梯级开发建设情况

嘉陵江干支流已建主要大型水库见表3-7。

表3-7　　　　　　　　　　嘉陵江干支流已建主要大型水库

梯级名称	总库容（亿立方米）	兴利库容（亿立方米）	防洪库容（亿立方米）	装机容量（万千瓦）	开发任务	备注
苗家坝	2.68	0.35		24	发电	已建
碧口	5.2	2.29	1.9	30	发电、防洪	已建
宝珠寺	25.5	13.4	2.8	70	发电、防洪	已建
亭子口	40.67	17.32	14.4	110	防洪、灌溉、发电、航运	已建
沙溪	1.54	0.05		8.7	航运、发电	已建
金银台	1.67	0.64		12	航运、发电	已建
红岩子	3.55	0.06		9	发电	已建
新政	3.4	0.07		9.9	航运、发电、防洪	已建
金溪场	4.6	0.54		15	航运、发电	已建
凤仪场	4.17	0.38		8.4	航运、发电	已建
小龙门	2.21	0.04		5.2	航运、发电	已建
青居	6.03	0.31		13.6	航运、发电	已建
东西关	5.98	1.49		18	航运、发电	已建
桐子壕	5.16	0.86		10.8	航运、发电、灌溉、防洪	已建
草街	22.18	0.65	1.99	110	航运、发电、防洪	已建
升钟	13.39	6.7	2.71	0.44	灌溉、防洪、航运、发电	已建
富金坝	2.37	0.32		6	航运、发电	已建
鲁班	2.94	2.1	0.29	0.08	灌溉、防洪、发电	已建
武都	5.72	3.53	0.86	15	灌溉、防洪、供水、发电	已建
水牛家	1.44	1.09		7	发电	已建
富流滩	2.07	0.29		3.9	发电、航运	已建
凤滩	1.4	0.6		3.08	发电、防洪、养殖	已建
双滩	3	1.34		3.6	发电、防洪、养殖	已建
宝石桥	1.01	0.72		0.05	灌溉、供水、发电	已建
江口	2.82	1.48	0.51	5.1	发电、灌溉、防洪、航运	已建

嘉陵江梯级开发见图3-34。

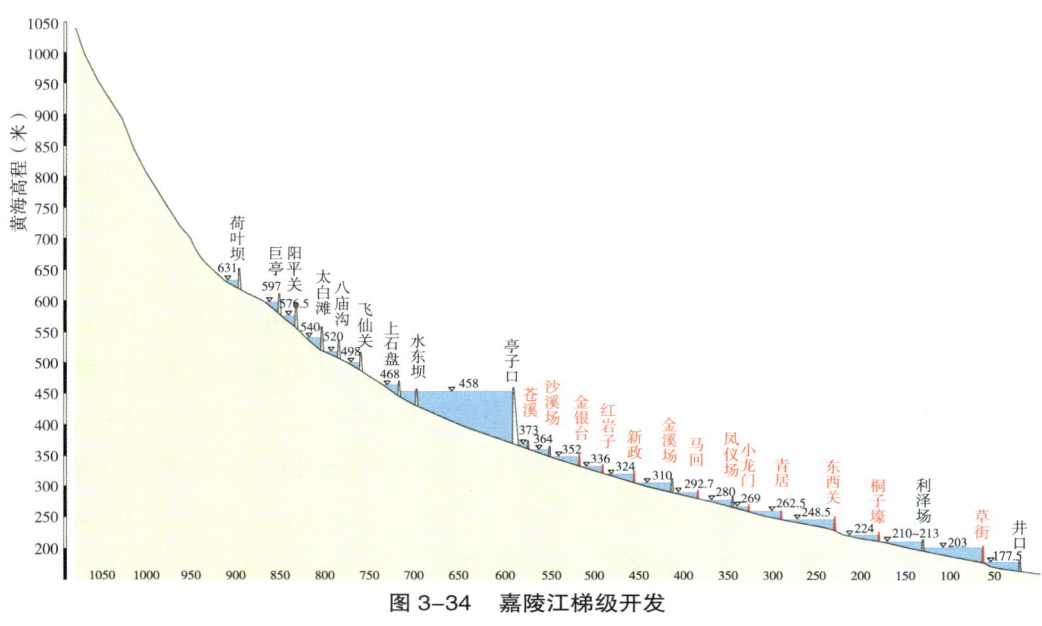

图3-34　嘉陵江梯级开发

（四）流域典型工程介绍

1. 计划经济体制下最后一个指令性工程——宝珠寺水电站

白龙江深山峡谷、河床陡峭、水流湍急、含沙量大，这里是古蜀先民出川的一条重要通道，历史文化沉淀丰厚，秦师伐蜀，刘邦暗度陈仓，诸葛亮六出祁山，邓艾偷渡阴平灭蜀，红军北上乌龙堡大捷等，都在这一带留下许多历史遗迹。在白龙江东岸、三堆北面1千米周家溪口处有一座古庙，名曰宝珠寺，相传为清朝雍正初年始由朱姓人家捐地、捐钱而建，后又经过扩建成为三堆镇方圆百里有名的古镇，香火兴盛了百余年。后来由于历史变迁、战火摧毁、风雨侵蚀，宝珠古寺成了冷刹破庙。

1984年，宝珠寺水电站经国家批准复工建设，正式列入国家重点工程，原西南电业管理局、四川省电力局先后着手宝珠寺水电站建设前期工作。建设单位和设计单位在寻访附近的人文地理、名胜古迹后，将电站正式命名为宝珠寺水电站，同时把重建宝珠寺列入了工程建设的报告中。四川省广元市人民政府为挖掘和利用这一文化古迹，将此地规划为宝珠寺公园，作为白龙江畔重要的人文景观和旅游景点来建设。这就是宝珠寺水电站名字的由来。

（1）工程概况

宝珠寺水电站位于四川省广元市利州区三堆镇，距上游碧口水电站87千米，下距紫兰坝水电站14千米，距宝成铁路昭化站18千米，212国道由右岸沿江通过。坝址控制流域面积28428平方千米，占白龙江流域面积的89%，坝址处多年平均年径流量106亿立方米，多年平均年输沙量2160万吨。工程以发电为主，兼有防洪、工业供水、航运、灌溉等综合效益，是白龙江干流唯一具有年调节能力的多功能水库。

宝珠寺水电站工程等别为一等，工程规模为大（1）型，主要建筑物为1级建筑物，大坝防洪标准按千年一遇设计，万年一遇洪水校核，相应校核洪水位591.8米，设计洪水位588.46米，水库正常蓄水位588.0米，防洪限制水位583.0米，死水位558.0米，总库容25.5亿立方米，调节库容13.4亿立方米，防洪库容2.8亿立方米，死库容7.6亿立方米，为不完全年调节水库。

宝珠寺水电站枢纽工程由拦河主坝、泄水建筑物、引水发电建筑物、工业取水口等组成。大坝为混凝土重力坝，坝顶高程595.0米，坝顶长524.48米，最大坝高132.0米。泄水建筑物布置在厂房坝段两侧。左侧有2个表孔和2个底孔，右侧有2个中孔和2个底孔，表孔弧门尺寸为宽15米、高17.3米，堰顶高程571.0米，表孔仅在超过千年一遇洪水时启用；中孔弧门孔口尺寸为宽13.0米、高15.0米，进水底坎高程560米；底孔弧门孔口尺寸为宽4米、高8米，右侧孔进口底坎高程510米，左侧孔进口底坎高程530米。各泄水建筑物均采用挑流消能方式。厂房坝段位于河床中部，主厂房为坝后式，内设4台单机容量17.5万千瓦混流式水轮发电机组（额定水头84.4米），总装机容量70万千瓦，保证出力15.6万千瓦，设计多年平均发电量22亿千瓦时。远景可灌溉嘉渠地区15.53万公顷农田。

（2）规划论证

宝珠寺水电站规划设计始于1952年，1966年7月由长江流域规划办公室首次提出初步设计报告，同年9月勘测设计工作转由西北勘测设计院承担。

经反复设计论证，1978年国家计划委员会批准宝珠寺水电站列入1978年建设计划，1979年因全国基建规模压缩而工程暂停建设。1984年11月，工程批准复工。

（3）建设历程

1）初步设计阶段施工安排。

按照原计划施工总进度，宝珠寺水电站从施工准备到第一台机组发电约8年，总工期10年。其中，施工准备期为1.5年，导流工程2.5年，大江截流后主体工程全面施工至第一台机组发电为4.5年，尾工1.5年。工程施工基本上分为两期：第一期主要是施工导流部分，导流采用右岸明渠、全年施工的方案；第二期为基坑内主体工程全面施工。

主体工程混凝土浇筑240万立方米，土石方明挖190万立方米，帷幕和固结灌浆109500米，接触、回填及纵横缝灌浆151500平方米，钢筋和钢材33266吨，金属结构6155吨。国家计划委员会复工时批准总投资9.38亿元，每千瓦投资1340元。

2）实际建设历程。

1978年6月，宝珠寺水电站工程正式动工。1979年，由于国民经济调整、压缩建设规模而暂停。1984年11月，工程复工兴建。1991年11月29日实现大江截留，1996年9月30日首台机组转子吊装成功，1996年10月12日水库下闸蓄水，1996年12月26日首台机组并网发电，1998年6月4台机组全部投产发电。2000年5月，枢纽工程通过竣工验收鉴定。2001年1月枢纽工程正式通过国家验收。

（4）工程效益

宝珠寺水利枢纽以发电为主，兼有防洪、工业供水、航运、养殖、旅游等综合利用效益，远景有灌溉和过木综合利用效益。

1）发电效益。

宝珠寺水电站装机容量70万千瓦，保证出力15.6万千瓦，多年平均年发电量22亿千瓦时。电站承担四川省电网的调峰调频和事故备用任务，向成都、绵阳地区供电，对缓和四川地区能源和电力供应紧张状况、促进四川省工农业发展起到了重要的作用。

2）防洪效益。

宝珠寺水库防洪库容2.8亿立方米，调洪库容达7.25亿立方米，对不同频率洪水均有显著的削峰作用，对下游沿岸城镇、厂矿、农田和交通要道有显著的防洪作用。特别是在上游碧口电站溃坝的情况下，可大大减轻下游的洪水灾害。

1998年8月19日至20日，长江中下游正遭遇第七次洪峰，白龙江发生相当300年一遇洪水，宝珠寺水库入库流量达16500立方米每秒。在工程尚未完建的条件下，宝珠寺水库控制下泄流量为6856立方米每秒，削峰近10000立方米每秒，错峰近6小时，从而保证了宝成铁路和下游白龙江、嘉陵江沿岸人民的生命财产安全，大大减轻了长江中下游抗洪压力。

3）其他效益。

宝珠寺水库回水长67千米，水库水面面积60多平方千米，广阔水面不仅可以发展水产养殖，也是川甘、川陕毗邻区商品集散转运的便利通道，还是我国最适宜种植油橄榄的极少数地区之一。同时，宝珠寺水库现已成为白龙湖风景区，库面碧波荡漾，与广元皇泽寺、剑门蜀道、九寨沟等"古今胜景一线牵"组合成一道独具魅力的靓丽旅游风景线，生态旅游为地方带来巨大经济效益。

作为国家计划经济安排的最后一个水电项目，从20世纪50年代到工程竣工验收，30年的漫漫长路，宝珠寺终于圆梦白龙江。今天，翻修重建的宝珠古刹热闹非凡，筑坝蓄水的白龙湖波光粼粼。万物速朽，唯时间壮丽；风雨砥砺，唯人民豪迈。

2. 我国西部最大的人造淡水湖——升钟水库

20世纪50年代，我国的水利事业建设进入第一个高峰期。此时，位于嘉陵江与涪江分水岭的南充，雨水难蓄。作为川北有名的"十年九旱"老旱区，史籍有载"天降其害，常年缺水，一旦旱魃猖獗，井枯河干，田土龟裂，乃至赤地千里，殍死者众"。因此，修建一座大型水库，抗御频频发生的旱灾，一直是南充人民梦寐以求的愿望。

正是这一夙愿，支持着南充人民在接下来的30年里，谱写了一首感天动地、气壮山河的升钟水库建设史。

（1）工程概况

升钟水库地处四川省南充市南部县升水镇碑垭庙，位于嘉陵江右岸支流西河中游河段，控制流域面积1756平方千米，占西河流域面积的47.2%，多年平均年径流量5.6亿立方米，是一座以灌溉为主，兼有发电、防洪、水产养殖等综合效益的大型水利工程。电站装机容量4400千瓦，多年平均发电量927万千瓦时。

升钟水库工程规模为大（1）型，为多年调节水库。水库校核洪水位432.1米，设计洪水位429.6米，防洪高水位429.0米，正常蓄水位427.4米，防洪限制水位427.4米，死水位410.2米。总库容13.39亿立方米，防洪库容2.71亿立方米，兴利库容6.72亿立方米。正常蓄水位相应的水面面积54.12平方千米，回水长80千米。

水库枢纽主要建筑物包括拦河坝、溢洪道、左干渠进水口、右干渠进水口、放空隧洞和电站厂房等。拦河大坝为黏土心墙石渣坝，坝顶高程433米，坝轴线长420米，最大坝高79米，坝体总填筑方量359万立方米。开敞式溢洪道位于大坝左岸垭口处，为开敞式正堰布置，顺流向全长254米，闸室前进口底宽119米，分为9孔，每孔净宽11米，均设有宽11米、高12米的弧形钢闸门，末端采用挑流式消能，最大下泄流量10020立方米每秒。左干渠进水口布置在大坝上游5千米处，包括进口引渠、压力引水隧洞和发电站，进口设计流量6立方米每秒；引水隧洞为圆形，洞径2.3米，洞长657米；电站从隧洞内分设的叉管进水，安装2台单机容量200千瓦发电机组。右干渠进水口布置在大坝上游20千米处，包括进口引渠明渠段、暗渠段、进水室、发电站和输水隧洞，进口设计流量45立方米每秒，电站安装2台单机容量2000千瓦发电机组。放空隧洞位于溢洪道左侧，为钢筋混凝土圆形有压隧洞，内径8米，全长408.5米，最大泄流量920立方米每秒。

升钟水库灌区地处四川盆地北部丘陵，灌区面积5685平方千米，涉及四川省南充、广元、遂宁、广安四市，涉及灌溉面积14.116万公顷、总人口380多万。灌区工程包括有总干渠和干渠6条，长360余千米；支渠、斗渠790余条，长5000多千米；以及灌区囤蓄水工程、提灌工程和渠道跌水发电站等。

（2）规划建设历程

1953年2月，原西南水利部、四川省水利厅对嘉陵江干流及其支流进行勘查，完成了《四川省嘉陵江水利工程勘查报告》，提出在嘉陵江支流西河中游的南部县升钟镇修建大型水库的规划。

1959年12月，中共四川省委批准修建升钟水库。1960年4月7日，南充地委、行署召开修建升钟水库誓师动员大会，抽调干部170名、群众3300人进场施工。因工程量巨大，加之当时的生产力水平十分低下，开工不到3个月就停工。

1971年10月，面对严重干旱，南充人民迫切要求复工修建升钟水库。1972年4月，水利电力部副部长钱正英受国务院委托，率工作组赴南部县调研，听取设计汇报，研究复工方案。

1975年11月，南充地委成立南充地区升钟水库工程指挥部，开展前期准备工作。1976年3月25日，国家计划委员会正式批准修建升钟水库工程。1977年12月8日，升钟水库正式动工。

1980年工程缓建，1983年复工，1984年下闸蓄水，1987年右干渠上段通水开始发挥效益，1998年底一期配套工程全面竣工，实现控灌面积9.262万公顷。控灌面积4.49万公顷的二期工程于2012年12月正式启动建设。

（3）工程效益

升钟水库具有灌溉、防洪、发电、供水、生态旅游等综合效益。

1）灌溉效益。

升钟水库设计灌溉四川省南充市南部县、西充县、阆中市、顺庆区、嘉陵区、蓬安县、仪陇县，广元市剑阁县，广安市武胜县和遂宁市射洪县10个县（市、区）的14.12万公顷耕地。水库自开灌以来，有力促进了灌区经济和社会事业的持续快速发展。

2）防洪效益。

在长江水利委员会编制完成的《长江流域综合利用规划简要报告（1990年修订）》和《长江流域综合规划（2012—2030年）》中，均把升钟水库作为嘉陵江防洪工程系统的重要组成部分。升钟水库有力调解了嘉陵江洪峰流量，直接解除了大坝下游西河沿岸4个场镇、3067公顷耕地和20多万人口及两岸建筑设施遭遇洪水威胁。

据统计，面对1981年、1988年、1989年、1998年、2008年、2009年和2010年的7次大洪水，升钟水库削减洪峰流量2000~7000立方米每秒，使下游南充市的洪水位降低了0.4~0.65米，大大降低了洪灾损失。

以"81·7"洪水为例，1981年7月9日至14日，强大暴雨笼罩整个四川腹地，长江干流寸滩站发生了20世纪以来的最大流量85700立方米每秒，嘉陵江来水占其

50%以上，四川省大面积受灾。当年西河流域处在持续大暴雨落区，升钟水库虽未完全竣工，但在"81·7"洪水的调洪过程中，显示了防洪功效。当时预报水库入流将发生两个洪峰，前峰1990立方米每秒，后峰4300立方米每秒。通过升钟水库调蓄，下泄流量分别减为1260立方米每秒和1300立方米每秒，水库蓄水1.18亿立方米，分别削峰63.8%和69.8%，推迟了洪峰出现时间。

此次洪水约为30年一遇，在西河由于升钟水库的调蓄，保护了坝址下游沿河各场镇约3067公顷农田、6万人免遭洪灾，还保护了周家井及盘龙两座水电站的安全。

3）供水效益。

升钟水库每年解决灌区150多万人口和200多万头牲畜的饮水所需。特别对于大旱之年，升钟水库不仅成为保灌溉的抗旱水源地，更是老百姓的救命水。为保持水库一湖碧水，从2007年起取缔了湖内万口网箱养鱼，坚持库区水污染治理，确保了升钟水库全部水域水质达到国家Ⅱ类饮用水标准，成为嘉陵江等饮用水水源污染后南充主城区和阆中、南部、西充等城市生活饮用水应急后备水源。

4）生态旅游效益。

建库以来，通过植树造林使库区植被得到有效保护，森林覆盖率不断提高，升钟水库已形成近50平方千米的水面，成为国家级湿地公园的试点地和南充市建设生态社会的主战场。

1997年6月，升钟水库被授予"四川省级风景名胜区"称号，同年被世界旅游组织确定为"中国西部最大的人造淡水湖"。2009年10月，升钟水库举办了首届"中国升钟湖钓鱼旅游文化节"，至2018年9月已连续举办了十届"中国升钟湖钓鱼旅游文化节"。国家青年滑水队和国家特技滑水队也正式将升钟湖确定为训练基地。升钟库区正逐步成为生态环保旅游热土，生态旅游效益日益彰显。

1986年9月，中共中央总书记胡耀邦亲自书写了"升钟水库"的库名。今天，一个天蓝、地绿、水清的崭新升钟正呈现在世人面前。在升钟水库库区，映入人们眼帘的是一幅幅人与自然和谐相处的生态景观：山林丰美、原野锦绣；大坝巍然长虹横卧、万顷水面烟波浩渺；四周青山环抱，绿树扶疏，野鸭成群，鹤鸣长空。

四、乌江水系

（一）流域概况

乌江是长江上游右岸最大支流，发源于贵州省乌蒙山东麓，有南源三岔河和北源六冲河，习惯上以三岔河为正源。两源在化屋基汇合后，流向由西南向东北横贯黔中和渝东南，于重庆市涪陵区汇入长江。乌江流域面积约8.81万平方千米，其中贵州省 6.75 万平方千米，重庆市 1.56 万平方千米，湖北省 4220 平方千米，云南省 566 平方千米。

乌江干流全长 1037 千米，天然落差 2123.5 米，平均比降 2.05‰。三岔河河源至化屋基为上游，属云贵高原山区。化屋基至思南为中游，区间上段穿越黔中丘陵区，下段为高原至盆地的斜面河谷深切区。思南至涪陵河口为下游，区间渐次进入低山、丘陵区和盆地。乌江水系呈羽毛状分布，左、右岸面积基本对称。支流流域面积在 3000 平方千米以上的有六冲河（1.087 万平方千米）、猫跳河、湘江、清水河、濯河（唐岩河、阿蓬江）、洪渡河、郁江和芙蓉江 8 条。

乌江流域为亚热带季风气候区。年平均降水量 1163 毫米，降水分布特点是下游大于上游，右岸大于左岸。年内分配是雨季（5 月至 9 月）降水量占全年的 70%，并以 6 月最大。乌江多年平均年径流量 505 亿立方米，与黄河相当。乌江洪水主要由暴雨形成，其特点是：暴雨急骤，汇流迅速，洪水涨落快，峰形尖瘦，洪量集中。

乌江流域总的地势为自西南至东北渐降的梯坡状大斜坡，地面最大高差可达 2700 米。域内地形起伏大，类型多，高原和山地占总面积的 87%，丘陵占 10%，盆地和河谷阶地等占 3%。地貌以岩溶地貌为主，侵蚀地貌穿插其间。流域内所属大地构造单元为扬子准地台的上扬子台褶皱带及四川台坳。碳酸盐类岩石分布面积占全流域的 70% 以上，砂岩、页岩呈间互层带状分布。地层分布最广的是寒武系、二叠系和三叠系，处于我国西部龙门山北北东向强震带之东的弱震地区，地震基本烈度不大于Ⅵ度。

乌江流域内矿产资源丰富，主要有煤炭、铝土、磷、锰、汞、铁、铅、锌等优势矿种。乌江是全国十大水电基地之一，据 2004 年水力资源复查成果，全流域理论蕴藏量 1022.6 万千瓦、895.8 亿千瓦时；技术可开发量 1399.4 万千瓦、539.3 亿千瓦时，其中干流 1042.2 万千瓦、395.4 亿千瓦时，支流 357.2 万千瓦、143.9 亿千瓦时。2001 年底，全流域已建和在建 500 千瓦以上的水电站 124 座，总装机容量 755.5 万千瓦，年发电量 254.1 亿千瓦时，水能开发利用率分别为 54.0% 和 47.1%。

乌江流域涉及贵州、重庆、湖北和云南 4 个省（直辖市）的 10 个地级行政区的 62 个县（市、区）。2000 年底，全流域总人口 2144 万，其中城镇人口 448 万；国内生产总值 719 亿元，工业总产值 622 亿元，农业总产值 259 亿元。耕地面积 278 万公顷，有效灌溉面积 34.07 万公顷，粮食产量 812 万吨，牲畜 1711 万头。

乌江流域内已初步形成以公路为主的综合运输体系。铁路干线有黔桂、滇黔、川黔、湘黔、渝怀（正建）等 5 条，公路干线有 320、326、210、319 等国道，乌江干流通航里程从大乌江起算为 447 千米，航空以贵阳龙洞堡机场为中心通达全国。

（二）规划方案

1. 干流规划

（1）开发任务

乌江干流的开发任务以发电为主，其次为航运，兼顾防洪、灌溉等。具体安排是：合理开发水能资源，实现梯级连续开发，满足贵州、四川省用电，多余电力送华中；利用水库壅水淹没滩险，调节径流增加枯水水深改善通航条件，特别是要注重发展中、下游航运；在梯级水库中安排预留一些防洪库容，对本流域及长江中游起到一定的防洪作用；因地制宜地发展灌溉。此外，还要发展供水、水产养殖等。

（2）开发方案

规划比较了11级和14级两种梯级开发方案，根据合理利用水能，尽量减少淹没损失，贯彻综合利用原则，结合技术经济比较，推荐乌江干流11级开发方案：普定（1145米）、引子渡（1088米）、洪家渡（1140米，六冲河）、东风（970米）、索风营（835米）、乌江渡（760米）、构皮滩（630米）、思林（440米）、沙沱（360米）、彭水（293米）、大溪口（210米）。全梯级总库容184.1亿立方米，调节库容112.1亿立方米，防洪库容11.7亿立方米，总装机容量879.5万千瓦，年发电量436.7亿千瓦时，移民11.6万人，淹没耕地8600公顷。

（3）近期工程

在乌江干流11个梯级中，东风、普定梯级已建，乌江渡扩建，洪家渡、引子渡、索风营、构皮滩、彭水等梯级在建。已建和在建8级总装机容量767.5万千瓦，年发电量267亿千瓦时。

2. 流域规划

（1）开发任务

乌江流域的开发任务是发电、航运、灌溉、供水、防洪，以及水土保持和水源保护等。规划目标主要是：

1）发电。

乌江干流规划建设11个梯级，总装机容量879.5万千瓦，年发电量436.7亿千瓦时；主要17条支流规划建109个梯级，总装机容量190万千瓦，年发电量93.3亿千瓦时。

2）航运。

乌江干流梯级水库规划渠化里程860千米，航道等级提高到Ⅴ～Ⅳ级；同时，干流梯级水库回水延伸至各大支流，将促进干支流航运事业的发展。

3）灌溉。

规划到2000年新增灌溉面积11.67万公顷，到2020年灌溉率达到50%。

4)供水。

规划到2000年将使贵阳、六盘水、安顺、遵义等城市和工矿区的日供水量,由82.9万吨每天提高到187.4万吨每天。同时,还将基本解决山区人畜饮水问题。

5)防洪。

规划乌江干流梯级预留防洪库容11.7亿立方米,对乌江本身的防洪有明显作用,对长江中下游防洪有一定作用。位于支流的重要城镇和成片农田,将通过逐步建设、完善防洪工程设施,使防洪问题得到缓解。

6)水土保持。

规划到2000年使森林覆盖率由9.9%提高到20%~30%,水土流失面积率由49.3%降低到20%以下。

7)水源保护。

规划加强库区水质、底质的监测,控制和治理污染源;防止水土流失,保持生态环境;在移民安置区制定环境规划;加强库区卫生防疫工作,保护人群健康。

8)其他。

规划发展水利旅游,建设以人工湖泊为主的风景名胜区;发展库区水产养殖业,规划年产鲜鱼0.5万~1万吨。

(2)开发方案

乌江干流梯级开发方案拟按11级开发。乌江支流开发任务总体上以灌溉和发电为主,兼顾供水、防洪、航运、水产、水利旅游等。

支流综合开发的战略目标主要是:兴修水利工程,发展农田灌溉事业,为农业服务,重点解决黔中地区商品粮基地县和乌江中下游地区干旱县的农田灌溉问题;开发水电,逐步实现农村电气化县的目标,重点在主要支流修建梯级水电站,作为地方电网的骨干电源;兴建以供水为主的水利工程,满足城乡用水的要求,重点解决重要城镇、工矿区和农村饮水严重困难地区的供水问题;在有防洪要求的重要城镇、工矿区和耕地集中地区的上游,兴建水利水电工程时要预留适当的防洪库容;通过干支流梯级开发、库水位的衔接,改善支流的通航条件。规划在17条大支流进行梯级开发,以满足综合利用要求。

(三)梯级开发建设情况

乌江流域梯级开发建设情况见表3-8。

表 3-8　　　　　　　　　　　乌江流域梯级开发建设情况

梯级名称	总库容（亿立方米）	兴利库容（亿立方米）	防洪库容（亿立方米）	装机容量（万千瓦）	开发任务	备注
洪家渡	49.47	33.61	0.06	60		已建
普定	4.20	2.65	0.55	7.5	发电、供水、灌溉	已建
引子渡	5.27	3.22		36	发电、供水	已建
东风	10.25	4.91		57	发电、灌溉、航运	已建
索风营	2.01	0.67		60	发电、灌溉	已建
乌江渡	23.00	7.80		125	发电、航运、防洪	已建
构皮滩	64.54	29.02	4.00	300	发电、航运、防洪	已建
思林	15.93	3.17	1.84	105	发电、航运、防洪、灌溉	已建
沙沱	9.21	2.87	2.09	112	发电、航运、防洪	已建
彭水	14.65	5.18	2.32	175	发电、航运、防洪	已建
银盘	3.20	0.37		60	发电、航运	已建
白马	3.74	0.41		52.5	发电、航运	在建

乌江梯级开发见图 3-35。

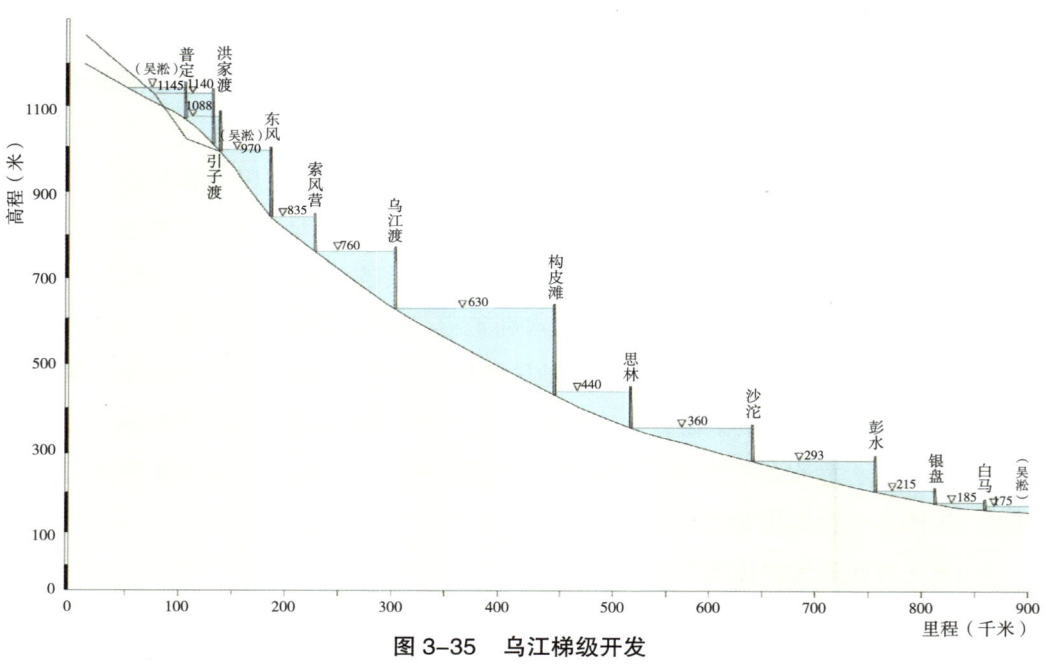

图 3-35　乌江梯级开发

（四）流域典型工程介绍：重庆市最大的水电站——彭水水电站

"不墨乌江画，无弦苗乡音"，素有"渝东南生态屏障"美誉的苗乡彭水，位于百里乌江画廊，水资源丰富，森林覆盖率高，是一个山明水秀的"绿色氧吧"。这里，坐落着重庆市最大的水电站——彭水水电站（图3-36）。

图 3-36 彭水水电站

1. 工程概况

彭水水电站位于乌江干流下游，是乌江干流水电开发规划的第 10 个梯级，位于重庆市彭水县县城上游 11 千米，距乌江口涪陵市 147 千米。坝址以上流域面积 6.9 万平方千米，占乌江流域总面积的 78.5%。坝址多年平均流量 1300 立方米每秒，坝址多年平均年径流量 410 亿立方米，年平均含沙量 0.354 千克每立方米。彭水水电站的开发任务为以发电为主，其次是航运、防洪及其他综合利用。

彭水水库正常蓄水位 293 米，总库容 14.65 亿立方米，其中防洪库容 2.32 亿立方米，调节库容 5.18 亿立方米，库容调节系数 1.26%，水库单独运用具有不完全年调节性能，与上游已建的东风、乌江渡和在建的洪家渡、构皮滩等梯级大水库联合运用，具有多年调节性能。电站安装 5 台 35 万千瓦混流式水电机组，总装机容量 175 万千瓦，保证出力 37.1 万千瓦，多年平均年发电量达 63.51 亿千瓦时。彭水水电站地理位置优越、水库调节性能好，距负荷中心区仅 180 千米，是重庆地区最大的调峰、调功水电站。

彭水水电站枢纽为一等工程，由大坝及泄洪建筑物、电站厂房、通航建筑物等组成。大坝为碾压混凝土重力坝，坝高 116.5 米；电站布置在右岸，为地下式厂房；通航建筑物布置在左岸，由单线船闸、升船机两级过坝建筑物组成，按 500 吨级船舶过坝设计。

2. 规划论证

为开发乌江干流丰富的水能资源，我国于 20 世纪 50 年代开始进行乌江干流规划选点，根据水利电力部下达的任务，长江水利委员会和贵阳勘测设计研究院于 1987

年3月提出了《乌江干流规划报告》，拟定乌江干流水资源开发以发电为主，其次为航运，并兼顾防洪、灌溉等任务；推荐乌江干流按普定、引子渡、洪家渡、东风、索风营、乌江渡、构皮滩、思林、沙沱、彭水和大溪口等11级进行开发；根据彭水水电站发电效益巨大并具有航运、防洪等综合利用效益的特点，并考虑到当时已完成预可研（彭水坝址）设计，前期工作比较深入，推荐为近期开发工程。1989年国家计划委员会批复了《乌江干流规划报告》。

1970年以来，长江水利委员会及其长江勘测规划设计研究院对彭水水电站工程做了大量的勘测规划设计和科研工作。1993年5月，水利水电规划设计总院对彭水水电站预可行性研究报告进行批复。

1994年，水利部向国家计划委员会报送了彭水水电站项目建议书。1995年长江水利委员会开始进行初步设计工作，1997年5月中国江河水利水电咨询中心和水利水电规划设计总院对初步设计成果进行了技术讨论，在此基础上长江水利委员会于1998年提出了《乌江彭水水利枢纽（长溪坝址）初步设计报告》（等同于水电行业可行性研究报告）。

重庆市计划委员会一直致力于推动彭水水电站的建设。2003年初，彭水水电站项目业主明确为重庆乌江彭水水电开发有限公司，受业主委托，长江勘测规划设计研究院开展彭水水电站可行性研究工作。2003年3月，长江勘测规划设计研究院编制完成《重庆乌江彭水水电站项目建议书》，9月中国国际工程咨询有限公司对项目建议书进行了评估。重庆市发展计划委员会和贵州省发展计划委员会以及中国大唐集团公司申报了《重庆乌江彭水水电站项目建议书》。

2004年3月，长江勘测规划设计研究院提出了《乌江重庆彭水水电站可行性研究报告（咨询稿）》，中国水电工程顾问集团公司、水电水利规划设计总院对报告进行了咨询。8月水电水利规划设计总院对《重庆乌江彭水水电站可行性研究报告》进行了审查，并对该可行性研究报告进行了批复。

2004年8月，国家发展和改革委员会下发《印发国家发展改革委关于审批重庆乌江彭水水电站项目建议书的请示的通知》，重庆乌江彭水水电站项目建议书业经国务院批准，并要求据此编制可行性研究报告，报国家发展和改革委员会审批。

2004年，长江勘测规划设计研究院按照国家发展和改革委员会于2004年9月15日公布《企业投资项目核准暂行办法》，编制了《重庆乌江彭水水电站项目申请报告》，并于2005年3月通过了中国国际工程咨询有限公司专家的核准咨询。2005年9月6日，国家发展和改革委员会下发了《关于重庆乌江彭水水电站项目核准的批复》，彭水水电站项目正式通过国家核准。

3. 建设历程

乌江彭水水电站的"诞生"可谓一波三折。早在1958年，长江水利委员会就首次开展了彭水水电站的前期勘测工作，由于喀斯特地貌地区建设水电站技术等种种原因，未能持续深入开展工作。20世纪70年代，水利部门再次开展彭水水电站工程勘查设计工作。

直至2003年，为了缓解刚刚成立直辖市不久的重庆电力资源严重匮乏困境，中国大唐集团公司积极响应中央"西部大开发"号召，逐渐把巴渝群众期盼了近半个世纪的"建设水电站"梦想变成现实。

2003年初，重庆大唐国际彭水水电开发有限公司进驻彭水县开展前期筹备工作，在没路、没水、没电，到处是高山峡谷的艰苦环境下，拉开了彭水水电站建设的序幕。

2005年9月6日，国家发展和改革委员会核准《乌江彭水水电站项目申请报告》。2005年9月28日，中国大唐集团公司党组书记、总经理翟若愚与重庆市市长王鸿举、贵州省副省长蒙启良一道，共同按下了工程正式开工的启动按钮。霎时间，漫天彩带飞舞，数千名建设者的欢呼声、欢庆的鞭炮声回荡在乌江峡谷之中，与巴渝人民一道见证近半个世纪的梦想时刻——乌江彭水水电站工程正式开工，工程由大唐国际发电股份有限公司承建。

2008年2月6日，彭水水电站首台机组（4号机组）投产发电，同年2月28日、5月15日和9月14日，3号、2号和1号机组相继投产。2018年12月，5台机组全部投产发电，开启重庆市清洁能源新时代。

彭水水电站是重庆市自新中国成立以来建设的最大能源项目。2008年电站5台水轮发电机组实现全部投产发电，前后历时仅10个月，这一成就创造了国内大型水电机组连续建成投产的最快速度，堪称中国水电建设史上的一个奇迹。

4. 工程效益

（1）发电效益

20世纪90年代以来，重庆市国民经济将保持高速增长态势，与之相适应，重庆市的能源需求进一步加大，维持本市能源平衡的任务将进一步加重。根据重庆市能源特性和开发现状，大力开发本市水能资源是未来重庆市维持能源平衡的重要措施。彭水水电站所在的重庆境内乌江干流河段水能资源富集，技术可开发量和经济可开发量分别占全市的30%和50%，可开发梯级水电站均为大型工程，是重庆市重要的水电能源基地。彭水水电站是重庆市最大的水电站，建设彭水水电站不仅可为重庆市提供年发电量63.51亿千瓦时，还能提高下游银盘、白马梯级水库发电效益，为进一步合理利用乌江的水能资源、维持全市能源平衡发挥了重要作用。

彭水水电站位于乌江干流下游，距离重庆电网负荷中心直线距离在 180 千米以内，且靠近 500 千伏网架，电站保证出力 37.1 万千瓦，装机容量 175 万千瓦，年发电量 63.51 亿千瓦时，是重庆电网唯一具有年调节能力、规模超过百万千瓦的大型水电站。电站距负荷中心近，地理位置好，规模大和调峰性能好的工程特性恰好与重庆电网峰谷差大的负荷特性相适应，工程运行后，承担了重庆电网的调峰、调频和事故备用任务，发挥了弥补重庆市电力电量不足、增强电网调峰能力、促进电网经济安全运行和提高供电质量等重要作用，是重庆电网的骨干支撑电源。

（2）航运效益

乌江源远流长，水量充沛，横跨贵州、重庆两省（直辖市），是贵州腹地联络重庆和长江中下游的重要交通航道。建设彭水水电站并同步兴建了 500 吨级通航建筑物，渠化库区航道约 100 千米，淹没碍航滩险 70 余个，将库区航道等级由现状 V 级提高到 Ⅳ 级标准，并增补下游枯水期流量 30 立方米每秒，极大地促进了乌江航运事业的发展。

（3）防洪效益

乌江是长江上游的重要支流，乌江洪水是长江洪水的来源之一。长江中下游历来是长江流域的防洪重点，三峡工程建成前防洪能力 10~20 年一遇。三峡水库建成后，可将荆江河段抗洪能力提高到 100 年一遇，但城陵矶以下河段遭遇大洪水仍需大量分洪，长江中下游的防洪问题特别是城陵矶以下河段的防洪问题仍然突出，必须采取综合措施进一步提高抗洪能力，其中的重要措施就是持续结合兴利建设上游干支流大型防洪水库，配合三峡水库运用，以减免中下游地区的分洪量。彭水枢纽位于乌江下游，是乌江洪水的控制性工程，水库预留防洪库容 2.32 亿立方米，建成后与上游的构皮滩、乌江渡等大型防洪水库联合运用，可配合三峡水库对长江中下游防洪起到作用。

为了缓解新中国最年轻的直辖市重庆市电力供应紧张局面，重庆大唐彭水水电开发有限公司"诞生"，现已成长为长江经济带上的"电力动脉"中坚力量。彭水水电站，始终紧跟时代步伐，践行"绿水青山就是金山银山"理念，在开发利用乌江流域水资源的同时，利用科技创新积极保护"渝东南生态屏障"的生态平衡，以实际行动把彭水水电站打造成为环境优美、生态和谐的绿色工程。

五、洞庭湖水系

洞庭湖水系由面积 2691 平方千米的洞庭湖和入湖的湘江、资水、沅江、澧水 4 条河流和直接入湖的汨罗江等中小河流组成，流域面积 26.28 万平方千米，占长江流域总面积的 14.6%。其中，湖南省境内 20.48 万平方千米，占 78.0%；贵州省境内 3.04

万平方千米，占11.6%；其余10.4%属广西、重庆、湖北、江西和广东等省（自治区、直辖市）。据第一次全国水利普查结果，在长江流域12个水资源二级区中，洞庭湖水系建设的水库总数最多，水库总库容最大，水库设计灌溉面积和设计年供水量最大。

（一）湘江

1. 流域概况

湘江又名湘水，是洞庭湖水系的最大河流。发源于广西壮族自治区临桂区海洋坪龙门界，先由西南向东北流，到全州后再向北流入湖南省境内，至湘阴县濠河口注入洞庭湖。流域面积9.47万平方千米，其中湖南省境8.78万平方千米，占全流域的92.7%，其余在广西和江西等省（自治区）。湘江流域地势西南高东北低，上游及流域南部和东部边缘峰峦起伏，中部多为丘陵，北部为冲积平原。

湘江干流全长856千米，天然落差756米，平均比降0.88‰，其中湖南省境长670千米，落差96米，平均比降0.14‰。干流永州萍岛（支流潇水与湘江汇合口）以上为上游，长246千米，为中低山区，河谷深切，河床狭窄，覆盖层薄，岩层坚硬，是建坝的理想河段；萍岛至衡阳为中游，长290千米；衡阳以下为下游，长320千米。中下游沿岸地势低矮，阶地发育，河谷宽阔，覆盖层厚，岩层半坚硬，只适宜修建低坝。湘江支流流域面积大于3000平方千米的有潇水（1.2万平方千米）、舂陵水、蒸水、耒水（1.19万平方千米）、洣水（1.11万平方千米）、渌水、涟水、浏阳河8条。

湘江流域属亚热带湿润季风气候。年降水量1488毫米，4月至6月降水占全年降水量的42.9%。流域内主要暴雨区在上游兴安、榕江一带和下游浏阳、醴陵地区，另在支流耒水上游还有一个暴雨区。径流主要来源于降水，湘江多年平均径流量656亿立方米，主汛期（4月至6月）占全年径流量的47.6%，与降水分配大体一致。

湘江流域内元古界至新生界地层均有分布。边缘山地以元古界板溪群、下古生界浅变质岩系为主；流域南部以上古生界碳酸盐类岩及砂页岩为主；流域中下游则广泛分布白垩系、第三系红色岩系，河谷两岸主要为河流冲积层，由沙质黏土及砂砾石组成，花岗岩侵入体出露于流域各处，分布面积较广。流域内地震基本烈度不大于Ⅵ度。

湘江流域内矿藏资源丰富，著名的有郴州和耒阳煤矿、洣水湘东铁矿、水口山铅锌矿等。森林资源以支流潇水流域较丰富，江华县为全国著名林区。据2004年全国水力资源复查成果，湘江流域水能蕴藏量485.4万千瓦，技术可开发量382.8万千瓦，年发电量150.6亿千瓦时。2001年底，全流域已建和在建500千瓦以上水电站294座，总装机容量217.2万千瓦，年发电量86.4亿千瓦时，水能开发利用率分别为56.7%和57.4%。

湘江流域内交通便利，京广、湘桂、浙赣、湘黔等铁路贯穿全境，公路运输网络密布，湘江为湖南省的黄金水道，航空运输以长沙为中心，四通八达。

2. 规划研究过程

新中国成立初期，湖南、广西两省（自治区）水利和航运部门、长江水利委员会、武汉水电设计院、长沙勘测设计院等单位曾多次对湘江干支流进行查勘，布置勘测任务，开展选定坝址的前期工作。1956年长江流域规划办公室提出《湘江流域规划要点报告》，1959年7月在《长江流域综合利用规划要点报告》中提出湘江开发方向。《长江流域综合利用规划要点报告》认为：湘江洪水发生时间主要在4月至6月，较长江中下游洪水为早，两者遭遇机会较少，因此控制湘江洪水对长江防洪的作用不大，但对降低江湖底水位以及推迟滨湖沿江圩垸排水闸关闸时间则有一定作用；湘江流域内旱灾较为频繁，发展灌溉特别是解决大片丘陵区的灌溉问题，是流域开发中的一项紧迫任务。初步研究的枢纽有潇水双牌（170米）和涔天河（315米）、春陵水胡溪桥（160米）、耒水东江（285米）、涟水水府庙（94米）、汨罗江屈原（70米）、浏渭河振冲（75米）7座，共有有效库容96.9亿立方米，灌溉农田30.5万公顷，总装机容量82.1万千瓦。这些枢纽的技术经济指标较优越，综合效益大，都可作为近期开发对象。

1980年全国水力资源普查期间，湖南省水利水电勘测设计研究总院在以往工作的基础上，汇总了湘江干支流普查成果，提出湘江流域的开发任务主要为航运与灌溉，其次是发电、防洪；湘江干流开发方案由11级组成，即广西境内的城关（161米）、深福（134.6米），湖南境内的太洲（125米）、青龙矶（97米）、高山庙（88米）、归阳（76米）、近尾洲（66米）、土谷塘（58米）、大源渡（50米）、淦田（43米）、暮云市（33米），总装机容量100.4万千瓦，年发电量47.1亿千瓦时。在梯级开发方案中，太洲是龙头水库，但淹没损失较大，库区牵涉广西，开发关系较为复杂。

为加强湘江干流梯级开发的前期工作，1977年至1985年湖南省水利水电勘测设计研究总院对太洲、青龙矶、高山庙（浯溪）、归阳、近尾洲、土谷塘、萱洲—大源渡、淦田、易家湾—猴子石9个梯级14个坝段，进行了规划阶段的勘测、水文和规划研究工作，于1986年6月提出了《湘江干流规划报告》，提出湘江干流的开发任务是：以航运、发电为主，结合灌溉、防洪等。为了改善湘桂运河北段的航运条件、充分发挥水运优势、满足流域内国民经济发展对运输的要求，结合远景湘桂运河规划，把湘江建成一条南北水上运输大动脉，是湘江干流开发的首要任务。湘江干流沿岸分布着湖南省主要的城市及厂矿，需电要求迫切，而规划的干流梯级电站临近负荷中心，交通方便，开发条件优越，特别是衡阳以下诸梯级，还能利用耒水东江水库径流调节效益，因此应结合航运、灌溉要求积极开发，为湘中电网就近补充电源，发电也是湘江干流开发的主要任务。湘江干流沿岸主要干旱区有中游左岸的祁（祁阳、祁东）衡（衡南）丘陵区，兴建近尾洲水电站作为祁衡旱区的电灌电源，也是一项重要的开发任务。湘江干流中下游洪水灾害较严重，但干支流缺乏兴建控制性拦洪水库的条件，利用已建支流水库防洪的作用有限，因此中下游防洪主要采取加高加固堤防、疏浚整治河道、扩大安全泄量等措施。推荐的湘江干流13级梯级开发方案为：上桂峡（315米）、金荷（209米）、水晶岗（153米）、柳铺（136米，以上广西境内）、太洲（125米，以下湖南境内）、青龙矶（97米）、高山庙（88米）、归阳（76米）、近尾洲（66米）、土谷塘（58米）、萱洲（50米）、淦田（41.5米）、易家湾（33米）。

湘江的支流中，规划工作做得较多的是潇水、耒水、洣水3条流域面积大于1万平方千米的河流。

（1）耒水

耒水的水力资源居湘江干支流之冠。经多次进行河流（河段）规划及规划复核，耒水的开发任务以发电为主，兼顾防洪、航运等。拟定有以东江为龙头水库的14级开发方案，总调节库容约57亿立方米，总装机容量96.1万千瓦，年发电量30.1亿千瓦时，现已建和在建10个梯级。东江水库调节库容52.5亿立方米，库容系数高达1.16，为华中电网调节性能最好的多年调节水库。

（2）潇水

1991年10月，湖南省水利水电勘测设计研究总院在对潇水规划进行复核的基础上，提出了《潇水流域规划报告》。1992年7月经湖南省水利水电厅主持初审通过，9月湖南省人民政府批复原则同意。潇水的开发任务以灌溉、发电为主，结合防洪、航运等。拟定有以涔天河扩建为骨干工程的8级开发方案，总调节库容13.1亿立方米，总装机容量46.7万千瓦，年发电量17.5亿千瓦时。现已建三级，包括涔天河初期工程。

（3）洣水

1989年12月，湖南省水利水电勘测设计研究总院完成洣水流域规划复核，提出了《洣水流域规划复核报告》。规划提出洣水的开发任务以发电、防洪为主，兼顾灌溉、航运等。拟定洣水干流逆渡、双湖等14级开发方案，总装机容量15万千瓦，年发电量6.6亿千瓦时。现已建5个梯级。

3. 规划方案

（1）开发任务

湘江流域的开发任务是防洪、灌溉、航运和发电等。湘江干支流中下游沿岸城镇和农田大多靠堤防保护，但防洪标准一般偏低。受淹没制约，规划的干支流梯级水库库容大多数都不大，个别水库库容虽较大，但控制面积又较小，因此对长江干流中下游的防洪作用不大。不论近期或远景，治理湘江洪水都以泄为主，大力进行堤防加高加固和河道整治，并防止在行洪道内修建各种阻水建筑物，据以提高河道行洪能力。规划沿湘江堤防按20年一遇洪水位加高培修，长沙、湘潭、株洲、衡阳4市则按50年一遇洪水位设防。堤垸内涝水按10年一遇3日暴雨不成灾进行治理。湘江流域农田灌溉率虽已达82%，但尚有约40万公顷农田抗旱能力较低，规划分片解决：湘江中游左岸祁（东）衡（阳）丘陵地区，是衡邵丘陵区的一部分，规划以近尾洲水电站为电源，从湘江干流提水解决；湘江下游右岸长（沙）望（城）丘陵区，是环湖丘陵区的一部分，规划分散兴建水利工程和改变农作物结构解决；支流潇水中游道（县）江（华）宁（远）丘陵区，规划加高涔天河水库和扩建宁远水市水库补充灌溉水源；支流舂陵水上游兰（山）嘉（禾）桂（阳）丘陵区灌溉水源，由分散兴建中小型水利工程解决。湘江干流，规划通过整治结合渠化，近期使松柏至湘潭段达到Ⅴ级航道标准，湘潭以下达到Ⅳ级航道标准；远景衡阳以下达到Ⅲ级航道标准。主要支流，结合梯级开发渠化河道，使中下游河段能通航10～50吨级船只。远景还规划有沟通湘江与桂江的湘桂运河。湘桂运河原规划为灵渠线，由湘江干流太洲水库，经庙头等13个航运梯级，渠化115.5千米，进入灵渠，经赵家堰等4个梯级由大榕江入漓江，过漓江桂林等19个渠化梯级由梧州入西江。20世纪80年代，交通部与湖南、广西两省（自治区）提出湘桂运河改走潇水，经双牌水库在江永过分水岭，新线缩短60千米，渠化梯级共15个。湘桂运河线路还需进一步规划研究。

（2）开发方案

湘江干流开发以航运、发电为主，修建低坝梯级。经研究比较，湖南省境推荐9级开发方案：太洲（125米）、潇湘（青龙矶，97米，正建）、浯溪（高山庙，88米）、归阳（75.5米）、近尾洲（66米，已建）、土谷塘（58米）、大源渡（萱州，50米，已建）、株洲（淦田，40.5米，正建）、长沙（易家湾、暮云市，33.6米）。全梯级总库容29.9亿立方米，总装机容量78.4万千瓦，年发电量35.8亿千瓦时，提灌农田4.97万公顷，渠化航道是湘桂运河的组成部分。

（3）近期工程

继续兴建湘江干流梯级电站，扩建潇水涔天河水库，建设沩水洮水水库、大坨梯级和白水晒北滩梯级等工程。

4.流域典型工程介绍：东江水电站

（1）工程概况

东江水电站（图3-37）位于湘水一级支流耒水上游、资兴市东江镇上游11千米的峡谷处。坝址控制流域面积4719平方千米，占耒水流域面积的39.6%，流域多年平均降雨量 1607 毫米，坝址多年平均流量 138.2 立方米每秒，多年平均径流量 43.6 亿立方米，实测和调查历史最大流量分别为 5310 立方米每秒和 8400 立方米每秒。

图 3-37　东江水电站

枢纽工程由拦河坝、钢管引水道和坝后式电站厂房、两岸滑雪式溢洪道、一级放空兼泄洪隧洞、二级放空隧洞等建筑物组成。拦河大坝为混凝土双曲拱坝，坝顶高程 294 米，最大坝高 157 米，最大底宽 35 米，顶宽 7 米，厚高比 0.223，坝顶中心弧长 438 米，最大中心角 95°，最大内半径 302.3 米。坝后式主电站厂房长 106 米，宽 23 米，最大高度 56.3 米，安装 4 台单机容量 12.5 万千瓦水力发电机组，总容量 50 万千瓦，由 4 条内径 5.2 米、进口工作闸门孔中心高程 221.5 米的钢管引水道供水，单机引用流量 123 立方米每秒，右岸一孔、左岸两孔。滑雪式溢洪道顺岸边地形高低布置，堰顶高程 266 米，弧门潜孔启闭，尺寸为宽 10 米、高 7.5 米，全长分别为 117 米和 147 米，采用挑流消能，设计单孔流量 1300 立方米每秒，单宽流量 130 立方米每秒。一级放空兼泄洪隧洞布置在左岸，进口底板高程 222 米，全长 527 米，最大泄量 1942 立方米每秒，遇百年一遇洪水时参加泄洪。二级放空隧洞布置在右岸，全长 671.35 米，进口底板高程 170 米，最大出流量 1540 立方米每秒，该洞在施工后期参加导流。

东江水库是一项以发电为主，兼有防洪、航运、城镇工业及生活供水等综合利用的大型水电工程。水库坝高库大，调节性能好，总库容 91.5 亿立方米，当正常蓄水位 285 米时，相应库容 81.2 亿立方米，当死水位 242 米时，有效库容 52.5 亿立方米，库容系数达 1.16，为多年调节水库。电站多年平均发电量 12.3 亿千瓦时，在华中电力系统中主要担负调峰任务。水库建成后可使耒水下游 713 公顷农田免除洪水危害，同时可以提高下游已建白渔潭、遥田等水电站的保证出力和京广铁路的防洪标准。水库回水总长150千米,对改善上下游航运都十分有利。为避免机组长期低负荷运行影响下游工农业用水,在其下游9千米处修建一座小东江水电站,进行反调节。

东江工程于1958年动工,1961年初停建,1978年4月复工,1980年11月截流合龙,1986年8月下闸蓄水,1987年11月第一台机组投产发电,1992年枢纽工程全面竣工。

(2)工程施工

东江水电站工程土石方总开挖量423万立方米,其中主体工程137万立方米;混凝土浇筑171万立方米,其中主体工程146万立方米;耗用钢材10万吨。

初期导流采用枯水期隧洞导流、汛期围堰过水方式。导流标准为20年一遇流量1760立方米每秒。导流隧洞为城门式,高13米,宽11米,包括上、下游明渠共全长636米。上、下游围堰为混凝土围堰,高度分别为33.8米和15.5米,共浇筑混凝土5.1万立方米。后期采用导流洞与防空洞导流、坝身不过水的方式。

大坝混凝土浇筑采用2台20吨辐射式缆机配6立方米吊罐吊运入仓,1台10吨平移式缆机作辅助吊运,后期采用了振捣车振捣,共布置有3个混凝土拌和系统。混凝土为四级配,水灰比一般在0.5以下,掺用减水剂。大坝不设纵缝,薄层通仓浇筑,层厚为基础部位1米,其余2米。温度控制措施包括骨料预冷、埋设水管及仓面喷雾等措施,机口温度控制在10℃左右。初期混凝土浇筑时,出现了108条裂缝,其中1/4是贯穿性的,采用多种措施进行了处理。

坝基帷幕灌浆共4.5万米,固结灌浆4.2万米。由于F3断层对坝体应力影响不大,未做专门处理。K6裂隙斜切左岸坝基,影响拱坝应力和拱座稳定,并构成上下游的渗漏通道,采用在裂隙面深孔灌浆处理。

(3)洪水调度方案和度汛计划

1)调度原则。

①在水库防洪调度过程中,必须确保大坝的安全。

②水库要尽量利用洪水预报结果进行预泄。

③防洪调度应遵循局部服从总体的思想,在湖南省防汛抗旱指挥部的统一指挥下,各部门密切协作,使洪水灾害的总损失降到最低。

④每次洪水后,水库水位应及时降至汛限水位。

⑤在正常调度运用情况下,水库水位不应超过设计的移民标准线(坝前水位285.4米)。

⑥正确处理大坝安全、发电、防洪、航运的关系。当发电、防洪、航运与大坝安全发生矛盾时,以保大坝安全为重。当发电、航运与防洪发生矛盾时,一切服从防洪。要科学调度洪水,充分发挥水电厂的综合效益。

⑦如遇特大暴雨洪水或其他严重险情危及大坝安全，而又来不及或通信中断无法与上级联系时，可按批准的度汛方案，采取非常措施，确保大坝安全。同时应通过一切途径通知下游地方人民政府，组织群众安全转移。

2）洪水调度方式。

①东江水库正常蓄水位285.00米，汛期4月1日至6月15日汛限水位282.00米，6月16日至8月31日汛限水位284.00米，9月1日至9月30日汛限水位285.00米。

②水库在防汛限制水位起调，当来水小于1500立方米每秒时，来多少，泄多少；当来水大于1500立方米每秒时，控制下泄量1500立方米每秒，直至蓄满（为下游农田防洪预留的防洪库容1.5亿立方米）；如洪水继续上涨，则控制下泄量不超过3500立方米每秒，直至蓄满（为京广铁路防洪预留的库容2.6亿立方米）；如洪水继续上涨，则按1000年一遇洪水控制，泄流不超过4108立方米每秒；若来水超过1000年一遇洪水，则全部泄流设备参与泄洪，5000年一遇洪水的最大下泄量4257立方米每秒。

（4）历史洪水及其调度情况

1）"940805号"洪水。

1994年6月中旬洪水过后，东江库水位按计划逐渐提高，至8月4日14时，库水位达到282.87米（蓄水量77.86亿立方米），受13号台风影响，耒水流域8月4日开始普降暴雨，4日、5日两天内近坝区几个雨量站降雨量在200毫米左右，其中最大为270毫米。

8月5日17时洪峰流量达4220立方米每秒，库水位于8月6日上午9时（建库以来）首次达到并突破防汛限制水位284米。在暴雨洪水发生之际，积极做好水情测报预报及其他防汛抢险准备工作，及时向湖南省防汛抗旱指挥部和上级电力部门汇报水情、雨情，接受和严格执行省防汛抗旱指挥部的调度指挥。

8月7日上午湖南省防汛抗旱指挥部在权衡上、下游防汛利弊，考虑在下游洪峰已错过的情况下，通知东江右岸滑雪式泄洪道右孔开启1.5米，下泄流量210立方米每秒，这是东江水库首次开闸泄洪。

2）"960802号"洪水。

1996年8月1日20时，由于受第8号台风影响，东江水库流域开始普降大雨，8月2日5时至8时达到高峰，至8月2日18时雨势趋缓，23时降雨基本停止。库水位从8月1日23时开始起涨，8月2日5时入库流量突破3000立方米每秒，水位迅猛上升，20时水库入库流量达6971立方米每秒。

此次降雨过程持续近30小时，东江水库流域最大一日平均降雨量215.6毫米（8月1日20时至2日20时），超过1972年8月18日183.3毫米的历史实测最大一日

降雨量。暴雨中心不明显，降雨量最多的区域在上游暖水以上，中游典草段相对较少。其中，龙溪、新坊、连坪三站降雨最大，分别达343毫米、340毫米和304毫米，降雨造成特大洪水，入库洪峰流量6971立方米每秒（3小时时段均值），为有史以来的最大值（前历史实测最大值为1961年8月27日的5310立方米每秒；20年一遇洪水为6140立方米每秒），到8月5日3时，库水位剧升4.98米，达281.63米，累计来水量7.15亿立方米。

3）"20000902号"洪水。

2000年9月1日，13号台风西行北上，东江水库流域受其影响，流域各站遭特大暴雨袭击，强度大，降水集中。9月1日14时突然大雨滂沱，至9月2日5时流域降雨量140毫米，流域日降雨量为150毫米，除桂东站日降雨量为86.6毫米外，其余各站降雨量均大于100毫米，其中龙溪日降雨量466毫米，其次黄草、方石、四都分别为171毫米、168毫米和164毫米，9月2日流域基本雨停。前期流域降水较多，因而此次洪水起涨快、入库快、上涨快，洪峰为单峰，此为东江水库建库以来仅次于"960802号"洪水（洪峰流量6971立方米每秒）的特大暴雨洪水，入库流量9月1日20时达到1500立方米每秒，随后迅速加大，23时入库流量猛增至4752立方米每秒，并迅速达到洪峰流量6570立方米每秒（9月2日5时），9月2日11时洪水开始消退，3日8时入库流量回落至1000立方米每秒以下。此期间库水位迅速上涨，库水位从9月1日17时279.81米上涨，9月7日11时库水位达到汛期最高值282.95米，共涨3.14米。

4）"20010613号"洪水。

受云南、贵州西南倒槽锋生的影响，2001年6月11日东江水库流域大部分地区开始降雨，局部有大到暴雨，流域日平均降雨为33.1毫米。6月12日，静止锋切变线北抬，在冷暖锋面配合下，东江流域普降暴雨，多个测站日降雨量超过50毫米。南洞、龙虎洞、黄草、方石分别达到64毫米、61毫米、72毫米和65.5毫米。流域降雨主要集中在6月13日2时至13日8时，此6个小时流域平均降雨量39.6毫米，占12日全天降雨量53.6毫米的73.9%，6月13日8时以后，流域仍下零星小雨，雨止时间在14日2时左右。6月10日至13日，流域总降雨量125毫米。

此次强降水过程形成了2001年东江水库入库洪峰大于1500立方米每秒的洪水即"20010613号"洪水，入库洪峰出现复峰过程。由于前期流域降雨较多，降雨持续时间长，入库流量从6月12日2时起涨，并急速向上攀升，入库洪峰过程较尖而瘦，12日11时突破1000立方米每秒，13日14时达到洪峰流量2628立方米每秒，此后进入洪水消退过程，14日8时入库流量回落至1000立方米每秒以下。库水位从6月

12日2时279.43米上涨，6月15日2时库水位为281.31米，3日累计涨幅1.88米，3日洪量3.07亿立方米。

5）"20020616号"洪水。

受地面冷空气和中低层切变线南移的影响，自2002年6月16日14时起，东江水库流域普降暴雨，局部大暴雨。降雨主要集中在6月16日14时至17日20时。其中16日流域平均降水量达77毫米，有5个测站日降雨量超过100毫米（桂东107毫米、四都143毫米、龙溪114毫米、方石108毫米、小东江148毫米）。此次降水历时较长，从6月10日开始流域就发生了不同程度的降雨，因此此次洪水退水过程较慢。入库洪水从6月16日2时起涨，并急速向上攀升，16日20时达到洪峰流量3970立方米每秒，18日17时入库流量才回落至1000立方米每秒以下。库水位从6月16日2时的274.63米上涨至6月20日2时库水位为278.27米，4日累计涨幅达3.64米。5日洪量5.89亿立方米，水库净蓄水量5.34亿立方米。

6）"20021030号"洪水。

2002年10月28日至30日，东江水库流域受到高空小波动和地面冷空气南下的共同影响，流域出现了长时间强降水，3日降雨量达172毫米。10月29日流域平均降雨达105毫米，其中花木桥127毫米、黄草140毫米、汝城139毫米、延寿154毫米、秀里山115毫米。10月30日14时以后，流域降雨基本停止。此次降雨过程的特点是：由于前期土壤含水量较多，流域普降暴雨，洪水入库较快，峰高量大，退水过程缓慢。入库洪水从10月28日11时起涨，并急速向上攀升，29日17时突破1500立方米每秒，为1690立方米每秒，30日14时达到洪峰流量3950立方米每秒。东江水库于10月30日10时开闸泄洪，库水位从10月28日11时283.29米开始上涨，30日15时库水位达到正常蓄水位285.00米，至31日2时库水位到达此次洪水过程最高水位285.27米。

（5）工程效益

东江水电站是一个以发电为主，兼有防洪、航运、城镇工业及生活用水等综合利用的大型水电工程，其所处东江水库（东江湖）被誉为"南洞庭"，是中南地区目前最大的人工湖泊，面积160平方千米，正常蓄水位285米，总库容81.2亿立方米，调节性能好，在华中电力系统中主要担负调峰任务。泄洪建筑物采用较新颖的窄缝挑流消能方式，下游9千米峡谷出口处建有小东江水电站，形成反调节水库，以保证下游的航运正常运行。

（6）采用的新技术

东江坝基开挖采用三面预裂爆破技术，混凝土表面保护采用保温被和双层气垫塑料薄膜。保温被是粒状聚苯乙烯泡沫塑料装入编织袋内缝制而成，由插筋挂贴在横缝或上下游立面上。

双层气垫塑料薄膜是由两层带气泡的塑料薄膜重叠而成，预先粘贴在模板上，或在拆模后立即贴到混凝土表面。

（二）资水

1. 流域概况

资水为洞庭湖水系四水之一，流经广西壮族自治区北部和湖南省中部。河源有西源赧水和南源夫夷水，以赧水为主源，发源于湖南省城步县黄马界，两源在湖南省邵阳县双江口汇合后始称资水，流向由西南往北流至烟溪折向东北流，于益阳甘溪港分两支汇入洞庭湖。资水流域面积2.81万平方千米，其中湖南境内占95.1%，广西境内占4.9%。流域地势西南高东北低，地形以山地和丘陵为主，平原较少。

资水干流全长650余千米，天然落差924米（以赧水为主源计），平均比降1.42‰。小庙头以上为上游，小庙头至马迹塘为中游，马迹塘以下为下游，经益阳进入尾闾后汇入洞庭湖区。上中游主要为山丘区，山间河谷有武岗、新宁、邵阳、新化等盆地；下游为丘陵阶地，益阳以下为冲积平原区。支流呈羽状分布，流域面积大于1000平方千米的有夫夷水、蓼水、平溪、大洋江、敷溪5条。

资水流域属亚热带湿润季风气候，降水丰沛。年降水量约1500毫米，其中上游地区1300～1400毫米，中游地区1400～1800毫米，下游地区1400～1700毫米。上游六都寨附近和中游柘溪至桃江一带为流域内两大暴雨区。出口控制站桃江站年径流量约230亿立方米，4月至6月径流量占全年的41.6%。干流中下游主汛期为5月至7月，而柘溪以下洪水则主要发生在7月至8月，极易与洞庭湖高洪水遭遇，形成益阳、桃江和资水尾闾大洪水。

资水流域内地层发育较全，仅缺失下泥盆统和上第三系，从元古界板溪群至新生界第四系均有出露，以板溪群、中上泥盆统、石炭系分布最广。岩层主要为变质岩系的石英砂岩、板岩、砂岩、页岩、千枚岩等和灰岩，以及第四系冲积层。流域内地震基本烈度不大于Ⅵ度。

资水流域内矿产资源有驰名中外的锡矿山锑矿，现已成为全国的有色冶金重要基地，涟源、邵阳地区煤矿储量占湖南省的40%，此外还有铁矿、铅锌矿和金矿等。据2004年水力资源复查成果，资水流域水能蕴藏量173.3万千瓦，技术可开发量145.7万千瓦，年发电量66.9亿千瓦时。2001年底，全流域已建和在建500千瓦以上水电站50座，总装机容量62.1万千瓦，年发电量29.2亿千瓦时，水能开发利用率分别为42.6%和43.6%。

资水流域内交通以公路运输为主，水运以资水干流为主动脉，干流双江口以下可常年通航，湘黔铁路横贯流域中部，另有娄（底）邵（阳）铁路与境外相通。

2. 规划研究过程

新中国成立伊始，相关部门即对资水筱溪和柘溪坝址进行勘探和淹没区调查等事宜。1957年2月，为配合长江流域规划要点编制和解决地区用电问题，武汉水力发电设计院和湖南省水利厅共同编制了《资水河流规划报告》，着重研究了资水干流双江口以下河段，初步拟定了资水干流梯级开发方案：罗家庙、神滩渡、渣洋滩、新化、柘溪、修山六级开发，推荐柘溪为第一期工程，并报国家建设委员会批准。上述高坝开发方案，除柘溪按规划兴建外，其余梯级包括罗家庙、渣洋滩、修山等因淹没损失大，在以后规划时有重大调整。柘溪水电站是长江流域最早动工兴建的第一座大型水利枢纽工程。1958年5月，长沙勘测设计院提出了《资水柘溪（水电站）初步设计报告》。1958年7月柘溪工程开工，1962年1月第一台机组并网发电，1975年7月第六台机组投入运行，工程基本竣工。

1960年6月，长沙勘测设计院提出《资水上游流域规划报告》，初步拟定了南源夫夷水和西源赧水的梯级开发方案。上游地区建库淹没损失较少，有条件修建高坝大库，但此次规划未做全面安排，拟定的梯级工程规模较小。

20世纪70年代初，湖南省水利水电勘测设计研究院对夫夷水规划进行了复核，于1974年3月提出了《夫夷水河流规划报告》（当时以夫夷水为资水主源）。规划提出上游地区开发任务以灌溉为主，结合发电和改善航运；在梯级开发方案中，提出修建资水流域两大龙头水库，即夫夷水犬木塘梯级和赧水支流平溪洞口塘梯级，两梯级均为多年调节大型水库，具有较大综合利用效益。

1976年，湖南省水利水电勘测设计研究总院提出了《马迹塘水电站初步设计报告》。马迹塘水电站为径流式电站，于1976年12月开工，1983年12月竣工。在马迹塘水电站开工建设的情况下，湖南省水利水电勘测设计研究总院对资水柘溪以下河段规划进行了复核，于1977年提出《柘溪下游河段规划复核报告》。此前在1957年规划时，柘溪以下河段仅有修山（92.7米）高方案1级，1958年又修订为金塘冲（95.2米）、修山（54.7米）两级开发。因其不宜于修建高坝大库，只适宜布置中低水头梯级，因此，此次规划将柘溪以下河段开发方案调整为敷溪口（94米，黄海高程）、金塘冲（64米，吴淞高程，下同）、马迹塘（58米）、白竹洲（51米）、修山（45米）等5级，并纳入1978年底拟定的资水干流梯级开发方案中，但本方案特别是敷溪口梯级的淹没损失仍较大。

1978年12月，湖南省水利水电勘测设计研究总院提出了《资水河流规划复核报

告》，认为资水干流的开发任务主要是发电、防洪、灌溉，其次是航运，其中上游以灌溉为主，结合发电和改善航运；中游以发电、防洪为主，结合灌溉、航运；下游是发电和改善航运。拟定的干流梯级开发方案为：犬木塘（夫夷水，370米）、孔雀滩（222米）、神滩渡（215米）、筱溪（200米）、浪石滩（175米，以上各级为黄海高程）、柘溪（169.5米，吴淞高程）、敷溪口（94米，黄海高程）、金塘冲（64米，吴淞高程，下同）、马迹塘（58米）、白竹洲（51米）、修山（45米）等11级，总装机容量112.1万千瓦，年发电量60.4亿千瓦时，预留防洪库容约13.6亿立方米，灌溉农田约15.33万公顷。另在上游支流平溪规划有洞口塘（410米）梯级，调节库容5.8亿立方米，为多年调节水库，可对资水干流梯级进行径流补偿调节。

1990年8月，湖南省水利水电勘测设计研究总院在以往规划的基础上，主要对资水干流及主要支流的梯级开发方案进行修订。

（1）资水干流梯级开发方案

资水干流规划通过分河段进行修订，推荐资水双江口以下采用13级开发方案。

1）双江口—柘溪河段。

原规划有孔雀滩（222米，黄海高程，下同）、神滩渡（215米）、筱溪（200米或205米或208米）、浪石滩（175米）、柘溪（167.2米）等5级开发，其中筱溪梯级正常蓄水位方案迟迟难以确定。如采用208米方案，上下梯级之间水位衔接较好，有利于开发水能资源及改善航道条件，但迁移人口和淹没农田较多；若采用200米方案或汛期200米、汛后205米方案，虽淹没损失较小，但上下梯级之间水位又不能衔接。上述方案经研究均不理想，认为比较合理可行的方案是在神滩渡（215米）和筱溪（198米）两梯级之间新增晒谷滩（208米）一级。该梯级下距新邵县城5千米，电站装机容量3.3万千瓦，年发电量1.5亿千瓦时，兴建后对新邵县的经济社会发展有积极作用。因此，这一河段的梯级开发方案修订为：孔雀滩（222米，黄海高程，下同）、神滩渡（215米）、晒谷滩（208米）、筱溪（198米）、浪石滩（175米）、柘溪（167.2米）等6级，总装机容量63.4万千瓦，年发电量30亿千瓦时。

2）柘溪—马迹塘河段。

该河段属柘溪水库径流调节受益区，原规划分3级开发，即敷溪口（94米，黄海高程，下同）、金塘冲（61.7米）、马迹塘（55.7米），但安化县认为敷溪口（94米）方案淹没损失较大，难以接受。此次规划为妥善处理发电、防洪、灌溉等综合利用效益与淹没损失之间的关系，研究在柘溪—敷溪口河段之间增加东坪（94.5米）一级或增加东坪（94.5米）、珠溪口（87米）两级，以减少淹没损失，并避免淹没东坪镇，从而可降低移民安置的难度。经综合比较后认为：增设东坪梯级一级，可以作为柘溪水电站的反调节水库，有利于航运及柘溪水电站容量效益发挥，而敷溪口梯级仍可设置防洪库容 1.9 亿立方米；若再增加珠溪口梯级，淹没损失虽可进一步减少，但综合效益减少甚多，似不可取，故选择增加东坪一级。如是，柘溪—马迹塘河段梯级开发方案修订为：东坪（94.5 米，黄海高程，下同）、敷溪口（87 米）、金塘冲（61.7 米）、马迹塘（55.7 米）4 级，总装机容量 32.3 万千瓦，年发电量 14.5 亿千瓦时。

3）马迹塘以下河段。

原规划有白竹洲（48.7 米，黄海高程，下同）、修山（42.7 米）两级。益阳市要求在修山以下增设史家洲梯级，经研究认可后，推荐马迹塘以下河段梯级开发方案为：白竹洲（48.7 米）、修山（42.7 米）、史家洲（34 米）3 级，总装机容量 13 万千瓦，年发电量 6.3 亿千瓦时。

综合以上，资水干流（双江口以下）梯级开发方案为：孔雀滩（222 米，黄海高程，下同）、神滩溪（215 米）、晒谷滩（208 米）、筱溪（198 米）、浪石滩（175 米）、柘溪（167.2 米）、东坪（94.5 米）、敷溪口（87 米）、金塘冲（61.7 米）、马迹塘（55.7 米）、白竹洲（48.7 米）、修山（42.7 米）、史家洲（34 米）13 级。总装机容量 108.7 万千瓦，年发电量 50.8 亿千瓦时。

（2）资水两源梯级开发方案

20 世纪 80 年代以前，均以南源夫夷水为资水主源，80 年代以后改以西源赧水为主源。

夫夷水全长约 330 千米，流域面积约 5600 平方千米。琅山以上为高山峡谷区，琅山至双江口为低山丘陵区。1974 年 3 月，湖南省水利水电勘测设计研究总院提出了《夫夷水河流规划报告》，初步拟定了以犬木塘（370 米）为骨干的梯级开发方案。1990 年，新宁县提出增设堡口（275 米）梯级，使原规划梯级布置有所改变。1995 年，湖南省水利水电勘测设计研究总院在总结以往规划经验教训的基础上，并征求了地方意见，在《资水流域规划报告》支流规划中，对原夫夷水梯级开发方案作了一些调整，包括：犬木塘梯级正常蓄水位原拟为 370 米，考虑淹没影响因素及广西壮族自治区有关部门意见后，在满足灌溉最低水位的基础上，将正常蓄水位降低为 340 米；犬木塘梯级以上增设胡家田梯级；犬木塘以下梯级全都按低水头径流式电站布置。

夫夷水梯级开发方案为：胡家田（正常蓄水位待定）、犬木塘（340 米）、永兴（292 米）、黄龙（284 米，已建）、堡口（275 米，已建）、老虎坝（259.3 米，已建）、栗子塘（250 米）、岔江口（243.5 米）、东方红（233.3 米，已建）、向阳坝（228 米，已建）10 级。总装机容量约 8 万千瓦，年发电量约 3.4 亿千瓦时，灌溉农田 10.33 万公顷。

西源赧水全长 180 余千米，流域面积约 7100 平方千米。赧水在武冈市以上为河

源，长40余千米，武冈市至双江口长140余千米，河道平缓，比降小，两岸农田集中。赧水梯级布置以径流式电站为主，即玄羊（302米）、吴家堂（293米）、鲢鱼渡（286米）、龙局（277米）、田段坝（267.5米，已建）、冲里槽（261米）、桃昆坪（250米）、江子田（242米）、渣滩（232米，已建）等9级，总装机容量4.8万千瓦，年发电量2.2亿千瓦时。赧水支流平溪规划了骨干水库洞口塘，其下游则结合地方意见规划了一些低水头梯级，主要解决两岸农田的灌溉并结合发电，开发方案为洞口塘（408米）、狮子山（315米）、茅卜（300米）、乌竹园（292米，已建）、江洲（280米）、枫木坝（268米）、团结坝（263.6米，已建）等7级。

1995年12月，湖南省水利水电勘测设计研究总院修订提出了《资水流域规划报告》。1996年12月，水利部水利水电规划设计总院会同长江水利委员会在湖南省长沙市召开会议，对湖南省人民政府办公厅上报的《资水流域规划报告》进行审查，提出了审查意见。1998年，水利部对该规划报告作了批复。

3. 规划方案

（1）开发任务

资水流域水能资源丰富，与湘江、沅江、澧水流域共同构成全国十大水电基地之一的湖南水电基地。根据本流域的自然特点和国民经济发展需求，资水流域开发任务是防洪、发电、灌溉、航运、水土保持等。其中干流柘溪以下（含柘溪）河段，以防洪为主，结合发电、航运、灌溉等；柘溪以上河段，以灌溉为主，结合发电、防洪、航运等。

资水流域防洪保护对象主要为资水下游尾闾堤垸区和沿河两岸重要城镇，其中湘滨南湖垸、长春垸、烂泥湖大圈为重点保护堤垸，邵阳市、邵阳县城、冷水江市、新化县城、安化县城、桃江县城、益阳市为资水干流重点防护城镇。各防护对象的防洪标准分别采用：地级市近期50年一遇，远景100年一遇；县城及县级市近期20年一遇，远景50年一遇；下游及尾闾地区近期20～30年一遇。

柘溪水库控制流域面积约2.3万平方千米（占资水流域面积的80.7%），是流域防洪体系中的重要组成部分。应设置足够的防洪库容，与规划设置的敷溪口水库1.9亿立方米防洪库容联合运用，有效调蓄上游洪水，配合其他综合治理措施，使下游及尾闾地区达到30年一遇的防洪标准。

资水流域上游及毗邻的湘水流域是湖南省著名的衡邵丘陵干旱区，地势平缓，耕地集中，源短流小；下游马迹塘以下两岸属低矮丘陵地区，左岸是沅江和资水分水岭，右岸是有名的干旱死角。为解决这几片地区的干旱缺水问题，应首先续建配套现有灌溉设施，并新建、扩建一批大中小型灌溉工程，充分利用当地水资源。

（2）开发方案

资水开发方案拟定的原则是：梯级布置应符合河流自然条件和拟定的开发目标，体现规划意图，尽可能地统筹兼顾，综合利用；梯级之间尽可能衔接，充分利用河流天然落差，开发水能资源并满足通航要求；尽量减少耕地淹没和人口迁移，减少对县城及其他重要目标的影响；为促进改革开放，对小型、低水头梯级的规划尽量满足地方要求。

资水干流（双江口以下）和资水两源的梯级开发方案前面已经述及。下阶段工作在干流应进一步论证孔雀滩、史家洲两梯级的经济合理性；在支流夫夷水，由于犬木塘水库是衡邵丘陵地区的主要水源工程，下阶段需考虑上游广西资源县水资源供需要求，并核实水库淹没实物指标，进一步对水库规模综合比选。

（3）近期工程

资水开发近期工程推荐敷溪口、犬木塘、洞口塘、筱溪等梯级工程。敷溪口水利枢纽具有防洪、发电、灌溉等综合利用效益，但淹没损失较大，应加强前期工作，积极创造条件，力争近期优先实施。

4. 流域典型工程介绍：湖南"水电之母"——柘溪水电站

柘溪水电站（图3-38）是长江流域最早动工兴建的第一座大型水利枢纽工程，位于湖南省安化县东坪以上12.5千米处，距益阳市170千米。柘溪水电站于1958年7月23日开工，1962年1月28日第一台机组并网发电，1975年7月第一期6台发电机组全部投产。那时候有种说法叫"北有丰满，南有柘溪"。因为高速度的工程建设、良好的工程质量和效益，柘溪水电站被称为"资水明珠"，是湖南省的一颗红宝石。柘溪水电站是一座完全由我国自己勘测设计、自己制造设备、自己施工建成的大型水电站，电站总装机容量44.75万千瓦，平均年发电量22.9亿千瓦时。柘溪水利枢纽以发电为主，兼顾下游防洪、航运和水产养殖等综合效益，是洞庭湖水系资水的重要大型水利工程。柘溪水电站不仅向湖南省输送了大量的电力，还成为湖南水电技术培训基地，向全省培养和输送了大批专业技术人才，故人们称其为湖南的"水电之母"。

（1）工程概况

资水位于湘江和沅江之间，流域面积约28140平方千米，流域温湿多雨，多年平均年降水量约1460毫米，多年平均年径流量约240亿立方米。5月至6月是暴雨发生最多的时期，就全流域而言，大暴雨主要发生在7月中旬以前，柘溪以下则多发生在7月中旬以后。

柘溪水库控制流域面积22640平方千米，约占资水流域面积的80%。水库为季调节水库，设计洪水位171.19米，校核洪水位172.71米，汛中限制水位165.0~167.5

米，汛末限制水位169.5米，死水位144.0米，总库容35.65亿立方米，调洪库容按汛中控制水位计算为11.65亿～8.35亿立方米，兴利库容22.58亿立方米，共用库容6.2亿～2.9亿立方米。

图3-38　柘溪水电站

1956年9月，武汉水力发电设计院和湖南省水利厅共同提出了《资水河流规划报告》，推荐柘溪梯级为第一期工程，1958年1月经国家建设委员会批准，武汉水力发电设计院旋即进行初步设计。柘溪水电站于1958年7月23日开工，1959年3月13日导流隧洞过水，1960年12月坝体浇筑到初期蓄水高程142米，1962年9月竣工。

柘溪水利枢纽包括大坝、电站和通航建筑物三大部分。大坝全长330米，由非溢流坝段和溢流坝段组成，非溢流坝采用宽缝重力坝形式，坝顶高程174.0米，坝顶宽度15.0米，上游侧建有高1.5米的实体栏杆；溢流坝采用单支墩大头坝实用型堰，堰顶高程153.0米，共有9孔，每孔净宽12米，1000年一遇洪水下泄流量14660立方米每秒。

（2）工程建设情况

20世纪50年代末60年代初，全国"工业学大庆"，其中有一条口号"有条件要上，没有条件创造条件也要上"。在这样的时代背景下，柘溪水电站工程上马了，由水利部第六机械工程总队和广东流溪河工程局合并组建成的柘溪水电工程局（中国水利水电第八工程局的前身）承建。

这支施工队伍设备奇缺，不仅没有大型"洋"设备，就是小型"土"设备也是屈指可数。根据这一特殊情况，当时的湖南省委、省人民政府决定打一场人民"战争"：组织15000余名建设者进场。当时各地民兵报名特别踊跃，大家都认为能参加电站建设是一件非常光荣的事（图3-39）。

图 3-39　柘溪水电站工地民兵聚集

大量人员进场后，住宿成了问题，于是大家自发动手建设工棚。房子的墙是用篾片编织后糊上黄泥巴，屋顶盖的是油毛毡，床就是用竹木钉的双层通铺，就这样，夏热冬冷的工棚搭好了。酷暑时大伙在室内"烤火炉"，冬日里就当"团长"（冻得缩成一团）。即便在这样困难的条件下，建设者们不叫苦，不怕难，仍然干劲十足。

柘溪工程开后，建设者们面对"工业等电、农业盼电、人民要电"的紧迫感，迅速以战斗的姿态投入工程建设中，仅仅半年就实现了明渠通水、围堰合龙、河床截流，就连导流隧洞也只用了两百个昼夜便打通了。柘溪水电站首台机组送电典礼见图 3-40。

图 3-40　柘溪水电站首台机组送电典礼

建设过程中，从大坝上游对口溪到下游弯竹塘，绵延 1500 余千米的峡谷里，日夜人声鼎沸，干劲冲天，一片改天换地的壮观场面。在明渠限时开挖劳动竞赛中，曾经发生过"猛虎"突击队与"蛟龙"突击队比赛挑双担甚至挑三担，有的挑到四百斤！

工地上锣鼓声、扒渣声、吆喝声响彻一片,三角耙上下飞舞,人流往来如梭。最后双方均提前完工,并且都收到上级颁发的一面闪闪发光的红旗。这里的每一面红旗,都诉说着一个动人的故事……

当时建设者们不计报酬,不论奖金,只要能够得到一面红旗、一纸奖状、一朵红花就觉得是最高的荣誉和最好的慰藉。他们讲的是艰苦创业的革命精神、公而忘私的奉献精神、战胜一切险阻的拼搏精神和不畏任何困难的愚公精神。

建设者们靠两个肩膀、一条扁担挑出高速度,靠双手推两轮车推出高功效,靠着这样的"扁担精神"挑出了投资省、工期短、质量好的湖南柘溪水电站。

(3)工程效益

1962年,柘溪水电站建成,年发电量23.2亿千瓦时,是此前湖北省发电量总和的10倍。自此,湖南省大步走进工农业生产水力发电和航运时代。柘溪水电站发电运行58年来,为湖南省的工农业生产输送了强大的清洁能源,为湖南省的经济发展做出了较大贡献。

作为湖南省第一座大型水电站,柘溪水电站不仅为工农业生产和人民生活用电"解渴",也为湖南人民挡下无数次洪水之灾。柘溪水库汛期实施洪水调度,根据洪水预报,参照短期天气预报,适时拟定和调整泄洪方式,尽可能保证下游桃江流量不超过9700立方米每秒,保证水库防洪和蓄水安全。

据1966年柘溪水库运行分析,当杨柳潭顶托水位33.4米时,桃江站的安全泄量9700立方米每秒,益阳为9000立方米每秒。历史上1848年、1901年、1924年、1926年、1931年、1949年、1954年和1955年等年份,桃江站的最大流量都超过10000立方米每秒,其中1955年为15300立方米每秒,1926年达21500立方米每秒。柘溪水库运行以来,1971年5月30日的水库最大下泄流量为10440立方米每秒,约相当10年一遇,1977年6月20日的最大下泄量为7600立方米每秒。这说明经过柘溪水库调蓄,桃江站的最大流量均接近或小于安全泄量,对资水尾闾的防洪起了重要作用。1996年入库流量17900立方米每秒,经水库调蓄,库水位172.73米,下泄流量12300立方米每秒,如无柘溪水库调蓄,下泄流量则将达17400立方米每秒,灾害必将大增。1998年6月资水洪水较大,经水库调蓄后,桃江站流量为11500立方米每秒。

柘溪水电站建成后,通过水库拦洪,资水尾闾防洪标准由原来3年一遇提高到20年一遇。由于减小了下泄流量,减轻了尾闾圩垸区的洪水威胁,对洞庭湖区防洪也有一定作用。

（三）沅江

1. 流域概况

沅江亦名沅江，发源于贵州省都匀市境内的云雾山。其主源（南源）为龙头江，亦称马尾河；北源出自平越大山，称重安江。南北两源于汊河口汇合后称清水江，东流至湖南省黔城，与渠水汇合后始称沅江，至沅陵折向东北流，经常德市德山进入尾闾后注入西洞庭湖。沅江流域地势自西南向东北倾斜，境内山地面积分布较广。流域面积8.92万平方千米，其中湖南省占58.0%，贵州省占33.8%，重庆市占5.2%，湖北省占3.0%。

沅江干流全长1022千米，天然落差1462米，平均比降1.43‰。干流洪江市以上为上游，属中、高山区，河流穿越深切峡谷，只有极少数山间盆地，如都匀盆地；洪江至凌津滩为中游，主要流经山丘区，并发育有洪江、安江和叙浦等盆地，沅陵至五强溪长90千米河段为大峡谷；凌津滩以下为下游，河谷开阔，阶地发育，桃源以下进入滨湖冲积平原。沅江支流众多，呈羽状分布，流域面积在3000平方千米以上的有渠水、潕水（1.03万平方千米）、巫水、溆水、辰水、武水、酉水（1.85万平方千米）等7条。

沅江流域属副热带季风气候，雨量充沛，年降水量1361毫米。降水分布自上游向下游递增，沅江下游地区及支流酉水流域达1500～1800毫米。降水年内分配不均，4月至8月降水量占全年的66%。沅江径流主要由降水产生，出口控制站桃源站年平均径流量641亿立方米。4月至9月径流量占全年的75%，沅江汛期为4月至8月，汛期入洞庭湖洪量占"四水"的40%～50%。长江1931年、1935年和1954年3个大水年，沅江洪水都与长江干流洪水遭遇，因此尾闾地区及洞庭湖区受洪水威胁很大。

沅江流域大致为北东—南西向之复式向斜构造，干流河道系沿向斜轴部发育，河谷两侧皆含有不透水岩层形成的山脉，建水库封闭条件较好。域内地层从元古界板溪群至新生界第四系均有出露，其中以板溪群、白垩系分布最广，岩性主要为浅变质岩系、碎屑岩、灰岩、红色岩系等，花岗岩很少出露。域内地震基本烈度一般不大于Ⅵ度，仅干流兴隆街以下为Ⅶ度。

沅江流域内矿产以汞矿最为著名，此外还有金、铜、金刚石、重晶石、磷、锑、白钨、煤、铁等矿。森林资源丰富，为全国重点林区之一。据2004年全国水力资源复查成果，全流域水能蕴藏量699.5万千瓦，技术可开发量746.7万千瓦，年发电量301.5亿千瓦时。2001年底，全流域已建和在建500千瓦以上水电站154座，总装机容量462.3万千瓦，年发电量181.4亿千瓦时，水能开发利用率分别为61.9%和60.2%。

沅江流域共涉及湖南、贵州、重庆、湖北等4个省（直辖市）的45个县市。2000年底，全流域总人口1587万，其中城镇人口376万；国内生产总值599亿元，工业总产值614亿元，农业总产值234亿元；耕地面积124.93公顷，有效灌溉面积52.53公顷，粮食产量599万吨，牲畜1540万头。

沅江干流都匀以下可常年通航80～120吨级浅水轮驳船队。流域陆路交通也较便利，枝柳铁路纵贯流域南北约250千米，湘黔铁路横穿流域东西近300千米，加上川湘、湘黔、湘桂等国道公路干线，已初步形成水陆交通运输网。

2. 规划研究过程

（1）《长江流域规划要点报告》编制阶段

1952年，燃料工业部中南水力发电勘测处（先后改名为武汉水力发电设计院、长沙勘测设计院、中南勘测设计研究院）、湖南省水利局和长江水利委员会洞庭湖工程处合作，对辰塘溪、五强溪等坝址做了初步勘探，并补选了干流鹭鸶滩和铜湾坝址，施测洞庭湖区地形图，提出了《沅江综合利用初步开发方案》报告，并成立沅江钻探队。1953年，贵州省水利局查勘沅江上游清水江（清水河），提出了《清水河流域规划报告》。1954年，长江水利委员会进行了沅江干支流水库经济调查。通过以上工作，为进行《沅江流域规划报告》和《长江流域规划要点报告》做了必要的资料准备。

1955年，电力工业部指示武汉水力发电设计院与湖南省水利厅合作，进行沅江流域规划。由此全面开展了沅江规划的前期工作，先后组织了1500多人勘测队伍，共查勘干支流2200多千米，开展坝址勘测，设立各级水文测站30个，并进行了沅江干支流历史洪水调查。

1956年5月，长江水利委员会副主任陈离与副总工程师李镇南与苏联专家组组长德米特利也夫斯基及地质专家阿卡林、水工专家卢达柯夫等人查勘了沅江干流黔城以下河段，复勘了杨家洞、辰塘溪、五强溪、凌津滩等坝址，提出五强溪可作为沅江流域规划第一期工程选择对象。

1956年初，电力工业部下达《沅江综合利用规划报告技术任务书》，确定沅江开发主要任务为防洪及发电，结合解决航运及灌溉等综合利用任务。同年9月，武汉水力发电设计院与湖南省水利厅共同完成《沅江流域规划报告》。《沅江流域规划报告》提出的开发任务：一是防洪。要求沅江承担三方面的防洪任务——解决沅江尾闾、洞庭湖区及长江中下游平原区1954年型的洪水灾害；配合长江干支流其他防洪工程及蓄洪垦殖区，近期解除100年一遇洪水威胁，远景达到防御1000年一遇的防洪标准；分担防洪库容220亿立方米。二是发电。要求沅江梯级电站供应"东至上海、北至襄阳、南至衡阳的系统"由西向东送电，"动能经济研究范围包括湖北、湖南、江西、安徽、江苏、浙江及上海等省（直辖市）"。三是灌溉。主要发展本流域、邻近流域及洞庭湖区的电力排灌，改善33.33公顷农田的耕作条件，共需排灌电力20万千瓦。四是航运。重点提出干流洪江至常德河段航道条件的改善措施，考虑梯级水库径流调节增加下游枯水流量，以加大航深。

《沅江流域规划报告》初步拟定沅江干流中下游梯级开发方案为鹭鸶滩（240米）、安江（170米）、五强溪（160米）、凌津滩（50米）4级，共有总库容409亿立方米，防洪库容220亿立方米，保证出力147.3万千瓦，总装机容量235.2万千瓦，年发电量170亿千瓦时，迁移人口48.9万，淹没耕地4.93万公顷。

《沅江流域规划报告》推荐五强溪枢纽为第一期工程。规划要求五强溪承担沅江干流梯级全部防洪库容220亿立方米，因此水库正常蓄水位需达160米，以致淹没损失严重，共需迁移人口38.1万（包括淹没县城6座），淹没耕地3.6万公顷，其工程规模在当时仅次于长江三峡水利枢纽，超出了新中国成立初期国家的承受能力。过高的要求延缓了五强溪水电站的开发进程。

《沅江流域规划报告》还对沅江上游清水江及支流渠水、潕水、巫水、辰水、武水、酉水提出了梯级开发方案，规划总库容121亿立方米，总装机容量287.6万千瓦，年发电量144.2亿千瓦时，迁移人口22万，淹没耕地1.87万公顷。

1957年，电力工业部水电建设总局审查并通过了《沅江流域规划报告》。1958年，电力工业部下达《五强溪水利枢纽初步设计技术任务书》。同年，中共湖南省委召开省委书记扩大会，水电建设总局、武汉水力发电设计院及有关部门参加，专门讨论五强溪正常蓄水位，会议建议由160米降低为155米左右。由于五强溪工程规模屡屡不能确定，难以动工兴建。

（2）规划深入阶段

在完成《沅江流域规划报告》的基础上，有关单位先后对沅江干支流进行规划复核。1958年，贵州省水利局完成了《清水江流域规划要点报告》。武汉水力发电设计院于1959年7月完成了《溆水河流规划报告》，1960年完成了《巫水河流规划报告》。长沙勘测设计院于1967年4月完成了《清水江河流规划报告》和《湘西酉水干流开发报告》，1968年12月完成了《潕水河流规划复核报告》。湖南省水利水电勘测设计研究总院1971年5月完成了《巫水流域规划报告》，9月完成了《渠水流域规划报告》，1972年8月完成了《武水流域规划报告》，1975年4月完成了《辰水流域规划报告》。1973年水利电力部第九工程局设计院完成了《贵州省黔东南清水江河流规划报告》。分别对各河提出了开发任务、梯级开发方案及近期工程，并着手进行治理开发，兴建了一批水利水电工程。

1972年10月，湖南省水利水电勘测设计研究总院完成沅江干流规划复核工作，提出了《沅江干流中下游规划复核报告》。该报告在考虑原干流中下游规划中的五强溪和鹭鸶滩两高坝方案的库区时，已分别修建酉水凤滩水电站（下游尾水位为115米）和湘黔、枝柳两铁路，鹭鸶滩梯级已不成立和五强溪梯级正常蓄水位需降低的情况下，对原中下游梯级开发方案及五强溪正常蓄水位做了重大调整。报告认为："原规划方案（指1956年规划）不符合'以农业为基础，以工业为主导''备战备荒为人民'及'分散、靠山、隐蔽'的方针，有重新规划的必要。"并提出"沅江规划复核的关键在于下游梯级正常蓄水位选择，以及由此而引起的上游梯级衔接问题"。还对沅江开发任务做了重大改变，由"以防洪为主"变为"以发电为主，兼有防洪、航运效益"。防洪仅限于满足干流沿岸及下游尾闾的防洪要求，不再考虑洞庭湖区和长江中下游的防洪要求。因此，沅江干流中下游开发方案亦由4级调整为5级，原规划的五强溪枢纽正常蓄水位由160米降低为115米，与酉水凤滩尾水位相衔接，鹭鸶滩和安江两梯级取消，以庙溪、洪江、虎皮溪3级代替，最下一级的凌津滩保留，即庙溪（247米）、洪江（191米）、虎皮溪（160米）、五强溪（115米）、凌津滩（50米）。总装机容量171万千瓦，年发电量96亿千瓦时。全梯级中的五强溪水库为下游防洪预留防洪库容30亿立方米。第一期工程仍推荐五强溪水利枢纽。

五强溪水利枢纽具有较大的综合利用效益，但库区淹没损失严重，以致正常蓄水位迟迟难以确定，并影响干流梯级组合。其正常蓄水位历次的变动情况是：1956年9月，武汉水电设计院和湖南省水利厅提出的《沅江流域规划报告》，推荐五强溪正常蓄水位为160米；1960年6月，长沙勘测设计院提出的《五强溪水利枢纽初步设计报告》，推荐正常蓄水位157米；1972年10月，湖南省水利水力勘测设计研究总院提出的《沅江干流中下游规划复核报告》，推荐正常蓄水位115米；1979年9月，水利电力部第八工程局设计院提出的《五强溪水利枢纽初步设计》，推荐正常蓄水位120米；1982年6月，中南勘测设计研究院提出的《五强溪水电站建设规模复核报告》，推荐正常蓄水位115米。在这一过程中，长江流域规划办公室一直主张五强溪水利枢纽应留较大的防洪库容，但未被有关方面采纳。1983年9月，中南勘测设计研究院提出的《五强溪水电站初步设计修改报告》，推荐正常蓄水位108米，防洪库容仅为13.6亿立方米；同年10月，水利电力部会同湖南省审查通过该报告，五强溪工程规模至此正式确定。1979年底五强溪水利枢纽工程开始进行施工准备，后暂停。在工程规模经最终审定后，于1986年9月复工，1994年12月第一台机组投产并网发电，1996年底基本建成。五强溪水利枢纽工程规模的确定以及动工兴建，为1987年再次进行沅江流域规划创造了条件。

（3）长江流域规划修订阶段

1）流域规划意见编制。

为配合长江流域综合利用规划修订，在已有资料和开发现状的基础上，中南勘测设计研究院于1985年提出了《沅江流域规划意见》。该规划意见推荐的沅江干流梯级开发方案为：宣威（689.5米）、旁海（567米）、平寨（543米）、疗洞（510米）、三板溪（490米）、挂治（325米）、远口（300米）、白市（270米）、托口（245米）、洪江（190米）、安江（170米）、虎皮溪（150米）、大伏潭（125米）、五强溪（108米）、凌津滩（50米）15个梯级。各主要支流开发方案，系按20世纪80年代以前规划成果编列。提出的干支流关键枢纽有4座（五强溪、凤滩、石堤和三板溪）。

2）沅江河流补充规划。

1987年，水利电力部水利水电勘测规划设计总院下达沅江补充规划任务，并指出沅江补充规划"应在国家经济发展总方针的指导下，作为长江流域规划的组成部分……要针对流域特性、治理开发现状及存在问题，按照统筹兼顾，全面安排，综合治理，求取最优经济效果原则，提出流域治理开发的方针和方向，并要进一步研究实现规划方案的具体政策措施……根据本流域特点，应以发电为主，对各种因素进行协调，使整个系统优化……供电范围除华中、西南地区外，要研究向外区供电的可能性。防洪的重点是干流尾闾平原区。沅江是湖南省重要航道之一，必须考虑航运现状及远景发展要求。对环境保护、灌溉、供水等问题要有筹划。对跨省的效益分配与淹没损失问题要协调矛盾，理顺关系，统筹解决。并提出流域内大中型水电站的开发程序。对近期工程作较深入研究。"

根据水利电力部水利水电勘测规划设计总院的上述安排，中南勘测设计研究院与湖南省水利水电勘测设计研究总院进行了规划分工。中南勘测设计研究院负责干流规划，1986年已完成酉水和清水江（沅江上游）规划；其余主要支流包括潕水（中下游）、渠水、巫水、辰水、武水、溆水，由湖南省水利水电勘测设计研究总院负责规划。在沅江干支流同步开展规划工作的基础上，经过近两年的努力，中南勘测设计研究院于1989年3月汇编完成了《沅江流域规划报告（湖南省境内）》。

《沅江流域规划报告（湖南省境内）》提出的沅江开发任务为：以发电为主，兼顾防洪、航运、灌溉、供水等。推荐以三板溪和五强溪为骨干工程的沅江干流梯级开发方案是：革东（510米）、三板溪（475米）、挂治（325米）、远口（300米）、白市（270米，以上贵州省境）、托口（245米，黔湘界河梯级）、江市（205米，以下湖南省境）、洪江（190米）、安江（165米）、铜湾（150米）、清水塘（138米）、大伏潭（130米）、鱼潭（115米）、五强溪（108米）、凌津滩（50米）等15级。

这一方案与1972年沅江中下游梯级开发方案相比较（不含贵州省境），五强溪正常蓄水位由115米降低为108米；五强溪以上3级，调整为8级，以减少淹没损失。《沅江流域规划报告（湖南省境内）》还推荐三板溪、凌津滩和洪江枢纽为近期工程。

《沅江流域规划报告（湖南省境内）》中沅江上游清水江革东至托口河段的开发方案，缘于1986年中南勘测设计研究院提出的《清水江河流规划报告》。清水江革东以上河段，贵州省黔东南州水电设计院曾做过水力资源普查及复查工作，初步拟定的以宣威和平寨为骨干工程的开发方案为：新寨（723.6米）、兴隆（703.7米）、宣威（689.5米）、龙王洞（627米）、龙果（619.1米，已建）、下同（611.97米）、清新（587.6米）、平寨（567米）等8级，总装机容量8.3万千瓦，年发电量4.8亿千瓦时。

《沅江流域规划报告（湖南省境内）》中流域面积在10000平方千米以上的支流规划情况为：

① 酉水。

为沅江最大支流，流经湖北、重庆、湖南等3个省（直辖市）边陲。1984年和1986年，中南勘测设计研究院先后提出了《酉水河流规划报告》和《酉水河流规划报告补充意见》。规划提出酉水的开发任务主要是发电，兼顾其他。推荐以石堤为骨干工程的开发方案为：湾塘（423米）、塘口（389.6米）、石堤（370米）、碗米坡（260米）、凤滩（205米，扩机）、高砌头（115米）等6级。后在规划实施过程中，湖北省和重庆市认为石堤正常蓄水位370米仍过高，其淹没损失地方难以承受，故邀请中南勘测设计研究院于2000年9月提出了《酉水石堤至塘口河段水电规划复核报告》，将石堤正常蓄水位由370米降低为320米；石堤至塘口河段由原塘口、石堤两级开发调整为塘口、纳吉滩、大溪口、石堤4级开发，则酉水梯级开发方案调整为湾塘（423米，已建）、塘口（389.6米，已建，拟扩机）、纳吉滩（百福司，370米，正建）、大溪口（343米）、石堤（320米）、碗米坡（248米，正建）、凤滩（205米，扩机正建）、高滩（高砌头，118米，已建）8级。其中已建和在建6级，全梯级总装机容量151.6万千瓦，年发电量48.5亿千瓦时。

② 潕水。

潕水为沅江第二大支流，上游贵州省境称潕阳河，中下游湖南省境称潕水。其开发任务以发电为主，兼顾灌溉、防洪和航运等。1991年12月，湖南省水利水电勘测设计研究总院提出了《潕水河流规划报告（湖南省境内）》，规划提出采用低水头、坝式开发方式，推荐罗家寨（鱼市）等10级开发方案，现已建6级。1992年12月，贵州省水利水电勘测设计研究院提出了《贵州省潕阳河干流水电规划报告》，规划推荐两岔河等23级开发方案，现已建11级。潕水开发共33级，总装机容量27.9万千瓦，年发电量12.8亿千瓦时。

1990年10月，水利部、能源部水利水电规划设计总院和湖南省计划委员会在长沙主持《沅江河流规划报告（湖南省境内）》审查会，并提出了审查意见。同年12月，湖南省人民政府在"关于沅江河流（湖南省境内部分）规划报告的批复"中称："沅江河流开发要……按照发电、防洪、航运与放水、灌溉、供水，兼顾其他的方针……""同意规划报告推荐的梯级开发方案，近期内要抓紧会议纪要中推荐的凌津滩等8个中型水电站的前期准备工作，力争早日立项兴建。""应积极配合贵州、四川（现重庆）两省的工作，促进（三板溪、石堤）两电站的早日开发。"

3. 规划方案

（1）开发任务

沅江流域的开发任务以发电为主，兼顾防洪、航运、灌溉、供水和环境保护等。沅江流域水能资源丰富，亟待大力开发，以满足华中、西南地区以及邻近地区日益紧迫的供电需求。沅江尾闾有耕地10.6万公顷，人口106万，目前全靠圩堤保护，防洪标准仅5～10年一遇。干流五强溪枢纽和支流酉水凤滩枢纽共可预留防洪库容16.4亿立方米，沅江尾闾防洪标准可达到20年一遇。为了进一步提高尾闾防洪标准，减少洞庭湖地区分蓄洪任务，五强溪枢纽宜适当加高坝顶高程，增加预留超蓄防洪库容。正建中的清水江三板溪枢纽预留防洪库容2.5亿立方米，能削减安江洪峰流量3200立方米每秒。沅江干流航道，待梯级全部开发渠化后，桃源以下可达Ⅳ级航道，大江口至桃源为Ⅴ级航道，上游清水江为Ⅵ级航道。主要支流（溇水、巫水、辰水、武水）全梯级完建后，通航里程可达690千米，航道等级为Ⅶ～Ⅸ级。流域内灌溉问题，因耕地分散（仅芷江、溆浦盆地有大片耕地），宜就近建设中小型水利工程解决。

（2）开发方案

沅江干流梯级开发方案的优选，应遵循"统筹兼顾、全面安排、综合治理、综合利用、加强管理"的规划方针，按照充分合理利用水力资源、力求减少淹没损失、经济效益和社会效益与环境效益最佳的规划原则，是通过对历年来所提梯级开发方案进行总结，并做了大量工作后取得的。沅江干流革东以下河段推荐上述规划报告中的15级开发方案，全梯级总调节库容约51亿立方米，总装机容量400.1万千瓦，年发电量155.2亿千瓦时。

（3）近期工程

继续建设干流梯级及酉水石堤等枢纽（三板溪、洪江枢纽正建），重点堤垸的加高加固以及尾闾洪道整治，中小型灌区建设等。

4. 流域典型工程介绍：酉水明珠——凤滩水电站

（1）工程概况

凤滩水电站（图3-41）位于湖南省沅陵县境内沅江支流酉水下游，下距沅陵县城45千米，水库控制面积17500千米，占酉水流域面积的95.1%，流域多年平均降雨量1415毫米，坝址多年平均流量504立方米每秒，多年平均径流量为158.9亿立方米。水库总库容16.757亿立方米，正常蓄水位205米，相应库容13.9亿立方米，死水位170米，相应库容3.3亿立方米，有效库容10.6亿立方米，库容系数0.067，属季调节水库。凤滩水电站老厂装机容量40万千瓦，保证出力10.3万千瓦，多年平均发电量20.43亿千瓦时，2004年左岸扩机两台20万千瓦机组投入运行，随后进行老厂2号机组增容工程，总装机容量达到81.5万千瓦。凤滩水电站以发电为主，兼顾防洪、航运、灌溉、水产养殖等综合利用。

图3-41 凤滩水电站

枢纽工程由大坝、坝内式厂房、深井式引水道、泄洪放空底孔、通航建筑物和灌溉进水管等部分组成。大坝为定圆心定半径的混凝土空腹重力拱坝，最大坝高112.5米，坝顶高程211.5米，坝顶轴线长488米。采用开敞式表面溢洪道泄洪与高低坎挑流，溢流段共设13个溢流孔口，7个低坎、6个高坎，在坝轴线上分布总长263米，堰顶高程193米，溢洪净宽182米，每孔装设宽14米、高13.13米的钢弧形闸门，由设在坝顶219.88米高程工作平台的2×45吨固定式门机进行启闭，最大下泄流量可达31300立方米每秒。电站厂房布置在5号至20号坝段、总容积18.4万立方米的弧形空腹内，主厂房安装4台单机10万千瓦机组和220千伏开关站。发电引水道布置在左岸9号至12号溢流坝段，采用坝面进口高压深孔闸门式单机单管引水，最大引流量为 162 立方米每秒；泄洪放空底孔在右岸非溢流坝 21 号坝段，水平总长 86 米，底孔进口底坎高程为 145 米，正常蓄水位 205 米可宣泄流量 1220 立方米每秒。通航建筑物布置在右岸坝肩 22 号坝段，全长 1030 米，建筑物净高 115 米，由上下游引航道、两级垂直桥吊、1∶10 的斜坡道、斜面升船机等组成，设计最大船只过坝重量 80 吨，年单向通航能力为货物 10 万吨，木材 10 万立方米。右岸 23 号至 24 号非溢流坝段内的灌溉引水管进口底部高程 178 米，现已改建为小电站的进水管道。

凤滩水电站于 1970 年 10 月 1 日动工，1978 年 5 月 1 日第一台机组投产发电，大坝工程于 1979 年第一季度基本完成，同年 12 月 4 台机组全部安装完毕投入运行。电站设计年发电量 20.43 亿千瓦时，保证出力 10.3 万千瓦，丰水季节满负荷发电，枯水季节则担负尖峰负荷，与柘溪等水电站和其他火电厂进行补偿调节。

凤滩水电站自投产发电以来，至 1997 年底，已发电 346.7 亿千瓦时，经济效益十分显著，并在系统中为减缓调峰矛盾起了重要作用。

（2）工程设计特点

凤滩水电站由长沙勘测设计院完成初步设计，1969 年 11 月，水利电力部和湖南省革委会下文批准修建凤滩水电站。1970 年起，由湖南省水利电力勘测设计院（现湖南省水利电力勘测设计研究总院）承担施工设计阶段设计。凤滩水电站的枢纽总布置采用混凝土空腹重力拱坝、坝内式厂房方案。枢纽建筑物包括拦河混凝土空腹重力拱坝（最大坝高 112.5 米）、放空泄洪底孔、引水系统（含进水口、压力钢管）、坝内厂房、变电开关站及过船过木筏道等。

1）选用混凝土空腹重力拱坝、坝内厂房。

混凝土空腹重力拱坝、坝内厂房的总布置，与一般重力坝、地下厂房方案比较，可节省 25 万立方米的石方洞挖；与重力坝、坝内厂房方案比较则可节约 20 万立方米的混凝土。这种大型空腹重力拱坝，把厂房放在空腹内，在我国是第一次建造，通过不断的实践和总结，为我国南方窄河谷大流量的河流开发提供了经验。

2）采用高低坎空碰击消能方式。

对空腹拱坝下泄量为 32600 立方米每秒的大流量洪水，引起径向集中，加剧下游冲刷。设计上采取高低坎空中碰击消能的方式。坝顶设计溢流孔共 13 个，6 孔高坎，7 孔低坎，相间布置，泄洪时形成上下两层水流，在横向和纵向（空中）碰撞，强烈扰动，扩散掺气，大大提高水流在空中的消能率，使冲刷问题得到改善。这种消能工，具有消能效果好、冲坑浅、结构简单和施工方便等优点，对窄河谷大泄量的拱坝，值得采用和推广。

3) 推广聚氨酯化学灌浆加固坝基。

为了改进拱坝基础泥化夹层及断层破碎带的地基缺陷的防渗和加固工作，设计采用水泥灌浆和聚氨酯化学灌浆的混合阻水防渗帷幕，以水泥灌浆充填岩体较大裂隙，形成基本幕体，然后针对岩层软弱结构面的细微裂隙，以聚氨酯补强。经凤滩工程建设实践证明，聚氨酯化学灌浆能够将坝基的泥化夹层封闭，将破碎带胶结，起到对坝基的防渗和加固作用。

4) 改进空腹坝快速封拱的方法。

空腹封拱是空腹坝施工中控制施工进度的一个关键性工序。施工方法采用拱架封拱，预制拱肋和拱架的跨度为 15.35 米，重量分别为 3.85 吨和 9 吨，按双铰拱设计，用 10 吨门机吊装就位，于大坝伸出的小牛腿上，不对焊钢筋，上铺预制拱板即可浇筑拱顶混凝土，实践证明是比较成功的。

5) 解决厂坝施工中的干扰问题。

凤滩水电站厂房置于大坝空腹内，施工干扰问题是人们比较关注的。封顶前的厂坝干扰主要反映在前、后腿上升时须同时安装引水钢管和形成尾水管。空腹封顶后，大坝上升的混凝土浇筑与厂房内部施工安装可同时进行。由于空腹高度仅相当于全坝高度的 1/3，大坝空腹顶以上的工程量还很大，这时厂内开展土建施工和机电安装，不会影响发电日期。

（3）工程建设情况

凤滩水电站是典型的"三边"工程（边勘测、边设计、边施工）。1970 年 10 月 1 日，凤滩水电站正式全面开工，当时全国上下笼罩着"要准备打仗"的紧张气氛，许多"三线"工程仓促上马。凤滩水电站是湖南省重点"三线"工程，为保证湘西电力供应和湖南省国民经济快速增长，为了争时间，湖南省革委会要求三年内第一台机组发电。凤滩水电站是国家和湖南省"三线"建设的一项重要工程，也是湖南省在湘西境内进行能源开发的重点工程。于是，2400 名职工干部从不同的地方、不同的单位和部门紧急调往凤滩工地，6000 多沅陵县民工脚穿草鞋、肩挑行李、锄头等工具，浩浩荡荡徒步百多里赶往凤滩工地。

1) 为争取时间，首先抢建公路和送变电工程。

凤滩水电工程建设是从抢修沅陵至凤滩的公路和柘溪至凤滩的输电线路开始的。1969 年 11 月，沅陵县动员 6000 多名民兵抢修沅陵至凤滩公路。公路全长 46 千米，有大小涵洞 70 多座，跨度 10 米以上的桥梁 18 座（包括横跨明溪与酉水的大桥各一座）。

柘溪至凤滩送变电工程是凤滩水电站的先导工程。1969 年秋开始抢修从安化柘溪水库到沅陵凤滩的输电线路，要穿越安化、溆浦、辰溪、沅陵 4 个县。1970 年 4 月，湖北省革委会生产指挥组要求在10月1日前集中力量打歼灭战，完成柘凤11万伏送变电工程。1970年5月，调集700名民兵在沅陵县苦藤铺公社五里亭大队马子桥修建110千伏变电站。架设横跨沅陵县4个区8个公社的输电线路，全县又紧急动员600名民兵在烈日下抢时间施工，立杆拉线，这项工程按要求在1970年国庆节前完工，从而保证凤滩水电站工程的如期通电。

2）从人海战术向机械化过渡。

1970年10月1日，凤滩水电站主体工程正式开工。当时工地上有劳动大军上万人，主要有水利电力部和湖南省的水电工程技术人员和省直、黔阳地直及沅陵县若干部门的干部2400多人，沅陵县参加凤滩工程建设有8000名民兵。1972年初，湖南省革委会决定，常德、桃源两县又上2000名民兵支援凤滩工程建设。在凤滩工程建设指挥部的统一领导下，参建的民兵一律按军事组织建制，组建成一个民兵团，沅陵以区设民兵营，以公社设民兵连，常德、桃源以县设民兵营。工地条件十分艰苦，民兵住简易工棚，吃自带来的口粮和"红锅少油"的蔬菜。后来工程指挥部给民兵每人每天补助3角钱伙食费和5两粮食指标。当时以各公社的民兵连设食堂，各食堂随后也自力更生种蔬菜、喂猪，民兵的生活有了一定的改善。

为了有序有效地配合专业水电队伍施工，工程指挥部与民兵团一道将各民兵连分别配属给专业技术施工队伍。1973年后，工程指挥部先后从各民兵连中抽出600多名年轻有文化、表现好的民兵到专业技术施工队伍中作为培训工，发挥"土技术员"的生力军作用。这样，从凤滩大坝基础开挖及混凝土浇筑现场到砂石采运的百里线路上，从开挖的风钻手到浇筑混凝土的振捣工，从机电工到排架工等各个施工岗位，都可以看到民兵挥汗苦战的身影。

大坝工程按工序进展逐步推进。为了赶工期，1971年春节前，工程建设指挥部号召全体参战的技术人员、干部和民兵在工地上过革命化的春节。全体指战员大年三十奋战一个上午，下午以各食堂会餐过除夕。正月初一上午休息半天，下午民兵团召开了奋战动员大会，民兵团长在大会上宣读了动员令，并号召全体指战员"奋战新春正月间，基坑开挖抢在先，出渣人平超百担，围堰坚固立汛前"。工程建设者们抓晴天、抢雨天、顶风冒雪当好天，夜以继日地紧张施工，工地上干得热火朝天。由于各方面紧密配合，11月16日终于胜利地完成了酉水河的大江截流。在大坝基坑开挖和大江截流最关键的时刻，交通部第四工程公司、水利电力部第十三工程局和湖南省几十家有关单位大力支援了凤滩工程建设，尤其是他们及时组建了汽车队支援，有力地保证了砂石、水泥、钢材等建筑材料的运输和大江截流时混凝土料的运输任务。1972年10月，解放军工程兵一个连奉命支援凤滩工程建设，战士们与民兵一道在边坡的基础上开挖清基、运渣，苦战一年半共同完成了大坝左右两岸的边坝清基和开挖任务。

凤滩工程开工初期，其主体工程大坝工地上机械设备极其简陋，仅有几辆解放牌翻斗车、几台柴油空压机和部分手风钻，混凝土搅拌机也为数不多。土建工程基本上是人海战术，大多数工作是靠民兵的双手和肩膀完成的，如手工打锤放炮开挖基坑、肩挑背负搬运砂石料、土石方，混凝土浇筑则以民兵手推胶轮车运送混凝土料至溜筒传入基坑仓。随着工程的进展，凤滩工程建设指挥部陆续给工地上添置了一些机械施工设备，渐渐形成了"土洋结合"的施工条件，大大地减轻了民兵的劳动强度，工地可以看到挖掘机挖石取土、汽车运送土石方和混凝土拌和料、推土机碾压土石等。1975年初，大坝工地上形成了以机械施工为主、人工配合为辅的格局。这大大地加快了工程的进度，终于迎来了三年后第一台机组胜利发电的喜悦。

（4）工程效益

凤滩水电站是湖南省重要的"三线"建设项目，凤滩电厂总造价低廉、经济效益大、淹没区较小。目前的电厂分为新厂区和老厂区两部分，总装机容量达80万千瓦，年设计平均发电量26.04亿千瓦时，是湖南省电网的主力发电厂之一，又是国家大型水电厂之一。凤滩水电站电能送往益阳、常德、怀化、吉首，成为湘西北电网的重要电源支撑点。凤滩水电站以发电为主，兼顾防洪、航运、灌溉、养殖等。在1996年、1998年、1999年和2002年洪水调度中发挥了较好的削峰拦洪作用。

1）1996年洪水及调度。

"96·7"暴雨洪水特点是降雨范围广、强度大、时间长。致洪暴雨的7月13日至17日5天时间内，沅江流域平均降雨量275.4毫米，其中五强溪库区333.4毫米，沅江一级支流酉水231.1毫米。

洪水与暴雨同步，造成了峰高量大、洪峰重叠、过程肥胖的特点。7月13日至17日凤滩水库流域平均降雨量93.1毫米，14日21时出现洪峰流量13290立方米每秒（接近10年一遇），7月19日至20日，酉水流域平均降雨量52毫米，20日19时出现第二个洪峰流量10780立方米每秒。13日24时至24日14时入库洪量达30.2亿立方米。

凤滩水库位于五强溪以上沅江最大支流酉水下游，水库调节性能差，防洪库容有限，水库洪水调度的成败与效果将直接影响五强溪水库的调度运行，并威胁下游桃源县城和常德市区以及尾闾重点堤垸的安全。

凤滩水库于7月13日24时入库流量640立方米每秒，在峰现前23小时开闸预泄4000立方米每秒，起调水位199.42米；在7月14日21时出现入库洪峰流量13290立方米每秒之前，于14日0时、11时、16时泄洪闸门分别由6孔增至8孔、

12孔（共13孔），下泄流量由4000立方米每秒加大到7000立方米每秒。按设计规定，五强溪水库在正常蓄水位108米以下预留的13.6亿立方米防洪库容，要在上游凤滩水库2.8亿立方米防洪库容的配合下才能将尾闾堤垸现有5年一遇的防洪标准提高到20年一遇。凤滩水库于7月15日2时最大下泄流量11200立方米每秒，先于五强溪最大入库洪峰36个小时前进入库内，错开了洪峰；16日8时，当五强溪库水位达108.15米，入库流量32000立方米每秒、下泄流量23000立方米每秒时，凤滩水库于10时从下泄流量3100立方米每秒全关闸门。

7月17日16时，在凤滩库水位达205.69米，入库流量2000立方米每秒，湖南省防汛抗旱指挥部同意暂时开闸泄流1000立方米每秒，至22时五强溪库水位上升到112.83米，入库流量仍有27000立方米每秒，下泄流量24000立方米每秒，下游频频告急，23时45分凤滩水库全关泄洪闸门。18日10时，凤滩库水位上升到205.77米，入库流量1000立方米每秒，短时开启闸门仅泄600立方米每秒。16时五强溪入库又增大到27800立方米每秒，下泄流量仍有26000立方米每秒，库水位112.68米，为达到五强溪库水位力争不超过113米的方案，18时30分再次将凤滩泄洪闸门全关。20日8时48分库水位逼高到206.11米（调洪最高水位）13孔弧门门顶全线过水，5分钟后紧急加开闸门加大泄流，降低了水位。

7月20日18时，凤滩第二个洪峰流量10780立方米每秒入库，水位上升到205.94米，22时下泄流量又被迫加大到10000立方米每秒，并持续了8个小时。由于沅江下游和洞庭湖区水位继续上涨，21日14时和18时凤滩水库两次减少泄流量3000立方米每秒。

五强溪水库调节洪水减轻对下游的防洪压力，是在和凤滩水库密切配合，实施联合防洪调度的条件下才实现的。为确保下游城市和重点堤垸的安全，凤滩水库采取了非常的调度措施，使水库调洪最高水位超过了设计标准，库区上游淹没损失加大，也承担了大坝安全的风险。

2）1998年洪水及调度。

1998年7月20日至21日，沅江支流酉水局部大暴雨和特大暴雨。凤滩水库从21日8时库水位197.64米开始起调，当22日8时库水位达202.56米、入库流量达6085立方米每秒时，湖南省防汛抗旱指挥部会商后决定：立即开闸泄洪，下泄流量4000立方米每秒。以后又分别于11时和14时将下泄流量加大到8000立方米每秒和10000立方米每秒，当库水位达到205米后，来多少泄多少，22日22时入库洪峰流量达19300立方米每秒，为50年一遇，是凤滩建库以来的最大洪水，23日4时最大下泄18091立方米每秒。

酉水的特大洪水使五强溪水库入库流量迅猛增加，库水位迅速抬升，7月23日上午8时，五强溪库水位达到106米，一夜之间已上涨了5米多，库区仍降暴雨，区间洪峰尚未入库，常德、桃源已超警戒水位。到23日11时，五强溪水库入库洪峰流量34000立方米每秒，下泄加大至20900立方米每秒，这时五强溪库水位迅速上升至106.88米。因此，湖南省防汛抗旱指挥部决定，充分利用凤滩和五强溪水库的联合调度，拦洪错峰，决定从7月23日13时起凤滩水库下泄流量从10000立方米每秒递减，一直到24日8时只泄3080立方米每秒，五强溪水库则从23日13时加大下泄到23000立方米每秒，最后五强溪库水位也只抬高到108.16米。

由于合理科学调度，既保证了凤滩大坝安全，又尽可能减少库区损失，同时为五强溪水库拦洪3.47亿立方米。沅江流域五强溪水库于7月23日11时入库流量达34000立方米每秒，相应出库为20900立方米每秒，削减洪峰流量13100立方米每秒。通过对各流域至城陵矶传播时间分析，五强溪水库的入库洪峰正好与长江第三次洪峰在城陵矶碰头，由于水库的科学调度，凤滩水库起到了很好的拦洪错峰作用，极大地减轻了洪水对湖区和长江干流的压力。

3）1999年洪水调度。

1999年，凤滩水库自6月22日至7月20日接连发生3次明显的洪水过程。统计到7月27日23时全关泄洪闸门为止，入库总洪量为92.85亿立方米，出库总洪量为88.03亿立方米。

第一次过程，洪水于6月22日17时开始入库，洪水入库的前一个时段22日14时库水位为191.39米，低于汛限水位7.11米。6月29日11时出现洪峰流量18000立方米每秒，最大出库流量（含发电）16580立方米每秒，削减洪峰流量1420立方米每秒。29日14时调洪最高水位205.20米，低于历史最高水位（206.11米）0.91米。

第二次过程，洪水于7月8日2时开始入库，6日13时库水位最低降至198.53米，接近198.5米的汛限水位，8日14时洪峰流量8420立方米每秒，入库洪量16.76亿立方米，最大下泄流量7250立方米每秒，削减洪峰流量1170立方米每秒，调洪最高水位201.36米。

第三次过程，洪水于7月15日8时开始入库，12日5时库水位最低降至198.03米，低于汛限水位0.47米，16日20时洪峰流量7700立方米每秒，入库洪量18.91亿立方米，最大下泄流量7437立方米每秒，削减洪峰流量263立方米每秒，调洪最高水位204.96米，拦蓄洪量2.6亿立方米。

4）2002年洪水调度。

2002年汛期，凤滩水库发生的入库洪峰流量大于1000立方米每秒的过程有17

次，主要的洪水过程有4次。第一次过程发生在4月下旬，22日至25日沅江流域内普降大到暴雨，26日12时30分，上游碗米坡水电站施工围堰溃决，17日入库流量由2000立方米每秒左右猛增至6500立方米每秒，27日14时开闸泄洪，最大出库流量2880立方米每秒，同时出现最高调洪库水位204.75米。第二次过程从5月12日23时开始，5月16日5时结束，5月13日17时洪峰流量9990立方米每秒，19日23时最大出库8870立方米每秒，调洪最高库水位202.48米。第三次过程发生在6月中旬，6月19日20时入库洪峰流量10240立方米每秒，为汛期最大的入库流量，23时最大出库流量9030立方米每秒，最高调洪库水位201.64米。第四次过程发生在8月中旬，8月15日8时入库洪峰流量4300立方米每秒，最大出库流量4790立方米每秒，16日2时最高库水位拦蓄至204.73米。

（四）澧水

1. 流域概况

澧水流域位于湖南省西北部和湖北省西南部，是洞庭湖水系四水之一。河源有南源、中源和北源，北源（主源）发源于湖南桑植县杉木界。三源汇合后，南流至张家界市（大庸）附近折向东流，在小渡口进入尾闾，再南流经七里湖，于南嘴注入西洞庭湖。澧水流域地势西北高东南低。流域面积约1.85万平方千米，其中湖南省占83.4%，湖北省占16.6%。

澧水干流全长约390千米，天然落差约620米，平均比降1.59‰。干流桑植以上为上游，沿岸多高山，峡谷壁立，河床陡峻，滩多水急。桑植至石门为中游，河道大部流经丘陵地区，两岸山势较开展，沿河峡谷与盆地相间，其中经峡谷4段。石门至小渡口为下游，河谷开阔，阶地发育，小渡口以下进入洞庭湖冲积平原。支流流域面积在3000平方千米以上的有溇水和溇水两条。

澧水流域属亚热带季风湿润气候，年降水量1545毫米，干流上游和支流溇水、溇水上游在1500~1920毫米。降水主要集中在4月至8月，占全年的66.5%。干流石门站多年平均年径流量146亿立方米，5月至7月径流量占全年径流量的49.5%。流域北部五峰、鹤峰一带是长江中游有名的暴雨区，加之澧水属山溪性河流，洪水汇集迅速，峰高势猛，干支流洪水往往遭遇。澧水洪水又常在尾闾与长江经由松滋口入湖的洪水遭遇，更加重了对湖区堤垸的洪水威胁。1935年特大洪水时，澧水出口控制站三江口流量达30300立方米每秒，洪灾惨重，死亡3万余人。新中国成立后，澧水多次出现超过尾闾洪道安全泄量的洪水，防洪问题比较突出。

澧水流域内除石炭系外的各系地层均有出露，其中寒武、奥陶、二叠、三叠系灰岩广泛分布于桑植、张家界、慈利等县市，第三系红色岩系则分布于澧县、津市一带，

其余均属小范围零星出露，火成岩罕见。在构造上属新华夏系隆起带，位于雪峰山及湘鄂边界诸山脉隆起带的东北部。构造线呈北北东折北东东向，有雪峰山、东山峰隆起褶皱带和桑植—石门坳陷褶皱带。流域内地震基本烈度一般不大于Ⅵ度，仅下游津市、澧县局部地区为Ⅶ度。

澧水流域内矿产资源主要有雄黄、磷矿、铁矿、岩盐、石膏等。森林资源较丰富，木材蓄积量约1000万立方米。据2004年全国水力资源复查成果，澧水流域水力资源蕴藏量181.7万千瓦，技术可开发量238.7万千瓦，年发电量72.1亿千瓦时。2001年底，全流域已建和在建500千瓦以上水电站37座，总装机容量83.7万千瓦，年发电量28.6亿千瓦时，水能开发利用率分别为35.1%和39.7%。

澧水流域内交通较方便。澧水干支流常年通航里程为432千米，枝柳和长石铁路在石门县交会，公路以207国道为主干构成陆路交通主动脉，旅游名胜张家界民航机场为国家二级机场。

2. 规划研究过程

（1）流域规划初步编制阶段

新中国成立后，长江水利委员会、湖南省水利水电勘测设计研究总院、长沙勘测设计院等单位先后对澧水干流及主要支流溇水、渫水等进行了勘测、规划及设计工作。1958年10月，湖南省水利局完成的《洞庭湖水系流域规划要点报告》，提出了澧水流域的初步规划。该规划成果纳入1959年长江流域规划办公室编制的《长江流域综合利用规划要点报告》中，提出"修建干流的沙刀湾、仙街河，支流渫水的皂市，支流溇水的长潭河等枢纽后，共有有效库容53.1亿立方米，使下游防洪问题得到基本解决。其中皂市枢纽有效库容11亿立方米，可使渫水的洪水得到控制。开发的电力可供附近工矿企业用电的急需，并可改善矿产运输条件，可选作近期开发对象"。皂市（160米）水利枢纽于1960年曾一度动工兴建。

1960年4月，长沙勘测设计院、湖南省水利水电勘测设计研究总院提出的《澧水流域规划简要报告》，拟定流域开发任务以防洪为主，结合灌溉、发电、航运。规划的主要梯级有澧水干流渔潭口（350米）、村家岩（255米）、沙刀湾（155米），溇水长潭河（190米），渫水皂市（155米）等，总库容80.8亿立方米，防洪库容22.5亿立方米，总装机容量82.8万千瓦，淹没耕地达9200公顷。推荐皂市等枢纽为第一期工程。

1966年11月，湖南省水利水电勘测设计研究总院提出的《澧水流域规划报告》（底稿），拟定开发任务以中小水电开发及防洪为主，将一些梯级水位降低，并考虑溇水长潭河水库淹没损失大，改用江垭替代长潭河作为溇水及澧水的防洪控制工程。规划的主要梯级有：澧水干流渔潭口（350米）、村家岩（250米）、沙刀湾（140米），溇水江垭（220米），溹水皂市（132米）等，总库容35.4亿立方米，防洪库容12.8亿立方米，总装机容量48万千瓦，淹没耕地5600公顷。根据当时国民经济和"三线"建设形势，推荐的近期工程为一些"短、平、快"的中小型工程。

1980年，湖南省水利水电勘测设计研究总院对1966年规划进行了复核，并将开发任务定为以发电、防洪为主，结合当时进行的全国水力资源普查，提出了新的梯级开发方案。对干流拟定8级开发方案，即洪家拦（395米）、渔潭口（300米）、村家岩（250米）、沙刀湾（140米）、茶林河（81米）、三江口（69.2米）、青山（48.2米）、艳洲（40.2米），另在中源布置了岩屋口梯级（420米）。9级总装机容量45.1万千瓦，年发电量21亿千瓦时。支流溇水的开发以发电、防洪为主，梯级方案为淋溪河（470米）、江垭（230米）、石厂河（115米）3级，总装机容量59.8万千瓦，年发电量24.9亿千瓦时。溹水提出皂市（153.2米）梯级，电站装机容量13.6万千瓦，年发电量5亿千瓦时。干支流13个梯级共有总库容89.8亿立方米，防洪库容13亿立方米，总装机容量118.5万千瓦，年发电量50.9亿千瓦时。推荐江垭和皂市水利枢纽为第一期工程。

（2）流域规划编制阶段

1985年6月，湖南省水利水电勘测设计研究总院提出《澧水流域规划意见》，以配合长江流域规划修订工作。规划意见拟定的澧水开发任务为防洪、发电、航运和灌溉等。提出干支流洪家栏、花岩和江垭及皂市等19级开发方案，共有总库容101.7亿立方米，防洪库容14亿立方米，总装机容量187万千瓦，年发电量58.7亿千瓦时。推荐江垭水利枢纽为第一期工程。

1986年起，湖南省水利水电勘测设计研究总院重新开展澧水流域全面的综合利用规划工作。1988年洞庭湖水系发生较大的秋汛，受灾较重。汛后，水利部部长钱正英率有关专家到湖南考察，对洞庭湖治理提出一系列指导性意见，其中对澧水流域规划要求以防洪为主进行，并要求长江流域规划办公室对规划工作加以协助。这是规划思想的重大转折。长江流域规划办公室派员于1989年夏与湖南省水利水电勘测设计研究总院共同进行了全面查勘，对规划工作提出了一些建议，还于1990年派员到湖北省鹤峰县调查江垭水库涉及湖北淹没情况并进行初步协调。1991年初，水利部副总工程师徐乾清率长江水利委员会、湖北省水利厅、湖南省水利电力厅有关人员对湖南省水利水电勘测设计研究总院编制的《澧水流域规划报告》（初稿）进行了预审。同年4月，湖南省水利水电勘测设计研究总院正式提出《澧水流域规划报告》，年底水利部在北京开会审查通过。审查意见中要求对溇水淋溪河以上开发方案再行研究，

并要求皂市水利枢纽的正常蓄水位应研究在 125 米基础上抬高。会后，水利部将审查意见上报国务院。1992 年 4 月，国家计划委员会批复原则同意《澧水流域规划报告》及水利部的审查意见。

根据规划报告及审查意见，江垭水利枢纽工程的可行性研究报告于 1992 年 9 月通过审查，并由水利部与湖南省各出资 50% 组建的湖南澧水流域水利水电开发有限责任公司进行江垭工程建设。1995 年 7 月开工，1998 年实现首台机组发电及初步发挥防洪作用，1999 年底基本建成。皂市水利枢纽设计由长江水利委员会承担，正常蓄水位由 125 米提高至 140 米，项目建议书于 2000 年 9 月经国务院批准，可行性研究报告于 2001 年 7 月通过中国国际工程咨询有限公司评估，工程于 2002 年底开工建设。

澧水淋溪河以上河段规划，由长江水利委员会做补充研究，于 1994 年 5 月提出《澧水干流淋溪河以上河段规划报告》，推荐由淋溪河（480 米）一级开发改为江坪河（480 米）、淋溪河（286 米）两级开发方案，1996 年 5 月经水利部水利水电规划设计总院审查通过，同年 11 月水利部批准。澧水淋溪河以上河段跨湖南、湖北两省，两省对该河段的开发意见不一，矛盾突出，故方案难以确定。长江水利委员会承担该河段规划任务后，重视与地方的协调，认真贯彻水资源综合利用以及公正、公平、秉公决策的原则，在规划中多方面应用新技术，并有创新，所提出的河段规划方案合理可行，解决了多年来存在的跨省界河规划难题。由于该规划应用效益显著，曾获 1998 年度水利部科技进步三等奖。

2002 年 12 月，根据长江水利委员会及湖南省水利电力厅下达的计划安排，湖南省水利水电勘测设计研究总院编制完成《澧水流域水利规划后评价报告》。该报告以《澧水流域规划报告》为规划后评价对象，研究和分析规划实施过程中和实施之后暴露出的问题及经验教训。

3. 规划方案

（1）开发任务

澧水流域的开发任务以防洪为主，兼顾灌溉及供水、发电、航运、水土保持和旅游等。

在防洪方面，要在整治疏浚河道、维护行洪能力的基础上，采取堤防、水库和分蓄洪区相结合的综合性防洪措施。石门以下松澧地区及澧水沿岸主要城镇，近期按 20 年一遇防洪标准进行治理；远景随着干支流梯级开发和长江三峡工程的兴建，逐步提高到防御 50 年一遇洪水的标准；遇类似 1935 年洪水有对策措施，防止发生毁灭性灾害。近期由干支流骨干水库承担防洪库容共计 17.7 亿立方米，其中溇水江垭水库 7.4 亿立方米，渫水皂市水库 7.8 亿立方米，澧水干流宜冲桥水库 2.5 亿立方米。

澧水沿岸主要城镇桑植、大庸、慈利、石门等在上游梯级枢纽分别设置适当的防洪库容的基础上，还应积极采取非工程措施，保障防洪安全。松澧平原地区的排涝主要依靠电力抽排，结合内湖调蓄进行治理。

在灌溉方面，要逐步增加澧水流域的有效灌溉面积，解决松澧地区春旱时人畜饮水问题。上中游山丘区要抓紧现有工程配套，新建一些小型水利工程及利用梯级水库就近灌溉。下游环湖丘陵区采用提水灌溉。

在发电方面，干支流水能开发应采取大中小型并举的方针。

在航运方面，规划澧水干流小渡口至三江口为Ⅴ级航道，三江口至张家界市为Ⅵ级航道，溇水为Ⅶ级航道。干支流其他可通航河段及溇水采用Ⅵ级或Ⅶ级通航标准问题，需进一步研究确定。干支流梯级要结合航运要求，按规划标准建设过船设施，梯级水位要尽可能衔接，为发展航运创造条件。

（2）开发方案

澧水干流分为16级开发，即凉水口（420米）、贺龙（305米）、八斗溪（257.8米，已建）、鱼潭（250米，已建）、花岩（204米）、木龙滩（166米，已建）、红壁岩（155米）、黄家铺（148米）、宜冲桥（140米）、岩泊渡（105米）、茶庵（95.5米，已建）、慈利（城关，87米，已建）、茶林河（81米，已建）、三江口（69.2米，已建）、青山（48.2米，已建）、艳州（40.2米，已建），另外中源有一级新街（420米），共计17级，已建9级。总库容约15.7亿立方米，总装机容量57.7万千瓦，年发电量21.6亿千瓦时。

支流溇水原规划4级，经长江水利委员会研究后改为5级，即江坪河（480米）、淋溪河（286米）、江垭（236米，已建）、关门岩（126.5米）、长潭河（115米），共有库容约28.4亿立方米，总装机容量102.4万千瓦，年发电量25.2亿千瓦时。

支流溇水原规划5级，因皂市蓄水位提高及湖南省水利水电勘测设计研究总院于1996年8月编制的《溇水黄虎港至所街河段规划复核报告》将所街一级调整为张家渡、所街两级，故溇水仍为5级，即黄虎港（360米）、张家渡（205米）、所街（183.5米）、中军渡（168米）、皂市（140米，正建）。共有库容约18.4亿立方米，总装机容量41.8万千瓦，年发电量9.7亿千瓦时。

4. 流域典型工程介绍：皂市水利枢纽

（1）工程概况

皂市水利枢纽是澧水流域规划中溇水支流梯级开发的最下游一个梯级，坝址控制流域面积3000平方千米，占溇水流域面积的93.7%。工程开发任务以防洪为主，兼顾发电、灌溉、航运等综合利用。

皂市水库正常蓄水位 140 米，总库容 14.4 亿立方米，防洪库容 7.83 亿立方米。坝型为碾压混凝土重力坝，坝轴线长 351 米，坝顶高程 148 米，最大坝高 88 米。

皂市水库与江垭水库（已建）、宜冲桥水库（拟建）联合调度，以配合澧水流域整体防洪，使石门以下松澧地区防洪标准近期提高到 20 年一遇，远景达到 50 年一遇，石门以上地区防洪标准达到 50 年一遇。皂市水电站装机容量 12 万千瓦，年发电量 3.33 亿千瓦，装机利用小时数为 3178 小时。灌区灌溉面积 3600 公顷，灌溉流量设计引用流量 4.15 立方米每秒，渠首高程 115 米。斜面升船机（预留）通航能力为 50 吨。

皂市主体工程量为：土石方开挖 237 万立方米，混凝土及钢筋混凝土 123 万立方米，钢筋及锚杆 1.73 万吨，帷幕灌浆 2.2 万米，固结灌浆 2.1 万米。皂市项目核定初步设计概算总投资为 32.52 亿元，施工总工期为 5 年 4 个月。

（2）工程论证过程

皂市水利枢纽工程的规划和建设历经了 50 余年。第一次规划始于 1950 年，止于 1966 年；第一次建设始于 1959 年，止于 1961 年。第二次规划始于 1984 年，建成于 1991 年至 1995 年，完善于 1998 年至 2008 年；第二次建设始于 2004 年，建成于 2009 年。

1）第一次规划设计建设过程。

1949 年 7 月，长江流域发生全流域性大洪水，导致受灾农田 181.4 万公顷，淹没影响人口 810 万，死亡 5699 人，防治长江流域的水患成为新中国人民政府的迫切任务，提高长江防御洪水能力被提上议事日程。为了统筹规划，防止水患，兴修水利，国务院决定成立黄河水利委员会、长江水利委员会、淮河水利工程总局，由水利部直接领导，统筹规划各重要水道的水利事业。

1950 年 2 月，长江水利委员会成立，主任林一山主持的长江流域江河治理工作拉开序幕，长江流域主要支流水库的规划及设计工作先后启动。这一年，湖南省人民政府组织力量对澧水流域进行了勘测和规划，提出了澧水流域以防洪为主的治理方针，皂市水利枢纽工程始见端倪。

1956 年 7 月，苏联航测队分南北两线航测长江流域。1957 年，武汉水力发电设计院完成皂市梯级规划各项任务，湖南省水利水电勘测设计研究总院提出了《澧水流域规划简要报告》。1958 年 3 月，长江流域规划办公室接办国家下交的澧水支流溇水皂市水利枢纽的勘测设计任务，4 月成立澧水皂市枢纽小组，开始进行皂市水利枢纽的设计工作。

1958 年 6 月，皂市水库选定皂市镇上游峡谷出口女仙桥作为坝址。9 月，苏联专家和长江流域规划办公室的工程技术人员共同提出《皂市水利枢纽初步设计方案》，设计坝高 100 米，蓄水 20 亿立方米，装机容量 15 万千瓦，年发电量 6 亿千瓦时，总投资5300万元，工程的主要任务是防洪、发电和改善航运。

1959年，湖南省启动皂市水库动工兴建的筹备工作。1960年初，皂市水利枢纽工程建设正式上马，7月至8月，中央在北戴河召开会议研究国际问题和国内经济调整问题，确定压缩基本建设，保证工业和农业生产，中共湖南省委和常德地委决定皂市水利枢纽工程建设于8月15日暂缓进行。

1960年9月5日，因宜昌清江水库和资江柘溪水库在建，国家资金紧张，经李先念副总理批示，湖南省决定皂市水库水利枢纽工程建设下马。1961年初，皂市水库建设全部停工。工程停工后，湖南省相关部门从1961年至1966年对皂市水利枢纽工程的有关资料进行了归档和继续研究。

2）第二次规划设计建设过程。

为了加强洞庭湖的治理，1984年10月，湖南省水利水电勘测设计研究院和湖南省洞庭湖工程局在1979年、1980年和1982年洞庭湖防洪规划的基础上，联合编制提出了《湖南省洞庭湖区近期防洪蓄洪工程初步设计书》，附有包括皂市水利枢纽工程在内的单项工程初步设计书334件。

1986年至1990年，湖南省水利水电勘测设计研究总院重新开展并完成澧水流域规划。规划安排宜冲桥、江垭、皂市3座骨干水库共同承担澧水的防洪任务，江垭、皂市水库同期同时开发。规划拟定了澧水5级开发方案：第一级黄虎港，第二级所市，第三级中军渡，第四级磨市，第五级皂市。1990年12月，水利部审查通过了《澧水流域规划报告》。1991年，国家计划委员会批准《澧水流域规划报告》，批复提出，优先安排并建设江垭、皂市水利枢纽工程。

1988年9月，水利部在函复湖南省《洞庭湖区防御特大洪水有关问题的报告》中指出，江垭、皂市工程为综合开发的水利枢纽工程，可以统筹安排。1990年至1991年，水利部、湖南省人民政府、湖南省水利厅、长江水利委员会共同协商，确定由长江水利委员会承担皂市水利枢纽的设计工作。

1990年11月，长江水利委员会部署皂市水利枢纽初步设计工作。1991年12月，长江水利委员会规划局、设计局、资源保护局、计划财务局、勘测总队、长江科学院、湖南省水利电力厅设计院、地震办公室、常德市水电局、石门县人民政府等单位60余人，对皂市枢纽进行了综合查勘，至1995年基本完成皂市水利枢纽初步设计。

1996年至1997年，皂市水利枢纽工程再度搁置。1997年底和1998年初，经湖南省水利水电厅重点办、常德市人民政府积极争取，皂市水利枢纽工程再次列入议事日程。

1998年11月和1999年12月，水利部水利水电规划设计总院分别审查并通过了长江勘测规划设计研究院提交的《皂市水利枢纽工程项目建议书》和《皂市水利枢纽工程可行性研究报告》。2000年8月和2002年10月，国务院批准了《国家计划委员会关于审批湖南皂市水利枢纽工程项目建议书的请示》和《国家计划委员会关于审批湖南省皂市水利枢纽工程可行性研究报告的请示》，皂市水利枢纽工程正式立项。

2003年11月，国家发展和改革委员会下发《关于核定湖南省皂市水利枢纽工程初步设计概算的通知》，核定皂市水利枢纽工程总投资32.5179亿元；12月水利部批准了《皂市水利枢纽工程初步设计报告》。2004年1月，国家发展和改革委员会下达《2004年第一批新开工固定资产投资大中型项目计划的通知》，批准皂市水利枢纽工程开工，确定主体工程总工期为5年10个月。

2004年2月8日，水利部、湖南省人民政府联合宣布皂市水利枢纽工程正式动工，2007年10月25日皂市水利枢纽下闸蓄水，2008年4月电站2台机组相继完成安装调试正式并网发电，2009年12月枢纽工程全部完工。

（3）规划设计

澧水上游及其支流溇水、溇水上游均处于长江流域最大的五峰、鹤峰暴雨区，洪水汇集迅速，峰高势猛，致使澧水流域特别是中下游地区洪涝灾害频繁，对该地区人民群众的生命财产安全造成极大的威胁，制约了当地经济社会的发展，防洪问题十分突出。

澧水流域规划确定由溇水江垭、溇水皂市及澧水干流宜冲桥等干支流水库共同承担澧水流域17.7亿立方米的防洪库容，其中皂市水库承担7.83亿立方米，占44%，通过三库联合调度，可提高下游松澧地区防洪标准，减轻澧水尾闾地区的洪水灾害和西洞庭湖的防洪压力。皂市水库防洪库容大，调度灵活、及时、可靠，地理位置优越，是澧水流域规划确定的流域防洪体系中的重要骨干工程。

根据皂市水库需承担的防洪任务，考虑澧水流域梯级开发和尽量减少移民等因素，选定其特征水位为：正常蓄水位140.0米，相应库容12亿立方米；防洪高水位和设计洪水位为143.56米，相应库容13.94亿立方米；校核洪水位144.5米，相应库容14.4亿立方米；防洪限制水位125.0米；死水位112.0米。考虑到澧水与长江干流洪水遭遇的概率较大，洪水地区组成复杂，在澧水流域规划确定皂市承担7.83亿立方米防洪任务的基础上，将坝高增加2米（坝顶高程由146米改为148米）以获得1亿立方米库容，作为稀遇超标准洪水的防汛紧急备用库容。

泄水建筑物采用5个表孔、4个底孔相间布置联合泄洪，表孔堰中分缝，中墩厚度9.5米。表孔堰顶高程124米，孔口尺寸长11米，宽19.5米。底孔进口底高程103米，孔口尺寸长4.5米，宽7.2米。消能建筑物采用表孔宽尾墩、底孔射流低流消力池形式，消力池底高程58米，底板厚3米，池长117米，底部净宽89米，厂坝导墙长149米。

电站厂房位于右岸采用坝后式方案，进水口底高程96米，采用单管单机，安装2台单机容量6万千瓦水电机组，总装机容量12万千瓦。

大坝下游右岸水阳坪至邓家嘴一带，存在水阳坪基岩古滑坡体，其前缘进一步解体形成邓家嘴滑坡体。在现状情况下，水阳坪古滑体基本处于稳定状态，邓家嘴处于临界稳定状态。考虑到上坝公路开挖和今后泄流雾化等工况，且在导流洞出口一带分布有金家沟崩坡积体，对此均采取了相应的工程处理措施，并设置了必要的观测设施。

皂市库区由溇水干流和位于溇水左岸的支流仙阳河组成。库区面积54平方千米。干流回水长度58.6千米，支流回水长度15.2千米（距河口里程）。库区主要涉及常德市石门县，另外涉及张家界市慈利县少量实物指标。水库淹没涉及9个乡镇，分别是常德市石门县皂市镇、新铺乡、白云乡、维新镇、三圣乡、磨市镇、雁池乡、所街镇和张家界市慈利县国太桥乡。

（4）工程建设情况

皂市水利枢纽位于湖南省石门县皂市镇的澧水一级支流溇水上，因其锁钥峡口的独特地理位置，对根治澧水流域惨烈的洪涝灾害具有无可替代的作用，于1959年曾一度开工建设，但终因1960年苏联撤走援华专家和国家经济困难而下马。改革开放后，我国综合国力日益雄厚，高速增长的经济、日渐提高的人民生活水平，对防洪安全、电力供应提出了更高的要求。1998年长江发生全流域性大洪水后，皂市水利枢纽建设再度提上议题，各项工作走上快车道，并成为1998年长江大洪水后经国务院批准建设的重大民生水利工程。皂市水利枢纽于2004年10月主体工程开工，2007年10月下闸蓄水，2008年4月至5月两台机组相继并网发电，2009年12月工程完工，2016年7月竣工验收。工程建设过程包括施工准备工程、主体工程施工和完工竣工验收等过程。

1）施工准备工程。

皂市水利枢纽工程前期论证与施工准备过程较长，施工准备工程自1998年11月至2004年2月，论证严密，准备充分。1998年12月18日，右岸沿江公路开工建设，工程建设前期准备工作拉开序幕。

2001年4月3日至10日，受国家发展计划委员会委托，中国国际工程咨询有限公司组织专家组对《湖南溇水皂市水利枢纽可行性研究报告》进行了评估。评估认为：可研报告中有关工程建设项目必要性的论述，工程任务和规模的确定，枢纽工程的水文、地质等工程基础资料，水库淹没处理和移民安置，洪水预报调度系统等内容满足可研报告深度的要求。

2001年5月24日至26日，中国国际工程咨询有限公司再次邀请长江水利委员会、湖南省发展计划委员会、湖南省水利厅、澧水流域水利水电开发有限公司等各单位原专家组有关成员，对《湖南溇水皂市水利枢纽可行性研究补充报告》和《湖南溇水皂市水利枢纽工程利用外资可行性研究报告》进行了评估。评估认为设计单位认真研究了评估意见，深入分析了已有工程水文、地质勘探和水工模型试验成果资料，优化了工程设计，节省了投资，可研报告达到了可研阶段的深度要求。

2001年11月19日，皂市水库导流洞等工程开工。2003年10月10日，"右岸边坡（高程75米以上）开挖与支护项目"开工；15日，"左岸边坡（高程75米以上）开挖与支护项目"开工。

2003年12月10日，国家发展和改革委员会批准了皂市水利枢纽工程初步设计概算。2003年12月18日，初步设计报告经水利部批复。

2004年1月13日，国家发展和改革委员会下发《关于下达2004年第一批新开工固定资产投资大中型项目计划的通知》，批准皂市工程开工。

2）主体工程施工。

皂市水利枢纽工程经充分论证与施工准备，主体工程于2004年2月正式开工，2009年12月全部完工，工期5年10个月。

2004年2月8日，皂市水利枢纽工程正式开工。2004年6月3日，大坝工程正式开工；16日，厂房工程正式开工。2004年9月30日，工程截流成功。2004年10月1日，《皂市水利枢纽工程坝区占地补偿及库区淹没处理移民安置规划设计合同》签订，长江勘测规划设计研究院承担规划设计。2004年10月5日至6日，坝基、消力池和厂房工程基坑覆盖层开挖开始相继开工。2004年12月10日，大坝工程第一仓垫层混凝土开仓浇筑。2004年12月31日，厂坝导墙混凝土开仓浇筑。2005年1月1日，大坝工程固结灌浆施工开工。2005年2月7日，大坝工程（13号坝段）首仓碾压混凝土开仓浇筑。2006年6月19日，右岸边坡（高程75米以上）开挖及支护工程通过合同工程完工验收，工程质量评定为优良；9月30日，左岸边坡（高程75米以上）开挖及支护工程通过合同工程完工验收，工程质量评定为优良。2006年12月1日至12日，水利部水利水电规划设计总院组织专家组开展了皂市水利枢纽下闸蓄水安全鉴定，对工程防洪与度汛、各水工建筑物及基础处理、金属结构、安全监测等工程进行现场评价，提出了《下闸蓄水安全鉴定报告》（初稿），并于2007年1月15日提交了下闸蓄水安全鉴定报告。2007年2月3日至9日，水利部建设与管理司组织专家组开展了皂市水利枢纽蓄水前阶段验收技术预验收。

2007年3月4日，1号水轮发电机组定子吊装完成；5月14日，1号水轮发电机组转子吊装完成。

2007年7月20日至25日，澧水流域普降大到暴雨，局部还出现了特大暴雨。皂市库水位从77.55米涨至101.13米，水位变幅23.58米，库容差1.1亿立方米，最大入库流量2800立方米每秒，最大下泄流量1470立方米每秒，超过导流洞设计泄流标准，下游最高水位达78.05米。本次洪水过程历时7天共计162小时，洪水总量6亿立方米，主体工程未受洪水影响。

2007年9月26日至28日，由水利部水库移民开发局主持召开并通过了工程下闸蓄水阶段库底清理及移民安置验收。

2007年10月3日，大坝全线浇筑至坝顶设计高程（148.0米）。

2007年10月20日至22日，水利部主持召开皂市大坝下闸蓄水阶段验收会，验收委员会认为皂市水利枢纽工程已具备蓄水条件，同意通过蓄水验收，可以根据实际情况适时下闸蓄水。2007年10月25日，工程正式下闸蓄水。

2008年5月21日，湖南省防汛抗旱指挥部下发《关于下达皂市水库2008年汛期控制运用方案的通知》，明确了皂市水库当年主汛期的汛限水位。皂市水库正式开始承担澧水流域的防洪任务。

2009年12月31日，主体工程全部完工并正式向运行管理单位移交工作面。

3）工程验收、检验与竣工。

2010年3月28日，左、右岸边坡安全监测工程通过合同完工验收。2010年5月14日，大坝工程施工通过合同完工验收。2010年5月11日至13日，左岸非溢流坝段、溢流坝段、厂房坝段及右岸非溢流坝段四单位工程通过验收，工程质量均为优良。2010年5月13日至14日，大坝工程通过合同工程完工验收。2010年5月28日，大坝下游边坡处理工程通过合同工程完工验收。2010年8月12日至13日，通过水利部主持的皂市工程档案专项验收。2010年8月20日，通过水利部主持的皂市工程水土保持设施专项验收。2011年1月15日至16日，通过环境保护部主持的皂市工程环境保护专项验收。2011年6月24日至7月1日，皂市水库126.3米库水位水力学及闸门振动原型观测试验完成。2012年6月25日至29日，皂市水库136.0米附近库水位水力学及闸门振动原型观测试验完成。

2013年8月2日，皂市水电站通过并网安全性评价。

2013年9月28日，皂市大坝泄流集控参数校订试验完成。

2014年12月16日，工程土地征用手续全面完成。

2015年6月30日，北京海天恒信水利工程检测评价有限公司受澧水流域水利水电开发有限责任公司对皂市工程进行竣工验收工程质量抽样检测。

2015年10月19日，水利部水利水电规划设计总院提交《湖南溇水皂市水利枢纽工程竣工验收技术鉴定报告》，皂市工程竣工验收技术鉴定工作完成。

2015年11月22日至27日，通过水利部水库移民开发局会同湖南省水库移民开发管理局共同主持的皂市工程移民安置专项验收。

2016年1月14日，皂市工程竣工验收自查工作完成。

2016年5月，水利部水利工程质量监督总站皂市项目站提交《湖南溇水皂市水利枢纽工程施工质量监督报告》。

2016年7月7日，通过了水利部水利水电规划设计总院组织的竣工技术预验收。

2016年7月9日，通过水利部会同湖南省人民政府共同主持的皂市工程竣工验收，工程竣工。

（5）皂市工程的地位与作用

皂市水利枢纽工程是1998年长江大洪水后国务院批准的长江近期防洪建设重点工程之一，是继江垭工程之后澧水流域兴建的第二座防洪骨干工程。工程任务以防洪为主，兼顾发电、灌溉、航运等综合利用。皂市水库总库容14.39亿立方米，防洪库容7.83亿立方米，电站装机容量12万千瓦，工程总投资37.9679亿元。工程建成后，与江垭水库等工程联合调度，近期可将澧水下游尾闾地区防洪标准由4~7年一遇提高到20年一遇，远期提高到50年一遇，并可减轻西洞庭湖区防洪压力，具有十分显著的防洪效益。工程初期运行以来，经受了8个汛期、33次洪峰的考验，累计拦蓄洪量50多亿立方米，保护了澧水下游人民群众生命财产安全；累计发电21亿千瓦时，缓解了湖南供电紧张的状况，改善了电网运行条件；同时发挥了较好的抗旱减灾作用。

溇水为澧水Ⅰ级支流，控制集水面积3201平方千米，占澧水小渡口流域面积的17.2%，河长171千米，总落差1848米。溇水主要流经湖南石门县境，于三江口汇入澧水干流。溇水位于湘鄂丛山，西北与清江流域分界，流域边缘距湖北省五峰、鹤峰县仅12千米，受长江中游暴雨区控制，是澧水洪水的主要组成来源。且最靠近松澧地区，洪水从皂市水文站传至三江口约2小时。溇水下游设置防洪水库，与澧水干流及支流直冲桥、江垭等设置的防洪水库联合运用，将对澧水下游防洪起到重要作用，在历次澧水流域规划中都为重点研究对象。而溇水最下游最靠近尾闾地区的皂市水库则从20世纪50年代就开始研究设计，且为国家计划委员会批准的《澧水流域规划报告》中所肯定。

溇水泥市以上为高山峡谷，皂市以下为丘陵平原。历次研究的控制性坝址有皂市及黄虎港两处。黄虎港至皂市河段属丘陵，为石门粮食生产区，也是人口密度较大的地区，流域规划对溇水干流梯级拟定5级开发方案，从上游至下游5个枢纽依次为黄虎港、所市、中军渡、磨市、皂市，总计库容26.84亿立方米。

溇水干流开发的主要目标是为松澧地区防洪，并充分利用水力资源发电。整个梯级开发还可促进溇水的航运发展，可解决石门等县农田灌溉用水问题。所选坝址如所市、中军渡、磨市均为低坝径流式，只有梯级衔接和利用水头发电的作用，故梯级开发任务主要靠皂市和黄虎港枢纽来完成。黄虎港是溇水的龙头水库，皂市枢纽为溇水最下游的一个梯级，它能有效地控制溇水的洪水，且具备一定的综合开发利用水资源的能力，在《澧水流域综合规划》中被推荐为近期开发工程。

1）防洪效益。

澧水靠近湖北鄂西地区，它的源流和主要支流溇水、娄水同属长江中游鹤峰、五峰暴雨区，且漫水洪峰经常与长江入洞庭湖洪水遭遇，使得澧水下游尤其是尾闾堤垸地区，河湖洪水相互干扰顶托，加上泥沙淤积，致使河湖洪水位不断提高，堤垸洪灾严重。澧水干支流洪水直接威胁慈利、石门、澧县、临澧、津市、常德、安乡直至石龟山，以上7个县市及堤垸广大地区，区域内有大量常住人口及耕地，该区洪水灾害频繁，且洪水组成复杂。新中国成立以来，约三年就发生一次不同程度的溃垸灾害，其中1954年损失最为严重，全区大部分堤垸溃决，总计受灾耕地4.68公顷，人口64.64万，分别占全区的38.3%和44.9%。进入20世纪80年代以来，9个年头就有4年大水（1980年、1981年、1983年、1988年），1991年溇水也发生仅次于1980年的大洪水。澧水洪灾频繁，而区域内堤防标准都很低，下游堤防防洪能力目前仅有4～7年一遇；洪道未彻底整治，泥沙不断淤积，洪水位逐年抬高；洪水宣泄困难，分蓄洪区无闸控制，仅依靠临时扒口分洪，很难适时适量。

1995年以前，澧水流域内尚无建设一座防洪控制水库工程，对付洪水没有主动措施。1998年长江大洪水，三江口洪峰高达19000立方米每秒，是新中国成立以来出现的最大洪峰流量，据不完全统计，澧水流域松澧地区共计溃垸17个，其中万亩以上的堤垸有4个，包括洞庭湖区重点堤垸安造垸，受灾人口18.77万，淹没耕地1.55万公顷，死亡96人，直接经济损失40余亿元，是新中国成立以来继1954年大水后受灾最严重的一次，给松澧地区造成了很大的洪水灾害，给澧水下游及松澧尾闾地区造成了严重的溃垸灾害。

而根据洪水来源只有在干支流分别修建水库才能有效控制澧水洪水，所以澧水流域规划确定防洪是首要任务，也是根本任务。因此，在澧水流域防洪规划中，采用慈利以上干流和支流溇水、娄水分别拦蓄洪水以达到防洪的目的。对防洪工程统一规划，在干流建宜冲桥、支流娄水建江垭、溇水建皂市3座水库联合防洪，3座水库总防洪库容17.7亿立方米，3座水库洪水期间控制下泄量，以保证三江口安全泄量不超

过 12000 立方米每秒。

溇水占澧水三江口以上流域面积 1/5，皂市水库又处在下游防洪的有利位置，在防洪规划中皂市水库承担了澧水防洪的重要任务，其防洪库容要满足澧水尾闾的防洪需要，溇水本身沿干流的洪灾问题也就同时得到解决。皂市水库的防洪规划亦服从澧水流域总体防洪规划，防洪标准也以总体防洪要求为准。按照澧水流域规划，石门以上的防洪标准为 50 年一遇，石门以下松澧地区，洪水来源有两重性：一是澧水，二是松滋，长江松滋来水更具有控制作用。因此，三峡建库前，该地区防洪标准暂定 20 年一遇，在三峡建库和松滋建闸之后，松澧地区防洪标准提高到 50 年一遇。这样，皂市水库的防洪任务是配合整体防洪使石门以下松澧地区，近期为 20 年一遇，远景达到 50 年一遇，石门以上地区防洪标准达到 50 年一遇。按照这一要求，当三江口按安全控制泄量 12000 立方米每秒过流时，皂市水库分摊 7.8 亿立方米防洪库容，即 7.8 亿立方米防洪库容需服从整体防洪调度。

2）发电效益。

皂市水利枢纽位于湖南省石门县境内，靠近湘西地区。皂市水电站供电以地方电网为主，主要送电湘西片的自治州、大庸、怀化等地区共计 24 个县、市、区。

怀化、湘西、大庸三地区地处边远，紧靠重庆、贵州，大部分县（市）均属"老、少、边、山、穷"地区，三地区总面积超过 5 万平方千米，该地区由于地处边远，又受人才、资源、技术和电力等因素的制约，经济发展速度一直较慢，在皂市工程建设之前的 1990 年，三地区人均工农业总产值为 1158 元，仅为湖南省全省人均工农业总产值的 63%。近几年来，随着改革开放的不断深入，国家和地方对湘西地区特别是"老、少、边、山、穷"县的建设极为重视，各方面都有较大投入，按国家"九五"规划，三地区 24 个县（市、区）在"九五"末期均应达到农村初级电气化县的标准，地方工业结构要逐步调整，并较快提高工农业生产的发展，因此预计"八五"计划到"九五"计划期间，三地区电力负荷将有较大发展。

20 世纪 90 年代初期，怀化、湘西、大庸三地区境内的主要工农业生产用电都是由地方中、小水电和与之配套的小火电供电，区内无骨干电源，大部分都是调节性能较差的中、小水电，三地区有不同规模的地方电网，但地区统一电网尚未形成。据有关方面当时的研究预测，湘西电网预计到 2005 年需电量 58.36 亿千瓦时，负荷 117.22 万千瓦；2010 年需电量 74.38 亿千瓦时，负荷 146.1 万千瓦。而三地区在 1990 年时水、火电装机容量仅 53.5 万千瓦，总发电量 13.16 亿千瓦时，地区电力供需矛盾较突出，考虑江娅电站并入电网，到 2005 年该区装机容量仍有缺口 34 万千瓦。

湘西地区内煤炭资源比较贫乏，皂市水电站建成后如并入湘西电网，可缓解用电紧张和调度困难的局面，与江垭水电站等补偿调节调度，既可以促进湘西地区的工农业发展，亦可有效补充湘西电网。因此，在研究皂市水利枢纽建设时，应充分考虑地区经济发展对开发水电的要求，合理开发利用水能资源，且需要考虑一定的调节库容，以提高发电效益与满足电站在系统中的运行调度要求。同时，在明确流域综合规划的总体布局中，皂市水利枢纽以防洪为主，则发电设计应服从防洪，同时在考虑其特征水位设置和水库运行调度方式时都应在满足防洪要求的前提下合理拟定。

3）灌溉效益。

澧水中游地区气候温和，雨量充沛，土地肥沃，光热资源充足，极适合于农业的发展，主要农作物有粮食、油料、棉花、烤烟和柑橘等，是湖南生产粮、棉、油的基地之一。兴建皂市水利枢纽，引水自流灌溉或采用电力提灌，增加有效灌溉面积，对发展地方农业生产、促进国民经济增长将有积极作用。

皂市水利枢纽灌区主要位于石门县境内，干旱仍是造成本县农业减产的主要原因之一，该地区用于灌溉的骨干工程少，已有工程因渠系不配套等未发挥设计灌溉效益，加之雨量分配不均匀，洪涝、干旱灾害频繁，给农业生产带来很大影响。皂市水库具备设置一定调蓄能力有库容，其建设给广大农田带来一个可靠的水源，能缓解当地干旱问题。

皂市水利枢纽灌区具体分布在坝下游左、右两岸，主要为石门县皂市、新关、城关、白云桥、易家渡、良种场6个乡场，灌溉面积3960公顷（其中水田1213公顷，旱地2747公顷），灌区设计流量5.72立方米每秒，设计灌溉渠首高程115米，分左、右岸两干渠引水自流灌溉，灌溉保证率81.8%。

4）航运效益。

溇水为澧水的第二大支流，全长175千米，为山溪性河流，两岸多为丘陵山谷，河床坡降陡，水流湍急，溇水年内水量分配极不均匀，皂市站实测1953年至1991年水文系列中，洪水最大流量6380立方米每秒，枯水最小流量4.26立方米每秒，皂市洪枯水位变幅近10米。

据调查统计，20世纪90年代溇水河道通航状况，从上游磨市到三江口63千米的航道上就有滩险68处，河道平均坡降1.13‰，航运条件很差，河道水运量很低，年仅9000吨。流域内农业以水稻、玉米为主，经济作物有桐油、棉花、药材、茶叶等，其中主要出口物资有桐油、药材、茶叶土特产品，矿藏主要有煤、铁、磷、矽砂、雄黄等，其中具有经济价值的有清官渡磷矿、磺厂雄黄矿，特别是位于慈利、石门交界处界牌峪的雄黄矿，品位适中，储量较大，达55万吨。目前主要靠陆路外运，皂市水利枢纽的建成，可渠化航段发展水运，承担雄黄等物资外运，将大大有利于该区工农业发展。

在澧水流域综合规划中，规划溇水将先后建成皂市、磨市、中军渡、所市、黄虎港5个梯级，随着梯级开发方案的实现，从溇水上游泥市到下游三江口将改善航道137千米，船只、木排可顺流直下进入洞庭湖，形成与长江干流黄金水道相连的水运网。

溇水属于Ⅶ级航道，设计水平年若按通航建筑物建成后第五年至第十年考虑，皂市水利枢纽设计的通航过坝量按相应设计水平年考虑，则建成后第五年通航货运量预计达7.6万吨，建成后第十年达15.7万吨，通航过坝船只吨位按50吨级设计，通航建筑物预计采用桥机式垂直升船机形式。

六、汉江水系

（一）流域概况

汉江亦称汉水，又名襄河，是长江中游最大的支流，发源于秦岭南麓，有北、中、南三源，北源沮水最长为正源。沮水发源于陕西省留坝县境秦岭紫柏山南麓，由北向南流至勉县，先后汇合中源漾水、南源玉带河后向东流至湖北省丹江口市，再折向东南，先后接纳较大支流南河、唐白河，至下游陶朱埠镇有支流东荆河分流至新滩口镇附近直接汇入长江，干流则经陶朱埠镇后折向东流，经仙桃市、汉川市在武汉市汇入长江。汉江流域地势西北高东南低。山地占55%，丘陵占21%，盆地及平原占24%。

汉江干流全长1577千米，天然落差1964米，流域面积15.9万平方千米。丹江口以上为上游，控制面积9.52万平方千米，这一河段除有汉中和安康盆地外，主要穿行于深山峡谷，坡陡河深，水流湍急，河段平均比降0.6‰。丹江口至钟祥为中游，区间面积4.68万平方千米，流经丘陵及河谷盆地，河床不稳定，平均比降0.19‰。钟祥以下为下游，区间面积1.7万平方千米，流经江汉平原，两岸筑有堤防，河段平均比降0.09‰。汉江水系呈叶脉状，左、右岸面积大致相等。支流流域面积大于3000平方千米的有褒河、子午河、任河、旬河、夹河、堵河（1.24万平方千米）、丹江（1.59万平方千米）、南河、唐白河（2.45万平方千米）、蛮河等10条。

汉江流域属副热带季风气候，多年平均年降水量700～1100毫米，其中，下游区1100毫米以上，中游区800～900毫米，上游区700～900毫米。降水主要集中在汛期5月至10月，占全年降水量的70%～80%。流域内暴雨多发生在7月至9月，雨量占全年的40%～60%，且有夏秋分期暴雨的显著特点。夏季暴雨多发生于白河以下的堵河、丹江、南河、唐白河一带，如"35·7"和"75·8"暴雨；秋季暴雨则多发生于白河以上的米苍山、大巴山一带，如"83·10"暴雨。汉江径流主要由降水补给，碾盘山（皇庄）站多年平均年径流量490亿立方米。

汉江流域处于东南亚季风区，以气旋雨为主的降雨较为丰沛，特别是受地理位置及地形条件的影响，常发生流域性或局部的大洪水。如1935年特大洪水，丹江口和碾盘山站最大洪峰流量分别为50000立方米每秒和57900立方米每秒，上游的郧阳区、均县均沦为泽国，中下游光化、襄阳以下均被洪水淹没，特别是钟祥三四弓处（狮子口）干堤溃决，口门达4千米，汉北数百万亩农田尽遭淹没。据16个县市统计，这次洪水受灾农田42.67万公顷，受灾人口370万，死亡8万余人，是长江中游近代一次损失最为惨重的洪水灾害。汉江上游汉中平川地带，1981年8月发生一次较大洪水，堤防缺口320处，毁堤64千米，淹没农田1.33万公顷，受灾人口15万。1983年7月下旬，汉江上游普降大暴雨，安康站洪峰流量31000立方米每秒，安康县城7月31日遭受"灭顶之灾"，全城尽成泽国，死亡约800余人。还有1975年8月的唐白河地区洪灾。据统计，仅河南唐河、方城、新野三县共受灾102万人，淹没耕地17.8万公顷，冲毁土地6.8万公顷，损失惨重。

汉江流域除严重的洪水威胁外，在若干地区还受着严重的旱灾威胁。根据近几十年统计资料，曾发生多次大面积的严重旱灾，如1929年、1940年、1942年及当代的1972年、1978年，其中1942年干旱时间最长，面积最广，几乎遍及全流域。

汉江流域跨秦岭褶皱系和扬子准地台两大一级构造单元。流域内地层自前震旦系至第四系均有出露，岩层主要为花岗岩、片麻岩、片岩、灰岩、页岩、千枚岩、石英岩、石英砂岩、砂岩、砾岩、炭质页岩、红色岩层等。地质构造以线状褶皱为主，构造复杂，褶皱强烈，层间错动发育，岩石风化较深。流域内大部分地区的地震基本烈度不大于Ⅵ度，小部分地区为Ⅶ度。

汉江流域内矿产资源主要有：有色金属铅、锌、锑、铜、镍、铝土矿等，黑色金属铁、铬、钒、钛等，贵重金属汞、金、银，能源矿煤、石油、天然气及放射性铀，非金属磷矿及特种非金属蓝石棉、云母等。据2004年全国水力资源复查成果，汉江流域水能蕴藏量1083.2万千瓦，技术可开发装机容量816.7万千瓦，年发电量285.3亿千瓦时。2001年底，全流域已建和在建500千瓦以上水电站167座，总装机容量363.5万千瓦，年发电量124.6亿千瓦时，水能开发利用率分别为44.5%和43.7%。

汉江流域涉及陕西、湖北、河南、重庆、四川、甘肃等6个省（直辖市）的22个地级行政区的80个县（市、区）。2000年底，流域内总人口3664万，其中城镇人口952万；国内生产总值2104亿元，工业总产值2922亿元，农业总产值753亿元；耕地面积352.93万公顷，有效灌溉面积145.4万公顷，粮食产量1386万吨，牲畜2599万头。

汉江流域交通较发达。铁路有襄渝、焦枝、阳安、汉丹、西康等线。公路网密布，主要国道有316、318、207、209、108、210等，还有宜黄、汉十高速公路。汉江干流襄阳以下可通行300～500吨级船舶。汉中、安康和老河口等市均有民航机场。

（二）规划研究过程

1. 历次规划简况

1935年7月，特大洪水造成巨大的洪水灾害，引起人们对汉江防洪问题的特别关注。1936年5月，国民政府扬子江水利委员会组织查勘汉江，提出《汉江防洪治本初步计划草案》，认为钟祥、旧口间筑坝调洪是可能的，随后进行了地形测量，提出在碾盘山修建调洪水库的意见。抗日战争胜利后，1946年扬子江水利委员会又查勘了汉江上一些可能建坝的坝址，如碾盘山、丹江口、安康、石泉等，并编制了《汉江初步整治工程计划》。但限于当时的条件，仅进行了少量堤防的维修，而整治计划则束之高阁。

新中国成立后，国家对江河防洪极为重视，汉江防洪工作即被列为一项紧迫任务提上议事日程。1950年7月，由中南财经委员会、湖北省人民政府、长江水利委员会组成汉江治本委员会，李先念任主任，林一山任副主任，长江水利委员会具体承担规划研究工作。

1950年，长江水利委员会在拟定的治江五年计划中，将汉江拦洪列为首要任务之一，对汉江干堤进行培修加固，筹建遥堤、小江湖蓄洪垦殖区，组织查勘碾盘山、丹江口、小孤山等坝址，开展了碾盘山、丹江口坝址的地形测量、地质勘探工作。1952年10月，水利部部长傅作义、副部长李葆华率地质部、燃料工业部、交通部等部门及长江水利委员会负责人和专家近百人查勘汉江中下游河段，重点查勘丹江口、碾盘山坝址，认为丹江口为一优良坝址。1953年，为进一步加强流域规划的准备工作，长江水利委员会成立长江汉江流域轮廓规划委员会，积极开展汉江流域规划的准备工作，继续组织力量进行汉江历史洪水全面调查和历年水文资料整编分析，进一步分析研究了1935年的汉江洪水，同时广泛搜集流域社会经济资料，研究汉江下游分洪方案等。1954年秋，以黄河规划苏联专家组为主组成的有中央各部委参加的查勘团，对汉江干流拟选坝址进一步查勘，提出初步开发意见，根据当时所掌握的基本资料，论证了汉江与长江的开发关系，认为汉江可以独立进行规划。

1954年底正式开展汉江流域规划工作，1956年编制完成《汉江流域规划要点报告》。同年5月，水利部会同有关部门进行了专门审查，历时一月余，基本通过规划报告，并指出规划选定的第一期工程丹江口水利枢纽初步设计工作要抓紧进行。在此之前还批准了兴建汉江下游分洪工程杜家台分洪工程。根据水利部对该报告的审查意见，长江流域规划办公室进行了补充、修改，于1958年正式提出了《汉江流域规划报告节要》，其要点是：汉江流域规划遵循防洪、发电、灌溉（引水）、航运、养殖的综合利用方针，以及选定丹江口水利枢纽为汉江治理开发第一期工程是正确的，防洪作为汉江流域规划首要任务必须坚持，但对中下游防洪标准可采取分阶段实施，近期以1935年型大洪水为标准，远景通过梯级水库建设再逐步提高。报告还确定，将丹江口水利枢纽济黄、济淮作为远景任务并不排斥，但以满足近期任务为重点。

1958年春，周恩来总理视察三峡坝区，在乘船途中听取了长江流域规划办公室关于汉江流域规划和丹江口水利枢纽设计的汇报，认为兴建丹江口水利枢纽条件已经成熟，可即开始做施工准备。随后，中共中央成都会议听取了周恩来总理的报告，批准兴建丹江口工程。1958年6月，中共湖北省委、国家计划委员会和水利部等主持在武昌召开了《丹江口枢纽工程鉴定会议》，审定了丹江口水利枢纽综合利用开发原则、丹江口水利枢纽正常蓄水位170米，死水位145米的枢纽规模，以及坝轴线、枢纽布置方案和装机容量73.5万千瓦等主要指标，并确定汛后即可动工兴建。1958年9月，丹江口水利枢纽主体工程正式开工。至此，汉江流域规划的主体工程已经确定，汉江治理开发的总体布局基本形成。

20世纪60年代，"三线"建设兴起，汉江上游将计划兴建襄渝、阳安铁路，对大型水利枢纽、大库容水库的兴建有了不同认识。因此，对汉江上游梯级减少淹没损失、沿江建设铁路的要求也相继提出。据此，长江流域规划办公室在原有汉江流域规划基础上进行了必要的补充研究，对汉江上游河段的开发方案重新进行了比较分析，重点是石泉至安康河段。石泉水利枢纽设计蓄水位以考虑淤积后不淹没汉中盆地下端为原则，选定为430米；安康水利枢纽坝址由安康县城下的二郎滩上移至安康县城以上约18千米的石庙沟坝段，这就避免了安康县城的迁移，同时也避开了月河平原的淹没。安康水利枢纽设计蓄水位拟定为340～343米。长江流域规划办公室于1966年12月提出《汉江流域规划上游干流河段开发方案报告》。

1967年6月，水利电力部、铁道部在北京邀请国家建设委员会、中共中央西北局建设委员会和计划委员会、交通部、中国人民解放军铁道兵司令部、西北电业管理局、陕西省及长江流域规划办公室等部门和单位召开座谈会，研究解决汉江上游梯级开发与铁路建设间的矛盾。会后水利电力部下文决定："安康枢纽将作为陕南安康地区大型骨干电站，铁路高程可按水库设计蓄水位330米考虑，石泉枢纽设计蓄水位410米，石房沟枢纽予以放弃；为适应陕南地区电力急剧增长的需要，应抓紧安康枢纽的勘测设计工作。"

20世纪80年代，长江流域规划办公室进行长江流域综合利用规划要点修订补充工作，1984年北京勘测设计院负责汉江上游黄金峡至夹河河段综合利用规划；长江流域规划办公室负责夹河以下河段综合利用规划，汉江全流域综合利用规划报告由长江流域规划办公室负责主编。为此，长江流域规划办公室专门编制汉江流域规划设计任务书报水利部审批。截至1994年，北京勘测设计院负责的上游黄金峡至夹河河段规划已编制完成，并由陕西省计划委员会和水利部水利水电规划设计总院于1990年11月在安康组织审定；长江流域规划办公室编制的汉江干流夹河以下河段综合利用规划也已于1993年完成，并报送水利部、国家计划委员会以及有关省市和单位。

2. 主要规划内容

（1）《汉江流域规划要点报告》

1956年编制的《汉江流域规划要点报告》，是在全面研究汉江流域存在的问题、治理开发要求基础上编制出来的，首先确定了河流开发的各项任务，并确定其顺序为：防洪、灌溉、发电、航运，远景则还有调水济黄、济淮的特殊任务。

1）防洪。

通过研究认识到汉江的防洪问题仅靠加培堤防、分洪、滞洪等措施并不能解决，而必须以水库拦蓄为主。同时，考虑到下游泄量太小，如全靠水库拦蓄洪水，则所需防洪库容太大，既不利于防洪问题的迅速解决，也不利于水资源的综合利用，因此也应适当扩大下游河槽的泄洪能力。在《汉江流域规划要点报告》阶段与湖北省多次研究达成协议，以1959年水平年达到在汉口水位28.28米时新城安全下泄17000立方米每秒为标准，选定杜家台分洪工程结合局部堤防加培的方案，设计正常安全泄量采用15000立方米每秒，校核下泄17000立方米每秒。

关于防洪标准，新城以上按1000年一遇洪水，新城以下解决200年一遇洪水，以丹江口水库为控制，并根据丹江口以下的洪水情况进行补偿调节，即需要防洪库容182亿立方米。

2）灌溉。

通过研究认为，唐白河灌区是汉江流域发展灌溉的重点，约有80万公顷需从丹江口水库引水灌溉，其中自流灌溉60万公顷，提水灌溉20万公顷，提水高度一般为10～25米，计划从丹江口水库年引水约60亿立方米，灌溉用水保证率采用80%。

3）发电。

论证主要供电区是襄阳、武汉冶（武汉、大冶）地区，结合防洪、灌溉的需要，近期拟修建梯级中的丹江口水利枢纽，正常蓄水位拟定为190米。

4）航运。

汉江1955年货运量约200万吨，主要为木船运输，大部在下游河段，但枯水期浅滩水深仅约0.5米，不能适应航道的发展要求，航运部门根据内河航运一般情况，拟结合汉江的开发，改善中游航道，维持水深2米左右。

此外，还有调水济黄、济淮远景任务，这与汉江梯级开发方案及第一期工程的拟定均有密切关系。

以上各项综合要求在丹江口水利枢纽建成后能基本上得到满足，因此方案中拟定丹江口水库的正常蓄水位为190米，死水位为150米，水库总库容516亿立方米，有效库容393亿立方米，汛期预留防洪库容182亿立方米，可基本解除汉江中下游洪灾，遇1935年型大洪水也将不再为害。灌溉可年引水60亿立方米，以供唐白河灌区81.33万公顷的用水需要。同时可装机容量达65万千瓦，供应襄阳、武汉冶地区电力增长要求，汉江中下游航运条件亦将大大改善。

《汉江流域规划要点报告》拟定的梯级开发方案为：黄龙垭（620米）、石泉（470米）、二郎滩（362米）、甲河关（236米）、丹江口（190米）、碾盘山（65米）。在1956年提请水利部审定时，得到与会专家基本肯定。

（2）《汉江流域规划报告节要》

长江流域规划办公室于1958年3月编制完成《汉江流域规划报告节要》。该报告节要在《汉江流域规划要点报告》审查意见的基础上，进一步对有关问题进行了深入分析，如近远期任务如何区别对待、中下游防洪标准的拟定等，并与有关部门取得了共识。与《汉江流域规划要点报告》比较有如下主要修订。

1）关于汉江中下游防洪标准。

汉江治理方针"以水库拦蓄为主，并适当扩大下游泄量，以达根治的目的"。在《汉江流域规划要点报告》审查时已得到各方的一致同意，但取用何种频率洪水作防洪标准却有着不同看法。《汉江流域规划要点报告》从考虑到新城以上溃口可能造成大量人口死亡，并威胁武汉市的安全，中游襄阳地区也是发展的重要工业地区，因而确定新城以上的防洪保证率采用1000年一遇洪水，新城以下采用200年一遇洪水标准，由这一因素导致选定丹江口水库正常蓄水位190米方案。《汉江流域规划要点报告》审查期间提出，防洪标准取用1000年一遇洪水标准是否过高问题应慎重研究。会后长江流域规划办公室做了大量调查研究工作并与湖北省协商多次，取得共识认为：在重新拟定汉江防洪标准时，综合考虑了汉江各河段溃口以后的经济损失及政治影响，权衡了各种洪水在各河段可能造成的损失，结合修建控制性防洪工程的可能性及合理性等因素，最后拟定近期采用1935年型大洪水（约100年一遇）作为汉江中下游防洪标准，远景期间随着安康、碾盘山等梯级水库的修建再逐步提高。防洪标准降低后，当中下游河段安全泄量不变时,需预留防洪库容由 182 亿立方米减少到 100 亿立方米左右,则丹江口水库正常蓄水位由原定 190 米降至 170 米即可满足防洪要求。这是在规划方面的一个最大变化。

2)关于灌溉供水。

在《汉江流域规划报告节要》中,关于灌溉用水原则也作了明确规定,即当丹江口水库来水不小于 80% 保证率时,丹江口水库按最大年引水量不超过 64 亿立方米标准,按唐白河灌溉实际需水量供水;当丹江口水库以上来水小于上述情况时,为保证发电用水,可适当降低灌溉供水。保证率 95% 时,灌溉用水量按年用水量 30 亿立方米的标准供水,即约相当于年平均用水量的 80%。

3)关于干流梯级开发方案。

丹江口水利枢纽以上河段曾进行了渭门、石泉、磨石、火石店、二郎滩 5 级布置方案的比选,最后保留了石泉(470 米)、二郎滩(362 米)和石泉(470 米)、磨石(362 米)、火石店(266 米)两种方案作为进一步的比较方案,推荐前者为主要代表方案。在丹江口至二郎滩区间,只能布置一连接梯级,对其上下游的梯级布置已无大影响,该报告阶段暂以甲河关为代表。丹江口水利枢纽以下则仍然选定碾盘山一级,正常蓄水位仍采用 65 米。

在《汉江流域规划报告节要》中还考虑了远景丹江口引水济黄、济淮,对中下游将受到一定影响。为了维持通航,可能有下列几种方案:一是丹江口下泄一定流量,维持航运及发电用水,局部航深不足河段配合河道整治;二是丹江口下泄少量流量,丹江口以下全河段实施渠化;三是丹江口至沙洋河段实施渠化,沙洋以下从沙市至沙洋的运河引长江水至汉江。将来采取何种方案,在研究引汉济黄、济淮规划中再做补充深入研究。同时对丹江口以下河段也进行了查勘,并选出 20 个渠化比较坝址,对其技术可能性和经济合理性做了初步论证。

根据以上论证分析,河流梯级开发方案最后比较了两种方案。

方案一:黄龙垭(620 米)、石泉(470 米)、二郎滩(362 米)、甲河关(236 米)、丹江口(165~170 米)、碾盘山(65 米)。

方案二:黄龙垭(620 米)、石泉(470 米)、磨石(362 米)、火石岩(266 米)、甲河关(241 米)、丹江口(165~170 米)、碾盘山(65 米)。

上述两种方案经经济分析,仍然是以方案一优越,因此,以方案一代表汉江干流梯级开发方案。

《汉江流域规划报告节要》提出,汉江流域的开发治理目标明确为:近期先建成丹江口枢纽,后陆续再兴建其他枢纽,汉江开发整体结构基本定型,为汉江流域国民经济发展奠定了良好基础。

（3）汉江上游干流河段开发方案的调整

20世纪60年代初，为适应"三线"建设需要，要沿江兴建襄渝铁路及阳平关至安康铁路，但铁路修建与水库规模选择有较大矛盾，为此长江流域规划办公室对汉江上游干流河段（丹江口水库回水末端以上河段）梯级开发方案根据新形势作了调整，并提出调整后的上游河段开发方案报告。调整考虑了以下一些因素：

1）为减少淹没，降低水库规模，并以不淹山区主要城镇为原则，将安康坝址由县城以下20千米的二郎滩上移至安康县城上约18千米石庙沟火石岩地区，水库正常蓄水位也由362米降至340～343米，以适应铁路建设需要。

2）汉中盆地是陕西粮仓，是"三线"建设的重点地区。石泉水库正常蓄水位选定宜在考虑淤积后其回水末端以不淹没汉中盆地下端为原则。石泉水利枢纽的主要任务将是以发电为主，适当兼顾其他兴利要求，库容设置不再考虑汉江中下游防洪要求。

3）由于石泉、安康枢纽规模的调整，其他枢纽则作为连接梯级而存在，其规模选定较为简单，形成梯级水位衔接以满足航运需求。

根据上述考虑因素，上游河段梯级开发方案将形成以安康为主要骨干水库的新格局，整个上游河段梯级开发的水利任务都将以发电为主，兼顾航运、灌溉。安康水利枢纽则应兼顾安康县城的防洪要求。上游河段按黄龙垭（620米）、石泉（430米）、安康（340～343米）、甲河关（236米）等4级开发，石（泉）—安（康）间需补充一连接梯级在下阶段再予研究。

1967年6月，水利电力部在邀请有关单位为解决铁路建设与水库高程矛盾召开座谈会后，决定放弃石房沟枢纽（即甲河关），安康、石泉枢纽正常蓄水位分别降低为330米和410米，相应水库调节库容大大减少。此次座谈会以后，1969年修建阳安铁路，1970年开始兴建襄渝铁路。由于铁路的建成，汉江上游的治理开发受到了难以改变的制约。

（三）规划方案

1. 汉江上游干流（黄金峡至夹河）河段

（1）开发任务

汉江黄金峡至夹河河段基本属陕西省境内，这一河段是汉江干流落差最集中之处，是汉江水力资源开发的"富矿"，其上端是汉中盆地尾部，中部有安康小平原，因此，这一河段开发任务较简单，以发电为主，兼顾航运、防洪。

（2）开发方案

上游河段最上一级为黄金峡，其正常蓄水位以不淹及汉中盆地为原则，石泉至安康区间设置一连接梯级，使航运得以畅通，同时这一梯级建设可作为石泉水电站反调节水库，以提高石泉电站容量效益并为其扩大机组规模创造条件。安康水利枢纽以下则完全服从襄渝铁路既定安全标高要求，选定水位衔接、地形地质条件较好的坝址，其间可利用水头50余米。经选定布置3个梯级，其开发方案为黄金峡（450米）、石泉（410米）、喜河（364米）、安康（330米）、旬阳（240米）、蜀河（218米）、夹河（196米），7级开发总装机容量198万千瓦，保证出力40.7万千瓦，年发电量69.6亿千瓦时。这七级建成后航道等级为Ⅵ～Ⅶ级，均采用升船机过船方式，升船机等级为100吨级。

2. 汉江干流夹河以下河段

（1）开发任务

1）防洪。

这是本河段规划的主要对象，如何正确处理大量超过河道泄量的洪水，防止毁灭性洪灾发生，是汉江综合利用规划的首要任务。汉江中下游河道泄洪能力现状大致是：在长江水位（汉口水位）低时，依靠水库和堤防工程可防御5年一遇洪水；依靠水库、堤防工程和运用杜家台分洪工程可抗御20年一遇洪水；在水库、堤防、杜家台分洪及民垸分洪等设施的理想调度和运用下，可防御1935年型大洪水。当遇长江水位很高时，下游河段还需采取临时扒口分洪措施。但民垸分洪损失大，而遥堤又处于二线，其中约20千米堤线多年不挡水，如按蓄洪水位48米考虑最大欠高2.2米，一旦分洪挡水难以确保安全。

因此，结合南水北调引水要求，需要完建丹江口水利枢纽后期工程，相应正常蓄水位由初期规模157米提高到1958年确定的170米，预留防洪库容由77亿～55亿立方米扩大至110亿～80.1亿立方米（夏、秋季）。把原遭遇1935年型大洪水时皇庄泄量由27000～30000立方米每秒，削减至20000～21000万立方米每秒时河道允许泄量，民垸可基本不需要分蓄洪，从而把汉江中下游防洪能力提高到100年一遇，为根治汉江水患创造了良好条件。

2）灌溉、城乡供水及南水北调。

南水北调中线引水是国家战略部署，也是1958年汉江流域规划中确定的远景任务，从汉江引水入华北地区亦是本次规划的主要任务。

华北地区缺水需外流域引水补充是今后华北水资源平衡的必由之路，从丹江口水库引水又是一条最好线路，结合防洪要求加高大坝，坝下只需要局部补偿工程配合，丹江口水库年平均引水量可达145亿立方米，下游全部渠化后年引水量可达220亿立方米，可以较好地解决华北地区缺水需求。

3）发电。

汉江中下游还有大量水力资源可供开发，输电距离近，从而可充分满足沿江两岸城镇及工农业日益增长的用电要求。

4）航运。

襄阳市至河口500余千米的航道是汉江航运事业的发展重点，如何结合梯级渠化和航道整治来发展航运，使其成为水运交通命脉，亦为本河段开发的重要任务之一。

5）另有治涝、水土保持、河势控制、水产养殖、水源保护等开发任务。

（2）开发方案

选定的干流夹河以下河段梯级开发方案是孤山（181米）、丹江口（170米）、王甫洲（88米）、新集（78米）、崔家营（64米）、雅口（57米）、碾盘山（51米）、华家湾（42米）、兴隆（36米）等9级开发方案。这一梯级开发方案除解决中下游防洪、华北地区引水（145亿立方米）外，在发电方面总装机容量163.4万千瓦，总保证出力45.1万千瓦，年发电量62.9亿千瓦时，这对华中电网特别是两岸城镇需电增长要求无疑增加了强大的动力。由于这一方案的实施，汉江中下游河道基本渠化，再加上必要的航道整治，则襄阳至河口终年可畅通500吨级船舶，襄阳以上直至丹江口水库回水末端可通航300吨级船舶，为振兴汉江水运创造了有利条件。

（四）流域典型工程介绍

汉江干流已建有石泉、喜河、安康、蜀河、丹江口、王甫洲、崔家营、兴隆等枢纽，干流在建梯级有黄金峡、旬阳、白河、孤山、雅口等；支流已建水库中规模较大的有潘口、黄龙滩、鸭河口等。丹江口水利枢纽工程是开发汉江的第一个控制性大型骨干工程，具有防洪、发电、引水、灌溉、航运、水产养殖等综合效益，2012年大坝加高完工后，丹江口水库已成为南水北调中线工程水源。中线一期工程于2014年12月12日正式通水，目前，中线一期工程的北调水已成为北京、天津等多地的重要水源。丹江口水库具体情况见后面第四章，以下介绍汉江流域的安康、潘口、三里坪、鸭河口4座水库。

1. 陕西省境内最大的水电站——安康水电站

（1）工程概况

安康水电站（图3-42）位于汉江上游陕西省安康市城西18千米处，下游距丹江口水库约260千米，上游距石泉水库约170千米。坝址控制流域面积35700平方千米，多年平均径流量190亿立方米，控制了丹江口以上径流量的50%。安康水库正常蓄水位330米，死水位305米，正常蓄水位以下库容25.8亿立方米，水库总库容25.8亿立方米，调节库容16.7亿立方米，可进行不完全年调节。工程开发任务以发电为主，兼有防洪、航运、水产养殖、旅游等综合效益。安康水电站装机容量80万千瓦，保证出力 17.5 万千瓦，多年平均发电量 28 亿千瓦时。工程于 1978 年开工，1990 年第一台机组发电，1992 年 4 月建成，1992 年 12 月 25 日机组全部投产运行。

图 3-42　安康水电站

枢纽工程由拦河坝、坝后式电站厂房、变电站、泄洪建筑物和通航设施等建筑物组成。左岸布置有导流明渠，兼作施工期通航。大坝采用折线形整体混凝土重力坝，最大坝高 128 米，平面上分为 5 段直线共 27 个坝段，坝顶长 541.5 米，坝顶高程 338 米。左、右岸为非溢流坝，河床右侧布置坝后式电站厂房，安装 4 台单机容量 20 万千瓦的水力发电机组。变电站设在厂坝之间，按 110 千伏和 330 千伏两种电压出出线，共八回，并预留一回间隔，电压采用 330 千伏和 110 千伏两个等级。河床中部布置泄洪坝段，泄洪设施包括 5 个长 15 米、宽 17 米的开敞式表孔，5 个长 11 米、宽 12 米带胸墙的中孔，4 个设在纵向施工导墙坝段上的长 5 米、宽 8 米的底孔。总泄洪能力为 36700 立方米每秒。通航设施采用垂直升船机，布置在左岸中孔坝段上，过船吨位为 100 吨，年过坝能力 25 万～30 万吨。

（2）勘测设计历程

安康水电站工程，原有火石岩、石庙沟、王家台、吉河口 4 个比较坝址，初步设计和勘探以前，曾有中南水电局和长江流域规划办公室对有关坝址进行了勘探，并编制了相应综合工程地质报告。

1969 年底，水利电力部要求立即进行安康水电站火石岩和王家台等坝址的地质勘探工作，1970 年上半年提出选坝报告。1969 年 11 月，水利电力部查勘选点工作组要求以火石岩和王家台坝址为选坝勘探对象，设想半年提出选坝报告，一年完成初步设计和勘探工作。

初步设计地质勘测工作从 1970 年初开始，由北京勘测设计院龙羊峡地勘队承担。

前后共进行了7年，采用多种勘测技术和勘探手段，使用大口径岩芯钻探和灌浆取芯钻探—双重单动钻具，大量采用物探技术和井内电视显像等勘测手段，做了大量的室内外测试工作。

1）选坝报告阶段。

1970年3月至6月开展地质勘测，对火石岩、石庙沟、王家台、吉河口4个坝址进行比较，勘探工作量布置以火石岩坝址为主，王家台坝址为辅，对石庙沟和吉河口2个坝址利用规划报告资料不再进行补充勘探。本阶段除开展简略的区域地质调查工作外，在火石岩坝址完成1.6平方千米，1∶2000地质测绘，1100米钻孔、200余米平硐；在王家台坝址完成了1.5平方千米，1∶5000地质测绘，钻孔600余米。

1970年9月在火石岩工地召开选坝会议，从人防、地质、枢纽布置和技术经济指标4个方面对各坝址进行了比较，同意选坝报告意见，确定火石岩作为安康水库坝址。同时，立即开展初设阶段勘测设计工作，要求1971年中提交初步设计报告。

2）初步设计报告阶段（含补充报告）。

1970年10月至1972年8月开展地质勘测工作，鉴于选坝阶段坝址勘探线左岸靠近区域性断层，两岸岩体风化很深，还有大坍滑体，又恰处在河流弯道，泄洪布置困难，问题较多。因此，需在河道一段长度内配合设计进行坝线比较勘探，又拟选了距原勘探线（上线）1千米左右的邓家沟下游再做比较坝线，称为下线，并把重点放在下线。但勘探发现下线河床存在覆盖层厚20～29米之深槽和较大的顺河断层，左岸也存在大片松动滑动岩体。上线又发现一些新的断层破碎带。为了寻找合适的坝线位置，上、下坝线各进行3条比较勘探坝线。本期共完成钻探4500余米、平硐57米、河床物探剖面（地震法）14条长1.7千米，于1971年4月提交了火石岩坝址初设勘探地质报告。该报告提出后未及时进行审查。后于9月按电力部第二水电工程局领导指示，在上线再补充部分地勘工作，并提出"按混凝土重力坝、坝后厂房、明渠导流方案进行补充勘探工作，精度达到技设阶段"。依此又于上线钻探1100多米，编制1∶1000地质图，进行了少量岩石室内外试验工作，为此编写了初设补充地质报告。

1972年9月，在安康召开了初步设计审查会议。审查会议主要地质要点为：区域及坝址地质条件均较复杂……但经大量开挖及相应工程处理，可以修建116米高的混凝土重力坝；坝线同意采用上坝线；左坝肩不利的水文、工程地质问题；坝基稳定问题……抗滑稳定不为缓倾角构造及层面控制，下一步地基勘探和施工开挖中对缓倾角构造问题仍应注意查明；对河床断层及其挤压破碎带在坝脚附近交汇、交汇带宽度、破碎程度及其对大坝和厂房基础的影响，坝基是否尚有其他构造需要进一步查明。上述审查会议地质要点肯定了坝线位置，对建坝条件持十分慎重的态度，对一些主要的水文、工程地质问题均无肯定结论，均需继续研究。

3）技术设计专题报告阶段。

1972年10月至1975年7月，又可分为坝线上移地质报告阶段、技术设计地质中间报告补充勘测阶段、技术设计地质专题报告补充勘探阶段三个小阶段。

一是坝线上移地质报告阶段（1972年10月至1973年3月）：

据初步设计审查会议肯定的上坝线，依此对枢纽布置建筑物查清地质问题。这一阶段采取了提高勘探质量，坚持按设计要求位置打孔，取得了重大进展。查得上线河床也存在深潭地形，覆盖层厚达29米；F断层与破碎带在河床交汇形成宽30～40米河向大破碎带，右坝肩也存在复杂的构造破碎带等，问题严重，地质条件非常不利。因此，迫使重新布置勘探工作，在坝线上游150米范围内布置钻孔网，重新核实河床构造、河床基岩地形和覆盖层厚度，并在两岸控制性部位开挖深平硐以弄清构造问题。这一阶段完成3200米钻孔、400米平硐，编写了坝线上移地质报告，建议坝线上移100米。

二是技术设计地质中间报告补充勘测阶段（1973年5月至1974年4月）：

这一阶段勘探特点是：采用长平硐，从不同高程把两岸地层全部揭穿以控制构造，两岸在较大范围内布置了水文地质钻孔网，河床补充了密集的地震剖面勘探网，采用固结取芯技求和孔内电视以了解河床平缓结构面，共完成9200米钻孔、900米平硐和4.45千米长的物探地震剖面，另外做了大量的岩石室内外试验，并于1974年4月编写了技术设计地质中间报告。

1974年6月，组织专家在工地召开地质审查会议，再一次讨论有关建坝条件、坝线及存在的工程地质问题等。会议认为："……经过15000米钻探、1500米硐探和各种综合勘探试验工作，目前建坝的地质条件已基本清楚，主要工程地质问题已经查明，有的已揭露正在落实。根据现已掌握的地质情况，在安康这样复杂的地形地质条件下，可以选择一条相对较好的坝线。通过大量开挖和艰巨的工程处理，还是能够兴建120米左右高的混凝土重力坝。""设计复审会议决定坝线上移100米是正确的……为了尽可能适应地质条件又将坝线再向上移约40米，并将直线形重力坝改为曲线形重力坝也是完全必要的。"指出存在的主要工程地质问题有：地基压缩变形问题、大坝抗滑稳定问题、左岸单薄分水岭岸坡稳定问题、坝基防渗问题、泄洪冲刷问题、近坝库岸稳定问题。要求配合设计对地基稳定、骑防渗排水、消能防冲等问题进行深入勘探、试验和分析研究工作，具体包括：对河床F断层带的研究、对坝基平缓结构面的研究、对左岸山体稳定性的研究、对河床承压水的研究、对冲刷段地质的研究、对近坝库岸在施工期及蓄水后稳定性的研究、其他方面。

在上述勘探、试验工作的基础上,审查会议仍对坝线位置有比较灵活的意见,对建坝条件持十分慎重的态度,通过大量开挖和艰巨的工程处理,还是能够兴建120米左右高的混凝土重力坝,并对诸多主要工程地质问题需要进行深入勘探、试验和分析研究工作。

三是技术设计地质专题报告补充勘探(1974年7月至1975年7月)。

根据上述会议纪要,对河床F断层带补充钻孔,采用声波测井进行固结灌浆试验,对河床缓倾角断层采用了间距与坝块相适应的电视孔网,在两岸河边又钻了直径0.8~1.2米大口径孔各2个,总进尺154.1米;此外,在两岸又补充了一些平硐,进行多组岩石野外大型试验工作。

这一阶段补充钻孔2800多米、平硐300米,于1975年7月提交了《大坝抗滑稳定性的工程地质报告》《坝址边坡稳定分析》《附属建筑物工程地质条件》《大坝渗透稳定性的水文地质条件》和《固结灌浆试验报告》。专题报告提出后,对坝下游右岸滑坡体又做了专题研究,补充了部分硐、孔。

至此,坝址勘测工作基本结束,累计完成近24000米钻孔、2000米平硐和大量物探和试验工作,编制了数个专题论证报告。经多次部级专家审查会议,坝线做了多次变动和调整,最终选择一条相对较好的坝线,通过大量工程开挖和艰巨的工程处理,以及施工过程中进行的补充勘探,在如此复杂的地质和地形条件下兴建了安康水库,为汉江梯级开发积累下了丰富的工程经验,是很有价值的财富。

(3)建设历程

1)规划施工期安排数次修订。

安康水库从1975年开始筹建,1978年4月开工,1983年12月25日河床截流,1989年12月23日左岸导流底孔下闸,1990年底第一台机组发电,计划1993年竣工。按规划总的施工安排,从开工到截流为施工初期阶段,从截流到第一台机组发电为主体工程施工阶段,从第一台机组发电到竣工为后期施工阶段。

施工初期阶段主要完成两岸坝肩的开挖和形成左岸导流明渠。在主体工程施工阶段,1983年至1985年是开挖工程高峰,土石方开挖的月强度曾达到36万立方米,施工目标是要完成厂房大齿槽、厂房坝段、小导墙和表孔坝段的基础开挖;1984年汛前完成第二期基坑围堰;1985年至1987年形成以三期围堰为主,大面积抢浇基础混凝土和坝体升高;1988年汛前三期基坑形成后,以抢浇主副厂房主体工程混凝土为主;1989年以完成中孔下闸平台、主厂房二期混凝土、副厂房装修、上下游水下工程为主;1990年以满足水库300米高程蓄水为主,电站以第一台机组装机为主。后期施工阶段要完成中、表孔的预应力闸墩和弧门安装,并继续安装3台机组。后期主体工程量为：混凝土约 45.6 万立方米，金属结构安装 5546 吨。

安康水库工程原来确定的施工总进度在实施过程中经历 3 次重大修订。1982 年 10 月，水利水电建设总局对安康水电站的施工安排进行了审查，确定工程施工总进度为 1983 年截流，1987 年下闸，1988 年第一台机组发电并力争升船机同期投产，1990 年竣工。1987 年 12 月，水利电力部在葛洲坝召开的计划会议上确定安康水电站 1990 年底第一台机组发电。1990 年 6 月，能源部批复安康水电站第一台机组考核工期为 1991 年 6 月 30 日。

2）实际施工建设过程。

一是艰难的起步阶段。

安康水电站于 1975 年开始筹建，1978 年 4 月主体工程正式开工。该年完成土石方开挖 244.2 万立方米，石方开挖 138.1 万立方米，土石方开挖最高月产量达 82.2 万立方米。主体工程和附属工程全面展开，到 1979 年 6 月 18 千米的对外公路工程全线通车，并于 1983 年 3 月 6.4 千米的对外铁路专用线正式通车，这就具备了加速工程建设的条件。然而遇到了国家经济调整，投资压缩，并在主体工程开挖过程中工程地质问题不断暴露，许多问题非初步设计中所料，从 1970 年到 1982 年每年一次的勘测设计审查会，第一件事就是对工程地质的审查评价，从而注定了安康水电站"边勘测，边设计，边施工"的前提。

1978 年 4 月开始大坝岸坡开挖，1979 年初形成左岸一期基坑，1979 年 3 月 5 日第一块主体工程混凝土开始浇筑，紧接着完成了大导墙、导流底孔及右岸导流明渠的混凝土浇筑任务。1983 年枯水期万余名建设者正为工程截流全力以赴时，却常有洪水暴发，影响施工，当年已六进六出基坑。1983 年 7 月 31 日汉江暴发了历史上 400 年一遇的特大洪水，以 26 米高的上涨水头从坝区直冲安康古城，最大流量达 31000 立方米每秒，不仅冲毁了全部工程基坑和整个施工现场，而且两岸的交通和通信设施全遭破坏。

在这场灾难的洪流中，施工单位从水中转移了 2000 多名安康市民，先后接纳了 8000 多灾民住进施工单位生活区，一切优先为城区灾民服务，人财物和机械设备投入了恢复人民生活与生产的第一线。这场洪水使基坑淤进了 30 多万立方米的泥沙，施工进度被耽误了 3 个多月，经建设者奋力拼抢，最后终于经过 42 个昼夜的奋战，安康水电站于 1983 年 12 月 25 日实现了截流，主体工程进入全面施工高峰。

二是不断解决各种难题。

由于坝址地质十分复杂，且处于河流弯边，以千枚岩为主的狭窄河谷，岩性软弱，两岸风化深度达 30 ~ 60 米，边坡高达 250 米以上，最大滑坡体达 100 多万立方米，高边坡抗滑稳定的技术难题给设计和施工带来了极大的困难。为此在右岸设计了最大断面为 4 米 ×5 米，最深达 44 米的钢筋混凝土抗滑柱 81 根，左右岸共设计了 142 根 50 吨级预应力锚索、40 根锚杆、直径 1 米的大口径抗滑桩以及锚洞、截水墙、混凝土断层塞等，为此整整花了 3 年时间硬是将两岸滑动的山体锚固在大江两岸，为主体工程施工创造了可靠的条件。

工程开工后，在基坑开挖中发现，在中、表孔及厂房坝段坝基出现了缓倾角构造软弱断层有 16 条之多，可见长度 6～70 米，坝基与两岸均存在抗滑稳定的难题。经过深入研究，先后采取了深孔固结灌浆、化学灌浆的防渗措施，并采用了钢筋大型抗剪桩、混凝土抗剪洞塞、预应力锚索、开挖大齿槽、加厚消力池底板等，在河床以下 5～40 米深层开挖了 2000 米多的主洞和支洞，总计开挖 20000 立方米，浇筑混凝土及钢筋混凝土 12000 多立方米，先后施工两年多，创下了坝基处理的先例。混凝土高坝的抗滑稳定和基础处理被国家科学技术委员会和水利电力部列为水电技术重点攻关项目，经专家鉴定，安康水电站属国内领先水平，获得部级科技进步奖。

安康水电站坝址江湾地质复杂及洪水峰高、洪量大，造成难度极大的泄洪消能技术难题。这项工作从 1973 年就开始了，采用一系列消能技术，在表孔上采用了宽尾墩与消力池的联合消能工，在中孔溢流坝段采用了对称宽尾墩、差动挑流墩和消力池联合消能工，在左岸溢洪道出口采用窄缝式挑流消能措施。多种形式的联合消能提高了综合消能效率，减短了消力池、底孔和岸边溢洪道的长度，减少了工程量，而在施工技术与难度上却增加了大量工作，这些工作一直到 1993 年上半年才基本完成。

3）4 年冲刺保发电。

1988 年至 1991 年虽值国家第二次经济调整期，但由于各级领导的重视，在设计、科研、施工单位的紧密配合下，在地方人民政府的大力支持下，安康水电站工程进展出现了前所未有的新气象，每年均超额完成各项生产任务和指标。从 1988 年起每年均完成 2 亿元以上的投资，1991 年完成 3.3 亿元投资。1987 年到 1990 年每年完成混凝土浇筑均在 40 万立方米以上，1988 年创造了年产 57.2 万立方米的最高纪录；相应砂石料生产运输量创出 3 个月运 94 趟列车、81215 立方米，金属结构安装 1990 年达 15160 吨的最高纪录。确保了安康工程于 1989 年 12 月 25 日顺利下闸蓄水，提前半年于 1990 年 12 月 9 日第一台机组和 12 月 25 日 5.25 万千瓦小机组相继并网发电，1991 年 9 月 3 日第二台机组并网，为 1992 年最后两台机组投产创造了良好条件。

4）安全优质创新并大网。

中国水利水电第三工程局于 1989 年在边组建边安装的情况下 3 年装机近百万千瓦，已成为国内大型机组安装的劲旅。在各单位紧密配合下，该工程局做到精、细、优质的要求，安康水电站机组安装过程中创多项国内首创新技术、设备与新的施工安装方法。

一是20万千瓦水轮机转轮焊接难度大，要求高，国内均先用1∶1的试验片模拟焊后再行实物焊接，经认真研究，中国水利水电第三工程局打破先例，精心组织，经过30多小时突击焊接成功，总计每台机组节约资金20多万元，并缩短工期近3个月。经按《锅炉压力容器对缝超声波探伤》标准检查，达到国家Ⅰ级焊接标准，整个转轮组装焊接标准达到优质。二是经多方紧密配合，安装了我国制造的首台33万千伏全封闭六氟化硫开关，运转正常，亦为国内第一。三是在小机组冷却上用了氟利昂电压达1.38万伏，是中国科学院重点科研项目，经多方鉴定达到了当时国内最高等级。

（4）工程效益

1）发电效益。

安康水电站是汉江上游干流梯级开发的第四座水利枢纽工程，也是该河段坝最高、库容最大、装机容量最大、调节性能最好的一座大型水利水电工程。电站建成后，成为陕西电力系统的骨干电源，主要担负系统调峰（在满足航运要求后可承担调峰容量48万千瓦），并担负调频及事故备用任务，同时使襄渝、阳安电气化铁路有了可靠的电源，每年可节约标准煤170万吨（按28亿千瓦时计）。安康水库的调节，还可使下游旬阳、蜀河、夹河3个梯级水电站的保证出力提高16万千瓦。

2）防洪、航运、养殖效益。

安康水库建成后，预留有3.5亿立方米的防洪库容，当发生5~20年一遇的洪水时，可削减洪峰流量3400~4800立方米每秒，相应提高了下游城镇的防洪能力，同时使库区128千米和坝址下游220千米河道的航运条件得到改善。水库水域面积为7747公顷，有6667公顷水域可进行水产养殖，年产鲜鱼125万千克，还可发展旅游事业。

2. 首次举行移民听证会的电站水库——潘口水库

（1）工程概况

潘口水库（图3-43）位于汉江右岸支流堵河干流上游河段，坝址在湖北省竹山县境内，下距竹山县城13千米，经鲍峡镇至十堰市公路里程162千米，经房县至十堰市184千米，工程区有S305省道通过，距黄龙滩水电站107.7千米，距堵河河口135.7千米，是堵河干流梯级开发的龙头水库。潘口水库控制流域面积8950平方千米，约占堵河流域面积（12502平方千米）的71.6%，多年平均流量164立方米每秒，多年平均年径流量51.7亿立方米，是堵河干流开发的控制性工程。

工程开发任务以发电、防洪为主，建成后还具有增加南水北调中线可调水量，提高南水北调供水保证率，改善库区通航条件等综合利用效益。潘口水库总库容23.38

亿立方米，正常蓄水位 355 米，相应库容 19.7 亿立方米，调节库容 11.2 亿立方米，为完全年调节水库。为了提高下游黄龙滩水电站大坝防洪标准，在 355 米以上设置了 2.11 亿立方米防洪库容，相应防洪高水位 358.4 米。另外，潘口水库主汛期（6 月 20 日至 8 月 20 日）在正常蓄水位 355 米以下还预留有防洪库容 4 亿立方米，相应汛期限制水位 347.6 米，其主要作用是配合丹江口水库拦蓄汉江中下游成灾洪水。潘口水电站安装 2 台水电机组，总装机容量 50 万千瓦，保证出力 7.81 万千瓦，多年平均发电量 10.474 亿千瓦时。

图 3-43　潘口水库

枢纽工程包括混凝土面板堆石坝、溢洪道、泄洪洞、引水建筑物、电站厂房和开关站。混凝土面板堆石坝坝顶高程 362.0 米，最大坝高 114.0 米，坝顶宽 9.2 米，坝顶轴线长 292.0 米。3 孔开敞式溢洪道布置于右岸，由进水明渠、闸室段、泄槽段、挑流鼻坎等部分组成。1 孔泄洪洞布置在溢洪道右侧山体内，为无压明流隧洞，由进水明渠、岸塔式进水口、无压隧洞和挑流鼻坎等部分组成。引水建筑物包括进水口及引水隧洞，采用单机单洞供水方式，岸塔式进水口布置在左岸坝前，长 30.0 米，宽 67.0 米，高 55.0 米；两条引水隧洞平面上分别设 2 个转弯段，立面上分别通过上平段、上弯段、斜井段、下弯段及下平段引水至发电机组。电站厂房采用岸边地面式厂房，内设 2 台单机容量 25 万千瓦和 1 台单机容量为 1.3 万千瓦的混流式水轮发电机组。开关站布置在大坝下游右岸坡脚，采用建筑物开挖料回填形成，地面高程 277.15 米，平面尺寸为长 160.0 米、宽 50.0 米。

潘口枢纽工程由汉江水利水电（集团）有限责任公司投资设立的湖北堵河潘口水电发展有限公司负责建设和管理，总投资 37.9 亿元。工程总工期（不含筹建期）3 年 7 个月，第一台机组投产发电时间 3 年 5 个月，主体工程竣工 4 年 7 个月。

（2）规划论证历程

1966年，水利电力部长沙勘测设计院提出黄龙滩水电站作为堵河开发的第一期工程。

1970年经各会商选坝意见，选定了潘口水电站坝址。1970年9月，有关部门成立了潘口工程指挥部。同年12月30日，葛洲坝水利枢纽工程开工兴建，潘口工程奉命下马。

1986年3月，潘口水电站上马再一次提上议事日程。1987年，因清江隔河岩水电站开工建设，潘口水电站再次搁置。

1998年8月，国家推行"政企分开，厂网分开"的电力体制改革，潘口水电站又一次错过了上马的机遇。

2003年3月，潘口水电站引起了浙江纵横控股集团的关注。经过实地考察，同年8月26日，十堰市人民政府与浙江纵横控股集团签订了梯级开发堵河水能资源的框架协议。

2005年10月，经十堰市人民政府协调，潘口等水电站项目合作方正式确定。2006年3月2日，湖北省人民政府召开专题会议研究支持潘口水电站核准事宜。2006年3月15日，国家发展和改革委员会正式受理湖北省发展和改革委员会呈报的《关于核准堵河潘口水电站项目的请示》。2007年9月25日上午，国家发展和改革委员会164次主任办公会上正式核准堵河潘口水电站项目。

（3）建设历程

1）规划施工期安排。

潘口水电站于2007年10月开工，计划在2008年10月初河床截流，2008年12月开始大坝堆石填筑，坝体第一个汛期直接抢筑临时断面拦洪度汛。2009年4月30日临时拦洪度汛断面达到高程320.50米，基本与200年一遇洪水坝前静水位齐平，通过临时加高可保证拦挡全年200年一遇洪水。2009年10月至2010年1月进行一期面板施工，2010年5月底坝体全断面填筑至高程358.00米，2010年9月至11月进行二期面板施工，坝体于2011年3月底完建，水库于2010年10月初下闸蓄水，2011年3月底第一台机组投产发电，4月底第二台机组投产发电。

电站工程首台机组发电计划工期42个月，总工期43个月。

2）实际施工建设过程。

受各种因素影响，潘口水电站导流洞施工实际于2009年3月才具备过水条件，较原计划推迟6个月，工程截流时间推迟1年。

大坝于2009年11月开始填筑，2010年4月底达到临时度汛断面高程322.0米，

2010年11月15日坝体全断面填筑至设计高程358米。一期面板（321.6米高程以下）混凝土于2011年3月2日开始施工，至5月24日浇筑完成；二期面板（321.6米高程以上）混凝土浇筑时间为5月25日至8月5日。水库于2011年9月初下闸蓄水。

发电厂房于2009年10月23日正式开始基坑开挖，2011年9月8日首台机定子吊装，12月28日转子吊装，机组于2012年5月31日正式并网发电。

（4）工程效益

潘口水库建成后，可促进湖北省电力系统发展，优化电源结构，完善汉江中下游防洪体系建设，提高下游黄龙滩水电站大坝防洪标准，提高南水北调中线供水量和供水保证率，有效缓解湖北电网的调峰、调频压力，对优化系统的电源结构、降低火电机组煤耗、提高电网安全稳定运行都有十分重要的作用。

图3-44为潘口水库截流。

图3-44　潘口水库截流

潘口水库工程也是惠泽竹山、竹溪县的重点扶贫项目，是当地百姓的造福工程，是拉动地方经济全面发展的希望工程。此外，潘口工程建设还可拉动竹山、竹溪两县旅游、商贸、运输、建材等相关产业的发展，为库区人民新增就业岗位，使库区人民摆脱贫困落后的局面。潘口水库在增加地方财政税收、带动当地经济发展方面发挥不可替代的重要作用。

3. 供电车城二汽的重要"三线"工程——黄龙滩水电站

黄龙滩水电站是当年重要的"三线"工程，从开工建设至今，已经40多年。40年前，黄龙滩水电站与第二汽车制造厂、襄渝电气化铁路同步规划设计、同步开工建设；40

年来，电厂与车城共同成长，见证了十堰市的发展历程。

（1）工程概况

黄龙滩水电站（图3-45）位于湖北省十堰市黄龙滩镇以上5千米峡谷出口处，上距竹山县城95千米，下距堵河河口28千米，1975年建成。水库正常蓄水位247米，死水位222米，总库容12.28亿立方米，调节库容6亿立方米。电站装机容量15万千瓦，扩机后总装机容量49万千瓦。工程以发电为主，兼有航运、工农业供水和水产养殖等功能。

图3-45 黄龙滩水电站

黄龙滩水电站拦河坝为混凝土重力坝，最大坝高107米，坝顶长371米，坝顶高程252.0米，正常蓄水位247.0米，最低水位22.2米，设计水头73米，最大水头84.3米，最小水头58米。大坝泄洪建筑物有6孔溢洪道，孔口尺寸12米×12米，堰顶高程238.0米。左岸有深式泄水闸1孔，孔口尺寸5米×6米，采用弧形闸门，其他均为平板闸门。

黄龙滩水电站为左岸岸边引水式地面厂房，主厂房长64.18米，宽19.6米，高41米，副厂房在主厂房的上、下游侧。工程于1969年4月动工兴建，1972年电站设备陆续到厂进行安装，1974年1月大坝关闸蓄水，5月4日2号机组投产发电，6月1号机相继投产，从破土动工到两台机组发电仅用6年时间。

过坝建筑物布置在右岸，采用一级垂直升降机将船从库内提起，过坝后放入下游190米高程，由卷扬机牵引平移至斜架车上，再由斜架车将其输送至斜坡道下端的承船槽。垂直升降机为72吨桥式起重机，过坝船只货重限制30吨，为干式过坝。

（2）规划论证历程

黄龙滩水电站是当年重要的"三线"工程，与第二汽车制造厂、襄渝电气化铁路同步规划设计、同步开工建设。

黄龙滩水电站于1959年进行地质勘测，1967年完成初步设计报告，1968年被水利电力部和湖北省人民政府联合审查批准，1969年开工建设。

（3）建设历程

黄龙滩水电站从开工到建成，历时6年，施工人数达1.3万，先是土法上马，后来逐渐实现机械化。在丹江口水利枢纽的电力未到达工地之前，先安装了一台200千瓦柴油发电机组，供照明和生产用电。1969年3月30日，200千瓦柴油发电机组投产发电，保证了4月2日黄龙滩水电站建设工程用电。

1969年4月2日，在郧阳地区食品公司下面的河滩上举行了黄龙滩水电站建设工程开工典礼。1969年5月，水利电力部部长钱正英和湖北省人民政府省长张体学来工地视察。

1969年7月1日，丹江口水利枢纽开始送电到工地，保障了黄龙滩水电站建设工地的用电。

1969年10月30日，开始导流明渠开挖，1970年2月中旬形成了一条长355.5米、宽8米的导流明渠，具备了截流条件。1970年2月20日正式截流，经过45分钟的紧张施工，围堰合龙成功，截断了堵河。1970年7月13日，拦河大坝开始浇筑混凝土，直至当年12月才浇筑完毕，浇筑混凝土总量达97.26万立方米。

1970年11月，发电厂房的地基开挖，1971年9月1号机组开始安装，1973年3月2号机组开始安装。1974年5月和6月，2台机组相继投产发电，为工农业生产和人民生活送上了源源不断的强大电流。

1974年7月15日，新华社向世界宣告堵河上第一座大型电站黄龙滩水电站建成，次日《人民日报》在一版显著位置刊发报道《湖北省建成黄龙滩水电站》。1976年底，工程竣工。

1992年10月和1993年10月，黄龙滩水电站2号机组和1号机组增容改造先后开工，增容改造后，机组单机容量由7.5万千瓦增加到8.5万千瓦。

黄龙滩水电站是"三线"建设重点工程，水能利用率只有70%，扩建工程建成后，水能利用率提高到95%。2002年6月28日，黄龙滩扩建工程开工，扩建2台机组于2005年6月和8月相继投入运行，黄龙滩水电站成为总装机容量51万千瓦的大型水电站。

（4）工程效益

黄龙滩水电站运行 40 余年，充分发挥了发电、供水和防洪等综合效益。数据显示，黄龙滩水电站 40 余年间累计发电 280 亿千瓦时，相当于从堵河中捞起了超过 1073 万吨标准煤。与同等发电量的火电站相比，减少二氧化碳排放超过 2683 万吨，减少二氧化硫排放约 25.49 万吨，减少氮氧化物约 11.4 万吨。仅 1992 年 7 月至今，湖北黄龙滩水电站累计向十堰市和东风汽车公司供水 21662 亿吨。

4. 亚洲最高的碾压混凝土双曲拱坝——三里坪水电站

（1）工程概况

三里坪水电站（图 3-46）位于湖北省十堰市房县境内五台林场龙潭峪村三里坪，是汉江中游一级支流南河梯级开发中的骨干工程，是南河 13 个梯级电站中的第四级，被称为"南河流域第一坝"，同时也是十堰市"十一五"规划重点工程。工程以防洪和发电为主，兼有库区航运、水产养殖、灌溉及其他综合效益。

三里坪水库正常蓄水位 416 米，相应库容 4.72 亿立方米，水库总库容 4.99 亿立方米，调节

图 3-46　三里坪水电站

库容 2.11 亿立方米，防洪库容 1.21 亿立方米，装机容量 7 万千瓦，设计多年平均发电量 1.8 亿千瓦时。枢纽建筑物主要由碾压混凝土双曲拱坝（最大坝高 140 米）、导流系统、右岸引水发电系统（其中引水发电隧洞长 353.5 米，利用最大水头 120 米的地下电站厂房）等组成。

（2）规划论证历程

三里坪水利枢纽工程于 1989 年由湖北省水利水电勘测设计院编制的《南河流域水电开发规划报告》中正式提出，1990 年 5 月湖北省水利厅下文批复。

1994 年 3 月，湖北省水利水电勘测设计院开展了工程可行性研究阶段勘测工作，1998 年 11 月完成了《湖北省房县三里坪水利水电枢纽工程可行性研究报告》。水利部水利水电规划设计总院、中国国际工程咨询有限公司和国家发展和改革委员会分别于 2000 年 6 月、2003 年 2 月和 2004 年 8 月对可研报告进行了审查和评估，提出了审查和评估意见。

2004年6月，长江水利委员会长江勘测规划设计研究院和长江勘测技术研究所开展了三里坪工程初步设计阶段勘测工作，于2005年5月完成了初步设计报告。2005年7月，水利部水利水电规划设计总院在北京进行了初步设计报告审查。

2006年，国家发展和改革委员会下文核定该工程初步设计概算。2007年10月，湖北省水利厅下文批复了该工程的初步设计报告。2008年1月24日，湖北省下达《关于房县三里坪水利水电枢纽工程开发的批复》。

（3）建设历程

三里坪水电站于2004年12月底开工建设，2005年4月1日开始进行前期临建工程施工，2006年7月15日主体工程开工，2007年12月8日成功截流，2010年12月完成大坝碾压混凝土施工并具备下闸蓄水条件，2011年3月下闸蓄水验收，2011年9月完成大坝混凝土施工，2011年底第一台机组投产发电，2012年4月2台机组全部投产。

（4）工程效益

1）防洪效益。

三里坪水库是汉江整体防洪体系的重要组成部分，其配合丹江口及下游寺坪水库联合调度，可有效减少汉江中下游分蓄洪量，提高谷城县城的防洪能力。

2）发电效益。

工程建成后对南河下游梯级的补偿作用明显，可增加南河下游梯级电站的保证出力和发电量。三里坪水电站是十堰电网重要调峰、调频主力电站，在一定程度上缓解了湖北电网的调峰压力。

3）工程创新。

三里坪工程大坝最大坝高141米，是当时最高的碾压混凝土双曲薄拱坝。其建成填补了我国在强岩溶地区修建碾压混凝土高薄拱坝的空白，极大地推动了我国水电站勘测和筑坝技术的发展。

5. 润泽河南省最大自流灌区的水库——鸭河口水库

（1）工程概况

鸭河口水库（图3-47）位于河南省南阳市城区以北40千米处，处于汉江支流白河上游，伏牛山山脊玉皇顶峰东南侧，在伏牛山及其支脉五朵山环抱的丘陵之中。大坝坐落在南阳市鸭河工区皇路店镇鸭河入南阳白河的交汇口处，故称鸭河口水库。鸭河口水库上距南召县城35千米，下距南阳市区40千米，是南阳市的饮用水水源地和白河上的主要防洪控制工程，是根据汉江支流唐白河流域规划兴建的大型水库之一，是一座以防洪、灌溉为主，兼顾发电、水产养殖、城市供水和旅游等综合利用的大型水利枢纽，是河南省最大的自然流灌区，全国十大灌区之一。

图 3-47 鸭河口水库

鸭河口水库控制流域面积 3030 平方千米，总库容 13.2 亿立方米，兴利库容 7.45 亿立方米。鸭河口水库受益范围北起伏牛山东端南麓，南至河南、湖北两省交界处，南北长约 100 千米，东西宽约 30 千米，总面积约 2400 平方千米，可灌溉 35 个乡镇。

（2）规划设计

1958 年，长江流域规划办公室提出鸭河口水库初步设计报告，按 100 年一遇洪水设计，1000 年一遇洪水校核，总库容 12.25 亿立方米。

大坝为黏土心墙砂壳坝，坝高 32 米，坝长 1400 米，防浪墙高 1 米，上游做黏土铺盖防渗。左端有副坝，为均质土坝，最大坝高 10 米，坝长 300 米。主坝两端各设一座埋管式输水洞，左输水洞直径 3.5 米，出口下接东干渠，下泄流量 25 立方米每秒；右输水洞直径 5 米，下泄流量 75 立方米每秒。

主、副溢洪道均在大坝右侧，尾水渠汇合后入白河。主溢洪道净宽 48 米，设 4 孔泄洪闸，最大泄洪流量 3120 立方米每秒。副溢洪道为开敞式，净宽 200 米，并筑有 3.5 米高的黏土斜墙堵坝，来水超过 300 年一遇洪水时，破堵坝泄洪。

鸭河口水库于 1958 年 11 月 28 日正式开工兴建，1959 年 4 月 22 日大坝建成。1966 年 2 月 11 日至 18 日竣工验收。"75·8"大洪水后，对鸭河口水库进行了水文复核，防洪标准不足 1000 年，由于加固投资大而缓建。1986 年，鸭河口水库被原水利电力部列为全国 43 座重点危险水库之一。同时明确鸭河口水库的除险加固工程由河南省水利厅负责设计，由长江流域规划办公室负责审查，并被列为河南省"七五"计划重点基础设施建设项目，于 1988 年 8 月 1 日至 1992 年 7 月 17 日对水库进行了除险加固。除险加固后的鸭河口水库，防洪标准已达 1000 年一遇洪水设计，10000 年一遇洪水加 20% 校核。

（3）建设历程

鸭河口水库工程始建于 1958 年，1959 年大坝合龙，1960 年拦洪蓄水，并于 1988 年至 1992 年进行首次除险加固，2009 年至 2011 年进行第二次除险加固。

当年南阳行署成立鸭河口水库工程指挥部，组织水利电力部、河南省和南阳地区施工队及南阳、南召等 8 个县 10 余万人施工，1965 年完工。1964 年至 1967 年建成左岸电站，1981 年又建成右岸电站。

1975 年大水以后，为临时安全度汛，1975 年冬至 1976 年春，将副溢洪道底降低 6 米，斜墙堵坝高改为 9 米，上加防浪墙高 1 米。堵坝顶设 24 孔炸药室，遇超 300 年一遇以上洪水时爆破堵坝泄洪。由于对下游威胁很大，长江流域规划办公室按防御可能最大洪水标准编制水库除险加固设计，大坝加高 2.5 米，新建 5 孔泄洪闸。1980 年动工，因国民经济调整而缓建。1984 年鉴于原设计加固标准太高，投资太大，经多次研究将校核洪水标准降为万年一遇，改为大坝垂直加高 2 米，坝高 34 米，总库容 13.16 亿立方米。

副溢洪道新建泄洪闸 4 孔，最大泄量 5480 立方米每秒。由于大坝设计标准较低，按 2 级建筑物设计，1 号溢洪道泄洪闸原设计标准低等隐患，2009 年至 2011 年进行了第二次加固，大坝加高 0.6 米，重建 1 号溢洪道及泄洪闸，总库容 13.39 亿立方米。

（4）工程效益

鸭河口水库建库以来，取得了较好的兴利减灾效益。在工程发挥的总效益中，防洪效益最为显著，共拦蓄发生在白河上游洪峰流量超过 5000 立方米每秒的大洪水 12 次。特别是 1975 年 8 月的特大洪水，白河上游洪峰流量高达 11700 立方米每秒（鸭河口站），最大 1 日入库洪量 3.95 亿立方米，最大入库洪量 8.38 亿立方米，由于水库的拦蓄，最大下泄洪量仅 2290 立方米每秒，削减洪峰 81%，从而确保了下游焦枝铁路及南阳城区的安全，使下游白河两岸基本上未形成灾害，减少综合经济损失 11.2 亿元，是水库总投资的 7.7 倍。1975 年 8 月 8 日，国务院副总理李先念发来"确保鸭河口水库，确保南阳市"的电报指示。据长江流域规划办公室规划处测算，在当时情况下，如果没有鸭河口水库的拦蓄，则焦枝铁路被冲垮、桥梁被冲毁，南阳市中心城区平均积水深将达 2 米以上，数百个工矿企业被淹。水库灌区的配套工程也被冲毁，农田淹没面积在近千万公顷以上，甚至还危及湖北省襄阳市的安全，后果将是十分惨重的。

鸭河口水库灌区是河南省最大的自流灌区，是全国十大自流灌区之一，设计灌溉面积 15.9 万公顷，有效灌溉面积 8.8 万公顷。灌区耕地面积虽占南阳市总耕地面积的

1/6 左右，但每年提供的商品粮、棉则分别占南阳市提供量的 1/3 和 1/2。灌区自 1966 年开灌以来，累计引水 150 多亿立方米，年均灌溉面积 4.9 万公顷，作为水源的水库工程在灌溉中所起的作用按 30% 计算，效益已达 10 多亿元。

鸭河口水库总装机容量 1.2 万千瓦，年均发电量 3500 万千瓦时，累计发电量 7 亿多千瓦时，随着工业和城市的发展，近几年来，鸭河口水库每年还向南阳市橡胶坝供水 1 亿立方米，向鸭河口火电厂提供循环用水 6 亿多立方米。此外，水库可养鱼水面 7300 公顷，目前库面养鱼网箱已达 1 万多只，有效地带动了库区移民脱贫致富奔小康。

七、鄱阳湖水系

鄱阳湖流域位于长江中下游南岸，与江西省行政辖区基本重叠。鄱阳湖流域是鄱阳湖水系集水范围的总称。鄱阳湖水系是由赣江、抚河、信江、饶河、修水五大河流及各级支流，加上青峰山溪、博阳河、樟田河、潼津河等独流入湖的小河，以及其他季节性的小河溪流和鄱阳湖组成，以鄱阳湖为汇聚中心的辐聚水系。鄱阳湖水系是一个完整的水系，各大小河流的水均注入鄱阳湖，经调蓄后由湖口流入长江，成为长江水系的重要组成部分。鄱阳湖水系涉及的范围南北长约 620 千米，东西宽约 490 千米，流域面积 162225 平方千米，相当于江西省面积的 97.2%。其中，156743 平方千米位于江西省境内，占流域面积的 96.6%，占江西省面积的 94%，其余 5482 平方千米分属福建、浙江、安徽、湖南和广东等省，占流域面积的 3.3%。

（一）赣江

1. 流域概况

赣江是江西省和鄱阳湖水系的最大河流，也是长江的主要支流之一。其主源贡水发源于江西省石城县，自东向西流至赣州市汇合章水后始称赣江，再折向北流，纵贯全省，于南昌市八一桥分为主、北、中、南四支，主支于永修县吴城镇注入鄱阳湖。赣江流域地势南高北低，上游多山地，中游为丘陵与盆地相间，下游以冲积平原为主。流域面积 8.09 万平方千米（南昌外洲以上），山地面积约占 50%，丘陵面积约占 30%，平原面积约占 20%。

赣江全长 766 千米，天然落差 937 米，平均比降 1.22‰。赣州以上为上游，流经变质岩、花岗岩及第三系红层所构成的山区、峡谷与盆地。赣州至新干为中游，其中赣州至万安河段，进入由变质岩和花岗岩构成的峡谷，河床礁石众多，形成著名的赣江十八滩；万安至峡江河段贯穿吉泰盆地，峡江附近河流穿切武功山背斜层，流经由变质岩构成的峡谷；出峡江峡谷后，河谷又渐开阔。新干以下为下游，河流蜿蜒于冲积平原。流域面积在3000平方千米以上的支流有梅江、桃江、章水、孤江、禾水、乌江、袁河、锦河8条。

赣江流域属亚热带季风湿润气候，年平均降水量1580毫米。降水分布特点是：山区大于盆地，东部大于西部，下游大于上中游。降水一般集中在4月至6月，约占年降水量的50%。赣江流域水资源丰沛，年平均径流量687亿立方米，大于黄河流域，最大月径流多出现在6月，连续最大4个月均在4月至7月，占年径流量的63%～65%。赣江主汛期在4月至6月，7月至9月也可发生台风型暴雨洪水。

赣江流域跨越以武功山南缘大断裂和东乡—吉水大断裂为界的两个不同大地构造单元，西北为扬子准地台，东南为华南准地台，区域地质构造较为复杂。流域内主要出露地层在赣江下游地区为前震旦系板溪群浅变质的砂岩、板岩、千枚岩等；中上游地区的凹陷盆地均为红色岩系，山区为寒武系、震旦系的砂岩、板岩及岩浆岩类岩石。流域内地震基本烈度一般为Ⅵ度，仅赣南的会昌县等地为Ⅶ度。

赣江流域矿产资源较丰富，主要有钨、锡、铜、铅、锌、钴、煤、铀及稀土等。还有一定储量的煤炭、岩盐、铅锌等。据2004年全国水力资源复查成果，全流域水能理论蕴藏量267万千瓦，技术可开发量280.3万千瓦，年发电量101.4亿千瓦时。2001年底，全流域已建和在建500千瓦以上水电站112座，总装机容量98.5万千瓦，年发电量33.4亿千瓦时，水能开发利用率分别为35.1%和32.9%。

赣江流域主要位于江西省南部和中西部，少部分在湖南省。流域内交通较方便，公路交通发展很快，基本形成以南昌、吉安、赣州为中心的辐射网，可与四周邻省沟通。铁路主要有浙赣线和京九线，还有鹰厦、皖赣、南抚等线。水运由赣江通过鄱阳湖与长江相连，是江西省的水运大动脉。航空运输以南昌为中心，民航机场还有赣州、吉安等处，通达省内外。赣江流域是中国革命的摇篮地之一，中上游是革命根据地和老苏区，其中以红都瑞金和井冈山尤为闻名，下游的南昌市是爆发"八一"起义的英雄城市。

2. 规划研究过程

新中国成立后，赣江流域的综合治理和开发全面开展，自1953年开始，由长江水利委员会、江西省水利电力厅、武汉水力发电设计院、长沙勘测设计院等单位先后对赣江流域进行了大量的前期工作和规划研究。

（1）《赣江流域规划要点报告》

1955年8月，中南水力发电工程处奉水利部水电建设总局指示，根据赣南工矿企业用电要求，配合长江流域规划研究，对赣南河流进行了查勘，于当年12月编制了《赣南河川查勘报告》，提出赣南有会昌、白鹅、峡山、夏寒、极富、棉津、峡江

7处较优坝段。经综合分析，在干流选择以峡山（158米）和峡山（129米）为骨干的两组梯级开发比较方案，供进一步研究，并推荐棉津水电站（即万安水电站）为第一期工程。

1955年，长江水利委员会在进行长江流域规划的同时，开展赣江流域规划工作，于1958年编制了《赣江流域规划要点报告》，提出以防洪、发电、航运、灌溉为主体的综合利用开发任务。按河段划分，赣江中上游以发电、航运为主，中下游则以防洪、灌溉为主。近期应首先解决中、下游防洪问题，改善万安至赣州河段航运条件，开发赣南电能，发展与近期工程有关的灌区；远景继续开发水电，进一步提高防洪标准和灌溉保证率，逐步实现改善航运条件，直到全江渠化实现赣粤运河通航的任务。赣江梯级开发提出了会昌（185米）、峡山（160米）、万安（100米）、峡江（50米）加支流桃江极富（200米）、夏寒（165米）和会昌（185米）、茅店（145米）、万安（100米）、峡江（50米）加支流桃江信丰（175米）两组比较方案，供进一步研究。推荐万安水利枢纽为第一期工程，紧接开发峡江水利枢纽。

江西省水利电力厅于1956年6月至1957年1月对赣江中下游进行了较全面的普查，编制了《赣江流域普查报告》，提出综合利用规划初步意见和两种梯级开发方案，第一期计划兴建万安水利枢纽及中下游蓄洪垦殖工程等。

长沙勘测设计院于1959年编制了《贡水流域综合利用规划准备阶段开发方案初步研究报告》，认为开发任务首先是发电、航运，其次是防洪、水土保持和灌溉，并提出以峡山（160米）、茅店（145米）为中心的两种梯级开发比较方案。

长江流域规划办公室在完成《赣江流域规划要点报告》的同时，开展了万安水利枢纽工程的勘测设计工作，1959年完成初步设计报告。万安水利枢纽位于赣江中游，在万安县城上游2千米，坝址控制流域面积3.69万平方千米，选定的正常蓄水位100米，初期为96米，总库容22.16亿立方米，为不完全年调节水库，是以发电为主，兼有防洪、航运、灌溉、水库养殖等综合利用效益的大型水利水电工程。电站装机容量50万千瓦（初期40万千瓦），年发电量15.6亿千瓦时（初期11.5亿千瓦时）。万安工程曾于1960年开工，后因缩短基建战线于1961年冬停建，以后曾几度复工又缓建。20世纪80年代末再次复工，1990年发电，1994年竣工。

（2）《赣江流域规划报告》

《赣江流域规划要点报告》提出以后，长江流域规划办公室、长沙勘测设计院对赣江流域规划仍在继续进行有关勘测研究工作，同时中苏水利专家曾多次到赣江对重要枢纽河段进行了勘察，对枢纽坝址选择、建筑物形式等提出了建议，也给流域规划工作的进一步开展留下了有益的意见。1961年12月由长江流域规划办公室、长沙勘测设计院、江西省水利厅共同编制了《赣江流域规划报告》（讨论稿），当时交通部也派人参加赣粤运河的规划工作。《赣江流域规划报告》提出的开发任务为防洪、除涝、灌溉、水力发电、水运、水土保持及水产养殖、水利卫生等，要求全流域在20世纪60年代末达到以基本消灭普通水旱灾害为主要目标。对赣江干流梯级开发研究了3种方案，经多方面比较，推荐峡山（160米）高方案的9级开发为主要方案，即峡山（160米）、茅店（105米）、万安（100米）、枧黄（69米）、石虎塘（58米）、峡江（50米）、永太（34米）、龙头山（25米）、吴城（20米）加上支流桃江大田（145米）。在水运远景规划方面，除重点研究了赣粤运河外，还提出了利用贡水与福建沟通的赣闽运河和从袁河与湖南沟通的赣湘运河设想，并建议交通部门主持，对该两条运河的线路进行勘测规划，论证其技术可行性和经济合理性。对近期工程的安排，一是加高加固赣江下游堤防，改善泉港闸的运用条件，尽快兴建赣江、锦河下游地区的蓄洪垦殖工程；二是要求赣江流域大部分地区实现灌溉自流化和排灌机械化，以达百日无雨不旱的目标；三是除续建因故暂停建的万安、江口、罗边等水电站外，水电的进一步开发应以赣中地区为重点，包括峡江等大型水电站。该规划讨论稿提出后，未再组织进一步的研究。1962年至1978年期间，有关勘测设计单位先后开展了赣江主要支流的开发研究和干支流上的主要水利枢纽工程的设计工作。

（3）《赣江干流梯级开发方案与近期工程选择规划报告》

江西省根据1977年全国电力工作会议的要求，着手水电规划选点工作，对赣江干流梯级开发方案进行复核，于1979年由省水利水电规划队编制了《赣江干流梯级开发方案复核与近期工程选择报告》。该报告提出：赣江干流梯级开发的任务应综合考虑发电、防洪、灌溉、航运、过木、水产等各部门的要求，赣江上游水能蕴藏量丰富，应以开发水电为主，但也应为中下游防洪、灌溉、航运承担一定的任务；中游沿岸，为旱灾严重地区，有迫切的灌溉要求，在开发水电的同时，应兼顾灌溉、防洪和航运；新干以下两岸为圩区，主要是防洪、除涝和灌溉，结合考虑航运、水产。在复核干流梯级开发方案时，考虑到1961年规划报告所推荐的峡山（160米）高方案综合效益虽大，但库区淹没损失也大，矛盾突出。为了减少淹没损失，研究了以峡山（117米）、白口塘（128米）、白鹅（160米）、寒信（160米）四库组合方案替代峡山（160米）方案。但经综合比较，不论是发电效益、综合利用效益、建设规模以及施工年限等几个主要方面，峡山（160米）高方案均较替代方案为优。如能妥善处理峡山库区移民，则推荐峡山（160米）高方案作为赣江干流梯级的控制性工程，并建议在万安水利枢纽完工后接着兴建。

江西省人民政府于1980年10月向国务院上报了该复核报告，国务院办公厅于

1981年1月批复该复核报告。批复中指出："开发赣江水利资源，关系到江西全省的国民经济发展，特别是涉及发电、防洪、航运、灌溉、工业与城市生活用水以及库区淹没损失等方面的问题，为此，有必要对江西省工业、农业、交通、能源的现状和发展规划，赣江干流与支流的水力资源和开发利用，长江鄱阳湖与赣江在防洪上的关系以及各种防洪措施的配合，赣江开发与赣粤运河的关系，灌溉方式与标准等方面，进行充分的调查研究，明确综合利用各部门的主次关系，研究综合利用的经济效果，全面规划，统筹安排，选出经济合理的、切实可行的又有较大经济效果的方案来。"同时在批复中还指出"复核报告中的赣江开发方案对上述问题，调查研究不够，缺乏全面的综合规划和充分的经济分析""建议由江西省人民政府综合部门牵头，组织电力、农业、水利、交通、民政等有关部门，重新对赣江开发进行深入调查研究和规划"。

（4）《赣江流域规划报告（修订）》

江西省人民政府于1981年7月发函，拟请长江流域规划办公室承担《赣江流域规划报告（修订）》工作。经长江流域规划办公室与江西省水利厅协商，这次规划修改补充工作，以江西省为主，长江流域规划办公室配合进行。长江流域规划办公室主要承担赣江干流梯级开发方案的进一步论证与复核，赣江干支流关系的分析与论证，赣江与鄱阳湖、长江在防洪上的关系论证，赣粤运河通航问题的研究四个方面的规划工作；江西省承担水资源综合利用、电力、航运、林业、水产、水土保持、城乡建设、水利卫生、水源保护、旅游等专业规划和13条主要支流规划。1982年3月提出了《赣江流域规划（修改补充）任务书》，由江西省人民政府上报国务院审批。国务院办公厅委托国家计划委员会进行审查，1982年7月，国家计划委员会批准该任务书。至此，《赣江流域规划报告（修订）》工作全面展开。当年，在江西省人民政府的直接领导下，成立了赣江流域规划委员会，由江西省计划委员会、经济委员会、水利厅、交通厅、电力局、林业厅、农牧渔业厅、城乡建设环保厅，赣州、吉安、宜春行署，南昌和长江流域规划办公室各派一位负责同志组成，下设办公室，负责规划的日常组织与协调工作，并请长江流域规划办公室负责技术指导。这次规划修改补充工作，以干流及重要支流梯级开发为研究重点，在赣江流域规划工作中，本着"全面规划，统筹安排，综合治理，综合开发"的原则，不但考虑了防洪、发电、航运和灌溉，而且还考虑了水产养殖、水土保持、工业及城乡生活用水、水利卫生、旅游等。规划提出：赣江上游地区和支流乌江流域水土流失严重，要着重解决水土保持问题；赣江中游吉泰盆地和袁河、锦河流域地区受旱较为严重，要着重解决灌溉问题；赣江下游地区洪涝灾害严重，要着重解决防洪除涝问题。这次规划干流研究的范围考虑到赣粤运河梯级水位的衔接，包括了支流桃江极富以下河段，因此桃江下游河段的夏寒（即芒头窝）

水利枢纽应列入干流梯级开发方案中一并考虑。在研究赣江干流梯级开发方案时，考虑到峡山和峡江两库区淹没损失均较大，因此研究了在上游以白鹅、寒信水利枢纽（拟定了两种不同正常蓄水位的组合）和中游河段以潭西水利枢纽（位于峡江坝址上游约26千米）为代表的比较方案，共拟定了6种赣江干流梯级开发方案。经综合分析和技术经济比较，以第一种（峡山160米高方案）和第五种（峡江117米低方案）开发方案为优，可进一步研究。建议继万安水利枢纽兴建之后，干流梯级开发应在万安至峡江河段中选择，上游河段可列为第二阶段开发。经比较，推荐泰和、石虎塘和桃江上的夏寒水利枢纽为近期开发工程。

长江流域规划办公室主任林一山于1980年11月会同江西省人民政府副省长张国震和有关厅局负责人重点查勘了峡山坝区和赣粤运河分水岭段，对分水岭段的运河线路选择、通航水源、供水方式、通航建筑物形式等提出了意见，并建议结合近期水运的要求，论证分水岭段采取"先通后畅、先小后大"分阶段开发的可行性。同时察看了万安施工现场，听取了施工情况的汇报。长江流域规划办公室副主任张浙和副总工程师刘崇蓉于1981年11月带领长江流域规划办公室勘测、水文、规划设计等有关工程技术人员，到赣江干流各梯级坝址和赣粤运河分水岭段进行了综合查勘，沿途听取了有关地县对开展赣江流域规划工作的意见。1986年9月初，长江流域规划办公室主任魏廷琤赴赣江察看了万安施工现场，并在南昌与江西省人民政府、省水利厅、省电力局等有关负责人就充分利用赣江水利资源、加快赣江开发等问题交换了意见。

赣江流域规划修改补充工作历时4年，于1986年6月完成《赣江流域规划报告》送审稿和附件36件（其中主要支流规划报告13项、专业性规划报告13项，专题研究报告10项），附图748张。《赣江流域规划报告》提出后，江西省人民政府及有关学术、咨询机构曾多次进行审议、评议。1989年9月，水利部水利电力规划设计总院会同江西省计划委员会在南昌召开了《赣江流域规划报告》预审会，认为《赣江流域规划报告》拟定的规划方案基本合理可行，可作为决策的依据，应及早审定，有计划地逐步实施。同年12月，水利部受国家计划委员会委托，会同国家计划委员会、能源部、交通部和江西省人民政府等单位有关部门负责人组成《赣江流域规划报告》审查委员会，在北京召开了审查会议，原则同意《赣江流域规划报告》预审意见，并提出了补充意见。

1990年10月，国家计划委员会对《赣江流域规划报告》审查意见作了批复：经国务院同意，"原则同意《赣江流域规划报告》审查委员会的审查意见；请以江西省人民政府为主，与会国务院有关部门组织好本规划的实施；关于峡山枢纽方案的问题，请江西省人民政府进一步组织研究，报水利部审批"。

3. 规划方案

（1）开发任务

赣江流域的开发任务是防洪、发电、航运、灌溉、除涝、供水、水产养殖等。赣江干流上游以发电为主，结合防洪；中游发电结合灌溉、航运、防洪、水产；下游为防洪、航运、除涝、灌溉、发电；以及远景赣粤运河。

1）防洪。

赣江防洪原则是蓄泄兼施、以泄为主，疏浚河道，加高加固堤防，并在中上游适当修建水库，采用堤、库和分蓄洪区措施相结合，以防御超标准洪水。沿江两岸防护对象防洪标准的提高，近期宜选用加高加固现有圩堤方案；防洪标准由现状10~20年一遇洪水，提高到防御20~50年一遇洪水；远景拟在规划修建的峡山、万安（已建）、峡江3座水库中设置防洪库容，调蓄洪水，降低中下游洪水位，进一步提高防洪标准。峡山高方案可使赣东大堤的防洪能力提高到防御100年一遇洪水。

2）发电。

2020年以前，在干流（含桃江）上拟建或争取开工、装机容量10万千瓦以上的水电项目有万安、泰和、夏寒、石虎塘、峡江5座水电站，还计划兴建一批小型水电站。规划中的峡山水电站综合效益大，但库区淹没损失很大，近期很难兴建。

3）航运。

近期规划将在赣江干流上建设一条赣州至湖口的水运干线，实现同长江干支流直通又与鄱阳湖联运的水运网络。其通航标准拟定为：赣州至南昌段为Ⅴ级航道，通航300吨级船舶；南昌至湖口段为Ⅳ级航道，通航500吨级船舶。远景实现赣粤运河，结合赣江和珠江水系北江的综合梯级开发，建成Ⅲ级航道，通航1000吨级船舶。

4）赣粤运河。

北起鄱阳湖口，向南经鄱阳湖溯赣江干流，经南昌、吉安、赣州，沿桃江越赣粤分水岭，至广东境内连接北江浈水，经南雄、韶关顺北江至广州，全长1275千米，其中江西境内748千米。规划按Ⅲ级航道建设。

5）灌溉。

2020年以前，流域内规划修建一批大中型骨干蓄水工程（主要分布在吉泰盆地和袁、锦河中下游缺水地区），以蓄水为主，引水、提水相结合，增加灌溉面积5.87万公顷，使赣江流域灌溉面积累计达99.87万公顷。计划在吉泰盆地的蜀水、禾水、孤江、乌江中上游修建一批大中型水库，并通过长藤结瓜的水系进行调盈补缺；在袁、锦河中下游地区修建高村、关王亭、白梅等大型水库。

6）除涝。

根据"高水导排、低水提排、围洼蓄涝"的原则，规划在涝区水系的中上游修建水库，以拦蓄洪水，减少下泄水量，同时沿丘陵山边开挖排水渠，实行高水高排，将排水渠以上的部分来水量直接排至外河。在下游平原圩区，将洪水排至蓄泄区，采用设有蓄泄区的两级排水的方式，各内堤圩区设一级抽水站，将洪水排至蓄泄区，再由蓄泄区自流排或抽排到外河。

7）工业与城镇生活供水。

经赣江流域水资源供需平衡分析计算，保证率90%（相当于1963年型干旱年），2000年水平年可供水量116.56亿立方米（其中河川径流111.38亿立方米，地下水5.18亿立方米），需水量137.76亿立方米（其中农业灌溉用水量116.58亿立方米，工业用水量13.62亿立方米，城镇生活用水量1.0亿立方米，其他用水量6.56亿立方米）。全年缺水21.2亿立方米，其中干旱期（7月至9月）缺水量约占全年缺水量的81.7%。解决缺水问题，要采取"开源节流"的办法。有计划、有步骤地修建蓄水工程、引水工程和提水工程，增加可供水量，同时实施科学用水、节约用水的措施。

8）水产养殖、水利卫生。

赣江流域发展水产的主要措施是扩大养殖水面面积，提高单位水面产量，采用多种有效手段保护水产资源。规划要求2000年全流域水产品总产量达到576万担，其中养殖产量558万担，捕捞产量18万担。规划提出修建水利工程要改善水利卫生条件，做好灭螺、灭蚊、饮水消毒和配合环保、卫生部门对水质及工业三废治理的监督、监测工作。

（2）开发方案

1）干流。

规划拟定了6种干流梯级开发方案进行综合比较，推荐峡山高低2种方案进一步研究，该两种方案在干流万安以下河段均为按6级进行开发，即万安（100米）、泰和（69米）、石虎塘（58米）、峡江（50米）、永泰（34米）、龙头山（26米）；万安以上河段和支流桃江的组合，峡山高方案为：峡山（160米）、夏寒（145米）、茅店（106米），峡山低方案为：白鹅（160米）、寒信（160米）、白口塘（128米）、峡山（117米）、夏寒（145米）、茅店（106米）。

此两种方案可视国家财力情况和工农业生产发展对水资源综合利用要求的迫切程度选定，峡山高方案可优先考虑。

2）主要支流。

本规划阶段对赣江的13条主要支流（流域面积1000平方千米以上）均进行了规

划工作，其中蜀水流域面积最小为1305平方千米，最大支流禾水流域面积为9508平方千米，各支流的流域范围一般涉及2～3个县，最多的8～9个县。可开发的水力资源约100万千瓦，其中以章水较为丰富，且开发条件较好，其次是桃江和遂川江。其他支流虽有一定的水力资源，但由于淹没损失大，多采用径流式开发，工程规模较小。

4. 流域典型工程介绍：江西的"三峡工程"——峡江水利枢纽

江西峡江水利枢纽是国家重点工程，是一座以防洪、发电、航运为主，兼顾灌溉等综合利用的大型水利枢纽工程，工程总投资99.22亿元，可以调控赣江70%的流域面积，是江西省有史以来投资规模最大的水利工程，被誉为江西的"三峡工程"。图3-48为2009年9月6日峡江水利枢纽工程奠基仪式。

图3-48　2009年9月6日峡江水利枢纽工程奠基仪式

（1）工程概况

峡江水利枢纽位于赣江中游峡江县老县城（巴邱镇）上游峡谷河段，距峡江老县城巴邱镇约6千米，上距吉安市约60千米，下距省会南昌市约160千米。

峡江水利枢纽是一座以防洪、发电、航运为主，兼顾灌溉等综合利用的大（1）型水利枢纽工程。工程建成后，与泉港分蓄洪区配合使用，可使下游南昌市防洪标准由100年一遇提高到200年一遇，赣东大堤的防洪标准由50年一遇提高到100年一遇；多年平均发电量11.44亿千瓦时；改善上游航道77千米；并为下游2.2万公顷农田提供可靠的灌溉水源。

为了保护肥沃的土地资源，同时降低库区的淹没处理投资，须采取工程措施与非工程措施相结合的方式减少峡江库区淹没。非工程措施是通过研究和优化水库的调度运行方式，降低峡江坝址上游的洪水位，减少库区淹没范围，以达到减少库区淹没。

工程措施则是根据库区内的水系分布、地形地势条件，采取筑堤防护或抬田等工程措施，保护库区内沿江两岸的村庄和耕地，以达到减少库区淹没。

峡江水利枢纽库区防护工程的主要任务是：使防护区内的村镇和耕地在设计标准条件下不受洪、涝、渍灾害。

（2）设计标准、规模及主要建设内容

峡江水利枢纽工程正常蓄水位46.0米，死水位44.0米，防洪高水位49.0米，设计洪水位49.0米，校核洪水位49.0米。水库总库容11.87亿立方米，防洪库容6.0亿立方米，调节库容2.14亿立方米。电站装机容量36万千瓦，共安装9台4万千瓦的灯泡贯流式水轮发电机组。船闸设计最大吨位1000吨。

峡江水利枢纽工程为一等工程。主要建筑物混凝土重力坝、泄水闸、河床式电站厂房上游挡水部分、船闸上闸首、鱼道上游挡水部分和左、右岸灌溉进水口为1级建筑物，电站厂房非挡水部分、船闸闸室、下闸首和鱼道非挡水部分为2级建筑物，次要建筑物为3级建筑物。混凝土重力坝、泄水闸、河床式电站厂房上游挡水部分等主要建筑物设计洪水标准采用500年一遇，校核洪水标准采用2000年一遇；电站厂房非挡水部分等建筑物设计洪水标准采用100年一遇，校核洪水标准采用500年一遇；下游消能防冲建筑物设计洪水标准采用100年一遇。

同江防护区同赣堤、吉水县城防护区堤防等级为2级，同江防护区万福堤、阜田堤及上下陇洲防护区堤防等级为4级，其他防护区堤防等级为5级。同江河口大（2）型泵站主要建筑物级别为2级，坝尾、南园、舍边和窑背等中型电排站主要建筑物级别为3级，罗家、下陇州、柘口、白鹭、燕家坊、庙前、城北、小江口和城南等小（1）型电排站主要建筑物级别为4级，落虎岭电排站主要建筑物级别为5级。

峡江水利枢纽工程主要建设内容包括枢纽主体工程、7个库区防护工程和15片抬田工程。

枢纽工程总布置为河道主流区布置泄水闸，泄水闸左侧为船闸、右侧为电站厂房，左、右两岸为混凝土重力坝，坝身布置左、右岸灌溉取水口，鱼道布置在电站厂房安装间坝段右侧。坝轴线总长845米，枢纽主要建筑物沿坝轴线从左至右依次为：左岸混凝土重力坝长102.5米（包括左岸灌溉总进水闸），船闸段长47.0米，门库坝段长26.0米，18孔泄水闸长358.0米，厂房坝段长274.3米（其中安装间长62.5米与重力坝重合），右岸混凝土重力坝长99.7米（包括右岸灌溉总进水闸及鱼道）；设计坝顶高程51.20米。泄水闸墩顶高程53.00米，最大坝高30.5米，重力坝段最大坝高22.1米，门库坝段最大坝高26.4米，厂房坝段最大坝高44.9米。

库区工程涉及吉安市的吉水县、峡江县、吉安县、吉州区和青原区，包括同江河、吉水县城、上下陇洲、柘塘、金滩、樟山、槎滩 7 个防护区，堤线总长 57.809 千米，导排沟（渠）总长 51.691 千米，排涝泵站总装机容量 17715 千瓦；防护区内同江、陇州、槎滩、柘塘、樟山 5 片抬田和防护区外沙坊、八都、桑园、水田、槎滩、金滩、南岸、醪桥、乌江、水南背、葛山、砖门、吉州区、禾水、潭西等 15 片抬田工程，抬田面积 2467 公顷。

（3）工程建设

1）施工总体安排及建设工期。

峡江工程施工总工期为 72 个月，第一台机组发电工期为 47 个月。

峡江工程工期主要节点目标安排如下：2009 年 9 月 6 日工程奠基，2010 年 8 月 10 日一期围堰合龙；2011 年 2 月 28 日全年围堰形成，2011 年 7 月 31 日二期围堰合龙，2012 年 8 月 31 日大江围堰截流，2012 年 9 月 1 日船闸具备临时通航条件；2013 年 2 月 28 日左侧 6.5 孔泄水闸土建及 6 扇工作门安装结束；2013 年 7 月 31 日第一台机组具备发电条件；2015 年 4 月 30 日右侧 11.5 孔泄水闸土建及 12 扇工作门安装结束；2015 年 8 月 31 日最后一台机组具备发电条件；2015 年 8 月 31 日主体工程完工。

2）工程实际建设情况。

2008 年 11 月 13 日，峡江水利枢纽工程经国务院常务会议核准审批。工程于 2009 年 9 月奠基，计划 2015 年 8 月全面建成发电。

2012 年 8 月 29 日上午，工程实现大江截流，主体工程施工将进入高峰期。

2013 年 7 月，峡江水利枢纽工程通过了水利部水利水电规划设计总院专家组的蓄水安全鉴定，这为工程下闸蓄水阶段验收提供了必要依据。2013 年 7 月 29 日峡江水利枢纽工程下闸蓄水，工程分两期蓄水，一期控制蓄水位为 42 米（初期为 39 米，后期为 42 米），二期蓄水位为正常蓄水位 46 米。

2013 年 9 月 1 日 7 时 32 分，峡江水电站首台机组正式并网，7 时 51 分正式发电。2013 年 9 月 10 日，峡江水电站 9 号机组 72 小时试运行正式开始，截至 9 月 13 日 16 时 23 分，9 号机组 72 小时试运行结束，9 号机组 72 小时试运行圆满成功。2014 年 9 月 27 日 3 时 54 分，峡江水电站 5 号机组首次并网成功。

（4）工程效益

1）防洪效益。

峡江水利枢纽工程建成后，防洪库容达 9 亿立方米，能提高赣江中下游两岸尤其是南昌市和赣东大堤保护区的防洪标准，南昌市的防洪标准将由 100 年一遇提高到 200 年一遇，赣东大堤保护区防洪标准将由 50 年一遇提高到 100 年一遇，年均将减少洪水带来的损失达 7.5 亿元。

2）发电效益。

峡江水电站将安装 9 台总装机容量 36 万千瓦的机组，水电站接入江西省电网，可增加江西电力调峰容量 36 万千瓦，年发电量达 11.42 亿千瓦时，将缓解江西省电力系统用电的紧张状况，年均发电效益 4 亿元。

3）航运效益。

峡江水利枢纽能渠化坝址上游 77 千米的航道（从坝址至赣江干流吉安市井冈山大桥），改善航运条件，畅通航行千吨级船舶也将成为现实。

4）灌溉效益。

从峡江水库引水，能为下游沿江两岸（峡江、新干两县及樟树市 18 个乡镇）2.2 万公顷农田提供灌溉水源，年均粮食增产将达 6 万吨，其社会效益和经济效益非常显著。

（二）抚河

1. 流域概况

抚河位于江西省东部，是鄱阳湖水系五河之一。主源盱江源出武夷山脉西麓江西广昌县梨木庄，河流自南向北流经南丰、南城，右岸汇支流黎滩河后称抚河，再经浒湾进入下游平原，至临川市（抚州）纳最大支流临水，再向西北流经南昌县境，在茬港改道由青岚湖入鄱阳湖。流域内地势东南高，西北低。流域面积约 1.58 万平方千米（李家渡站以上），其中山地占 27%，丘陵占 63%，平原占 10%。

抚河干流全长 310 余千米，天然落差 425 米，平均坡降 1.36‰。干流南城以上为上游，流经中高山区，主源盱江流经第三系红色砂岩、泥岩、泥质页岩地区，水土流失严重。南城至临川（抚州）为中游，河谷宽 400~600 米，主要流经丘陵和盆地。临川（抚州）以下为下游，两岸平原往下逐渐展宽，紫埠口以下进入赣抚平原区。箭江口以下，抚河分为东西两支，东支为主流，经青岚湖注入鄱阳湖；西支又分为三支，均注入赣江下游。支流流域面积大于 1000 平方千米以上的有黎滩河、临水（崇宜水）和东乡水（南北港）3 条。

抚河流域属亚热带季风气候，多年平均年降水量约 1730 毫米，降水由西南向东北渐增，上中游大于下游。降水集中在 4 月至 7 月，多以暴雨出现，形成洪水。抚河多年平均年径流量 147 亿立方米（李家渡站）。李家渡站实测最大流量为 8480 立方米每秒（1982 年），考虑分洪溃口的还原流量应为 11000 立方米每秒，历史调查最大洪水为 14500 立方米每秒（1876 年）。

抚河流域内广泛出露前震旦系板溪群浅变质砂岩、板岩和千枚岩，中下游主要为侏罗系火山岩和第三系红层。地震基本烈度石城至会昌为Ⅶ度，一般地区均为Ⅵ度。

抚河流域内已探明的矿藏资源主要有煤、铁、石墨、瓷土、石灰石和有色金属等20余种。据2004年全国水力资源复查成果，全流域水能理论蕴藏量38.1万千瓦，技术可开发量31万千瓦，年发电量11.6亿千瓦时。2001年底，全流域已建和在建500千瓦以上水电站17座，总装机容量12.5万千瓦，年发电量4亿千瓦时，水能开发利用率分别为40%和34.5%。

抚河流域涉及江西省14个县（市、区）和福建省1个县。2000年底，全流域总人口312万，其中城镇人口79万；国内生产总值122亿元，工业总产值64亿元，农业总产值78亿元；耕地28.27万公顷，有效灌溉面积18.2万公顷，粮食产量158万吨，牲畜227万头。

抚河流域中下游交通较便利，以公路为骨干。

2. 规划研究

新中国成立后，抚河流域先后进行了水利普查、区域水利规划、流域（河流）规划、规划复核等项工作，通过规划的实施，流域内的水利水电建设获得较快发展。

（1）《抚河流域查勘报告》

1956年初，中共江西省委在《江西省贯彻执行全国农业发展纲要规划（草案）》中提出，"大力兴修水利，加强水土保持，1960年全省基本消灭普通旱灾，1962年基本消灭普通水灾"的奋斗目标，以及"改变水利条件，实现农业'三变'（中稻变早稻，一季变两季，旱地变水田）"的号召。为此，江西省水利电力厅及省水利规划设计院会同长沙勘测设计院等单位，对赣江、抚河、信江、饶河、修水"五河"及其主要支流进行水利普查。1956年8月，该联合查勘队查勘了抚河，并于1957年1月提出了《抚河流域查勘报告》。查勘报告对流域内的自然地理、社会经济、地形地质、水文气象等基本情况进行了初步描述，反映了防洪、灌溉、航运和水土保持等水利问题，提出了水利发展方向，阐述了流域水力资源的蕴藏情况和开发条件，在干支流上选择了罗坊、金牛坑、都均、廖坊、浒湾、桃陂、洪门等可能建坝的水库坝址，并进行了初步评价。

在水利普查的基础上，江西省水利规划设计院和上海勘测设计院对黎滩河洪门水库开展了勘测设计工作。洪门水库于1958年7月开工，1970年12月竣工，是抚河流域兴建的第一座大型综合利用水库。

（2）《抚信河中下游地区水利规划报告》

抚河和信江中下游分水岭地区为干旱缺水严重的丘陵地带，土地面积5500平方千米，行政区划属金溪、临川、东乡、贵溪、余江、余干、进贤等7个县。为解决该地区的农田灌溉等问题，江西省水利规划设计院进行了区域规划，并于1959年9月编制了《抚信河中下游地区水利规划报告》。该规划报告提出抚河和信江中下游丘陵地区的水利任务以灌溉为主，并综合考虑局部洪灾和工业用水、用电及远景航运等问题。区域规划方针是：在"蓄水为主、小型为主、社办为主"的"三主"方针指导下，进行统一规划，进一步发展中小型工程，充分利用当地径流，分区解决农田灌溉等问题；并结合发展大型引水工程，分年实施，逐年提高灌溉标准。逐步开发水电、减免洪灾、发展航运和水产，以达到综合利用水资源的目标。经分片进行水土资源平衡分析，当地径流不能满足灌溉要求，还需要另寻水源发展大型渠系。因此，规划进行了跨流域的水源工程选择，重点研究了疏山（抚河干流）引水、瑶圩（信江白塔河青源港）引水、瑶圩加白塔河引水，以及瑶圩和水岩（信江白塔河干流）两座水库连通等四大渠系引水方案。但规划对方案的选定未作结论，要求在抚河流域规划中进一步论证。

同期，江西省水利规划设计院于1959年6月和8月分别提出了《抚河桃溪地区水利规划报告》和《抚河流域桃溪水利枢纽设计任务书》。为发展抚河最大支流崇宜水桃溪地区的水利建设事业，《抚河桃溪地区水利规划报告》和《抚河流域桃溪水利枢纽设计任务书》推荐兴建宜黄水桃溪（又称桃陂）水利枢纽。桃溪水利枢纽为多年调节大（1）型水库，具有防洪、灌溉、发电等较大综合利用效益，但库区淹没损失也较大，还要淹没宜黄县城，损益矛盾突出，以致该枢纽工程的兴建时机短期内难以决断。

（3）《江西省水利电力综合规划报告》

为根治江西省水旱灾害和综合利用水资源，根据中共江西省委、省人民政府提出的"以蓄水为主，综合利用，全面规划，综合治理"的治水方针，以及"近期内蓄水500亿~600亿立方米，保证多雨时一次降雨700毫米不成水灾，少雨时100~120天无雨时不受旱灾，实现水利化"的指示，江西省水利规划设计院在省计划委员会和水利电力厅的领导下，在农林、交通等有关部门协助下，于1958年第四季度开始进行全省水利电力综合规划，并于1959年6月编制完成《江西省水利电力综合规划报告》。该规划报告有关抚河的规划内容主要有：

1）开发任务。

抚河流域的开发任务以防洪、排涝为主，相应地开发水能、改善航运，以满足工农业生产的需要，大力开展水土保持工作，以杜绝水土流失现象。

2）干支流梯级开发方案。

抚河干流为疏山（66米）、南城（86米）、石壁头（125米）3级高坝开发方案，宜黄水初选以桃陂（桃溪）水库（118米）为主体的开发方案，黎滩河选择以洪门水库（100.3米）为主体的开发方案。

3）防洪规划方案。

新中国成立后，对抚河中下游地区堤防进行了大力整修，结合堵塞江口、茬港改道、兴建洪门水库等工程措施，近期可使中下游防洪标准达到 50 年一遇；远景规划兴建疏山和桃陂（桃溪）两座水库（共控制抚河流域面积的 2/3），配合堤防加固，可使抚河中下游的防洪标准接近于 200 年一遇。

抚河支流东乡水所在的长州坪地区历来是洪涝灾害的重灾区，规划建议采用上蓄、中滞、下泄的综合治理措施，即在山丘区发展蓄水工程及导托工程，以降低抚河干流洪水位；平原区配合进行河道整治、堤防加固，以减免洪灾。

4）灌溉规划方案。

为发展灌溉，在抚河流域规划了桃陂水库灌区、崇仁水中游西岸灌区、抚河中下游灌区和赣抚平原灌区四大灌区。根据各灌区具体情况，安排了一批以大型为骨干、大中小型相结合的农田水利工程。

（4）《抚河流域综合利用规划报告》

根据1955年全国水利工作会议提出的"水利建设必须从流域规划入手，采取治标、治本相结合，防洪、排涝并重"的治水方针和1956年江西省水利工作会议制定的水利建设目标，在全省水利普查及全省水利电力综合规划等项工作的基础上，江西省水利规划设计院于1960年5月提出了《抚河流域综合利用规划报告》，并于同年8月上报江西省水利厅审批。该规划报告阐明流域的规划任务是：在灌溉、排水已初步解决的情况下，积极解决防洪问题，然后进一步发展灌溉、改善排水、提供工业用水，充分开发水力资源，改进水运、开辟新航道；抚河的开发任务亦即以防洪为主，结合灌溉、发电、航运。

1）干流梯级开发方案选择。

抚河干流河道纵坡平缓，河谷开阔，沿岸居民点和农田分布密集，兴建水库淹没损失大。因此，在梯级布置选择上，采用以不淹南城、南丰、广昌等县城为原则的中低水头梯级开发方案。同时，考虑梯级水位衔接，以充分利用水力资源。初步拟定抚河干流为7级开发：焦石（26.7米，已建）、红渡（37米）、廖家湾（43米）、疏山（66米）、南城（74米）、清华山（87米）、南丰（石壁头，125米）。与1959年规划3级高坝方案相比，增加了4级，其中南城（86米）一级开发改为南城（74米）、清华山（87米）两级开发，疏山以下河段增加衔接梯级三级。最下一级的礁石（26.7米）为引水闸坝，已建成，系赣抚平原灌区的补充水源工程。中游河段的疏山梯级为抚河干流梯级的骨干工程，防洪、灌溉、发电等综合效益显著，但库区淹没耕地达1.23万公顷，迁移人口达10多万，工程效益与淹没损失矛盾突出。因此，该规划认为疏山河段的开发利用有进一步研究的必要。

2）专业规划方面。

①防洪。

规划提出抚河流域的防洪措施，主要是堤库结合。防洪实施程序大体上分为三个阶段：第一阶段加高加固抚河中下游堤防和整治河道，以加大泄量，对特大洪水处理采取紧急分洪措施和兴建山谷水库蓄洪。赣抚平原防洪工程（含箭江口分洪闸、茬港改道）、洪门水库等工程的建成，标志着这一阶段任务基本完成。第二阶段继续兴建干支流控制性水库工程，包括干流的疏山和宜黄水的桃陂等工程，并利用原有的防洪措施，达到基本消灭洪灾的目的。第三阶段兴建干支流其他大型水库及更多的山谷水库，以上中游蓄水水库为主，中下游堤防为辅，将分洪概率减到最小，使抚河的洪水灾害得到根本解决。

②灌溉及水利系统化。

根据农村水利化的要求，发展灌溉的方向是继续兴建蓄水工程，调整渠系，在丘陵和平原地区实现水利系统化。灌溉水源工程方案有两种：疏山方案，水岩、瑶圩（跨信江水系）加桃溪方案，经规划研究，认为疏山方案优。此外，规划在抚河中下游发展抽水灌溉44835千瓦，以进一步解决流域内的灌溉问题。

③水力发电。

根据电力平衡分析，电力系统缺电较严重。规划初选的抚河干支流梯级开发方案，总装机容量共48.6万千瓦，年发电量17.4亿千瓦时。若全部开发利用后，可在相当长的时间基本满足流域内工农业生产的用电要求。

④水运。

抚河干支流的通航里程约560千米，可通行2吨以上船只，远不能适应航运发展要求。需要借助干支流梯级水库的兴建，渠化航道，调节枯水径流，淹没滩险，增加航运水深，再结合进行航道整治，以期提高航道等级。另外，规划还提出了赣闽运河、抚贡运河、崇仁水与赣江永丰水沟通运河的长远设想。

（5）抚河水力资源普查成果（1977年至1980年）

根据1977年4月水利电力部发文《关于开展全国水力资源普查的通知》，长江流域由长江流域规划办公室汇总，抚河流域水力资源普查成果由江西省水利水电规划队负责编制。该普查成果提出的抚河开发任务是以防洪为主，结合灌溉、发电、航运。汇编的抚河干流梯级开发方案为：南丰（125米）、清华山（87米）、南城（74米）、疏山（66米）、廖家湾（43米）、红渡（38米）等6级。

（6）抚河流域规划意见（1985年）

根据国家计划委员会报经国务院批准的《长江流域综合利用规划要点报告修订补充任务书》的河流规划分工要求，江西省水利规划设计院从1984年第四季度开始承担编制抚河规划意见，并于1985年6月提出《抚河流域规划意见》。其治理开发任务是解决抚河中下游防洪及灌溉水源、开发水能、做好水土保持及改善航运等，拟定的抚河干流梯级开发方案为南丰（112米）、清华山（87米）、南城（74米）、廖坊（69米）、下马山（43米）、红渡（38米）、焦石（26.7米，已建）。《抚河流域规划意见》考虑到流域内人口增多、耕地紧缺的实际情况，为尽量减少淹没损失，提出了以廖坊水库替代原规划的疏山水库作为抚河梯级开发方案的主体工程的建议，同时将南丰梯级的正常蓄水位由125米降低为112米，将原廖家湾（43米）梯级转移坝址后易名为下马山梯级（43米）。

（7）《江西省抚河流域规划报告》

为适应20世纪末我国工农业总产值翻两番的战略目标的需要，提供防洪安全和水资源保证，迫切要求对全流域的治理开发进行统筹规划，作出工程项目建设的战略布局，为此江西省水利厅和抚州行署组织了有关单位对抚河流域进行全面规划。

江西省水利规划设计院承担规划任务后，在调查研究和广泛征求各方面意见的基础上，编制了《抚河流域规划任务书》，经江西省计划委员会于1986年4月批复同意。经过两年的工作，提出了规划报告初稿，以及干流、4条支流和8项专业规划的单项报告。1987年12月，规划领导小组召开扩大会议，对《抚河流域规划报告（送审稿）》进行了审议。1990年3月，江西省计划委员会组织省内外有关部门在抚州市召开了《抚河流域规划报告》审查会。审查委员会认为：《抚河流域规划报告》指导思想正确，依据的基本资料可靠，分析研究比较深入，内容全面，重点突出，符合抚河流域实际情况，达到了规划阶段的深度和《抚河流域规划任务书》的要求，成果质量较好。拟定的规划方案合理可行，可作为开发治理抚河流域决策的依据，经批准后，可纳入本地区的国土规划和国民经济建设计划逐步实施。1990年12月，江西省人民政府办公厅批复，原则同意《抚河流域规划报告》，并指出廖坊水库是整个抚河流域综合开发的关键工程，要抓紧在"八五"计划期间做好前期准备工作，争取国家列入"九五"计划。1992年正式刊印《江西省抚河流域规划报告》。

3. 规划方案

（1）开发任务

抚河流域的开发任务是防洪、灌溉、水力发电、航运、工业及城乡供水等。

1）防洪。

根据抚河洪水峰高量大，且洪灾集中在人口稠密、经济发达的中下游地区的特点，规划按照上、中、下游统筹兼顾的原则，采取堤库结合、泄蓄兼筹、以泄为主的方针，有计划地分期提高干支流的防洪能力。综合性的防洪工程措施是：首先立足加强堤防的防洪能力，扩大河道允许泄量，同时在上中游兴建必要的控制性水库，辅以非工程措施，形成以堤库结合为主的防洪工程体系，解决好中下游地区的防洪问题。

规划近期主要是解决超标准洪水安全度汛的问题。以堤防工程措施为主，配合非工程措施（主要是圩堤临时分洪措施），使抚河中下游的主要防护目标在梁家渡大桥改建前防洪标准达到 20～50 年一遇，在梁家渡大桥改建后防洪标准达到 50～100 年一遇。其次，建设上中游蓄水工程，配合堤防措施，进一步提高抚河中下游的防洪标准。堤防防洪标准为 50 年一遇的提高到 100 年一遇，20 年一遇的提高到 50 年一遇，10 年一遇的提高到 20 年一遇。

实现干支流梯级开发，完善防洪工程系统，使抚河流域的整体防洪能力得到加强，基本免除洪水的侵害。

2）灌溉。

抚河流域是江西省主要农业生产基地之一。流域内尚有耕地 82 万亩无灌溉设施，还有 5.47 万公顷的宜农荒地有待开发，因此，尽快开发和补充灌溉水源是流域规划的重要任务之一。规划的重点放在大面积干旱缺水地区及宜农荒地的开发利用上，研究比较新开发的廖坊（或疏山）灌区、桃陂灌区的经济合理性。在山区，规划补充蓄水工程，改善渠系，并发展动力提水灌溉；在丘陵区，改造现有水利设施，开发干支流上的大中型蓄水工程，以解决灌溉用水的不足；在平原区，充分利用上中游已建梯级的径流调节作用，提高平原灌区的供水保证率。

根据不同的地形条件，规划将抚河流域成片灌溉农田划分为 6 个大灌区，即金临渠、宝水渠、宜惠渠、赣抚平原灌区（以上为已建灌区）、桃陂水库灌区和廖坊（或疏山）水库灌区。

规划实施后，预计到 2020 年，抚河流域的有效灌溉面积和旱涝保收面积将分别达到 24.67 万公顷和 20.73 万公顷，占总耕地的 89.3% 和 75.2%。届时还将发展宜农荒地灌溉面积 1.07 万公顷。

3）水力发电。

根据用电负荷预测，全区用电量增长较快，规划在近期加快开发干支流上中小型水电站，使水电的比重占全区所需电力的 30% 左右，但电力和电量的缺口仍较大，还需南昌电网继续加大供电量。到远景（2020 年），预测全区用电量 42 亿千瓦时，最高负荷75万千瓦，除继续开发干支流梯级水电站外，电力缺口达37.2万千瓦，电量缺口29.3亿千瓦时，缺口部分仍只能由江西省电网平衡解决。

此外，还安排了城镇供水、航运、筏运、渔业等方面任务。

（2）开发方案

根据抚河流域的具体情况，在尽量减少淹没损失，充分利用水力资源，满足防洪、灌溉、航运等综合利用要求的原则下，拟定了6种干流梯级开发比较方案。经进行综合分析比较，推荐以廖坊为控制性工程的梯级开发方案，即南丰（112米）、清华山（87米）、南城（74米）、廖坊（66米）、疏山（50米）、下马山（43米）、桃陂（宜黄水，84米）、红渡（35米）、焦石（26.7米，已建）等9种方案。梯级中的廖坊水利枢纽（65米）已于2002年10月开工。

另外，对临水、黎滩河、芦河、东乡水等支流，亦提出了梯级开发方案。

4. 流域典型工程介绍：廖坊水利枢纽

（1）工程概况

廖坊水利枢纽位于江西省抚河干流中游，距抚州市约45千米，是一座以防洪、灌溉为主，兼顾发电、供水和航运等综合利用的大（2）型水利枢纽工程。工程建成后，下游堤防工程防洪标准由原50年一遇提高到100年一遇，由原20年一遇提高到50年一遇，对保护南昌、抚州等城市和向莆铁路、浙赣铁路、沪瑞高速、福银高速、320国道、316国道等重要交通干线和抚河中下游广大农村地区的安全具有重要作用；可灌溉3.35万公顷农田，每年可为东乡县城提供生活和工业用水2670万立方米；水电站装机3台，容量4.95万千瓦，多年平均发电量1.55亿千瓦时。

廖坊坝址以上控制集水面积7060平方千米。水库总库容4.32亿立方米，防洪库容3.10亿立方米，调节库容1.14亿立方米，水库正常蓄水位65.00米，死水位61.00米，汛期防洪限制水位61.00米，防洪高水位67.94米，设计洪水位67.94米，校核洪水位68.44米。

枢纽工程主要建筑物有主坝、副坝、泄水建筑物、电站厂房、灌溉进水闸。挡水建筑物为2级建筑物，设计洪水标准为100年一遇，校核洪水标准为1000年一遇，副（土）坝及与其相连的东岸灌溉进水闸为2000年一遇，消能防冲设施的设计洪水标准为50年一遇，导墙、开关站等次要建筑物为3级建筑物。

主坝为混凝土闸坝，全长298米，坝顶高程70.50米，最大坝高41.50米，枢纽布置自左至右依次为左岸非溢流坝段、表孔溢流坝段、低孔溢流坝段、连接坝段、厂房坝段、右岸非溢流坝段。

在主坝上游右岸约2千米的3处垭口处布置了3座副坝，均为均质土坝。1号副坝坝顶高程70.50米，最大坝高11.30米，坝顶长度308.00米；2号和3号副坝最大坝高分别为2.20米和2.80米，坝顶长分别为71.53米和38.42米，坝顶高程70.50米。东岸灌区灌溉取水口布置在1号副坝右坝头。

泄水系统由7孔表孔和3孔低孔组成，表孔和低孔每孔设1扇工作闸门，以便调节泄流量控制库水位。由于表孔和低孔的堰顶高程均低于水库的死水位61.0米，故设一扇事故检修闸门，供表孔和低孔10孔闸门、埋件的检修和工作闸门事故时使用。启闭设备为1000千牛液压式启闭机，每孔一套，两套共用一套控制泵房。

表孔堰顶高程54.5米，闸门底坎高程54.12米，闸顶高程70.5米，孔口宽12.0米，闸门的挡水位和运行水位均为65.0米。闸门形式为双主横梁斜支臂球铰弧形钢闸门，闸门高12.0米，表孔闸门自重71.2吨每扇，运行方式为动水启闭，计算启门力1740千牛，利用闸门自重闭门。

低孔孔口尺寸长12.0米、宽9.0米，其堰顶高程52.0米，闸门底坎高程51.3米，闸顶高程70.5米。闸门挡水位68.44米。闸门形式为斜支臂球铰弧形钢闸门，闸门高9.5米，重73.52吨每扇，运行方式为动水启闭。

事故检修闸门设一扇，供7孔表孔和3孔低孔弧形闸门共用。闸门形式为平面定轮钢闸门，门高10.08米，分3节，节间用销轴连接，运行方式为动水启闭，开启时先提起上节闸门，节间充水平压，然后在静水条件下提起闸门。当发生事故时，闸门可依靠自重在动水条件下闭门。闸门重77.0吨每扇，启闭设备为800千牛门机，与电站进水口的检修闸门共用一套。

库区防护范围包括河西堤、新桥堤、万年堤、八堡堤4片防护区，均在抚州市南城县境内，抚河干流两侧。各堤堤线长分别为6380米、3386米、2800米和8183米。设计洪水标准为河西堤、万年堤50年一遇，新桥堤、八堡堤20年一遇。库区防护范围共布置7个电排站，分别为河西上电排站（装机3台共45千瓦）、河西中电排站（装机3台共155千瓦）、河西下电排站（装机5台共155千瓦）、新桥电排站（装机3台共45千瓦）、万年堤电排站（装机4台共75千瓦）、万年潜泵电排站（装机2台共160千瓦）、八堡堤电排站（装机5台共280千瓦）。

廖坊水利枢纽于2002年10月28日开工建设，2004年9月通过了截流前阶段的验收，2005年6月通过了蓄水安全鉴定，2005年12月19日下闸蓄水，2006年9月3台机组正式并网发电。由于库区防护工程中的八堡堤防渗处理工程没有完工，枢纽工程与库区防护工程处在扫尾阶段，没有正式竣工验收。

廖坊水库是抚河干流控制性工程，担负抚河干流的滞洪、错峰和削峰的作用。

（2）工程建设

从廖坊水利枢纽工程规划的提出到正式开工，历时46年，工程项目曾三次提交国务院总理办公会审议，三任江西省省长将其写进了《政府工作报告》。

廖坊水利枢纽早在1956年，在长江流域规划中就被列为规划项目。在国家第七个五年计划中，廖坊工程还被列为抚河流域规划中的重点项目。然而，由于种种原因，该工程直至1990年3月《抚河流域规划报告》通过江西省水利规划设计院审查后，才真正被提到各级领导的议事日程上。1990年3月，江西省人民政府批准抚河流域规划。随后抚州成立廖坊水利枢纽工程筹备工作小组，不久又成立廖坊水库工程筹建处。1996年8月19日，江西省计划委员会同意兴建廖坊水利枢纽工程。1997年1月，成立廖坊水利枢纽工程有限责任公司，注册资金400万元。同年6月27日，廖坊水利枢纽工程征山征地的前期工作全部完成。1999年12月23日，国务院总理办公室研究批准该工程立项，总投资12.09亿元，其中水利部投资3.5亿元，省、市投资5.99亿元，银行贷款3亿元。2002年7月12日顺利通过水利部审批后，9月10日在第137次国务院总理办公会上顺利通过了工程的开工报告。同年10月28日，廖坊水利枢纽工程开工仪式在抚河岸边的毛家湾举行。从此，抚州的水利史翻开了崭新的一页。2007年12月19日上午，廖坊灌区奠基典礼在东乡县大富工业园区隆重举行。

（3）工程效益

1）防洪效益。

廖坊水利枢纽工程有助于提高抚河防洪标准。江西省境内有5条大江大河，抚河列居第二，仅次于赣江。在这5条大江大河上，除抚河外其余4条江河的上游均设有控制性水利枢纽工程，唯独抚河上游干流为空白。而鸟瞰抚河，下游乃美丽富饶的赣抚平原，是江西省境内人口稠密、经济发达地区，有南昌、抚州等城市及重要的铁路、公路干线，由于缺乏骨干控制性水利枢纽工程，防洪问题突出。廖坊水利枢纽工程建成后，将使坝址以下抚河重要圩堤防洪标准由50年一遇提高到100年一遇、20年一遇提高到50年一遇，对保护南昌、抚州等城市和京九铁路、105国道等重要交通干线的安全具有重要作用。

2）灌溉效益。

廖坊水利枢纽工程具有巨大的灌溉效益，它的建成将为抚州市改善、新增农田灌溉面积3.35万公顷，其中新增农田灌溉面积1.46万公顷；每年还可以为周围城镇提供工业和生活用水2670万立方米，从而加速地方经济发展。

3）发电效益。

廖坊水电站装机总容量为4.95万千瓦，年发电量1.56亿千瓦时，可大大缓解抚州市电力供需矛盾紧张状态，为抚州市区域电网的调峰、提高供电质量起到十分积极作用。

此外，廖坊水利枢纽工程正常水面高达37.08平方千米，不仅具有水产养殖功能，还可以发展旅游业。

（三）修水

1. 流域概况

修水位于江西省西北部，是鄱阳湖水系五河之一。发源于湘、鄂、赣边境幕阜山脉的大伪山北麓江西省铜鼓县叶家山，自西向东流经修水、武宁、永修等县后，于吴城汇入鄱阳湖。修水流域三面被高山环绕，北、西为幕阜山，南靠九岭山。山脉均为北东—南西走向，地势为西北高东南低，地形似背山向湖的斜面。修水流域面积约14700平方千米，占鄱阳湖水系面积的9.1%。

修水干流全长425千米，天然落差694米，平均比降1.63‰。修水县城以上为上游，分布有大块盆地，河谷较开阔，为山区性宽谷河流；上游各支流则位于崇山峻岭之间，坡陡流急，水力资源丰富。修水县城至柘林为中游，河道流经丘陵盆地区，河谷较开阔，基岩主要为板溪群的变质岩系及第三系红色岩层。柘林以下为下游，柘林附近河道下切形成峡谷河段，柘林以下进入平原圩区，为湖沼冲积河流，出露有古生代、中生代地层。支流流域面积在1000平方千米以上的有东津水（1980年后，东津水定为修水主源）、山口水和潦河3条。流域内大部分地区植被良好，森林繁茂，仅在上中游有少数地区为光山秃岭，水土流失严重。

修水流域地处亚热带季风气候区，多年平均年降水量1400～2000毫米，下游支流潦河为暴雨区。降水在年内分配不均，4月至6月降水量占全年降水量的50%左右。修水多年平均年径流量134亿立方米，主汛期4月至6月水量占年总水量的50%～55%。

修水流域内的自然资源，包括水力、矿产、土地、林业、水产等资源均较丰富。据2004年全国水力资源复查成果，全流域水能理论蕴藏量44.7万千瓦，技术可开发水力资源为83.2万千瓦，年发电量20.9亿千瓦时。2001年底，全流域已建和在建500千瓦以上水电站38座，总装机容量63万千瓦，年发电量13.3亿千瓦时，水能开发利用率分别为75.7%和63.6%。

修水流域属江西省11个县（市、区）的部分地区。2000年底，全流域总人口236万，其中城镇人口59万；国内生产总值119亿元，工业总产值81亿元，农业总产值30亿元；耕地19.47万公顷，有效灌溉面积11.73万公顷，粮食产量92万吨，牲畜150万头。

修水流域内对外交通较方便，京九铁路（原南浔铁路）经过流域下游，公路网络初步形成。

2. 规划研究

(1)《修水下游初勘报告(修订本)》

1954年和1955年,修水下游连遭水灾,受灾农田分别达2.24万公顷和1.8万公顷,损失严重。汛后所有溃口圩堤虽均按原堤线恢复,但零星绵长,缺乏整体防洪措施,抗洪能力仍很差。修水干流下游永修县多次报告要求全面考虑修水的防洪问题。为此,江西省水利厅对修水流域查勘后,于1956年3月提出了《修水下游初勘报告(修订本)》。该报告对修水下游防洪问题提出了初步治理意见,包括兴建潦河下游雅雀湖和江夏湖两处蓄洪垦殖工程,整理加固永兴圩(含永兴圩、北岸圩、棉圩及涂埠镇)、郭东圩和九合圩,兴建赣修三角圩防洪排水工程。上述工程共可垦殖耕地4000公顷,改善防洪排水面积7333.3公顷,蓄洪2亿立方米,削减洪峰流量3000立方米每秒。报告还提出修建分洪道分泄修水主流洪水,分洪道线路自永修县虬津向东北穿过丘陵地带,至驰南桥进鄱阳湖,全长12千米;堵塞杨柳津支流,将郭东、永兴、九合各圩联成整体,可缩短堤线3千米。报告提出修水上中游应发展水电,潦河应发展灌溉。

(2)《修水流域规划报告》

1956年,江西省水利厅对修水进行了水利普查,提出柘林水库为开发研究对象。1957年,武汉水力发电设计院开始进行修水流域规划工作。1958年2月,电力工业部水电建设总局发文下达《修水河流规划技术任务书》。1958年5月,武汉水力发电设计院在江西省水利电力厅和有关各部门配合下提出了《修水河流规划报告》,规划研究范围为修水干流及支流,山口水、东津水、潦河未列入。规划报告拟定的修水开发任务是:以水能利用为主,同时解决下游防洪问题,并兼顾发展航运。初拟的修水干流开发方案为抱子石(95米)、仙人潭(80米)、柘林(65米),支流东津水为东津(230米),山口水为山口(220米)、龙潭峡(145米),推荐柘林和龙潭峡枢纽为第一期工程。此外,还提出了灌溉和水运规划。在规划报告的基础上,修建了修水干流的骨干工程柘林大型综合利用水库工程。

潦河是修水的最大支流,也是一条比较独立的水系。1958年武汉水力发电设计院编制的《修水河流规划报告》时未包括潦河。1961年5月,江西省水利规划设计院编制了《潦河流域综合利用规划报告》。1980年10月,宜春地区水电局潦河流域规划办公室提出了《潦河流域规划报告》。

(3)《修水梯级方案第一期工程复核报告》

柘林工程于1962年9月停工。长沙勘测设计院对修水规划设计工作进行了补充,于1963年4月编制了《修水梯级方案第一期工程复核报告》。复核报告仅就梯级方案与第一期工程复核的主要因素进行论证，重点研究了三都平原以下即修水中下游的开发方式，选定三都以下梯级开发方案为仙人潭（77米）、柘林（65米），认为柘林枢纽宜为第一期工程，采用高方案是恰当的；拟定初步设计阶段的水库正常蓄水位比较范围为60～70米，并据此进行柘林枢纽初步设计。

（4）《修水上游水电开发意见（讨论稿）》

为了适应山区水电建设需要，江西省水利规划队在武汉水力发电设计院1958年编制的《修水流域规划报告》的基础上，于1965年10月编制完成《修水上游水电开发意见（讨论稿）》。开发意见对修河上游干支流开发方案作了补充勘测和研究，研究范围主要为修水抱子石以上地区，重点为装机容量在1万千瓦以上的水利枢纽。对引东津水入山口水龙潭峡库区的方案，因引水工程量太大，研究后予以放弃。还研究了抱子石引水开发方案，认为可行。拟定的修水上游干流开发方案为抱子石（95米）引水，支流开发方案为东津水东津（190米），山口水山口（175米）、龙潭峡（145～160米），推荐东津或龙潭峡枢纽为修水上游第一期工程。

（5）《修水流域规划意见》

根据20世纪80年代初国家修订长江流域综合规划总的部署，江西省水利规划设计院于1985年5月提出了《修水流域规划意见》。该规划意见在整理以往规划成果的基础上，汇编了有关单位提供的航运、水土保持、林业等规划资料，并对全流域治理开发的基本方案做了补充修改，提出修水治理开发任务为：以开发水能为主，兼顾防洪、灌溉和航运等。其中，修水干流上中游及主要支流东津水、山口水以水能开发为主，兼顾防洪、灌溉和航运；潦河中下游以解决灌溉问题为主；修潦尾闾地区受鄱阳湖、修水和潦河洪水顶托影响，以防洪为主，兼顾航运、水产养殖。

修水流域梯级开发方案，干流为抱子石（95米）、仙人潭（77米）、柘林（65米，已建），东津水为东津（192米）、寒水（126米），山口水为大塅（214米）、山口（175米）、龙潭峡（145～160米），南潦河为甘坊（183米）、鹅婆岭（120米），北潦北支为罗湾（369米，已建）、丁坑口（192.5米）、小湾（118米），北潦南支为高潮（190米）。推荐东津、高湖、大塅、小湾等枢纽工程为近期开发项目，其中大塅水电站已于1990年底竣工，小湾水库已于1993年竣工，东津水利枢纽已于1995年竣工。

（6）《修水流域规划报告》

为适应新形势下修水流域内国民经济发展的需要，江西省水利厅决定对修水流域进行全面规划，并会同九江市、宜春地区和南昌市的有关部门成立了修水流域规划领导小组，具体负责组织协调干支流河流规划和专业规划工作。江西省水利规划设计院作为规划承担单位编制了《修水流域规划任务书》,江西省计划委员会于1988年1月发文批复下达。通过两年多的工作,江西省水利规划设计院编制完成《修水流域规划报告》(送审稿)。经江西省计划委员会组织审查,认为:"本规划基本上达到了规划阶段的深度和《修水流域规划任务书》的要求,成果质量良好,可作为宏观决策的依据。"1992年9月,江西省人民政府常务会议通过该规划报告,1993年10月《修水流域规划报告》正式刊印。

3. 规划方案

(1) 开发任务

修水流域的开发任务是防洪、发电、灌溉、航运、治涝、供水、水产养殖等。修水干流柘林以下以防洪、灌溉为主,兼顾航运;柘林以上以发电、灌溉为主,兼顾航运。

1) 防洪。

防洪规划方针是"蓄泄兼筹,以泄为主"。修水中下游的防洪重点在城镇,研究干支流上中游水库承担防洪任务的可能性;修水下游圩区的防洪,应在充分发挥柘林水库防洪作用的同时,考虑加高加固圩堤等措施,搞好河道的清障,进一步扩大下游河道的行洪能力。修水下游主要防护对象的防洪标准分别为:南浔铁路和保护永修县城的永北圩、郭东圩两座圩堤为50年一遇,万亩以上的圩堤为20年一遇。修水尾闾的安全水位,按永修山下渡站1983年最高洪水位22.69米计;尾闾的安全泄量根据与鄱阳湖洪水的顶托程度,以吴城(二)站为代表,分4级确定为8070~6600立方米每秒,相应吴城(二)站水位为19.5~21.3米。柘林水库汛期限制水位拟定为:4月1日至6月20日为64米,6月20日以后蓄至正常蓄水位65米。修水下游若遇50年一遇洪水,还需先后安排马口圩、立新圩临时分洪,削减区间洪峰流量,以确保南浔铁路和永修县城的安全。

2) 发电。

电力开发以水电为主,大力发展小水电,有步骤地发展一批中型水电站。规划2000年前新(扩)建水电站装机容量21.7万千瓦,2001年至2020年新增水电装机容量8.1万千瓦。大力进行地方电网建设,并逐步与大网联网运行。

3) 灌溉。

灌溉规划原则是,搞好现有水利工程续建配套,并加强科学管理,使之达到设计灌溉效益;在干旱缺水地区,应根据需要与可能,因地制宜地兴建一批中小型水利工程。拟定的灌溉保证率为,水源短缺地区采用75%,水源充足地区采用90%。规划在流域内划分为柘林、高湖、甘坊—马埠里、丁坑口—小湾四大水库重点灌区,以及若干支流灌区。到2000年新增有效灌溉面积1.88万公顷、旱涝保收面积2.65万公顷;

2001年至2020年再增加有效灌溉面积2.29万公顷、旱涝保收面积2.81万公顷。

4）航运。

规划近期实施航道整治工程，实现修水全线通航。远景采取梯级水库渠化措施，进一步提高航道等级，充分发挥航运的潜在优势。并就修水干流和潦河的航道、港口、客货运量、船舶营运等部分做了具体规划。

5）治涝。

修水和潦河的尾闾地区共有易涝面积1.43万公顷，排涝按"高水高排，低水低排，围洼蓄涝"的原则，采用10年一遇的排涝标准，规划建小型排涝站11座，排涝装机容量2830千瓦。规划工程实施后，与原有的排涝工程共同运用，基本上可解决流域内的内涝问题。

（2）开发方案

修水干流梯级分坑口（220米）、东津（190米，已建）、黄溪（121米）、港口（114米，扩建）、郭家滩（107.5米，扩建）、抱子石（93.5米，在建）、三都（78.5米）、下坊（73米）、石渡（65.2米）、柘林（65米，已建）、虹津（19.5米）等11级，全梯级总调节库容约35.3亿立方米，总装机容量58.3万千瓦，年发电量11.4亿千瓦时。

4. 流域典型工程介绍：亚洲最大的人工土坝——柘林水利枢纽

（1）工程概况

柘林水利枢纽（图3-49）位于江西省西北部永修县境内修水中游末端。柘林枢纽控制9340平方千米，占全流域面积的63.5%，水库总库容79.2亿立方米。修水流域属亚洲东南季风区，为江西五大暴雨中心之一，年平均降雨量1579.8毫米，4月至6月雨量占全年50%左右，暴雨多出现在5月至7月，以6月出现次数最多，多年平均流量255立方米每秒，多年平均年径流量80.6亿立方米。

图3-49　柘林水利枢纽

柘林水利枢纽是一座以发电为主，兼有防洪、灌溉、航运、养殖等综合效益的大型水利水电工程。工程于1958年秋开工兴建，1962年5月停工缓建，1970年8月复工续建。1972年8月首台4.5万千瓦水电机组发电，1975年6月4台机组全部发电。由于复工建设期间在设计和施工方面均存在一些重大问题，1974年至1983年对工程进行了全面的补强加固。1985年12月通过正式竣工验收，投入正常运用。1999年12月，国家发展计划委员会正式批复柘林水库扩建工程开工项目，扩建两台12万千瓦发电机组。扩建工程已于2001年12月和2002年5月两台机组先后投产。柘林水电站总装机容量42万千瓦，多年平均发电量6.9亿千瓦时，保证出力5.25万千瓦，年利用时数1643小时。柘林水库上游迁移人口共9.9845万，回水淹没1.15万公顷农田。

枢纽工程主要由主坝、Ⅰ号副坝、Ⅱ号副坝、Ⅲ号副坝、第一溢洪道、第二溢洪道、泄空洞、两个发电厂房及其引水系统、灌溉隧洞及取水闸、船筏道建筑物等组成。

主坝为黏土及混凝土防渗心墙土石坝，设计坝顶高程73.5米，最大坝高63.5米，坝顶长590.75米。Ⅰ号副坝为均质土坝，设计坝顶高程73.4米，最大坝高20.7米，坝顶长455.65米。Ⅱ号副坝为黏土心墙坝，设计坝顶高程74.8米，最大坝高3米，坝顶长18.0米。Ⅲ号副坝为混凝土防渗心墙均质土坝，设计坝顶高程73.4米，最大坝高18.4米，坝顶长225.0米。

第一溢洪道位于主坝右岸，为3孔陡槽式溢洪道，孔口尺寸宽12米、高7.5米，三级底流消能，堰顶高程54米，最大泄洪能力3620立方米每秒。第二溢洪道位于Ⅰ号副坝左端，为7孔开敞式溢洪道，孔口宽11米，面流消能，堰顶高程54米，最大泄洪能力11270立方米每秒。每扇弧形工作闸门设置1台2×50吨固定式卷扬机进行启闭。泄空洞位于主坝左岸山体内，为压力隧洞，洞径8米，二级底流消能，进口底板高程35米，最大泄洪能力990立方米每秒。枢纽最大泄洪能力为15880立方米每秒。

电站A厂房引水系统位于主坝左侧，由引水渠、进水闸、压力管组成，厂房长92.9米、宽19米，安装4台水电机组，单机最大引水流量138立方米每秒，总装机容量18万千瓦。B厂房引水发电系统位于泄空洞北侧，由引水渠、进水闸、压力隧洞组成，厂房长119.10米、宽33.50米，安装2台发电机组，单机最大引水流量378立方米每秒，总装机容量24万千瓦。

船筏道位于主坝右坝头，为供船舶过坝的通航建筑物，采用干式斜面升船机举船，最大船型为载重50吨。

灌溉隧洞及取水闸位于坝的右侧山体内，为一压力隧洞，洞径3.5米。进水闸底板高程52米，最大引用流量32立方米每秒。

（2）水库工程历次除险加固及扩建情况

1）1974年至1983年对枢纽工程进行了全面的补强加固。

提高工程防洪和抗震标准，按Ⅰ级工程以1000年一遇洪水标准设计，以可能最大洪水标准校核，并按Ⅷ度地震设防；增建第二溢洪道；对原有建筑物按提高后的防洪抗震标准，针对所有存在的问题全面进行补强加固。

2）电站A厂房压力管（内衬钢管）的补强加固。

该压力管建于20世纪70年代初，运行初期发现上弯管等多处裂缝，于1979年采用甲凝灌浆、凿槽回填环氧砂浆、环氧基液加贴玻璃丝布等进行处理。虽有一定的防渗效果，但未根本解决裂缝问题。为了彻底解决混凝土的缺陷及管内伸缩缝存在渗水等问题，由江西省水利规划设计院设计，1991年9月至1996年3月分别对1号至4号压力管等进行了补强加固。

3）大坝监测设施改造。

大坝原有观测设施大部分始建于20世纪70年代初，存在监测项目不全、主坝水平位移监测视准线较长影响观测精度及运行中测压管堵塞等问题。经江西省水利规划设计院设计，于1995年至1998年对大坝监测设施进行了改造。

4）第一溢洪道引水渠护坡、消力池修复。

1998年，柘林水库发生了建库以来最高洪水位（库水位67.97米），由于第一溢洪道长时间在高水位下行洪，对引水渠左右护坡、一级消力池造成不同程度的破坏，于年底进行了全面修复。

5）泄空洞事故检修门槽修复。

泄空洞建于20世纪70年代初，因建设时期的历史原因，造成部分施工质量缺陷，留下了隐患。1998年2月，对泄空洞进行检查时，发现事故门漏水量大，并伴有碎混凝土块流出。经水下录像查明：左孔事故闸门门槽两侧的下游护角板裂开，二期混凝土损坏，门槽主轨与水封座板的连接螺栓有若干被剪断，近一半螺栓处于松动状态。为了确保泄空洞今后的安全运行，必须尽快对该洞进行全面复核及修理、加固。由华东勘测设计研究院设计，交通部上海海上救助打捞局和江西省水电工程局等单位施工，于1998年11月1日至1999年1月31日进行修复，采用牵拉式闸门封堵泄空洞进水口的旱地施工修复方案，对泄空洞事故检修门槽进行了彻底修复。

6）电站扩建工程建设。

1999年12月，国家发展计划委员会正式批复柘林水电站扩建工程开工项目，扩建两台12万千瓦水电机组。扩建工程主要建筑物有引水渠、进水口、压力隧洞、发电厂房、尾水渠及观测设施等。2000年5月主体工程开挖基本结束并开始混凝土施工，

2001年12月首台机组发电，2002年5月第二台机组发电。至此，扩建工程施工完成。

根据国家经济贸易委员会《关于柘林水电站扩建工程竣工验收有关问题的函》的指示和《水电建设工程安全鉴定规定》的要求，中国水电工程顾问集团公司于2002年9月对柘林水电站扩建工程进行工程竣工安全鉴定。2002年11月由国家电力公司电源建设部在柘林工地主持召开了柘林水电站扩建工程枢纽专项竣工验收会，验收委员会通过听取汇报、察看现场、讨论分析后认为：柘林水电站扩建工程已按有关设计文件的要求全部建成，土建、金属结构和机电设备制安工程施工质量满足设计及有关规程和规范要求，通过枢纽专项竣工验收。

（3）工程效益

1）防洪效益。

柘林水库保护修河下游两岸城镇、农田和交通设施，这里是江西省的重要商品粮基地之一，昌九工业走廊的军山、杨家岭开发区坐落其内，南浔铁路、京九铁路、昌九特级公路横贯其中，区内共有农田9.78万公顷，人口18万。柘林水库修建以前，这一地区洪涝灾害频繁，柘林水库的修建有效地减轻了洪水灾害，保障了该地区的经济繁荣、社会发展和人民生活的安定。尤其是在1998年的防洪中，柘林水库发挥了很大的作用，保住了京九铁路、郭东堤、永北围堤、昌九高速公路，最大限度地缓解了下游汛情。

在50年一遇洪水标准，柘林水库对下游进行补偿调节，为下游承担防洪任务，下游河道控制站的安全泄量为6500立方米每秒，保护农田22万亩、京九铁路、昌北高速公路和永修县城。

1973年6月，柘林水库最大入库流量9220立方米每秒；最大下泄量仅1840立方米每秒；1977年6月最大入库流量9330立方米每秒；最大下泄量仅1250立方米每秒；1983年7月最大入库流量7350立方米每秒；最大下泄量3550立方米每秒；1993年7月最大入库流量9100立方米每秒；最大下泄量3770立方米每秒；1999年4月最大入库流量10400立方米每秒；最大下泄量仅555立方米每秒。柘林水库削减洪峰率52%~95%，有效地控制和减免了修水下游尾闾地区的洪水灾害。特别是在1998年6月至7月，为了减轻长江中下游防洪压力，确保京九铁路、昌九高速公路和永修县城的安全，柘林水库在自身超历史最高水位且不断上涨的情况下，先后6次与潦河错峰，多次调整闸门控制下泄流量，以这两个月发生的3次洪水为例，分别削减洪峰88.9%、71.1%和81.9%。柘林水库的调洪作用发挥了巨大的社会效益和经济效益，江西省人民政府给予了高度评价。正如江西省防汛抗旱总指挥部在1998年防汛和洪水调度总结中所指出：由于柘林水库科学调度，从而降低了永修站水位0.5米左右，为保障京九铁路安全畅通做出了巨大贡献，如果没有柘林水库削峰、错峰，永修站洪峰流量将在11000立方米每秒左右，永修站水位将达24.5米左右，大大超过22.90米的历史最高水位，比50年一遇的设计洪水位23.59米要高出近1.0米。

2）发电效益。

柘林水电站在扩建前装有4台单机容量4.5万千瓦水电机组，总装机容量18万千瓦，设计年平均发电量6.3亿千瓦时，在江西电网中主要承担调峰、调频和事故备用任务。1983年鄂赣联网后，柘林水电站成为江西电网联结华中电网的接口枢纽，在华中大电网中有着较重要的地位。2002年，柘林水电站扩建的两台12万千瓦机组投产发电，使该电站总装机容量达到42万千瓦，成为目前江西省装机容量最大的水电站。柘林水电站的扩建是快速提高江西电网调峰能力、优化电源结构、保证供电质量的有效措施。柘林水电站投产38年来，累计发电221亿千瓦时，为江西经济建设做出了显著贡献。

3）灌溉效益。

柘林灌区位于柘林水库下游左岸，具有得天独厚的自流引水条件，引水水源为柘林水库。灌区工程是1973年经水利电力部批准兴建的，是一座以农业灌溉为主，兼有防洪、发电、排涝、城镇供水等综合效益的大型水利工程。工程设计灌溉面积2.143万公顷，有效灌溉面积1.47万公顷，灌溉永修、德安两县和共青、云山、恒丰3个垦殖场共17个乡、镇（场）。灌区总人口达30万。工程于1973年动工，1979年建成。总干渠全长54.92千米，共有17条分渠，全长157.34千米；支渠110条，全长130千米，设计灌溉引水流量30立方米每秒。

柘林灌区工程建成运行30多年来，为受益地区的经济发展起了重要的保障作用，同时发挥了巨大的社会效益。第一，由于提高了灌溉保证率和农业抗自然灾害的能力，农业生产条件得到了极大的改善，由过去单一种植水稻，改为水稻、棉花、其他经济作物、果林综合开发的新格局。粮食单产由过去的4050千克每公顷，提高到12000千克每公顷，部分达到吨粮田，工程运行22年来，累计增产粮食148400万千克、棉花11680万千克、油料11200万千克。第二，灌区工程的建成促进了区内工业及乡镇企业的迅速发展，基本形成造纸、轻工、纺织、建材、机械、粮食深加工、竹木加工等工业生产体系，目前工业及乡镇企业总产值超过100亿元。第三，改善了区内人民的饮用水条件，提高了人民的生活水平。第四，改善了灌区的生态环境。

4）水产养殖效益。

柘林水库的水体中浮游植物含量为20～88.75个每升，湿重为0.252～1.318毫克每升，营养盐含量为0.01～0.02毫克每升，溶氧量为6～10.8毫克每升。透明度

60～340厘米，pH值7～7.5，属营养性水库，适宜鱼类8个月生长期的需要，对水产养殖非常有利。柘林水库的可养面积为2.067万公顷，库内天然资源丰富，目前以繁殖保护为主，人工放养为辅。1972年至1982年，武宁县仅在其所辖的库区内就投放了鲢鳙鱼冬片81万尾、夏花75万尾，同时还利用条件较好的库湾发展网箱养鱼和网拦养鱼。水库水域中鱼类区系组成比较丰富，有鲤、鲴、鳜、鲫、草、鲢、鳙等20科39属鱼类67种，水库中各种特种水产如中华鳖原料十分丰富，不仅个大体重，而且产卵率高，鳜鱼资源也十分丰富，水产养殖获得成功。

5）旅游效益。

柘林水库建成后，库区内形成了秀美壮观的人工湖，湖区面积308平方千米，有900多个岛屿。这里水光浩渺、万顷碧波，有千仞壁立的悬崖；有直泻入湖的飞瀑，有焦武公路上的傍湖温泉，还有明朝魏源墓塔、乾隆皇帝留下的诗刻、黄荆八景、雷公洞五大奇观，以及小庐山、猴子岩、莲花寺、滴水洞等景点，令人叹为观止。风光旖旎的柘林湖被誉为"一级空气、一级水质"的休闲度假乐园。

2000年开始对外营业的柘林湖风景区，通过高标准规划，高起点开发，短短一年就在江西省众多旅游景点中脱颖而出，成为全省旅游新热点。据统计，柘林湖风景区2000年接待游客30.79万人次，旅游收入达3116万元。

八、宜昌至湖口干流区间

宜昌至湖口干流区间主要在湖北省境内，另有江西省九江市、湖南省岳阳市和河南省信阳市少部分地区在此区间内。长江干流沿岸均为平原地区，水库主要建在流经山区丘陵地带的清江、沮漳河等支流上。

（一）清江

1. 流域概况

清江是长江中游右岸的一条较大支流，发源于湖北省恩施土家族苗族自治州利川市的齐岳山与佛宝山麓凉风垭的龙洞沟，自西向东流经利川、恩施、宣恩、建始、巴东、长阳、宜都等7个县（市），在宜都城关注入长江。清江流域面积1.73万平方千米，流域地势西高东低，流域内除利川、恩施、建始3个盆地以及河口附近有少数丘陵、平原外，其余均为中、低山区，山区占流域面积的80%以上。

清江干流全长423千米，总落差1430米。按河谷地形及河道特性，划分为上、中、下三段，恩施以上为上游，恩施至资丘为中游，资丘以下为下游。支流流域面积在1000平方千米以上的有忠建河、马水河、野三河、渔洋河4条。

清江流域属副热带季风气候。多年平均气温为13～16摄氏度，多年平均降水量约1400毫米，为长江流域的多雨区之一。清江径流来自降水，长阳水文站多年平均年径流量133亿立方米，径流年内分配不均，雨季（4月至9月）降水量约占年降水量的70%。清江流域属鄂西暴雨区，汛期暴雨频繁，且遍及全流域，主要暴雨中心有两个，一个在恩施附近，另一个在五峰附近。

清江流域大地构造属扬子准地台上扬子台褶皱带，流域内全为沉积岩地层，出露较齐全，以古生界和三叠系碳酸盐岩和碎屑岩为主。流域构造线方向主要为北东向，以褶皱为主，有一系列复式褶皱、歪斜褶皱以及倒转褶皱，其特点是向斜宽展，背斜窄狭，区内尚未发现第四纪断裂。流域内碳酸盐岩广布，岩溶作用强烈，类型齐全，水文地质条件相当复杂。流域内地震基本烈度不大于Ⅵ度。

清江流域自然资源丰富。森林资源仅次于神农架，是湖北省主要林区之一。矿产资源有铁、磷、石灰石、硫铁矿、锰、钒、铅、锌等，其中铁矿保有储量约达16亿吨，是国内铁矿储量丰富的地区之一。水能资源丰富，根据2004年水力资源复查成果，全流域水能理论蕴藏量为245.9万千瓦，干、支流约各占一半，其中技术可开发量达409.6万千瓦，主要集中在恩施以下的干流上。2001年底，全流域已建和在建500千瓦以上的水电站68座，总装机容量350.3万千瓦，水能开发利用率达85.5%。此外，流域还有丰富的土特产资源，茶、烟、漆、中药材驰名中外，旅游资源也十分丰富。

清江流域为鄂西"老、少、边、穷"山区，经济比较落后，以农业生产为主，工业不甚发达。据2000年统计，流域内人口308.5万，耕地31.6万公顷，国民生产总值为154亿元，工业总产值167亿元，农业总产值56亿元。

清江流域地处山区，交通比较落后。公路是主要运输方式，初步形成了以恩施、长阳为中心的交通网，主要干线有318国道和209国道。民航有恩施至武汉和恩施至宜昌两条航线。清江干流隔河岩水利枢纽以下河段目前只能通航10～30吨级船舶。

2. 规划研究过程

（1）水利普查阶段

1954年，长江水利委员会首次查勘清江，查勘范围遍及河源和干支流，对一些支流进行了纵横断面草测，于1955年提出《清江干流及主要支流查勘报告》。其中可供研究的坝址有罗家嘴、长岩屋、盐池、拱心河、大马驿、隔河岩、毛家洞、恩施。同年，武汉水力发电设计院进行了干支流水力资源普查。

鄂西铁矿的发现，使清江开发成为迫切任务。1957年1月，长江流域规划办公室再次组织清江查勘，重点调查了洪水痕迹以推估历史洪水。草测了资丘以下的河谷断面，初拟了具有综合利用效益的长阳下游永和坪坝区及长滩航运梯级。6月，地质部水文地质工程地质研究所进行了清江恩施至宜都的水文地质、工程地质普查，绘制了 1∶20 万比例尺地质普查图。这次普查初步了解了清江干流水文地质情况，提出了清江建坝的意见，并对隔河岩坝址与永和坪坝址作了进一步的比较。同年 10 月至 12 月，长江流域规划办公室与恩施、宜昌专署交通和水利部门组成综合查勘队进行清江干流各坝段综合查勘，查勘范围自恩施上游大龙潭至清江河口宜都，了解清江的基本特征及实地了解各坝区情况，并为清江流域规划要点搜集有关社会经济资料。通过查勘并参考以前勘察意见，初步选择地质条件能筑高坝或位置上适于作连接梯级的坝段，以及水工、施工条件较好的长滩、永和坪、隔河岩、芭王沱、长岩屋、盐池、拦心河、龟山河、大马驿 9 处坝段组成 6 种梯级方案，提供继续研究。查勘后编有《清江干流各坝段查勘报告》。

1957 年底，为了迅速开展清江规划设计工作，长江流域规划办公室又组织了清江下游隔河岩、永和坪及长滩 3 个坝区的查勘，同时还查勘了花桥、凉水溪分水岭及沿车溪经凉水溪至磨市河的航运路线。查勘后提出应通过勘测查明隔河岩和永和坪库边存在较严重喀斯特的几处分水岭的漏水问题，建议对清江资丘以下至长滩间的地质图，用新的航测图进行核对修正，扩大长滩梯级的勘测范围以便研究可能将坝线移至石门上下。此外，还建议勘测车溪磨市河新航道的线路并进行长阳枢纽以下清江河道的水道地形测量及清江砂石材料的调查与试验工作。

此间，长江流域规划办公室还组织了清江经济调查组，对清江各水库做经济调查，调查以隔河岩、永和坪库区作为重点，宜都至恩施其他梯级作简略调查。

（2）清江流域规划要点阶段

在大量水文、地形地质及社会经济研究工作的基础上，1958 年 4 月，长江流域规划办公室向水利电力部报送了《清江流域规划任务书》，并抄报国家计划委员会和中共湖北省委。《清江流域规划任务书》提出防洪、发电、航运是清江近期开发的重要任务，控制清江洪水可以在三峡工程建成前减轻荆江洪水威胁；开发动能可以就近供应宜都、宜昌、沙市一带工业建设所必需的动力，并提供三峡工程施工用电；改善清江中下游的航运条件，可以满足矿产开采和运输及山区开发的要求。为适应国家对清江水利资源近期开发的迫切要求，重点研究河段应为清江中下游。研究的主要河段选择在干流盐池以下，主要枢纽是长阳附近的隔河岩和永和坪两个比较坝区，其次是盐池和芭王沱两个比较坝区以及下游长滩航运梯级，还有在梯级方案中用以衔接的长岩屋枢纽。后经水利电力部下文批复同意以发电、防洪、航运为主进行清江规划工作，并同意以干流盐池以下河段为流域规划的主要范围。要求对几个主要枢纽的开发方案作充分论证后及早提出。

1958 年 9 月至 11 月，长江流域规划办公室向水利电力部和中共湖北省委报送《清江流域规划要点报告》，该报告的编制是在为迅速满足鄂西工业用电并结合减轻荆江洪水威胁的前提任务下进行的。本次规划要点以干流中下游为重点研究河段，提出近期开发任务是发电、防洪、航运。动能规划任务是摸清清江的水能特性，研究鄂西地区近期和远景所需动力，研究最适宜方案，动能开发要结合荆江的防洪要求。防洪规划的任务是：分析清江洪水与长江洪水遭遇的频率，结合发电研究控制洪水最有效的水库运用方式，研究控制清江洪水与其他荆江防洪措施配合运用时对荆江的防洪效能。航运规划任务是：研究清江流域的远景货运量及可能承担的货运量，研究发展航运的技术措施及开发航运在规划上的合理性和技术上的可能性。

根据上述任务研究了清江干流恩施以下可能筑坝的 12 处河段，并从中初步选出龟山河、土地堂、盐池、芭王沱、长岩屋、隔河岩、永和坪、长滩 8 处，分别以隔河岩和永和坪为主各组成 3 种干流梯级开发方案进行比较研究。隔河岩和永和坪是长阳枢纽的两个比较坝段，位于清江干流下游，是一个具有控制作用的枢纽。《清江流域规划要点报告》的初步结论是：长阳枢纽是清江干流梯级开发中的主要梯级，其次是盐池或芭王沱枢纽；根据清江的开发任务，拟选择长阳枢纽作为近期工程的研究对象，并提出了今后工作安排意见。

1959 年长江流域规划办公室编制的《长江流域综合利用规划要点报告》中提出清江干流治理开发的意见是：清江河道几乎全部流经山区，长阳以上几乎全是峡谷，修筑高坝淹没损失不大；初步研究，在盐池以上，即使修建高坝，库容仍很小，对径流调节的意义不大，在盐池及其比较坝区芭王沱和长阳县城上下的隔河岩或永和坪建坝，则可以获得相当的调节库容；长阳枢纽的综合效益最大，应选作近期开发对象，下游的长滩枢纽虽调节库容不大，但工程规模较小，有可能在短期内建成，解决工业用电的急需，亦可作为近期开发对象。

1960 年 8 月，长江流域规划办公室提出《清江流域规划要点报告》（修正稿）。该修改报告是在加速鄂西工业建设、解决铁矿石运输、发展鄂西丘陵地区灌溉以及减轻荆江洪水威胁的前提下进行的。由于川汉铁路宜（都）官（店口）段的兴建与清江梯级开发的矛盾较大，因此，经与地方有关部门协商进行本次修改。根据开发任务，将干流上拟建坝址按影响或不影响川汉铁路建设组成 2 种 6 个相互衔接的梯级开发方案进行研究。这 2 种方案的区别，主要是长阳枢纽以上是采用高水头梯级布置（高水头枢纽为盐池或桃符口），还是用低水头航运梯级的布置。经多方面比较论证，长阳枢纽以上采用高水头枢纽衔接明显有利。

经初步分析，《清江流域规划要点报告》（修正稿）提出另找川汉铁路新线的可能性还是存在的。因此，建议铁道部门对川汉铁路的选线方案再进行详细研究。根据电力工业"因地制宜,水火并举"的建设方针,并满足各国民经济部门的迫切要求,推荐长阳、长滩两枢纽作为近期开发对象。

（3）清江流域规划阶段

水利电力部于1962年、1963年两次发文要求长江流域规划办公室提出《清江流域规划报告》,国家计划委员会批复"湖北省计委报送清江长阳和长滩两水电站设计任务书"中也要求长江流域规划办公室首先完成清江流域规划。据此,长江流域规划办公室进行了鄂西地区水电规划选点和清江流域规划工作,并于1964年12月提出《清江流域规划报告》,其综合利用开发的主要任务是发电、防洪和航运。通过研究论证,清江的水电开发,对满足武汉冶（武汉、大冶）、江汉平原和鄂西地区近期的工农业需电,远景满足三峡水利枢纽施工和准备项目用电,均有重要作用。清江水库拦洪后在一般洪水年份如1955年可降低沙市水位,减少沙市下泄流量,缓解荆江河段防汛紧张程度,还可减少荆江分洪区分洪频率。对特大洪水年份如1935年和1954年则可推迟腊林洲扒口,减少最大分洪流量和分洪总量。航运方面则根据清江腹地的经济货运量,研究了水运的地位,论证了水运与铁路运输的合理分工及其相互关系,进行了航道与港埠规划。

关于原拟沿清江而上的川汉铁路线,经铁道部第四勘察设计院配合清江规划的研究,认为有可能走清江左岸或清江右岸分水岭线,因而在清江干流开发方案的选择中未再考虑对铁路线的影响问题。

本次规划选定的清江干流梯级开发方案为大龙潭（550米）、龟山河（405米）、芭王沱（340米）、隔河岩（190米）、长滩（80米）。选择隔河岩、长滩为近期工程。

1965年1月,长江流域规划办公室向水利电力部报送了《清江流域规划报告》。

（4）清江流域补充规划阶段

1964年提出《清江流域规划报告》后,长江流域规划办公室又对隔河岩水利枢纽做了大量的勘测设计工作,完成了初步设计报告。1965年底,国家计划委员会责成交通、水电、冶金、铁道、地质等部门组织了清江干流综合查勘,研究了铁矿钢厂、交通运输及水电开发,并提出了水布垭、高坝洲与芭王沱、长滩作为比较坝址进行研究。湖北省水利水电勘测设计院研究了隔河岩下游衔接梯级,选定了高坝洲坝址代替长滩坝址,并对高坝洲坝址做了地勘补充工作和设计研究。1967年4月,中南勘测设计院等对清江上中游的恩施地区作了水电选点查勘。1970年,长江流域规划办公室对清江上游及主要支流进行了选点查勘,查勘选出落水洞、余家河口、天楼地枕、龙头沟、蒋家湾、桐子营、老鹰潭、洞坪、马水河、老渡口、古枫园、松林坪12个枢纽。

上述规划的深入工作进一步对清江干支流的河道特性、治理重点、开发条件等有了新的认识，积累了新的资料。根据国家经济建设的发展，水利电力部和湖北省人民政府都要求对水资源开发条件较好的清江尽早开发利用，迅速兴建隔河岩水利枢纽，积极推进上下游梯级电站的规划和勘测设计工作。有鉴于此，长江流域规划办公室于1982年2月向水利电力部、湖北省人民政府报送了《清江流域补充规划任务书》。补充规划的任务是在以往规划工作的基础上补充有关自然和社会经济资料，据此分析论证，选择综合利用开发方案，重点为干流中游河段的开发方案。

根据《清江流域补充规划任务书》的要求，长江流域规划办公室在1964年规划的基础上，对清江流域综合利用规划进行修改补充，1984年11月完成了《清江流域规划补充报告》（初稿），1985年9月和1986年1月两次组织对补充报告进行审查，后于1986年5月提出《清江流域规划补充报告》，其主要内容为：清江流域水资源开发重点为干流恩施以下河段，根据流域自然与社会经济特征，以及控制清江洪水对长江荆江地区的防洪作用情况，清江干流的开发任务为发电、防洪、航运，兼顾其他。

清江干流恩施以下梯级，本次补充规划研究了两种主要方案。方案一：分4级开发，即龟山河（405米）、水布垭（340米）、隔河岩（200米）、高坝洲（80米）；方案二：分3级开发，即水布垭（405米）、隔河岩（200米）、高坝洲（80米）。

两种方案中的隔河岩枢纽和水布垭枢纽是两座骨干工程，两座水库总库容合计分别占梯级总库容的87%和95%。经综合比较研究，方案二综合效益比较优越，拟推荐作为代表性方案。隔河岩枢纽综合效益大，距离葛洲坝枢纽较近，有利于两者联网，且施工运输条件方便，前期工作基础较好，推荐作为清江干流开发的首选工程。高坝洲是隔河岩下游的反调节枢纽，亦应加快前期工作进度，争取和隔河岩枢纽同期建成。

（5）《清江流域规划报告》（1993年修订）阶段

鉴于在1986年《清江流域规划补充报告》中清江中游控制性梯级水布垭枢纽的基础资料不全，未能进行必要的钻探工作，论证不够充分，加之多年来社会经济、地质、水文和规划等方面资料有新的积累，因此，有必要在原有规划的基础上充分考虑清江开发的现状，对规划进行补充修订以确定清江梯级开发的推荐方案及近期工程规模。1992年，水利部水利水电规划设计总院下达了清江流域规划修订任务。

在进行清江流域规划修订的同时，1992年恩施市委托长江水利委员会科学技术协会对清江恩施以上干流河段进行了补充规划，提出了《清江上游干流补充规划报告》，其主要成果纳入清江流域规划1993年修订稿之中。

本次清江流域规划（修订）是在1964年和1986年规划成果的基础上，对清江流域综合利用规划进行补充修订。此时清江上游恩施以上河段规划的9个梯级，已建成5个，主要梯级姚家坪、大龙潭枢纽正在加紧进行前期工作。由于上游段水能资源蕴藏量相对较小，仅占中下游干流的 5% 左右，其开发对干流中下游河段水资源利用开发影响不大，故本次规划修订重点研究干流中游河段的开发方案，其主要工作有：搜集补充规划工作基础资料，如水文资料、地质资料、社会经济资料等；补充清江综合利用规划，进一步论证发电、防洪、航运规划的任务、规模以及在国民经济中的作用；论证选定清江干流中游河段梯级开发方案；分析推荐近期工程。

1993 年，长江水利委员会编制完成《清江流域规划报告》（1993 年修订）。

3. 规划方案

（1）1990 年方案

国务院批准的《长江流域综合利用规划简要报告（1990 年修订）》中提出了清江开发规划。清江干流开发任务为发电、防洪、航运，兼顾其他。清江中下游干流开发，比较了 3 级开发与 4 级开发两种方案，上报推荐 3 级开发方案，总库容 85.7 亿立方米，总装机容量 289.1 万千瓦，年发电量 84.9 亿千瓦时，淹没耕地 2533.33 公顷，移民 4.3 万人。

方案实现后，干流在恩施以下河段基本渠化，结合对水库回水变动区进行整治或增建航运梯级，可通航 300 吨级船只，达到 V 级航道标准；可减轻下游地区的洪水灾害，对长江干流荆江地区防洪也有一定作用；将促进鄂西土家族自治州经济发展。

根据综合利用效益与前期工作等因素综合分析，隔河岩和高坝洲两座水利枢纽推荐作为第一期工程。隔河岩水利枢纽已于 1994 年竣工，高坝洲水利枢纽也于 2000 年建成。

（2）1993 年方案

1993 年修订的《清江流域规划报告》研究的主要内容：清江流域开发任务为发电、防洪、航运等。

清江干流梯级按水布垭水利枢纽取代龟山河水利枢纽或与龟山河水利枢纽相衔接组成两组不同方案。方案一：姚家坪（708.8 米）、大龙潭（486.8 米）、水布垭（405 米）、石板溪（200 米，航运梯级）、隔河岩（200 米）、高坝洲（80 米）；方案二：姚家坪（708.8 米）、大龙潭（486.8 米）、龟山河（405 米）、水布垭（340 米）、石板溪（200 米，航运梯级）、隔河岩（200 米）、高坝洲（80 米）。

经综合分析比较，方案一总体上能满足规划任务的要求，水资源利用充分，效益巨大；方案二则在某些方面（如防洪）不能实现规划任务的要求，水资源利用程度也不甚充分。在经济方面，方案一的总折现费用比方案二小，单位投入获取的效能比方案二高。从充分利用水资源、全面实现流域规划任务、提高投资使用效率出发，推荐采用方案一。

清江支流大多流经中高山区，地势陡峻，河谷深切，可能开发的总装机容量仅约34万千瓦，年发电量约17亿千瓦时，其开发任务大多以发电为主兼顾其他，以解决地方工农业用电的需要和少数支流水库区间的航运。

水布垭水利枢纽是清江流域开发的又一骨干工程，工程具有多方面的综合利用效益，修建该枢纽能较好地实现流域开发任务，其前期工作也相对深入，故推荐水布垭水利枢纽为近期开发工程，已于2001年开工兴建。

4. 流域典型工程介绍："清江上的水电之花"——隔河岩水电站

20世纪80年代末至90年代初，是我国水电建设加速发展的时期，一大批水电工程在这个时期开工建设，其中有5项百万千瓦级的大型水电站工程，被人们誉为水电行业的"五朵金花"，隔河岩水电站就是其中的一朵金花。它位于湖北省长阳县境内的清江干流上，是国家"八五"计划能源建设重点项目，是清江干流3项梯级水利枢纽工程之一，是华中电网调峰调频的骨干电站。

（1）工程概况

隔河岩水电站位于清江下游，在长阳县城上游9千米，距宜都市62千米，工程以发电为主，兼有防洪、航运等综合效益。隔河岩大坝为混凝土重力拱坝，坝顶高程206米，最大坝高151米，坝顶长度648米。泄水建筑物设有溢流堰5孔，堰底高程183.5米，设计流量14500立方米每秒，校核流量16000立方米每秒；深孔4个，长6米，宽8米，进口中心高程138米，设计流量6000立方米每秒，校核流量6600立方米每秒。过坝建筑物为二级垂直升船机，尺寸为长42米、宽10.5米，槛上水深1.7米，一次过船300吨，为当前我国扬程最高的同类升船机。隔河岩大坝控制流域面积14430平方千米，占清江流域面积的84.88%，水库正常蓄水位200米，水面面积72平方千米，相应库容34亿立方米，防洪库容预留有5亿立方米，属于年调节水库。

1954年长江大洪水之后，长江水利委员会鉴于清江洪水对荆江的直接影响，组织查勘清江，1955年提出了查勘报告，1958年提出《清江流域规划报告》，在长阳坝段提出隔河岩坝址。1964年提出初步设计，其后不断补充勘测研究，1982年基本上确定隔河岩水利枢纽实施规模。1987年1月隔河岩水利枢纽工程开工建设，工程由长江水利委员会设计，湖北省与国家合资兴建。根据新的形势和要求，湖北省组建了湖北省清江水电开发总公司，作为经济实体负责组织工程建设和清江滚动开发。原计划于1996年工程完工，提前于1994年全面建成，创造了水电建设的新经验。

（2）规划论证

1957年，长江流域规划办公室对清江流域进行了勘测，于1964年提出梯级开发规划报告，1969年完成清江隔河岩水利枢纽工程初步设计。1969年9月，水利电力部、湖北省在长阳县联合召开隔河岩水电站初步设计审查会，提出了蓄水位160米、装机容量30万千瓦、投资3.8亿元的设计方案。同年12月，水利电力部传达国务院业务组批示：同意兴建隔河岩水电站，列入1970年计划开工项目，1974年发电。然而，从此至工程正式开工，隔河岩水电站经历了一段颇为漫长的过程。

1970年，为了保证葛洲坝工程的顺利开工建设，隔河岩水电站暂时停建。此后10多年间，长江水利委员会对隔河岩水电站的勘测设计工作没有间断，国家在研究中长期的水电开发规划中，隔河岩水电站也一直是议题之一，只是一直没能正式实施。这种情形一直持续到1986年。

1986年是"六五"计划的结束、"七五"计划的开启之年。回顾"六五"计划期内，湖北省国民经济呈现出持续稳定增长的趋势，工农业总产值与1980年相比实现了第一个翻番。然而想要保持这种趋势，并实现第二个翻番，需要强大的后劲支撑，尤其是电力供应。隔河岩水电站终于迎来了属于它的机会。

1986年5月，国务院领导到湖北视察，湖北省领导在汇报中提出隔河岩水电站上马的问题，国务院领导同志及随同前来的国家有关部委负责人当即表示原则同意。5月11日，湖北省人民政府代省长郭振乾主持召开长江流域规划办公室办公会，会议认为，兴建隔河岩水利枢纽工程有多项效益，及时兴建这一工程对于缓和湖北省电力紧张状况，开发鄂西山区，减轻荆江河段的洪水威胁和清江下游的洪水灾害，都将发挥重大作用。会议决定：成立湖北省清江隔河岩水电站工程指挥部。

1987年1月13日，湖北省人民政府印发《关于成立湖北省清江开发公司的通知》，明确"清江开发公司为开发清江水电资源各个梯级工程的建设单位，近期负责清江隔河岩水电站的建设，工程完工后，负责电站的领导和经营管理"。

至此，从1957年到1987年历时30年，隔河岩水电站终于正式开工。

（3）建设历程

筹建之初的湖北省清江水电开发总公司一穷二白，很多方面靠的是东拼西凑。1986年湖北省人民政府下达成立湖北省清江开发公司筹建处的通知后，从葛洲坝工程局借调15名干部，还从工程局第一招待所（后更名葛洲坝宾馆）借来了两栋平房和一台黑色伏尔加小车；第一次会议（工程评估会）费用8.2万元，是湖北省水利厅垫支的；借调、抽调人员的工资是原单位发的；临时办公费是从葛洲坝工程局借的……

随后几年，湖北省清江水电开发总公司的日子依然艰难。1987年，面对资金困难，中共湖北省委、省人民政府决定，多渠道筹集资金保障隔河岩工程建设。1989年下半年，为抑制通货膨胀，国家货币政策调整为以紧缩为重点，信贷规模压缩。湖北省清江水电开发总公司账上曾经一度只有24块钱。实在揭不开锅的时候，时任湖北省清江水电开发总公司总经理的李永安在武汉水果湖门诊部的病床上找到正在输液的郭振乾省长，希望建设银行贷款2000万元。郭振乾在报告上批示："请省建行即付2000万元。"公司技术组提出方案：实行三保三缓，保第一台机组按合理工期发电，保移民，保工程质量；缓建部分非生产性建设项目，缓建近期发挥不了效益的航运工程，缓建部分电力外送工程。这才确保了隔河岩工程1号机组能按期发电，工期仅5年6个月，比国家计划工期提前207天，创造了中国百万千瓦级以上大型水电站投产发电工期新水平。

在8年的建设中，隔河岩水电站白手起家，借钱建坝，经历了许多风风雨雨，战胜了无数艰难坎坷，取得了诸多令人瞩目的成绩。

1987年，隔河岩水利枢纽工程正式开工，当年12月就实现截流。1988年4月，隔河岩度汛工程关键项目上游碾压混凝土围堰建成，12月开始主体工程混凝土浇筑。1993年4月，隔河岩水库正式下闸蓄水，6月首台机组发电。1994年11月，全部机组投产发电。至此，除升船机外，装机容量120万千瓦的清江隔河岩水利枢纽全部建成。

国家下达的隔河岩水电站合理工期为：1993年12月第一台机组发电，1994年、1995年各有一台机组投产，1996年6月最后一台机组投产。而隔河岩水电站做到了每台机组都提前投产发电，其中，首台机组发电工期为5年6个月，比计划提前6个月；4台机组全部投产只用7年，比计划提前7个月，4台机组提前投产共计52个月。

在工程设计方面，针对坝址地形和地质条件，采用了"上重下拱"的特殊坝型，即大坝两岸为重力坝段，河床为重力拱坝。高程150米以下采用重力拱坝，左岸高程132米至150米设置重力墩以弥补地形和地质条件的不足，高程150米以上为重力坝，这就形成了下部为重力拱坝、上部为重力坝的组合坝型。这种特殊坝型的重力拱坝在我国是首次采用，是我国大坝坝型设计的一项创新，获得了第八届优秀工程设计金奖。

在泄洪消能方面，由于隔河岩水电站具有泄洪量大、水头高、单宽泄流功率大、消能区抗冲能力较弱的特点，工程采用了宽尾墩、表孔和底孔双层射流入池的新型消能方式，解决了拱坝泄洪时向心集中水流消能防冲的难题。

1998年，隔河岩水电站被国家电力公司认定为"一流水力发电厂"，这是全国第一个常规电厂中的"一流水力发电厂"。2000年11月，隔河岩水电站荣获国家建筑工程最高奖——鲁班奖。

这些令人瞩目的成绩靠的是清江人的艰苦奋斗和他们敢为人先、勇于探索的精神，在水电建设体制改革实践中创造出的一套有清江特色的水电站开发建设模式。

隔河岩水电站是在国家推行水电建设体制改革时决策上马的，它是我国电力体制改革的一个缩影。湖北省清江水电开发总公司受命成立并负责清江梯级水电工程的建设和管理后，率先提出了"业主负责、建管结合、流域开发、滚动发展"的建设管理思路。它改变了原来大型水电工程建设投资依靠国家，工程指挥部、设计单位、施工单位、设备制造厂家会战式建设，地方人民政府职能部门做些征地移民和后勤服务等配合工作，电站建成后移交电力部门管理，地方仅享受一点电力、电量利益的传统模式；开启了大型水电站由地方和国家合资建设，双方按最终投资比例分电分利的新起点；建立了投资、建设、营运三位一体的业主责任制，提出了"建管结合，流域开发"的构想；充分发挥市场作用，引入市场竞争机制，公开招标议标，通过合同，运用经济手段，建立起新型的社会主义市场主体关系。

这一系列探索实践走在当时国内前列，走出了一条充分调动中央和地方两个办电主体的积极性、责权挂钩、效益驱动的新路子，不仅保证了工程建设的顺利开展，还加快了建设速度，降低了工程造价，提高了工程质量。

（4）工程效益

隔河岩水电站是一座以调峰、调频为主，兼有防洪、航运等综合效益的水利枢纽工程。

1）防洪效益——1998年抗洪的大功臣。

清江隔河岩水利枢纽工程以下河段的防洪保护对象，主要有长阳县城、宜都市和沿河几个市镇以及下游62千米河谷台地、尾闾一块小平原。据资料记载，1883年、1935年这一带淹没损失与1969年大致相同。1969年清江发生大水，搬鱼嘴站最大流量18900立方米每秒，长阳街道大片房屋被冲，宜都城被淹，被淹房屋3600栋，损失粮食70多万千克，淹没耕地4267公顷，因灾死亡180人、牲口2100头，损失木材2万余立方米。

清江洪水对荆江防洪影响极为直接。据分析，荆江洪峰组成主要有两个部分：干流宜昌站以上来水约占95%，清江及沙市—宜都区间约占5%，清江平均占2%～3%，最大占18%。1935年宜昌发生大水，清江同时加入的流量达15000立方米每秒左右；1954年荆江分洪时段，清江入汇洪水流量3200～6290立方米每秒，明显地增加了分洪负担。以沙市站高水位为标准，清江入汇荆江1000立方米每秒，相应抬高沙市水位约0.1米。据1951年至1989年的38年实测资料统计，清江发生8000立方米每秒流量的洪水形势，荆江河段（包括四口分流）尚可安全宣泄；但当沙市水位到44.49米，防汛形势就很紧张。另外，清江大于5000立方米每秒流量的洪水在7月占46%，宜昌站大于50000立方米每秒的洪水在7月占45%，可见两站较大流量遭遇概率较大。隔河岩水库可以较为有效地控制清江洪水，既能减免水库下游河段的洪灾，又可缓解其对荆江的威胁，其防洪效益在枝城不同洪水组合下，可减少分洪区运用概率，减少分洪量，降低沙市水位或推迟分洪区运用时间。例如，根据隔河岩水库有效调度进行演算,1969年洪峰流量18900立方米每秒,可降到约12700立方米每秒,降低沙市水位0.6米,可避免当年长阳、宜都的巨大淹没损失,特别是可避免人员伤亡。1954年实际洪水如有隔河岩水库运用的情况下,当年荆江分洪区第一次分洪可推迟7～8天,有利于人员安全转移;1935年洪水则可推迟分洪1～2天,并减少分洪流量和分洪总量,避免当年荆江河段发生南北皆溃的局面。1998年宜昌出现了大洪水,最大流量63300立方米每秒,沙市最高水位45.22米,如无隔河岩水库调蓄,沙市水位将达45.5米,防洪形势将更为严峻。

隔河岩水电站具有一定的防洪能力,在汛期可预留5亿立方米的防洪库容。由于清江汇入长江的地点正位于荆江天险的入口处,隔河岩水电站配合三峡工程实施防洪调度,可有效提升荆江河段防洪标准。即使遭遇特大洪水,荆江分洪区不得不分洪,通过隔河岩水电站等清江梯级电站共同调蓄,也可有效推迟荆江分洪时间,为抢险争取时间。位于隔河岩下游的长阳县城防洪标准也提升至20年一遇,从根本上消除了清江中下游重大洪涝灾害,20世纪50年代和60年代的长阳、宜都县城多次被清江洪水冲毁的情况不会再发生。

隔河岩水电站运行后的1997年汛期,清江就发生了150年一遇的特大洪水,最大洪峰每秒18400立方米,超过1969年清江特大洪水。但此次洪水经过隔河岩水电站拦蓄后,洪峰削减到11000立方米每秒,确保了下游长阳、宜都免受洪涝灾害。

在1998年的长江全流域特大洪水中,由于三峡工程尚未建成,荆江大堤面临决堤的严峻考验。隔河岩水电站科学调度,多次拦蓄清江洪水,避免清江洪峰与长江洪峰在荆江河段产生叠加效应。特别是高达63600立方米每秒的长江第六次洪峰抵达宜昌江段时,隔河岩水电站果断调度错峰,避免了使用荆江分洪区可能产生的200多亿元的巨大损失,有效支援了长江百万军民抗洪抢险,为夺取1998年长江抗洪的伟大胜利贡献了力量。隔河岩水电站受到了党和国家领导人的充分肯定以及湖北省委、省人民政府的通令嘉奖。

2)环保效益——生态环保的贡献者。

隔河岩水电站对于生态环境的贡献不仅体现在水电为经济社会发展提供了大量清洁电力,更重要的是隔河岩水电站的建设和运行与周围山水和谐有机结合在一起。

隔河岩水电站建设初期,在工程建设资金较为紧张的情况下,为了尽可能降低工程建设对生态环境的破坏,建设者创造性地提出了工程建设与环境保护同步规划、同步实施、同步发展的"三同步"原则,实施工区内山头边坡保护、环境整治,为打造水电生态基地打下了坚实基础。建设者坚持20年在工区开展义务植树造林,让今天的隔河岩工区成为一座大花园,与清江整体自然环境融为一体。今天的隔河岩水电站,除了每年创造 30 亿千瓦时的绿色电能，其工区的绿色树木花卉还向空气中输送 1780 吨氧气，吸收 2060 吨二氧化碳，这个成绩居全国同类水电站之首。

隔河岩水电站建成后，沿清江形成了全长 93.7 千米，总面积 72 平方千米的水库。水库形成后，库区周边年温差变化小，冬暖夏凉，气候更加湿润。同时，清江水质良好，其盛产的鱼类产品已成为当地热销的绿色产品。

3）地方经济的助推力。

隔河岩水库形成之后，不仅促进了当地水产养殖业，而且两岸的奇峰怪石、瀑布飞流，以及蓄水形成的 100 多座岛屿、半岛，形成了一座独具特色的国家森林公园——清江画廊，为当地发展旅游业创造了有利条件。长阳县和宜昌市将清江画廊打造成为国家 5A 级景区，形成百里清江生态文化旅游产业带。2017 年，长阳县共接待游客 805 万人次，实现旅游总收入 75 亿元，旅游已成为长阳县的一项重要支柱产业。

清江流域中上游崇山峻岭，过去丰富的矿产资源无法开发，优质的农特产品也难以运出，严重制约了当地经济发展和百姓生活条件的改善。隔河岩水电站和其上下游的水布垭、高坝洲水电站建成后，梯级水库形成了 160 千米的深水航道，当地矿产、农特产品都可以通过便捷便宜的水路运输送往外地，大大促进了当地经济的发展。据统计，隔河岩工程开工前的 1986 年，长阳县工农业总产值 4.2 亿元，财政收入 986 万元；2017 年，全县地区生产总值达到 135.34 亿元，财政收入 9.48 亿元。长阳县的飞速发展，见证了隔河岩水电站拉动地方经济发展的巨大效益。

（二）沮漳河

1. 流域概况

沮漳河是长江中游左岸的一条较大支流，其上游分东、西两支，东支为漳河，西支为沮河。两支于湖北省当阳市河溶镇两河口交汇，于湖北省沙市注入长江。沮漳河流域面积 7340 平方千米，其中，漳河约 2970 平方千米，占 40.4%；沮河约 3370 平方千米，占 46.1%；两河口以下约 1000 平方千米，占 13.5%。

作为沮漳河东支的漳河，发源于湖北省南漳县薛坪三景庄，河源老龙洞海拔高 880 米，自西北流向东南。历史上，漳河是一条多灾的河流。漳河流域的上游系长江中游暴雨区，下游河湖交错，水系复杂，坡坦流缓，一遇暴雨常泛滥成灾。洪水一旦发生，下游常漫溃成灾，并危及荆江大堤的安全。沮漳河流域 24 小时暴雨均值约 110 毫米，东支漳河上游河道陡峻，河床狭窄弯曲，每遇暴雨，峰高流急，至两河口与沮河汇合，水量大增；加以沮漳河汛期受长江洪水顶托，宣泄不畅，下游常泛滥成灾。据记载，沮漳河历史上较大洪水有 1816 年、1896 年、1906 年、1910 年、1935 年和 1948 年等。1935 年洪水，为百年所少见，根据调查历史洪水推算，两河口水位高达49.87米，最大流量约7000立方米每秒，洪水总量达11亿立方米，漳河下游与沮漳河两岸堤垸普遍漫溃，直击荆江大堤，得胜寺堤段溃口。

沮漳河下游安全泄量直接受沙市水位的影响，当沙市水位为44.49米时，安全泄量为1300立方米每秒。1963年8月，沮河猴子岩最大流量2020立方米每秒，建设中的漳河水库为保坝溢洪，沮漳河堤垸决堤行（滞）洪，1968年7月，猴子岩最大流量2050立方米每秒，被迫在沮漳河右岸谢古垸扒口行洪。若遇到1935年型大洪水，下游2万多公顷垸田农田均将被淹没，荆江大堤还将受到严重威胁。

沮漳河流量1300立方米每秒汇入长江，直接抬高沙市水位0.15~0.20米，如当沙市处于高水位情况下，这一增高值威胁更大。尤为严重的是，沮漳河下游左岸临河垸堤破堤后，荆江大堤上段直接临洪，1935年决口的局面可能重演，后果严重。因此，修建漳河水库，对减免沮漳河下游洪灾，并在一定程度上减轻荆江大堤洪水威胁具有重要作用。

同时，漳河流域为高蒸发区，河东岸的丘陵岗地几乎年年发生旱灾，农业缺水歉收，连人畜饮水也很困难。

新中国成立后，为治理沮漳河的水旱灾害，综合利用沮漳河的水资源，在多年水文、地质勘测和流域踏勘的基础上，湖北省水利水电勘测设计院于1958年2月提出了《沮漳河流域规划报告》。该规划明确了沮漳河综合治理的基本原则是：以灌溉、防洪、发电为主要任务，相应解决航运问题；漳河以防洪为主，沮河以发电为主。该规划要求控制18亿立方米的水量，以解决农业灌溉、城市供水、水力发电和改善航运等水资源的综合利用问题。该规划选定漳河流域观音寺枢纽及其支流淯溪河鸡公尖枢纽为漳河流域第一期开发工程。

2.流域典型工程介绍：漳河水利枢纽

（1）工程概况

漳河水利枢纽位于湖北荆门市沮漳河的漳河上，是一座以灌溉、防洪为主的综合利用大型水库，控制集水面积2212平方千米。漳河水利枢纽属大型水库，由湖北省水利水电勘测设计院设计，湖北省水利厅工程一团组织施工。水库于1958年7月正式开工，1966年4月基本完成枢纽及渠系工程。

漳河水利枢纽由拦水大坝、挡水工程、引水工程、输水工程、溢洪设施、电站厂房和灌区配套等组成。观音寺大坝拦截漳河干流而形成观音寺库区（西区），鸡公尖大坝拦截漳河支流淯溪河而形成鸡公尖库区（东区），西、东两库之间兴建林家港、王家湾两座拦冲沟坝，又形成了两个小库区，三段明槽串通四库，从而形成一个多库连通的水库群。漳河水利枢纽的库区跨宜昌、襄阳、荆门三市，总库容20.35亿立方米，灌溉面积约 16.67 万公顷，8 座水电站总装机容量 3490 千瓦，年发电量约 270 万千瓦时；年平均城市供水量约 6000 万立方米；改善枯水期航道约 35 千米，库内深水航道约 90 千米。

漳河水利枢纽在沮漳河流域综合利用中占有重要的地位，发挥了重要作用。在汛期，漳河水库充分发挥调蓄洪水与沮河错峰的作用，既使下游当阳、枝江、沙市等地免遭沮漳河洪水灾害，又大大减轻了洪水对荆江大堤的压力。漳河水库以其与沮河错峰的防洪作用，使沮河的综合利用能以发电为主。沮漳河的东、西两支这种互有主次、相互补偿的开发思想和措施，在流域综合利用中是科学合理的。

（2）建设历程

漳河水利枢纽从 1958 年开工到 1966 年建成受益，历时 9 年。但从工程的动议、勘测、规划、设计、施工（开工至竣工）直到后续工程的建设，历时却长达数十年。这期间，大量的工作是在新中国成立后进行的。

1）工程缘起。

1935 年 2 月，国民政府全国经济委员会江汉工程局派员勘测沮漳河流域，历时 50 余天，编写了《勘测沮漳河报告》。其中提出了"疏浚尾闾，裁弯取直，调整河身，修固堤防"的防洪建议，并提出"人力、财力所容易做到"的简单规划。

新中国成立后，党和人民政府十分重视沮漳河的治理。新中国成立初期，沮漳河流域便被列为湖北省第二条流域治理对象。作为前期工作，首先进行了下游河段的裁弯取直和河堤的加高培厚，以及部分河段的退堤还滩。

1952 年和 1953 年湖北两年大旱，1954 年又发生特大洪水。中共湖北省委提出要建立旱涝保收粮食生产基地，水利部门提出了水库建设要向大中型发展。据此，湖北省水利厅组织人员深入全省进行考察，在考察荆门县时提出必须修建水库解决荆门的灌溉问题。

1956 年，湖北省水利水电勘测设计院对沮漳河流域进行水库规划性查勘。之后，湖北省水利厅厅长陶述曾和有关领导又先后到沮漳河进行实地查勘，确定了漳河以灌溉为主，沮河以防洪为主，兴利与除害并举的治理原则。1957 年 11 月 1 日，湖北省召开全省水利工作会议，提出了兴建漳河水库的方案。1958 年 2 月，湖北省水利水电勘测设计院提出了《沮漳河流域规划报告》，推荐漳河水库为漳河流域第一期工程。

2）工程施工。

漳河工程于 1958 年动工兴建。工程开工前后，湖北省水文地质工程地质大队在原有的流域地质普查、调查和选点钻探的基础上，对观音寺坝址和鸡公尖坝址进行了工程地质勘探。得出的地质结论是：漳河水库的地壳基本稳定，库区工程地质条件良好。

1958年5月9日，第一批3500名民工赶赴漳河工地，主要是修筑公路，架设电话线，搭盖工棚，清基除障。6月，在漳河水利工程总指挥部的统一部署下，漳河工程主要施工技术队伍湖北省水利厅工程第一大队进入工地，湖北省水利水电勘测设计院设计代表组也进驻工地。在贺龙副总理的关怀下，中国人民解放军后勤部、工程兵司令部某部队支援工程建设，施工设备、器材和材料陆续运往工地。

1958年7月1日，观音寺大坝导流隧洞工程开挖，漳河水利工程全面开工。基础开挖采用浅孔小炮分层开挖方式，保护层大部分用人工手凿撬挖，少部分使用风镐撬挖，以保护基岩的整体性和边坡的稳定性。大量渣石运至陡坡段，从库内引水冲渣，节约劳动力，提高工效。为提高基础的整体稳定性，采取了设置暗拱、固结灌浆和帷幕灌浆等技术措施。

漳河水利枢纽工程建设经历了大坝脱险、配套建设、工程加固等阶段。1966年基本建成后，又进行了工程续建加固。在施工过程中和工程基本建成后，多次修改工程设计。

3）修改设计。

1958年2月、6月和10月，湖北省水利水电勘测设计院分别提出了《漳河水利工程设计任务书》《漳河水利工程设计要点报告》和《漳河水利工程（扩大）初步设计成果》。工程开工后，由于水文资料系列不长，实测站点不多，勘测工作显得仓促和不完善，给设计和施工造成了一定困难。首先是50年一遇的洪水标准设计偏低，设计灌溉面积20万公顷应地方要求亦需扩大。修改设计后，1959年12月提出了技术设计报告。将设计洪水标准由50年一遇提高到100年一遇，水库设计洪水位由121.60米提高到126.10米；4座大坝的高程均提高了3.5米，副坝提高了2.5米，库容由15.80亿立方米增加到21.85亿立方米；为扩大自流灌溉面积，引灌渠首闸底高程由102米提高到110米，设计灌溉面积由20万公顷增加到24.67万公顷。

漳河水利枢纽工程的初步设计、技术设计与开工，正值"大跃进"年代，边设计、边施工，给工程建设带来了一些问题。党中央提出"调整、巩固、充实、提高"八字方针后，根据国务院对基本建设设计任务书的有关规定，对工程设计又进行了一次修改。1962年8月和1963年3月先后提出了《漳河工程（补充修正）设计任务书》和《漳河工程（补充再修正）设计任务书》。1963年6月，根据水利电力部《关于审批设计文件的特急通知》精神，重新编写了《漳河水利工程初步设计报告》。修改后的设计，主要是将设计洪水标准提高到1000年一遇，有效库容提高了近1亿立方米。

根据国务院、水利电力部、湖北省人民政府批复的意见，湖北省水利厅和省水利水电勘测设计院对水库死水位、灌溉最低水位、兴利水位及调洪方式等进行了进一步研究和论证，设计了增建的泄洪建筑物，并对灌区的地表径流、灌溉面积、土地规划、水量平衡、渠系设计和水库规模作了进一步论证、修正和设计。1964年9月提出了《湖北省漳河水利工程初步设计补充报告》。

施工期间有两项重大修改设计：一是改变观音寺坝型，二是提高烟墩渠首闸底板高程和大坝高程。

工程进入大施工期后，地方提出解决本地2.67万公顷农田的自流灌溉问题。施工技术人员也鉴于按原设计明槽开挖艰巨，从减少挖方角度提出增加大坝高程提高水库蓄水位。综合各方意见和技术论证后，决定将渠首闸底高程由102米提高到110米，大坝高程也相应加高。

4）续建加固。

漳河水库于1966年基本建成。"75·8"特大暴雨洪水后，漳河水库需要提高防洪标准，枢纽工程亦需要整险加固。湖北省水利水电勘测设计院对漳河水库进行续建加固设计，报经水利电力部批准。从1975年冬开始，进行了3个冬春的工程续建加固。加固项目有：观音寺大坝加高，背水坡培厚；林家港坝加高，副坝培厚，坝面加宽；新开非常溢洪道明口；采取非常情况下的启爆泄洪、保坝安全措施；对明槽局部裁弯取直等。

整险加固后的漳河水库，防洪标准有所提高，但仍属险库，汛期限制水位降低运行，严重影响水库效益的发挥，需要进一步续建加固。1986年，长江流域规划办公室派员赴漳河现场复核续建加固工程。1986年8月和1988年5月，长江流域规划办公室两次行文对漳河水库续建加固工程的项目投资和设计进行了批复。续建加固的主要项目有：兴建马头砦溢洪道和王家湾深式底孔闸、副坝基础帷幕灌浆防渗和陈家冲溢洪道加固。

（3）工程效益

漳河水利枢纽建成40余年，发挥了很大的社会效益和经济效益。

在防洪方面，漳河水库拦截漳河洪峰，与沮河错峰，大大减轻了沮漳河下游的洪水压力，使洪灾减少到最低程度。1966年至1989年的20多年中，共拦截1000立方米每秒以上的洪峰流量24次，其中2000立方米每秒以上的洪峰流量5次。在1998年荆江6次洪峰中，利用漳河水库调蓄取得一定效益。

灌溉效益显著，漳河水库库容20.35亿立方米，实际灌溉面积17.33万公顷，对农业连年丰收起到了重要作用。

1966年至1989年，漳河水利枢纽工程总发电量6500万千瓦时。近年来，电站利用小时增多，年发电量400万~1500万千瓦时。

此外，在渔业、航运、林果、商业等方面也产生了相应的效益。

1984年漳河水库获全国水利电力系统"先进集体"奖牌，1985年又获湖北省水利厅授予的"水利水电工程管理先进单位"银牌。

九、湖口以下干流区间

湖口以下干流区间主要在安徽省和江苏省境内，另有湖北省黄冈市、江西省九江市、上海市崇明岛等少数地区在此区间内。长江干流沿岸均为平原地区，水库主要建在流经山区丘陵地带的安徽省皖河、青弋江等支流上游地区。

（一）皖河、菜子湖流域

1. 流域概况

皖河、菜子湖流域位于长江下游北岸安徽省安庆市境内。流域东南面是圩区，濒临长江；北面以大别山脉和滁河、巢湖流域接壤；西面以羊角尖、界岭与湖北省浠水、蕲水流域相邻；西南部以梅岭、香茗山和华阳河流域为界。流域面积约1万平方千米，其中皖河6440平方千米，菜子湖水系3580平方千米。流域地势西北高东南低，地形多样，山区占流域面积的45.6%，丘陵区占32.1%，圩畈区占17.5%，湖区占4.8%。

皖河发源于大别山脉南麓太湖县境，上中游称长河，在怀宁县城（石牌）以上5.5千米和3千米处分别接纳主要支流潜水和皖水后，始称皖河。下游经新中国成立后新开的江镇河，于安庆市以西汇入长江。干流全长227千米，多年平均流量161立方米每秒。皖河花凉亭以上为上游，属山区，河道比降6.0‰~1.0‰；花凉亭至怀宁为中游，属丘陵区，河道比降1.0‰~0.5‰；怀宁以下为下游，属平原圩区，河道比降0.5‰~0.3‰。支流流域面积在1000平方千米以上的有潜水和皖水。流域内主要湖泊有武昌湖、石门湖和七里湖，湖泊面积172平方千米。

菜子湖水系的主要河流有大沙河、挂车河、龙眠河和孔城河4条，均发源于大别山脉东麓。这些河流基本上呈平行排列状汇入菜子湖，出湖后流经枞阳长河在枞阳县城的枞阳闸汇入长江。河流上游为山区，中游为丘陵区，下游沿菜子湖为圩区。菜子湖水系内湖泊有菜子湖、破岗湖、三鸦寺湖，湖泊面积307平方千米。

皖河、菜子湖流域属亚热带季风气候，雨量丰沛，年降水量1250~1400毫米。降水年内分配不均匀，汛期5月至7月雨量占全年的50%。

据2004年全国水力资源复查成果，全流域水能理论蕴藏量20.4万千瓦，技术可开发装机容量19.2万千瓦，年发电量4.6亿千瓦时。2001年底，全流域已建和在建500千瓦以上水电站10座，总装机容量10万千瓦，年发电量2.4亿千瓦时，水能开发利用率分别为52.1%和52.2%。

皖河、菜子湖流域行政区划属安徽省安庆市的怀宁、潜山、太湖、枞阳、桐城、岳西、宿松、望江等县的全部和部分，以及安庆市区的全部。安庆为皖西重要城市，域内农业也较发达，水陆交通较便利。

2. 规划研究过程

新中国成立后，有关单位对皖河、菜子湖流域进行过多次规划，主要有：1957年淮河水利委员会设计院编制的《巢、滁、皖流域规划报告》（初稿），1958年淮河水利委员会设计院编制的《菜子湖流域规划》，1971年安庆地区水利局编制的《皖河流域规划报告》。在1980年全国水力资源普查阶段，安徽省水利水电勘测设计院汇编了以往皖河、菜子湖流域规划成果。该成果提出：皖河、菜子湖流域的河流上游河道坡降大，水力资源丰富，且多优良坝址，开发条件优越，并可建控制性水库，同时山区水土流失严重亟须治理；中游丘陵区水源短缺，耕地的灌溉问题亟待解决；下游圩区洪灾频繁，防洪要求迫切。因此，皖河、菜子湖流域的河流开发任务应以防洪、灌溉为主，结合发电。规划原则主要是：在上游进行梯级开发，采用堤坝式、引水式、混合式等多种枢纽布置方式；下游则加固加高堤防，并考虑在河口建闸控制。

干支流梯级开发方案为：皖河上游——长河：狮子口（160米）、燕子包（125米）、花凉亭（88米，已建）；皖河支流——潜水：鹭鸶岩（235米）、王岭（135米）、水吼岭（99.5米）；皖河支流——皖水：双峰（505米，皖水支流鹭鸶河）、毛尖山（365米，已建）、横岩（228米）、乌石堰（88.5米）；菜子湖水系的大沙河上游：下浒山（120米）；菜子湖水系的枞阳长河：河口规划建枞阳闸（已建）拒江洪；其他河流上游：在出山区处均布置有灌溉水库。

花凉亭水库为皖河第一期工程，于1958年8月开工，1962年缓建，1970年复工，1976年10月基本建成。花凉亭水库总库容24亿立方米，其中调洪库容10.55亿立方米，其开发任务主要是防洪、灌溉，结合发电、水产养殖和旅游等，是皖河流域控制作用最大的综合利用枢纽工程。

皖河、菜子湖流域规划提出后，还兴建了毛尖山、钓鱼台、方洲、镜主庙、牯牛背、红旗、长春、观音洞、麻塘湖等9座中型灌溉水库，总库容3.76亿立方米，设计灌溉面积4.39万公顷。

1985年8月，安徽省水利水电勘测设计院为配合长江流域规划修订提出了《皖河、菜子湖流域规划意见》，该规划意见就防洪、灌溉、治涝、灭螺等方面提出了治理及实施意见。

（1）治理标准

支流河道防洪标准采用 20 年一遇，老圩、大圩和临江堤采用 20 年一遇，垦区可低于上述标准；排涝标准采用 7～10 年一遇；灌溉保证率采用 80%～90%。

（2）治理意见

在防洪方面，进行河道治理的有潜水、皖水、龙眠河、挂车河和孔城河，重点治理大沙河。初期采用加高培厚堤防、河道切拐调直、清障除患等措施，使其防洪标准达到 15 年一遇。远期建设下浒山大（2）型水库，使防洪标准提高到 20～50 年一遇。湖区防洪，老圩、大圩和临江堤的圩口堤防按 20 年一遇湖水位和超高 1.5 米培修；有蓄洪任务的圩口按 5～10 年一遇湖水位培修堤防，对围垦不当的圩口应采取退田还湖或停垦养殖措施。

在灌溉方面，山区灌溉可建设小型蓄、引水工程解决，平原圩区可引江湖水提灌。重点是丘陵区灌溉问题，流域内沙河以东地区宜采用抽提湖水措施弥补当地径流利用量的不足。长河以西地区属已建的花凉亭水库灌区，自分干渠开通后已发挥一定的灌溉效益，但需要续建支渠渠系配套工程，以达到设计灌溉效益（6.87 万公顷）。丘陵区尚有 4.17 万公顷灌溉水源不足问题，规划建设下浒山水库灌溉潜水与大沙河之间的 2.97 万公顷，拟建花凉亭水库东干渠灌溉潜水以西的 1.19 万公顷。

在治涝方面，规划到 2000 年，圩畈区需要新（扩）建机改电和更新改造设备的排涝站装机容量 2.2 万千瓦，可使排涝标准提高到 10 年一遇。

在灭螺方面，措施包括皖河改道、开挖撇洪沟、围垦灭螺等。

（3）实施意见

近期先建设大沙河防洪治理工程、花凉亭水库灌区配套工程、沿湖电灌站、圩畈区治涝工程等，远期建设下浒山水库及灌区、鲁甿山水库及灌区，续建圩畈区电排站等。

1990 年长江水利委员会修订完成的《长江流域综合利用规划简要报告（1990 年修订）》中，提出了皖河、菜子湖水系流域规划意见。

3. 规划方案

（1）开发任务

皖河、菜子湖流域开发任务主要是防洪、除涝、灌溉、航运、水利灭螺等。

1）流域防洪。

同马与黄广等江堤应按长江总体防洪规划继续完成加高加固工程。主要内河河道，除长河已达 50 年一遇防洪标准外，其他河道尚需继续治理。潜水、皖水、龙眠河、挂车河和孔城河要继续培修堤防，进行河道整治与清障，使防洪能力达到 20 年一遇。

大沙河在近期通过堤防培修，增建青草堰隔堤和河道整治，达到15年一遇防洪标准；远景在下浒山水库建成后，将防洪标准提高到20～50年一遇。圩区防洪，老圩、大圩和临江堤的圩口堤防，按防20年一遇湖水位加超高1.5米培修；有蓄洪任务的圩垸按防5～10年一遇湖水位培修；一些面积小而防守困难的圩垸，需有计划地退田还湖或停垦养殖。

2）圩区治涝。

采取疏通、完善排水渠系，低洼地区适当改种耐淹作物，对现有排涝设备进行改造、配套以及适当增加新设备等措施，使排涝标准提高到10年一遇。

3）丘陵区灌溉。

沙河以东地区除修建中小型水库外，宜抽提湖水弥补当地径流不足；长河以西地区属花凉亭水库灌区范围，主要应完成渠系配套工作；沙河以西、长河以东地区，潜水和沙河间耕地拟建下浒山水库灌溉，潜水以西拟建花凉亭东干渠解决灌溉问题。

4）皖河航运。

该河历史上通航条件较好，目前河床泥沙淤积严重，航道条件恶化，交通部门正在积极研究整治方案，计划恢复通航。

5）水利灭螺。

为消灭七里湖和石门湖地区钉螺，初步拟定将皖河改道，进行围垦灭螺。

（2）开发方案

皖河干流开发任务以防洪、灌溉和发电为主。据2004年全国水力资源复查成果，其梯级开发方案自上而下为：王珠（458米，已建）、石堰河（303米，已建）、吴俊（240米，已建）、安乐（152米）、花凉亭（88米，拟扩建）等5级，全梯级调节库容约1.8亿立方米，总装机容量6.8万千瓦，年发电量1.4亿千瓦时。

皖河支流皖水梯级开发方案为：毛尖山（355米，已建）、九井岗（226米）、雷公井（155米，已建）、毕家滩（95米）、乌石堰（57米）等5级，全梯级调节库容0.39亿立方米，总装机容量7.3万千瓦，年发电量1.7亿千瓦时。

皖河支流潜水梯级开发方案为：八字岩（365米，在建）、大龙潭（331米，已建）、大龙潭二级（239米）、岩湾（188米，已建）、王岭（168米，已建）、袁家渡（127米）、水吼岭（57米）等7级，全梯级调节库容约0.13亿立方米，总装机容量3.5万千瓦，年发电量1.2亿千瓦时。

菜子湖水系大沙河开发任务以防洪、灌溉为主，结合发电。其开发方案为：大岭脚（200米）、下浒山（120米），共有调节库容1.96亿立方米，总装机容量1.7万千瓦，年发电量0.4亿千瓦时。

（3）近期工程

续建大沙河防洪工程，加高培厚堤防、切拐调直清障除患；建设花凉亭水库东灌区，以及两干渠灌区配套；建设圩畈区治涝工程，包括灌区排水工程、电排站等；兴建沿湖和灌区电灌站；新建下浒山和鲁碘山等大中型水库及相应灌区。

4. 流域典型工程介绍：花凉亭水库

（1）工程概况

花凉亭水库（图3-50）位于太湖县境内皖河水系长河上游，是防洪、灌溉、发电兼有水产养殖等综合利用的多年调节水库，集水面积1870平方千米，总库容23.98亿立方米。

图3-50　花凉亭水库全貌

枢纽工程包括大坝、溢洪道、泄洪隧洞、发电引水洞和电站厂房。

拦河坝为黏土心墙砂壳坝，并设有心墙与坝内、坝外铺盖联合防渗，铺盖全长320米。最大坝高57.9米，坝顶高程99.4米，坝顶路面宽6.75米，坝顶长570.0米。

溢洪道位于右坝头，为开敞式，共8孔，每孔净宽12.0米，总净宽96米，溢流堰高程为82.8米，1000年一遇下泄流量8210立方米每秒，10000年一遇下泄流量10320立方米每秒。泄洪洞进口底部高程60米，装2扇宽3.5米、高8米平板闸门，主洞洞径8.0米，洞长487.7米，出口安装宽5米、高5.8米高压弧形工作闸门，为挑流消能。

引水洞进口位于溢洪道上游右侧，洞前设拦沙坝，坝顶高程51.5米，洞底高程43.0米，装有宽3米、高6.5米事故闸门2扇和6扇拦污栅，主洞洞径7.5米，洞长469.0米，出口断面宽4.5米、高4.5米，底部高程42.15米，设有高压弧形工作闸门。在引水洞上游洞身设圆筒式调压井，内径15.0米。

电站厂房位于坝脚与引水洞出口之间，为引水地面式。主厂房长52.1米，宽14.4米，厂房共分3层，底层为蝴蝶阀层，高程42.2米；中层为水轮机层，高程46.8米；上层为发电机层，高程51.7米，安装4台发电机组，单机容量1万千瓦，水轮机安装中心线高程44.4米，两机组中心距10.6米。

花凉亭水库于1958年开工兴建，1960年蓄水，1962年停工缓建，1970年复工续建，1976年底主体工程基本建成。1987年4台机组并网发电。1999年安徽省水利厅批准水库未完工程进行完建，实施了上坝公路、坝顶公路和防浪墙、溢洪道启闭机房和水情测报系统等工程。

花凉亭水库自蓄水运用以来，据大坝观测资料分析，铺盖与黏土心墙防渗效果较好，沉降量基本稳定，经核算遇地震烈度超Ⅶ情况下坝坡是稳定的。1991年经建库以来最高洪水位84.76米的考验，水库运行正常。

花凉亭水库规划设计兴利水位88米。由于库区淹没问题未能彻底解决，蓄水位一直控制较低。

2004年进行了大坝安全鉴定，水库被评定为三类坝。2009年9月开始对水库进行除险加固，目前主体工程已基本完成。

（2）洪水调度方案和度汛计划

花凉亭水库正常蓄水位80.0～82.8米，相应库容9.71亿～11.54亿立方米。主汛期为6月15日至9月15日，汛限水位78.0～82.8米时，相应库容8.61亿～11.54亿立方米。

水库洪水调度方式为：库水位超过汛限水位78.0～82.8米时，视雨水情况开启泄洪洞泄洪；库水位达82.8米时，溢洪道闸门不控制，自由溢洪，不能为保老县城河滩房屋而压缩流量。汛期原则上发电机全开，灌溉季节电站机组投入台数按实际灌溉流量调度。花凉亭水库由安庆市防汛抗旱指挥部调度。

（3）历史洪水及其调度情况

花凉亭水库历史最高水位为84.76米，时间为1991年7月12日。

1969年花凉亭水库入库洪峰流量5475立方米每秒，经过水库调蓄后下泄流量削减为624立方米每秒；1983年最大入库洪峰流量7784立方米每秒，下泄流量削减为464立方米每秒；1996年最大入库洪峰流量5691立方米每秒，下泄流量削减为487立方米每秒。花凉亭水库滞蓄洪水削减洪峰，保护了下游太湖老县城和沿河圩区6.7万多公顷农田及近百万人民的生命财产安全。

1991年6月29日至7月12日，花凉亭水库流域降雨量527毫米，7月12日14时至17时最大入库洪峰流量3178立方米每秒。7月3日泄洪隧洞全开，7月11日3时30分库水位82.8米，溢洪道开始溢洪。安徽省和安庆市防汛抗旱指挥部的技术人员共同分析研究后认为，大坝运行情况正常。在严格执行水库运用办法的前提下，水库调度还考虑了太湖老县城群众撤离时间和圩堤抢险压力。太湖老县城在接到转移命令后，12小时内安全撤退结束，水库下游圩堤也做好增大泄量的抢险准备。7月12日12时出现了建库以来最高洪水位84.76米，最大泄量1084立方米每秒。经初步估算，仅防洪效益一项到2001年就创造社会效益达48.8亿元。

（二）青弋江、水阳江流域

1. 流域概况

青弋江、水阳江流域地跨安徽和江苏两省，包括长江下游南岸3条重要支流青弋江、水阳江及漳河，流域面积1.89万平方千米，其中绝大部分在安徽省，面积约1.75万平方千米。按水系分，水阳江流域1.0265万平方千米，青弋江流域7195平方千米，漳河流域1390平方千米。流域内地势南高北低，地形多样，山区占流域面积的55%，丘陵畈区占27%，圩区占14%，湖泊及滩地等占4%。

青弋江发源于安徽省黟县方家岭，正源为舒溪，主干上段称清溪，自南向北流经陈村坝址以上的小河口后始称青弋江，再流经泾县县城至芜湖市长河口汇入长江。干流全长309千米，天然落差410米，平均比降1.33‰。多年平均流量202立方米每秒。干流西河镇以上河长211千米，为山丘区；西河镇以下河长98千米，为平原区。最大支流徽水，流域面积1145平方千米。

水阳江发源于安徽省绩溪县境天目山北麓，自南向北流，源头有东津河、中津河、西津河三支，以西津河为正源，三河在宁国市附近相汇后始称水阳江，经宣城等地至当涂县太平口汇入长江。干流全长254千米，天然落差540米，平均比降2.13‰，多年平均流量180立方米每秒。河沥溪以上为上游，多属山区；河沥溪至新河庄为中游，系丘陵和平原圩区；新河庄以下为下游，以平原圩区为主。支流流域面积在1000平方千米以上的有东津河、郎川河。湖泊有南漪湖、固城湖、丹阳湖、石臼湖，均与水阳江干流相通，并对干流洪水有调蓄作用。四湖在12米水位时，总面积712平方千米，总容积40亿立方米。固城湖东侧在东坝处有胥溪河通太湖流域，石臼湖北端在天生桥处有毛家桥河通秦淮河。

漳河源出安徽省泾县山区，自南向北流至南陵县城以下为畈、圩区，干流在澛港汇入长江，河长90千米。下游河道弯曲，石硊至澛港的弯曲系数达3.5以上。

上述二江一河的下游河道纵横，水网交错，联成一体，因此组成了一个完整的水系。二江一河多年平均年径流量约140亿立方米。

青弋江、水阳江流域属亚热带湿润季风气候，多年平均年降水量1000～1600毫米。降水自南向北递减，时空分布不均，汛期5月至9月降水量占全年60%以上。流域上游位于黄山、天目山暴雨区，洪水主要由暴雨形成，具有峰高、量小、历时短

的特点。洪水一般发生在5月至7月，8月至9月外来的台风暴雨也会产生洪水，同时下游平原圩区还受长江洪水严重顶托影响。

青弋江、水阳江流域矿产资源有铁、锰、铜、硫等矿藏。旅游资源首推位于流域南部的黄山风景名胜区，还有历史文化名城歙县及徽州民居等。据2004年全国水力资源复查成果，全流域水能理论蕴藏量29.9万千瓦，技术可开发水力资源38.3万千瓦，年发电量9.6亿千瓦时。2001年底，全流域已建和在建500千瓦以上的水电站10座，总装机容量28.8万千瓦，年发电量6.8亿千瓦时，水能开发利用率分别为75.2%和70.8%。

青弋江、水阳江流域行政区划分属安徽省芜湖市、黄山市、马鞍山市和宣城、池州地区，以及江苏省南京市，涉及21个县（市、区）。流域内农业较发达，芜湖在历史上是我国四大米市之一，与无锡、九江和长沙齐名。工业主要有钢铁、造船、电力、纺织、食品、卷烟等。传统手工业名优产品有泾县的宣纸、毛笔，歙县的墨、砚。流域内水陆交通较便利，以宁（南京）铜（陵）线、淮南线和浙赣线等铁路为骨干。公路有多条国道和省道贯通，是皖南山区重要交通线。平原水乡和长江沿岸水运发达，以长江芜湖港为依托，内河通航里程有300余千米。流域内存在的主要问题是：防洪问题突出，中游丘陵区旱灾频繁，局部地区水土流失严重；由于长期存在边界水利纠纷，对规划及治理开发带来重大的制约。

2. 规划研究

据史籍记载，自春秋战国时期以来，出于军事和发展生产及改善航运条件的需要，官方和民间士绅先后提出围湖造田、开凿人工运河、河道整治、创建灌区等设想方案。实施规模最大、历代经久不衰的是湖泊围垦。著名的垦圩有相国圩、金宝圩、养贤圩等，还开凿了沟通太湖和水阳江的人工运河胥溪河，兴建了佟公坝、安吴渠、柏山渠、三溪等灌区。

历代治理开发中，遗留下青弋江、水阳江流域最大的边界水利纠纷，即胥溪河是开放还是封堵。实质上是水运和防洪、上游和下游防洪的矛盾。争论历千年未获解决，直到新中国成立后才进行全面规划。

（1）皖南流域规划简要报告

1950年，由长江水利委员会下游局牵头，皖南和苏南水利局参加，共同进行了流域性查勘，历时近100天，于1951年12月提出了《水阳江、青弋江流域查勘报告》和《水阳江、青弋江水库查勘报告》，内容主要包括治理方针、规划设想方案等。在防洪方面，提出在"上游建筑水库"进行洪水调节，包括兴建陈村水库，以及平垣、关口、凤凰山、东岸、胡乐司等水库；在"江口建闸"节制江水倒灌；"整理湖泊"

以尽量利用其有效容积;"加强中下游堤岸",保护两岸农田和城乡居民点等。在灌溉方面,提出了修整和改造原有灌区的建议。此外,对航运、水力发电、水土保持及胥溪河东坝问题等方面亦进行了初步分析研究。

嗣后,江苏、安徽两省有关单位相继开展了本地区的规划工作,并进行了重点工程的前期工作,如陈村和港口湾水库的勘测设计、西津河(水阳江正源)规划研究等。

1957年,淮河水利委员会设计院会同上海勘测设计院和相关省、地水利局,全面查勘青弋江和水阳江上游,于1958年1月编成《青弋江、水阳江上游水库查勘报告》。淮河水利委员会设计院还研究了流域治理措施和比选梯级开发方案,并认为陈村是青弋江流域治理和梯级开发中的关键梯级,建议第一期开发利用。

1958年10月,安徽省水利水电勘测设计院提出了《皖南流域规划简要报告》,明确指出:"本地区主要问题是圩区水灾和丘陵区的旱灾,其次是主要河道的通航问题及部分山丘区的水土保持问题。"同时指出:本地区"水能资源丰富,结合防洪、灌溉合理开发水能应列为流域规划的主要任务之一"。在大中型水利水电工程规划中,提出开发青弋江陈村、徽水大龙口和牛岭、西津河港口湾、东津河沙埠、桐汭河凤凰山等综合利用枢纽工程。但规划的工程规模偏大,淹没损失也偏大,难以实施。在以后的规划设计和实施中又作了较大调整。在河道治理规划中,初步提出了各河、各控制站的分泄(设计)流量,以及郎川河改道工程的泄流规模等。湖泊治理提出了双桥河、北山河建闸,控制南漪湖,围垦丹阳湖。《皖南流域规划简要报告》提出的河道、湖泊治理格局基本合理,但限于当时历史条件,对有些关键防洪问题尚缺乏足够的认识,如上游水库的防洪作用、下游青弋江和水阳江洪水相互关系、石臼湖是否控制,以及河道、湖泊治理标准均有待研究,而报告中提出的灌溉、航运、水土保持等方面任务因受1958年"大跃进"影响,指标明显过高。

与此同时,江苏省有关部门也做了相关的区域规划,提出了胥溪河东坝规划及固城湖地区规划等。

由于安徽、江苏两省的规划尚不协调,因而在以后的治理开发过程中,不断出现水利矛盾和纠纷。

通过这一阶段的查勘和初步规划以及勘测设计工作,在流域内兴建和改建了一批水利工程,最主要的是1958年7月开始建设的陈村枢纽工程。江苏省高淳县还在1958年拆除了东坝,打通了胥溪河,并准备兴建东坝水利工程,后因下游以"东坝一倒,苏(州)常(州)不保"的理由加以否定而搁置。

(2)分省进行河流规划工作

在经历了1958年"大跃进",以及从1963年开始的三年国民经济调整之后,有关方面对青弋江、水阳江流域内的水利建设成就和存在问题进行了初步总结，认为必须编制河流综合利用规划，以指导流域内水利建设，才能充分合理地开发利用水土资源，因此安徽、江苏两省决定分别进行河流规划。

1）安徽省。

1966年至1968年，皖南连续干旱，芜湖地区水电局着手进行规划，研究解决水阳江下游丘陵区干旱缺水补给措施。1970年3月，芜湖地区水电局编制《青弋江综合利用工程规划报告和设计任务书》上报，规划在陈村水库下游溪口建闸坝，拦截、调蓄电站发电尾水和坝址至溪口闸区间500平方千米来水，开挖总干渠和东、西干渠，跨水系引水补给灌溉水阳江中下游左岸和漳河下游易旱耕地。总干渠跨徽水处建黄村闸，可拦蓄徽水来水。灌溉水源为陈村水电站发电尾水和1500余平方千米区间来水。1972年2月，水利电力部审核陈村尾水灌区规模为9.73万公顷（含安吴渠和柏山渠灌溉面积），并批准该灌区工程兴建。1974年，芜湖地区水电局根据水利电力部审批意见，在编报修正初步设计时，将灌区规模修定为9.4万公顷。1984年，安徽省水利电力厅审查灌区规模为9.11万公顷。1988年底，芜湖市向安徽省人民政府呈报《同意芜湖县不参加东干渠工程施工请求的报告》。1989年1月，安徽省水利厅经请示上级同意，行文通知按缩小的灌溉面积进行设计施工。嗣后，宣城地区水电局在修正设计时，将灌区规模核减为7.13万公顷，其中总干渠直灌8800公顷，东干渠3.99万公顷，西干渠2.26万公顷。

1970年，芜湖地区水电局邀请长江流域规划办公室派员共同进行境内江湖规划工作。1971年9月提出了《安徽省芜湖地区江湖综合利用规划报告》。该报告在分析了流域现状后指出：主要存在问题是洪灾、涝灾和旱灾，其中洪灾为主要矛盾，是根治三害的关键。提出了全面规划、综合治理、分期实施的治理原则。

在防洪规划中，拟定了加强上中游水土保持，兴建干支流大中型水库，调节洪水削减洪峰。中游郎川河自合溪口附近另开新郎川河，增加排洪流量1300立方米每秒；水阳江新河庄以上干流全面整治，并扩大双桥河分流，同时拟定20~25平方千米的滞洪区以保障境内铁路、公路安全。漳河除在上游支流兴建中小型水库以外，干流河道同时进行疏拓及下游裁弯取直等工程。下游治理的主要措施为：湖泊控制运用，南漪湖围垦75平方千米，防洪标准为5年一遇，石臼湖、固城湖控制蓄洪，丹阳湖蓄洪垦殖；重点河道进行整治，新河庄至小河口拓开分洪道，疏拓牛耳港、裘公河、青山河、黄池河等，当涂、芜湖两口也进行疏拓；塞支强干，联圩并圩，兴建外排大站；三口建闸，拒江洪顶托倒灌等。

在灌溉方面，提出在平原圩区主要结合江口控制，利用湖泊蓄水和引江水解决；

山丘区主要依靠陈村、平垣水库灌区，以及港口湾、凤凰山水库灌区与滨湖低丘提水灌区等。

其他方面如航运、水电开发等均提出了相应的开发方案。上述规划报告提出的规划方案，较为完整、全面，但对涉及安徽、江苏两省的防洪关系未能统一考虑，如向固城湖分洪系单方面提出，尚未与江苏省协商。另外，提出围垦南漪湖方案欠妥，因南漪湖有正常调洪容积4亿～5亿立方米，对水阳江中游地区的调洪削峰作用显著。还有，关于出江三口建闸问题缺乏分析论证。

与此同时，还进行了郎川河、华阳河、孤峰河、周寒河等多条支流规划。

2）江苏省。

江苏省主要进行了固城湖地区、石臼湖地区和东坝的有关规划。华东水利学院（河海大学）等单位于1970年8月提出了《东坝水利规划报告》，其内容主要是：打通东坝水道，发展航运，利用东坝上下水位差开发水电。这一方案使既兴航运之利，又避洪水东下的设想成为可能，绘制了一幅芜湖—东坝—上海运河的蓝图。但规划中拟利用上游全部枯水流量通过东坝发电，缺乏依据。

这一阶段，建成了流域内最大的综合利用水利枢纽——陈村工程，基本建成陈村尾水灌区配套工程，包括溪口引水闸坝和陈村灌区总干渠、东干渠及纪村水电站。在水阳江支流郎川河上开凿了一条新郎川分洪道，全长30千米，设计分洪流量1600立方米每秒。

（3）《青弋江、水阳江、漳河流域综合利用规划报告》

为了妥善解决安徽、江苏两省间的水利纠纷，1975年水利电力部指示由长江流域规划办公室为主，两省协同，对全流域进行统一规划。在安徽、江苏两省有关单位的大力配合下，长江流域规划办公室先后提出了《青弋江、水阳江流域综合利用规划初步意见》和《青弋江、水阳江、漳河流域综合利用规划意见》。当时受"文化大革命"影响，在具体规划方向上有偏差。水利电力部于1979年经征求安徽、江苏两省意见后，发文通知长江流域规划办公室，对规划方案补做一些工作，明确规划研究的重点应是水阳江下游干流河道整治问题，还指出："湖泊是宝贵水资源，关系到防洪、除涝、灌溉和水产养殖；关系到地区生态平衡，应当瞻前顾后，全面规划，综合利用，一般不应围湖造田，更不应大规模围垦。"这给规划补充工作指明了方向。

1981年6月，长江流域规划办公室提出了《青弋江、水阳江、漳河流域综合利用规划报告》，并上报水利部，抄报安徽、江苏两省人民政府。该规划报告有以下特点：一是打破了行政区划界限，进行了流域统一规划；二是考虑了防洪、除涝、灌溉、发电、航运等综合利用要求；三是借鉴了以往规划工作的经验教训，对流域进行了全面规划。在防洪规划中，考虑了上游5座控制性水库工程的蓄洪能力，研究了干流河道各段的行洪能力,提出了逐段治理措施;研究了每个湖泊对调蓄洪水的不同作用,提出了不同的控制运用方案;研究了3个通江口门的特点,提出了控制或不控制的措施;对下游重点整治河段,作了多方案比较,推荐了既较经济合理,又能使两省得失相当的扩大干流方案;研究并推荐了第一期开发目标;进行了经济分析与论证等。

对该规划报告,安徽、江苏两省均提出了修改补充意见,主要有:新河庄设计下泄流量问题,规划提出为2000立方米每秒,安徽省提出要扩大到2500立方米每秒;扩大河道的线路问题,江苏省坚持采用扩大裘公河方案,安徽省坚持采用开通新牛耳港、串通固城湖、石臼湖行洪方案,与规划提出的扩大干流方案均有差别。

在规划中的有关问题各方面意见尚未统一的情况下,1983年和1984年青弋江、水阳江流域内又两次出现特大洪水,为此长江流域规划办公室于1985年对防洪规划进行了补充研究,提出了《青弋江、水阳江、漳河流域综合利用规划报告补充研究(洪水分析及对规划方案验证)》,认为原规划方案是合理的,并提出了防御特大洪水的对策。嗣后,水利部和长江流域规划办公室又多次组织安徽、江苏两省进行现场查勘和协调工作,并搜集了大量新的资料。1989年长江流域规划办公室根据水利部指示,又开展了对流域防洪方面的专题研究工作,重点研究了受洪水威胁最严重的水阳江中下游地区的防洪问题,于1992年底提出了《青弋江、水阳江、漳河流域防洪补充规划报告》,对流域内的防洪现状进行了更为详细的分析,对原规划方案的合理性作了进一步的验证,对原规划报告推荐的近期工程再次作了深入研究,还推荐了超标准洪水处理方案。在上述防洪补充规划报告的基础上,长江水利委员会于2001年编制了《青弋江、水阳江、漳河流域防洪补充规划报告》(2001年修订)。

2004年全国水力资源复查成果,汇编了青弋江干流和水阳江干流的梯级开发方案。

3. 规划方案

(1)开发任务

根据青弋江、水阳江流域特点和存在问题,流域治理开发应遵循全面规划、综合治理、团结治水、分期实施的原则。治理开发任务是防洪、除涝、灌溉、航运和发电。防洪的治理原则是:上、中、下游兼顾,上游以蓄为主;中游泄蓄兼筹;下游在充分利用湖泊调蓄的基础上,尽可能将洪水外排,江口建闸控制,防止长江洪水倒灌。防洪标准拟定为新中国成立后次大洪水(即1983年洪水除外)不成灾,防御特大洪水有对策。通过各种工程措施和非工程措施,使全流域基本上达到防御40年一遇洪水标准。

除涝的治理原则是：以排为主，排蓄结合，排灌结合，排涝标准逐步提高到10年一遇。发展农业灌溉的原则是：山丘区以小型水库为主，结合兴建大中型骨干水库，充分利用当地径流，大力发展自流灌溉；平原圩区结合江口建闸和湖泊控制，充分利用河湖拦蓄径流，结合引江灌溉。

（2）开发方案

青弋江干流规划5级开发，即黄河站（208米）、黄河二级（161米）、东坑口、陈村（119米，已建）、纪村（55米，已建）。合计调节库容约14.2亿立方米，总装机容量22.4万千瓦，年发电量5.5亿千瓦时。

水阳江干流规划9级开发，即社坞坑、港口湾（135米，已建）、东风坝（75米，已建）、刘村坝（66米）、广通坝（55米）、月亮湖（40米）、小岭关、佟公坝（24米，在建）、茆村，合计调节库容约4亿立方米，总装机容量9.3万千瓦，年发电量2.3亿千瓦时。

流域综合治理开发规划方案如下：

1）上游兴建控制性水库。

规划兴建青弋江干流陈村、水阳江西津河港口湾、水阳江郎川河凤凰山、青弋江徽水牛岭、水阳江华阳河汤村5座骨干水库，总控制集水面积5600平方千米，总库容40.3亿立方米，防洪库容14.4亿立方米，可以削减干支流洪峰，减轻中下游防洪压力。

上述五库建成后，青弋江中游防洪标准可由5年一遇提高到约30年一遇，水阳江中游防洪标准可由5～7年一遇提高到15～20年一遇，还可自流灌溉农田14.87万公顷，电站总装机容量25万多千瓦。至于漳河防洪问题，因其上游水系呈扇形分布，宜兴建中小型水库，以提高中下游防洪标准。

2）水阳江中下游河道整治。

在上游兴建防洪水库的基础上，计划扩大双桥河分流入南漪河，入口建闸控制。双桥河分流能力由1000立方米每秒提高到2700立方米每秒。扩大北山河，入口建闸控制，使南漪湖充分发挥调洪、灌溉、航运的作用。北山河设计分洪流量2000立方米每秒，外排设计流量1000立方米每秒。干流新河庄以下卡口严重的水阳镇进行扩宽，以扩大泄量。扩大干流采用右岸退建方案，可提高水阳镇卡口泄流能力500～700立方米每秒。另外，裘公河分流500立方米每秒。

3）青弋江改造工程。

因本流域下游西部地势略高，为改变青弋江洪水东下状况，减轻水阳江防洪压力，结合漳河下游裁弯、圩区联圩，规划了青弋江改造工程，设计流量3000立方米每秒。大于3000立方米每秒的洪水，由控制闸分入原河道下泄。改道线路自十甲人至三埠管汇漳河后，经石硊、楼池在澛港以下入长江，全长 32.35 千米。

4）河口建闸控制。

为减轻长江洪水对圩区的威胁，结合圩区灌溉和发展航运，于芜湖、当涂两口兴建控制闸（包括船闸）。

5）湖泊综合利用。

为充分发挥流域内湖泊的调洪、提供灌溉水源和便于航运的作用，分别采取一定的工程措施和非工程措施，控制运用。南漪湖，在双桥河和北山河入湖口建控制闸和船闸，以利于调洪和航运。初步拟定南漪湖灌溉高水位 9 米，低水位 7 米。固城湖加高杨湾闸，兴建牛耳港控制闸，石臼湖兴建三岔和塘沟控制闸，丹阳湖辟为蓄洪垦殖区。

6）建设芜太运河。

为沟通青弋江、水阳江与太湖间的航运，规划建设芜太运河Ⅴ级航道。胥溪河上的东坝船闸已于 1989 年建成。

4. 流域典型工程介绍：陈村水库

（1）工程概况

陈村水库位于皖南长江支流青弋江泾县陈村镇上游约 1 千米，是以防洪、发电为主，兼具灌溉、航运、水产养殖等综合利用的大型水利工程。大坝为混凝土重力拱坝，坝高 76.3 米，坝顶高程 126.3 米，防浪墙顶高程 127.7 米，坝顶弧长 419 米，大坝两侧设有溢洪道，有直径 7 米的中孔和直径 3.5 米的底孔各 1 个。水库控制面积 2800 平方千米，约占全流域面积的 48.6%，正常蓄水位 119 米，汛期限制水位 117 米，设计洪水位 122.2 米，校核洪水位 124.6 米，防洪库容 7.68 亿立方米，总库容 26.4 亿立方米，属多年调节水库。枢纽按 100 年一遇洪水设计，最大流量 10600 立方米每秒，3 天洪量 9.95 亿立方米；1000 年一遇洪水校核，最大流量 14400 立方米每秒，3 天洪量 14.3 亿立方米。1975 年 8 月河南特大暴雨之后，陈村水库进行了最大可能降雨校核计算，洪水位与其防浪墙顶齐平。

陈村水库于 1958 年 7 月动工。由于边勘测、边设计、边施工，设计方案一再修改，加之受其他因素的影响，工程曾几度停建缓建，直到 1968 年经水利电力部批准复工。1971 年 10 月两台机组发电，1972 年大坝达到设计高程，工程基本完工。

（2）流域水文与洪灾概况

青弋江源出黄山北麓，流经泾县、宣城与水阳江汇合后，在芜湖市入长江，流域面积 7100 平方千米（西河镇站）。上游山势陡峻，植被覆盖率高，水量丰沛；中游是间有丘陵起伏的河谷平原，耕地集中，农业发达；下游为水网圩区，青弋江、水阳江、漳河交错串流，与丹阳湖、石臼湖、固城湖相互串联，地势平坦，土质肥沃，平原堤圩发展很早。下游区水系、地形比较复杂，既是青弋江、水阳江下游的混流区，又受长江水位顶托和湖区吞吐水流的相互影响。中游区主要是河段的安全泄量小于上游洪水的来量。中下游区除133.33万公顷耕地外，还有芜湖市、高淳、芜湖、当涂等县市受洪水威胁，南京至铜陵的铁路穿越其间，地位尤为重要。本流域洪水灾害频繁，40多年来，发生大小洪灾10余次。1954年，青弋江发生特大洪水，泾县城关水位34.63米，毁堤24条，倒房屋269间，淹死16人，淹没耕地5700多公顷，下游宣城、南陵、芜湖损失尤甚。按青弋江、水阳江混流区合计，1954年洪灾淹没农田16.67万公顷，1983年洪灾淹没农田19.33万公顷。

（3）防洪调度与效益

陈村水库下游主要防洪受益区为：泾县县城在大坝下游40千米，为主要防洪对象，耕地2.93万公顷，另有交通干线铁道和公路。防洪调度方式是：汛期超过汛限水位113米时，开启中孔泄洪；水位超过115米时，泄洪道全开泄洪；水位达125.9米时，相应泄量5380立方米每秒；按1000年一遇洪水调度，流量14400立方米每秒，削减为4660立方米每秒。水库建成20多年来，对减轻下游洪水灾害作用很大。以1991年洪水为例，最大入库流量8000立方米每秒，经水库拦蓄之后，最大下泄流量2370立方米每秒，最大拦蓄洪水量3.2亿立方米，最高库水位118.81米，接近正常蓄水位，为建库以来最高库水位。

陈村水库控制流域面积只占青弋江、水阳江总流域面积的16%，因此对该流域下游平原防洪作用有限。

第四章

高峡平湖（重点水利枢纽工程）

"治国先治水"，"水利兴则天下兴"。我国水旱灾害频发，长久以来历代执政者都将"兴水利、除水害"当作治国理政的要务。新中国成立以来，党和政府把治水兴水摆在关系国家事业发展全局的战略位置，领导人民开展了波澜壮阔的水利建设。以三峡工程为典范，一批批兼具防洪、发电、供水、生态、航运等综合效益的重点水利工程拔地而起，这些"国之重器"正在或即将充分发挥"兴水利、除水害"的巨大作用，为国家和经济发展提供强大支撑。

第一节 治理开发长江的关键性骨干工程——三峡水利枢纽

三峡水利枢纽（图 4-1）是迄今人类治水史上规模最大的水利枢纽工程，被认为是世界上最伟大的工程奇迹之一，是 100 多年前孙中山先生的伟大梦想，它载入了一代伟人毛泽东的壮丽诗篇，是象征当代中国实力的"大国重器"——作为治理长江水

图 4-1 三峡水利枢纽

患的关键性核心工程,三峡水利枢纽工程历经百年风雨周折,最终世纪梦圆,书写大国治水奇迹。如今,三峡工程在防洪、发电、航运、水资源利用和生态与环境保护等方面发挥着巨大效益。它以恢宏昂扬的姿态,树起一座中华民族治水兴邦的丰碑,彰显"大国重器"的使命与担当。

图 4-2 为三峡大坝泄洪。

图 4-2 三峡大坝泄洪

一、工程概况

三峡工程是举世瞩目的特大型综合利用水利枢纽,具有防洪、发电、航运等巨大效益。三峡坝址位于长江干流三峡河段的西陵峡三斗坪,距湖北省宜昌市约 47 千米,控制长江流域上游约 100 万平方千米的面积,坝址平均年径流量 4510 亿立方米,接近长江平均年入海水量的一半。

20 世纪 50 年代初,在长江水利委员会编制的以防洪为主的治江三阶段计划中,三峡水库即已作为山谷拦洪主要水库提上议程。经过几十年持续研究论证,1992 年 4 月 3 日,第七届全国人大第五次会议通过了《关于兴建长江三峡工程的决议》。1994 年 12 月 14 日,三峡工程开工建设。

三峡大坝为混凝土重力坝,坝顶总长 3035 米,坝顶高程 185 米,正常蓄水位 175 米,正常蓄水位以下库容 393 亿立方米;汛期限制水位 145 米,防洪库容 221.5 亿立方米。三峡电站总装机容量 2240 万千瓦(不含 2 台 5 万千瓦自备电源),平均年发电量约 882 亿千瓦时。

三峡水库面积1084平方千米，淹没陆地面积638平方千米，淹没耕地2.78万公顷；受淹人口84.41万，其中城镇人口占57%。因三峡工程建设期内人口增长和城镇迁建引起二次搬迁等，截至2010年9月三峡库区安置移民总数达139.76万。

三峡工程枢纽建筑物由大坝、电站厂房、船闸及升船机组成。大坝为混凝土重力坝，坝轴线全长2309.47米，其中泄流坝段483米，设23个深孔和22个表孔，坝顶高程185米，最大坝高181米。电站厂房采用坝后式，左岸厂房与右岸厂房分别安装14台和12台水轮发电机组，单机容量70万千瓦；在右岸预留后期扩机6台机组的地下厂房位置。船闸和升船机都布置在左岸。永久船闸为双线五级连续船闸，船闸总水头达113米，闸室有效尺寸长280米、宽34米、坎上水深5米，可通过万吨级船队，年单向通过能力为5000万吨。工程施工期间，在永久船闸与左岸厂房之间设单线一级临时船闸，闸室有效尺寸长240米、宽24米、坎上水深4米，后期改建为冲沙闸。升船机在临时船闸左侧，为单线一级垂直升船机，承船厢有效尺寸长120米、宽18米、水深3.5米，最大提升高度113米，一次可通过一艘3000吨级客货轮或1500吨级船队。

三峡工程导流及施工期通航采用"三期导流、明渠通航"方案。一期围中堡岛以右的支汊修建明渠，主河槽过流通航；二期围左河床，右岸导流明渠过流，明渠与左岸临时船闸通航；三期封堵导流明渠后，利用二期已建成的枢纽建筑物过流、发电、通航。

三峡枢纽工程实际完成的工程量（不含缓建的升船机部分的工程量）为：土石方开挖13713.33万立方米，土石方填筑5347.17万立方米，混凝土浇筑2761.23万立方米，钢筋58.4万吨，接缝灌浆48.46万平方米，固结灌浆48.58万米，帷幕灌浆32.78万米，锚杆55.91万根，锚索4949束，混凝土防渗墙28.35万平方米，金属结构22.17万吨。三峡枢纽工程初步设计计划总工期17年，实际总工期16年，提前一年完成初步设计建设任务（除批准缓建的升船机外）。三峡工程的静态投资为1352.66亿元（1993年5月价格水平），其中，枢纽工程500.90亿元，输变电工程322.74亿元，移民工程529.02亿元。三峡工程竣工决算（动态）总投资为2072.76亿元，其中，枢纽工程决算总投资为871.95亿元，输变电工程决算总投资为344.28亿元，移民工程决算总投资为856.53亿元。

三峡工程建成投入运行后，利用三峡水库的防洪库容调洪削峰，长江中游地区的防洪能力将有较大提高，特别是荆江地区的防洪形势将发生根本性的变化。利用三峡电站容量大、电量多、靠近负荷中心地区的优势，可缓解华中、华东、广东地区能源紧张的状况，为实施"西电东送"和全国电力系统大联网创造条件。通过三峡水库的调节，改善水流条件，重庆以下川江航道的航运条件和中游干流浅滩河段的航道条件均能得到改善。三峡工程建设还将改善长江中下游沿江城市供水和南水北调中、东线工程调水的条件，并为发展旅游和水产养殖等发挥作用。

二、规划论证

"梦想70余载，调查50多年，论证40个春秋，争论30个冬夏，建设7000多个日夜"。在举世瞩目的三峡工程的论证、设计、建设过程中，留下几多心血，留下几多忧乐，留下几多期盼！三峡工程论证工作资料之丰，规模之大，研究程度之深，历时时间之长，是国内所没有的，在世界大工程的设计史上也是罕见的。

（一）孙中山首倡三峡建坝

事实上，中国人建设三峡大坝的梦想始于100年前。1918年，孙中山在《建国方略》中就提出修建三峡大坝的设想："以水闸堰其水，使舟得溯流以行，而又可资其水力。"

1924年，孙中山在《民生主义》演讲中又一次阐述了开发三峡水电的重要性："像扬子江上游夔峡的水力，更是很大。有人考察由宜昌到万县一带的水力，可以发生三千余万匹马力的电力，比现在各所发生的电力都要大得多，不但是可以供给全国火车、电车和各种工厂之用，并且可以用来制造大宗的肥料。"

这是目前所见关于开发三峡水力资源的最早计划，充分显示出孙中山在国家经济建设上的高瞻远瞩。但那时的中国积贫积弱，战争连连，孙中山先生的设想只能停留于纸面。

（二）国民政府的中美合作梦

孙中山开发三峡水电资源的论著发表后，国民政府工商部曾于1930年初拟在长江上游筹设水电厂，并着手收集有关资料和图表，但对坝区的勘察工作始终未能进行。1932年，国民政府派出水力发电勘测队在三峡进行了为期约两个月的勘察和测量，编写了《扬子江上游水力发电测勘报告》，拟定了葛洲坝、黄陵庙两处低坝方案。这是我国专为开发三峡水力资源进行的第一次勘测和设计工作。

1944年，美国人潘绥写了一份《利用美贷款筹建中国水力发电厂与清偿贷款方法》的报告。同年美国垦务局设计总工程师萨凡奇到三峡实地查勘后，提出了《扬子江三峡计划初步报告》，即"萨凡奇计划"。中国政府原则同意萨凡奇的三峡计划。随后，资源委员会邀集全国水利委员会、扬子江水利委员会和国家交通、农业、地质、科研等部门组成三峡水力发电计划技术研究委员会，同时在四川长寿设立全国水力发电工程总处，在宜昌设立三峡勘测处，负责坝区的测量钻探工作。

1946年，扬子江水利委员会组队入峡进行地形测量和经济调查。资源委员会分别与美国马力森公司、垦务局就坝区地质钻探、工程设计等事项签约。根据合约，46名中国工程技术人员赴美国参与设计工作。钻探、航空测量等各项工作也逐渐展开。

1947年5月，在国内经济形势日趋恶劣的情况下，三峡工程设计工作奉命结束；8月，设计工作全部停止，除极少数人员留美外，大部分人员分批返回中国。三峡工程在当时的中国只能是一个幻梦。

（三）三峡工程的规划论证决策过程

新中国成立后，在党中央、国务院的大力支持和关怀下，三峡工程开始了更大规模的勘测、规划、设计与科研工作，同时也经历了长时间的设计和论证。

自1953年2月乘"长江舰"视察到1958年1月的中共中央南宁会议，在不到五年的时间里，毛泽东主席先后六次召见长江流域规划办公室主任林一山，都是为了三峡工程和长江水利建设问题。毛泽东对三峡工程兴趣浓厚，垂询甚多。比如，三峡工程在技术上有无可能性、坝区地质基础如何、水库会不会变成泥库、能不能长期使用、要多少投资，等等。

1954年，长江发生特大洪水，中下游受灾人口达1888万，受灾农田317万公顷，3.3万人死于这场灾难。毛泽东流泪了，他在菊香书屋的小院里遥望南国，伫立许久……经过这次洪灾，人们进一步认识到三峡工程对解决长江中下游防洪问题的重要意义。中央决定开展长江流域规划工作，以制定全面治理开发长江的方案，防洪成为毛泽东和党中央下决心修三峡水库最直接的动因。

1956年，毛泽东主席写下了"更立西江石壁，截断巫山云雨，高峡出平湖，神女应无恙，当惊世界殊"这一气势磅礴的诗篇。1958年中共中央南宁会议期间，毛泽东要求会议安排讨论三峡工程问题，提出"积极准备，充分可靠"的三峡工程建设方针，并请周恩来总理挂帅，委托周恩来总理亲自抓长江流域规划和三峡工程。此后，中央组织专家进行了反反复复的研究与论证，其时间之长、参加专家之多、涉及问题之广泛，为新中国大型建设项目中所仅见。

1958年2月，周恩来、李富春、李先念率100多位中外专家、学者，以及国务院有关部委和湖北省的领导同志逆流而上，就三峡工程进行实地考察。周恩来说："我们要从全国人民的利益出发，从长江上中下游出发，以修建三峡大坝为主要工程，从根本上解决长江的防洪问题。"中共中央于当年3月在成都召开会议，会议听取了周恩来率队考察三峡后的总结报告，并通过《中共中央关于三峡水利枢纽和长江流域规划的意见》。这是自1953年提出动议以来，党中央对三峡工程所作出的第一个正式决议，下发的第一个"红头文件"。此后，对三峡工程的研究工作又持续了20多年。

中共中央成都会议之后，由国家科学技术委员会和中国科学院牵头，三峡科研领导小组成立了，全国先后有200多个单位的近万名科技人员参加了中国水利史上这一罕见的科研"大合唱"。科研人员经过两年多的反复论证，多方案比较与科研攻关，使三峡工程的各项准备工作有了实质性推进：选定了三斗坪中堡岛坝址，并开始了初步设计；选定了大坝200米的正常蓄水方案；初步确定了三峡工程第一批机组容量；组织了对三峡库区淹没指标的全面调查；组织了对三峡水库泥沙淤积问题的科研攻关；根据周恩来总理的指示，军事部门也开始了对三峡工程防护的试验研究工作……

然而，1959年至1961年，新中国遭遇三年困难时期，苏联"老大哥"又"雪上加霜"，撤回了全部专家，这样，使原先准备在20世纪60年代初期开始兴建的三峡工程的建设进程放慢了。

改革开放后，三峡工程又被重新提上议事日程。

1980年盛夏，改革开放的总设计师——75岁的邓小平亲临三峡大坝坝址中堡岛视察后，在武汉召集中央领导研究三峡工程时，指示国务院要研究三峡工程建设问题。1982年11月，邓小平在听取国家计划委员会关于修建三峡工程以缓解电力紧张局面的汇报时表示：看准了就下决心，不要动摇，明确表态赞成搞低坝方案。陈云、李先念、胡耀邦、万里等其他中央领导同志也先后对低坝方案投了赞成票。从此，三峡工程进入了一个决策阶段。

1984年，经过国务院16个部委和湖北、湖南、四川三省以及58个科研施工单位、11所大专院校的专家、领导审查通过，党中央、国务院批准了蓄水位150米的三峡方案，三峡工程进入施工准备阶段。1984年4月5日，国务院原则批准了由长江流域规划办公室组织编制的《三峡水利枢纽可行性研究报告》，初步研究三峡工程实施蓄水位150米的低坝方案，并决定开始进行部分施工前期准备工作，争取1986年正式开工。

当初步设计按批复的蓄水位和坝顶高程进行编制即将结束之际，中共重庆市委于1984年10月8日向中央上报了《对长江三峡工程的一些看法和意见》。重庆市委认为，150米方案的回水末端仅止于涪陵、忠县间180千米的河段内，重庆以下较长一段航道得不到改善，万吨级船队不能直抵重庆。从改善重庆港和重庆以下航道出发，提出将三峡水库正常蓄水位提高到180米的意见，建议中央考虑。与此同时，国内有关部门和社会各界人士也从不同角度对三峡工程上或不上、早上或迟上提出了不同意见和建议。

面对三峡工程的争论，党中央、国务院果断决定对三峡工程进行重新论证。1986

年 6 月，党中央、国务院下发 15 号文件，即《关于长江三峡工程论证有关问题的通知》。国务院从全国 65 个单位、部门、科研院所和高等院校抽调 412 名专家，着重吸收持不同意见的专家参与，还将方方面面的不同意见印成七大本资料，人手一册，分发给全体专家讨论、参考，最后形成 14 个专题论证报告。经过近三年的重新论证，1989 年 5 月，长江流域规划办公室重新编制的《长江三峡水利枢纽可行性研究报告（审议稿）》在三峡工程论证领导小组第十次会议上通过，并于当年 7 月上报国务院审查。报告的定性结论是"三峡工程建比不建好，早建比晚建有利"；报告推荐的建设方案是"一级开发，一次建成，分期蓄水，连续移民"；实施方案确定坝顶高程为 185 米，正常蓄水位为 175 米（即中坝方案）。

1990 年 7 月，以国务委员兼国家计划委员会主任邹家华为主任的国务院三峡工程审查委员会成立。1991 年 8 月委员会通过了可行性研究报告，报请国务院审批，并提请第七届全国人大审议。1992 年 4 月 3 日，第七届全国人大第五次会议以 1767 票赞成、177 票反对、644 票弃权通过《关于兴建长江三峡工程的决议》，决定将兴建三峡工程列入国民经济和社会发展十年规划，由国务院根据国民经济发展的实际情况和国家财力、物力的可能，选择适当时机组织实施。

三、建设历程

（一）规划施工期安排

按照规划设计，三峡工程建设施工分三期，总工期 17 年。

一期工程 5 年（1993 年至 1997 年），除准备工程外，主要进行一期围堰填筑、导流明渠开挖等。

二期工程 6 年（1997 年至 2003 年），工程主要任务是修筑二期围堰、左岸大坝的电站设施建设及发电机组安装等。导流明渠截流是二期工程转向三期工程建设的重要标志。

三期工程 6 年（2003 年至 2009 年），本施工期进行右岸大坝和电站的施工，并继续完成全部发电机组安装。建成蓄水后，三峡水库将是一座长达 600 千米、最宽处达 2000 米、面积达 1000 平方千米、水面平静的峡谷型水库。

（二）实际施工建设过程

1. 准备工程

1993 年，三峡大坝坝址中堡岛的宁静被机械的轰鸣声打破，三峡工程的建设大幕正式拉开了（图 4-3）。三峡工程右岸一期工程混凝土纵向围堰的基坑开挖于 1994 年 7 月 1 日在中堡岛破土，从此，中堡岛从地图上消失，宏伟的三峡工程在这里崛起。

图 4-3 1993 年 10 月 7 日，中堡岛上第一铲，三峡工程准备开工

2. 正式开工

三峡一期工程的主体工程三大建筑物，即永久船闸、临时船闸和升船机、左岸大坝和电站的左岸一期开挖工程开始紧张施工。与此同时，坝区内的征地移民、场地平整、施工用水用电设施、对外专用公路以及西陵长江大桥和坝区内道路施工等各项准备工作全面展开，坝区航运交通指挥部也宣布成立。经过近两年的努力，至 1994 年底，三峡坝区各项基础设施已初具规模，左右两岸的土石方开挖工程已全面展开。三峡一期工程土石围堰已经完成，一期导流工程具备了浇筑混凝土的条件。12 月 14 日，国务院总理李鹏在三峡坝区向全世界庄严宣布：伟大的三峡工程正式开工（图 4-4）。

图 4-4 1994 年 12 月 14 日，三峡工程主体工程正式开工

3. 大江截流

1997 年 6 月 30 日，右岸导流明渠按期通航。同年 11 月 8 日，三峡工程实现大江截流合龙（图 4-5）。大江截流的成功，标志着三峡工程第一阶段的预期建设目标圆满实现，开始转入第二阶段的工程建设。

图 4-5　1997 年 11 月 8 日 15 时 30 分，三峡工程胜利实现大江截流

4. 二期围堰

从 1998 年开始，三峡工程转入二期工程建设阶段。当年 5 月 21 日，三峡工程临时船闸通航；8 月 27 日，二期围堰防渗工程全部告捷；9 月 12 日，二期基坑的积水抽干，万古江底首见天日。当年汛期，三峡坝区连续出现 8 次流量大于 50000 立方米每秒的洪峰，二期围堰工程经受住了重大考验。

5. 浇筑高峰

1999 年，工程施工进入混凝土浇筑高峰期，连续三年混凝土年浇筑量突破 400 万立方米，屡创世界纪录。从 2000 年开始，金属结构和机电设备安装工程伴随混凝土浇筑和灌浆工程相继展开，并于次年进入安装高峰。2001 年 11 月 22 日，三峡工程 70 万千瓦水轮发电机组本体开始安装。2002 年 5 月和 7 月，上、下游基坑破堰进水，三峡大坝从此担负起永久挡水的使命。2002 年 10 月 26 日，全长 1580 米的三峡左岸大坝全线浇筑到设计 185 米高程。2002 年 11 月 6 日，三峡工程胜利实现了导流明渠截流（图 4-6）。

图 4-6　2002 年 11 月 6 日，三峡工程实现导流明渠截流

6. 三花绽放

2003年4月16日,三峡三期碾压混凝土围堰提前一年浇筑到140米的设计高程,为三峡工程按期实现蓄水、通航、发电三大目标创造了条件。6月1日,三峡工程如期下闸蓄水,6月10日水库蓄水到135米。6月16日,双线五级船闸成功试通航(图4-7)。7月10日,首台机组并网发电,到11月22日,首批6台机组相继投产发电。三峡工程二期三大目标顺利实现。

图4-7　2003年6月16日,三峡双线五级船闸成功试通航

7. 大坝到顶

三期工程在导流明渠截流后开始了紧张的施工,修建右岸大坝、右岸电站和地下电站、电源电站,同时继续安装左岸电站,并将临时船闸改建为泄沙通道。经过紧张的施工建设,2005年9月,三峡左岸电站最后一台机组正式并网发电,标志着左岸电站比计划整体提前一年全部投产。2006年5月20日,三峡大坝混凝土浇筑全线到顶(图4-8);6月6日,三峡三期碾压混凝土围堰成功爆破拆除。

图4-8　2006年5月20日,三峡大坝混凝土浇筑全线到顶

8. 基本建成

2006年10月27日，三峡水库提前一年蓄水至156米，标志着三峡工程由围堰挡水发电期进入初期运行期。2007年6月，右岸电站首台机组投产发电，三峡三期工程开始发挥效益。2008年，右岸电站最后一台机组（15号机组）投产发电，右岸电站提前一年全部投产。2008年汛后，三峡水库试验性蓄水至172.8米，挡水建筑物和发电机组经受了高水头的检验，三峡工程具备了175米蓄水条件。图4-9为三峡电站中控室。

图4-9　三峡电站中控室

9. 收官之作

三峡工程升船机由于技术复杂等原因，1995年缓建。经过反复论证和方案比选，2003年决定将原设计的钢丝绳卷扬提升方案改为现有齿轮齿条爬升方案以提高升船机的安全可靠性（图4-10）。2007年，续建工程正式启动。经过反复调试和试运行，

图4-10　2018年7月31日，船只通过三峡升船机过坝

2018年7月,被称为"船舶电梯"的三峡升船机完美通过验收。三峡升船机全线总长约5000米,船厢室段塔柱建筑高度146米,最大提升高度为113米,最大提升质量超过1.55万吨,承船厢长132米、宽23.4米、高10米,可提升3000吨级的船舶过坝。这些数据显示三峡升船机是世界上规模最大、技术难度最高的升船机工程(图4–11)。

四、工程效益

三峡水利枢纽是治理和开发长江的关键性骨干工程,是当今世界上最大的水利枢纽工程,具有防洪、发电、航运、水资源利用和生态环境保护等综合效益。三峡工程是我

图4–11 升船机中的船只

国实施跨世纪经济发展战略的一项宏大工程,对建设长江经济带、加快我国经济发展步伐、提高我国综合国力有着十分重要的战略意义。

(一)防洪效益:拦洪削峰护安宁

防洪是三峡工程的首要功能,也是兴建三峡工程的首要出发点。

长江是中华民族的母亲河,滋养着灿烂的中华文明,养育着我国1/3的人口。长江中下游地区历来是我国最发达的地区之一,在我国经济社会发展总体格局中具有重要的战略地位。

然而,长江也是一条洪水泛滥、灾害频发的河流。据史籍记载,自公元前185年以来长江发生大洪水214次,平均每10年一次。1870年的特大洪水,灾情之严重,损失之巨,范围之广,为数百年所罕见。20世纪的1931年大洪水,因灾死亡14.5万人;1935年大洪水,因灾死亡14.2万人;1954年大洪水,百万军民奋战百天,因灾死亡3.3万人,武昌、汉口被洪水围困百日之久,京广铁路一百天不能正常通车。1998年长江大洪水,洪峰次数多,洪峰水位高,持续时间长,800万军民上大堤"严防死守",取得了抗洪抢险的伟大胜利,因灾死亡1320人,直接经济损失约1660亿元。

"万里长江,险在荆江"。长江中游的荆江河段(上起湖北省枝城,下至湖南省城陵矶),洪水期已成为"地上悬河",威胁着江汉平原和洞庭湖区1500万人民生命财产、两岸城镇、工矿企业和交通干线的安全,成为国家的心腹大患。

从防洪的角度看,三峡工程地理位置得天独厚,恰好位于长江峡谷区的末端,使其能有效扼住上游洪水的"咽喉",能直接控制荆江河段洪水来量的95%、武汉以上洪水来量的67%。三峡水库正常蓄水位175米,防洪限制水位145米,拥有防洪库容221.5亿立方米。三峡工程兴建前,荆江河段防洪标准为10年一遇,超过56700立方米每秒的流量就会导致荆江告急、长江告急。1954年和1998年,长江两次暴发全流域性特大洪水,百万军民上堤抗洪抢险,但长江中下游仍然遭受重大经济损失和人员伤亡。2008年,三峡工程主体工程基本完成,自此,三峡上游洪流滚滚,一泻千里。大坝下游波澜不惊,一派安澜。三峡工程的成功建设,从根本上改变了人们面对长江洪水"逆来顺受"的历史,由"人力治江"进入"工程治江"时代。

三峡工程的防洪作用,主要体现在两个方面。

一是利用自身的防洪库容所起的防洪作用。三峡工程防洪库容221.5亿立方米,完全可以把荆江河段的防洪标准由10年一遇提高到100年一遇,荆江分洪区在100年一遇洪水以下无需使用;遇1000年一遇或1870年实际洪水,配合分洪措施,可保证荆江河道行洪安全;对城陵矶附近地区,一般年份可以基本上不分洪,遇1931年、1935年、1954年、1998年特大洪水,可减少本地区的分洪量和土地淹没;对于武汉地区,由于长江上游洪水得到有效控制,从而可避免荆江大堤溃决后洪水取捷径直趋武汉的威胁,三峡水库调蓄提高了对城陵矶洪水控制的能力,增加了武汉地区洪水调度的灵活性,对武汉防洪起到了保障作用。

二是三峡工程作为长江中下游防洪的总控制枢纽,通过灵活调度运用,将能较好地发挥上游干支流水库的作用,确保防洪安全。长江上游干支流规划有一批具有防洪库容的水库(水电站),在没有建成三峡工程时,要使这些分散的水库起到较好的防洪作用,在调度上十分困难。有三峡工程后,因其紧靠长江中下游防洪保护区,又有蓄泄自如的调度手段,可以很好地实施补偿调度。而只要在三峡工程蓄洪期间令上游水库防洪库容蓄水,所蓄水量就等于三峡水库进洪减少量,从而有效地减少同等情况下三峡水库的拦洪量,腾出的防洪库容能用于更大洪水的拦蓄。这样联合调度的结果,就使得长江中下游的防洪能力在有三峡工程的基础上进一步提高,分洪量进一步减少。每年汛期可有效减少进入洞庭湖的洪水和泥沙,改善湖区生态。若遇特大洪水需要运用分蓄洪区时,因有三峡水库拦蓄洪水,可为分蓄洪区内人员转移、避免人员伤亡赢得时间,增加长江中下游防洪调度的可靠性和灵活性。

三峡工程建成运行以来已显示出强大的防洪能力。2008年后，经历了多次洪水考验，通过三峡水库拦洪削峰，有效降低了长江中下游干流水位，使下游荆江河段水位显著降低，确保了长江中下游防洪安全。2010年7月20日，三峡工程遭遇运行后的最大洪峰70000立方米每秒，这场比1998年洪峰峰值还高的大洪水，经过三峡工程科学调度，荆江河段、江汉平原和洞庭湖区安然无恙。2012年7月24日，三峡工程又遭遇71200万立方米每秒的洪峰，经三峡水库拦蓄再一次使长江中下游安然无恙。2017年7月上旬，湖南省湘江发生暴雨洪水，长沙、洞庭湖区、武汉水位陡涨。三峡水库入库流量28000立方米每秒，出库流量削减至8000立方米每秒，使中下游水位显著下降，有效缓解了长沙、武汉等地严峻的防洪压力。2020年大水年，长江上游先后形成5次洪峰，经三峡及上游控制性水库群联合调蓄，均安然度过。受乌江、重庆和三峡区间等上游持续暴雨，长江上游先后在7月2日、7月17日、7月27日形成长江1号、2号和3号洪峰，洪峰流量分别为53000立方米每秒、61000立方米每秒和60000立方米每秒，以上3次洪峰期间，正是中下游及鄱阳湖、巢湖和太湖发生大洪水期间，由于三峡及上游控制性水库群联合调蓄，下泄流量控制在19000～35000立方米每秒，3次洪峰共拦蓄了超过200亿立方米的洪水，显著减轻了洪峰对中下游和两湖的影响。2020年8月11日至18日，四川降下创纪录特大暴雨，此次暴雨的总雨量超过了本年湖北、江西、安徽的暴雨过程，也超过了1981年、2013年四川暴雨过程，岷江、大渡河、青衣江、沱江、涪江、嘉陵江"六河齐发"，同时金沙江和雅砻江来水也有增加，8月14日第4号洪水在上游形成，最大流量62000立方米每秒，入库流量增至57500立方米每秒，出库流量也逐步加大至41600立方米每秒。2020年8月20日上午，长江五号洪水通过重庆，8时15分，寸滩水文站水位高达191.62米，超过1981年纪录21厘米，低于1788年、1870年和1905年估算水位。2020年长江5号洪水已是重庆115年来最高水位洪水，也是新中国建立以来重庆最高水位洪水。5号洪水向下游推进过程中，三峡水库也迎来建库以来最大入库流量，达到75000立方米每秒。三峡大坝出库流量按49200立方米每秒下泄，削峰率达34.4%，库水位达到167.73米，也创三峡建库以来主汛期最高水位。截至8月21日，三峡水库本年度已拦截9次30000立方米每秒以上量级洪水，5次50000立方米每秒编号洪水，其中，4次为60000立方米每秒以上的洪水，拦蓄次数位列建库以来同期第一位。三峡以上干支流21座控制性水库在2020年1号至5号洪水过程中共拦蓄洪水量438.02亿立方米，其中三峡工程拦蓄了254亿立方米。截至2020年汛后，三峡工程累计削峰滞洪60次，滞蓄洪水1787亿立方米。图4-12为三峡大坝泄洪。

图 4-12 三峡大坝泄洪

作为治理长江的关键性骨干工程,三峡工程使得荆江河段的防洪标准由 10 年一遇提高到 100 年一遇,有效保护了江汉平原和洞庭湖区 1500 万人口和 153 万公顷良田的安全。

(二)发电效益:供电八省一市,惠及近亿人口

三峡工程的经济效益主要体现在发电。三峡水电站由左岸电站、右岸电站、地下电站和电源电站组成,共安装 70 万千瓦水轮发电机组 32 台、5 万千瓦机组 2 台,总装机容量 2250 万千瓦,是当今世界上装机规模最大的水电站,设计年发电量 882 亿千瓦时。三峡水电站发出的巨大电力通过三峡输变电工程送往华中、华东和南方电网。直接受益的省市有湖北、湖南、河南、江西、江苏、浙江、安徽、广东和上海等 9 个省(直辖市),人口近 6 亿。

长江流域煤炭、石油等矿物能源缺乏,分别只占全国总储量的 7.7% 和 2.4%;水能资源丰富,经济可开发量约占全国总量的 60%。但从总体来说,长江流域仍属能源短缺地区,常规能源(煤炭、石油、天然气和水能资源,其中水能资源按使用 100 年计算)的人均占有量(均折合成标准煤)仅约为全国人均值的 38.6%,能源形势十分严峻。三峡工程是长江流域水电开发的重大工程,体现了长江流域的比较优势。三峡水电站总装机容量 2250 万千瓦,年发电量约 882 亿千瓦时,其发电能力巨大,技术经济指标优越,在我国能源布局中具有重要的战略地位。

2018 年三峡电站更是创造了全年发电 1016 亿千瓦时的纪录,成为当年全世界发电量最多的水电站。到 2018 年底,三峡电站已累计发电 1.2 万亿千瓦时,这一可再生绿色能源相当于节约标准煤 4.6 亿吨,减少二氧化碳排放 12.2 亿吨。按照每千瓦时

电量产生 10 元 GDP 计算，可以支撑受电地区 12 万亿元 GDP，社会效益和经济效益十分显著。

三峡水电站地处我国腹地，在全国电网互联格局中处于中心位置，促进了"全国联网，西电东送，南北互供"。各区域电网之间可以获得事故备用和负荷备用容量，可充分发挥错峰效益、水电站群补偿调节效益以及水火电厂容量交换效益，优化资源配置，提高了电网的安全性和经济性（图 4-13）。

图 4-13　三峡电网

三峡水电站与葛洲坝水电站联合承担电力系统调峰、调频、事故备用任务，实际最大调峰容量达 708 万千瓦，改善了华中、华东、南方电网调峰容量紧张的局面，为电力系统的安全稳定运行提供了可靠保障，还使电网动态调节性能得到改善，抵御事故冲击能力得到提高。

（三）航运效益：天堑变通途，"黄金水道"实至名归

山峦夹峙，水流湍急，险滩密布。"西陵峡中行节稠，滩滩都是鬼见愁"。川江航行曾以险、难著称。那时，重庆至宜昌江段水流急、滩险多，航行困难，通过能力很低。三峡工程建成后，长江上游 600 余千米江段航运条件显著改善。航道维护水深从 2.9 米提高到 3.5～4.5 米，航船吨位也从 1000 吨级提高到 3000～5000 吨级。139 处滩险、41 处单行控制河段、25 处需绞滩通行航段……这些"障碍点"亦随着三峡水库水位的上升不复存在，"自古川江不夜航"成为历史。库区干流得到渠化，淹没险滩，改善水流条件，使长江干流"黄金水道"向上游延伸 600 多千米。

三峡水库蓄水后，库区原有通航支流通航里程显著延伸，库区沿江的香溪河、大宁河、大溪河、梅溪河、汤溪河、小江、乌江、大洪河、嘉陵江等主要支流的汇江段，分别可渠化 30～90 千米，水库总计可渠化水网里程 1200 千米，部分原本不通航的支流也具备了通航条件。干支流逐渐连通，以川江为主轴的高等级航道网正在形成。

蓄水后的三峡水库，江阔水深，运输成本与事故率双降，东西水运"绿色走廊"

形成。库区的万州、涪陵等港口成为深水港，重庆港在三峡水库蓄水期间水域条件大为改善；库区船舶载运能力和营运效率显著提高，单位千瓦的拖带能力较成库前提高3倍以上，每千吨千米的平均油耗下降60%以上，库区航线单位运输成本下降近40%。与蓄水前相比，目前三峡库区年均事故件数、死亡人数、沉船数和直接经济损失也分别下降了72%、81%、65%和20%。图4-14为重庆上游航运中心。

图4-14 重庆上游航运中心

三峡水库还有效改善了长江中下游的通航条件。枯水期中，通过三峡水库的流量调节，葛洲坝以下最小流量由3000立方米每秒左右提高到6000立方米每秒以上。长江上中游航道和水域条件的改善，促进船型、船队向标准化、大型化方向发展，充分发挥水运优势，大幅度降低运输成本，运输成本可比目前降低三成以上。库区的投资环境和运输条件得到显著改善，使得库区航运潜力快速释放。

三峡水库蓄水通航10年来，累计过闸货运量超过6亿吨，是三峡水库蓄水前葛洲坝枢纽22年过闸总运量的3倍以上，年过闸货运量已突破1亿吨，是蓄水前最高年货运量1800万吨的5.6倍。三峡工程正常运行后，长江将成为名副其实的"黄金水道"，长江流域将逐步形成以长江干流为主体、干支畅通、江海直达、水陆联运的航运系统，综合运输能力显著提高，保障和促进流域经济可持续发展。

（四）供水效益：国家淡水资源战略储备库

三峡水库正常蓄水位175米，具有兴利调节库容165亿立方米，成为我国重要的淡水资源战略储备库，水资源利用功能显著发挥。其功能主要体现在以下4个方面。

1. 每年枯水期为长江中下游补水

在三峡水库蓄水前的天然情况下，长江中下游每年11月至次年4月上旬的枯水期，平均流量只有 3000 立方米每秒，工农业生产和沿江城镇用水十分紧张，缺水城市近 60 座、县城 150 余座。三峡水库利用巨大的调节库容"蓄丰补枯"，枯水期下泄流量一般为 6000 立方米每秒，有效缓解了长江中下游工农业生产和沿江城镇用水紧张的局面。截至 2018 年底，三峡水库枯水期累计为下游补水 1950 天，水量 2172 亿立方米。

2. 为长江中下游抗旱超常补水

2009 年 10 月，洞庭湖、鄱阳湖地区出现严重旱情，三峡水库 10 月至 11 月上旬连续加大下泄流量，有效缓解了两湖地区旱情。2011 年长江中下游地区出现秋冬春夏四季连旱，旱情范围广，持续时间长。2011 年 5 月 7 日至 6 月 10 日，三峡水库为中下游抗旱补水 54.7 亿立方米，对缓解长江中下游旱情发挥了重要作用。

3. 控制下泄流量，实施应急调度

2015 年 6 月 2 日，三峡水库下泄流量大幅削减至 10000 立方米每秒，有力支援了下游湖北监利江段"东方之星"游轮救援行动。2018 年汛期，在洪水间歇期开展了 4 次船舶滞留应急调度，成功疏散因洪水流量过大而滞留的船舶 838 艘。

4. 有利于保障南水北调中线工程正常运行

作为我国重要调水工程水源地的汉江流域，除了已建成使用的南水北调中线一期工程外，还有引汉济渭工程、鄂北水资源配置等在建工程，规划的外调水总量达 124 亿立方米，占丹江口水库的天然入库径流量 388 亿立方米的 40%，已接近水资源开发利用率的上限。随着长江经济带战略实施和汉江生态经济带建设，汉江中下游也将面临越来越大的用水需求。《长江流域综合规划（2012—2030 年）》中有关跨流域调水对策中，提出要深入研究论证将长江水调入汉江的可行性，以补偿汉江下游干流水量。若能从长江三峡水库调 50 亿立方米水补汉江，通过水资源配置，一方面将有更多的水流向北方，支撑京津冀一体化和雄安新区建设等国家战略的实施，改善黄淮海平原生态环境；另一方面，也将适当加大丹江口水库下泄水量，从而增加汉江水环境容量，促进汉江中下游的生态环境保护与修复，实现长江大保护。

自试验性蓄水以来，三峡水库水位连续 10 年蓄至设计水位 175 米，使三峡工程在枯水期对下游的补水能力大大增强。三峡水库每年枯水季节对下游进行 200 多亿立方米的补水，缓解了枯水期下游低水位的局面，保障了长江中下游生产、生活和生态用水的需求，取得了显著的社会效益和经济效益，也为三峡工程的运行调度积累了经验。

（五）生态环境效益

三峡工程既具有显著的生态环境保护功能，又对生态环境有不利影响。必须运用辩证唯物主义的方法论来认识这一问题，既要进一步发挥和拓展三峡工程的生态环境保护功能，又要认真采取得力措施，把不利影响降低到最低程度。

三峡工程的生态环境保护功能主要体现在以下4个方面。

1. 可有效避免洪水泛滥造成的大量人员伤亡

可避免成千上万人口遭遇洪水灾害，避免数百万军民上大堤"严防死守"，避免成百上千人因抗洪抢险而牺牲生命，可缓解洪水对中下游人民的心理威胁，使他们的安全感大为提升。可避免救灾和灾民安置等一系列社会问题。

2. 可有效避免洪水泛滥对灾区和分蓄洪区生态环境的严重破坏

避免洪灾带来的疾病流行、传染病蔓延；避免铁路干线、高速公路中断或不能正常运行而使环境恶化；可有效减少钉螺随洪水传播，有利于长江中下游地区血吸虫病的防治。

3. 大量减少碳排放，对减缓温室效应做出重大贡献

截至2018年底，三峡电站累计发电1.2万亿千瓦时，相当于少燃烧标准煤3.81亿吨，相应减少碳排放2.59亿吨、二氧化碳9.50亿吨、二氧化硫1143万吨、氮氧化物571万吨，以及大量废水、废渣，还可减轻因有害气体排放而引起的酸雨危害。强大的清洁能源送往华中、华东和广东，为当地减少碳排放、治理雾霾也做出积极贡献。

4. 三峡水库实施生态调度，助力"四大家鱼"自然繁殖和长江口压制咸潮

2011年至2018年，三峡水库实行了11次生态调度，利用"人造洪峰"促使"四大家鱼"产卵繁殖。2018年，湖北宜都断面"四大家鱼"繁殖总规模约13.3亿粒，为历年之最，中游地区渔业资源恢复取得明显效果。2014年2月，长江口潮汐较大，咸水入侵明显，致使上海市自来水取水口氯度急剧上升。三峡水库2月21日至3月2日累计为压咸补水13亿立方米，保障了上海生活生产用水安全。

（六）效益拓展

随着科技手段的提高，三峡工程新增效益挖掘的潜力巨大。长江水利委员会组织开展了三峡水库优化调度研究和以三峡为核心的长江上游水库群联合调度研究，组织编制了《三峡水库优化调度方案》和《长江上游水库群联合调度方案》，分别获得国务院和国家防汛抗旱总指挥部批准。近年来，科学实施以三峡水库为核心的长江上游水库群联合调度，取得了显著成效，成功对三峡水库实施了中小洪水调度、生态调度、减淤调度、补水调度等，保障了长江防洪安全、供水安全和生态安全。

1. 通过优化调度与联合调度提高防洪能力，为安澜长江提供保障

三峡工程在有效发挥规划设计防洪能力的同时，通过优化调度和与长江流域其他重要水库联合调度，防洪效益显著提升。2009年至2018年，流域梯级水库群累计拦蓄洪量达 1200 多亿立方米；2010 年、2012 年两次成功应对三峡入库洪峰流量超 70000 立方米每秒的洪水过程；2016 年成功防御长江中下游区域性大洪水，水库群拦蓄洪水 227 亿立方米；2017 年成功防御长江中下游区域性大洪水，水库群拦蓄洪水 144 亿立方米；2018 年 7 月上中旬联合调度长江上游控制性水库，累计拦蓄洪水约 111 亿立方米，极大地减轻了四川、重庆、湖北等地的防洪压力。联合调度减小了蓄滞洪区分洪运用概率和分洪量，实施联合调度以来实现荆江河段不超警戒水位、城陵矶河段不超保证水位等多重目标。

2. 水资源调度为绿色长江提供了保障，保障了流域供水安全

三峡水库 2010 年至 2018 年连续 9 年蓄水至 175 米正常水位，2009 年以来枯水季节累计为中下游补水 2000 亿立方米，下泄流量较天然流量增加 1500 立方米每秒左右，有效缓解了中下游枯水季节形势。特别是 2013 年在来水偏少的情况下，统筹协调安排上游水库群蓄水，顺利实现了三峡等主要水库汛末蓄水预期目标。2014 年 2 月，根据长江防汛抗旱总指挥部的调度令，三峡水库首次实施"压咸"应急调度，日均出库流量由 6000 立方米每秒增加至 7000 立方米每秒，减轻了长江入海口咸水上溯的影响。2017 年 5 月 20 日至 25 日，三峡水库首次联合向家坝水库实施了针对"四大家鱼"、鳡、鳊、翘嘴鲌、鳅类、蛇鮈、银鮈、鳜等多种鱼类自然繁殖的生态调度，通过持续 5 天的连续涨水过程，为"四大家鱼"等多种鱼类繁殖提供适宜的水文条件。根据同步生态监测，调度期间包括"四大家鱼"在内的多种鱼类出现大规模产卵繁殖，此次三峡—向家坝梯级水库联合生态调度取得良好效果。2019 年是长江流域较严重的干旱年，三峡水库多次向长江中下游地区补水。截至 12 月 19 日，三峡水库当年累计向下游补水达 232.5 亿立方米，为沿江地区生产、生活用水提供了保障。

3. 发电调度为节能减排提供了支撑

三峡水库通过与长江流域部分控制性水库实行联合调度，2012 年至 2017 年累计增加发电量约 600 亿千瓦时，相当于节约标准煤约 2100 万吨、减少温室气体排放 4680 万吨，整体新增发电效益约 162 亿元。至 2017 年，三峡水库累计发电量突破 1 万亿千瓦时。联合调度有效提升了水库发电效果，2018 年，三峡水库发电量突破 1000 亿千瓦时，明显高于原设计发电能力。

五、创新典范

2018 年 4 月，习近平总书记考察三峡工程时指出，三峡工程是"国之重器"，是靠劳动者的辛勤劳动自力更生创造出来的。三峡工程从规划、论证、研究、设计，到施工建设全过程，一系列核心技术、关键技术，都是靠我国人民自己拼搏创造出来的。

从 20 世纪 50 年代开始，一代代科技专家就开始围绕三峡工程科研攻关，专家们提出的三峡升船机关键设备等重大课题均已纳入国家"七五""八五"乃至"九五"科研攻关。4 万余名三峡工程建设者、数千名工程师、全国各地科研院所的专家们长期坚忍不拔的努力，推动了三峡工程科研的深入。三峡工程从一开始的永久船闸高边坡开挖，到机组制造、安装调试和运行管理都遭遇了各种预想到的和没有预想到的极大挑战，最终科技人员们攻克了一道道技术难关，取得了 100 多项"世界之最"。自 1993 年开工以来，三峡工程每年都有新技术、新工艺、新专利等创新成果诞生。据不完全统计，在三峡工程科技成果中，获国家科技进步奖 18 项，获省部级科技进步奖 200 多项，申请专利 700 多项，并建立了 100 多项高于国颁和部颁标准的工程质量和技术标准。三峡工程科技成果的运用，深刻反映了我国当前水利水电科学技术的水平，特别是本土科技人员在工程建设、机电设备研制、生态保护等领域的自主创新。2011 年，三峡大坝获评混凝土坝国际里程碑工程。2016 年，三峡工程获 FIDIC 百年重大土木工程项目奖。

（一）大江截流石破天惊

葛洲坝水利枢纽工程曾经实现了长江干流第一次大江截流，但三峡工程截流的难度显然要大很多。1997 年 11 月 8 日三峡工程实现大江截流，2002 年 11 月 6 日三峡工程导流明渠截流成功。三峡工程两次成功截断长江，技术方案及其效果世所罕见，表明我国的截流技术世界领先。

与世界上单项水力学指标最高的截流工程相比，三峡工程两次截流的流量、落差、流速三项关键水力学指标都比较高，其综合困难程度在世界截流史上是罕见的。两次截流成功，标志着我国河道截流技术已跻身世界领先地位。三峡工程大江截流设计获国家优秀设计金奖，"三峡工程大江截流设计及施工技术研究与工程实践"荣获 2000 年国家科技进步奖一等奖。

（二）大坝混凝土浇筑屡创奇迹

三峡工程混凝土浇筑工程量巨大，总量达 2800 万立方米，其中大坝混凝土浇筑量达 1600 万立方米，高峰施工强度需要一年浇筑混凝土逾 500 万立方米。三峡大坝工程质量优良，专家认为，这一方面在于精细的管理，另一方面是在混凝土浇筑中运用了大量的最新工艺和技术，使大坝混凝土浇筑技术达到国际一流水平。

1. 新型的混凝土原材料与配合比

三峡工程在国内率先将工程本身开挖出的花岗岩破碎后用做混凝土人工骨料，首次利用性能优良的一级粉煤灰作为混凝土掺和料，投入数百万元经费研究混凝土配合比，包括进一步改进高性能的外加剂，使混凝土综合性能达到最优水平。

2. 革命性的混凝土浇筑方案

混凝土浇筑方案和配套工艺是大坝混凝土施工的关键。以往大坝混凝土施工采用的是间断式的汽车运输加起重机吊罐入仓的传统浇筑工艺，长江三峡工程开发总公司引进了国外最先进的大坝浇筑专用设备塔带机，但是，塔带机是20世纪80年代才开发出来的新设备，国外并无多少成熟经验。在实际施工使用中，三峡工程不断创新，摸索总结出了一整套保证质量的施工工艺。借助这一整套工艺，三峡工程不仅连续3年刷新世界混凝土年浇筑量纪录，而且大坝混凝土质量总体良好。

3. 创新性的混凝土温控防裂技术

大体积混凝土温控防裂是大坝施工的老大难问题。三峡工程施工中首创了混凝土骨料二次风冷技术，盛夏时将拌和楼生产出的混凝土全部预冷到7℃，并对高标号混凝土进行"个性化"通水冷却；创造性地制定出"天气、温度控制、间歇期"三项预警制度，保证了混凝土温控各个环节的质量。2002年三峡大坝裂缝被媒体曝出，专家诊断为表面向浅层发展的温度裂痕，而非结构型裂痕，施工方和管理方对这一问题做了及时处理。在第三阶段的工程施工中，右岸大坝没有出现一条裂缝，创造了世界水电工程建设的奇迹。

（三）开拓水电装备全产业链的国产化之路

水轮发电机组是水电站的心脏。在三峡工程开工以前，围绕三峡机电设备国产化，国家制定了一系列支持鼓励政策和措施。从1980年开始，三峡工程的重大装备科研攻关项目被列入从"六五"到"十五"连续五个国家五年计划。围绕工程专用施工设备、通航设备、电站水轮发电机组设备以及三峡工程输变电成套设备等，哈尔滨电机厂、东方电机厂、哈尔滨大电机研究所、中国水利水电科学研究院、长江水利委员会等单位和相关大专院校配合设计部门和论证小组提出了三峡工程的水轮机和发电机的参数方案。这些前期研究成果，不仅为三峡工程可行性论证和初步设计提供了重要依据，还为三峡工程机电设备技术引进和消化吸收奠定了坚实的基础。

党中央、国务院果断决策，三峡左岸电站机组实行国际采购，走技贸结合、技术转让、联合设计、合作生产之路，明确提出依托三峡工程，自主创新与技术引进相结合，逐步实现三峡工程装备国产化。

1996年6月，中国长江三峡工程开发总公司对外宣布，左岸电站一次采购14台70万千瓦水轮发电机组，实行国际招标。招标文件规定：投标者对供货设备的经济和技术负全部责任，必须与中国有资格的制造企业联合设计、合作制造，中国制造企业分包份额不低于合同总价的25%；培训中方人员；招标的左岸14台机组的最后2台由中方制造、外商监造。图4-15为2005年9月1日，三峡左岸电站最后一台机组（9

号机组）启动有水调试。

图4-15　2005年9月1日，三峡左岸电站最后一台机组（9号机组）启动有水调试

这块"大蛋糕"吸引了全球热切的眼光，10家跨国公司组成6个投标体竞争投标，角逐激烈。1997年秋，采购合同签字，法国阿尔斯通公司和瑞士ABB集团组成的供货集团中标8台机组，哈尔滨电机厂合作制造；美国通用电气（GE）公司和德国伏依特（VOITH）公司、西门子（SIEMENS）公司组成的（VGS）联合体中标6台机组，东方电机厂合作制造。两家国内企业分包额大于合同总价的30%。

在三峡左岸电站建设中，我国水电设备企业更多还是给外国企业"打工"。为打破这种局面，以哈尔滨电机厂、东方电机厂为代表的国内水电装备制造企业在结合国内前期科研成果、消化引进国外水轮机研制技术，以及在深度参与左岸电站建设的基础上，加大了核心技术的自主研发力度。

2005年9月16日，由中国企业自主制造的三峡左岸电站最后一台机组顺利并网发电，标志着我国具备了70万千瓦水电机组自主设计、制造和安装能力，我国水电装备制造业用7年时间实现近30年的跨越式发展。东方电机厂在右岸地下电站采用了完全重新设计的机型。

相比之前一些大型水电项目的技术转让只停留在国外厂商设计、提供设计图纸给受让方，受让方仅可进行相同机型的制造，三峡左岸项目的技术转让更加全面深入，受让方能利用转让的技术独立进行新机组的设计制造。

三峡地下电站在主变压器、GIS（地理信息系统）以及无取向硅钢和高磁感取向硅钢研发等材料方面也都做到自主研制，我国水电设备的全产业链实现了国产化，国内厂商作为"学生"已具备同国外"老师"的水轮机制造厂商同场竞技的能力。

通过长江上游千万千瓦级梯级电站建设，我国水电装备在新技术、新材料、新工艺、新装备等方面升级换代，用 20 年时间走过了西方发达国家 100 年的发展历程，实现了三峡工程 70 万千瓦机组技术追赶、向家坝水电站 80 万千瓦机组整体超越、白鹤滩水电站 100 万千瓦机组全面引领的三大跨越。由此，我国水电装备在全球水电行业打响了自主品牌。这一"技术转让——消化吸收——自主创新"的"三峡模式"为推动我国重大技术装备自主创新起到了很好的示范作用。

（四）"超级电梯"横空出世

三峡水库蓄水后，大坝上游江段通航条件明显改善。不过，坝上与坝下水位落差最大可达上百米，船舶必须借助通航设施才能过坝。"双线五级船闸"全长 6400 米，船闸主体部分长 1600 米，引航道长 4800 米，曾是世界上规模最大的内河船闸。

随着长江经济带开发和"一带一路"倡议的提出，长江作为黄金水道的作用日益突显。五级船闸类似于爬上或爬下五级楼梯，可对于那些需要快速通过或执行紧急任务的船舶，就需要辅助性的快速通道即升船机。

1958 年 4 月，在周恩来总理指示下，国家科学技术委员会、中国科学院成立了三峡科研领导小组，组织起全国性的三峡工程科研大协作。国内先后有 100 多家单位、数千名人员投入到三峡升船机课题的攻关中。

为了验证三峡升船机的原理，国内先后在湖北清江隔河岩和福建水口建设了两座升船机，作为三峡升船机的试验机。1968 年，技术人员运用自身技术建造了丹江口升船机，之后因历史原因，升船机技术研究陷入停滞。1979 年，三峡工程建设再次被提上议事日程。1983 年，升船机联合考察组赴德国、比利时和法国实地考察，钢丝绳卷扬式升船机作为当时国际上比较流行的升船机型式，获得了专家们的青睐。1985 年，全平衡钢丝绳卷扬一级垂直升船机作为推荐方案得到国家批准。这一方案虽然造价较低，但出于国家经济水平的限制，以及对升船机是否成功的担心，1995 年即三峡大坝正式动工后的第二年，国家决定三峡升船机缓建，但相关研究却未停歇。试验研究和国外运行实践表明，钢丝绳卷扬式升船机存在发生船厢倾覆的可能性。鉴于三峡工程的重要性和巨大的社会影响，这一方案被搁置。

直到 2003 年，中国长江三峡工程开发总公司总经理陆佑楣考察了德国尼德芬诺升船机，发现这一采用齿轮爬升方式的升船机已安全运行了 70 年，且这种升船机型式可在船厢水漏空、地震等极端条件下自锁，防止船厢倾覆。2003 年 9 月，国务院三峡工程建设委员会通过了可靠性能更高的"全平衡，齿轮齿条爬升、长螺母柱短螺杆安全系统一级垂直升船机"技术方案，三峡升船机建设随之恢复。2007 年，续建工程正式启动。

齿轮齿条爬升式升船机的综合技术难度之高，规模之大，在全世界范围内都尚无先例，着实挑战了国内设计院和装备制造业的水平。后来长江勘测规划设计研究院负责升船机总体设计，船厢室段塔柱及升船机主体设备的初步设计由德国一家公司和长江勘测规划设计研究院共同承担。

过去，国内升船机的封闭门全部采用长方形卧倒门，但德方的设计采用了弧形门，这种设计要求安装过程中二次加工精度控制在1毫米以内。可是国内并没有制造升船机弧形门的专用设计，武汉武船重型装备工程有限责任公司的黄星和团队自主研制了一套加工方案，不仅比直接购买德国设备节约了90%的成本，精度误差最终也控制在0.3毫米以内。

在八年多的制造、施工过程中，中国第二重型机械集团公司等国内重型设备制造企业、中国船舶重工集团有限公司等船舶装备生产企业、中国葛洲坝集团有限公司等水电施工单位参与其中，推动了我国重型机械制造业在冶炼、铸造、热处理、机加工、检测等技术领域的发展与创新，形成了一系列工艺、工法和技术标准，成功解决了从船厢结构到小齿轮托架，从超大模数硬齿面的齿轮轴到超大规格的螺母柱安装等一系列世界级技术难题，标志着我国大型升船机的制造和建设水平达到国际领先水平。

2016年9月18日，三峡升船机正式进入试通航阶段（图4-16），千吨级船舶可以"坐电梯"翻越大坝，三峡工程建设者憧憬多年的"大船爬楼梯、小船坐电梯"壮观景象成为现实。随着长江经济带的开发和"一带一路"倡议的提出，长江作为黄金水道的作用日益突显。三峡升船机可以给船只节约2小时左右的通航时间，正式通航后，预计每年将为五级船闸分流数百万吨的运量。

图4-16　三峡大坝垂直升船机试运行

（五）筑起守护长江的"生态屏障"

在现代社会，工程活动特别是重大工程必然带来大自然的重构、社会的重组和观念的重塑。三峡工程从开始筹建起便始终与移民、环境等诸多繁杂的争议相伴。党的十九大报告指出："以共抓大保护、不搞大开发为导向推动长江经济带发展。"事实上，三峡工程的生态效益显著，相关投入巨大。

提到三峡工程，人们往往首先想到的是发电，但其实防洪才是三峡工程的首要功能，而防洪就是最大的生态保护。三峡工程的建成，标志着以三峡工程为骨干的长江中下游防洪体系基本形成。根据2013年中国工程院关于三峡工程试验性蓄水阶段评估的估算，三峡工程多年平均防洪效益为88亿元，工程防洪减灾效益非常显著。

三峡工程总装机容量2250万千瓦，自从2007年6月三峡右岸22号机组投产发电以来，绿色电力的生态效益日益显著。2018年发电量就约1000亿千瓦时，相当于计热电发电效率后燃烧标准煤3190万吨的发电量，年直接减排二氧化碳8580万吨，本身就发挥了巨大的生态效益。

三峡区域是我国重要的自然物种资源宝库，也是世界重要的物种基因库之一。三峡水库蓄水后，势必对库区内的动植物产生一定影响。但早在10多年前，中国长江三峡工程开发总公司就以长江生态修复和保护为己任，专门成立了动植物保护研究机构。

在风景如画的三峡坝区，不仅有着壮阔的三峡工程和宜人的"高峡平湖"，还有一个神秘的"植物王国"。500余种库区陆生植物受淹没影响，290余种珍稀濒危植物处在库区淹没线以下和移民迁建区内，其中野生荷叶铁线蕨更是被称为"植物大熊猫"。曾有人断言，极度濒危物种疏花水柏枝将在三峡水库蓄水后灭绝。

为了挽救这些濒危物种，早在1992年，科研人员就对三峡库区的珍稀植物进行跟踪观测，掌握了这些植物的分布情况和原生环境。中国长江三峡集团有限公司于2007年成立了长江珍稀植物研究所（前身为三峡苗圃研究中心），投入上亿元建设育苗荫棚、智能化日光玻璃温室、智能化PC阳光板大棚等。科研人员根据每种植物生长特性，模拟植物野外生长环境，开展批量繁殖。经过10多年默默耕耘，科研人员通过迁地、传统繁殖和克隆技术保护，在三峡坝区繁育疏花水柏枝幼苗2万余株，成活率90%以上。目前因三峡水库蓄水而受影响的植物已全部得到有效保护，初步建成了三峡特有珍稀植物"种质资源库"。

2014年，著名林学及生态学专家、中国工程院院士沈国舫在考察珍稀植物研究所后感慨道："你们的努力，最大限度地保护了三峡库区生物的多样性，确保了三峡特有、珍稀植物的永续利用。"如今该机构的植物保护已从三峡区域扩展到整个长江流域。

中华鲟是一种大型溯河洄游性鱼类，也是一种曾和恐龙并存的、我国特有的古老珍稀鱼类，现已被列为国家一级保护动物。1981年1月葛洲坝工程大江截流后，阻断了中华鲟溯游到长江上游干流的洄游繁殖通道。1982年，经水利部批准成立了中华鲟研究所，该研究所是我国首个因大型水利工程兴建而设立的珍稀鱼类科研机构。一批批科研工作者潜心建立了中华鲟人工繁育技术体系，突破了中华鲟在淡水环境下全人工繁殖技术难关，实现了中华鲟子二代幼鱼规模化培育，中华鲟物种得以在人工环境下持续繁衍。

30多年来，中华鲟研究所连续实施人工增殖放流，累计投放各种规格中华鲟500多万尾，整合PIT芯片、超声声呐和网络通信等前沿技术，实现远程实时追踪幼鱼下行入海，有效延缓了中华鲟自然种群的快速衰退。

为了增强关于中华鲟保护的科普和公益宣传，中华鲟研究所与联合国开发计划署共同发起"三峡·中华鲟全球宣讲大使"活动，并邀请世界自然基金会（WWF）、通用电气公司（GE）等参与。自2016年起，三峡集团连续举办以"我与中华鲟·共绘长江美"为主题的儿童画有奖征集活动。中小学生们发挥自己的奇思妙想，在图纸上描绘出了保护中华鲟的心声。2019年4月13日，700尾中华鲟放归长江，350位大小志愿者再次共同见证中华鲟放流全程。

经过多年科研攻关，国家二级保护动物胭脂鱼以及圆口铜鱼、长鳍吻鮈等长江流域珍稀特有鱼类的人工驯养和繁殖技术也获得重大突破。2011年至2019年，三峡水库累计实施13次针对"四大家鱼"等鱼类繁殖的生态调度，对本江段"四大家鱼"自然繁殖贡献率达40%。

中国长江三峡集团有限公司将始终以"生态优先、绿色发展"作为管理运行三峡工程的方向，承担更多社会责任，逐步发挥长江生态保护和修复的骨干主力作用，让母亲河永葆生机和活力。

（六）建设管理体制的重大创新

三峡工程的顺利建成，还涵盖了一系列管理体制创新，包括符合市场经济原则的建设管理体制、以项目法人负责制为核心的项目管理机制、科学的融资机制、引进消化吸收的国产化之路，以及大水电跨省跨区消纳的科学机制等。

从20世纪90年代开始，通过10多年努力，中国长江三峡集团有限公司成功开发出在国际工程项目管理领域处于领先水平、具有自主知识产权的"三峡工程管理信息系统"（TGPMS）和"电厂运行管理信息系统"，等等。

在此经验基础上，溪洛渡、乌东德等水电建设进一步提出了"感知、分析、控制"的工程智能建造闭环控制理论，创建了大坝全景信息模型DIM，实现了现代信息技术与工程建设技术的深度融合。溪洛渡水电站因其智能管理的示范效应，被外媒赞为"最聪明大坝"。

运用自主研发的流域梯级新一代智能水调自动化系统和巨型机组电站群远方"调控一体化"自动控制系统，长江干流溪洛渡、向家坝、三峡、葛洲坝梯级巨型水库群实行联合智慧调度和运行管理，其调节库容295.93亿立方米，防洪库容277.03亿立方米，约分别占长江上游主要水库的52%和76%，长江"黄金水道"更加名副其实。

针对水电工程移民地域广泛、人员众多、情况复杂等特点，我国水电企业基于"互联网+"开发了世界上首个覆盖水电工程移民工作全生命周期的水电工程移民管理信息系统，并已应用于向家坝、溪洛渡等国内电站和巴基斯坦卡洛特、几内亚苏阿皮蒂等海外电站项目，管理着30余万移民基础数据和数百亿元移民资金，惠及库区20万移民群众。

质量是三峡工程的生命，质量责任重于泰山。三峡工程建设始终注重质量管理，形成了质量控制的"4+1"监督机制。所谓"4"即施工单位的自检、监理单位的监督控制、业主项目部的统筹协调和管理、质量总监办按专业把关，"1"是指由国务院三峡工程质检专家组的高层次检查指导。从2001年起，长江三峡工程开发总公司决定设立三峡工程建设质量特别奖，以奖励在工程施工中创造优质工程的一线施工和监理人员，进一步调动三峡工程建设者的积极性和创造性。同时，也实施了质量一票否决制，将所有的工程质量问题分别记入相应施工承包商的档案。发生了工程质量事故与缺陷而隐瞒不报的施工承包单位，不仅将失去特别奖申报资格，还将失去其在今后三期工程的投标资格。

纵观三峡工程，科技创新的光芒随处可见。截至2019年，三峡工程已经建成运行10余年，防洪、发电、航运和水资源综合利用等都达到了设计目标。可以预见，三峡工程将成为我国工程建设重大创新的典范，未来将在服务"一带一路"、水电科技"走出去"领域持续发挥重要作用。

六、优质的设计和服务

三峡工程建设进程得以按预期目标实现，除了国家强大的财力支持和施工建设组织管理有方外，优质的设计和服务是三峡工程建设顺利进行的重要保障。

三峡工程是世纪工程，承载着几代人的梦想，几代长江水利人为之接续奋斗，谱写了一曲高峡平湖梦的奋战壮歌。从1950年国务院成立长江水利委员会，担负起统一规划长江治理、开发、建设的重任，到1992年4月3日第七届全国人大第五次会议通过了《关于兴建长江三峡工程的决议》，40多年间，在争议中不断优化规划设计方案。从 20 世纪初到现在的 100 多年时间里，不断发现和解决新问题。这项举世瞩目的伟大工程，凝聚着无数人的智慧和心血。

三峡工程规模巨大，工程繁杂，施工难度大，尤其是工程建设面临一系列世界性技术难题，对工程的技术设计提出了严格要求。三峡工程设计总成单位长江水利委员会，早在 1953 年就开始进行三峡工程的前期技术准备。在此后的 41 年里，长江水利委员会先后完成了三峡水利枢纽工程的水文、勘测、规划、设计、科研、监理、移民规划、环境评价和专题论证等工作，提出并上报了《三峡水利枢纽初步设计要点报告》《三峡水利枢纽可行性研究报告（150 米方案）》和《三峡水利枢纽初步设计报告（枢纽工程）》等一系列有关三峡工程初步设计的准备报告，并经国务院三峡工程建设委员会审查批准。

1994 年 12 月三峡工程正式开工后，根据工程施工进度，长江水利委员会又先后负责完成了三峡工程的招标文件设计和专项设计，保障了工程施工的技术供应。据不完全统计，三峡工程开工至 2002 年，长江水利委员会仅在大坝、船闸、升船机等 7 个重要项目专项设计中，累计提供设计报告 10 本，共计 290 万字，图纸 600 张。相关的 160 份各专题报告的方案达 1980 万字，出图 5600 张。

三峡工程二期建设，是混凝土浇筑、金属结构安装及机电埋设的高峰期，长江水利委员会每年为三峡工程供应施工详图 3000 张左右，平均每天 8 张以上，及时满足了工程建设的需要。据长江勘测规划设计研究院原副院长袁达夫回忆，1997 年春节期间，长江水利委员会接到长江三峡工程开发总公司委托编制三峡二期工程主体建筑物标书的任务，大年初二下午，参加标书编制的 60 位工程设计人员陆续到长江水利委员会招待所集中，按审查意见开展标书编制工作。经过十几天的日夜奋战，设计人员完成了 130 多万字和 218 章图纸的招标文件编制，当印刷好飘着油墨芳香的招标文件按时送到长江三峡工程开发总公司副总经理贺恭的手中时，贺总连声说："好！好！长江水利委员会真了不起！"

设计出图纸并不意味着设计服务工作的结束。设计工作者还要根据施工现场变化不断优化完善设计，以满足工程质量和进度要求。为此，长江水利委员会成立了三峡工程设计代表局常驻工地，在施工一线的技术人员共有 200 多人。他们一直坚持设计负责人现场值班制度，并针对三峡工程规模大、多工种交叉的特点，加强各设计专业协调，对接合部位设计图的校审实行严格的会签制度，使得工程建设中遇到的各种技术难题得到及时化解。

据不完全统计，几十年来，长江水利委员会共完成有关三峡工程各类科研成果报告 3000 多份，其中 20 多项科技成果达到了国内领先或国际先进水平。

第二节　万里长江第一坝——葛洲坝水利枢纽

葛洲坝水利枢纽（图4-17）是我国在长江干流兴建的第一个综合利用水利工程，也是当时国内最大的水利枢纽工程，被誉为20世纪中国水电发展史上的里程碑，葛洲坝被称为"万里长江第一坝"。葛洲坝水利枢纽工程以一流的设计和一流的质量，得到了国家有关部门的高度评价。大江截流、二江工程、大江工程和整个工程的设计先后获得国家优秀设计奖、金质奖和特等奖，大江截流工程被评为优质工程，二江、三江工程和水电机组荣获首届国家科技进步奖特等奖。葛洲坝工程于1970年12月30日开工，1981年6月至7月一期工程开始通航、发电，1988年全部建成。在30余年的运行中，枢纽发挥了巨大的社会效益和经济效益。实践充分证明：兴建这一闻名中外的水利枢纽工程，决策正确，设计优秀，质量优良，运行有效。这一切，都记载着设计、科研、施工和设备制造、安装等单位广大水电工作者的巨大贡献，都展示着运行管理单位科学管理、精心维护的硕果。葛洲坝水利枢纽的成功建设和运行，为三峡工程的建设管理积累了宝贵的经验，也将我国水利水电工程技术水平推上了新的高度。

图4-17　万里长江第一坝——葛洲坝水利枢纽

一、工程概况

葛洲坝水利枢纽工程位于湖北省宜昌市长江干流三峡出口南津关下游约2.3千米处。长江出三峡峡谷后，水流由东急转向南，江面由390米突然扩宽到坝址处的2200米，由于泥沙沉积，在江面上形成葛洲坝、西坝两座江心岛，把长江分为大江、二江和三江。大江为长江的主河道，二江和三江在枯水季节断流，葛洲坝水利枢纽工程横跨大江、葛洲坝、二江、西坝和三江，也因此而得名。葛洲坝水利枢纽是长江干流上兴建的第一座水利水电工程，也是世界上最大的低水头、大流量、径流式水电站。

葛洲坝坝址以上控制流域面积100万平方千米，为长江总流域面积的55%。坝址处多年平均流量14300立方米每秒，设计洪水流量86000立方米每秒，平均年径流量4510亿立方米，多年平均输沙量5.3亿吨，平均含沙量12千克每立方米，90%的泥沙集中在汛期。

枢纽建筑物从左岸至右岸为：左岸土石坝、3号船闸、三江泄洪冲沙闸、混凝土非溢流坝、2号船闸、混凝土挡水坝、二江电站、二江泄水闸、大江电站、1号船闸、大江泄洪冲沙闸、右岸混凝土拦水坝、右岸土石坝。整个工程包括一座大坝、一个河道式水库、一座泄水闸、两座泄洪冲沙闸、两座电站、两条航道、三座船闸。

大坝为混凝土闸坝，最大坝高47米，坝顶高程70米，坝顶长度2606.5米，设计蓄水位高程66米。水库总库容15.8亿立方米，库区回水110～180千米，使川江航运条件得到改善，三峡工程建成后，可对三峡工程因调洪下泄不均匀流量起反调节作用。

二江电站安装2台单机容量17万千瓦和5台单机容量12.5万千瓦水电机组，装机容量96.5万千瓦；大江电站安装14台单机容量12.5万千瓦水电机组，装机容量175万千瓦；电源电站安装1台单机容量2万千瓦水电机组。葛洲坝水电站总装机容量273.5万千瓦，多年平均发电量173.4亿千瓦时。电站以500千伏和220千伏输电线路并入华中电网，并通过500千伏直流输电线路向距离1000千米的上海输电120万千瓦。

两条航道分设在原大江、三江河道上。1号船闸建在大江航道上，2号和3号船闸建在三江航道上。1号和2号船闸闸室长280米、宽34米、槛上最小水深5米，可通过12000～16000吨级的大型船队；3号船闸闸室长120米、宽18米、槛上最小水深3.5米，可通过3000吨级以下大型客货轮和地方船队。3座船闸年单向通过能力远景达5000万吨。

一座泄水能力达84000立方米每秒的27孔泄水闸设在原二江河道上，为主要泄洪建筑物，采用开敞式平底闸，闸室净宽12米、高24米，设上、下两扇闸门，尺寸均为12米×12米，上扇为平板门，下扇为弧形门，闸下消能防冲设一级平底消力池，长18米。两座泄洪冲沙闸（共15孔，能下泄30500立方米每秒）分别设在原三江和大江河道上，大江泄洪冲沙闸为开敞式平底闸，共9孔，每孔净宽12米，采用弧形钢闸门，尺寸为12米×19.5米，最大泄量20000立方米每秒；三江泄洪冲沙闸共有6孔，采用弧形钢闸门,最大泄量10500立方米每秒。3座闸共可以安全宣泄历史上出现过的最大洪水流量。

为了便于施工和提前发挥效益,葛洲坝水利枢纽工程分两期施工。第一期工程在二江、三江进行,主要包括二江电站及泄水闸、三江航道、2号和3号船闸以及6孔泄洪冲沙闸。第二期工程在大江进行,主要包括大江电站、大江航道、1号船闸和9孔泄洪冲沙闸。

葛洲坝工程主要工程量为:土石方开挖5799万立方米,土石方填筑3088万立方米,混凝土浇筑1042万立方米,耗用钢筋18.17万吨,金属结构制作安装7.29万吨。水库淹没耕地927公顷,移民2.34万人。工程总投资48.48亿元。

二、工程缘起和规划设计

(一)工程缘起

在进行三峡工程方案论证研究时,还没有想到要兴建葛洲坝工程,后来在讨论三峡大坝的选址问题的过程中,经过不同意见的争论,形成了"三峡工程—葛洲坝工程方案",这才有了葛洲坝工程的建设。

1966年,按照国家"大小三线建设和一、二线国防工业、战备工程"的安排,湖北宜昌和鄂西地区、十堰和鄂北地区成为"三线"建设地区,一批大中型企业、国防军工企业和科研单位开始落户宜昌山区,湖北省陷入电力严重短缺的困境。

1970年5月,为缓解华中地区工业用电紧缺局面和长江荆江河段防洪压力,武汉军区和湖北省革委会向中央建议先修建葛洲坝工程。1970年冬,周恩来总理亲自主持中央政治局会议,研究和讨论葛洲坝工程与三峡工程的关系,并听取了对先建葛洲坝工程的不同意见。毛泽东主席于1970年12月26日批示"赞成兴建此坝",中央批准兴建葛洲坝工程,并指出这是有计划、有步骤地为建设三峡工程做实战准备。

葛洲坝工程于1970年12月30日开工建设,但当时由于准备不足,在当时的形势下工程建设采取边勘测、边设计、边施工的方式,一些重大技术问题没有得到充分解决,施工中出现了严重问题。1972年11月,周恩来总理带病主持会议,经过讨论研究,决定葛洲坝主体工程暂停施工,成立葛洲坝工程技术委员会,由长江流域规划办公室主任林一山任主任,负责制定设计方案和解决建设中的各项技术问题。在完成修改设计的基础上,经国务院审查批准,葛洲坝工程于1974年底复工,1988年底工程完工。

(二)规划设计

围绕葛洲坝工程建设,相关部门和单位开展了大量的水文、勘测、科研和规划设计工作。特别是在 1972 年 11 月葛洲坝工程技术委员会成立以后，配合修改初步设计和一、二期工程施工，长江流域规划办公室和全国有关部门补充进行了大量的工作。

1. 水文工作

调查收集到宜昌 1877 年至 1890 年海关水位资料，延长了水文资料系列，重新整编了宜昌水文站 1950 年前的流量资料。根据历史洪水调查和文献考证，采用多种方案，进一步综合分析论证 1870 年特大历史洪水成果，提高了水文计算的精度，为葛洲坝枢纽的设计洪水提供了可靠依据。

在水文泥沙测验和研究方面，开工前以及施工期施测了坝址处、大江、二江、三江分流分沙比，分析计算了坝址水位流量关系。在上至奉节水文站、下至磨盘溪的库区和坝下，设立了专用水文站网，施测水位、流量、泥沙和流向等。1973 年专门研究设计出能测到距床面 0.1 米的悬移质采样器，解决了常规法距河床 0.5 米范围内不能取样的问题，获得了不同粒径组与常规法比较的输沙率修正系数。配合设计要求在坝上 17 号断面进行了泥沙悬浮高度的测验和分析，获得了泥沙粒径、垂线平均流速与悬浮高度的关系式，1981 年提出《葛洲坝水库坝上 17 号断面泥沙悬浮高度及不同高度的输沙率》报告。1974 年，宜昌水文实验站研制了挖斗式采样器，克服了以前采用的锥式采样器不能在卵石河床取样的缺点。

在推移质测验研究方面，1973 年和 1978 年相继研究出长江 73 型和长江 78 型沙质推移质采样器，此前，重庆水文总站研制了网式卵石推移质采样器。根据实测水文泥沙资料及时提供工程建设所需成果。

为配合河势规划研究，开展了泡漩、航迹线和环流观测。

1971 年至 1974 年进行了三江异重流观测，观测发现，三江口门形成的拦门沙坎高达 4.5 米，口门内的淤积符合一般异重流淤积规律。

1981 年初，在葛洲坝研究建立水位遥测系统，按时进行南津关、黄柏河等 11 个站的水位采集、储存、传输。系统经鉴定后，于 1985 年正式投入使用。在大江截流过程中，还进行了截流水文测验，为截流的多项决策提供了可靠依据。

2. 地质勘探

1970 年 3 月至 1972 年 11 月初步设计阶段，共完成 1∶5000 比尺地质测绘 10.4 平方千米、1∶2000 比尺地质测绘 2.312 平方千米、大口径钻孔进尺 411.62 米、小口径钻孔进尺 14812.31 米、平硐进尺 242.6 米，以及相应的水文地质试验和岩石物理力学试验，为一期工程提供了一定的地质资料。初步认识到黏土类岩石以软岩和软弱夹层两种形式存在于坝区，且已出现泥化现象。但由于勘测手段主要依靠小口径钻孔及少量勘探平硐，对软弱夹层还未全部查明（只查出二江、三江 25 层，仅约占总数的一半），工程主要地质问题也未全部弄清，特别是对大江情况了解更浅，需要继续补充勘探工作。

1972年11月至1975年7月修改初步设计阶段，长江流域规划办公室在二江、三江又组织了两次勘探会战。一次是1972年11月，对二江主要软弱夹层进行了大、中型野外力学试验，并对202夹层进行了两个原位大型抗力体试验，收集了大量水文地质资料。通过这些工作，对坝基下的主要工程地质问题，如软弱夹层、地质构造、强透水岩体、基岩浅槽等，都有了较为清楚的认识。第二次是1975年，为满足二江、三江各主要建筑物技术设计阶段的要求，共完成1∶1000比例尺地质测绘0.45平方千米，大口径钻探741.28米，小口径钻探11811.73米，平硐勘探222.95米，并进行了大量的水文地质试验、物探、物理力学性质试验和灌浆试验等。通过这些试验研究，做出了修改初步设计阶段的工程地质评价。

1975年7月至1980年12月一期施工阶段，对一期工程施工中出现的工程地质问题进行了专门勘探与研究。共完成大口径进尺772.51米，小口径进尺5467.17米，平硐进尺2.15米。在此期间，召开有关软弱夹层和泥化夹层变化的科研座谈会3次，对长期渗压水作用下软弱夹层的变化和厂房基岩变形的原因和对策取得了一致认识。当时，大江工程处于初步设计勘察阶段，共完成大口径钻孔进尺281米、小口径钻孔进尺21508.92米、平硐进尺400.85米、坑槽进尺456.75米，同时在孔内进行了综合测井、孔内电视、录像等物探工作。为补充修改初步设计和大江截流提供了地质勘探报告。

1982年1月以后二期工程施工阶段，共进行了两次补充勘探。一是进行修改初设阶段的补充勘探，共完成了大口径钻孔进尺53.03米、小口径钻孔进尺3694.32米，对钻孔进行了物探，平硐内进行了岩石物理力学试验。二是为了解决大江基坑涌水问题，对大江电站、大江船闸和右岸混凝土挡水坝的地质条件进行补充勘探，完成大口径钻孔进尺121.49米、小口径钻孔进尺3081.99米，并进行了大口径钻孔抽水试验和连通试验，为处理涌水问题提供了依据。

葛洲坝工程地质勘察工作自1958年开始至1986年3月，历时28年，共完成各种比例尺地质测绘近110平方千米，小口径钻探64250米，大口径钻探2380米，平硐进尺643米。

3. 科学研究

1972年11月以前，水工试验和泥沙试验主要由指挥部勘测设计团和长江流域规划办公室两家承担，渔业方面主要由中国科学院水生生物研究所和长江水产研究所进行，机组方面主要由哈尔滨电机厂、东方电机厂和勘测设计团承担。葛洲坝工程技术委员会成立后，第一次会议就提出要"集中力量搞好科研、设计"，要"组织各有关单位参加科研、设计会战"。从 1973 年起，除长江科学院外，葛洲坝工程技术委员会还组织了施工单位、运行单位、航运部门、水产部门、高等院校、设备制造厂家、国内各科研单位和长江流域规划办公室设计部门一起，进行了全国范围的科研设计和技术攻关，主要参与单位有南京水利科学研究院、武汉水利电力学院、西南水运科学研究所、葛洲坝工程局、华东水利学院、交通部水运规划设计院、水利水电科学研究院、清华大学、哈尔滨电机厂、东方电机厂和中国科学院的地球物理研究所、地质研究所、岩土力学研究所、水文地质工程地质研究所、水生生物研究所及长江水产研究所等。据不完全统计，提出的成果达 1120 项以上，其中长江科学院提出约 480 项。

4. 规划设计

在修改设计时对航运、发电、渔业等综合利用进行了规划，并对葛洲坝枢纽单独运行以及与三峡枢纽联合运行进行了全面论证。

（1）水位规划论证

根据葛洲坝枢纽在长江干流水资源综合利用整体规划中的作用，按合理利用水能而远景又能满足航运要求这一原则，经过各阶段的研究，枢纽正常蓄水位定为 66 米。为了减少库区及坝前航道的淤积，在修改初设阶段，根据枢纽输沙量 90% 集中于汛期及流量大于 40000 立方米每秒时库区一般发生冲刷等特点，将枢纽运用水位暂定为：非汛期 66 米；汛期（6 月至 10 月）流量小于 40000 立方米每秒时 63 米，大于 40000 立方米每秒时 66 米。以后可根据水库冲淤情况和航运发电需要，对汛期运用水位加以调整。一期工程运行以后，三江泄洪冲沙闸的拉沙效果及坝前航道流速均较预期情况好，坝前航道的少量淤积可通过定期拉沙予以清除，库区淤积情况并不严重。经过论证，汛期运用水位不必受冲沙流量 40000 立方米每秒的限制，可以一直维持在 66 米水位运行。汛期运用水位调整后，年发电量可增至 157 亿千瓦时。

（2）装机容量规划论证

1971 年初步设计阶段，曾确定装机容量 221 万千瓦，采用 13 台 17 万千瓦大机组。1974 年修改初步设计阶段，认为电站装机容量结合远景考虑，以采用 250 万千瓦左右为宜；但根据当时的枢纽布置方案，挡水前缘建筑物布置比较紧张，暂按总装机 221.5 万千瓦考虑。修改初步设计报告完成后，根据河势规划和枢纽泄洪等方面的进一步研究，调整了枢纽大江布置方案，增加 4 台小机组，总装机容量增至 271.5 万千瓦，其中二江电站 96.5 万千瓦，大江电站 175 万千瓦。

（3）设计情况

在葛洲坝工程指挥部领导体制期间，进行设计会战，做了一些设计工作，1972

年底葛洲坝工程技术委员会成立后，总体设计交由长江流域规划办公室负责；三江船闸设计，交通部水运规划设计院派人参加。广大科技人员做了大量深入细致的科研、设计工作，圆满完成了修改设计任务。在修改设计期间，先后共提出修改初步设计报告3个，扩大初步设计报告3个和另完成单项技术设计报告13个。其中，配合施工提供的施工图纸近3万张，计算书约1500本，技术报告及技术总结约350本，促进了工程建设的顺利进行。

三、建设历程

葛洲坝工程于1970年12月26日经中央批准兴建，1970年12月30日开工，因一些重大技术问题未得到妥善解决，1972年11月国务院决定主体工程暂停施工并修改设计，周恩来总理决定组建工程技术委员会全面领导工程技术问题的研究和审定工作，技术委员会由林一山任主任，并指定长江流域规划办公室负责勘探、科研和规划设计工作。1974年国务院批准修改初步设计，于同年10月恢复全面施工，由葛洲坝工程局负责施工。在全国各方的支持下，在设计施工双方的努力下，工程比计划提前一年于1981年1月4日大江截流成功，同年6月至7月一期工程提前一年通航发电。从开工算起10年7个月，扣除停工两年，实际通航发电工期8年7个月。混凝土浇筑和土石方挖填均创造了国内先进水平，分别达到年产194万立方米和1259万立方米的国内最高水平。施工质量良好。1985年4月国家正式对一期工程验收，指出："二江、三江工程设计是合理的，工程质量达到了设计要求，工程运行是正常的，工程建设是成功的。"一期工程先后获得大江截流国家金质奖，二江、三江工程获国家科技进步特等奖和国家优质工程银质奖。

二期工程施工从1981年下半年开始，1986年6月大江电站第一台机组并网发电，发电工期5年，并实现了当年安装5台机组的目标，1987年又安装投产6台机组，创造了国内装机台数、装机容量和单机安装工期的新速度，比批准的二期工程工期又提前一年于1988年基本完成。大江电厂的启动验收结论是："设计是合理的，土建及安装质量优良，主要设备制造质量优良，具有一定的先进水平。"大江电厂于1985年获得国家级的优质工程奖。

自1970年底开工至1972年10月，曾进行了部分施工准备和主体建筑物施工。1972年11月由于设计方案存在问题，决定停工修改设计，同时进行机械化施工准备。1974年10月审定修改设计后决定工程复工。修改设计后的葛洲坝工程仍分两期施工：一期工程先修建一期围堰，形成二江、三江基坑，在围堰保护下修建左岸土石坝、三江航道（含2号、3号船闸与三江冲沙闸）、二江电站、二江泄水闸及混凝土纵向围堰等；二期工程截断主河床，修建二期围堰，江水由二江泄水闸下泄，一方面蓄水发电，一方面在大江基坑兴建大江电站和大江航道（含1号船闸与大江冲沙闸），并修筑右岸混凝土坝及500千伏变电所等。1980年底基本完成一期土建工程，1981年6月三江航道正式通航，7月二江电站第一台机组发电。扣除停工期，一期工程实际发电工期为8年9个月。二期工程从1981年1月大江围堰合龙算起，至1986年6月大江电站8号机组发电，实际工期为5年5个月。1988年底，21台机组全部安装完毕，工程竣工，较国家审查批准的1989年竣工的总工期提前一年。

（一）施工总布置与附属企业

为了满足施工物资的运输，对外交通方面，在鸦官路线区间分岔修建3.5千米专用铁路线，接至东湖车站；另修建东山大道公路干线，与汉宜、宜兴公路相接，全长10.6千米。场内运输以公路为主，辅以铁路和皮带运输机。场内铁路干线（不包括基坑混凝土运输线路），一期工程总长35.8千米，二期工程总长9.5千米；场内公路干线，一期工程总长34.5千米，二期工程总长14.1千米。另修建有三江公路和黄柏河公路桥，以及货运、沙石、汽渡等码头共9座。

根据施工需要及场地条件，主要施工企业、基地布置分6个区：东湖及绵羊洞区，为主要后方基地；西坝区，为主要前方施工基地；镇镜山、望洲岗、夜明珠区；小溪塔区，为主要砂石料场之一；南津关、前后坪区，南津关区为航运整治基地和长江断航期驳运基地之一，前后坪区为大江围堰施工土料场和弃渣场；右岸紫阳河区，为二期工程施工基地。

第一、二期工程施工总布置占地面积13平方千米，实际征地766.47公顷，共7.6平方千米。

1. 砂石开采加工系统

一期工程混凝土需砂石净料约800万立方米，主要料场是左岸坝址上游黄柏河口和前坪，砂石加工系统设有生产能力240~300立方米每小时的筛分楼。其次为小溪塔砂石系统，用60吨矿车运至砂石加工系统加工，以补充和调整平衡长江料场天然级配。筛分楼的生产能力为470立方米每小时，砂石净料经鸦官铁路运至坝址，运距约11千米，每月净料最大供应量为14万立方米。

二期工程混凝土需砂石骨料约700万立方米，全部由西坝砂石系统供应。料源来自坝下游葛洲坝尾、一枝笔、胭脂坝等处，先采用国内专门设计制造的250立方米每小时采砂船开采，半年后又改用从日本引进的750立方米每小时的采砂船，配以180立方米的自卸砂驳运输。西坝砂石码头设计月上岸能力38万立方米，两座筛分楼的最大生产能力为1120立方米每小时。另设两座净料堆场，总容量12.7万立方米。大江右岸工程所需砂石骨料，主要取自胭脂坝料场。为了充分利用西坝砂石系统加工，架设了一条长达 3.5 千米的胶带运输机，从西坝净料堆场运至大江右岸净料堆场。

2. 混凝土拌和系统

一期工程共设置 3 个拌和系统，原三江上游基坑系统设置拌和楼 2 座，月生产能力 8 万立方米；西坝系统设拌和楼 3 座，月生产能力 8 万立方米；另外新建二江基坑系统拌和楼 3 座，月生产能力 19.5 万立方米。总共混凝土月生产能力为 35.5 万立方米。

二期工程拌和系统主要设在右岸，计有拌和楼 5 座，设备由一期工程已建的拌和楼拆迁重建，月生产能力 27.5 万立方米。另在西坝修建拌和楼 1 座，月生产能力 3 万立方米，以辅助右岸拌和系统和尾工浇筑。总共混凝土月生产能力 30.5 万立方米。

3. 制冷系统

一期工程制冷系统以出机口混凝土温度 14~17 摄氏度为设计标准，采用风冷骨料和加冰等措施。在西坝设制冰厂 1 座，日产冰块 140 吨。一期工程共设制冷楼 3 座，每小时能生产 14~17 摄氏度混凝土 300 立方米。一期工程制冷装机总容量为 750 万大卡每小时，月生产低温混凝土 6.9 万立方米。

二期工程要求夏季大量浇筑混凝土，对温度控制提出更高要求。设计夏季月浇筑强度为 12 万立方米，出机口混凝土温度 7~9 摄氏度和 14~17 摄氏度各占一半。将出机口温度降至 7~9 摄氏度的制冷系统，简称 7 摄氏度工程。其主要措施有：一是保持夏季大于连续 5 天的用料量的堆存高度（6~8 米），地弄出料，沿途遮阳，使骨料温度不超过月平均气温；二是在骨料输送皮带上喷淋 3~4 摄氏度的冷水，降低各种骨料的温度；三是在制冷楼至拌和楼的料仓中设置通 –15 摄氏度冷风的回路，将大、中石温度进一步降低；四是拌和时每立方米混凝土加 50 千克片冰代替拌和水。

二期工程制冷总容量为 1479 万大卡每小时。7 摄氏度工程经完善后，1984 年夏季达到出机口温度 7.5 摄氏度，月产量 8 万立方米。二期工程共浇出机口 7~9 摄氏度的混凝土 157 万立方米，实现了全年均衡生产。

4. 修配系统及其他

一期工程施工期间，在左岸东湖、西坝工区兴建了拥有 800 台各式机床配套齐全的机械、汽车和船舶修配系统，以保证工地 5800 多台主要施工机械设备和工程船舶的维修、保养和使用。

为配合混凝土浇筑，还修建了年生产能力 4.1 万立方米的混凝土预制构件厂，以及年加工能力分别为 3.12 万吨和 3.8 万立方米的钢筋加工厂和木材加工厂。另外，配置了与施工相适应的风、水、电设备。

(二)施工导流

施工导流研究过大江分两期导流和大江一次断流两种方案。大江分两期导流的方案虽能降低截流落差，减少二江泄水闸单宽流量，但需要在大江中修建高达30米以上的抗高流速（8~11米每秒）的纵向围堰，技术难度很大，且对通航影响较大，故未予采用。最后采用二江泄水闸增至27孔，并挖深上、下游导渠，以降低截流水头和泄水闸单宽流量的大江一次断流方案，并在1974年9月国家建设委员会主持召开的葛洲坝工程座谈会得到肯定。

1. 围堰工程

围堰设计标准按相当于66800立方米每秒流量的洪水位设计，按相当于71100立方米每秒流量的洪水位校核。考虑到二期工程上游横向围堰和上游纵向围堰的重要性，用坝顶设超高来考虑保坝洪水。

一期围堰计有二江、三江上游围堰和二江下游围堰、三江下游围堰和大江左侧土石纵向围堰。另外，为了三江下游航道施工，还布置有凤凰桥围堰和镇川门围堰，均按4级临时建筑物设计。

二期围堰计有大江上、下游横向围堰和二期纵向围堰。上游围堰采用两道混凝土防渗心墙的砂砾石围堰，堰顶高程67.0米，最大高度50米，施工时水深10~18米，长年在60~63米高水位下运行，需挡水5年。围堰长度895米，土石填方量274万立方米，防渗墙造孔面积5.1万平方米，实为一座重要的挡水土石坝。

围堰采用在深水中抛填砂砾石、抛出水面后再分层填筑碾压的方法，两道防渗墙分阶段施工。1981年1月开始抢修围堰，4月第一道防渗墙完成，5月堰体填至61米高程，水库开始蓄水，7月经受了当年长江上游大洪水（入库流量72000立方米每秒，出库量70800立方米每秒）的考验，围堰安全无恙。1981年6月第二道防渗墙开始施工，12月完成，然后处理少数事故槽孔，1982年3月全线封闭，5月围堰全线加高至设计高程。围堰水下抛填最大日强度5.2万立方米，混凝土防渗墙最大墙深47.5米，最大月造孔进尺12245米。

下游围堰堰顶高程59米，全长1648米，最大高度34米，土石填方量323万立方米。由于基础覆盖层深厚，渗透系数小，戗堤进占时覆盖层将出现冲刷和粗化，防渗稳定比较复杂，经方案比较，采用黏土斜墙下接一道混凝土防渗墙方案，防渗墙造孔进尺共0.73万平方米。

二期纵向围堰的上、下游段是临时建筑物，上纵段在完建后需拆除到45~47米高程作为永久导沙坎，为便于水下拆除，采用在混凝土基座上接钢板桩的方案。这种钢板桩格形围堰，以砂砾石料回填代替混凝土填筑，节省了混凝土量；钢板桩便于水下拆除，且可回收重复使用；同时也填补了国内水利水电工程施工采用大型钢板桩格型围堰的空白。

2. 大江截流

为使大江截流顺利进行，葛洲坝工程技术委员会多次组织研究策划，长江流域规划办公室勘测、水文、科研、设计部门和施工单位做了大量工作。例如：查清大江河床和二江导渠的覆盖层和地质条件；设计制造了441千瓦的水文测轮，研制遥控无人双舟，研究提出截流和围堰施工期的测验和水文预报方案；进行水工、泥沙等各种模型试验，探明河床冲淤变化规律，开展多种平堵、立堵截流方案和抛投块体不同形式的研究，进行钢筋块石笼预抛护底使河床加糙形成拦石坎等减少流失率的试验。

为紧密配合截流施工，长江流域规划办公室水文处（局）于1976年9月即开始酝酿准备。在截流前期阶段（1977年至1980年9月）和戗堤进占施工阶段（1980年10月至1981年1月），施测了大江上下围堰江段以及戗堤裸头和龙口区域河段内的水下地形、河床组成、流速、流态、比降等资料，1981年1月3日至10日为龙口合龙闭气施工，除在合龙的全过程沿龙口轴线和中泓垂线的上、下游施测龙口的流速、水深和水面线变化外，还同时在二江导渠和宜昌基本断面进行各种水文要素的观测，并在合龙后闭气过程中观测围堰的渗流量。在施测中，使用了大功率水文测轮、遥控无人双舟、长臂吊车和测高流速的流速仪、大功率回声测深仪等仪器设备，并进行了龙口急流瞬时摄影，解决了高流速施测的难题，圆满完成了截流水文观测任务。

平堵需先架设浮桥或栈桥，施工困难，工期较长。经过多方案比选，建议采用上游单戗立堵。1979年7月，水利部受葛洲坝工程技术委员会的委托，审查了《大江截流及围堰技术设计报告》，同意大江截流按1980年12月下旬至1991年1月上旬的5%频率月平均流量7300~5200立方米每秒设计；采用上游单戗立堵截流方案，按承担3米落差考虑。另外，为确保截流顺利进行，下游戗堤按承担1米落差准备物料和机械设备，作为后备措施。该方案经1979年12月召开的第十一次工程技术委员会会议同意，并经1980年11月21日召开的国务院常务会议批准。

大江截流备料按双戗堤的工程量准备，设计总抛投量131万立方米，要求备料164万立方米和混凝土四面体3000块。实际备料176.7万立方米，块重12吨、15吨、25吨的混凝土四面体3290块。国家调拨外汇为葛洲坝工程建设购进了一批8立方米大型装载机和45吨重型自卸卡车等现代机械。截流前夕，还从全国各工地调来大型机械，主要施工机械有推土机24台、装载机7台、电铲20台、吊车31台、大型自卸汽车232辆、挖泥船及采砂船各5艘和泥驳、石驳、侧翻驳共13条。

大江截流工程包括二江导渠开挖、一期围堰拆除、龙口护底、戗堤抛投进占以及合龙等。设计方面对二江导渠断面型式进行优化，确定导渠渠底高程37米，并创造良好的分流条件，使截流落差保持在3米左右，导渠开挖量1387万立方米。导渠堰外部分利用1978年汛后至1980年汛前两个枯水季进行开挖，经过1979年和1980年两个汛期后回淤量约284万立方米，采用挖泥船和挖石船清淤。1980年10月开始一期围堰拆除，12月22日完成主要方量后，剩余的方量依靠水下拆除和放水冲刷完成。为提高截流合龙抛投块体的稳定性，在龙口段采用重型钢架石笼和预制混凝土块拦石坎护底。1980年3月，上游戗堤的拦石坎护底，共抛投30吨重的钢架石笼150个、17吨重的混凝土四面体392块，实测拦石坎高程31～33米。实践证明，拦石坎使龙口河床加糙，取得良好效果，1980年汛后复测未发现有被冲动的迹象。汛后又在拦石坎两侧平抛了部分5吨钢筋石笼和中等块石。戗堤形成龙口后，在已抛拦石坎部位又平抛了10～15吨钢架石笼120个，用2～3个笼串联起来的5吨钢筋石笼43个，抛投时流速高达4.5～5.0米每秒。抛投后使龙口河床高程抬高到35米，增加了堤头抛投体的稳定性，减少了立堵工程量。为了减少龙口集中截流时的抛投强度，戗堤非龙口段先行施工。上、下游左岸戗堤10月1日首先进占，10月15日和11月4日右岸下游戗堤和上游戗堤开始进占，11月27日和12月14日上、下游戗堤相继形成龙口，宽度分别为203米和191米。

1981年1月3日上午7时30分，戗堤合龙开始，两岸戗堤同时进占，堤头平均推进速度达3米每小时，进展顺利，上游龙口宽度束窄为127米。由于下导渠子埝缺口与设计断面有较大差距，按原计划，合龙进占应停止进行。后根据实测资料计算，实际分流能力比预计的大，且缺口有继续冲深扩宽趋势，截流指挥部于1月3日深夜召开紧急会议，决定上游戗堤继续进占直至合龙。1月3日21时30分，龙口宽度120米，落差1.59米。至1月4日7时30分，龙口宽度缩至70米，落差2.14米，实测龙口中部最大表面流速6.5米每秒。1月4日16时，龙口宽度束窄至20米，落差3.07米，11时测得龙口中部最大表面流速7米每秒。当龙口宽度缩至40米时，用大块石和混凝土四面体挑角进占已比较困难，改用15～25吨混凝土四面体和特大块石，尚能勉强进占。宽度束窄至20米时，进占更加困难，于是采用推土机抛投3～4块一串的混凝土四面体，先稳住堤头，再抛投大块石。1月4日19时12分，胜利合龙。下游戗堤龙口在上游龙口闭气后才施工。

大江截流合龙历时约36小时，实际抛投块石料及混凝土四面体共10.6万立方米，合龙流量4400～4800立方米每秒，居国内之首，在世界上仅次于巴西的伊泰普工程（8000立方米每秒）。实际最大落差3.23米，最大流速7米每秒，日抛投强度达到72300立方米，创国内单戗堤立堵截流日抛投强度的最高纪录。大江截流工程于1981

年9月荣获国家优质工程金质奖，10月被国家建设委员会评为20世纪70年代优秀设计一等奖。

关于大江截流断航期间客货运输安排，国家计划委员会和国家建设委员会召集有关单位和部门于1978年4月召开会议研究确定：进出川的货物经湘黔、襄渝、宝成线分流运输，或到城陵矶、武汉港中转水运；旅客接运，安排从下红溪修建8千米公路与干线衔接，修建两座趸船式临时码头，扩建宜昌港客运站，增设专为中转旅客服务的客货汽车，以交通部为主，商请湖北省具体解决。同年5月22日，国家经济贸易委员会转发了这一会议纪要。经有关单位抓紧落实后，这个问题得到了圆满解决。

（三）土石方工程

1. 工程概况

葛洲坝工程土石方挖填工程量大，施工强度高。开挖范围上自南津关河段，下至镇川门船闸下航道口，长达10千米。加上主体工程基础形状复杂，高差大，齿槽多，开挖出渣困难，水下开挖量占有一定比例，更增加了施工复杂性。

一期工程施工分三个阶段进行。第一阶段以修筑一期围堰和开挖二江、三江主体建筑物基础为主，1977年12月基本完成。第二阶段从1978年初到1980年6月，以开挖二江导渠和三江航道及南津关整治为主，基本完成左岸土石坝、三江防淤堤填筑等。第三阶段从1980年7月至1981年6月，主要任务是拆除一期围堰，完成截流前必须完成的其他土石方工程，进行大江截流，抢修大江围堰至度汛高程。一期土石方工程开挖量4134万立方米，填筑量2131万立方米。

二期工程挖填也分三个阶段。第一阶段从1981年7月至1982年12月，主要进行大江主体建筑物的基础开挖。第二阶段从1983年1月至1985年汛前，进行非控制性的和非主要建筑物的挖填工作，以便调节施工强度。第三阶段从1985年汛末至1986年5月，主要拆除二期围堰和进行上游围堰防渗墙的爆破，继续大江防淤堤的堰内段填筑，并做好水下护坡。二期土石方工程开挖量1664万立方米，填筑量856万立方米。

2. 施工新技术

由于基础开挖量大，为防止爆破时沿层面错动，一期工程采用潜孔钻钻孔，用毫秒雷管分段起爆。但受毫秒雷管段数的限制，采用了塑料导爆管起爆的非电起爆技术，以增加爆破段数和装药量，加快开挖进度。二期工程施工时，为了加快进度，在靠近二江建筑物地区的基础开挖中采取了如下措施：紧靠二江泄水闸右导墙2米以内打防震孔；2.0～41.5米范围，采取不同孔深和药量进行单孔爆破；41.5米以外进行预裂减震，增加允许起爆药量。采用上述措施后，确保了二江泄水闸右导墙安全，加速了厂房开挖进度，同时为大江电站厂房梯段爆破创造条件。

在基础边坡开挖爆破中，为了使设计边坡轮廓线不超挖，基岩天然裂隙和层面不扩展，并获得平整的开挖边坡，广泛采用了预裂爆破。一期工程预裂爆破壁面达15万平方米，一次最大预裂面积6800平方米，最大预裂深度26米，预裂平整度一般为±15厘米，避免了超挖，节约了投资。二期工程预裂爆破壁面10万平方米，在黏土质粉砂岩中的最大预裂深度38米，在大江砾岩中的最大预裂深度达21米。

大江上游横向围堰两道混凝土防渗墙距大江挡水建筑物较近，每道墙厚0.8米，拆除长度895米，需炸除深度11～26米，共计3万立方米。由于水下开挖机械性能的限制，要求爆破块体尺寸在30厘米左右，并在水下施工。经多次试验和设计研究，决定采用孔间微差爆破，用塑料导爆管与雷管组成双复式交叉串联非电起爆网络，将起爆总药量48吨分成322段起爆，一段最大起爆药量为341.5千克。防渗墙于1986年1月17日爆破成功，该方法在国内属首次采用。根据测试结果，爆破产生的地震波和水击波远小于允许值，邻近建筑物安全无损，达到了预期效果。该项目于1988年获得国家科技进步奖一等奖。

大江电站500千伏变电所操作控制楼的粗粒土深厚松填方基础，采用锤重16吨、落距16米的强夯处理。经过试验检查，有效压实深度为8米，强夯影响深度为13.5米，达到了设计要求，节省了翻挖处理的费用。

（四）混凝土工程

葛洲坝主体工程混凝土量1042万立方米，其中一期工程558万立方米，二期工程484万立方米；临时建筑工程58万立方米。设计最大年浇筑量195万立方米。

电站厂房顺流向长105.7～110米，高约80米，专门研制了起重量为20吨的高架门机混凝土浇筑。采用3立方米料罐吊运混凝土，实际最高月浇筑量为9114立方米，平均月浇筑量为5985立方米。

在模板方面，一期工程主要使用木模板，部分采用混凝土模板和钢模板。二期工程普遍推广和应用钢模板。1981年12月至1984年底，立模面积175.7万平方米，其中使用钢模板面积143.42万平方米，占立模面积的81.6%。钢模板类型也多次改进，由单一的平面钢模板发展到各种组合钢模板，并且在电站厂房进水口中墩尾部墩头，成功地使用了曲线型组合钢模板。

为了节约水泥，在二期工程中采取了一些措施：采用散装水泥，1982年至1985年，用"U"形罐散装水泥列车运输散装水泥94.3万吨，占总水泥量的75.6%；在混凝土中掺用减水剂，通过试验和施工证明，木质素磺酸钙，一种阴离子双型的表面减水剂对水泥颗粒有分散、引气和抑制水化的效应。

二期工程结合基岩特性，制定和修订了温度控制标准和防裂措施。例如，5号拌和楼采用风冷骨料和加冰措施，1984年夏季，混凝土出机口温度全面达到一期工程最好水平11摄氏度；由于兴建了7摄氏度制冷系统，右岸3号和4号拌和楼采用骨料料场降温、用3~4摄氏度冷水喷淋、通-15摄氏度冷风，以及每立方米混凝土加片冰50千克拌和等措施，使四级配混凝土夏季出机口总平均温度达到7.2摄氏度。此外，还加强了混凝土表面保护措施，减少温度回升。例如，采用化学材料制成隔热保温被覆盖于混凝土表面，并与风压喷雾器联合使用，可降低仓面温度5~10摄氏度。由于采取了以上措施，特别是7摄氏度制冷系统的投入，二期工程混凝土质量提高，表面裂缝很少，深层裂缝平均160万立方米混凝土只有1条，严重的贯穿裂缝得以完全避免。7摄氏度制冷系统工程在国内为首次应用，夏季月浇筑强度达12万~15万立方米，效果很好。

（五）金属结构与机电设备安装

葛洲坝工程金属结构及启闭机械安装总量达7.38万吨。为了加快安装进度，除主要利用左岸、西坝的安装基地外，右岸还辅以小型的安装基地。此外，在基坑上、下游均设有临时拼装基地，在基坑还可进行预拼装；电站平板工作门和泄洪冲沙闸弧形门均在现场拼装，船闸下闸首大型人字门则在闸室中分段拼装；最大高度达60.5米的大江电站大型输电铁塔12座亦在现场就地组装，加快了施工进度。

葛洲坝1号和2号船闸下闸首人字门高34米，重600吨，分11节，采取现场竖立安装焊接。为了确保焊接质量，控制焊接变形，在施工前根据其结构特点作了焊接变形的论证分析，并通过焊接模拟试验，掌握了变形规律和数据。在施工时采取了相应的焊接工艺，严格控制门体高度方向的焊接收缩和减少门体倾斜，成功地解决了这种大型人字门现场拼装焊接的技术问题，使正向和斜向的倾斜值都不超过2.5毫米，达到设计要求。

水轮发电机组在二期工程中实现了快速安装。针对机组特点，葛洲坝工程局编写了导水机构预装工艺，实现导水机构一次性安装，缩短了安装直线工期；大型推力瓦先在制瓦机上粗刮，缩短盘车刮瓦的有效时间；自制试验装置，缩短了调速器的电液变换器的机上调试时间；将发电机备用励磁封闭母线改为大截面电缆，节约了投资，加快了安装进度。此外，在组织管理方面，制定了安装网络计划，成立专班组织设备运输和质量检查，及时处理问题，也对快速安装起了促进作用。1986年安装机组5台，1987年安装6台，1988年安装3台，比原计划提前一年全部安装完大江、二江电站21台机组。尤其是在1987年，共安装6台机组，装机容量75万千瓦，其中18号机组安装工期仅33天，创一年内全国装机台数最多、装机容量最大及单机安装工期最短三项全国第一，进入世界水电机组安装先进行列。

国内首次使用的 500 千伏超高压变电所，其设备很多来自国外或引进国外技术在国内制造，安装人员对这些超高压设备缺乏经验。在安装过程中，他们根据现场情况，解决了大型三相联络变压器的运输和吊装问题，实现了长达 190.2 米硬母线整体吊装就位的安装技术突破；运用先进的调试手段，缩短了调试时间；及时发现并处理了一些设备设计、制造和施工中存在的问题。这样，使整个变电所在较短时间内能够一次性建成投产，投产后运行可靠，稳定性良好。

（六）工程投资概算

葛洲坝工程指挥部成立前，1970 年 9 月初步设计报告（初稿）工程总投资为 13.58 亿元；同年 12 月提出的补充设计简要报告为 13.78 亿元。这个数字等同于 20 世纪 50 年代的设计。工程指挥部成立后，1971 年 12 月报送的初步设计报告为 15 亿元，1972 年 10 月联合工作组审查后修改数字为 25.9 亿元。

修改设计以后，编制葛洲坝工程投资概算经历了两个阶段。第一阶段是修改初步设计阶段，1974 年长江流域规划办公室以一期工程为主编制了工程总概算，当时概算投资为 34.27 亿元。以后，根据国家建设委员会和水利电力部 1975 年 7 月至 8 月在北京召开的工期、劳动力和概算审查会议精神，将总概算投资调整为 35.56 亿元，其中一期工程 23 亿元，二期工程 12.56 亿元；1976 年 2 月 7 日报国家建设委员会、水利电力部与葛洲坝工程技术委员会核备。第二阶段为修改概算阶段，1982 年 7 月，长江流域规划办公室根据技术委员会大江增加 4 台机组的意见并考虑其他因素，编制了二期工程修改概算，其总概算投资 20.83 亿元；同年 8 月，水利电力部按照"五定"（即定建设投资、定工程投资额、定建设工期和竣工日期、定主要协作配套条件、定经济效果）的要求，在北京对修改预算进行了初步审查。1983 年 1 月，国家计划委员会、经济贸易委员会、中国建设银行、水利电力部的"五定"工作联合调查组到工地调查了解后，提出重新修编概算的意见。为此，长江流域规划办公室又编报了《重新修编葛洲坝水利枢纽二期工程修改概算》。1983 年 8 月，水利电力部召开审查会，审定二期工程修改概算为 24.89 亿元，并报送国家计划委员会。1984 年 5 月 4 日，国家计划委员会批复，对二期工程概算审定为 23.77 亿元，连同一期工程实际完成投资 24.71 亿元，工程总概算共 48.48 亿元，并报经国务院批准。

一期工程投资根据国家计划委员会、经济贸易委员会、中国建设银行和水利电力部共同调查核定，实际完成投资 24.71 亿元，比原审批概算 23 亿元增加 1.71 亿元，超过审定概算 7.43%，符合初步设计概算误差小于 10% 的要求。一期财务结算表明，永久工程节余 2 亿多元，加上预备费共节余约 3 亿元。投资增加的主要原因：一是由政策性新规章变动和物价调整影响增加 2.26 亿元；二是临时工程未按概算控制，在施工中扩大规模、提高标准和增加项目超支约 1.5 亿元；三是水库与施工征地补偿费增加 0.34 亿元；四是机组出厂价格上提增加 0.15 亿元。以上四项共增加 4.25 亿元。

二期工程由于推行了以投资包干为内容的承包经济责任制，在控制投资方面取得了显著效果。至 1989 年 6 月底，总计完成投资 23.81 亿元，比概算超过 0.04 亿元，加上综合自动化预留投资、保留的隔流堤投资以及尾工和缺陷处理等共 0.30 亿元，共超过概算 0.34 亿元，仅占审定二期概算 23.77 亿元的 1.43%。1989 年 10 月国家竣工验收进行初验时，同意按概算投资进行竣工决算，超支的 0.34 亿元由建设单位从半年试生产收入和包干分成资金中解决。因此，二期工程概算执行情况良好，切合实际。

（七）建设管理体制

葛洲坝二期工程作为水利电力部改革的试点，较早地实行了投资包干。1983 年 3 月，由水利电力部主持，国家计划委员会、中国建设银行和设计、施工单位参加，拟定了《葛洲坝二期工程投资包干试行办法》及合同草稿。同年 5 月水利电力部正式下达执行，决定成立水利电力部驻葛洲坝代表处，作为发包单位；葛洲坝工程局为承包单位。发包单位对承包单位负责"三保"，即保投资，保材料设备，保设计；承包单位对发包单位承担"四包"，即包建设规模，包工期，包质量，包投资；并实现节余分成、提前有奖的办法。国家计划委员会于 1984 年 5 月正式批准二期工程概算为 23.77 亿元。同年 8 月，建设单位和施工单位签订合同，正式实行以投资包干为内容的三级承包经济责任制，这是由计划经济管理体制向市场经济管理体制的过渡。

这种经济责任制的推行，强化了工程质量的保证体系和措施，促进了工程质量的稳步提高。经济责任制的推行，还加速了施工企业的内部机制改革，葛洲坝工程局内部建立了预算包干和利润基数包干等不同形式责任制，加强了管理，促进了工程进展。结余分成、提前有奖向施工单位倾斜，调动了施工单位的积极性，对缩短工期、提前发电起了促进作用。经济责任制有效地控制了投资规模，使二期工程概算没有被突破。设计单位对设计精益求精，编制的概算符合实际，也较先进，奠定了投资包干的良好基础。设计单位集中各专业的有关人员，在现场设计，提供图纸，保证施工顺利进行。设计人员及时协助解决施工中的问题，监督工程质量，参加隐蔽工程和基础验收的签证工作，是质量监督体系中一支重要力量。设计单位还参加工程结算，协助控制概算，对关键性进度及时提出建议，对工程的进展起了重要作用。

水利电力部驻葛洲坝代表处深入工作，充分依靠葛洲坝工程局三级质检机构、设计单位和运行管理单位，加强质量控制，定期召开质量分析会，及时协调处理各方面的工作，解决矛盾，是工程建设顺利进行并提前完成的重要因素之一。在这一阶段，几个方面的主要负责人分别是：水利电力部驻葛洲坝代表处代表刘一是，副代表傅洪生、王梅地；葛洲坝工程局党委书记先后为刘书田、赵开五、周大宾，局长先后为廉荣禄、邓曼福、赵开五、乔生祥，总工程师先后为曹宏勋、岳荣寿、孔祥千；长江流域规划办公室主任先后为林一山、黄友若、魏廷铮，总工程师先后为杨贤溢、洪庆余；长江流域规划办公室驻葛洲坝工程设计代表处处长先后由长江流域规划办公室副总工程师文伏波、邵长城、郑守仁兼任。

四、工程效益

葛洲坝工程自1981年6月至7月开始通航、发电以来的38年中，发挥了巨大的社会效益、环境效益和经济效益，设计中预测的综合效益全部实现。此外，还产生了一些原设计中未曾考虑或未正式作为工程效益计入的效益。

（一）发电效益超过预期

葛洲坝电站总装机容量271.5万千瓦，早期单独运行的保证出力76.8万千瓦，设计多年平均年发电量157亿千瓦时。1991年6月华中电业管理局对电量指标复核后，多年平均年发电量核定为153.8亿千瓦时。在实际运行中，最大出力可达286.5万千瓦，日发电量最高约达7000万千瓦时。1988年底全部机组投产，1989年、1990年和1991年的实际发电量分别为163.17亿千瓦时、159.07亿千瓦时和157.33亿千瓦时，均超过核定的和设计的多年平均发电量。截至1991年底，总计发电1076.5亿千瓦时，按电力系统发电企业1990年不变价格（每千瓦时0.079元）计算，累计产值85.04亿元。按湖北省1990年平均每千瓦时电创造产值3.26元计，累计创国内生产总值3509.39亿元。按1990年发电标准煤耗每千瓦时电404克计算，相当于节约标准煤4349.06万吨。

随着三峡工程及金沙江下游溪洛渡、向家坝等水电站相继建成运行并实施联合调度后，葛洲坝电站发电量显著提高。回顾葛洲坝电站发电业绩，有几个数字引人瞩目：发电量从"150亿"千瓦时到"160亿"千瓦时，葛洲坝电厂用了8年；从"160亿"千瓦时到"170亿"千瓦时历时14年；从"170亿"千瓦时到"180亿"千瓦时历时12年。2016年刚刚跨进"180亿"千瓦时，2017年就越过了"190亿"千瓦时！另据最新统计数据，截至2019年3月1日，葛洲坝电站累计发电5505亿千瓦时，上述相应经济效益指标和节能减排效果指标均翻了5倍以上。

经过前一阶段的运行以后，由于泥沙淤积比预想的好，从1988年起，汛期库水位不再降低到63米，而改为全年按66米库水位运行，大大增加了发电效益，提高了汛期预想出力，取得了容量和电量的显著效益。

葛洲坝水电站在全国水电行业占有重要地位。1991年6月，其年发电量约占全国水力发电量的 12.6%，占华中电网水力发电的 42%。送湖北地区的电量约占 80%，在一定程度上为缓解湖北地区的用电紧张局面和促进工农业生产的发展发挥了重要作用。其余少量电送湖南和江西，并与河南火电配合运行，在一定程度上缓和了这些省区的用电紧张局面。1988 年 6 月 15 日，由葛洲坝电站经常德至株洲的湖南省 500 千伏超高压送变电工程正式投产运行，线路输送能力 60 万千瓦；1990 年送湖南的电量约占湖南省年发电量的 12%。1989 年 9 月，国内第一条远距离、大功率、±500 千伏直流输电工程开始送电上海，实现了华中、华东两大电网联网运行。1989 年至 1995 年，葛洲坝电站向华东输电共计 62.81 亿千瓦时（表 4–1），还可获得巨大的错峰和补偿调节效益，为缓解华东地区电力紧张情况、促进沿海地区的经济发展发挥着重要作用。葛洲坝电站与华中电网中其他电站配合运行，可提高系统内保证出力。例如，与丹江口水库补偿调节，可提高保证出力 25 万千瓦，相当于这两个电站保证出力之和的 25%；与隔河岩水电站配合运行，可增加保证出力 6 万千瓦。

表 4–1　　　　　葛洲坝水利枢纽 ±500 千伏直流输电工程输电情况

年　份	直流输电量（亿千瓦时）		
	华中→华东	华东→华中	输电华东合计
1989	5.70	0.17	5.53
1990	9.82	1.33	8.49
1991	10.45	1.61	8.84
1992	11.07	1.70	9.37
1993	11.84	1.57	10.27
1994	12.58	2.43	10.15
1995	10.92	0.76	10.16

注：资料由华中电业管理局提供。

（二）航运效益比预计的要好

葛洲坝水利枢纽位于三峡坝下约 38 千米处，是三峡工程的反调节航运梯级，有反调节库容 0.86 亿立方米（相应水位变幅 63～66 米）。其主要任务是对三峡电站日调节不稳定流进行反调节，缩减水位流量变化对下游航运的影响。

自葛洲坝枢纽三江航道 1981 年运行以后，其航运效益逐年提高。

1. 改善航道

葛洲坝水库蓄水前，坝址上游库区急流险滩和弯、浅、险航槽多达 60 多处，平均不到 3.5 千米即有一处险滩或险槽，其中海损事故较多的险恶滩、槽多达 20 余处。例如，枯水期航宽只 50 米的腔岭滩南槽，航道曲率半径不足 600 米的石牌弯道，最大表面流速达 6.45 米每秒、最大水面比降达 10‰以上的枯水滩青滩，最大表面流速超过6米每秒、泡漩汹涌、流态险恶的洪水名滩石板夹、青石洞和巷子口等。蓄水前，峡谷段水位每昼夜涨幅达10米以上，水流湍急，流态紊乱，稍有不慎，就有发生海损事故的风险。

葛洲坝枢纽建成后，坝前水位较建闸前抬高10米至20多米，回水上溯里程约70～190千米，库区范围内淹没青滩、方滩、泄滩等急流滩21处，淹没石牌珠、崆岭滩、冰盘碛等险滩9处，取消单行控制航段及绞滩站各9处，库区滩险基本消失或得到显著改善。

水库蓄水后受回水影响的河段，流态得到明显改善，泡漩、剪刀水等的强度大大减弱。以南津关河段为例，泡漩范围缩小，剪刀水扩宽，当长江流量在40000立方米每秒时，平均最大泡高约0.1米；当66000立方米每秒流量时，实测平均最大泡高约0.16米，使泡高减小至建库前（1974年6月）天然流量为23700立方米每秒时的清凉树泡高情况。

由表4-2可知，库区回水末端至坝前平均水面比降在蓄水后比蓄水前普遍减缓，其中一期工程运用期间由1.81‰～4.37‰减小到0.62‰～3.18‰，二期工程运用后库区比降进一步减小到0.50‰～2.87‰。

表4-2　　　　　葛洲坝水库回水末端至坝前蓄水前后水面比降变化　　　　（单位：米）

流量 （立方米每秒）		5000	10000	20000	30000	40000	50000	60000
回水末端 （回水长，以千米计）		黛溪 （188.1）	油榨碛 （183.5）	宝子滩 （178.5）	巫溪 （163.0）	楠木园 （126.5）	巴东 （105.1）	香溪 （70.6）
平均比降 （‰）	蓄水前	1.81	1.96	2.34	2.83	3.28	3.73	4.37
	一期运用 （水位63.5米）	0.62	0.91	1.45	2.03	2.42	2.8	3.18
	二期运用 （水位66.0米）	0.5	0.77	1.31	1.87	2.22	2.58	2.87

葛洲坝水库变动回水区蓄水前后水位抬高值见表4-3。由表4-3可见，水位抬高值一般随库水位上升而增大，随流量和距坝里程增大而减小。

水库蓄水后，流速一般为0.95～2.45米每秒，枯季较蓄水前减小7%～60%，汛期减小1%～17%，距坝址越近，流速减小越多。

在巴东至坝址常年回水区内，航道水深均增加5米以上，航宽增加100米以上，航道弯曲半径也有所增大。库区航道较蓄水前宽、深、顺直，最小航道尺度由蓄水前的2.9米×60米×750米（航深×航宽×弯曲半径）提高到5米×200米×800米，相当于Ⅰ级航道标准，较建库前三峡河段的航道条件大为改善。

表 4-3　　　　　葛洲坝水库变动回水区蓄水前后水位抬高值变化　　　　　（单位：米）

流量（立方米每秒）	运行库水位	水位抬高值					
		青石洞	巫山	下马滩	宝子滩	油榨碛	黛溪
5000	63.5	2.7	1.9	1.4	0.6	0.4	0.2
	66.0	4.1	3.0	2.2	1.1	0.9	0.4
10000	63.5	1.62	0.9	0.7	0.3	0.2	—
	66.1	4.2	1.3	0.9	0.4	0.2	—
20000	63.5	0.8	0.4	0.3	0.2	—	—
	66.2	1.0	0.4	0.3	0.2	—	—
30000	63.5	0.5	0.1	0.1	—	—	—
	66.3	0.5	0.1	0.1	—	—	—
距坝址里程（千米）		148.0	163	168.6	178.5	183.5	188.1

2. 增加营运效益

（1）船舶航行安全度大为提高

据川江航运统计资料，葛洲坝水库蓄水前川江海损事故中与航道有关的触礁、搁浅等损失费用占海损总费用的30%～50%，而三峡河段又为川江航行最艰险的一段。蓄水后水深、航宽增大，水流流态改善，著名滩险淹没，船舶海事损失大大减少，提高了航运安全度。

（2）增加了营运效益

水库蓄水前三峡河段弯窄水急，仅能通航1000吨级船舶和3000吨级船队，船舶平均装载率只有0.5～0.7。滩险流急的障碍和单行航道的限制，致使船舶营运航速慢，平均下行航速为18千米每小时，上行航速为8千米每小时。蓄水后，三峡库区航道可通航3000吨级驳船和12000吨级船队，船舶装载率提高到0.9以上。滩险和单行航道消失后，船舶营运航速，平均下行为13千米每小时，上行为11千米每小时，较建闸前过境船舶营运周期缩短8%，库区船舶营运周期可缩短40%，船舶综合营运效益可提高1倍以上。

3. 节省运输成本

三峡川江运输，葛洲坝建库前由于天然河道航行条件艰险，燃料消耗多，修理费提成比例大，其船舶运输成本是长江中下游的3倍。水库蓄水后，航道条件改善，船队规模和船舶利用率不断提高，船舶运输单位能耗大幅度减少。据库区地方船舶运输统计资料，每千吨千米的耗燃油量比建库前减少了70%以上，单位运输成本减少50%以上。

4. 提高通航标准

葛洲坝工程建成以前,三峡航道停航流量为36000立方米每秒,蓄水后三江航道通航流量逐步提高,1981年规定为45000立方米每秒,1983年4月提高到47000立方米每秒,1986年提高到50000立方米每秒,1987年达到53000立方米每秒,1988年汛期提高到56000立方米每秒,1989年通航流量标准已达60000立方米每秒。

(三)旅游效益逐步显现

葛洲坝水利枢纽地扼三峡谷口,宏伟的建筑物与秀丽的自然景观浑然一体,对国内外游客产生极大的吸引力,成为全国40个旅游热点之一。据葛洲坝工程局接待办公室的资料统计(由于未包括宜昌市有关外事、旅游及船闸管理处接待人数,数字显然偏小),年接待人数1万人次至18万人次不等,截至1991年共接待151.4万人次。全国人大通过三峡工程兴建的决议后,旅游者更与日俱增。

(四)促进地区的经济发展

葛洲坝工程对湖北省和华中地区经济发展起了重要的促进作用,特别是有力地促进了宜昌市的发展。宜昌市现已成为鄂西地区以水利枢纽为中心,工业、运输和旅游业都较发达的工业中心城市,并与武汉、襄阳组成湖北省工业布局中的"金三角",提高了宜昌市在湖北省的战略地位。1990年全市工业总产值42.6亿元,为1980年的5.75倍,年均递增速度14.5%,远远超过全国和湖北省的增长率。1990年,宜昌市被列为全国首批跨入小康的36个城市之一。

(五)在1998年大洪水中发挥了一定的防洪作用

1998年长江发生了自1954年以来的又一次流域性大洪水,葛洲坝工程利用库水位65.5~67.00米的有限库容(三峡工程建成前,葛洲坝水库总库容15.8亿立方米,洪水期回水至秭归以上,有一定滞洪作用)对干流洪水削峰。从8月16日15时起拦蓄洪峰,滞洪量约7000万立方米,最大削峰流量约1900立方米每秒,降低沙市水位最大幅度约0.15米(同时刻比),与清江隔河岩水库合成降低沙市水位0.27米。沙市水位由可能出现的45.49米降低到实际发生的45.22米,并推迟洪峰出现时间约10小时。在确保荆江大堤安全和避免使用荆江分洪区、减少洪灾损失方面发挥了一定的作用。

(六)在三峡工程论证和建设中发挥了重要作用

首先,葛洲坝工程完全依靠我国自己的力量建设成功,表明我国已有能力建设包括三峡工程在内的大型水利水电工程,消除了国内一部分人对建设三峡工程技术上是否有把握的疑虑。其次,在许多领域,如水工技术、机电设备、泥沙研究、大型船闸建设和复杂水流条件通航、大规模高强度施工等科技方面,为三峡工程积累了经验，培养了科技、施工和管理队伍。第三，为三峡工程建设提供大量资金支持，特别是在三峡工程发电前，葛洲坝电站发电利润所提供的资金是三峡工程建设资金的主要来源之一。第四，为三峡工程建设提供施工用电、施工基地和改善施工期间的对外交通条件。

第三节 从"五利俱全"到国家战略水源地——丹江口水利枢纽

丹江口水利枢纽位于湖北省丹江口市汉江与丹江汇口以下800米处，是治理开发汉江的第一个控制性大型骨干工程，具有防洪、发电、引水、灌溉、航运、水产养殖等综合效益（图4-18）。枢纽分两期开发：第一期工程正常蓄水位157.0米，相应总库容174.5亿立方米，总装机容量90万千瓦，多年平均发电量38.3亿千瓦时，一期工程于1974年建成；第二期工程将丹江口大坝在原有基础上加高14.6米，达到176.6米，正常蓄水位提高到170米，相应库容由174.5亿立方米增加到272亿立方米，总库容319.5亿立方米，成为南水北调中线一期工程的水源地，近期可每年向北京、天津、河北、河南北方缺水地区调水95亿立方米，同时通过水库优化调度使汉江中下游的防洪能力由20年一遇提高到近百年一遇，二期工程已经建成。

图4-18 丹江口水利枢纽

一、"五利俱全"的丹江口水利枢纽初期工程

（一）工程概况

丹江口水利枢纽是新中国成立初期我国自行勘测、设计、施工，具有防洪、发电、

灌溉、航运、养殖等综合效益的第一座大型水利枢纽，是被周恩来总理誉为"五利俱全"的水利工程，在新中国水利水电工程建设史上具有重大的历史意义和战略意义。丹江口水利枢纽是治理开发汉江、根治汉江水患的关键性控制工程，是为葛洲坝、三峡等大型水利工程建设积累经验、锻炼队伍的"摇篮"工程，是南水北调中线的水源工程。它就像一颗璀璨的明珠，镶嵌在1500千米的汉江上，为江汉平原及武汉市经济社会发展、人民安居乐业做出了巨大贡献。

丹江口水利枢纽是在20世纪50年代至60年代国内经济、技术水平还比较落后的条件下建设的。施工中，建设者们大胆采用了化学灌浆、混凝土温控等当时的新技术、新工艺和新材料，取得了较好的效果。近年，在丹江口大坝加高工程中，技术人员联合攻关，解决了老混凝土拆除及控制爆破、新老混凝土接合、大体积混凝土锯缝、闸墩钻孔植筋、高水头下帷幕灌浆和老坝体缺陷检查与处理等一系列重大技术难题。

丹江口水利枢纽的建成，为我国积累了设计、建设、管理大型水利水电工程的宝贵经验，同时也培养出一支优秀的水利水电设计、施工及管理队伍，他们先后参加了葛洲坝工程、三峡工程、丹江口大坝加高工程等的设计、建设和管理，继续为我国的水利水电建设事业谱写着辉煌灿烂的新篇章。

丹江口水利枢纽是"五利俱全"的民生工程。枢纽初期工程建成后，经受住了超千年一遇洪水位的考验，共拦蓄流量大于10000立方米每秒的洪水82次，有效地保护了江汉平原和武汉市的人民生命和财产安全；电站累计发电1340多亿千瓦时，是全国第三个发电总量超过1000亿千瓦时的水电站；水库向湖北、河南两省灌区无偿供水160余亿立方米，累计灌溉面积207万多公顷；枢纽改善了汉江航运条件，150吨驳船经升船机过坝可直达陕西白河；水库有效养殖面积6.2万公顷，为发展地方水产养殖创造了条件。如今，丹江口水利枢纽又承担起南水北调中线水源工程的重任，对促进我国北方地区国民经济可持续发展和生态环境的改善发挥着重大的作用。

（二）规划设计

1. 规划设计历程

为解除汉江严重的洪水灾害，新中国成立初期就开展了汉江治理工作。水利部于1952年10月组织查勘团对汉江中下游河段进行了查勘，认为丹江口是少有的适合修建高坝的良好坝址，由于位置适中，兴建水库不仅能解决汉江的防洪问题，而且还能兼顾发电、灌溉、航运和水产养殖效益。这次查勘，首次确定了丹江口水库在治理开发汉江中的重要地位和作用，并提出尽快建设大坝、先防洪后发电的设想。

1955年3月，长江水利委员会开始进行汉江流域规划工作。1956年长江水利委员会编制的《汉江流域规划要点报告》选定丹江口水利枢纽为治理开发汉江的第一期工程，并积极开展勘测设计和科研工作。

1958年2月27日，周恩来总理主持召开专题会议，会上对丹江口工程进行了重点研究讨论。经过激烈讨论，大家普遍认为在整个长江流域中，汉江是洪水危害最大的河流，选定丹江口工程作为长江流域规划的第一期工程不仅能治理汉江的洪涝灾害，而且对实现长江流域综合利用的水利规划具有重要战略意义。这是一次对丹江口工程具有历史性意义的会议。4月，中共中央政治局决定兴建丹江口水利枢纽工程，水利电力部随即下达设计任务书。6月，中共湖北省委受中央委托，会同水利电力部及河南省委审查批准了长江水利委员会提出的《丹江口水利枢纽设计要点报告》，同年9月正式开工兴建。

批准的工程规模为水库正常蓄水位170米，死水位150米，枢纽布置为河床混凝土溢流坝和坝后式电站，两岸土石坝在岸边与河床混凝土坝连接，电站装机容量73.5万千瓦，通航建筑物在右岸预留位置，暂不兴建。工程开工后，根据国民经济发展需要，电站装机容量增至90万千瓦，通航建筑物工程同期兴建，采用升船机方案。建设期间，根据当时国家经济形势，研究并决定丹江口工程分期兴建，长江水利委员会根据上级批准的初期规模，于1965年5月上报了《汉江丹江口水利枢纽续建工程初步设计报告》，拟定初期工程水库正常蓄水位145米，坝顶高程152米，后期规模水库正常蓄水位仍为170米。水利电力部审查后，为较充分利用水资源，中共湖北省委、水利电力部、长江水利委员会于1965年8月联合向国务院请示，建议将初期规模坝顶高程和水库正常蓄水位提高10米，即坝顶高程162米，水库正常蓄水位155米。1966年6月，国务院批复同意该方案，此后，丹江口水利枢纽初期规模据此方案进行设计和施工。1975年国家计划委员会根据湖北、河南两省用电需要，为尽量多蓄水发电，批准将丹江口水利枢纽正常蓄水位提高到157米。

2. 初期工程的主要任务

1981年编制丹江口水利枢纽初期规模综合利用规划报告时各项水利任务具体要求如下：

1）防洪标准确定为1935年型大洪水（100～200年一遇），在遭遇这一洪水情况下，经水库调蓄后，在新城以上民垸分蓄洪以及下游杜家台分洪工程配合下，防洪控制河段皇庄段泄量不超过30000立方米每秒，以保障汉江遥堤及汉江两岸干堤安全；遇20年一遇洪水或20年一遇以下洪水，新城以上民垸不分洪，在遭遇比1935年洪水更大洪水时，则不受防洪控制点泄流量限制，逐步加大泄量，直至敞开全部泄洪设备，以保证大坝安全为主。

2）初期规模第二任务为发电，发电设计保证率根据丹江口水电站在电力系统中位置及比重，决定采用年保证率90%。考虑到丹江口水电站是华中地区骨干电源之一，在当前大规模的库区引水尚不具备条件时，应在满足防洪要求的前提下争取尽可能多发电。

3）灌溉供水的灌溉设计保证率采用75%～80%（年保证率），按照引水灌区工程发展的情况逐步满足唐白河流域约73.3万公顷农田用水要求。有条件时，还应考虑引水至黄淮地区的可能性，以初步实现南水北调。

4）调节径流改善库区航运及中下游航运用水条件，航运设计保证率与发电设计保证率相同。电站泄放最小流量从发电及航运要求统筹考虑应不小于200立方米每秒。

5）利用丹江口水库广阔水面，发展水产养殖事业。

（三）初期工程的规模和布置

丹江口水利枢纽位于湖北省丹江口市，汉江与其支流丹江汇合口下游800米处，控制流域面积95200平方千米，是一座以防洪为主，兼有发电、灌溉、航运、水产养殖等综合效益的大型水利工程。工程于1958年9月开工施工，1967年11月蓄水，1968年10月第一台水电机组发电，1973年底建成初期工程，坝顶高程162米，正常蓄水位157米，总库容209.7亿立方米。

丹江口水利枢纽根据其规模定为Ⅰ等水利工程，主要建筑物为1级水工建筑物。洪水标准采用1000年一遇洪水设计，10000年一遇洪水校核，10000年一遇洪水加20%为保坝条件。

丹江口水利枢纽工程挡水建筑物由河床混凝土坝和两岸土石坝组成，总长2468米。混凝土坝长1141米，最大坝高97米。泄水建筑物位于河床中部和右部，由12个深孔（其中1号深孔1990年12月改为防汛自备电厂引水口）和20个开敞式溢流表孔组成。深孔孔口尺寸5～6米，孔底高程113米，单孔最大泄流量807立方米每秒，深孔工作门为弧形钢闸门，表孔堰顶高程138米，单孔最大泄流量1995立方米每秒，堰顶闸门为平面钢闸门。左岸土石坝长1197米，最大坝高56米，为黏土心墙及斜墙沙砾料坝壳土石混合坝。右岸土石坝长130米，为黏土心墙风化石渣坝壳土石混合坝。

电站厂房为坝后式厂房，安装6台单机容量15万千瓦的水电机组，总装机容量90万千瓦。

通航建筑物由上游导航建筑物、垂直升船机、中间渠道、斜面升船机、下游引航道组成，全线长度1110米，一次可通行150吨级驳船一艘。

灌溉建筑物位于丹江库区，距坝址30千米处，共有引水渠首两座。一座为清泉沟渠首，底板高程143米，设计引水流量100立方米每秒，供湖北灌区。另一座为陶岔渠首，底板高程140米，设计引水流量500立方米每秒，供河南灌区，后期引水流量800立方米每秒。

（四）长江水利委员会与丹江口水利枢纽初期工程建设

作为长江水利委员会设计的第一座高坝大库，丹江口水利枢纽也是长江水利委员会工程设计由平原建闸向建设高坝大库的第一次伟大实践。1951年9月，长江水利委员会就开始在丹江口坝址进行地质勘探工作，1952年荆江分洪工程完工后，立即着手组织汉江流域水利枢纽工程的规划研究。1955年3月，长江水利委员会正式开始进行汉江流域规划，规划中研究比较了引汉济黄的方案，推荐从丹江口水库引水，经南阳盆地，过方城进入淮河、黄河的引水方案。因而，丹江口水利枢纽又增加了南水北调（济淮、济黄）的任务，并作为一项近期任务列入当时的规划报告。1956年3月，长江水利委员会成立汉江规划设计室，专门研究汉江规划、丹江口工程设计和引汉济黄等工作，7月，丹江口工程初步设计工作开始。

丹江口水利枢纽是一项多功能的综合性水利工程，库容巨大，无论是设计蓄水位、坝轴线选择，还是坝型和枢纽布置等都十分复杂，只要有一个领域、一个地方出现问题，就会影响工程建设。在没有经验可资借鉴的情况下，设计人员以敢为人先的气魄，通过对设计蓄水位、坝轴线、坝型和枢纽布置等问题潜心研究，反复论证，逐个攻破，于1958年5月按期拿出了初步设计要点报告，确定工程主体任务是防洪、发电、灌溉和航运，远景引水济黄、济淮。1958年9月开工建设后，大批设计人员常年驻守工地，提供技术支持，主动及时解决、处理现场技术问题，不断改进设计，同时让施工和参建各方理解设计意图，以期达到最好的建设效果。

为了适应当时的施工现实，现场设计代表组人员在力所能及的范围内，对原设计进行了修改，为保证工程的安全，在地质方面尤其是基础开挖方面始终坚持原则，寸步不让。但由于施工准备工作不足，再加上对混凝土大坝施工缺乏经验，初期浇筑的约100万立方米的混凝土坝体出现了较严重的温度裂缝、冷缝、架空和强度不足等混凝土质量问题。作为工程设计方，长江水利委员会设计人员多次提出裂缝检查分析报告和处理裂缝的补强方案，申述裂缝等事故性质严重，希望严格控制混凝土浇筑温度，做好散热措施。1962年2月，周恩来总理在北京召开会议，明确指示工程暂停施工，要求长江流域规划办公室负责设计，施工服从设计、设计监督施工的原则，首次明确了设计在工程建设中的主导地位。而大坝补强设计在国内没有先例可循，长江流域规划办公室设计人员就先进行室内小试件模拟试验，再到大试件试验，后选择典型坝块进行实验，最后才在坝体上进行正式处理。

丹江口工程暂停施工，使得原先的一次建成的方案不得不让位于分期开发，长江流域规划办公室的政策水平和设计能力再次面临重大的挑战。在工程缩小规模和分期开发方案已成定局的条件下，为确定工程初期规模、合理发挥综合效益，长江流域规划办公室又倾注了很大的力量。1965年，部分专家要求死守国家批准的正常蓄水位140米方案，长江流域规划办公室拿出翔实的资料，表明蓄水位抬高至145米，增加投资十分有限，而防洪、发电效益却增加明显，有利于国家和人民的利益。在进一步研究的过程中，长江流域规划办公室再次从大局出发，发现145米的蓄水位方案仍然偏小，为给今后工程的运行留有余地，长江流域规划办公室与中共湖北省委、水利电力部联合报请国家计划委员会、国家建设委员会和周恩来总理，请求将坝顶高程由原定的152米提高到162米，发电蓄水位提高到155米，只是开始运用时仍按145米运行。这一请示在1966年得到中央批复。随着国民经济的发展，工农业用水用电量不断增加，长江流域规划办公室报请提高10米的大坝发挥了重要作用，工程的正常蓄水位很快提高到155米，到1975年，根据国家批准的方案，按照157米蓄水，这一水位已经超出了当年国务院批准的大坝高程。可以想象，如果长江流域规划办公室没有自己的观点，或是有了观点而不能坚持，丹江口水库不可能蓄水到这个高程，工程的效益将大大降低。此后，长江流域规划办公室设计人员陆续编制了续建的初步设计报告和机电、通航建筑物、左岸土石坝、引水渠首等专项设计报告。

实践证明，丹江口水利枢纽初期工程设计方案是合理的，经得起历史的考验。

（五）初期工程的主要技术成果

在丹江口水利枢纽建设中，大量采用了当时国内外先进技术。首次提出采用楔形梁方法处理坝基大型断层；采用化学灌浆处理可灌性较差的基岩裂隙，形成了较为系统的坝基化学灌浆技术要求；采用加强坝基排水措施降低基底扬压力；就混凝土骨料的碱活性问题进行了深入研究，提出了控制总含碱的工程措施；为减少大体积混凝土温度裂缝，提出了较为完整的一系列温控和保温措施等。

1. "以土赶水"围堰施工技术

丹江口水利枢纽的导流工程十分艰巨，在世界上都是罕见的。受当时国力所限，无力采用设计的钢板桩方案，工程师们研究发明了"以土赶水"，土、砂、石组合围堰的施工方案，即在围堰周围填土，中间填沙，外脚抛石填出水面，形成一个土台把水赶走，然后筑坝即成围堰。这种方案既不用钢板桩也不用木板桩，只需大量人力移山填江，主要特点是将水下施工变成陆地施工，安全简单，群众易懂，可以保证工程以最快的速度和最好的质量施工。第一期右岸围堰工程于1958年10月1日正式启动，到1959年2月，历时仅151天，右岸"以土赶水"围堰工程顺利完成，并完成深挖基坑34米，在我国水利建设史上创造了一个奇迹。

2. 深孔溢流坝水工断面模型和通航建筑物水力学试验研究

在丹江口水利枢纽设计过程中，曾进行过深孔溢流坝水工断面模型试验、通航建筑物水力学试验等大量科学试验研究，对丹江口工程设计和建设起到非常重要的作用。

由于进行了深孔溢流坝水工断面模型试验研究，在深孔坝段设计中，将深孔设计成多功能泄流孔洞，具备泄洪、放空水库、施工后期导流和排沙等作用。同时，鉴于闸门槽对高水头泄洪孔口易引起混凝土气蚀，因此深孔事故检修门采用两侧反钩定位导向的平板门，取消了闸门槽，改善了进口水流条件。

而进行通航建筑物水力学等试验研究，促使丹江口通航建筑物采用垂直升船机结合斜面升船机型式，解决了河床狭窄、布局受限带来的困难，降低了工程投资，不仅对峡谷河流高坝上建通航建筑物有指导意义，也为三峡工程修建升船机积累了宝贵经验。该设计于1978年获全国科学大会奖。

3. 深孔胸墙修补技术

自1974年以来，逐渐发现丹江口大坝泄洪深孔胸墙上的环氧涂层和高强砂浆层大面积脱落，深孔事故检修闸门动水关闭过程中，在动水作用下剧烈振动，且伴随有负压产生，促使胸墙表面不断破损、脱落，同时脱落的砂浆块坠落于止水和胸墙之间，顶坏止水，进一步损坏尚未脱落的胸墙，影响闸门正常运行。经过方案论证，采用制作侧壁沉箱创造无水施工条件、凿除原胸墙表面高强砂浆改用环氧砂浆修补的方案进行处理。从1998年10月制作侧壁沉箱开始至2005年2月，已陆续完成了全部11个深孔胸墙表面的修补工作，经过动水试验检验修补效果良好。该施工为国内工程实施水下修补大面积的垂直面胸墙提供了先例和可行的技术方案借鉴。

（六）初期工程效益

1974年2月，丹江口水利枢纽初期工程全面竣工，6台水电机组全部投产，被周恩来总理总结为"五利俱全"——防洪、发电、灌溉、通航和水产养殖，开始发挥社会效益。

1. 防洪效益

防洪是丹江口水利枢纽的首要任务。截至2008年，枢纽共拦蓄洪峰流量大于10000立方米每秒的洪水82次，其中洪峰流量大于30000立方米每秒的洪水3次，洪峰流量20000～30000立方米每秒的洪水18次，经受住了超过1000年一遇洪水位160.07米、最大入库流量34300立方米每秒、最大下泄流量20900立方米每秒的考验，取得了显著的防洪效益，避免了11次下游民垸分洪和32次杜家台滞洪区分洪，有效保护了江汉平原和武汉市千百万人民生命和财产安全，估算防洪效益达450亿元（2000

水平年)。

1983年10月,汉江流域上游发生特大洪水,洪峰流量达34300立方米每秒,丹江口水库蓄水位达到160.07米,超过1000年一遇洪水位0.07米,丹江口水利枢纽成功拦蓄洪水25.3亿立方米,调节洪水下泄流量为19600立方米每秒,有效减轻了汉江中下游的洪水灾害,避免5.9万公顷耕地被淹没。

1998年夏季,长江发生自1954年以来又一次全流域性大洪水。丹江口水库在8月中旬出现18300立方米每秒的最大入库洪峰,恰与长江第六次洪峰遭遇。丹江口水利枢纽果断关闭全部泄洪闸门,拦蓄洪水37亿立方米,避免了下游杜家台分洪区及民垸分洪运用。若没有丹江口水利枢纽拦蓄,武汉关水位将超过1954年洪水位近1米,严重威胁武汉防洪安全。由于贡献突出,丹江口水利枢纽管理局被中共湖北省委、省人民政府、省军区授予"湖北省抗洪抢险特别贡献单位"荣誉称号。

2. 发电效益

丹江口水电站安装6台单机容量15万千瓦水电机组,总装机容量90万千瓦,设计年平均发电量38.3亿千瓦时。它的建成促进了湖北省电网的形成,并在此基础上于1979年底组建了华中电网。丹江口水电站是华中电网的主力调频电站,同时承担了华中电网重要的调峰、调相和事故备用任务,对保证电网的安全运行、改善供电质量和提高电网的经济效益起到重要作用。丹江口水电站输送的强大电力,保障了武汉钢铁集团1.7米轧机工程顺利启动和车城十堰的崛起。截至2008年底,丹江口水电站累计发电1340亿千瓦时,相当于燃烧5400万吨标准煤,是我国第三个发电总量超过1000亿千瓦时的水电站,按湖北省1990年平均每度电量创造国民生产总值3.26元计算,累计创国民生产总值4300多亿元。

3. 灌溉效益

汉江中游唐白河流域地势平坦,土地肥沃,为豫西南、鄂西北主要农产区,因为缺水,农业生产发展受到严重影响。尤其是鄂西北的"三北"地区(老河口、襄阳、枣阳三县市的北部丘陵岗地),年降雨量很少,且分布不匀,是湖北省干旱最严重的地区,人称"三北旱包子"。丹江口水库建成后为湖北、河南两省引丹灌区24万公顷耕地提供了自流引水水源,两省灌区分别于1973年、1974年相继建成,至2008年,共向湖北、河南两省引丹灌区无偿供水160多亿立方米,累计灌溉面积207万多公顷。特别是湖北引丹灌区近三年来粮食年均总产量近15亿千克,年均增产近5000万千克,灌溉净效益20多亿元。灌区是国家粮食主产区,2009年,中央制定的《全国新增1000亿斤粮食生产能力规划》中,引丹灌区就占5亿千克。昔日滴水贵如油的"三北",如今五谷丰登、旱涝保收,已成为鄂西北的"小江南"。

4. 航运效益

丹江口水利枢纽建成后，对改善汉江通航条件、促进汉江水运事业发展发挥了很大作用。由于水库的调节作用（最小坝下流量由建库前的 124 立方米每秒增加到建库后的 550 立方米每秒），汉江中、下游洪峰大幅度削减，中水期延长，枯水期加大，水位变幅减小，航深增加，河道通航能力有很大改善。汉口至沙洋 500 吨级驳船可终年通航，沙洋至襄阳可通行 350 吨级驳船，300 吨级驳船可达丹江口，150 吨级驳船可通过升船机过坝抵达陕西白河。大坝以上水库区还延长和改善航道近 200 千米，丹江口至郧阳区水路原要走 150 多千米，现因库大水深只有 107 千米，缩短航程 29%，险滩由 48 处减少为 10 处。库区干流和支流堵河、丹江的客货轮运量比建库前增加 10 多倍。

5. 水产养殖效益

丹江口水库跨湖北、河南两省，水面广阔，库汊众多，有效水产养殖面积 6.2 万公顷，在库区发展水产养殖业为改善移民生活、发展地方经济提供了有利条件。工程运行期间经过对库区的清理整顿和实行渔政管理，并对 1.33 万公顷产卵水域进行重点保护，配合投放鱼苗鱼种，大力发展库汊和网箱养鱼，丹江口水库已出现捕养结合、稳步发展的新局面，成为湖北、河南两省的一大商品鱼生产基地。

二、丹江口水利枢纽二期工程与南水北调中线工程

南水北调是毛泽东主席的另一伟大构想。1952 年，毛泽东视察黄河途中就跟黄河水利委员会主任王化云提出，"南方水多，北方水少，如果有可能，借点来是可以的。"1953 年，毛泽东乘"长江"舰专程视察长江并与长江水利委员会主任林一山一路长谈，又问林一山："南方水多，北方水少，能不能借点水给北方？"从此，在毛泽东的亲自关怀过问下，把长江水引到黄河以北的南水北调工程拉开了序幕。南水北调工程分为西、中、东三条线路，分别从长江流域上、中、下游调水。其中，中线的水源地位于河南省淅川县丹江湖，为北京、天津等北方省份提供生活、工业和农业用水，可极大地缓解中国北方地区的水资源短缺问题。

（一）南水北调中线一期工程概况

丹江口水库水源充沛，水质优良，是南水北调中线工程水源地的最佳选择。为让水源凭借地理自然落差全程自流，长江水利委员会提出在丹江口大坝正常运行情况下，将丹江口大坝的坝顶高程由原来的 162 米增加到 176.6 米，蓄水位从原 157 米提升到 170 米的加高方案。在丹江口水库东岸河南省淅川县九重镇境内的陶岔渠首开挖干渠，经长江流域与淮河流域的分水岭方城垭口，沿华北平原中西部边缘开挖渠道，在荥阳通过隧道穿过黄河，沿京广铁路西侧北上，自流到北京市颐和园团城湖。输水干渠地

跨河南、河北、北京、天津等4个省（直辖市）。受水区域为沿线的南阳、平顶山、许昌、郑州、焦作、新乡、鹤壁、安阳、邯郸、邢台、石家庄、保定、北京、天津等19个大中城市和100多个县市。重点解决河南、河北、北京、天津等4个省（直辖市）的水资源短缺问题，为沿线十几座大中城市提供生产生活和工农业用水。供水范围内总面积15.5万平方千米，输水干线总长1432千米（其中天津输水干线156千米）。规划分两期实施，先期实施中线一期工程（图4-19），多年平均年调水量95亿立方米。

图4-19 南水北调中线一期工程——陶岔渠首

中线工程的前期研究工作始于20世纪50年代初，50多年来，长江水利委员会与有关省市和部门进行了大量的勘测、规划、设计与科研工作。2001年9月，水利部审查通过了长江水利委员会编制的《南水北调中线工程规划报告》，该报告提出了供水目标、调水规模以及工程方案。2002年12月，国务院审议并批复了《南水北调工程总体规划》。南水北调中线一期工程于2005年开工建设，2014年12月12日正式通水。

（二）丹江口大坝加高工程建设情况

2004年11月15日，国务院批准长江水利委员会编制的《丹江口水利枢纽大坝加高工程可行性研究报告》。2005年1月5日，南水北调中线丹江口水利枢纽大坝加高工程开始进行前期准备工作，4月29日丹江口大坝加高工程初步设计获得批复，9月26日南水北调中线水源地丹江口水利枢纽加高工程开工建设。2007年3月7日，丹江口大坝加高工程第一仓混凝土开始浇筑，7月9日大坝加高首个坝段（13号坝段）率先达到176.6米设计高程。2009年6月20日，丹江口大坝加高工程实现坝顶全线贯通，两台500吨级坝顶门机具备启闭闸门条件，标志着丹江口大坝加高工程实现重大阶段性目标。2010年3月31日，丹江口库大坝需要加高的54个坝段全部加高到顶，标志着丹江口大坝加高工程取得重大阶段性胜利。2010年6月10日，湖北省丹江口库区大规模搬迁首批移民搬入武汉市黄陂区，6月17日河南省丹江口库区第一批大规模移民搬迁启动。2013年8月5日至10日，国务院南水北调工程建设委员会办公室组织开展南水北调丹江口水库大坝加高工程建设征地补偿和移民安置蓄水前库底清理终验技术性初步验收，8月29日丹江口大坝加高工程通过蓄水验收。2014年12月12日，南水北调中线一期工程正式通水。到2019年2月16日，南水北调中线一期工程累计向北方输水200亿立方米。

大坝加高工程主要包括：混凝土坝培厚加高；左岸土石坝培厚加高及延长；新建右岸土石坝、左坝头副坝和董营副坝；改扩建升船机；金属结构、机电设备更新改造等。主要工程量为：土石方开挖77.31万立方米，土石坝填筑542.39万立方米，混凝土浇筑125.45万立方米，混凝土拆除4.53万立方米，混凝土接合面凿毛13.15万平方米，钢筋制作安装9100吨，金属结构制作安装及钢材1.32万吨。工程施工总工期5.5年，工程概算总投资为24.25亿元。

初期工程修建时，混凝土坝高程100米以下河床部分已考虑了后期加高工程要求，混凝土坝、两岸土石坝加高均无水下工程。溢流坝段主要为溢流面和闸墩加固加高，其他混凝土坝段在原混凝土坝的基础上进行下游贴坡和坝顶加高14.6米。两岸连接坝段基础排水、防渗帷幕进行加固改造，其他河床坝段则进行检测，并根据检测情况进行加固与改造。在大坝加高混凝土施工前需对大坝初期工程的缺陷进行处理。左岸土石坝需对下游坝坡培厚、坝顶加高并延长，修建左坝头副坝，右岸土石坝改线新建。右岸升船机布置基本不变，但需对排架进行改造加固，金属结构及机电设备拆除重新制作安装。部分金属结构需进行改造加固并增加部分设施。大坝原有机电设备需进行更新。

大坝加高施工期间度汛洪水标准为1000年一遇，电站全年处于工作状态。每年汛期，在规定的汛期水位下，大坝处于正常工作状态的泄洪设施应满足1000年一遇洪水的泄洪要求。加高期间建筑物结构应力状态应处于正常工作范围内。

丹江口大坝加高工程建设的项目法人为南水北调中线水源有限责任公司，工程设计单位为长江水利委员会长江勘测规划设计研究院，监理单位为中国水利水电建设工程咨询西北公司，施工单位有葛洲坝集团公司、中国水利水电第三工程局和第十一工程局。

南水北调中线工程是目前世界上规模最大、线路最长的跨流域引调水工程。工程跨越江、淮、黄、海四大流域，规模大，线路长，各类交叉建筑物众多，涉及社会、经济、环境、工程技术等方方面面，工程技术难度大、社会经济关系复杂。长江勘测规划设计研究院担任工程技术总负责，并承担了水源工程——丹江口大坝加高、输水总干渠渠首工程——陶岔渠首枢纽、世界规模最大的"U"形输水渡槽——湍河渡槽、国内规模最大的穿越大江大河输水工程——穿黄工程、南阳膨胀土段渠道工程等重要工程的勘察、设计、科研及施工阶段技术服务工作。

丹江口大坝加高工程是国内规模最大的大坝加高工程。大坝在运行条件下实施加高施工，新老混凝土结合、大坝抗震安全、高水头大坝帷幕耐久性及补强灌浆是主要的技术难题。长江勘测规划设计研究院通过大量的科技攻关、多项的关键技术研究，提出以直接浇筑为主，在竖直结合面采用人工补凿键槽、溢流坝段堰面采用宽槽回填为辅的总体方案，使新老混凝土密实结合，整体联合受力；研究和分析大坝加高材料、施工工艺及温控、结合面构造、大坝加高前后坝体应力变化；通过布设检查孔对坝体进行超常规体检，从而研究局部帷幕补强加固、可灌性、灌浆方法、材料配方、灌浆压力控制及施工工艺等。这些突破性的原创成果，确保了工程的顺利建设。

丹江口大坝加高工程（图4-20）完建后，坝顶高程由162米加高至176.6米，最大坝高117米，坝顶长度由2494米加长至3443米，升船机规模由150吨级增加到300吨级，电站装机规模仍为90万千瓦不变。水库正常蓄水位由157米抬高至170米，相应库容由174.5亿立方米增加至290.5亿立方米，总库容339亿立方米，丹江口枢纽的功能转变为以防洪、供水、发电、航运为主。通过优化调度，可使汉江中下游的防洪能力由目前的20年一遇，提高到近100年一遇，满足近期向北方调水95亿立方米的要求。

图4-20 丹江口水利枢纽大坝加高工程

（三）丹江口库区移民

丹江口水库初期规模（正常蓄水位157米）共淹没农田28667公顷，有效迁移人口38.2万（不包括工程开工初期的有效移民3万人）。水利工程移民是世界性难题，搬迁难，发展更难。这些移民从1958年至1975年历时17年，先后分6批进行搬迁安置，约40%移民外移，约60%就近安置在水库周围。

2008年11月25日，丹江口库区移民试点工作动员大会在武汉召开，标志着南水北调中线水源地丹江口库区移民试点工作全面启动。在试点工作基础上，南水北调丹江口库区涉及河南和湖北两省34万移民的搬迁安置工作计划到2013年底完成。移民工作关系着南水北调中线工程的成败。

河南省有16万多移民，安置区涉及全省6个市的28个县（市、区），共建设移民新村208个。中共河南省委、省人民政府科学决策，广大移民干部无私无畏、忘我付出，移民群众舍小家、顾大家，移民工作迅速展开。到2012年，河南省丹江口库区移民搬迁实现了"平安搬迁、文明搬迁、和谐搬迁"和"四年任务、两年完成"的目标。中共河南省委、省人民政府高度重视丹江口库区移民后期帮扶工作，创新帮扶模式，坚持实施社会化帮扶，部门联动助力发展，促进了移民村快速发展，加大帮扶移民力度。

湖北省有18万多移民，涉及十堰市的5个县市，其中内安移民10.5万人，外迁移民7.7万人，全省共建设移民安置点441个，接收外迁移民的县（市、区）多达26个。中共湖北省委、省人民政府始终把南水北调移民当作天大的事，制定了"四二三"计划（即四年任务两年基本完成，三年彻底扫尾），从2009年起，举全省之力扎实推进移民搬迁工作。经过全省上下合力攻坚，到2012年底湖北丹江口库区移民"大迁徙"终于画上圆满句号，实现"平安搬迁、文明搬迁、和谐搬迁"的目标，全省新建移民安置房5万多户700多万平方米，调整生产安置用地约1.67万公顷，完成移民投资近200亿元。

（四）丹江口大坝加高工程完建后的经济效益

丹江口水库是南水北调中线工程和鄂北地区水资源配置工程水源地，丹江口大坝加高后，汉江的"国家战略水资源保障区"地位显著提升。南水北调中线干线工程是国家南水北调工程的重要组成部分，是缓解我国黄淮海平原水资源严重短缺、优化配置水资源的重大战略性基础设施，是关系到受水区河南、河北、天津、北京等省市经济和社会可持续发展和子孙后代福祉的百年大计。

丹江口大坝加高后可获得的经济效益主要包括工业及城市供水效益、防洪效益和发电效益。

1. 供水效益

丹江口大坝加高后，作为南水北调中线的水源工程，丹江口水库可向北京、天津、河北、河南、湖北等地区提供毛供水量94.93亿立方米，扣除河南刁河灌区现状引水后的新增供水量为88.92亿立方米，至总干渠各分水口的总净供水量为79.32亿立方米。经计算，南水北调中线一期工程的工业和城市生活年供水总效益为447.93亿元，其中，河南省83.93亿元，河北省160.10亿元，北京市99.78亿元，天津市104.12亿元。丹江口大坝加高工程的供水效益按其投资占南水北调中线一期整个供水系统工程（包括丹江口工程大坝加高和水库淹没处理、陶岔渠首工程、汉江中下游补偿工程、输水总干渠工程及配套工程）总投资的比例进行分摊计算。结果为丹江口大坝加高工程分摊年供水效益44.05亿元。

南水北调中线一期工程自2014年12月12日正式通水，至2019年2月15日，丹江口水库累计向北方调水量突破200亿立方米，相当于从丹江口水库向北方总共搬运了黄河一年1/3的水量，或者更形象地说，这些水量相当于从南方向北方搬运了约2000个杭州西湖，且水质持续稳定在《地表水环境质量标准》（GB 3838—2002）Ⅱ类以上，其中Ⅰ类水质断面比例已占82%以上。中线沿线河南、河北、北京、天津等4个省（直辖市）共有5300多万人喝上了甘甜的南水，北调的南水从设计之初的补充水源正逐渐转变为北京、天津、河北、河南沿线受水省市城市的主力水源。北京市主城区自来水供水量的73%用的是南水，天津市14个区的居民全部喝上南水，河南郑州中心城区自来水八成以上为南水，河北省石家庄、邯郸、保定、衡水主城区南水供水量占75%以上，沧州达到了100%。中线一期工程连续两年向受水区30条河流实施生态补水，已累计补水8.65亿立方米。通过直接补水、置换地下水，黄淮海平原地下水位回升明显。2018年5月底，北京市平原区地下水位与上年同期相比回升了0.91米，天津市地下水位38%有所上升，河北省深层地下水位由每年下降0.45米转为上升0.52米，河南省受水区地下水位平均回升0.95米。2018年5月，南水北调中线首次实现向白洋淀生态补水，为"千年大计、国家大事"的雄安新区建设再添支撑底气。

2. 防洪效益

丹江口大坝后期工程完建后，增加防洪库容32.8亿（夏汛期）~26.29亿立方米（秋汛期），可进一步提高丹江口水库的调洪能力，汉江中下游防洪状况得到较大改善。配合杜家台分洪和堤防，可使汉江中下游地区的防洪标准由目前的20年一遇提高到100年一遇，大大减少汉江中下游地区的洪灾损失；遇1935年型大洪水，中游民垸基本上不需要分洪便可确保遥堤安全。

经计算，丹江口大坝加高工程多年平均直接效益5.22亿元，间接效益1.3亿元，多年平均防洪经济效益6.52亿元。

3. 发电效益

丹江口大坝加高后，电站多年平均水头 70.6 米，运行水头为 55～82 米，由于发电水头增大，丹江口电站机组出力受阻的情况得到改善，在额定水头 63.5 米以上运行的时间达 94%，装机容量可全部发挥效益。据对华中电网电力电量平衡结果，与初期规模相比，约可提高容量效益 15 万千瓦。但丹江口大坝加高向北方调水后，由于发电流量减少，近期在北调水量达到 95 亿立方米时，将减少电站多年平均发电量 5.4 亿千瓦时。初步分析表明，丹江口大坝加高后，电站增加的容量效益约为 0.537 亿元，减少的电量效益约为 0.544 亿元，两者大致相等。

第四节　智慧大坝——乌东德水电站

乌东德水电站位于四川省会东县和云南省禄劝县交界处的金沙江干流，由于地处干热河谷地区，大风频发，温差巨大，设计和施工面临诸多世界级难题。坝址处最高温度可达 40 摄氏度以上，而坝混凝土的浇筑温度不能超过 18 摄氏度。为了避免温差引起的坝体开裂情况，我国的水电工程师为乌东德大坝设计了温度调节装置，乌东德大坝混凝土里装有温度传感器和冷却水管，温度传感器可以实时感知混凝土温度，而冷却水管能够快速调节混凝土的温度，让仓内温度始终保持在 20～30 摄氏度，实现了"镜面工程"和"无缝大坝"，引领水电工程建设进入智能建造 2.0 时代。智能化十足的设计，让乌东德大坝成为世界上最聪明的大坝，乌东德大坝的成功建设，体现了中国人的智慧，再一次验证了我们已从水电大国走向水电强国，进一步坐实了世界水电超级大国的地位。

一、工程概况

乌东德水电站（图 4-21）位于四川省会东县和云南省禄劝县交界处金沙江干流上，是金沙江下游 4 个梯级的第一级，大坝坝顶高程 988 米，最大坝高 270 米，水库总库容 74.08 亿立方米。电站安装 12 台单机容量 85 万千瓦的水轮发电机组，装机总容量 1020 万千瓦，年发电量 389.1 亿千瓦时。

乌东德水电站枢纽工程为Ⅰ等大（1）型工程，枢纽工程主体建筑物由挡水建筑物、泄水建筑物和引水发电建筑物等组成。挡水建筑物为混凝土双曲拱坝，泄洪采用以坝身泄洪为主、岸边泄洪洞为辅的方式。电站厂房布置于左、右两岸山体中，均靠河床侧布置，各安装 6 台单机容量 85 万千瓦的混流式水轮发电机组。

乌东德水电站是金沙江流域开发的重要梯级工程，开发任务以发电为主，兼顾防洪、拦沙、航运和促进地方经济社会发展和移民群众脱贫致富，同时还有利于改善和发挥下游梯级的效益，增加下游梯级电站的保证出力和发电量。

图 4-21　乌东德水电站

二、规划设计

（一）河流规划情况

金沙江干流以石鼓镇和攀枝花市为界，分为上、中、下三段。石鼓镇以上为金沙江上段，长 984 千米，河道平均比降 1.75‰；石鼓镇至攀枝花市为金沙江中段，长 564 千米，河道平均比降 1.48‰；攀枝花市至宜宾市为金沙江下段，长 783 千米，河道平均比降 0.93‰。

20 世纪 50 年代以来，长江水利委员会、昆明勘测设计研究院、成都勘测设计研究院和中南勘测设计研究院等单位先后对金沙江流域的水利水电开发进行了大量的普查、勘测、规划和设计工作，提出了一系列成果。1960 年长江流域规划办公室编制的《金沙江流域规划意见书》提出金沙江下游河段按乌东德（鲁拉戛坝址）等 4 级开发。1981 年，成都勘测设计研究院提出了《金沙江渡口宜宾段规划报告》，推荐本河段开发方案为同样的 4 级开发。1990 年，长江水利委员会在以往工作成果的基础上，结合有关单位的研究成果，提出了《长江流域综合利用规划简要报告（1990 年修订）》，该报告通过审查并得到国务院的批准。根据河段特点和国民经济发展要求，《长江流域综合利用规划简要报告（1990 年修订）》提出金沙江石鼓至宜宾河段及地区的主要治理开发任务为发电、航运、防洪、漂木和水土保持，推荐金沙江下段分乌东德、白鹤滩、溪洛渡、向家坝 4 级开发。

1999 年 12 月，昆明勘测设计研究院和中南勘测设计研究院提出了《金沙江中游河段水电规划报告》，并于2002年4月通过国家发展和改革委员会组织的审查。该规划报告提出金沙江中游河段的开发任务为：以发电为主，兼顾灌溉与供水、防洪、旅游和水土保持等综合利用效益；推荐金沙江中游河段分8级开发：上虎跳峡、两家人、梨园、阿海、金安桥、龙开口、鲁地拉、观音岩；并指出："观音岩坝址至雅砻江口河段尚有落差38米，因涉及沿江两岸攀枝花市诸多建筑物、工厂及市政设施的搬迁，不宜布置较高梯级。今后可酌情研究分级低水头开发的可能性和合理性。"

观音岩水电站下游有我国西部重要的工业城市攀枝花市，对于观音岩水电站下泄不稳定流对攀枝花市水域景观、取水等不利影响过去未进行全面的分析，在环境保护意识和人水和谐理念日益深入人心的今天，流域和区域经济社会发展对攀枝花河段的治理开发提出了新的要求。为此，四川省发展和改革委员会于2007年6月安排了观音岩坝址至雅砻江汇入口的金沙江攀枝花河段水电规划工作。长江勘测规划设计研究院于2008年8月完成了《金沙江攀枝花河段水电规划环境影响报告书》，2008年11月完成了《金沙江攀枝花河段水电规划报告》，推荐该河段采用金沙—银江两级开发方案，其成果纳入《金沙江中游河段梯级开发规划环境影响评价及对策研究报告（咨询稿）》中。2009年5月，环境保护部批准了《金沙江中游河段梯级开发规划环境影响评价及对策研究报告（咨询稿）》；2009年5月20日，中国水电工程顾问集团公司水电水利规划设计总院审查通过了《金沙江攀枝花河段水电规划报告》。

2009年8月，长江水利委员会完成了《金沙江干流综合规划报告（送审稿）》，提出中下游河段治理开发的主要任务是：发电、防洪、航运、供水与灌溉、水土保持等，推荐金沙江干流中下游河段梯级开发方案为：虎跳峡河段梯级、梨园、阿海、金安桥、龙开口、鲁地拉、观音岩、金沙、银江、乌东德、白鹤滩、溪落渡、向家坝。2009年8月，水利部组织专家和有关部门对该报告进行了审查。审查意见认为："金沙江干流梨园以下的梯级开发方案基本明确，可以按照规划拟定的方案逐步实施。"

乌东德水电站是金沙江流域水利水电开发中的重要梯级工程，是历次规划推荐金沙江干流下游河段开发方案的第一级。

（二）勘察设计工作概况

2003年11月，中国长江三峡集团有限公司与西北勘测设计研究院、长江勘测设计研究院签订金沙江乌东德水电站预可行性研究上、下河段勘察设计合同。合同规定长江勘测规划设计研究院为乌东德水电站预可行性研究勘察设计第一承担单位，负责报告总成，统一承担乌东德水电站预可行性研究中的有关工程建设必要性和工程开发任务、水文、区域和水库地质勘察、工程规模、对外交通规划、建设征地及移民安置规划、送出端规划与环境影响等工作，负责下河段（白滩泥石流沟下游河段）预可行性研究的勘察设计工作，坝址枢纽区地质勘测、枢纽工程、机电及金属结构、施工、投资估算、经济评价、科研等工作；西北勘测设计研究院负责上河段（白滩泥石流沟上游河段）坝址枢纽区的地质勘测、枢纽工程、机电和金属结构、施工和投资估算、经济评价、科研等工作。

两个设计院完成预可行性研究报告篇目如下：综合说明（长江勘测设计研究院、西北勘测设计研究院合编）、工程建设必要性、水文、工程地质（长江勘测设计研究院、西北勘测设计研究院合编）、工程规划、建设征地和移民安置、环境保护、工程布置及建筑物（长江勘测设计研究院、西北勘测设计研究院合编）、机电及金属结构、施工组织设计、投资估算、经济评价、综合评价和结论。

预可研还做了20项专题研究，专题研究报告目录如下：水文气象、供电范围与电力市场研究、防洪库容论证报告、正常蓄水位专题论证、对攀枝花市的影响分析、金沙江雅砻江口—乌东德河段开发方式比较、金沙江乌东德水利枢纽工程场地地震安全性评价补充论证报告、水库泥沙淤积分析研究、对外交通运输方案研究、建设征地和移民安置规划、生态与环境影响初步研究、热水塘断层活动性研究（长江勘测设计研究院、西北勘测设计研究院合编）、金坪子滑坡工程地质勘察报告、德干断裂带研究、混凝土人工骨料碱活性试验研究、乌东德坝址河床深厚覆盖层研究、乌东德坝址泄洪消能研究、天然建筑材料工程地质勘察报告（长江勘测设计研究院、西北勘测设计研究院合编）、乌东德坝址上游围堰设计和乌东德坝址混凝土拱坝施工仿真。

三、工程建设

2011年7月，长江勘测规划设计研究院完成乌东德水电站工程导流洞招标设计报告，8月完成导流洞招标文件的编制。2012年2月，导流洞工程开工。2013年10月，主厂房开始开挖。2014年9月28日，中国长江三峡集团有限公司牵头成立乌东德水电站工程导流洞过流验收委员会并完成专项验收。2014年11月25日，启动乌东德大坝上游围堰防渗墙施工。2014年12月23日，右岸3号和4号导流洞完成首次过流。2014年12月30日，左岸1号和2号导流洞完成首次过流。2015年1月4日，启动大坝下游围堰防渗墙施工。2015年1月20日至21日，金沙江乌东德水电站河床围堰设计专题报告通过专家审查。

2015年1月27日，长江防汛抗旱总指挥部办公室在武汉主持召开乌东德水电站2015年工程度汛方案咨询讨论会，建议尽早对过水围堰实施整体防护。2015年4

月1日至3日，乌东德水电站防渗墙平台度汛设计方案专题研究报告通过专家审查。2015年4月，长江防汛抗旱总指挥部办公室召开2015年乌东德工程防洪度汛方案咨询会和现场检查，并向中国长江三峡集团有限公司发函要求做好乌东德水电站前期工作施工区安全度汛工作。

2015年4月19日，启动上下游围堰防渗墙施工平台缺口回填和过流防护施工（截流）。2015年5月，大坝坝基开始开挖。2015年6月17日，完成上、下游围堰防渗墙施工平台过流防护工程并通过验收。2015年8月，乌东德水电站可行性研究报告通过审查。2015年8月28日，右岸5号导流洞完成首次过流。2015年12月16日，乌东德项目核准通过国务院常务会议审议。

2015年12月24日，中国长江三峡集团有限公司在乌东德水电站工程现场召开建设动员会，标志着乌东德主体工程全面开工建设。

2016年1月31日，大坝围堰上、下游围堰防渗墙浇筑完成。2016年3月17日，上、下游围堰墙下帷幕灌浆施工完毕。2016年4月16日，泄洪洞水垫塘开挖支护启动施工。

2016年5月，中国长江三峡集团有限公司组织成立金沙江乌东德水电站工程截流验收专家组，6月4日通过金沙江乌东德水电站工程截流技术预验收。2016年6月20日，上、下游围堰全部施工完毕，具备挡水条件。2016年7月6日，泄洪洞内开挖与支护完成施工。2016年11月，大坝两岸建基面开挖基本完成。

2016年11月，中国长江三峡集团有限公司组织成立金沙江乌东德水电站大坝工程建基面专项验收委员会。12月27日通过大坝工程建基面技术预验收，3月15日通过大坝建基面专项验收。

2017年3月16日，开始浇筑大坝首仓混凝土。2017年12月30日，泄洪洞水垫塘底板混凝土启动施工。2018年1月17日，大坝水垫塘齿槽首仓混凝土浇筑。2018年3月27日，大坝水垫塘护坦首仓混凝土浇筑。2018年4月11日，二道坝首仓混凝土浇筑。2018年4月25日，大坝水垫塘边坡首仓混凝土浇筑。2018年5月15日，二道坝首仓碾压混凝土浇筑。2018年6月1日，泄洪洞水垫塘开挖与支护完成施工。2018年6月25日，泄洪洞水垫塘底板混凝土完成浇筑。2018年10月14日，启动右岸引导流洞改建。2018年12月26日，大坝主体浇筑完成双百目标。

2019年3月9日，1号、2号导流洞进水塔塔架混凝土施工完成。2019年4月23日，3号、4号导流洞进水塔塔架混凝土施工完成。2019年5月15日，二道坝碾压混凝土浇筑完成。2019年5月31日，右岸进水塔塔体全部浇筑封顶。2019年6月18日，泄洪洞有压段完成浇筑。2019年6月18日，二道坝全线封顶。

2019年7月1日至5日，中国电力建筑集团有限公司水电水利规划设计总院组织专家组在工地开展了蓄水验收基坑进水前专家组现场检查活动。2019年7月4日至6日，中国长江三峡集团有限公司验收专家组在工地开展了基坑进水前验收工作，同意通过乌东德水电站基坑进水前验收。

2019年7月24日，右岸5号导流洞改建混凝土浇筑完成。2019年8月11日，启动坝前基坑充水。

2019年9月2日至6日，中国电力建筑集团有限公司水电水利规划设计总院组织专家组开展金沙江乌东德水电站工程蓄水阶段截流相关工程安全性检查评估专家组活动。2019年9月15日，大坝15号坝段开浇，1号至14号坝段全面浇筑。

2019年10月13日至16日，中国电力建筑集团有限公司水电水利规划设计总院组织专家组开展金沙江乌东德水电站工程3号、4号导流洞下闸现场检查及技术预验收专家组活动。2019年11月初，4号导流洞、3号导流洞开始下闸封堵。

四、超级工程背后的超级技术

与以三峡大坝为代表的重力坝相比，乌东德水电站高拱坝的结构、受力情况更为复杂，是公认的水工界最复杂的建筑物。为确保坝体结构稳定和施工安全，乌东德水电站在设计创新及新材料、新技术的应用上，都走在世界前列。

乌东德坝址是一块天然的好坝址，该坝址处于狭窄河谷，地形完整，构造简单，岩体质量优良，是国内难得的优良高拱坝坝址，但坝址选择的过程充满了艰辛。自20世纪50年代以来，以治理开发和保护长江为己任的长江水利委员会科技人员深入金沙江腹地开展流域规划工作，披荆斩棘开新路，攀崖爬壁绘新图，艰苦卓绝的规划论证长达数十载，拉开了金沙江流域水电开发的序幕。通过对金沙江流域进行了大量普查、勘测、规划和论证工作，富有远见地提出了金沙江下游四级开发方案。2003年，长江勘测规划设计研究院派出精锐队伍挥师金沙江乌东德，进行了长达13年的系统高强度勘测设计研究。

彼时的金沙江急浪滔天，两岸峡深壁千仞，荒山裸露着红土，乌东德罕有人烟。长江勘测规划设计研究院技术人员面临着"山高坡陡、山路崎岖、过江条件差，缺乏水源、没有电、没有通信，更谈不上有蔬菜……勘探设备、生活物资都是肩挑背扛骡子驮"的工作生活环境。设计人员一心扎入工作，克服种种困难，在艰苦闭塞的环境里，共打下13万多米的钻孔与平硐，航拍了2300平方千米的流域面积，地质测绘近万平方千米区域，通过路、洞、孔优化布置立体勘察，创新应用新技术新方法，实现关键部位地质条件精准勘察……仅用两年时间就完成了同类电站需五六年才能完成的任务。长江勘测规划设计研究院的地质专家们历尽艰辛，圆满解决了深厚覆盖层围堰防渗、高高程边坡治理、金坪子滑坡稳定性论证等重大关键技术问题，为乌东德水电站建设奠定了坚实基础。

开工后，作为乌东德水电站工程项目勘测设计总承单位的长江勘测规划设计研究院并没有如释重负，还需要结合乌东德坝址特殊的地理环境做进一步的工程施工设计。长江勘测规划设计研究院常驻乌东德项目工地有数百人，在暗不见天日的山体洞穴中考察勘探，大胆论证。

在水工设计方面，提出大坝体形设计新方法，首创"静力初选，基震调整，设震验证"设计理念，有效解决了Ⅶ级强地震区大坝稳定问题。发明了泄洪消能设计新结构，首次采用"上部封闭自排、下部透水"的半封闭无抽排复合水垫塘，节省工程费用，运行管理便捷。首个采用半圆筒型的调压室，集长廊式和圆筒式调压室优点于一体，既有利于围岩稳定又便于布置金属设备。首创坝身不设导流底孔、四低一高导流隧洞布置新理念，采用"洞塞消能、弧门控泄"的新技术，构建高拱坝中后期导流新体系，实现导流隧洞下闸封堵期金沙江不断流的任务，为建设生态美丽乌东德提供了坚实的保障。利用发电尾水进行大流量全深度集鱼，形成尾水集鱼动水放流的创新集运鱼系统方案，破解高坝枢纽过鱼难题。

在施工技术方面，打造了世界上首座全坝应用低热混凝土的大坝。长江勘测规划设计研究院针对低热水泥混凝土发热速度慢、总发热量小、早期强度低等性能特点，建立了"控高温、防倒温、匀降温、重保温"低热水泥混凝土温控防裂技术体系及标准，提出适合于低热水泥混凝土的4.5米高浇筑层大仓面分期降温保温成套技术，有效降低大坝混凝土温控实施难度、提高最高温度控制保证率，乌东德高拱坝混凝土均匀连续浇筑，未出现一条温度裂缝，为真正意义上的"无缝大坝"。

由长江勘测规划设计研究院牵头研发的百万机组关键技术成功在乌东德推广应用，突破了水电机组单机容量上限，突破了水电机组空冷容量上限，推动了国产新型800兆帕级蜗壳钢板、750兆帕级磁轭钢板的开发和应用，首次采用发明专利技术"水轮机效率加权因子量化方法"大幅提高水轮机水力设计与电站运行方式的对接精度，首次采用低水头下超出力的设计理念，在大容量电站中充分利用水轮机潜能达到效益最大化配置。首次采用地下联合转轮加工厂，成功解决深山峡谷地区巨型机组的大件运输及现场加工技术难题……

创新理念推动工程建设，长江勘测规划设计研究院将一个个奇思妙想转化为现实，为把乌东德工程建成新时代的大国重器提供了坚实的技术保障，并在地质勘察、水工设计、施工技术、机电制造等方面大力推进了中国乃至世界水电科技的发展，巩固了我国在世界水电建设领域的引领地位。

五、工程效益

乌东德水电站是实施"西电东送"战略的骨干电源,除发电外,还具有防洪、航运等巨大的综合效益。乌东德水电站是实现"十三五"规划圆满收官、全面建成小康社会的重要标志性工程,它的建成投产,对于促进国家能源结构调整和实现节能减排目标、助力长江大保护、推动长江经济带发展等具有十分重要的战略意义。

(一)经济影响

乌东德水电站建设对区域经济的正面影响大于负面影响,电站建设对区域经济发展的作用将集中体现在为当地区域经济发展带来发展机会等方面。在提高投资对当地经济发展的拉动作用、增加当地 GDP 总量、扩大财政收入的进程中,当地可依托电站形成更良好的电力环境,以改善区域投资环境,吸引外来投资对当地资源进行更深层次的开发,推动经济资源实现更有效的配置,进一步优化当地产业结构,促进地方经济升级转型。可利用电站建设对移民安置的历史机遇,通过推进库区城镇化发展,进一步缩小区域性的城乡差距,推动当地城镇与乡村的协调发展。电站建设对区域内经济发展的正面影响突出,与当地经济发展的符合性较强,具备良好的经济合理性,有助于促进和保障区域工业体系的发展。

乌东德水电站建设可促进当地农业产业结构的优化。在电站建设淹没沿江耕地后,原有区域经济的单一种植业格局将被畜牧业、林业、特色种植业、渔业和旅游业等多元化产业发展格局所替代。受库区淹没影响较小的林业等特色产业和潜在产业发展的重要性更加突出。库区水面养鱼产业有条件形成区域性渔业,以填补原沿江渔业的产业缺环。库区旅游业发展将带动沿江第三产业的发展。

乌东德水电站建设有助于与当地实现资源的组合开发,有利于促进当地电力与优势资源的结合,进一步构建电矿结合、电农(农产品加工)结合等产业模式,推进当地的新型工业化发展。

乌东德水电站建设可提升当地不同基础设施的功能整合效益。除发电、防洪、灌溉(沿江农业提灌)等功能外,电站库区将形成新型航运交通业发展的运输格局,借助库区的长、短途航运业,可将云南区域经济与四川区域经济连接为一体,可在攀枝花工业经济区与云南库区(禄劝、武定、元谋等县)特色农业经济区之间实现产业发展的互补,进一步发掘本区域经济发展的潜能。

(二)社会影响

乌东德水电站建设在目标、任务、重点等方面,均符合当地社会及其事业发展的要求。电站建设的定位及其所涉及社会各方的利益,既广泛又突出重点。项目建设的社会认同度较高。电站建设的正面社会效应普遍大于负面社会影响,有助于提升当地的新农村和新型工业化的发展程度,有利于地方财政增收对社会事业建设的转移支付,有利于推进区域城乡统筹就业体系的初步建立,有利于推进当地经济社会的可持续发展。乌东德水电站建设的社会风险比较单一,主要集中于移民安置及其社会和谐等方面,其他社会风险及其矛盾多属于可控制和把握的范畴。为此,在本区域建设水电站将不会引发较大的社会危机与问题。但是,在金沙江云南区域实施"16118"移民安置政策过程中,需关注金沙江四川区域内移民的有关反映和动态。

第五节　国内红土层上的第一高坝——亭子口水利枢纽

"润泽川东北,梨乡无水忧",这是四川苍溪人对亭子口水利枢纽的赞誉。这座横跨在嘉陵江上的民生工程,以其兼具的防洪、发电、供水、生态等综合效益,成为梨乡人民格外珍惜的一张名片。

从四川省广元市苍溪县城出发,沿着嘉陵江一路向北,一侧是碧波荡漾的江水,一侧是水墨画般的山峦。在前行15千米后,眼前突然一片开阔,亭子口水利枢纽到了。轰鸣的江水声不绝于耳,清新的水汽扑面而来,山水交错,植被葱郁,这就是亭子口水利枢纽给人的第一感觉——灵秀、隽永。

一、工程概况

亭子口水利枢纽(图4-22)位于四川省广元市苍溪县境内,下距苍溪县城约15千米,坝址控制流域面积61089平方千米,是嘉陵江干流开发中唯一的控制性工程,以防洪、灌溉及城乡供水、发电为主,兼顾航运,并具有拦沙减淤等效益,是四川省的重点工程、国家西部大开发的重点项目。

亭子口水利枢纽工程等别为Ⅰ等,工程规模为大(1)型,由大坝、泄洪建筑物、电站、通航建筑物及灌溉渠首等组成。大坝为混凝土重力坝,坝址为李家咀坝址,坝轴线总长995.4米,坝顶高程465米,最大坝高116米。枢纽布置为:河床中间布置8个表孔、5个底孔及消能建筑物,底孔(兼作排沙孔)布置在表孔左侧,河床左侧布置坝后式电站厂房,河床右侧布置垂直升船机,两岸布置非溢流坝段。坝址上游约400米处布置左、右岸灌溉渠首。亭子口水利枢纽坝址多年平均流量598立方米每秒(1954年至2006年),水库正常蓄水位458米,防洪限制水位447米,死水位438米,设计洪水位461.3米,校核洪水位463.07米,总库容40.67亿立方米。水库预留防洪库容10.6亿立方米(非常运用时为14.4亿立方米),可灌溉农田19.476万公顷,电站装机容量110万千瓦，通航建筑物为2×500吨级。工程静态总投资153.74亿元，总投资168.53亿元。

亭子口水利枢纽主体工程于2009年11月25日正式开工，2013年6月18日底孔下闸蓄水，2013年8月7日首台机组并网发电，2014年5月1日全部机组并网发电，2014年8月枢纽工程通过了正常蓄水位458.0米阶段验收，工程可基本正常运行。

图4-22　亭子口水利枢纽

二、前期论证

（一）流域规划

为提高嘉陵江中下游抗洪能力及配合长江中下游防洪，解决嘉涪、嘉渠之间农田灌溉和城乡供水水源问题，开发嘉陵江丰富的水力资源，改善嘉陵江航运条件，20世纪50年代以来，长江水利委员会、成都勘测设计院、西北勘测设计院、有关省水利水电勘测设计院先后对嘉陵江流域水利水电开发进行了大量的普查、勘测、规划和设计工作，提出了一系列设计成果。

1990年长江水利委员会提出的《长江流域综合利用规划简要报告（1990年修订）》拟定嘉陵江流域开发任务为灌溉、防洪、发电、航运、水土保持及其他，推荐亭子口水利枢纽为近期工程。该报告通过了有关主管部门组织的审查并得到国务院的批准。

1992年，长江水利委员会提出《嘉陵江干流广元至苍溪河段规划报告》，拟定该河段开发任务是：灌溉、防洪、发电、航运及水土保持等，推荐的梯级开发方案为上石盘（468米）、亭子口（458米）、苍溪（373米），同时根据航运需要，增设水东坝（458米）航运梯级，并将亭子口水利枢纽列为第一期开发工程。该规划报告通过了有关主管部门组织的审查并得到四川省人民政府的批准。

（二）前期工作

1993年10月，长江水利委员会全面开展亭子口水利枢纽可行性研究工作，先后提出了《嘉陵江亭子口水利枢纽可行性研究坝址选择专题报告》和《嘉陵江亭子口水利枢纽可行性研究报告》，并都通过了有关主管部门的审查批准。

根据国家项目建设程序，1999年4月，长江水利委员会编制了《嘉陵江亭子口水利枢纽项目建议书》，2000年7月水利部水利水电规划设计总院对该项目建议书进行了审查，2000年8月长江水利委员会完成了项目建议书补充修订稿。

2003年9月，中国国际工程咨询有限公司对补充修订后的项目建议书及长江水利委员会补充完成的《嘉陵江亭子口水利枢纽水库泥沙初步研究报告》《嘉陵江亭子口水利枢纽移民安置规划意见专题报告》和《嘉陵江亭子口水利枢纽项目建议书投资估算》等专题报告进行了评估，提出了评估意见上报国家发展和改革委员会。当时由于项目建设业主没落实，嘉陵江亭子口水利枢纽迟迟未能上马。

（三）业主落实

2005年，中国大唐集团公司发挥央企责任担当，敢于"吃螃蟹"，高瞻远瞩作出了开发建设亭子口项目的重大战略决策，以项目法人责任制、工程监理制、招标投标制、合同管理制和资本金制为主线，联合四川省内的四家公司按照一定的股份比例，共同组建嘉陵江亭子口水利水电开发有限公司，控股参与大型水利工程的建设。

2005年10月，中国大唐集团公司、四川省投资集团有限责任公司、四川省港航开发有限责任公司、四川省水电投资经营集团有限公司、四川省苍溪嘉陵江水利水电开发有限责任公司等5家公司在成都召开了嘉陵江亭子口水利枢纽工程项目法人组建发起人协商会。本着平等互利、相互尊重的原则，通过友好协商，组建以中国大唐集团公司控股、其他4家单位共同参股的项目法人，正式签订了发起人协议书，各方股权比例分别为中国大唐集团公司55%、四川省投资集团有限责任公司20%、四川省港航开发有限责任公司16%、四川省水电投资经营集团有限公司5%、四川省苍溪嘉陵江水利水电开发有限责任公司4%。

发起人协议书签署后，发起人委托中国大唐集团公司开展公司筹建和项目前期工作，中国大唐集团公司成立了中国大唐集团公司嘉陵江亭子口水利枢纽工程筹建处，具体负责项目前期工作。

（四）重新起航

考虑到原编制项目建议书的时效性，受嘉陵江亭子口水利枢纽工程筹建处的委托，长江勘测规划设计研究院在总结以往工作成果的基础上，根据项目所在地及国家国民经济的发展变化情况，按照有关要求，延长了水文系列，对工程规模、工程设计方案等进行了全面复核，对水库移民进行了抽查，对淹没土地进行了详查，并复核了水库淹没实物指标和迁建规划及补偿费用标准，重新编制了《四川省嘉陵江亭子口水利枢纽项目建议书》（2005年修编），上报国家有关部委审批。

2006年，重新编制的项目建议书通过了水利部水利水电规划设计总院的审查和中国国际工程咨询有限公司的咨询。在此基础上，长江勘测规划设计研究院于2006年10月完成了《嘉陵江亭子口水利枢纽坝轴线选择专题报告》，2007年5月完成了《嘉陵江亭子口水利枢纽枢纽布置比选专题报告》。2007年，国家发展和改革委员会对项目建议书进行了批复。

2007年11月，长江勘测规划设计研究院完成了《嘉陵江亭子口水利枢纽可行性研究报告》，并于2007年12月17日至20日在北京通过了水利部水利水电规划设计总院的审查。2009年，国家发展和改革委员会对可行性研究报告进行了批复。

（五）领导关怀

1999年5月，《国务院批转水利部关于加强长江近期防洪建设若干意见的通知》文件中明确要求："要抓紧进行嘉陵江亭子口、岷江紫坪铺等干支流水库的前期工作，落实投资来源，按基本建设程序报批，逐步安排建设。"

2001年3月19日，国务院副总理温家宝在百忙之中考察了亭子口水利枢纽坝址。

2001年6月8日，国务院总理朱镕基到四川省考察时听取了中共四川省委有关亭子口水利枢纽工程汇报并表示支持。

2001年7月至8月，水利部部长汪恕诚、副部长张基尧等领导先后实地考察了嘉陵江亭子口水利枢纽工程坝址，在听取了有关部门的前期工作情况汇报后认为，亭子口电站是一个很好的综合性电站，工程具备了电站建设的两个重要条件：一是解决三峡泥沙问题，二是经济效益问题。

2004年8月5日至8日，国务院总理温家宝在四川省考察工作时，四川省提出希望国家尽快审核亭子口水利枢纽工程项目建议书。

2004年10月，《国务院办公厅关于四川省在温家宝总理考察工作时所提问题和建议办理情况的函》提出："亭子口水库已经列入'十五'期间全国大型水库建设规划，目前该工程存在项目投资过大、资金落实困难以及建设工程的管理体制、运营机制需要进一步研究、理顺等问题。国家发改委将根据今后中央和地方投资落实的可能，以及该水库工程管理体制和运营机制理顺的进展情况，与四川省充分协商，适时启动项目审核程序。水利部也表示将积极配合发改委等有关部门做好该项目的立项工作。"

三、建设历程

（一）初步设计阶段施工安排

亭子口水利枢纽施工总工期为 81 个月。其中施工准备期 22 个月（含准备期 2 个月），主体工程施工期 50 个月，完建期 9 个月。第一台机组发电工期为 72 个月。

工程采用分期建设，一期主要施工右岸导流明渠、纵向围堰及左岸水上部分开发（工期 20 个月）；二期进行基坑开挖，完成后进行大坝混凝土浇筑、电站厂房等主体施工（工期 36 个月）；三期主要施工升船机和右岸非溢流坝段（工期 23 个月）。主要工程量为：土石方 812 万立方米，常态混凝土 269.6 万立方米，钢筋制作安装 69088 吨，帷幕灌浆 6.8 万米，固结灌浆 9.8 万米。

（二）实际建设历程

2009 年 11 月 25 日，亭子口水利枢纽主体工程正式开工。2010 年 1 月 23 日，顺利实现大江截流。2010 年 4 月，主体工程开始建基面开挖。2010 年 7 月 15 日，主体工程首仓混凝土浇筑。2013 年 3 月 10 日，首台机组转子吊装成功。2013 年 6 月 18 日，工程底孔下闸蓄水。2013 年 8 月 7 日，首台机组并网发电。2013 年 12 月 24 日，大坝全线贯通、浇筑到顶。2014 年 5 月 1 日，全部机组并网发电。2014 年 8 月 28 日，枢纽工程通过正常蓄水位 458 米验收。2017 年 8 月 30 日，鱼类增殖放流站通过投入运行验收。2018 年 2 月 9 日，水库调度规程获批复。2018 年 12 月 18 日，升船机实船试验成功。2019 年 6 月 29 日，升船机正式启用。

亭子口水利枢纽建设过程中取得了丰硕的成果，建设者们创造和刷新了我国大型水利水电工程建设的多个纪录：大型水利水电工程国家的审批速度；5 个月建成亚洲特大的天然骨料加工系统；62 天完成了 2 号机组蜗壳安装；单日单仓施工碾压混凝土 1.584 万立方米（世界纪录）；连续 5 个月月均混凝土浇筑强度达 25 万立方米，高峰月强度 28 万立方米（行业纪录）；取出天然骨料碾压混凝土 19.59 米长芯（行业纪录）；提前半年完成 3 万多移民的搬迁安置；国内同等规模电站从开工到发电的速度；大型水利工程当年投产，当年盈利；国内同类型同等规模弧门的安装速度；开汛期下闸蓄水的先例；两台机组"一月双投"等。

四、工程设计关键技术与特点

（一）突破传统思路，创新研究方法，首次提出"固定泄量+补偿调度法"的防洪调度方式，合理确定水库防洪库容

嘉陵江流域洪灾频繁，给两岸人民的生命财产带来了巨大的损失，迫切需要治理。

长江勘测规划设计研究院在项目可行性研究咨询成果中，首次提出"固定泄量 + 补偿调度法"的防洪调度方式，分析确定亭子口水库预留正常防洪库容10.6亿立方米（非常运用为14.4亿立方米），与城市堤防建设相结合，可将以南充市为代表的中游地区沿江城市防洪标准提高到50年一遇，沿江乡镇、相对集中居民区及农田的抗洪能力提高到10年一遇；在长江中下游遭遇严重灾情洪水或嘉陵江中下游遭遇超标准洪水时，可削减长江中下游成灾水量约8.6亿立方米或者大幅减轻嘉陵江中下游洪灾损失。这既可以满足流域防洪规划要求，又可以使工程投资减少1900万元，年发电量增加5300万千瓦时。

（二）高水头泄洪底孔体型与跌坎式消力池联合新技术应用

高水头泄洪底孔体型与跌坎式消力池联合技术新颖实用，有效地解决了高水头弧形闸门止水、底孔明流段和消力池内高速水流下的空蚀问题，使消力池内的临底流速由近40米每秒降低到17米每秒，显著减轻了立轴和横轴漩涡对消力池的破坏，保证了消力池的运行安全，为大坝的稳定提供了可靠的保障，并大大降低了工程造价，加快了施工进度，取得了显著的经济效益。"大坝高水头底孔突扩突跌体型与跌坎式消力池联合新技术"达到国际先进水平，提升了我国高水头泄洪消能建筑物设计、施工及科研水平，对推动我国水利水电行业科技进步具有积极作用。

（三）水电站坝式进水口分层取水技术研究与应用

水电站坝式进水口分层取水技术紧密结合亭子口水利枢纽工程需求，通过对坝式分层取水的水动力学特点、结构受力特性及下泄水温过程等关键技术难题加以研究，提出合理的分层取水结构布置方案和叠梁门运行调度方案，满足环境保护的生态要求，具有显著的生态效益和经济效益。鉴定结论一致认为，上述两项成果分别达到国际先进水平和国内领先水平。"水电站坝式进水口分层取水技术研究与应用"处于国内领先水平，该技术在同类工程中的推广应用，具有示范借鉴作用，社会效益和生态效益明显。

五、工程效益

亭子口水利枢纽是央企承建和运营的第一家公益性水电工程，是民生工程、完善长江流域防洪体系六大重点工程之一、四川省确定的"再造一个都江堰灌区"骨干工程。

（一）防洪效益

嘉陵江是长江上游洪水的主要来源之一，亭子口水利枢纽是控制嘉陵江洪水的控制性工程，具有对嘉陵江中下游和长江中下游双重防洪的作用。水库总库容40.67亿立方米，预留防洪库容10.6亿立方米（非常运用时为14.4亿立方米）。在下游沿岸堤防的配合下，水库动用正常运用的防洪库容可将下游南部市以及苍溪、阆中、南充、仪陇、蓬安和武胜等县级城市的防洪标准提高到50年一遇，可将下游沿江乡镇和其他相对集中居民区及农田的防洪能力提高到10年一遇；在长江中下游遭遇严重灾情洪水时或嘉陵江中下游遭遇超标准洪水时，动用全部防洪库容，可削减遇1954年型或1998年型典型大洪水长江中下游成灾水量8.6亿立方米，或者大幅减轻嘉陵江中下游地区洪灾损失。

2018年7月11日，亭子口水利枢纽遭遇工程建成使用以来最大规模洪水，入库洪峰流量达25130立方米每秒，重现期约为50年。经过科学调度，枢纽首次8个表孔弧门全开，同时开启3个底孔，亭子口水库最大出库流量控制为16790立方米每秒，有效滞洪8.1亿立方米，削减洪峰流量8340立方米每秒，削峰率达33%，成功将超50年一遇洪水削减至6年一遇，极大减轻了下游苍溪、阆中、南充等城市防洪压力，避免了下游上百万群众紧急避险搬迁，为战胜长江2018年2号洪峰做出了重要贡献。

（二）灌溉效益

亭子口水利枢纽位于亭子口灌区的上游，调节库容17.32亿立方米，可通过自流引水方式为灌区提供充足的水源，被称为"当代都江堰，水润川东北"的水利民生工程。设计水平年2030年年平均引水12.61亿立方米，是唯一可根本解决灌区内292万余亩耕地的农业灌溉用水、3座县城工业生活用水、灌区范围内213个乡镇生活用水及农村饮水困难的重要工程，也是补充升钟水库灌区水源不足的优选水源方案。

（三）发电效益

亭子口水利枢纽装机容量110万千瓦，保证出力16.3万～18.7万千瓦，设计年平均发电量29.51亿～31.75亿千瓦时。工程建成后，将是川东北地区规模最大的具有年调节能力的大型水电电源，结束了川东北地区缺乏大型骨干电源的历史，可有效缓解川东北地区电网调峰容量不足的紧张局面，同时还可以提高下游15座梯级电站的保证出力18.8万千瓦，增加多年平均发电量约4.5亿千瓦时，可为川东北地区经济社会可持续发展提供能源保障。

截至2018年12月，亭子口水电站累计发电超130亿千瓦时，相同电量减少标准煤消耗520万吨，减少排放碳粉尘超353万吨、二氧化碳近1296万吨、二氧化硫（氮氧化物）等有毒有害气体近21万吨。2018年11月3日到15日疏通金沙江堰塞湖期间，积极配合四川电网调度，推迟年度机组检修计划，累计发电量超1.1亿千瓦时，充分展现了"骨干"担当。

（四）航运效益

嘉陵江为一条通航河流，是西南地区重要的战略交通航道，也是交通部2010年前规划建设的渠化示范航道。然而，历史上嘉陵江河段滩多水急，枯水期水深不足，严重影响航运事业的发展。

亭子口水利枢纽是渠化嘉陵江航道的重要梯级，工程建成后，不但可以渠化嘉陵江广元至苍溪河道内干流、支流约200千米的航道，还可以增加下游枯季流量111立方米每秒，将进一步改善下游通航条件。

通航建筑物（升船机）设计年单向通过能力320多万吨，属于全国内河航道与港口布局规划方案"两横一纵两网二十八线"中的一线，是嘉陵江实现全江通航及高等级航道达标升级的龙头枢纽，将为广元市融入国家"一带一路"发展带来新的机遇和动力。

（五）拦沙效益

嘉陵江是长江支流中的多沙河流。嘉陵江泥沙是三峡入库泥沙的主要来源之一，约占三峡水库入库泥沙量的27%，而亭子口水利枢纽上游的西汉水和白龙江又是嘉陵江泥沙的主要来源，约占嘉陵江泥沙总量的50%。

亭子口水利枢纽建成后，可为三峡水库库尾的重庆港每年减少输泥沙6400万吨，占嘉陵江总输沙量的45%，可明显减小三峡水库的入库泥沙量，延缓三峡水库的淤积，有利于三峡水利枢纽的综合利用效益的充分发挥。同时，还可以减少下游嘉陵江已建和待建的15级低水头径流式梯级水库的泥沙淤积，延长下游梯级水库寿命。

在嘉陵江上，国内红土层116米第一高坝巍峨挺立，守护一江安澜；"再造一个都江堰灌区"灌溉近20万公顷农田，滋润沃野千里；110万千瓦装机，提供清洁能源，点亮老区人民美好生活，成就川东北电网"支撑点"……川东北人民期盼半个多世纪的亭子口工程，在改革开放的历史大潮中变成现实，一座治水兴水、造福老区、公益共赢的历史丰碑熠熠生辉。

第六节　乌江流域最大的水电站——构皮滩水电站

一、工程概况

构皮滩水电站（图4-23）位于贵州省余庆县境内，是乌江干流梯级开发的控制性工程，乌江干流水电开发的第七个梯级电站，上游距乌江渡水电站137千米，下游距思林水电站89千米，是贵州省和乌江流域最大的水电站。构皮滩水电站坝址控制流域面积43250平方千米，多年平均径流量226亿立方米，水库具有年调节性能。工程开发的主要任务是发电，兼顾航运、防洪等综合利用。

构皮滩水电站正常蓄水位630米，死水位590米，水库总库容64.51亿立方米，调节库容 29.02 亿立方米，死库容 26.62 亿立方米，电站装机容量 300 万千瓦，多年平均发电量 96.82 亿千瓦时。

图 4-23　构皮滩水电站

枢纽工程由拦河大坝、坝身泄水孔口以及下游水垫塘和二道坝、左岸泄洪洞和通航建筑物、右岸地下引水发电系统等组成。

拦河大坝为抛物线形混凝土双曲拱坝，坝顶高程 640.5 米，河床建基面高程 410 米，最大坝高 230.5 米，坝顶弧长 552.55 米，厚高比 0.216。

工程泄洪以坝身泄洪为主，岸边泄洪为辅，河床溢流坝段布置 6 个表孔、7 个中孔泄洪，坝下设水垫塘消能，左岸布置 1 条泄洪洞辅助泄洪。构皮滩水电站坝址区属窄河谷地形，地质构造复杂，对工程设计及建设提出了巨大挑战，如何设计及建设泄洪消能系统就是其中之一。在建设过程中，通过不断深入研究和技术攻关，创新提出"分散水舌、控制碰撞、分区消能"理念，成功突破了"高水头、大泄量、窄河谷、软基础"高拱坝泄洪消能的难题。

电站厂房为首部式地下厂房，布置在右岸，共安装 5 台 60 万千瓦水电机组，采用引水系统单机单洞，尾水系统二机一洞加一机一洞、主厂房和主变洞，调压室三大洞室平行的布置格局。

通航建筑物为三级垂直升船机，布置在左岸煤炭沟至野狼湾一线，设计通航标准为Ⅳ级航道，可通行 500 吨级船舶。

二、规划论证

构皮滩水电站设计工作始于 20 世纪 80 年代。1981 年，长江水利委员会开始对构皮滩水电站进行勘察。

1989年，国家计划委员会对长江水利委员会与贵阳勘测设计院共同编制完成的《乌江干流规划报告》进行了批复，同意"乌江干流梯级开发方案可按普定、引子渡及洪家渡、东风、索风营、乌江渡、构皮滩、思林、沙沱、彭水十个梯级考虑"。

1989年，国家环境保护总局批复了《乌江构皮滩水利枢纽环境影响报告书》。

1991年6月，水利部水利水电规划设计总院会同贵州省计划委员会审查通过了长江水利委员会提交的《乌江构皮滩水利枢纽可行性研究报告》（原设计阶段，基本相当于现预可行性研究报告）。同年10月，能源部批复同意《乌江构皮滩水利枢纽可行性研究报告审查意见》。

2001年12月27日至30日，受国家经济贸易委员会委托，中国水电顾问有限公司在北京审查通过了长江勘测规划设计研究院提交的《乌江构皮滩水电站可行性研究报告（等同初步设计）》。2002年6月，中国水电顾问有限公司以《关于印发乌江构皮滩水电站可行性研究（等同初步设计）报告审查意见的函》下发了审查意见。

2002年9月，受国家计划委员会委托，中国国际工程咨询有限公司在贵阳召开了乌江构皮滩水电站项目建议书评估会。2003年初，国家计划委员会批复了《构皮滩水电站项目建议书》。

2003年6月，中国国际工程咨询有限公司对《乌江构皮滩电站可行性研究报告》进行了评估。2003年10月，国家发展和改革委员会批准《乌江构皮滩水电站可行性研究报告》。

2003年11月，构皮滩水电站主体工程正式开工兴建，招标阶段和施工详图阶段的设计工作全面展开。

2005年11月，国家发展和改革委员会办公厅明确构皮滩水电站通航建筑物与电站同期建设、同期发挥效益。

三、建设历程

2001年11月开始施工准备，2003年11月8日正式开工建设，2004年大江截流，2007年8月成立构皮滩发电厂，2008年大坝下闸蓄水，2009年7月31日首台机组投产发电，同年12月30日5台机组全部投产发电，2011年12月工程全面完建。

构皮滩水电站的建设历程，实现了破土动工后一年全面启动、两年正式开工、三年大江截流、四年大坝开始浇筑、五年启动机电安装工作、七年水库蓄水、八年投产发电等一个个关键目标，创造了国产60万千瓦巨型水轮发电机组"一年五投"的水电建设佳绩。

四、工程设计关键技术与特点

构皮滩水电站工程由大坝、泄洪消能建筑物、地下电站、导流建筑物等组成。其中,拦河大坝为河床布置混凝土抛物线型双曲拱坝,最大坝高 230.5 米,厚高比 0.216,为强岩溶地区特高双曲拱坝;坝身最大泄量 25840 立方米每秒,最大泄洪功率 37940 兆瓦,均居国内外已建双曲拱坝之首;地下厂房与主变洞间距 30 米,约为厂房跨度的 1.1 倍、厂房高度的 0.41 倍,为国内外复杂岩溶地区规模最大、岩柱最薄的地下厂房;电站调压室高度 113 米,为当今世界之最;电站尾水地下洞室群 75% 穿越软岩地层;导流设计标准对应的洪水流量为 13500 立方米每秒,导截流工程规模巨大;地下电站装设 5 台单机容量 60 万千瓦水电机组,是首个系统开展调频调峰运行研究的巨型机组。以上多项指标均居国内外同类工程之首或前列,在特高拱坝、泄洪消能、地下电站、岩溶处理及机电等方面设计难度巨大,均被长江勘测规划设计研究院逐一破解。

(一)成功破解"高水头、大泄量、窄河谷、软基础"高拱坝泄洪消能难题

由于构皮滩水电站坝址区属窄河谷地形,地质构造复杂,且下游 200 米的地方属于黏土岩和页岩,抗撞能力差,防护的压力特别大,对高拱坝泄洪消能设计及建设提出了巨大挑战。长江勘测规划设计研究院通过不断深入研究和技术攻关,创新提出"分散水舌、控制碰撞、分区消能"理念,成功突破了"高水头、大泄量、窄河谷、软基础"高拱坝泄洪消能的难题。在建设过程中,采取了长江勘测规划设计研究院提出的表孔不对称扩散加分流齿,然后中孔采取差动式布置,加水垫塘的封闭抽排,及泄洪道辅助消能的一种综合泄洪消能方案,解决了高拱坝的世界性难题。

(二)成功开发出最优点效率高、横向效率圈宽、适合调频调峰电站高效稳定运行的新型水轮机

构皮滩水电站作为西电东送的主力电站之一,安装 5 台发电机组,装机容量 300 万千瓦,设计年发电量 96.82 亿千瓦时。截至 2019 年 8 月 6 日,累计发电量 761.24 亿千瓦时,总产值为 187.45 亿元。但是当初在设计安装发电机组时,却遇到了不小的困难。构皮滩发电厂平常面临的问题就是开停机很频繁,再加上负荷变化会很大,要求水轮机要有一个效率很高的高效区,又要求高效区的范围非常大,在现实中这两点是很难同时满足的。构皮滩水电站使用的是 60 万千瓦发电机组,而当时国内自主生产的发电机组最大的才 30 万千瓦,60 万千瓦的水轮发电机组只能从国外进口。为打破国外技术封锁,设计单位及建设单位决定自主研究,长江勘测规划设计研究院通过不断探究,进行模型实验,最终研发出一种新型水轮机叶片,满足最优点效率高、横向效率圈宽、适合调频调峰电站高效稳定运行,成功解决了这一难题。在贵州省科

学技术厅组织的成果鉴定会上,对该项研究成果的评价达到了国际领先水平。构皮滩水电站这 5 台发电机组从研发到制造,都是国内自己的技术,为后面的 100 万水轮发电机组打下了很好的科技基础,积累了很多经验。

(三)通航建筑物多项指标居世界之最

构皮滩水电站在发电的同时,还要兼顾通航,通航设施按Ⅳ级航道、500 吨级船型标准同步建设,同步发挥效益。构皮滩水电站通航建筑物位于枢纽左岸,通航建筑物设计水头 199 米,采用带中间渠道的三级垂直升船机方案,由上下游引航道、三级垂直升船机和两级中间渠道组成,线路总长 2181.7 米,三级升船机最大提升高度分别为 52 米、127 米和 79 米,年单向设计通过能力为 142.1 万吨。

由于工程条件的特殊性,构皮滩升船机技术方案在诸多领域都有所创新和突破,并创下通航总水头、单级提升高度、主提升设备规模等多项技术指标的世界之最,也带来了一系列没有工程先例的技术难题。为保证工程的顺利实施和安全运行,经中国国际工程咨询有限公司组织专家评审,确定了该项目需要开展科研攻关的 9 个关键技术研究课题。通过科研招标,长江勘测规划设计研究院承担了全部 9 个课题的研究工作。

构皮滩通航工程最大的特点体现在两个方面:一个是它的建筑物,在国内是很有特色的,它包含了下水式升船机、隧洞、明渠、渡槽,还有全频式升船机,简直就是一个升船机博物馆,目前国内常用的升船机在这都能找到它的模板;另一个特点就是,建成之后,其第一、三级是世界上最大下水式升船机,它的最大提升力达到 18000 千牛,目前在国内也是没有先例的,第二级升船机是 127 米的提升高度,比三峡和向家坝升船机都还要高,是一项世界级的通航工程。

五、工程效益

在乌江干流开发各梯级中,除调节库容仅略小于洪家渡水库外,构皮滩水电站的保证出力、装机容量和年发电量均位于各梯级之首。建设构皮滩水电站,不仅能发挥洪家渡等上游已建梯级的补偿效益,而且还可以促进下游待建梯级相继开发,继而为全线渠化乌江航道创造条件。构皮滩水电站项目发电效益巨大,还是渠化乌江航道的重要环节,并能提高乌江下游沿江城镇抗洪能力及配合长江中下游防洪,在乌江干流具有承上启下的重要地位,是乌江干流开发的关键性工程。

(一)发电效益

构皮滩水电站装机容量 300 万千瓦,保证出力 75.18 万千瓦,多年平均发电量 96.82 亿千瓦时,机组年利用时长 3222 小时,水量利用系数 96%。

构皮滩水电站上游已建的乌江渡、东风、洪家渡和引子渡等梯级总调节库容达

57亿立方米，可补偿构皮滩水电站保证出力和年发电量分别达16.9万千瓦和2.7亿千瓦时。构皮滩水库调节库容达31.54亿立方米，可补偿思林、沙沱和彭水等3级电站的保证出力和年发电量分别达22万千瓦和2.3亿千瓦时。

构皮滩水电站地处"西电东送"的前沿坡地，装机规模大，调峰性能优，输电距离适中，是向广东供电的外区电源中综合条件最好的水电电源点之一。电站建成后与贵州火电相匹配，水火互济，黔电送粤，可提高南方电网运行的经济性和安全性，是"西电东送"南部通道中承东启西、承南启北的骨干支撑电源点。

（二）航运效益

乌江是贵州省主要通江航道，但由于河床比降大，险滩多，至今未能实现干流全线通航。新中国成立后，经过多次对险滩的整治，打通了构皮滩下游约10千米的大乌江至涪陵的445千米航道，大乌江以上尚不通航。《长江流域综合利用规划简要报告（1990年修订）》明确："乌江实现梯级渠化以后，加上对水库回水变动区的整治和疏浚，通航河段延伸到乌江渡库区。航道标准，乌江渡坝下至河口段航道，远景按Ⅳ级考虑，乌江渡坝下到白马航道近期按Ⅴ级考虑，乌江渡以上航道待进一步研究后确定。"煤、磷是贵州省大宗外运物资，主要分布在乌江上游和黔西地区，目前外运以铁路为主，受铁路运力限制，尚不能大量外运；乌江两岸农用物资运输也存在困难，亟须打通乌江航道，沟通与长江中下游的联系，以适应经济发展需要。

构皮滩库区内共有险滩105处，其中包括乌江仅有的4个特等险滩即潕塘、天生桥、镇天洞和一子三滩。4个特等险滩集中落差89.41米，成为该河段通航的主要障碍。

构皮滩水电站位于目前乌江通航河段起运点大乌江上游约10千米，正常蓄水位630米回水至乌江渡坝下，可全部淹没该河段4个特等险滩，形成长达137千米的深水航道，待乌江渡通航建筑物建成后，可将乌江航道延伸至野纪河河口，共延长通航里程约200千米。

构皮滩水库调节库容31.54亿立方米，单独运用可增补下游枯水期流量约200立方米每秒，与在建的洪家渡和已建的东风、乌江渡水库联合运行，总的调节库容达80多亿立方米，可增补下游枯水期流量约500立方米每秒，有效改善下游河道枯水期的通航条件。

（三）防洪效益

根据长江流域规划及枢纽设计等相关要求，构皮滩水库承担了乌江干流中下游防洪和配合三峡水库对长江中下游防洪的双重任务。水库在正常蓄水位630米以下预留了4亿～2亿立方米防洪库容并分期运用：6月至7月防洪限制水位为626.24米，预留防洪库容4亿立方米，8月乌江主汛期已结束，防洪限制水位为628.12米，预留2亿立方米防洪库容。

构皮滩水电站对乌江干流防洪的主要防护对象为思南、沿河、彭水、武隆等沿江城镇，以及位于思南县的塘头粮产区。上述城镇的老城区均分布在沿江两岸一级阶地，在梯级枢纽未建及沿江堤防建设未达标情况下，沿江县城的防洪能力均不足5年一遇，塘头粮产区仅为2年一遇。根据规划，在乌江干流梯级电站联合防洪运行及堤防建设达标后，沿江县城防洪标准需达到20年一遇，塘头粮产区防洪标准应达到5年一遇。

配合长江中下游防洪方面，构皮滩工程控制流域面积约占宜昌以上流域面积的4.3%，根据新中国成立以来汉口站超过警戒水位26.3米的21个典型洪水分析，其中有14个发生在乌江主汛期7月，此时构皮滩水库留有4亿立方米防洪库容；有5年发生在8月至9月初，此时构皮滩水库留有2亿立方米防洪库容；2年发生在9月中旬以后，此时构皮滩水库为满足发电要求，防洪库容已基本充满。在21年典型洪水中，乌江（武隆站）来水均较丰，同期24小时洪量达3亿~13亿立方米，能保证在洪水期充满防洪库容。在长江中下游洪水期，三峡水库根据长江中下游防洪控制水情，按《长江三峡水利枢纽工程初步设计报告》拟定的调度方式进行补偿调度，构皮滩根据三峡水库的蓄水情况，有计划地削减进入三峡水库的洪量。根据对长江上游干支流水库配合三峡水库运用的研究，构皮滩6月至7月预留防洪库容4亿立方米，8月预留防洪库容2亿立方米，各典型洪水平均可削减长江中下游超额洪量（分洪量）1.57亿立方米。

六、总结

构皮滩电站不仅是乌江水电梯级开发中的控制性工程，也是国家"西电东送"工程中承东启西、承南启北的骨干电源支撑点。构皮滩电站下闸蓄水后，贵州省第一大人工湖泊正式形成，形似飞龙，取名为飞龙湖，2019年成为"飞龙湖国家湿地公园"。构皮滩水电站的建立，彰显了水电开发与自然环境和谐共生的新路，装点了乌江开发的新风貌，让美丽的贵州更加多彩。

第七节　世界最高面板坝——水布垭水利枢纽

一、工程概况

清江水布垭水利枢纽（图4-24）位于湖北省巴东县境内，上距恩施市117千米，下距隔河岩水利枢纽92千米，是清江梯级开发的龙头枢纽。水布垭工程水库正常蓄水位 400 米，相应库容 43.12 亿立方米，总库容 45.8 亿立方米，装机容量 184 万千瓦，是以发电、防洪、航运为主，并兼顾其他的水利枢纽工程。据初步测算，水布垭水电站投产后，将显著增加清江下游已建隔河岩和高坝洲 2 座电站的调峰调频能力，届时清江流域的 3 座电站（水布垭、隔河岩、高坝洲）将可承担华中电网 10% 左右的调峰任务，清江流域将成为华中电网清洁、可靠的调峰调频电源基地。水布垭水库是长江中下游防洪体系的重要组成部分，水布垭水库预留的 5 亿立方米防洪库容与隔河岩水库已预留的 5 亿立方米防洪库容联合调度运行，可有效减轻荆江河段的防洪压力，提高长江中下游地区的防洪标准。

图 4-24　水布垭水利枢纽工程

水布垭水利枢纽工程为Ⅰ等大（1）型水利水电工程。主体建筑物有混凝土面板堆石坝、河岸式溢洪道、右岸地下式电站厂房和放空洞等。水布垭混凝土面板堆石坝为目前世界上最高的面板坝，坝顶高程 409 米，坝轴线长 660 米，最大坝高 233 米，坝顶宽 12 米。大坝上游坝坡 1∶1.4，下游平均坝坡 1∶1.4。大坝填筑量包括上游铺盖在内共 1526 万立方米。面板厚 0.3~1.1 米，受压区面板宽 16.0 米，受拉区宽 8.0 米，面板面积 13.84 万平方米。趾板采用坝前设标准板、下接防渗板的结构形式，标准板宽 6~8 米，厚 0.6~1.2 米，防渗板宽 4~12 米，趾板与基岩间设有锚筋连接。周边缝结构在高程 275 米以下采用底、中、顶 3 道止水，高程 275 米以上取消中部止水，设底、顶 2 道止水，面板垂直缝设有底、顶 2 道止水。

河岸式溢洪道布置在左岸，由引水渠、控制段、泄槽段（含挑流鼻坎）和下游防冲段组成。下游防冲段采用防淘墙的结构形式。放空洞布置在右岸，其主要作用为水库放空，中、后期导流和施工期向下游供水等。由引水渠、有压洞（含喇叭口）、事故检修闸门井、工作闸门室、无压洞、交通洞、通气洞以及出口段（含挑流鼻坎）等组成。有压洞段长530.24米，洞径11.0～9.0米。无压洞段长532.63米，底板坡度为0.2～0.055，洞室净空尺寸为7.2米×12.0米（宽×高），为城门洞形。

引水式地下发电厂房，布置在坝址河段的右岸山体内，电站安装4台混流式水轮发电机组，单机容量40万千瓦，总装机容量160万千瓦。保证出力31万千瓦，年平均发电量39.2亿千瓦时。电站建筑物包括引水渠、进水口、引水隧洞、主厂房、安装场、母线洞、尾水洞、尾水平台、尾水渠、500千伏变电所、交通洞、通风洞和厂外排水洞等。引水隧洞采用一机一洞，平均长387.9米，圆形断面内径8.5～6.9米。地下厂房尺寸为168.5米×23米×67米（长×宽×高），装机高程187.2米。尾水洞亦采用一机一洞，平均长313.18米，圆形断面内径为11.3米。

二、勘测设计情况

从流域规划到预可行性研究，再到可研阶段坝址选择，长江水利委员会做了大量的工作。从1954年开始长江水利委员会就对清江流域的综合利用与开发进行了研究，于1964年提出了《清江流域规划报告》。1986年又提出了《清江流域规划补充报告》，推荐恩施以下清江干流最上一级以水布垭坝址为代表的3级梯级开发方案。1993年底，对流域规划进行了补充修订，提出了《清江流域规划报告（1993年修订）》。该规划报告于1994年1月通过审查。1994年2月，湖北省人民政府会同电力工业部审查批复了《清江流域规划报告》（1993年修订）。1994年12月，湖北省人民政府会同电力工业部审查批复了《湖北清江水布垭水电站预可行性研究报告》。1995年9月，湖北省人民政府会同电力工业部审查批复了《湖北清江水布垭水电站坝址选择报告》。1999年4月，湖北省人民政府会同国家经济贸易委员会审查批复了《湖北清江水布垭水电站可行性研究报告（等同初步设计）》。

水布垭工程不仅地质条件复杂，而且是当今世界最高的面板堆石坝，地下厂房除顶拱以外，边墙大部分置于软岩岩层中，施工期洞室围岩稳定性极差，面临的技术难题很多，长江勘测规划设计研究院根据工程建设需要，积极承担或主动进行对水布垭工程设计、施工中的技术难题研究，组织各专业技术骨干，在充分进行国内外调研的基础上，进行联合攻关。先后完成了可行性专题研究、特殊科研、导流隧洞优化设计专题报告、基础帷幕灌浆试验专题报告、施工组织设计专题报告、大坝提前一年完成填筑专题报告等，并进行了爆破试验、碾压试验、强夯试验等现场生产性试验，分阶段、多层次地解决设计及施工中的难题，为水布垭工程顺利建设提供了技术保障。

三、工程建设

水布垭工程于2000年1月正式开工，2002年10月大江截流，2006年10月通过蓄水验收，2007年7月第一台机组发电，2008年8月4台机组全部发电。2010年9月16日，水布垭工程竣工安全鉴定工作通过验收。2011年4月枢纽工程专项竣工验收顺利通过，2011年11月电站工程档案通过国家档案局验收，工程劳动安全与工业卫生专项通过国家安全生产监督管理总局的验收。2012年12月，工程竣工阶段移民安置通过省级验收。

在工程施工过程中，水布垭工程建设获得了多项奖励。《水布垭面板坝筑坝技术》《WHDF混凝土增强密实（抗裂）剂的研制及其在水工中的应用》《水布垭面板坝应力变形分析》《大坝裂缝和温度监测的分布式光纤传感技术研究与应用》《卸荷岩体力学理论及其在水电工程中的应用》和《软硬相间地层大型地下厂房工程关键技术研究及实践》获得湖北省科技进步奖一等奖，《200米级高坝混凝土面板坝配套技术》获评"九五"国家重点科技攻关计划优秀科技成果，2010年3月28日获第九届中国土木工程詹天佑奖。2011年1月，水布垭超高面板堆石坝筑坝关键技术及应用获国家科技进步二等奖。2013年7月《水布垭水利枢纽工程勘察》获全国优秀水利水电工程勘察金奖。2014年获菲迪克2014年工程项目优秀奖。2018年12月26日，湖北清江水布垭水电站工程通过竣工验收。

四、工程设计关键技术与特点

水布垭混凝土面板堆石坝高233米，为世界最高的面板堆石坝。在勘测设计中，水布垭水电站选择什么样的坝型，长江勘测规划设计研究院经历了一番苦心研究。

水布垭有着特殊的地形地质条件，坝址两岸呈不对称"V"形谷，建坝基岩岩层软硬相间，坝区断层、岩体裂隙、层间剪切带、岩溶现象较为发育，如果选择混凝土坝型，基础处理复杂，工程量巨大。长江勘测规划设计研究院研究认为，水布垭大坝更适合建当地材料高坝。

在水利水电工程界，作为当地材料坝之一的面板堆石坝以其适应地形地质条件能力强、安全性好、方便施工和投资省的优势，受到业主的青睐。但是，面板堆石坝也有先天不足，它的支撑体为堆石，施工期与运行期的变形较大，而防渗系统为单薄的混凝土与在薄板中设置的止水结构，适应变形的能力差，在筑坝材料与河谷形态大致相当的条件下，坝体的变形随着坝高的平方增加。因此，防渗系统能否适应其变形规律是面板堆石坝的关键技术问题。

长江勘测规划设计研究院朝着建世界最高面板堆石坝的目标，联合全国各有关高校、科研单位，开展了以水布垭工程为依托的"九五"国家科技攻关项目"200米级高混凝土面板堆石坝研究"，进行了筑坝材料工程特性、应力变形分析、面板混凝土抗裂及耐久性、止水结构与材料和原型观测5个专题的研究，200米级高面板堆石坝的关键技术问题逐一破解。

在工程招标与技施设计阶段，长江勘测规划设计研究院在确保工程安全的基础上，开展了以方便施工、降低工程造价为目的优化设计，针对性地开展了堆石体分区优化及软岩利用、河床覆盖层利用、面板与垫层等特殊边界力学试验及模拟方法、接缝止水结构与材料、堆石体流变特性、大坝施工程序与度汛措施、面板混凝土配合比、挤压边墙工程特性及对面板受力状态影响等十多项特殊科研与专题研究工作，并将研究成果运用到工程施工中。

对河床砂砾石覆盖层的处理，常规的方法是"全挖全填"，安全可靠，但相应带来较大的工程量。长江勘测规划设计研究院在进行专题研究充分论证的基础上，采用了部分保留河床砂砾石覆盖层并采取强夯处理的设计方案，既减轻了截流后基坑中的工作量，又有效地减小了覆盖层的沉降变形，在施工进度上又保证了一期度汛断面的顺利实现。实施结果显现，节省挖、填量各25万立方米，节省工程造价1000多万元。根据工程进展到目前的变形观测，覆盖层的最大变形仅10厘米，远小于设计预估值，大坝沉降变形在206厘米，基本在设计计算预估范围。

面板裂缝是面板堆石坝存在的普遍问题，为了减少和避免裂缝的产生，长江勘测规划设计研究院针对水布垭堆石坝混凝土面板的特点，通过大量的试验研究，提出了采用较小的水胶比，选用具有微膨胀性的中热水泥，掺Ⅰ级优质粉煤灰与高效外加剂的配合比，并创造性地在面板混凝土中采用新型抗裂材料——聚丙烯腈，有效地提高了混凝土的施工性能和早期抗裂能力。从浇筑效果来看，既在施工的过程中有效地保证了混凝土骨料的均匀性，使坍落度的损失降低到最低程度，又避免了温度性裂缝的产生。

长江勘测规划设计研究院以国家建设为己任，一心为业主着想，在水布垭工程展开了全方位的优化设计，一项项新技术、新材料、新工艺在工程施工中得到广泛应用：对垫层料的上游面保护采用挤压边墙，简化了上游填筑工艺与保护措施；在坝体填筑中采用附加质量法检测干密度，快速、有效地控制坝体填筑质量；趾板采用标准板与防渗板的结构形式，将一部分趾板布置在坝体内，减少了趾板的开挖；趾板不设永久伸缩缝、预留宽槽，简化了趾板结构、防止裂缝产生；通过调整上、下游围堰堰顶高程控制坝面流速，简化了坝面度汛保护措施……

水布垭工程蓄水验收专家这样评价长江勘测规划设计研究院的勘察设计工作：前期深入细致的地质勘探和相关研究工作，为工程地质条件的正确认识和评价奠定了基础，也为优化设计创造了良好条件。施工开挖检验，与前期工程地质认识和结论一致，为工程的顺利建设提供了保证。为了解决峡谷地区修建高混凝土面板堆石坝的技术难题，科研为做好大坝的关键技术设计提供了支持和依托，为保证大坝的设计安全打下了良好的基础。总体而言，水布垭混凝土面板堆石坝设计技术先进，采取的各项措施合理，体现了我国狭窄河谷地区高面板堆石坝的设计和建设水平。

五、工程效益

水布垭水库总库容45.8亿立方米，调节库容23.83亿立方米，预留防洪库容7.7亿立方米（其中为长江荆江预留防洪库容5亿立方米），水电站装机容量160万千瓦，年发电量39.2亿千瓦时，可增加下游梯级电站年发电量2.37亿千瓦时。水布垭水利枢纽工程的兴建将有效地改善华中电网的运行状况，清江三座梯级电站总装机容量达329.2万千瓦，可承担调峰任务，同时有利于华中电网消纳三峡水电站的电能。水布垭水利枢纽还是长江中下游防洪体系的重要组成部分，是国家确定的长江防洪体系中的骨干工程之一，对拉动地方经济、实施能源可持续发展战略也有积极的作用。

（一）改善供电质量，减轻荆江河段防洪压力

1. 满足电力需求，改善供电质量

水布垭水利枢纽供电的华中电网地处我国中部，其在资源供应、电能利用以及电价水平等方面基本处于全国平均水平。从相关区域产业结构特点、经济增长潜力、满足用电需求和基础设施建设等方面，对华中及湖北电力市场进行分析与预测：华中电网1999年全年社会用电量1720亿千瓦时，统调最大负荷2232亿千伏，分别比上年增加3.6%和11%；统调发电装机容量3365万千瓦，其中火电约2376万千瓦，占70.6%，水电约989万千瓦，占29.4%。华中地区经济发达，用电增长较快，"十五"规划及以后，电网的峰谷差将进一步拉大，负荷增长率将超过用电增长率，预计到2010年和2025年华中电网的统调最大负荷为4518万千瓦（计20%的正常备用），相应峰谷差将达1660万千瓦和2130万千瓦，还需修建新的电源点，特别是调峰能力强的电源。同时，由于华中地区煤炭资源比较缺乏，修建火电厂将受到一定的制约。加之2010年华中统调装机中计划退役的中小型机组容量约为297.3万千瓦，2015年华中电网落实的装机容量为4680.3万～4729.3万千瓦，系统尚缺928.7万～977.7万千瓦。而采用电源扩展优化分析计算表明：在同等程度满足预测的电力市场需求的

前提下,水布垭水电站是使电力系统总费用现值最小的首选扩展电源点。

2. 减轻荆江河段防洪压力

洪水威胁尤其是荆江地区的洪水威胁一直是湖北省乃至全国的心腹之患,修建干支流水库是防洪体系建设的重要组成部分。清江是长江中游荆江河段的主要支流,适时拦蓄清江洪水对减轻荆江洪水威胁有重要作用。1998年长江发生了全流域大洪水,隔河岩水电站水库适时拦蓄清江洪水,降低沙市最高洪水位0.2~0.3米,为荆江河段抢险做出了重大的贡献。在隔河岩水库预留5亿立方米防洪库容的基础上,水布垭水库再预留5亿立方米防洪库容,将对减轻荆江河段的防洪压力、减少洪灾损失发挥更大的作用。

(二)充分发挥清江梯级综合开发效益

水布垭水利枢纽工程是清江流域水电梯级综合开发的组成部分,只有水布垭水利枢纽建成后,清江梯级综合开发的效益才能得到充分发挥。

1. 提供优质的调峰调频电源

华中及湖北电网尽管水电比重较大,但调节性能好的水电站少,电网调峰能力不足的矛盾比较突出,电网运行条件和经济效益较差。在三峡电站投产后,由于三峡工程将承担长江防洪的大量任务,其丰枯出力差较大,相应将进一步增大电网运行的峰谷差,加剧电网运行的丰枯矛盾。

水布垭水利枢纽电站总库容45.8亿立方米,具有较好的多年调节性能,电站装机容量160万千瓦,80%以上的时间可以在电网负荷高峰时满发,低谷时全停,电站送电华中电网,其全部容量可承担系统峰谷差调节。据测算,2010年前后,水布垭水电站可承担华中电网7%~9%的调峰容量;若与下游隔河岩、高坝洲2座水电站联合调度,届时可承担华中电网12%~16%的调峰任务,是目前华中电网最理想的调峰电源点。水布垭水电站的建成将进一步促成清江流域成为华中电网清洁可靠的调峰、调频和事故备用电源基地,同时,可以增加下游隔河岩、高坝洲2座水电站的发电出力,增加年发电量约2.4亿千瓦时。增强清江梯级电站的市场竞争力,按清江公司进行统一核算,将清江水布垭、隔河岩、高坝洲3座水电站捆在一起的统一上网电价为0.28元每千瓦时,根据国家电力体制改革的总体思路,结合华中地区未来电力电量需求和电价管理体制、电价形成机制的改革趋势的条件预测,华中地区2005年、2010年和2015年新建电厂上网平均电价为0.372元每千瓦时、0.411元每千瓦时、0.450元每千瓦时。比较得知:清江水布垭水电站的销售电价是完全可以被市场接受的;若计入清江流域3个梯级的调峰效益,则上网电价更具市场竞争能力。

2. 根除清江中下游的水患

清江是长江水系主要的暴雨区之一,汛期洪峰流量大,洪水遭遇的概率也较大,因而加大了长江中下游的防洪压力。水布垭水电站建设为长江防洪预留的 5 亿立方米的防洪库容连同隔河岩水电站的 5 亿立方米的防洪库容联合调度,可根治清江中下游的洪水灾害。在考虑三峡水库的防洪调节作用的基础上,还可有效地提高长江荆江河段的防洪标准,在特大洪水时可推迟分洪时间、减少分洪量,有利于增强三峡水库防洪调度的灵活性。

3. 充分发挥梯级综合效益

只有水布垭水利枢纽建成后,才能全面改善恩施以下清江干流河道的通航条件,充分发挥清江梯级的航运效益;形成流域梯级滚动综合的开发格局,才可获取流域、梯级、滚动、综合的成套的建设管理经验和形成完整的建设管理模式,才能全面完成国家确定的水电资源流域开发的试点任务。

(三)获得巨大的联合运行效益

建设水布垭水利枢纽有利于促进华中电网的水能资源优化配置,与三峡、葛洲坝水利枢纽联合运行,利用清江梯级水库与三峡水库的补偿调节,将减少三峡和葛洲坝 2 座水电站的汛期弃水电量,改善 2 座水电站的供电质量,并改善枯水期三峡下游的航运条件。

三峡水电站规模巨大,其建成后送华中电网的容量将超过电网总装机容量的 10%,对华中电力系统的运行将产生重要的影响。由于三峡水库为季调节水库,其运行方式因综合利用要求而受到一定的限制,需要调节性能好的水电站与其联合运行。而水布垭水电站距三峡、葛洲坝水电站距离最近,且容量较大,若在华中电网中将调节性能优越的水布垭水电站及其组成的清江梯级水电站,与三峡、葛洲坝水电站配套联合运行,无疑将可获得巨大的联合运行效益。

水布垭水库为多年调节水库,调节库容可按运行要求适时蓄放,在汛期,水布垭水电站预想出力均可达到其设计装机容量,而且平均出力大多为保证出力或稍大,电站调峰性能极好,调峰幅度大,在系统中担负尖峰负荷。此外,由于其调节性能好,能改善电网丰水期调峰能力不足的状况,将减少水电站群特别是在其中所占比重大的三峡、葛洲坝 2 座水电站被迫调峰产生的弃水,提高水电站群丰水期季节性电能的利用程度。据电力电量平衡专题研究表明:仅三峡、葛洲坝 2 座电站即可以减少弃水电量 14.45 亿千瓦时,将具有可观的社会效益和经济效益。

三峡工程是一个具有防洪、发电、航运等综合效益的水利枢纽,航运是其一项重要的功能。三峡工程建成后,由于水库的调节作用,枯水期流量可增加 2000～3000

立方米每秒，有利于提高枯水期航道水深，汛期当枝江站流量大于 56700 立方米每秒时，水库削峰滞洪，有利于船队的通行。但是，每当枯水季节，三峡水电站须承担系统调峰进行日调节，因而小时出力变化较大，使水库下泄流量也相应有较大的变化，导致下游河道内流态不稳定，对航运产生不利影响。解决这一问题目前可采取的措施有两种：一是减少三峡电站容量，少承担电力系统的调峰任务，这将限制工程效益的发挥；二是利用葛洲坝进行反调节来改善下游的水流条件。而若是利用水布垭枢纽及其组成的清江流域梯级电站优越的调节性能，在电力系统中联合运行，将减少三峡电站枯水期的调峰压力，从而使三峡水电站枯水期调峰的日出力变幅及小时间最大出力变幅降低，即通过清江水电梯级的调峰作用有效地改善三峡下游河段枯水期不稳定流态对航运的不利影响，同时有利于进一步发挥三峡电站的调峰效益。特别是在电力体制改革初期，对电网安全运行具有极其重要的潜在作用。

第八节 湖南省最大的水电站——五强溪水电站

五强溪水电站于 1956 年和 1980 年两次开工建设又停工，1986 年 4 月复工，1994 年 12 月第一台机组发电，1996 年投产发电，总装机容量 120 万千瓦，是沅江流域水电梯级开发的骨干电站、华中电网骨干调峰调频电站。五强溪水电站位于沅陵县境内的沅江干流上，控制沅江流域面积的 93%，是一座以发电为主，兼有防洪、航运等综合效益的大型水利水电工程，总投资 89 亿元，引进了美国、日本、德国等 11 个国家的先进技术设备，是国家"七五"和"八五"规划重点工程。

一、工程概况

五强溪水电站（图 4-25）是一座具有发电、防洪和航运等效益的综合利用水利枢纽，1980 年开工，1982 年因故停建，1986 年复工，1996 年全部机组安装建成。按 1983 年确定的方案，正常蓄水位 108 米，水库面积 170 平方千米，总库容 29.9 亿立方米，有效库容 20.2 亿立方米，防洪库容 13.6 亿立方米，为季调节水库。电站装机 5 台，总容量 120 万千瓦，年发电量 53.7 亿千瓦时。与支流凤滩水库防洪库容配合可将沅江尾闾堤垸防洪的标准，从 5~7 年一遇，提高到 20 年一遇，并可使下游的枯水流量加大到 390 立方米每秒，配合航道治理，共改善上下游航道 220 千米。工程包括混凝土重力坝、发电厂房、泄洪建筑物、通航建筑物等。最大坝高 87.5 米，坝顶高程 117.5 米，坝顶长 724.4 米。右岸浅滩设坝下式厂房，5 台 24 万千瓦机组，左岸设船闸。溢流坝段中孔 1 个，底孔 5 个，总泄流量 39988 立方米每秒。大坝按

1000年一遇洪水设计，10000年一遇洪水校核。1994年大坝达到设计高程，同年第一台机组发电。

五强溪水电站坝址在沅江干流下游，下距常德市130千米，控制沅江流域面积83800平方千米，占总流域面积的93%，坝址多年平均流量2040立方米每秒（年径流量643亿立方米）。沅江上游位居湘西暴雨区，流域地形陡峭，干支流水系坡度较大，故其洪水峰高量大，居洞庭湖"四水"之首，且常与长江干流洪水遭遇，有时所占比重还相当大。因此，五强溪水库在防洪上，不仅是对沅江尾闾和洞庭湖区，而且对长江中游干流也有重要作用。在历次设计方案讨论中，长江水利委员会都曾提出采用正常蓄水位160米方案，并尽可能设置较大防洪库容的建议，以发挥水库为洞庭湖及长江中游干流的防洪作用，但未被采纳。

图4-25　五强溪水电站

二、规划设计概况

五强溪水利枢纽在1952年就开始进行勘测和规划。1956年春夏之交，长江水利委员会与湖南省组织专家沿沅江干流进行查勘，认为五强溪枢纽是一座具有防洪、发电多项综合效益的工程，有很好的开发前景，应加强研究。继而经长沙勘测设计院的研究，提出了全面规划，其内容纳入1959年《长江流域综合利用规划要点报告》，并考虑作为近期（1970年前后）工程安排。当时拟订工程规模按正常蓄水位157米，最高水位160.3米，死水位120米，总库容294亿立方米，有效库容224亿立方米，装机容量300万～350万千瓦，防洪库容50亿立方米。考虑预报调度、地区水利化，配合长江中游平原防洪排渍方案措施运用，可使洞庭湖区及城陵矶以下地区防洪标准进一步提高。遇沅江1000年一遇洪水，下泄流量不超过20000立方米每秒，配合八官障、冲天湖分洪区的运用，可保证尾闾区耕地及常德市的安全。长沙勘测设计院在这期间也研究了160米、140米两个正常蓄水位的规划，前者的回水到达安江（黔阳），后者回水到达辰溪，防洪、发电效益都很好。但因为淹没损失大，难下决心。1979年拟定120米方案，总库容57.4亿立方米。1983年9月中南勘测设计研究院提出《五强溪初步设计修改报告》，推荐正常蓄水位108米。其主要指标：装机容量120万千瓦，年均发电量53.7亿千瓦时，淹没耕地3200公顷，迁移8.57万人。水库的防洪任务主要是提高沅江尾闾区的防洪标准，包括桃源、常德、汉寿、沅江等城镇和尾闾区受沅江洪水影响的农田13.33万公顷。当长江中游平原区发生大洪水，并与沅江洪水发生不利的遭遇时，五强溪水库还有条件替代洞庭湖区部分分蓄洪任务。

按沅江尾闾60多年来最大洪水的实测资料，以1933年洪水作为设计洪水，需要分洪15.2亿立方米。根据水库正常蓄水位108米，预留的防洪库容为13.6亿立方米。支流酉水1980年竣工的凤滩水库设计中已留有2.8亿立方米的防洪库容，二库共有防洪库容16.4亿立方米，联合运用，则可以满足1933年实际洪水对尾闾地区所需的防洪要求。据此，使尾闾地区5年一遇的防洪标准提高到50年一遇左右。又据长江1931年、1935年和1954年3个大水年洪水情况，沅江洪水与长江干流洪水均发生了不利的遭遇，沅江尾闾洪水要求拦洪的时期都是在长江要求湖区分蓄洪工程运用的时段。这时水库拦洪，能有效地替代洞庭湖部分蓄洪区的运用。随着三峡工程的建成，与五强溪水库进行补偿防洪调度，其防洪效果将更为显著。

五强溪水电站工程于1996年建成。1991年至1996年6个汛期中以1996年洪水最大（约100年一遇），7月17日入库最大流量为40000立方米每秒，经过水库超蓄调节，桃源实测流量27700立方米每秒（如无水库调蓄则流量约为37000立方米每秒），对沅江下游防洪带来较好效益。但由于水库防洪库容只有13.6亿立方米，为减轻洪水对下游更严重的危害，水库极力控制使下泄流量最大不超过26400立方米每秒，水库超蓄10亿立方米，库水位逼至113.26米（约1000年一遇），超过正常蓄水位5.26米，形势十分紧张。1998年长江大洪水期间，五强溪水库错峰调蓄，也起到一定的防洪作用。

三、工程建设

（一）工程特点

五强溪水电站属Ⅰ等工程，工程建设的主要特点是：主体工程量大，技术难度高，左岸地质复杂，还建有国内最大的年产300万吨人工砂石系统。其特点可概括为"五大一高"：一是宽19米、高23米溢洪道弧形闸门，承受水压力约52000千牛，在国内最大（当年），属世界水平；二是单机容量24万千瓦，直径8.3米混流式不锈钢转轮，属国内首次采用，制作难度很大；三是三级船闸跨越水头（60.9米），二闸首最大工作水头（42.5米）均居国内之首；四是单机引用流量615立方米每秒，11.2米大直径引水压力钢管，是当时我国水电站中最大的钢管，在世界也居前列；五是大坝底宽65～68米，不设纵缝，混凝土采用大面积（2178平方米）通仓薄层浇筑，在国内也是首创；六是左岸165米蠕变高边坡综合处理（挖、固、锚、护、排结合）。

（二）枢纽工程总布置与建设历程

五强溪枢纽工程由拦河大坝，溢洪道，引水系统，右岸坝后式主、副厂房，开关站及左岸三级船闸等组成，按一列式布置。主体工程量为：土石方开挖582万立方米，土石方填筑70万立方米，混凝土349.14万立方米，固结灌浆113265米，帷幕灌浆95815米，金属结构制作安装20435吨。

五强溪水电站早在20世纪50年代初期就开始了规划选坝工作，1957年进行初步设计，后因正常蓄水位等问题久拖不决，直到1986年4月国家计划委员会批准五强溪水电站工程列入国家"七五"计划，同年9月工程正式复工兴建。1991年11月28日二期截流成功，整个工程开始转入全面施工高峰。1994年12月25日首台机组并网发电，1995年2月10日永久船闸首次通航。自电站主体工程开工到首台机组发电仅用了6年时间，实现了电站建设的高速度、高质量、高效益，成为我国大型水电工程建设一朵盛开的金花。

2019年3月26日，五强溪水电站扩机工程开工，标志着沅江流域滚动开发"收官之战"正式打响。五强溪水电站扩机工程是湖南省"十三五"能源规划重点工程建设项目。该项目位于五强溪水电站大坝右岸侧，装机容量50万千瓦，总投资21.45亿元，年平均发电量5.58亿千瓦时。建成投产后，五强溪电站装机容量将达到170万千瓦，每年可新增产值约2.4亿元、税收约4000万元，减排二氧化碳约47.21万吨，水量利用率由扩机前的80.94%提高至89.38%，具有良好的综合效益。项目建成后，将进一步促进地方经济社会发展，保障湖南电力供应，更好地发挥五强溪水利枢纽工程的综合效益。

四、工程效益

五强溪水电站工程自投入运行以来，在发电、防洪、航运、灌溉等方面都发挥了巨大效益，特别在防洪方面做出了巨大贡献。

（一）发电效益

五强溪水电站是一座以发电为主的综合利用工程，电站建成运行20多年来，年平均发电量 53.7 亿千瓦时，源源不断的清洁能源送往三湘四水。从第一台机组投产至 2019 年 7 月 25 日，五强溪水电站已连续安全运行 8729 天，安全运行纪录居全国大型水电站前列。作为华中电网骨干调峰调频电厂，累计发电 1224.58 亿千瓦时，大大缓解了湖南省电力供应紧张的矛盾。2018 年五强溪水电站发电量占湖南全省水电发电量的 12%。

（二）航运效益

洞庭湖"四水"中流程最长的是沅江，其干支流穿越湖南、贵州、重庆、湖北等 4 个省（直辖市），其中干流全长 1550 千米，通航里程 640 千米，是连接湖广和巴蜀的一条重要水道。沅江流域山高坡陡，水路成为山民出行的首选，所以沅江航运自古繁忙，沅江流域百姓虽享尽水运发达带来的繁荣，但因航道险滩多，也饱尝了水运艰难造成的痛苦。环境的闭塞和交通的不便，曾使沅江流域的百姓断送了致富的美好梦想。在地处沅江上游的湘西大山里，居住着汉、苗、侗、土等 22 个少数民族，偏远闭塞的环境，使这里的百姓祖祖辈辈穷困潦倒，他们和外界的唯一联系就是一条沅江，但是沅江的九滩十八湾过于凶险，湘西百姓做梦都在盼望着改变沅江的航运状况，实现他们走出大山、走向富裕、走向文明的梦想。从 20 世纪 90 年代中期五强溪水库修建以后，大型船舶可沿沅江高等级航道直抵洞庭湖。湖南省五凌水电开发有限责任公司继五强溪水电站建成后，持续对沅江进行综合开发，实现千里航道渠化，沅江航运有了根本改观，摆脱了自然通航历史，开始了大航运时代。目前，沅江已经成为湖南省航运的黄金水道，是湘西的水上交通动脉。千里沅江已变成一条绿色能源走廊、交通走廊，造福百姓。

（三）防洪效益

五强溪水库是洞庭湖水系中控制性能最好、控制洪量最大的水库，防洪库容 13.6 亿立方米。在下游尾闾地区河段允许泄量 20000 立方米每秒的条件下，防洪标准可达到 20 年一遇。五强溪水电站自 1994 年底开始蓄水以来，正值沅江流域的丰水周期，受厄尔尼诺现象和拉尼娜现象的影响，气候异常，洪灾频发。沅江流域 1995 年、1996 年、1998 年、1999 年、2003 年和 2014 年多次发生大洪水，五强溪坝址天然洪水最大洪峰流量均超过 30000 立方米每秒，其中 1996 年、1999 年、2003 年、2014 年最大洪水均超过 20 年一遇洪水洪峰流量。五强溪水库通过较为合理的调度，较充分地利用了其有限的防洪库容，为下游拦洪、削峰和错峰，在一定程度上减轻了下游防洪压力，减小了洪灾损失，发挥了较大的防洪减灾作用。

第九节　千里赣江第一坝——万安水利枢纽

万安水利枢纽是江西省最大河流赣江上兴建的第一座水电站，于1992年建成，是开发赣江的一个里程碑，也是江西水电建设史上光辉的一页。万安水利枢纽的结构形式和运行方式与葛洲坝水利枢纽相似，而葛洲坝为"万里长江第一坝"，万安水利枢纽又是"千里赣江第一坝"（虽然赣江不足千里），因此人们又称万安水利枢纽为"赣江葛洲坝"。

一、工程概况

万安水利枢纽（图4-26）是江西省最大的水利水电工程，坝址位于万安县城以上约2千米，处于赣江赣州至万安狭谷河段的出口处，库区系山地狭谷，控制流域面积36900平方千米，约占赣江流域面积的44.2%，入库多年平均径流量299亿立方米，约占赣江入湖水量的43.5%。万安水库总库容22.16亿立方米，其中防洪及兴利库容10.19亿立方米，超高库容6亿立方米，死库容5.97亿立方米。

图4-26　万安水利枢纽

电站为河床式布置，枢纽由左、右岸非溢流坝，堰顶溢流坝，底孔溢流坝，河床式厂房，船闸，土石坝以及左、右岸灌溉渠首等主要建筑物组成。坝顶全长1097.5米，左、右岸非溢流坝长分别为73.5米和18米，溢流坝长328米，其中左岸表孔溢流坝段为外包常态混凝土的碾压混凝土坝，其余均为常态混凝土实体重力坝。右岸底孔坝段设10个宽7米、高9米的底孔，左岸表孔坝段设9个宽14米的表孔，均由弧形钢闸门控制，采用底流消能，消力池长85米。坝顶高程104米，最大坝高58米。右岸黏土心墙土石坝长430米，坝顶高程105米，最大坝高37米，坝顶设1.2米高防浪墙。

发电厂房长 197 米，其中主厂房长 152 米，最大高度 68.7 米。单级船闸宽 51 米，闸室有效尺寸长 175 米、宽 14 米、水深 2.5 米。

二、规划设计研究情况

万安水利枢纽具有发电、防洪、航运和灌溉等综合效益，为赣江开发的第一期工程，是赣江中下游防洪系统的重要组成部分。

1956 年，长江流域规划办公室编制了《赣江流域规划要点报告》（初稿），推荐茅店、万安两枢纽为近期可能开发对象，同时布置了地质查勘工作。1958 年上半年，在《赣江流域规划要点报告》中经过进一步研究，认为在各开发方案中万安枢纽始终是不可替代的一级，确定为赣江开发的第一期工程，并进一步布置了地质勘测工作。同年 8 月底完成初设要点报告，工程开发任务拟定为以防洪为主，其次是发电、航运、灌溉。经审查同意正常蓄水位 100 米，电站装机调整为 60 万千瓦。1959 年 12 月，提出初步设计报告，正式选定上坝线土桥头坝址。1960 年初，报请水电建设总局审查同意，于汛后开工。1969 年 9 月当第一期围堰堆石体刚露出水面，水利电力部指示围堰停工，工程缓建，1961 年冬工程停建。停建后长江流域规划办公室与江西省仍一直进行补充研究，1967 年至 1979 年并曾多次提出补充设计报告和技术设计、施工组织设计报告等。在江西省的一再要求下，1981 年国家计划委员会同意复工，1990 年 11 月第一台机组发电，1992 年工程全部建成。

三、工程建设情况

1959 年，长江流域规划办公室完成万安水利枢纽工程初步设计，并于 1960 年 7 月开工兴建，1961 年 12 月停建。1967 年完成初步设计补充报告，1973 年又完成了复工设计（初步设计深度），于 1978 年正式复工。1980 年因国家进行国民经济发展计划调整，又经历了 5～6 年的停顿缓建和投资不足的过程，一直到 1990 年 10 月才投入第一台 10 万千瓦机组，利用围堰抬高水位发电。1992 年 12 月第四台 10 万千瓦机组并网发电，1993 年挡水建筑物按最终规模（原设计规模）基本完建，2002 年进行了万安水电站机组增容改造，2005 年 11 月 5 号机组并网发电，现总装机容量 53.3 万千瓦。因移民的原因，工程仍按初期运用水位（96 米）蓄水运行。

四、工程效益

万安水利枢纽工程以发电为主，同时具有防洪、航运、灌溉及水产养殖等综合效益。枢纽设计蓄水位 100 米，初期运行 96 米，防洪限制水位 90 米，初期 85 米。

在发电方面，万安水电站安装 5 台单机容量 10 万千瓦水电机组，总装机容量 50 万千瓦（初期先装 4 台机组，预留 1 台机组位置），年发电量 15.16 亿千瓦时。万安水电站自 1991 年第一台机组投入运行至 1995 年底，已累计发电 43.56 亿千瓦时。除电量效益外，电站在系统中还发挥了调峰、调频和事故备用作用，成为担负赣北尖峰负荷的主要电源。大量的季节性电能又可以补充赣南电量的不足，对改善江西省电网的运行条件，促进工农业发展，发挥了较大的作用。

在防洪方面，在下游遭遇 30～50 年一遇洪水时，经万安水库调蓄，吉安地区可降低 0.4～1.3 米，丰城地区可降低 0.5～0.7 米，南昌地区可降低 0.2～0.3 米，减轻了赣抚平原依靠堤防保护的约 13.33 万公顷农田的洪水威胁。

在航运方面，水库淹没万安至赣州十八滩险，使库区 90 千米航道得到彻底改善。同时经水库调节后，枯水期可为下游增加航深 0.2 米，枢纽建有 50 吨级船闸 1 座。

在灌溉方面，左右岸计划引水自流灌溉农田约 2 万公顷，左岸已建成灌溉渠首及渠道。

第五章

流域水库群运行管理

经过几十年的大规模开发建设，长江流域历次规划推荐的水库工程项目，目前大部分已基本建成投入运行。随着长江干支流控制性水库陆续建成投入运行，长江流域的水资源综合利用将从大力开发建设阶段逐步走向科学调度和运行管理的新时期。水库工程是实现流域防洪减灾、水量时空调节和分配、维护流域生态平衡与改善水生态环境的主要载体，科学的水库调度是发挥水库工程"兴水利、除水害"作用、提升水利综合管理与治理能力的关键举措。

长江流域建成的水库数量越来越多，但这些水库的开发建设涉及多家企业，其调度和管理涉及水利、电力、交通等多个部门，调度运用存在各自为战的积弊，难以发挥水库群综合利用的效益，因此推进水库群联合调度日显重要。随着以三峡、丹江口为代表的控制性水库工程的投入运用，长江流域已经形成"点—线—面"交织的梯级水库群格局，长江流域水资源开发利用的重心已由工程建设逐步转向综合管理，水库群联合调度已成为流域水利发展和综合管理的重要抓手。

长江流域水库群联合调度涉及多区域、多主体、多目标，是协调流域经济社会发展和生态环境保护的有效支撑。长期以来，紧紧围绕流域经济社会发展和国家重大战略实施的需求，长江流域水库群联合在技术应用、系统建设、协调管理等方面开展了积极探索和广泛实践，以突破水库群多目标联合调度面临的关键科学问题、理论障碍和工程应用支撑技术瓶颈为总目标，攻克了梯级水库群防洪、发电、供水、生态、应急等综合调度关键技术，建立了水库群多目标联合调度与风险决策的理论、技术与方法体系，提升了我国水资源开发利用领域的创新能力，为保障长江流域水资源安全高效利用提供了强有力的科技支撑。

第一节　长江流域开展水库群联合调度的背景

一、长江流域水库群联合调度的缘由

长江是世界第三、我国第一大河，不仅是中华文明的发源地之一，更是当代中国经济社会发展的重要命脉。长江流域涉及我国 19 个省（自治区、直辖市），约占国土面积的 1/5，生产了全国约 1/3 的粮食，创造了全国约 1/3 的 GDP，养育了全国约 1/3 的人口，蕴藏着我国 1/3 的水资源量和 3/5 的水能资源，拥有我国约 1/2 的内河航运里程，是我国水资源配置的战略水源地、实施能源战略的主要基地、珍稀水生生物的天然宝库、连接东中部的"黄金水道"和改善我国北方生态与环境的重要支撑点，其战略地位十分突出。治理好、利用好、保护好长江，不仅是长江流域 4 亿多人民的福祉所系，也关系到全国经济社会可持续发展的大局，具有十分重要的战略意义。

长江防洪是以由堤防、防洪水库、蓄滞洪区、河道整治等组成的防洪工程体系为依托的，在长江干支流梯级开发规划中，长江水利委员会历来都通盘考虑了水库防洪库容的总体安排和布局。长江中下游是长江流域受洪水威胁最严重的地区，历次长江流域规划在安排流域总体防洪布局时，都要求长江上游干支流防洪水库在满足本流域任务外，还明确了配合三峡水库应对长江中下游防洪需要相应预留的库容。1959 年编制的《长江流域综合利用规划要点报告》就是以三峡水利枢纽为主体的长江流域规划，该要点报告在长江干流开发方案及主要支流开发方向中明确指出，"把上游地区比较分散的防洪库容与三峡组成一个整体，使防洪效能可以得到最有效的发挥"。《长江流域综合利用规划简要报告（1990 年修订）》在长江中下游平原区防洪规划方案时，提出要尽早兴建三峡水利枢纽，同时规划在上游支流乌江、嘉陵江、岷江及金沙江建设库容较大、对中下游防洪有一定作用的水库，包括金沙江的溪洛渡，雅砻江的二滩，岷江的紫坪铺，大渡河的瀑布沟和龚嘴（加高），嘉陵江的亭子口、合川、宝珠寺、碧口，乌江的构皮滩 13 座水库，三峡及上述 13 座水库建成后，在汛期可有防洪库容共 340 多亿立方米，通过统一调度将有效地削减中下游超额洪水，减少分蓄洪区的运用，使防洪情况根本改善，特别是能从根本上解决荆江河段的行洪安全问题。《长江流域综合规划（2012—2030 年）》在有关长江中下游防洪规划方案中明确指出，"上游干支流建库除承担所在河流（河段）的防洪任务外，还应配合三峡水库对长江中下游发挥防洪作用。该规划对长江上游干支流水库采取分期分类预留防洪库容，并结合洪水遭遇情况采取逐步蓄水方式运用"。在表4-1中所列防洪水库68座，总防洪库容达841.85亿立方米。2008年国务院批复的《长江流域防洪规划》，在制定长江中下游防洪规划方案时，明确干支流各水系及相关水库预留防洪库容具体额度以应对长江中下游超额洪水。上述历次长江流域规划及防洪规划，为流域水库联合调度都做了原则性安排。

改革开放以来，长江治理开发工作取得了举世瞩目的巨大成就。流域防洪减灾能力显著提高，水资源综合利用体系基本形成，水资源与水生态保护取得重大进展，涉水事务管理能力明显加强，为流域经济社会平稳发展、社会和谐稳定提供了有力的支撑和保障。但当前治江工作存在着一些亟待解决的问题：一是长江流域总体防洪能力显著提高、综合防洪体系不断完善，但中下游河道泄洪能力不足，防洪问题仍然突出，局部地区和部分支流防洪能力偏低；二是长江水资源开发利用加快，但总体开发利用率不高，存在部分地区无序开发、过度开发、低水平开发导致一系列生态环境和水库移民问题，已建工程对河流生态系统叠加累积影响逐步显露；三是长江水量总体充沛、产水与补水能力强，但流域局部地区水质性缺水和工程性缺水交织并存；四是长江水质状况、水生态环境总体良好，但部分湖泊、干流沿岸城市水域和部分支流水质污染严重，上中游地区水土流失面积还很大，珍稀水生生物濒危程度加剧。因此，迫切需要从统筹规划、科学调度、行政审批、执法监督、指导协调五个方面加强流域管理，提高流域社会管理和公共服务水平。

长江流域干支流控制性水库是流域水资源战略配置的主要载体，在流域治理开发与保护中起到关键作用。随着长江上游干流及重要支流大型水库、水电站的陆续投入运行并发挥效益，长江流域水资源从大力开发利用逐步走向科学调度管理的新时期。2014年国务院作出了建设长江经济带的重大决策部署，在《国务院关于依托黄金水道推动长江经济带发展的指导意见》中，将"综合考虑防洪、生态、供水、航运和发电等需求，进一步开展以三峡水库为核心的长江上游水库群联合调度研究与实践"作为长江经济带绿色生态廊道建设的重要内容。安全可靠的长江水利支撑与保障能力是关系到长江经济带建设能否顺利实施的关键，进一步加强和稳固长江上游水库群联合调度是增强长江水利支撑与保障能力的具体体现。长江流域水库群联合调度事关长江流域的防洪、供水、发电、航运和水生态安全，事关长江经济带的建设发展。

党的十八大及四中全会强调要重视发挥法律法规在国家治理和社会管理中的重要作用。近年来，长江流域水库群联合调度已引起社会各界的广泛关注。2013年初，长江水利委员会主任刘雅鸣在参加第十二届全国人民代表大会会议期间向大会提交了"关于加强长江上游干支流控制性水库群联合调度的建议"，建议国务院法制办公室尽快组织制定《长江干支流控制性水库群联合调度管理条例》，明确干支流控制性水库联合调度目标、调度内容、调度条件、实施主体、调度过程的监督管理、参与各方的责权划分等。在水利部的统一领导下，建立包括水利、电力、交通、环保等部门在内的跨部门水库群联合调度协调机制，组建跨部门的长江干支流水库群统一调度协调指导委员会，协调和指导统一调度过程中的重大问题，为顺利实施水库群联合调度提供法律保障。

一直以来，长江水利委员会十分重视流域水库联合调度工作，组织开展了大量的研究和探索工作，取得了一批重要成果。其中，"以三峡水库为核心的长江干支流控制性水库群综合调度研究"成果实践应用于三峡水库，2009年至2012年共减少湖北省荆江地区汛期防汛直接支出2.4亿元，增加年均发电量60亿~100亿千瓦时，向下游应急调度补水约220亿立方米，取得了较好的供水、灌溉、航运和环境等综合效益。但必须看到，长江流域水库群联合调度工作尚处于起步阶段，流域水库群的整体调度能力与经济社会发展需求仍有一定差距。长江流域控制性水利工程规模庞大，影响空间范围广，防洪、供水、发电、航运、水生态与水环境保护等多目标调度需求相互交叉，关联度较高，系统庞大而复杂。目前的水库群联合调度方案基本属于单一水库调度方案的宏观整合，其内在协调机理、实施方式、系统构建等方面尚有大量技术难关亟待攻克；流域水库群信息共享平台与综合调度系统平台建设尚处于起步阶段，加之尚未建立明确有效的流域层面水库调度协调管理机制，无法充分发挥长江控制性水库群联合调度的综合效益。同时，现有的长江流域水库群联合调度研究项目，存在成果"碎片化"、研究与生产脱节等突出问题，在研究体系、模式、内容及人财物资源配置等方面还有较大的优化空间。

为进一步提升长江流域水库群调度管理水平、适应长江流域经济社会发展对水资源管理的新需求、解决长江流域建库规模逐步扩大过程中存在的突出问题，全力做好长江流域水库群联合调度研究十分必要。因此，以服务调度实践需求为主导，针对长江上游干支流控制性水库群联合调度、长江流域控制性水利水电工程建成运行的影响及对策和长江流域水生态环境保护等一系列水库调度难题，确立了水库群联合调度研究体系，围绕若干调度关键技术研究方向系统开展了联合调度理论研究及调度实践，为长江流域水库群联合调度实践提供了科学指导。

二、开展水库群联合调度的意义

长江流域水库群规模庞大，联合调度涉及金沙江、雅砻江、岷江、嘉陵江、乌江、清江、汉江等干支流上40余座大、中型水库的运行管理，水力联系、调度关系错综复杂。

由于缺乏统一有效的管理和协调机制，水库无序调度可能影响长江流域区域水资源分配，带来了一系列亟待解决的学术前沿问题和工程技术难题，防洪减灾、洪水资源利用、联合发电调度、工程综合效益最大化及盈余利益分配等问题十分突出。因此，开展长江流域水库群联合调度具有非常紧迫的现实意义。

（一）水库群联合调度是提高长江防洪安全保障、减轻中下游防洪压力的重要手段

长江上游是长江洪水的主要来源区，洪水经川江汇流后从宜昌奔流而出，给中下游防洪带来巨大的压力。以三峡工程为骨干的长江上游干流大型梯级水库，是长江防洪体系的重要组成部分。实施联合调度，利用各梯级水库不同的调节性能和独特各异的空间分布，进行削峰、错峰，相互配合调蓄洪水，可有效提高流域整体防洪能力，对保障水库自身及长江上游地区的防洪安全和减轻中下游的防洪压力意义重大。

（二）水库群联合调度是保障长江流域水资源供给安全的重要举措

通过水库群联合调度，充分利用梯级水库之间的库容补偿，提高枯水季节的水资源供给能力，保障人民生活和工农业生产用水的基本安全。尤其是近些年受气候变化等因素影响，长江径流偏枯，局部地区出现干旱灾害，水库群联合调度可提高干旱年份和季节的用水保障，是满足应急供水的重要减灾措施之一。

（三）水库群联合调度是优化水能资源配置、促进绿色能源发展的必要途径

作为"西电东送"通道的重要电源点之一，长江流域水电站群以其巨大的供电能力和跨地区、跨电网的显著特点，可在更大范围内实现电力资源调配。实施水库群联合调度后，各水电站之间相互配合，充分利用库容来调蓄径流，在不增加水电站运行成本的前提下，可同时增强水调和电调系统稳定的适应能力。不仅可以发挥系统整体优势，更好地促进电调与水调的统一协调，减轻电网调度任务，还可以根据电力市场需求，合理调配水电资源，增加水电效益。尤其是在少水年份或干支流来水不均衡的情况下，联合调度能提高供电保障。

（四）水库群联合调度是维护河流健康、减轻工程影响的重要抓手

水库建成运行后，改变了河流天然的水文、水力学特性，进而对原有的河流生态环境造成一定影响。目前，国内水库调度规程及其运行方式，重点考虑的是防洪、发电、供水等经济效益和社会安全，对河流自身的生态安全与水环境需求考虑不足，导致建坝成库后出现了生态系统完整性遭到破坏、生物多样性退化等问题。已有实践表明，通过水库群联合调度，虽然不能完全消除大坝对河流的物理阻断效应，但可以通过模拟自然水文情势，为河流重要生物产卵、繁殖和生长创造适宜的水文水力条件，还可以减轻工程建设对河流生态的不利影响，甚至补偿和修复下游河流生态。

第二节 水库群联合调度研究现状及进展

一、水库群联合调度研究现状

（一）水文预报

水文预报是根据水文现象的客观规律，利用实测的水文气象资料，对水文要素未来变化进行预报的一门水文学科。水文预报科学是在人类与水作斗争的长期实践中发展起来的，水文预报在防汛斗争中起着耳目与参谋的作用，特别是在遇到超标准洪水时，根据洪水预报可以有计划地采取蓄洪、分洪等有效措施，使洪水灾害减到最低程度。在水利工程的运行管理中，根据水文预报，能合理地进行水量调度，较好地处理防洪和兴利的矛盾，以便能取得很好的综合效益。在灌溉、航运、供水和水质管理等方面，根据水文预报可进行合理安排，使水资源得到充分的利用。

水文预报追求的是高精度和长预见期。大江大河的实时洪水预报由流域的降雨径流预报和河道洪水预报组成，水库的入库洪水预报主要是降雨径流的预报。要得到高精度和长预见期预报，必须从提高降雨估算精度开始，结合降雨预报，采取流域降雨径流模型和河道洪水演算模型的途径来实现。20世纪90年代以来，随着计算机、通信、网络、遥感、地理信息系统等现代信息技术在水文预报领域的推广应用，以及水文理论和方法的不断发展，当前多源降水信息融合技术、基于DEM的分布式水文模型、基于水文气象耦合的洪水预报和利用专家经验的人机交互预报等正成为世界上洪水实时作业预报技术研究和发展的方向。

随着理论基础的不断完善、实现手段的不断丰富，实时水文预报技术在最近几十年取得了长足的发展和进步。我国在全国实行水利部、流域机构和各省三级预报会商制度，实时作业预报中坚持多种方法、综合分析、合理选用的原则，使得预报精度得到保障，基本能满足防汛决策和水资源综合利用的需求。

（二）防洪调度

水库防洪调度技术是伴随着水库的出现而产生的，常规调度方法是一种半经验和半理论的方法，主要借助水库的防洪能力图、防洪调度图等经验性图表进行调度。我国从20世纪60年代开始研究水库优化调度问题，80年代后迅速发展，取得了大量研究成果。传统的优化技术是水库防洪调度中采用的主要技术。在过去的几十年中，国外许多学者将线性规划、非线性规划和动态规划等应用于水库防洪调度中。这些优化技术为水库防洪调度提供了一种解决方法，但是难以适应实时防洪形势的变化，并且难以模拟调度人员的经验知识。为了有效处理水库防洪调度中的模糊性和模拟调度人员的经验知识，许多学者开始将模糊集理论引入水库防洪调度理论研究。中国工程院院士、华中科技大学教授张勇传等把模糊等价聚类、模糊映射和模糊决策的基本概念引入水库优化调度中，探讨了径流预报和运行决策问题。基于模糊优化原理和短期降雨模糊预报，大连理工大学教授王本德提出了一种寻求满意决策的多目标洪水模糊优化调度模型及解法，并将该模型用于大伙房水库多目标防洪优化调度研究，取得了良好结果。根据防洪调度的特点，大连理工大学教授陈守煜提出了防洪调度系统多目标决策理论、模型与方法，以及防洪调度系统半结构性决策理论与方法，建立了防洪调度系统决策的理论新框架。实践证明，模糊集理论和多目标优化理论相结合，能够很好地模拟调度人员的经验知识，是水库防洪调度理论研究的发展趋势。随着人们对洪水特性认识的不断深入、相关领域新理论与方法的不断出现以及计算机技术和信息技术的发展，前期研究所关注的模型计算速度、耗用内存大小等问题已变成次要矛盾。现阶段水库防洪调度技术的研究正在由"方法导向"向"问题导向"转移，实用性的要求越来越高，且研究者将关注的重点转移到实用技术的集成与多学科的交叉研究上。

在研究对象上，防洪调度技术的研究从单一水库防洪调度、河库联合调度，逐步发展到多库联合调度，经历了由简单到复杂的演化过程。但由于考虑防洪对象单一，仍属于单目标问题。伴随着大江大河水利工程建设进程的逐步推进，流域防洪调度技术成为目前国内外研究的热点，相关特点体现在以下三个方面：一是各水库间距离较远，区间众多支流汇入，洪水遭遇过程比较复杂，需以流域设计洪水作为调洪依据；二是水库承担多个防洪对象，且防洪对象分散于不同区域，如何统筹兼顾，科学拟定水库防洪库容的运用方式是进行流域水库防洪调度技术的难点；三是流域防洪调度技术已发展到水库、河道、分蓄洪区联合调度阶段，需要进行多个目标下有约束性的优化，因此流域水库防洪调度技术是一个更高层次的课题。

随着流域防洪对象组成越来越复杂，呈目标多重化、分布多区域等特征，为解决这类问题，大系统多目标理论逐步应用到现阶段防洪调度优化技术中，首先是把一个大型的问题分解成几个相对较小的问题，然后根据不同层次问题的基本特征，构造不同的模型，以便考虑更多的实际影响因素，因此具有更加广泛的应用范围和更优的求解能力。

（三）减淤调度

水库的泥沙问题一直受到国内外专家学者的高度关注，这是关系水库效益发挥的关键技术问题。国内外众多学者对此进行了大量的研究。

泥沙实时监测与预报是水库进行减淤调度的重要基础。20世纪50年代以来，我国在河流悬移质输沙率测验等方面做了大量研究工作，先后研制了瞬时式、积时式和直接式等多种型号的悬移质采样器，在水文工作中发挥了重要作用，目前瞬时式、积时式悬移质采样器仍在基层水文站队被广泛使用。但由于这些设备都存在不能进行实时测量的问题、监测技术相对滞后，一直制约着水文监测整体技术的提高与方式方法的进步。传统泥沙测验方法工序较为复杂，从样品的采集到分析，均需要大量人力、物力的投入，样品采集完成后需要带回测站或基地进行分析，无法完成实时监测，且分析工作通常需要一周以上才能完成，生产成本高又耗工费时。在各项水文要素的监测中，其自动化程度最低。随着生产力的发展和技术进步，近年来，泥沙实时监测技术有了较大发展，出现了多种泥沙实时在线监测（即实时现场监测）仪器，如LISST现场激光粒度分析仪，光学后向散射浊度计等。这些仪器的出现有力地推动了泥沙实时监测技术的发展。特别是近年来，长江水利委员会水文局相继在三峡进、出库控制水文站开展了悬移质泥沙实时监测试验研究，为开展三峡水库悬移质泥沙实时报汛和预报提供了基础。

由于不同下垫面条件的明显差异，流域产输沙条件和影响因素均十分复杂，流域内地表侵蚀量的大小与地质地貌、降雨、植被等因素有关。而河流中的输沙量则不仅与流域地表侵蚀量有关，而且还与河道特性、水库、河床冲淤、河道采砂等因素密切相关。因此，河流泥沙预报是一个世界性的技术难题。目前，国内外泥沙预报大多以水库泥沙淤积为对象，预见期也多以几十年甚至几百年为主，缺乏对某一河流具体站点或大型水库入库的泥沙实时预报。近年来，国内一些专家学者针对黄河小浪底水库尝试进行了洪峰含沙量的大小（沙峰含沙量大多在200千克每立方米以上）及峰现时间的预报工作，取得了一定的研究成果和工作经验，但对于长江上游特别是三峡入库主要控制站小含沙量（沙峰含沙量大多在3千克每立方米以下）的泥沙实时预报尚属空白。

中国工程院院士、中国水利水电科学研究院教授级高级工程师韩其为论述了小浪底水库初期运用阶段水库淤积与调水调沙的若干问题。重庆交通大学教授陈童思等采用一维不平衡泥沙数学模型，以溪洛渡水库为例，从汛后蓄水时间和汛期限制水位两个方面对水库的淤积和排沙比变化过程进行了分析。长江科学院教授级高级工程师卢金友对水库长期使用的基本原理、影响因素及三峡水库长期使用问题进行了研究。华北水利水电大学教授陈建等运用一维及二维泥沙数学模型计算分析了上游水沙条件变化对三峡水库泥沙淤积及航运的影响。清华大学教授钟德钰等基于微分对策理论对多沙河流水库汛期的调度问题进行了研究。长江水利委员会教授级高级工程师陈桂亚等针对三峡水库蓄水运用以来排沙比问题，在深入研究三峡水库不同蓄水运用阶段水库排沙效果的基础上，着重研究各年年内蓄水排沙过程，系统地分析了水库排沙效果的影响因素。

泥沙调度在黄河流域也得到了广泛的应用与实践。黄河调水调沙，利用小浪底水库大流量下泄洪水，旨在通过"人造洪峰"的冲刷解决黄河的"地上悬河"问题。此外，为减轻水库泥沙淤积问题、合理利用淤积库容、提高淤积库容的利用率、尽量延长兴利库容的使用寿命，小浪底水库在调度方式上采用了"调控水位、异重流排沙、相机降低水位排沙、调水调沙、拦粗排细"等综合调度运行方式，使水库实现了有序淤积，调整了水库淤积部位，在初期运行管理中取得了较好的效果。近年来，国内一些专家学者还针对黄河小浪底水库尝试进行了洪峰含沙量的大小（沙峰含沙量大多在200千克每立方米以上）及峰现时间的预报工作，取得了一定的研究成果和工作经验，但对于长江上游特别是三峡入库主要控制站小含沙量（沙峰含沙量大多在3千克每立方米以下）的泥沙实时预报尚属空白。

我国大量水库在实际运行中出现了排沙与发挥水库效益之间的矛盾，为了在保证水库长期利用的基础上，尽量提高水库效益，同时减小水库泥沙淤积带来的不利影响，以往关于改进排沙调度方式以增加水库效益的研究成果众多，其中三峡水库的减淤调度更是关注的焦点。

中国工程院院士林秉南于1992年针对减少重庆河段淤积、河道整治工程，提出了三峡水库双汛限水位运行的设想。其后周建军等利用泥沙数学模型对方案进行了全面研究，提出通过水库优化调度，减少泥沙淤积，增加水库防洪能力，在最大限度维持原设计运行方案的条件下，建议在大洪水时短期降低库水位，利用洪水和低水位强大的水流能力输送泥沙，可改善通航条件，降低库区洪水位，减少粗沙过机。武汉大学教授李义天等提出在不影响防洪的前提下三峡水库施行汛末提前蓄水，可有效增加发电量，同时不会对淤积产生太大影响。王光谦等通过坝前水位优化调度方案试验研究认为，汛后推迟蓄水可以较为明显地减少重庆主城区河段，尤其是码头前沿的泥沙淤积。

毫无疑问，上述研究为三峡水库运行调度期间寻求有效排沙途径提供了技术指导。然而，一方面三峡水库运行时间较短，加上这几年上游来沙偏少，水库泥沙淤积的问题并不突出，或者说尚没有完全暴露出来；另一方面，自2008年汛后175米试验性蓄水运用以来，库尾河段出现了自然情况下的汛后走沙现象消失，走沙期后移至汛前消落期的新现象，暴露了走沙强度和能力减弱的问题，如何通过优化调度、增加汛期水库的排沙比、尽量减少库尾河段泥沙淤积、提高消落期库尾走沙能力是目前泥沙调度迫切需要解决的问题。

（四）水生态、水环境调度

在河流上修建大坝，是人类开发利用河流水能、水资源，服务于防洪抗旱、交通航运等以人类为主体受益对象目标的主要方式，与此同时，水利水电工程在取得防洪、发电、航运、供水等巨大经济效益的同时，也对河流生态系统造成深远影响。随着科技的进步和公众环境保护意识的提高，我国的水利水电工程建设已经进入生态约束阶段。要求水利水电建设必须基于环境友好、生态协调的原则，走流域资源开发与生态环境保护和谐发展之路。因此，妥善解决大坝的生态环境影响问题，是当前水利水电建设面临的重大挑战。

考虑水流受到调控后河流生态系统的变化，以及因此造成的不利影响，探讨其调度和运行对河流生态系统的影响以及相应减缓不利影响的对策措施，实践表明，基于河流生态需求的大坝运行管理方式是减缓大坝生态影响有效的措施之一。国外类似的提法有再调度（Re-operation）、适应性管理（Adaptive Ecosystem Management），主要内容包括通过合理的技术手段管理河流流量、控制水温和沉积物输移，改善植物、鱼类和野生动物的环境状况等。多数研究采用水力—生境模型、IHA 方法、RVA 方法、中生境分析、水温模拟等分析方法，通过研究水库运用对河流水文情势变化和鱼类的产卵及栖息地的影响，评价环境流量，然后调整水库调度方案，通过调整水库下泄流量来提高鱼类栖息地质量，提高鱼产量及改善鱼类种群的生存状况等。目前以美国为代表的发达国家对于大坝生态影响已经开展了一些研究，在通过生态调度补偿方面也取得了较好的实践效果。近年来，我国对大坝生态影响问题逐渐重视，在工程设计、施工和运行阶段都提出了很高的生态环保要求。国内在水库生态调度研究实践方面相对较晚，目前水库生态调度实践还比较少，主要集中在水库下游的调水调沙和供水、水环境改善方面，针对鱼类的生态调度研究的较多，但实施生态调度的较少。

早在 20 世纪 40 年代，美国开始强调河川径流作为生态因子的重要性。到 20 世纪 70 年代，国外学者开展了关于水库对生态与环境不利影响的全面、系统研究。1971 年 Schlueter 首先提出水利工程在满足人类对河流利用要求的同时要维护或创造河溪的生态多样性。1982 年 Junk 第一次提出了生态洪水脉冲的概念。随后 Petts 研究了生态需水量以及水生生物生长、繁殖与河流流量关系。DA Hughe 建立了满足生态需水的水库调度模型等。国外对水库生态调度实践性研究可以划分为两个方面：一是对调度方式优化以及配套技术设施的研究，如田纳西河流域水库的生态调度方式；二是评估实施这些技术方法对生态与环境的影响，从而在保证改善效果的同时不至于对

生态系统产生明显扰动，如澳大利亚的生态系统的评价方案等。到目前为止，欧洲、北美、澳洲、非洲以及国内开展了许多生态调度实践研究。如美国大古力水坝（GCD）和哥伦比亚河流域水库以充分满足维持或增强溯河产卵的鱼类种群的寻址需求为目标的调度，乌克兰德涅斯特河的水库为防止水华为目标的调度，南非水库为管理整个流域的生态需水量的调度。我国为改善流域水质性缺水和水环境恶化局面以及缓解突发性水体污染的状况也进行了多次调度，如太湖流域管理局自20世纪90年代就开展以改善太湖水质为目标的两次引江济太调度工程，初步缓解太湖水质性缺水的局面；2004年2月下旬，四川省水利厅联合调度都江堰、三岔水库的清洁水源缓解了沱江上游突发水污染事件；2004年至2005年，珠江水利委员会针对河口咸潮上溯的情况，联合调度天生桥一级电站、岩滩水库、飞来峡水库，共调水8.51亿立方米入珠江压咸补淡，使珠江沿途的水环境状况得到了明显的改善。这些水库的调度，不仅考虑传统的发电和防洪作用，而且强调河流的生态效益。

二、长江流域水库群联合调度研究进展

半个多世纪以来，长江水利委员会先后完成了以《长江流域综合规划（2012—2030年）》为代表的大量的流域综合规划和专业规划，先后承担了荆江分洪、丹江口、隔河岩、万安、江垭、葛洲坝和三峡、南水北调、长江重要堤防等一系列大型水利水电工程的勘测、规划、设计、科研、监理和建设工作，为治江事业创造了显著的社会效益和经济效益。为了更好地调度运用好长江流域已建和在建的控制性水利水电工程，长江水利委员会对长江流域水库群联合调度研究高度重视，开展了以三峡水库为核心的长江干支流控制性水库群综合调度、长江上游水库群联合调度方案、三峡等水库科学调度关键技术的大量研究和长江上游水库群联合调度探索实践。

根据长江治理开发保护中不同的调度目标需要，分别从防洪联合调度、兴利联合调度、生态联合调度、应急联合调度等方面进行长江水库群联合调度研究并付诸实施。梯级水库群联合调度研究及实践，进一步提高了长江防洪安全保障，减轻中下游防洪压力，提高水能利用效率和水资源综合效益，保障生活、生产、生态用水安全，改善长江航运条件，维持河流健康和保护生态环境，为长江经济带建设和黄金水道运行提供安全保障，促进流域的可持续协调发展。

（一）以三峡水库为核心的长江干支流控制性水库群综合调度研究

2009年6月，按照水利部的部署，长江防汛抗旱总指挥部办公室组织国内水利行业多家研究机构，采取开放的研究方式开展了《以三峡水库为核心的长江干支流控制性水库群综合调度研究》。该项研究重点是2015年以前已建成或具备运行条件、

对长江中下游防洪和水资源配置作用较大的三峡，金沙江下游溪洛渡、向家坝，雅砻江锦屏一级、二滩，岷江紫坪铺、大渡河瀑布沟，嘉陵江流域白龙江宝珠寺，乌江洪家渡、乌江渡、构皮滩等15座长江上游干支流控制性水库的综合调度。先后完成了《水文情势影响及实时预报技术研究》《用水安全与下游河流治理、利用、保护对水库调度的需求研究》《水资源综合利用调度方式研究》《长江已建水库群多目标综合调度技术集成研究》和《实施综合调度的协调机制研究》5个专题研究报告和11个子题研究报告，并在此基础上研究提出了《以三峡水库为核心的长江干支流控制性水库群综合调度研究》总报告，初步理清了防洪、发电、航运、泥沙、水环境、水生态等方面对水库群调度运用的需求，并提出了较为原则的长江上游控制性水库群联合调度方式。2013年10月，在前期基础上，长江水利委员会继续组织开展了《长江上游控制性水库优化调度方案》编制工作，明确了纳入优化调度方案研究范围的水库为21座，其中重点研究调节库容大、防洪任务重的11座水库的优化调度方案。在第一阶段水文情势影响和实时预报技术研究、流域统一调度需求研究、综合调度方式研究等工作的基础上，结合2012年至2015年度长江上游水库群联合调度方案的实践运用情况，开展干支流水文分析、上游控制性水库防洪调度方案研究、上游控制性水库蓄水调度方案研究、上游控制性水库汛前消落期调度方式研究和上游控制性水库水量应急调度方案研究和上游控制性水库联合调度方案编制等研究工作，为实现流域水库群科学调度提供技术支撑。

（二）长江上游水库群联合调度方案研究

2012年6月，长江防汛抗旱总指挥部（以下简称长江防总）组织编制了《2012年长江上游水库群联合调度方案》并得到国家防汛抗旱总指挥部（以下简称国家防总）批复。这是国家防总批复的首个大江大河水库群联合调度方案，也是长江防总开展长江上游水库群联合调度工作的里程碑。该方案将三峡、金安桥、二滩、紫坪铺、瀑布沟、构皮滩、思林、彭水、碧口和宝珠寺共10座重要水库（水电站）统一纳入2012年联合调度范围，确定了水库群联合调度的原则与目标，拟定了水库群调度方案，明确了调度权限。此后，根据长江上游水库群建设与投产进度，在此基础上先后编制完成了《2013年长江上游水库群联合调度方案》和《2014年长江上游水库群联合调度方案》并获国家防总批复。此后该方案将调度范围进一步扩大至21座水库，针对不同河段发生的洪水，安排不同水库拦洪削峰，根据各水库承担的任务，安排其逐步有序蓄水，为开展长江流域水库群联合调度实践提供了良好的基础。

（三）三峡等水库科学调度关键技术研究

自三峡水库试验性蓄水以来，三峡水库调度运行引起了全国人民乃至全世界范围内的广泛关注，做好三峡水库科学调度关键技术研究工作意义重大。2011年中国长江三峡集团有限公司与长江水利委员会签订技术合作协议共同研究三峡水库科学调度关键技术，根据双方合作框架，从2011年至2015年，对三峡水库实时预报调度技术及科学调度方式、三峡水库蓄水调度方案及对中下游影响和三峡水库泥沙淤积与减淤调度三大关键技术问题共计27个专题开展研究。2015年，中国长江三峡集团有限公司与长江水利委员会再次就三峡水库科学调度关键技术问题达成共识，就长江干流主要控制性水库群联合调度、水库群运行对长江中下游影响等问题进一步研究。除此之外，长江水利委员会还先后开展了雅砻江、金沙江下游、岷江大渡河、嘉陵江、乌江、清江和汉江等重要支流防洪联合调度方案和专题研究，取得了大量的成果，为充分发挥长江流域水库群综合效益提供了有力的技术支撑。

（四）长江上游水库群联合调度探索实践

通过前期大量基础研究，以国家防总批复的长江上游水库群联合调度方案为依据，从2012年开始，长江防总逐步开展了水库群联合调度实践。

2012年7月，长江防总调度二滩和金安桥两水库为向家坝水库拦洪错峰，减小向家坝水库入库洪峰流量1000多立方米每秒，为向家坝水库顺利施工创造了条件。2012年10月上旬，为减小向家坝水库初期蓄水期间对川江和三峡水库的影响，同时尽量满足长江中下游用水需求，长江防总统筹协调长江上游各水库蓄水进度，安排二滩、金安桥等水库在三峡水库开始蓄水前基本蓄满，瀑布沟水库在向家坝水库开始蓄水前基本蓄满，并于9月26日向国电大渡河流域水电开发有限公司发出调度令让瀑布沟水库按出入库平衡控制。在长江防总的精心调度下，2012年长江上游二滩、瀑布沟等大型水库蓄水情况良好，向家坝水电站于10月16日完成初期蓄水，三峡水库10月30日8时第三次成功蓄水至175米。

2013年8月，湖南、湖北、江西、安徽、贵州、重庆等省（直辖市）发生了严重的夏季高温干旱，10月，主要干支流来水较历史同期显著偏少，中下游干流主要站及两湖出口控制站10月平均水位较历史同期均值偏低2~6米。长江防总依据准确的水雨情预报，汛期适时抬高了部分水库的运行水位；在来水不理想的情况下，运筹帷幄，早在7月下旬就安排金沙江中游4座水库逐步蓄水；10月，调度溪洛渡水库与三峡水库错时蓄水。经长江防总的统筹协调，2013年长江上游各大型水库再次完成了蓄水任务，三峡水库也连续第四年成功蓄至正常蓄水位175米。

2014年长江干流汛情基本平稳，但长江上游赤水河、乌江及洞庭湖沅江、资水发生超保证或超历史洪水，洞庭湖区多站及出口城陵矶站、鄱阳湖水系修水、饶河及湖区多站出现超警戒洪水。长江防总在国家防总的正确领导下，在各省市防汛抗旱指挥部的大力支持下，在电网公司、发电公司、长江航务管理局的鼎力配合下，继续开展了水库群联合调度实践，取得了显著效果，不仅有效减轻了洪灾损失，汛末蓄水任务也圆满完成。

三、长江流域水库群联合调度未来研究方向

长江流域水库群运行体系已基本形成，但目前的水库群联合调度技术水平与长江经济带国家发展战略、新常态下经济社会发展以及流域管理机构依法治水管理等方面需求仍有一定差距。长江流域水库群联合调度研究尚处于起步阶段，水库群形成和运行的时间还不长，对水库调度带来的影响认识还需要加强，要达到使全流域防洪、供水、灌溉、抗旱、发电、航运和生态等多目标综合效益最大化，还有许多技术难题和管理问题需要研究和解决。同时，目前仅初步建立了水库群联合调度框架，调度方案特别是防洪调度主要考虑单库及少数几个水库的联合，还未形成操作性强的水库群总体联合调度方案，与指导水库群联合调度实践需求还存在差距。下一阶段，长江流域水库群联合调度研究将重点从以下几个方向开展。

（一）进一步完善流域层面的防洪调度方案

按照《长江流域防洪规划》，除三峡工程外，对长江中下游防洪和水资源调度影响较大的干支流梯级水库共预留防洪库容约 370 亿立方米，主要分布在长江上游干流金沙江和支流雅砻江、岷江、大渡河、嘉陵江、乌江、清江等河流上。各梯级水库预留防洪库容除满足所在河流的防洪要求外，部分水库还需配合三峡水库分担长江中下游防洪任务，在长江防洪体系中占有重要位置。

各水库在工程设计阶段主要考虑对本河段的区域防洪作用和防洪调度方式，对配合三峡水库对长江中下游防洪调度等全流域防洪体系未统筹考虑，尤其是主要支流调度方案研究更显不足，对水库实时调度指导性不强。

（二）进一步协调缓解流域水资源配置矛盾

控制性水库的主要作用是调节河道天然径流，对水资源进行合理配置，长江干支流控制性水库群形成后，为长江流域水资源的优化配置提供可靠的保障。若遇流域性枯水情况，上下游来水量减少，河道水位较低，会出现船舶搁浅、用水部门取水困难等问题，此时仅由上游单座水库对下游补水，改善长江中下游河道供水条件作用有限，水库分散调度不能充分发挥长江干支流控制性水库对水资源的配置作用。而目前针对流域水库群水资源配置研究仅局限于单一支流或局部河段，还缺少对流域水资源配置的整体考虑，难以从根本上解决长江流域水资源配置供需矛盾。

（三）进一步研究流域水库群蓄供水秩序

长江干支流控制性水库远景总调节库容近 1000 亿立方米。每年洪水期末，上游水库需要蓄水，各水库按自身的调度方式运行，水库群在蓄水时间上不能协调导致集中蓄水，影响下游用水和下游水库蓄水，使水资源得不到合理利用；为满足防洪要求和枢纽工程度汛要求，汛前水库需要放水降低水位导致集中放水，造成下游梯级水库弃水，浪费水资源。目前的研究主要集中在单一水库的蓄放水方式上，对于水库群的蓄供水协调次序、蓄供水方式等方面等缺乏系统研究，已经开展的联合调度也受研究深度广度的限制，蓄水联合调度还仅限于长江上游 21 座控制性水库，还未能提出流域性水库群及考虑跨流域调水可供实时操作的联合调度方案，更未形成统一的流域水库群蓄供水调度秩序，难以发挥流域整体综合效益，亟须进一步加强联合蓄供水调度方面的研究。

（四）深入探索水库工程对流域水生态环境影响及对策

长江流域是我国水资源配置的战略水源地，也是珍稀水生生物的重要庇护场所。然而，随着社会经济活动的加剧，加上极端气候频发，水生生态系统受到一定程度的胁迫，水华发生、湿地萎缩、生物多样性受到损害等生态问题日益凸显，水工程对河流生态的不利影响越来越受到社会各界的关注，研究水库调度对水生态环境影响及对策愈显重要。而目前水生态水环境调度尚处于起步阶段，对流域层面的水库群水生态调度关键技术及水库调度运行对水生态环境的影响等方面研究还有待时日，需要进一步加强水生态调度方面的研究。

（五）建立健全流域水库群调度管理体制机制

长江流域水库群不仅规模巨大，且具有综合利用多目标、开发业主多元化及调度运行多头管理等特征，目前尚未建立起流域层面的协调管理机制，存在信息传输和共享渠道不畅、协商机制不全、利益补偿机制未建立、风险控制机制不强等管理方面的瓶颈，无法充分发挥流域对水库群联合调度的管理职能。现有的法律法规对长江流域控制性水库联合调度在管理内容方面也没有全面、系统和明确的规定，增加了联合调度的实施难度、影响水库群综合效益的发挥。因此，亟须建立健全联合调度管理机制，尽快制定长江干支流控制性水库群综合调度管理相关条例、长江干支流控制性水库综合调度补偿办法，为水库群综合调度提供针对性强的法律保障。

第三节　长江流域水库群（水工程）联合调度运用实践

自 2012 年长江流域开始实施上游水库群联合调度以来，经过 8 年时间的发展，联合调度已经从最初的上游 10 座水库，拓展为涵盖包括 40 座控制性水库在内的 100 座水工程，覆盖全流域的水工程联合调度。通过水工程联合调度，统筹协调流域防洪、供水、生态、发电、航运等方面关系，充分发挥了水工程的综合效益。长江流域的水工程联合调度工作始于 2012 年，在此之前，长江水利委员会组织开展了大量的联合调度研究工作。2012 年首次纳入长江上游水库群联合调度的水库为 10 座，根据水库建设和投入运行情况，2013 年增加至上游 17 座水库，2014 年至 2016 年进一步增加至上游 21 座控制性水库，2017 年水库群联合调度范围扩展到中游城陵矶断面以上，增加中游清江和洞庭湖水系 7 座控制性水库，共计 28 座水库。2018 年水库群联合调度范围进一步扩展到湖口断面以上，增加汉江和鄱阳水系控制性水库共 12 座，纳入联合调度的水库数量达到 40 座，总调节库容 854 亿立方米，总防洪库容约 580 亿立方米。2019 年，联合调度范围进一步拓展为涵盖包括 40 座控制性水库、46 处蓄滞洪区、10 座重点大型排涝泵站、4 座引调水工程等在内的 100 座水工程，覆盖全流域（图 5-1）。

2012 年以来，长江水利委员会在体制机制、规模范围、系统建设、能力提升等方面下功夫，逐步形成了"合作共建、业务协同、运转高效、配合顺畅"的良性运行机制。通过水工程联合调度，在 2012 年以来的历次洪水中充分发挥了长江流域水工程巨大的拦洪、削峰、错峰作用，显著减轻了长江中下游防洪压力。成功应对了 2012 年三峡水库流量 71200 立方米每秒的建库以来最大洪水，成功防御了 2016 年长江中下游区域型大洪水、2017 年长江中游型大洪水、2018 年长江上游型较大洪水和 2019 年洪水，特别是 2016 年，联合调度水库群共拦蓄洪水 227 亿立方米，降低了城陵矶附近地区洪峰水位约 1 米，避免了 3.3 万多公顷耕地被淹、38 万多人转移，防洪效益显著。

在确保防洪安全的同时，长江水利委员会通过加强水工程实时调度，优化水库群对中下游防洪补偿调度的库容分配、水位控制，有效利用洪水资源，不仅有效缓解了中下游枯水形势，保障了流域供水安全，还显著增加了水库发电效益、改善了长江航运条件。据统计，自 2009 年以来，长江上游水库群在枯水季节为中下游补水累计超过 2200 亿立方米，丹江口水库累计向北方供水约 250 亿立方米。2012 年以来，上游水库群除多年调节水库外，各水库基本都能每年蓄至正常蓄水位附近，其中三峡水

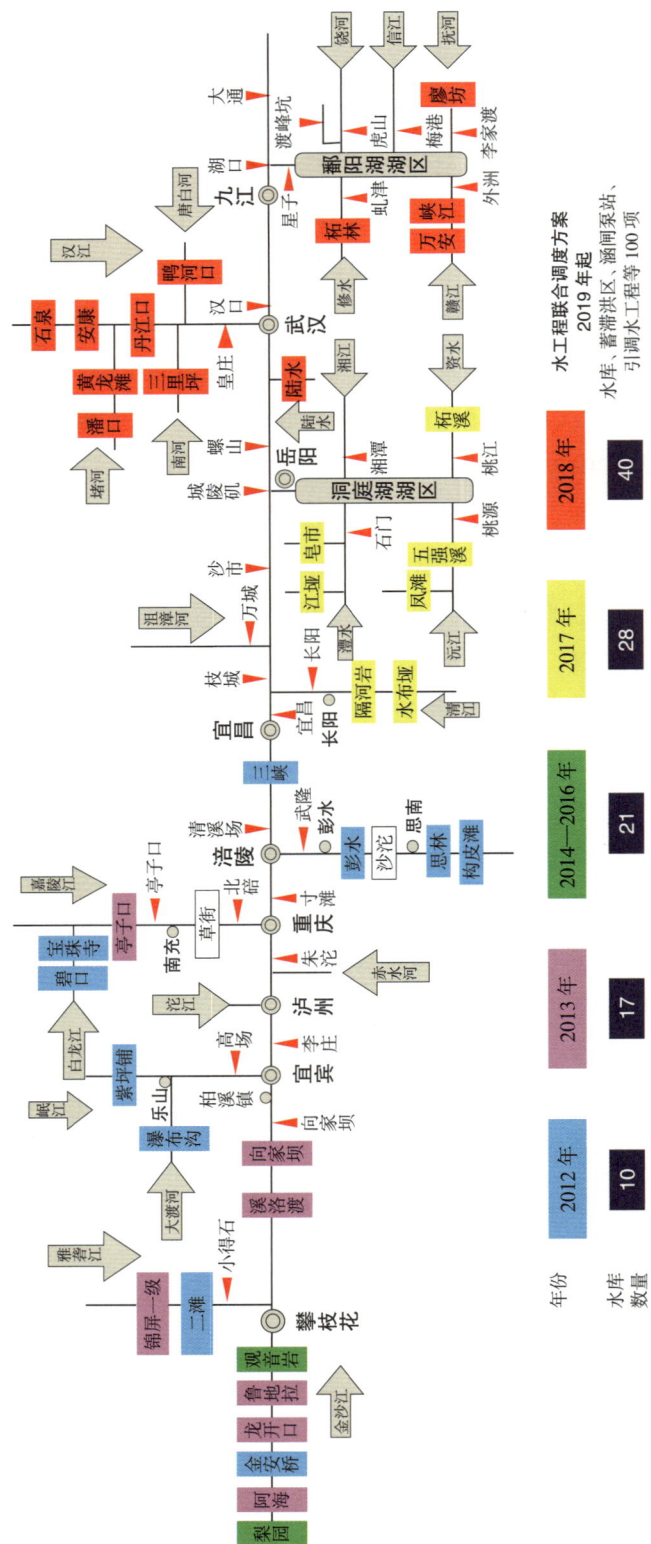

图 5-1 长江流域水库群联合调度范围

库连续10年实现175米试验性蓄水目标；同时，上游水库群蓄水期间，通过科学调度，下泄流量均维持在相关规程要求之上，如2018年三峡水库蓄水期间平均下泄流量达15100立方米每秒，有效保证了蓄水期间长江中下游供水和生态安全。2012年至2018年期间，长江上游的水库群因联合调度累计增发电量600多亿千瓦时，相当于节约标准煤2160万吨，减少温室气体排放5690万吨。联合调度在汛期大幅削减洪峰流量，船舶航行安全性明显提高，枯水期增加下游航运水深0.5～1.0米，改善上游川江航道660千米，显著改善了长江航运条件，2018年三峡船闸过闸货运量创历史纪录达1.4亿吨。

此外，2011年以来，长江水利委员会连续9年实施了13次三峡水库促进鱼类繁殖的生态调度试验，对产漂流性卵鱼类繁殖起到了显著促进作用。2017年扩展到溪洛渡、向家坝、三峡水库联合生态调度。不仅如此，还有效处置2014年长江口咸潮入侵、2015年"东方之星"号客轮在长江中游湖北监利水域发生倾覆事件以及2018年金沙江白格堰塞湖等突发事件。长江流域水工程联合调度工作已经在防汛、供水、生态、发电、航运、应急等多方面开花结果。

一、《2012年度长江上游水库群联合调度方案》及其实施效果

长江上游干支流一批水利枢纽工程建成，标志着长江上游流域综合利用水库群初步形成。为统筹协调长江上游流域水库群在防洪、发电、航运、供水和生态与环境保护等方面的关系，充分发挥水库群综合利用效益，统一规范水库群联合调度，长江水利委员会及时编制了《2012年度长江上游水库群联合调度方案》并获得国家防总正式批复，这是国家防总批复的首个大江大河水库群联合调度方案，也为其他江河水库群联合调度管理提供了借鉴。

《2012年度长江上游水库群联合调度方案》统筹考虑上游与下游、汛期与非汛期、洪水与水量、单库与多库的调度，对三峡、二滩、紫坪埔、构皮滩、碧口等10座纳入2012年调度范围的水库的调度原则和目标、洪水调度、蓄水调度、应急调度、调度权限、信息报送和共享等方面进行了明确，为水库群联合统一调度提供了依据。该方案统筹协调各水库所在河流防洪、水量调度与长江中下游干流防洪、水量调度关系，在流域遭遇大洪水时，充分发挥水库群对长江流域的整体防洪作用；汛后或汛末实施有序逐步蓄水，提高水库蓄满率，同时避免集中蓄水对水库下游河段或长江中下游带来的不利影响。

从调度实践来看，《2012年度长江上游水库群联合调度方案》运用后取得了很好的效果，长江流域成功应对了5次编号洪峰，确保了干支流的防洪安全，同时三峡水库第三次实现175米试验性蓄水目标，向家坝等水库也完成了阶段性蓄水任务。

（一）上游水库群联合调度方式

原则上，长江上游干支流总库容在1亿立方米以上的重要水库（含水电站、航电枢纽等）均纳入水库群防洪和水量统一调度范围。纳入联合调度的长江上游水库群范围为长江上游已建成或已具备运行条件并具有较大调节能力的控制性水库，包括金沙江金安桥，雅砻江二滩，岷江紫坪铺，大渡河瀑布沟，嘉陵江支流碧口、宝珠寺，乌江构皮滩、思林、彭水，长江干流三峡10座水库（图5-2）。考虑到向家坝水库2012年汛后开始下闸蓄水，其蓄水计划应按程序报长江防总批复。

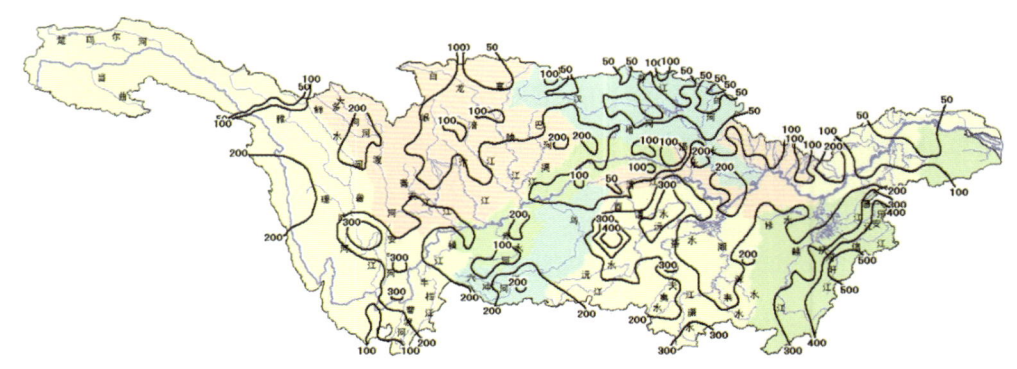

图5-2　2012年6月长江流域水库群及水工程联合调度范围（单位：毫米）

1. 金安桥水库

1）金安桥水库防洪任务为分担川江与长江中下游防洪压力，2012年7月1日至31日防洪限制水位1411米。当川江或长江中下游发生大洪水时，适时拦蓄金沙江来水，削减川江洪峰和减少汇入三峡水库的洪量。

2）2012年8月1日开始控制蓄水，逐步蓄至正常蓄水位1418米。

3）枯水期金安桥水库应根据电力调度及其他需求逐步消落水位，至2012年7月1日库水位不高于1411米。

2. 二滩水库

1）二滩水库防洪任务为分担川江与长江中下游防洪压力，2012年6月1日至7月31日防洪限制水位1190米。当长江中下游发生大洪水时，二滩水库适时拦蓄雅砻江来水，减少汇入三峡水库的洪量；若川江发生大洪水，适时进行拦洪、削峰和错峰，减轻川江的防洪压力。

2）2012年8月上旬二滩水库开始控制蓄水，9月底可蓄至正常蓄水位1200米。

3）枯水期二滩水库应根据电力调度及其他需求逐步消落水位，2012 年 6 月 1 日库水位不高于 1190 米。

3. 瀑布沟水库

1）瀑布沟水库防洪任务是提高成昆铁路防洪标准至 100 年一遇，兼顾乐山市防洪，分担川江及长江中下游防洪压力，2012 年 6 月 1 日至 9 月 30 日防洪限制水位 841 米。根据下游成昆铁路防洪要求，水库实施拦洪错峰补偿调度方式；当乐山发生大洪水时，水库适时拦洪削峰、错峰；当川江或长江中下游发生大洪水时，适时拦蓄大渡河来水，削减川江洪峰和减少汇入三峡水库的洪量。

2）2012 年 10 月 1 日瀑布沟水库开始控制蓄水，逐步蓄至正常蓄水位 850 米。

3）枯水期瀑布沟水库应根据电力调度及其他需求逐步消落水位，2012 年 6 月 1 日库水位不高于 841 米。

4. 紫坪铺水库

1）紫坪铺水库防洪任务是提高水库下游金马河防洪标准至 100 年一遇，2012 年 6 月 1 日至 9 月 30 日防洪限制水位 850 米。保护对象遭遇大洪水时，采用拦洪错峰补偿调度方式。

2）2012 年 10 月 1 日紫坪铺水库开始控制蓄水，逐步蓄至正常蓄水位 877 米。

3）枯水期紫坪铺水库应根据供水、灌溉、发电及其他需求逐步消落水位，2012 年 6 月 1 日库水位不高于 850 米。

5. 碧口水库

1）碧口水库防洪任务是提高下游沿岸防洪标准，2012 年 5 月 1 日至 6 月 14 日防洪限制水位 697 米；2012 年 6 月 15 日至 9 月 30 日防洪限制水位 695 米。当下游发生大洪水时，采用错峰补偿调度方式。

2）2012 年 10 月 1 日开始蓄水，逐步蓄至正常蓄水位 704 米。

3）枯水期碧口水库应根据发电及其他需求逐步消落水位，2012 年 5 月 1 日库水位不高于 697 米。

6. 宝珠寺水库

1）宝珠寺水库防洪任务是提高下游沿岸防洪标准，2012 年 7 月 1 日至 9 月 30 日防洪限制水位 583 米。保护对象遭遇大洪水时，水库采用错峰补偿调度方式；如嘉陵江中下游发生较大洪水，适时适量进行削峰、错峰调度。

2）2012 年 10 月 1 日宝珠寺水库开始蓄水，逐步蓄至正常蓄水位 588 米。

3）枯水期宝珠寺水库应根据发电及其他需求逐步消落水位，2012 年 7 月 1 日库水位不高于 583 米。

7. 构皮滩水库

1）构皮滩水库防洪任务是在确保枢纽自身防洪安全的前提下，必要时承担乌江中下游防洪和配合三峡水库分担长江中下游防洪任务。2012年6月1日至7月31日防洪限制水位626.24米，2012年8月1日至31日防洪限制水位628.12米。当乌江中下游发生大洪水时，水库采取补偿调度，按防洪要求确定下泄流量；长江中下游发生洪水时，拦蓄乌江来水，减少汇入三峡水库的洪量。

2）2012年8月1日构皮滩水库开始蓄水，9月1日前水库水位不超过628.12米，9月1日后逐步蓄水至正常蓄水位630米。

3）枯水期构皮滩水库应根据发电及其他需求逐步消落水位，2012年6月1日库水位不高于626.24米。

8. 思林水库

1）思林水库防洪任务是确保枢纽自身防洪安全，必要时兼顾下游塘头粮产区和思南县城的防洪要求。2012年6月1日至8月31日，防洪限制水位435米。当入库流量小于等于11500立方米每秒时，最大下泄流量不超过9320立方米每秒，最高调洪水位不高于438.76米；当入库流量大于11500立方米每秒且小于13900立方米每秒时，按入库流量下泄；当入库流量大于13900立方米每秒且小于16400立方米每秒时，按13900立方米每秒下泄；当入库流量大于16400立方米每秒时或坝前水位达到440米时，若入库流量小于枢纽泄流能力按入库流量下泄，若入库流量大于枢纽泄流能力则按枢纽泄流能力下泄。当构皮滩水库配合三峡水库为长江中下游防洪而拦蓄洪水时，思林水库配合构皮滩水库进行联合调度。

2）2012年9月1日思林水库开始蓄水，逐步蓄至正常蓄水位440米。

3）枯水期思林水库应根据发电及其他需求逐步消落水位，2012年6月1日库水位不高于435米。

9. 彭水水库

1）彭水水库防洪任务是承担下游防洪和配合三峡水库分担长江中下游防洪任务，2012年5月21日至8月31日防洪限制水位287米。在满足沿河县城防洪要求的前提下，以不增加下游彭水县城防洪负担为原则，遭遇20年一遇洪水，水库最大泄量不超过19900立方米每秒，坝前蓄水位不超过288.85米；当需要配合三峡水库为长江中下游承担防洪任务时，与其上游的构皮滩、思林水库进行联合调度。

2）2012年9月1日彭水水库开始蓄水，逐步蓄至正常蓄水位293米。

3）枯水期彭水水库应根据发电、航运及其他需求逐步消落水位，2012年5月21日库水位不高于287米。

10. 三峡水库

1）三峡水库防洪任务是：在保证三峡工程安全和葛洲坝水利枢纽度汛安全的前提下，使荆江河段防洪标准达到100年一遇，遇100年一遇至1000年一遇洪水，包括类似1870年洪水时，控制枝城站流量不大于80000立方米每秒，配合蓄滞洪区运用，保证荆江河段行洪安全，避免两岸干堤漫决发生毁灭性灾害；根据城陵矶地区防洪要求，考虑长江上游来水情况和水文气象预报，适度调控洪水，减少城陵矶地区分蓄洪量。

三峡水库的防洪调度方式：

一是对荆江河段进行防洪补偿的调度方式，主要适用于长江上游发生大洪水的情况。汛期在实施防洪调度时，如三峡水库库水位低于171.0米，则按沙市站水位不高于44.5米控制水库下泄流量；当库水位在171.0米至175.0米之间时，控制补偿枝城站流量不超过80000立方米每秒，在配合采取分蓄洪措施条件下控制沙市站水位不高于45.0米。

二是兼顾对城陵矶地区进行防洪补偿的调度方式，主要适用于长江上游洪水不很大，三峡水库尚不须为荆江河段防洪大量蓄水，而城陵矶（莲花塘站，下同）水位将超过堤防设计水位，需要三峡水库拦蓄洪水以减轻该地区防洪及分蓄洪压力的情况。汛期在因调控城陵矶地区洪水而需要三峡水库拦蓄洪水时，如库水位不高于155.0米，则按控制城陵矶水位34.40米进行补偿调节；当库水位高于155.0米之后，按对荆江河段进行防洪补偿调度。

2）一般情况下，2012年9月中旬开始蓄水，分段控制9月蓄水位上升进程。三峡水库蓄水期间最小下泄流量，9月为8000～10000立方米每秒，10月为8000立方米每秒。

3）枯水期三峡水库应根据发电、航运、供水及其他需求逐步消落水位，2012年5月25日库水位不高于155米，5月25日后应根据库岸稳定要求逐步消落水位，每天水位消落不超过0.6米，至6月10日库水位消落至145米。

（二）流域水雨情

2012年长江水情总体偏丰，长江干流大部分江段及主要支流都发生了不同程度的洪水，洪水发生范围广、局部地区洪涝严重、部分地区发生超保证或历史最高纪录的洪水（朱沱站超历史最高水位），但长江上游与中下游洪水未发生严重遭遇，局部地区洪涝、干旱并发。汛期开始早，两湖地区发生"桃花汛"，主汛期频繁发生洪水，2012年长江干流上中游共有5次洪峰接踵而至，其中7月24日三峡水库出现了成库以来最大的入库洪峰流量71200立方米每秒，形成第4号洪峰，9月上旬长江上游发

生秋汛生成第 5 号洪峰。2012 年西太平洋共生成台风 23 个，与多年同期均值持平，登陆台风共 8 个，与多年同期均值比较偏多。其中 8 月台风"苏拉""达维"和"海葵"等频繁登陆，与历史最高纪录（1994 年、1995 年登陆台风 5 个）持平。2012 年长江流域汛期降雨量见图 5-3、图 5-4、图 5-5。

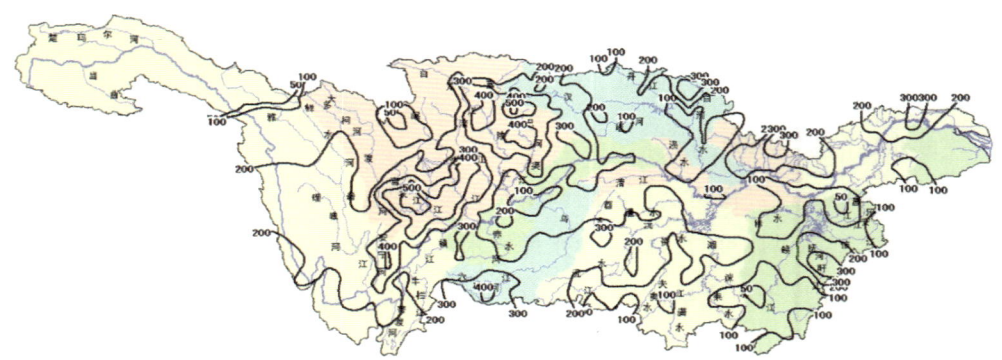

图 5-3　2012 年 7 月长江流域降雨量（单位：毫米）

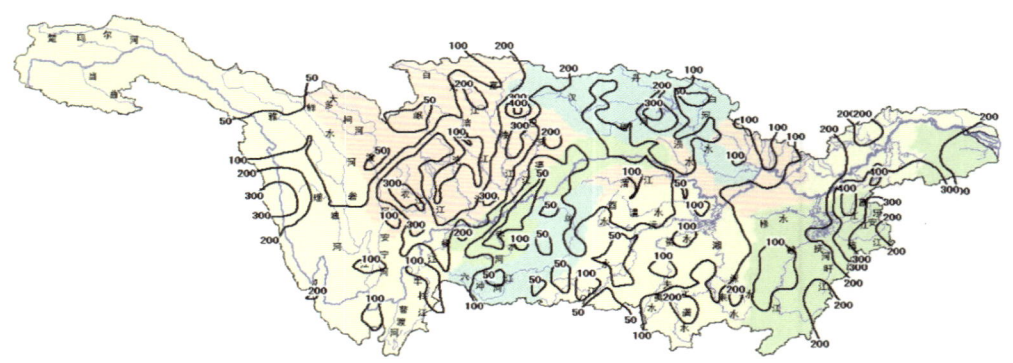

图 5-4　2012 年 8 月长江流域降雨量（单位：毫米）

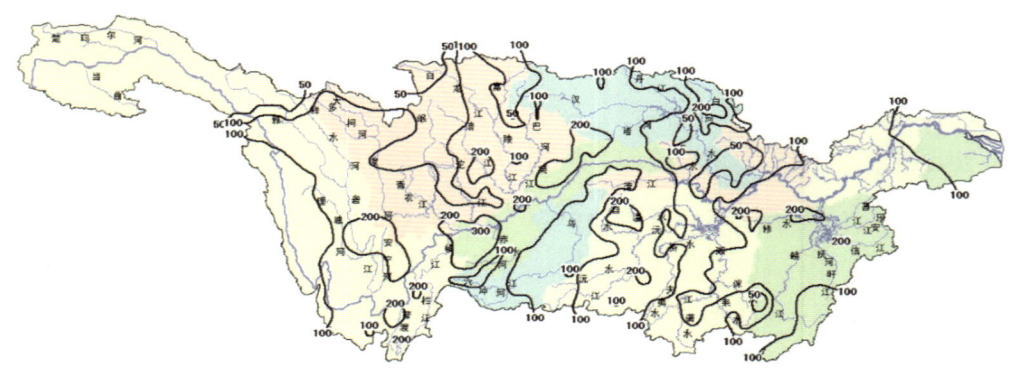

图 5-5　2012 年 9 月长江流域降雨量（单位：毫米）

（三）联合调度实施效果

1. 防洪减灾效益

面对汛期出现的强降水及其灾害，长江防总及地方各级防汛部门积极主动应对，扎实开展防汛工作，在积极开展预测预报和防汛抢险指导工作的基础上，加强对三峡、丹江口等大型防洪水库的科学调度，充分发挥其防洪作用，减轻下游的防洪压力。

2012年6月中旬以来，长江流域发生多次强降水过程，尤其是6月29日以来，长江上游发生持续强降水过程，受其影响，长江干流先后出现5次洪峰，其中7月24日20时出现长江第4号洪峰，三峡水库最大入库流量71200立方米每秒，在综合风险评估分析的基础上，长江防总充分发挥长江上游水库群防洪减灾作用，调度三峡水库按照不超过45000立方米每秒下泄，削峰37%，拦蓄洪量200亿立方米，降低沙市、城陵矶水位1.5～2米，实现沙市水位不超警戒、与中游河段洪水错峰、有效疏散待闸船只等多项调度目标，取得了明显的防洪减灾效益。在迎战2012年5次洪峰过程中，经三峡水库及时拦蓄削峰，有效降低了长江中下游干流洪峰水位（图5-6），三峡水库与长江中下游堤防一起充分发挥了防洪工程的重要作用，取得了巨大的防洪减灾经济效益。9月9日8时丹江口水库最大入库流量10400立方米每秒，9月11日2时最大出库流量2460立方米每秒，削峰76%，拦蓄洪量16.595亿立方米。5月1日陆水水库最大入库流量1720立方米每秒，4月30日最大出库流量210立方米每秒，削峰88%，拦蓄洪量0.966亿立方米，减免农田受灾面积500公顷、受灾人口2万，防洪减灾直接效益0.3亿元。

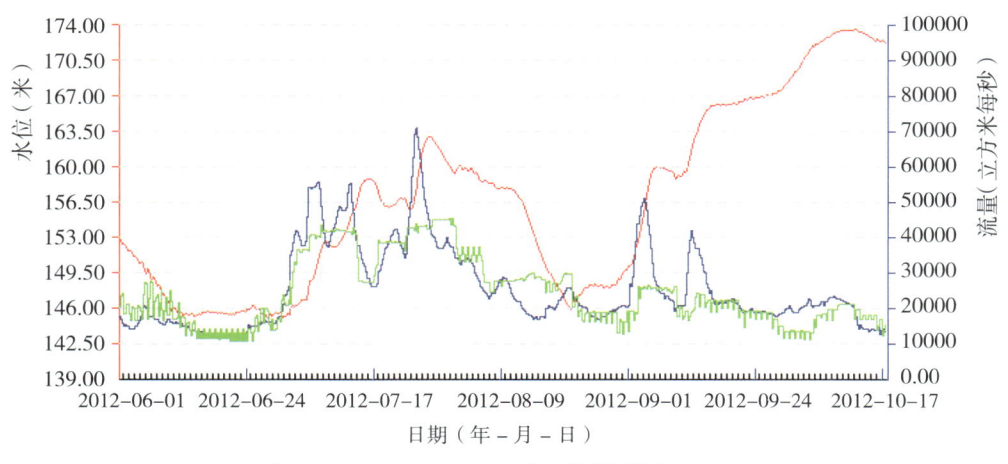

图5-6　2012年三峡水库汛期防洪调度情况

2012年7月上旬、下旬长江防总调度二滩和金安桥水库为向家坝工程拦洪错峰，减小向家坝工程洪峰流量1000多立方米每秒，为向家坝工程顺利施工创造了条件。

2012年10月中旬向家坝水电站开始初次蓄水，蓄水量约28亿立方米，正处在三峡水库蓄水期，为协调水库群汛末蓄水问题，长江防总安排上游的二滩、金安桥等水库在三峡水库蓄水前基本蓄满，瀑布沟水库在向家坝水库开始蓄水前基本蓄满。在向家坝水电站蓄水期间，为减小蓄水对川江和三峡水库蓄水的影响，调度瀑布沟水库按出入库平衡控制下泄。2012年长江上游大型水库蓄水情况总体良好，三峡水库于10月30日连续第三年成功实现蓄水175米目标。

通过采取以上多种防汛抗洪措施，将洪水灾害损失减少到最低程度，取得了显著的防洪减灾效益。据贵州、重庆、湖南、江西、安徽、江苏等省（直辖市）防汛抗旱指挥部办公室上报的防洪减灾效益资料统计，截至2012年10月，长江流域共减少淹没耕地62.925万公顷，避免粮食减收4311.71万吨，减少受灾人口779.23万，解救洪水围困群众20.67万人，避免50座县级以上城市受淹，避免人员伤亡事件1414起、避免人员伤亡4.75万人，为防御山洪、台风等紧急转移人员182.76万人，减灾经济效益202.63亿元。

2. 生态和泥沙减淤调度效益

2012年，长江水利委员会积极探索开展三峡水库生态和泥沙减淤调度试验，取得预期效果。三峡水库有防洪库容221.5亿立方米，淤掉1立方米有效库容，会永久地失去1立方米防洪库容。为使三峡库容长期正常运行，同时也为减少对关键物种和生态环境的不利影响，促进宜昌下游河段"四大家鱼"（青鱼、草鱼、鲢鱼、鳙鱼）的自然繁殖，长江水利委员会积极组织开展了三峡水库生态调度试验和泥沙减淤调度试验。在2011年水库消落期，长江防总实施了生态和走沙相结合的水库调度。5月中旬至6月上旬，形成人造洪峰，改善"四大家鱼"产卵条件，促进其自然繁殖。同时，降低了库水位，减少了水库库尾泥沙淤积，重庆主城区河段2010年汛期淤积的泥沙基本全部冲走。2012年水库消落期，长江防总结合生态调度还首次进行了三峡水库库尾泥沙减淤调度试验，实现了促进鱼类繁殖与减少水库淤积的双赢，也为今后水库消落期的生态与走沙的相结合调度积累了经验。2012年7月，长江上游3次洪峰被三峡水库拦蓄，出库泄量控制在45000立方米每秒以内，3次洪水过程水库的平均排沙率为32%。7月平均排沙比25%，接近设计值30%，排浑走沙调度试验取得预期效果。

二、《2013年度长江上游水库群联合调度方案》及其实施效果

随着以三峡工程为核心的长江上游水库群逐步建成，水库群防洪与综合利用、梯级水库间的蓄泄矛盾也逐步显现。为统筹长江上游水库群防洪抗旱、发电、航运、供水、水生态与水环境保护等方面的需求，保障流域防洪和供水安全，2012年8月国家防

总首次批复了《2012年度长江上游水库群联合调度方案》。2013年长江上游又有一批控制性水库建成并投入运用，需纳入联合调度范围，同时联合调度方案也需在实践中不断总结完善。为此，国家防总办公室组织长江水利委员会等单位在《2012年度长江上游水库群联合调度方案》的基础上，编制了《2013年度长江上游水库群联合调度方案》。在方案编制过程中，国家防总办公室多次组织对方案进行专题讨论，并组织有关专家赴溪洛渡、向家坝等重点水库和防洪重点河段进行了实地调研。

《2013年度长江上游水库群联合调度方案》主要包括纳入调度范围的水库、调度原则与目标、调度方案、调度权限、信息报送与共享、附则六部分内容，对纳入调度范围水库的洪水与水量调度原则、调度方式、调度权限及信息共享等进行了明确。与2012年调度方案相比，纳入2013年联合调度范围的水库由10座增加到17座。同时，结合最新的联合调度研究成果和2012年联合调度的运行经验，《2013年度长江上游水库群联合调度方案》增加了川江河段、嘉陵江中下游、乌江中下游、长江中下游水库群防洪联合调度方案和水库群蓄水联合调度方案，进一步明确了干支流水库群联合调度的目标要求和调度运用指标。

（一）上游水库群联合调度方式

综合考虑上游水库的建设规模、防洪能力、调节库容、控制作用等因素，纳入2013年度联合调度范围的水库包括金沙江阿海、金安桥、龙开口、鲁地拉、溪洛渡、向家坝，雅砻江锦屏一级、二滩，岷江紫坪铺、瀑布沟，嘉陵江碧口、宝珠寺、亭子口，乌江构皮滩、思林、彭水，长江干流三峡等17座水库（图5-7），其中金沙江阿海、龙开口、鲁地拉、溪洛渡、向家坝，雅砻江锦屏一级，嘉陵江亭子口7座水库为2013年下闸蓄水运用，首次纳入联合调度范围。

1. 联合防洪调度

（1）川江河段

当川江河段出现较大洪水时，运用溪洛渡、向家坝水库适时拦洪错峰，减轻宜宾、泸州、重庆主城区等城市的防洪压力。当长江中下游不需要上游水库配合三峡水库防洪运用时，运用阿海、金安桥、龙开口、鲁地拉、锦屏一级、二滩、瀑布沟等水库配合溪洛渡、向家坝水库对川江洪水实施拦洪错峰。

（2）嘉陵江中下游

当嘉陵江中下游发生较大洪水时，运用亭子口、碧口、宝珠寺等水库，适时拦洪错峰，减轻嘉陵江中下游苍溪、阆中、南充、合川、重庆主城区等城镇的防洪压力。

（3）乌江中下游

当乌江发生较大洪水时，运用构皮滩、思林、彭水等水库，适时拦洪错峰，减轻中下游思南、沿河、彭水、武隆等城镇的防洪压力。

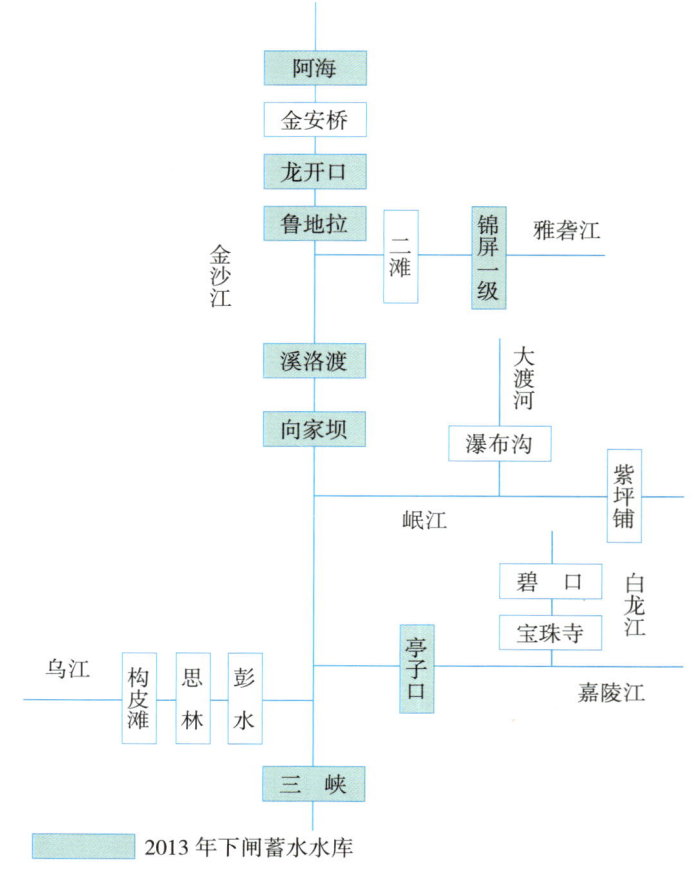

图 5-7　2013 年纳入联合调度的长江上游干支流水库群

（4）长江中下游

当长江中下游发生大洪水时，三峡水库根据长江中下游防洪控制站沙市、城陵矶等站水位控制目标，实施补偿调度。当三峡水库拦蓄洪水时，上游水库群配合三峡水库拦蓄洪水，减少三峡水库的入库洪量。

在一般情况下，阿海、金安桥、龙开口、鲁地拉、锦屏一级、二滩等有配合三峡水库防洪任务的水库，实施与三峡水库同步拦蓄洪水的调度方式。溪洛渡、向家坝、瀑布沟、亭子口、构皮滩、思林、彭水等承担所在河流和配合三峡水库防洪双重防洪任务的水库，当所在河流发生较大洪水时，结合所在河流防洪任务，实施拦洪调度；当所在河流来水量不大且预报短时期内不会发生大洪水时，也须减少水库下泄流量，配合其他水库降低干流洪峰流量，减少三峡水库入库洪量。

2. 联合蓄水调度

1）阿海、金安桥、龙开口、鲁地拉等水库于 2013 年 8 月初开始有序逐步蓄水。

二滩、向家坝、构皮滩等水库 9 月初在留足所在河流防洪要求库容的前提下可逐步蓄水，其他水库在满足所在河流防洪要求的前提下 9 月可开始逐步蓄水。为减轻上游水库群蓄水对下游供水和生态的影响，蓄水期间各水库须保持一定的下泄流量，以满足三峡水库 9 月最小下泄流量 8000～10000 立方米每秒、10 月最小下泄流量 8000 立方米每秒的需要。

2）2013 年度溪洛渡、锦屏一级、亭子口等水库为初期蓄水运用，各水库在安排蓄水计划时要充分考虑对下游特别是三峡水库蓄水的影响，减轻下游水库的蓄水压力。

3）为协调好上游水库群蓄水与各方面用水的关系，水库管理单位应编制蓄水实施计划并按程序报批。

（二）流域水雨情

2013 年汛期，长江流域来水总体偏少，主汛期汛情平稳。4 月至 9 月，上游寸滩站来水偏少一成，嘉陵江偏多两成，其他支流偏少一至四成；洞庭湖、鄱阳湖来水分别偏少近一成和近三成；长江中下游干流偏少一成左右。长江上游寸滩站年最大流量出现在 7 月，年最大流量较历年平均值偏小，三峡水库出现 3 次较大入库涨水过程，但总体量级不大，未出现编号洪水，最大入库洪峰仅 49000 立方米每秒（7 月 21 日 8 时）。长江中下游干流各控制站年最高水位均出现在 7 月，年最高水位值均低于多年平均值，汉口和大通站年最高水位分别为 23.66 米（7 月 8 日 15 时）和 11.94 米（7 月 8 日 17 时）。

部分支流发生局部性严重洪水。4 月底，鄱阳湖昌江渡峰坑站出现短时超警戒洪水。5 月，两湖水系涨水频繁，湘江上游干流多站于上中旬多次超警戒水位，鄱阳湖支流赣江、修水、湖区多站出现超警戒水位洪水，其中洞庭湖湘江潇水支流宁远河九嶷站 5 月 16 日 3 时洪峰水位 308.34 米，超历史最高水位（307.1 米）1.24 米。6 月，沅江支流、赣江上游支流、昌江干流、信江、乐安河部分站点发生超警戒水位洪水。7 月，上游沱江富顺站、涪江小河坝、渠江罗渡溪站发生多次超警戒水位洪水，其中沱江三皇庙、涪江小河坝还出现超保证水位洪水，涪江支流琼江泰安站 7 月 1 日 21 时 14 分出现洪峰水位 253.07 米，超保证水位（248.00 米）5.07 米，超历史最高水位（250.89 米，1974 年 8 月 18 日）2.18 米。8 月，受台风"尤特"和"潭美"影响，上游横江发生超警戒水位洪水，洞庭湖湘江发生超警戒、超保证水位洪水过程。9 月底，受台风"天兔"影响，洞庭湖水系资水、沅江发生超警戒水位洪水过程。

汛末中下游发生严重旱情。10 月，长江流域主要干支流来水较历史同期显著偏少。与 10 月历史多年均值比较，长江上游干流寸滩站来水偏少三成多，乌江武隆站偏少六成多，三峡水库来水量较历史同期偏少四成多（宜昌还原流量对比）。中下游洞庭湖、鄱阳湖出口控制站城陵矶、湖口站来水分别偏少三成多和四成多；汉江沙洋站来水偏少六成；中下游干流汉口、大通站来水偏少三成至四成。长江中下游干流主要站及两湖出口控制站 10 月平均水位较历史同期均值偏低 2.47～5.70 米，10 月 29 日 14 时各站水位与 10 月历史同期月最低水位比较，沙市、汉口、湖口、大通站排第一位（从小到大排序，下同），宜昌、城陵矶水位均排第三位。

2013 年汛期长江流域降雨情况见图 5-8、图 5-9 和图 5-10。

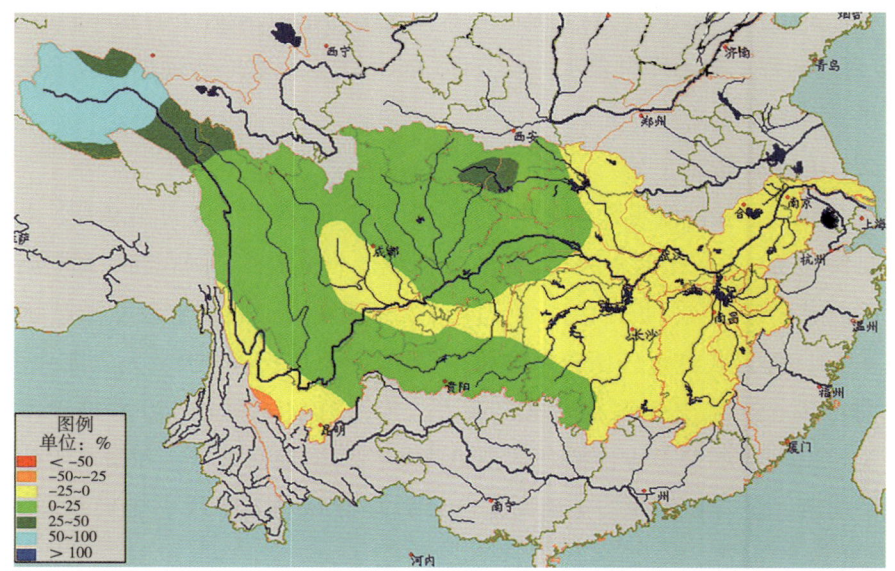

图 5-8　2013 年 1 月至 5 月长江流域降雨量距平分布

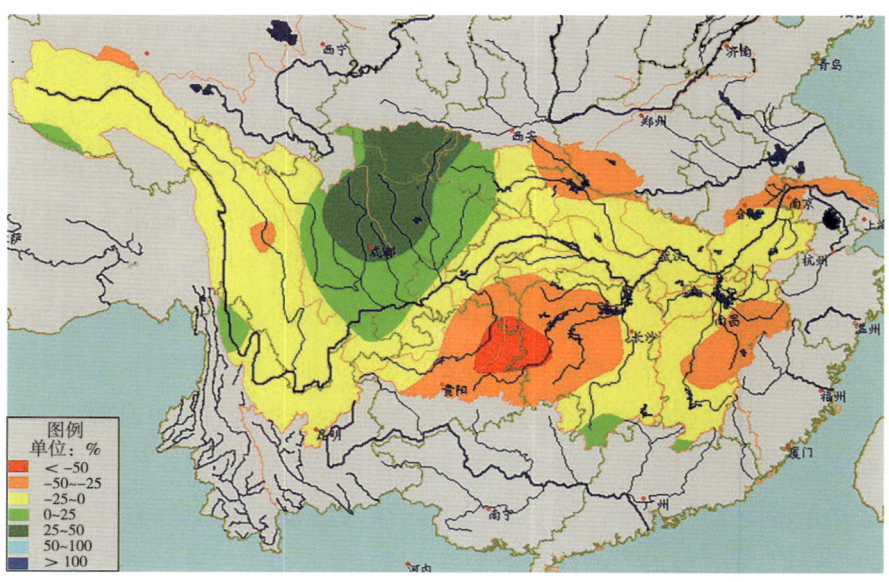

图 5-9　2013 年 6 月至 8 月长江流域降雨量距平分布

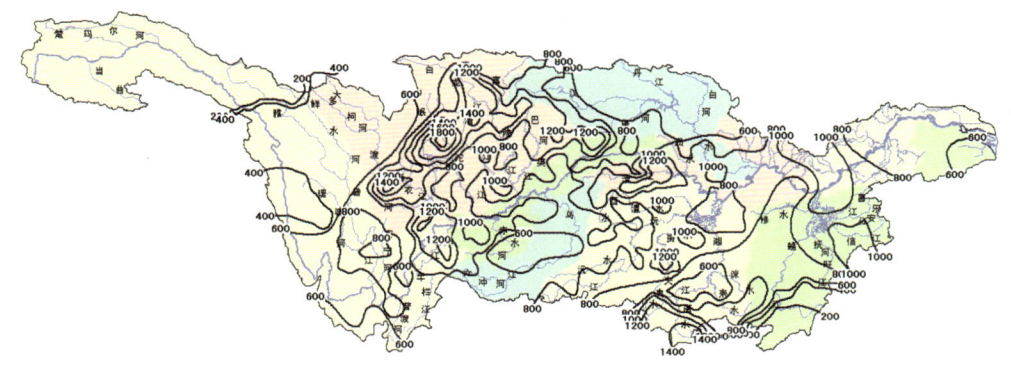

图 5-10 2013 年 4 月至 9 月长江流域降雨量分布

（三）联合调度实施效果

1. 防洪减灾效益

2013 年入汛以来，长江流域多次发生局地持续强降雨过程，特别是 6 月下旬和 7 月上中旬发生的强降雨过程范围广、强度大，主要分布在嘉陵江、岷江、沱江水系、两湖水系、江汉平原和长江中下游干流区间，虽然长江上游洪水经三峡水库调控后长江中下游干流水势总体平稳，但长江上游、洞庭湖、鄱阳湖水系出现多次涨水过程，流域内有 70 余条支流先后发生超警戒水位洪水，金沙江干流和沱江、涪江、嘉陵江等 10 余条支流发生超保证水位洪水。受此影响，流域内部分堤防、水库等水利工程及设施损毁严重，有些河段发生崩岸险情。

汛期，在国家防总、水利部领导下，长江防总及地方各级防汛部门一道，密切监视流域雨情、水情和汛情变化，强化应急值守，加密会商频次，充分发挥水库群联合调度的防洪作用。长江防总组织召开 49 次防汛抗旱会商会，下发了 26 道调度令，按照安全第一、统筹兼顾的原则，加强对三峡、丹江口等大型防洪水库的科学调度，充分发挥其防洪作用，减轻对下游的防洪压力。2013 年汛期，三峡水库最大入库洪峰 49000 立方米每秒，最大出库流量 35000 立方米每秒，削减洪峰流量 29%，累计拦蓄洪水约 104.54 亿立方米（图 5-11、图 5-12 和图 5-13）。通过各方努力最大限度地减少了人员伤亡和灾害损失，取得了显著的防洪减灾效益。

据四川、重庆、湖南、江西、安徽、江苏等省（直辖市）防汛抗旱指挥部办公室上报的有关资料统计，截至 2013 年 10 月，长江流域共减少淹没耕地 73.549 万公顷，避免粮食减收 233.79 万吨，减少受灾人口 547.37 万，解救洪水围困群众 76.19 万人，避免 28 座县级以上城市受淹，避免人员伤亡事件 2676 起、避免人员伤亡 7.45 万人，为防御山洪、台风等紧急转移人员 207.42 万人，减灾经济效益 193.30 亿元。

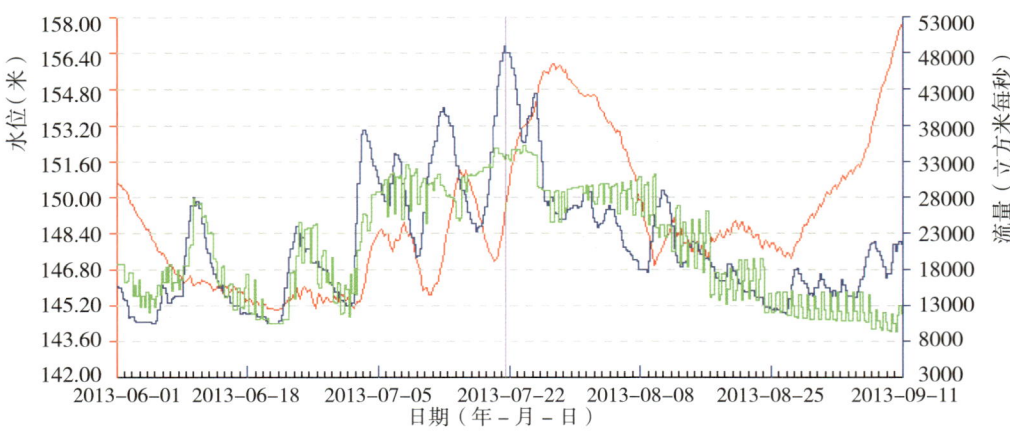

图 5-11 2013 年汛期三峡水库库水位及入出库流量过程对比

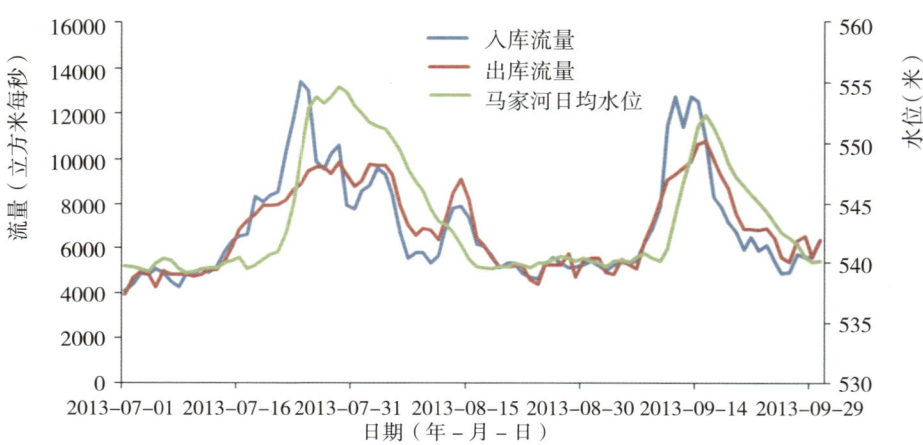

图 5-12 2013 年汛期溪洛渡水库库水位及出入库流量过程线

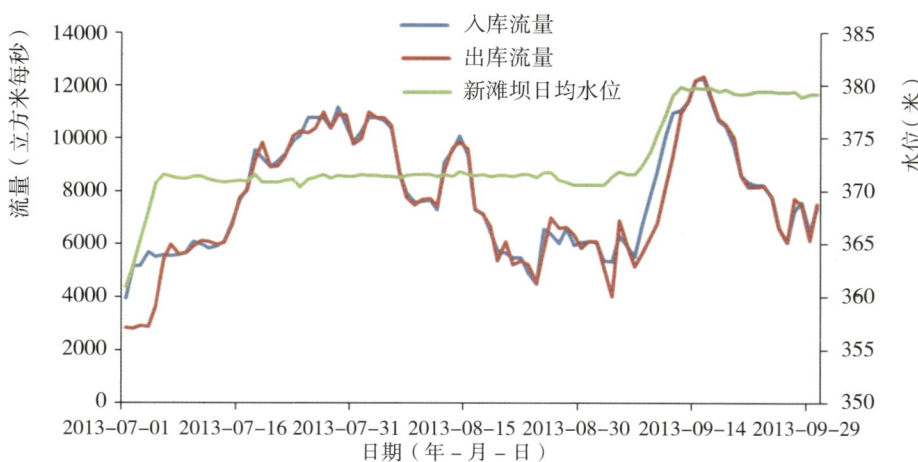

图 5-13 2013 年汛期向家坝水库库水位及出入库流量过程线

2. 抗旱应急效益

2013年，面对西南地区、长江中下游部分地区冬春旱和严重的夏季高温干旱，长江防总高度重视，积极应对，精心谋划，统筹兼顾，在国家防总的领导下，有力有序有效地开展长江上游水库群抗旱水量应急调度工作，为确保城乡供水安全、最大程度地减少旱灾损失发挥了重要作用。

针对西南地区、长江中下游部分地区的冬春旱，长江防总精心做好三峡水库枯期补水调度。2013年1月至3月，三峡水库入库流量基本在3700立方米每秒至5800立方米每秒之间波动，出库流量基本维持在6000立方米每秒左右，三峡水库水位由1月1日8时173.62米逐步消落至4月5日8时161.28米。4月5日以后，三峡水库入库流量有所增加，4月8日2时为7800立方米每秒，库水位略有回升，9日8时库水位161.77米。据统计，截至4月8日，三峡水库累计向下游补水105亿立方米。

受三峡水库补水和支流来水等因素的共同影响，2013年1月至2月长江中下游干流及两湖出口各主要控制站月平均水位与历年同期水位相比较总体偏高，3月水位较历史同期略偏高，4月上旬则偏高1~3米，三峡水库发挥了明显的枯期补水效益。

2013年三峡水库最大入库洪峰流量49000立方米每秒，相应出库流量为33500立方米每秒，最高库水位156.03米。长江防总科学调度，多次运用三峡水库拦蓄洪水资源，共拦蓄洪水105亿立方米，为后续长江中下游夏季高温抗旱提供有效了水源。后经合理调度，高温期间，三峡水库下泄流量维持在日均22000立方米每秒，保障了高温抗旱电力供应，缓解了高峰时电力紧张局面。

3. 生态、泥沙减淤和航运调度效益

2013年5月上中旬，长江防总成功组织开展了三峡水库库尾减淤调度和生态调度试验。7月19日至26日适时开展三峡水库排沙减淤调度，排沙约1760万吨，排沙比31%，有效减轻了水库泥沙淤积。同时抓住长江上游降雨短暂停歇的有利时机，控制三峡水库出库流量，组织疏散因限航滞留的小功率船舶360只。

据实测资料表明，减淤调度试验期间三峡水库库尾河段呈冲刷状态，河床冲刷量达441万立方米，其中长江干流段冲刷量为410万立方米，嘉陵江段冲刷量为31万立方米，特别是铜锣峡至涪陵回水变动区段沿程全线冲刷。2013年生态调度试验进一步证明了通过调度三峡水库制造适宜的涨水过程，能够促进下游"四大家鱼"大规模繁殖。

三、《2014年度长江上游水库群联合调度方案》及其实施效果

（一）上游水库群联合调度方式

综合考虑上游水库的建设规模、防洪能力、调节库容、控制作用和建设进度等因

素，纳入 2014 年度联合调度范围的水库包括：金沙江梨园、阿海、金安桥、龙开口、鲁地拉、观音岩、溪洛渡、向家坝，雅砻江锦屏一级、二滩，岷江紫坪铺、瀑布沟，嘉陵江碧口、宝珠寺、亭子口、草街，乌江构皮滩、思林、沙沱、彭水，长江干流三峡 21 座水库，其中沙沱、草街水库为首次纳入，金沙江梨园、观音岩水库计划 2014 年汛末下闸蓄水也一并纳入（图 5-14）。

1. 防洪调度

（1）川渝河段

当川渝河段出现较大洪水时，运用溪洛渡、向家坝水库适时拦洪错峰，采用补偿调度方式，分别控制李庄（宜宾防洪控制站）、朱沱（泸州防洪控制站）、寸滩（重庆防洪控制站）的洪峰流量尽可能不超过 51000 立方米每秒、52600 立方米每秒和 83100 立方米每秒，减轻宜宾、泸州和重庆主城区等城市的防洪压力。

当长江中下游不需要上游水库配合三峡水库防洪运用时，运用阿海、金安桥、龙开口、鲁地拉、锦屏一级、二滩、瀑布沟和亭子口等水库配合溪洛渡、向家坝水库对川渝洪水实施拦洪错峰。

（2）嘉陵江中下游

当嘉陵江中下游发生较大洪水时，运用亭子口、碧口、宝珠寺、草街等水库，适时拦洪错峰，减轻嘉陵江中下游苍溪、阆中、南充、合川和重庆主城区等城镇的防洪压力。溪洛渡、向家坝等金沙江干流上的水库在为宜宾、泸州等地区留足防洪库容的条件下，减少下泄流量，减轻重庆主城区的防洪压力。

（3）乌江中下游

当乌江发生较大洪水时，运用构皮滩、思林、沙沱、彭水等水库适时拦洪错峰，减轻中下游思南、沿河、彭水、武隆等重要城镇和重要基础设施的防洪压力。

（4）长江中下游

当长江中下游发生大洪水时，三峡水库根据长江中下游防洪控制站沙市、城陵矶等站水位控制目标，实施补偿调度。当三峡水库拦蓄洪水时，上游水库群配合三峡水库拦蓄洪水，减少三峡水库的入库洪量。

一般情况下，阿海、金安桥、龙开口、鲁地拉、锦屏一级、二滩等有配合三峡水库防洪任务的水库实施与三峡水库同步拦蓄洪水的调度方式。溪洛渡、向家坝、瀑布沟、亭子口、构皮滩、思林、沙沱、彭水等承担所在河流和配合三峡水库防洪双重防洪任务的水库，当所在河流发生较大洪水时，结合所在河流防洪任务，实施拦洪调度；当所在河流来水量不大且预报短时期内不会发生大洪水时，也需要减少水库下泄流量，配合其他水库降低长江干流洪峰流量，减少三峡水库入库洪量。

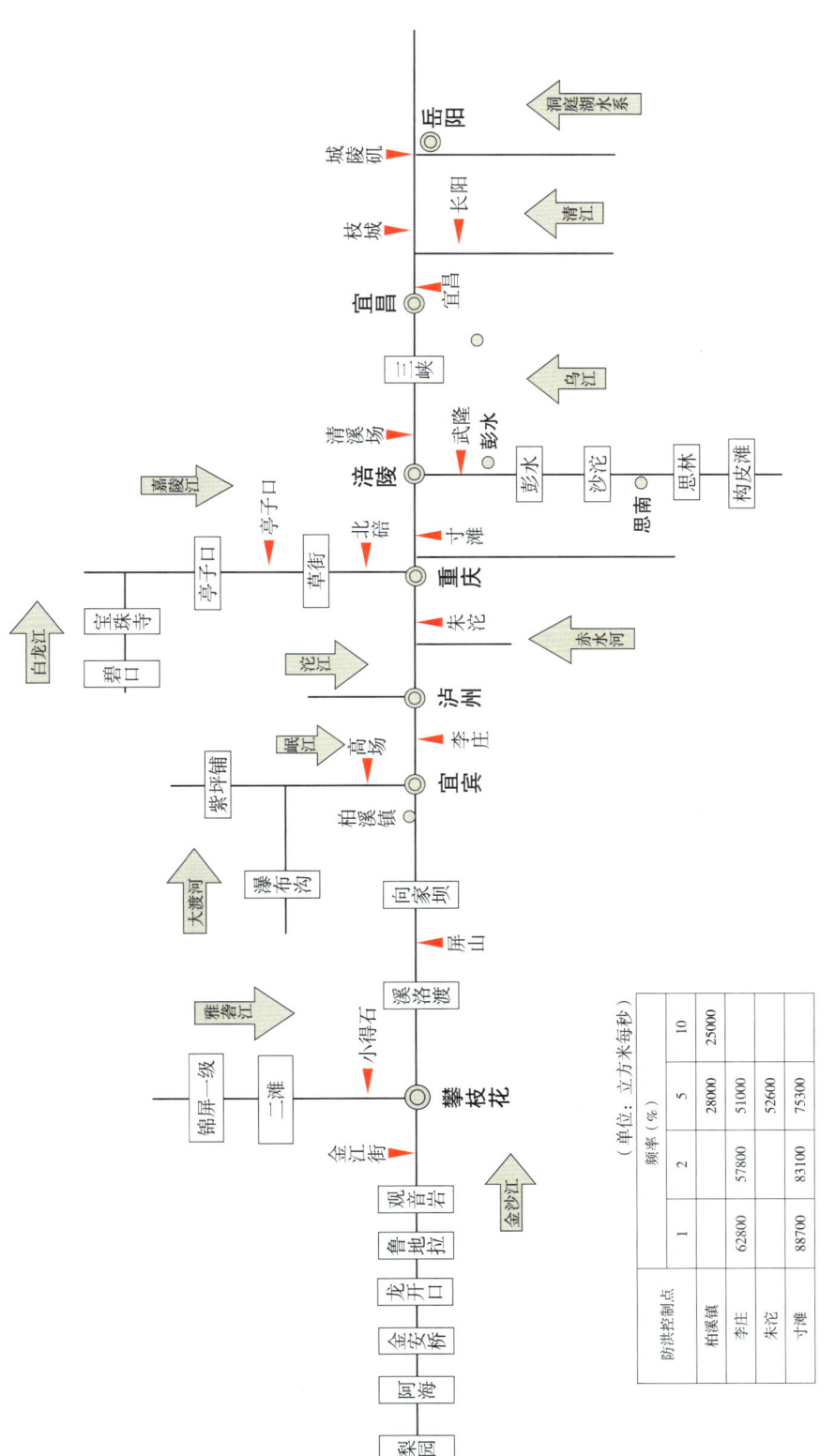

图 5-14 2014年纳入联合调度的长江上游干支流水库群

防洪控制点	频率（%）			
	1	2	5	10
柏溪镇	62800	57800	28000	25000
李庄			51000	
朱沱			52600	
寸滩	88700	83100	75300	

（单位：立方米每秒）

第五章 流域水库群运行管理

409

2. 蓄水调度

1）各水库应有序逐步蓄水，水库蓄水期间下泄流量应不小于规定的下限值，减轻对水库下游供水、生态、航运等不利影响。

2）阿海、金安桥、龙开口、鲁地拉等水库自2014年8月初开始有序逐步蓄水。二滩、草街、构皮滩、思林、沙沱、彭水等水库9月初在留足所在河流防洪要求库容的前提下可逐步蓄水。三峡、向家坝水库9月中旬可逐步蓄水。紫坪铺、碧口、宝珠寺等水库10月初开始蓄水。锦屏一级、亭子口、溪洛渡等水库根据工程蓄水验收意见蓄水。瀑布沟水库根据防洪库容预留要求分时段逐步蓄水。梨园、观音岩水库为初期蓄水，应根据工程建设情况提前上报蓄水方案。

3）干支流、上下游水库蓄水应统一协调，以满足长江中下游流量要求。

（二）流域水雨情

2014年汛期，长江干流先后于7月中下旬和9月中旬发生了两次编号洪峰洪水过程，其中长江1号洪峰发生在中游，由洞庭湖和长江上游来水共同影响形成，长江2号洪峰发生在上游。受强降雨影响，乌江和沅江均在7月中旬发生严重汛情，汉江上游发生明显秋汛，9月中旬出现年最大涨水过程。2014年长江流域水雨情呈现以下特点（图5-15和图5-16）：

1. 汛期长江流域来水基本正常

2014年4月至10月，长江流域来水基本正常，其中，长江上游干流寸滩站来水基本正常，金沙江、岷江、嘉陵江来水偏少一成左右，乌江来水偏多一成；汉江流域来水整体较历年均值偏少，其中下游兴隆站来水偏少七成多；两湖水系来水偏多近一成；长江中下游干流来水基本正常。

2. 干流水情基本平稳，但支流发生严重汛情

2014年汛期，长江干流水情基本平稳，上游寸滩站出现的年最大流量较历年平均值偏小，中下游干流各控制站最高水位都在多年均值附近，其中螺山站年最高水位较多年均值偏高0.4米。乌江、洞庭湖水系局部地区发生严重洪水，如7月中旬，洞庭湖水系的沅江发生超历史洪水，乌江发生超过保证水位洪水，其中，乌江中下游各站均出现超警戒水位洪水，彭水站接近保证水位，思南、武隆超保证水位，沿河站超历史纪录最高水位；沅江支流武水河溪站、沱江凤凰站、干流桃源站出现超历史洪水，干流辰溪以下各站水位全面超警或者超保；资水桃江站超保证水位；洞庭湖区沅江、沙头、南咀、小河咀、周文庙等多站出现超警戒水位洪水。

3. 长江上游和汉江上游发生明显秋汛，形成长江2号洪峰

2014年，长江上游干流9月中旬出现编号洪水，寸滩站出现超警戒水位洪水，

三峡水库出现年内最大入库流量55000立方米每秒。丹江口水库入库也出现13700立方米每秒最大入库流量,9月平均入库流量4000立方米每秒,排历年同期第十六位,出现前枯后丰的水情年景,大大缓解了本地旱情。

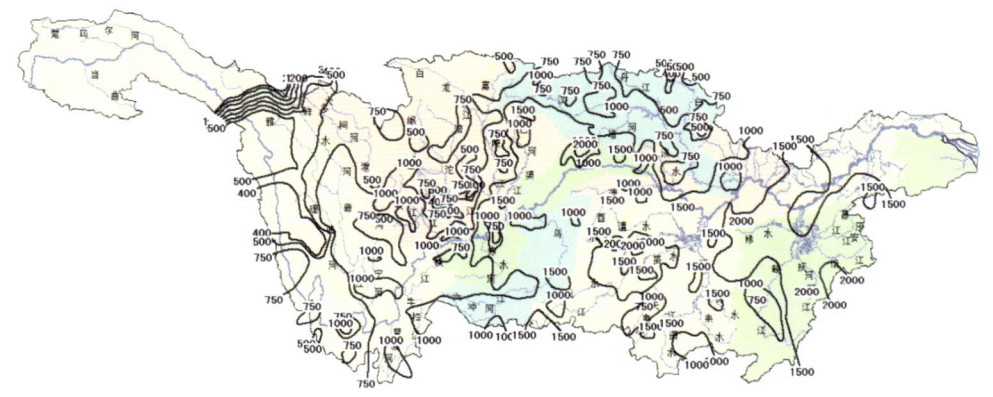

图 5-15　长江流域 2014 年 1 月至 12 月降雨量分布图(单位:毫米)

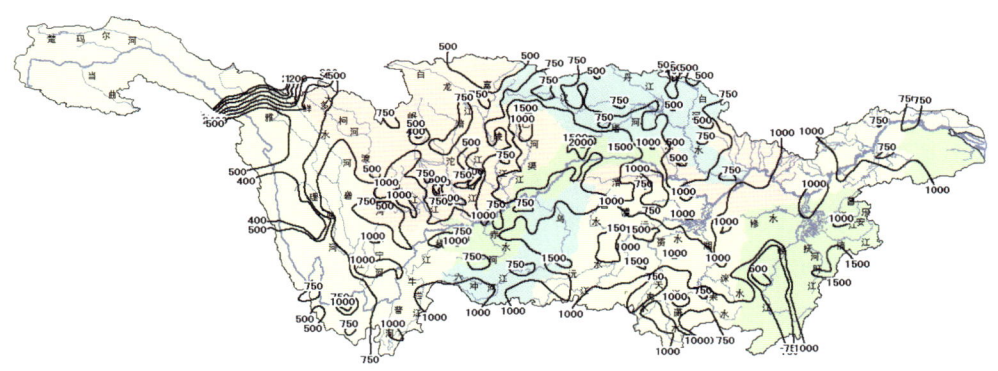

图 5-16　2014 年 4 月至 10 月长江流域降雨量分布图(单位:毫米)

4. 降雨时空分布不均,汉江流域 7 月发生严重旱情

汉江中下游主要控制站来水 7 月均不同程度偏少,其中兴隆站偏少近九成;皇庄 7 月 30 日 23 时出现年最低水位 39.74 米,低于历史最低水位(39.9 米,2011 年 5 月 23 日)0.16 米,相应流量 277 立方米每秒(低于历史同期最小流量 301 立方米每秒,1969 年);兴隆站年最小流量 192 立方米每秒(7 月 31 日 20 时),低于历年同期最小流量(309 立方米每秒,1966 年),接近历史最小流量(167 立方米每秒,1958 年 3 月 19 日);仙桃站年最小流量 186 立方米每秒(7 月 31 日 8 时),低于历年同期最小流量(308 立方米每秒,1966 年),接近历史最小流量(180 立方米每秒,1958 年 3 月 20 日);东荆河潜江站 7 月基本处于断流状态。

5. 10 月下旬长江上游出现较大洪水

2014 年 10 月下旬,长江上游嘉陵江、三峡区间、乌江出现一次强降雨过程,嘉陵江北碚站洪峰流量 9540 立方米每秒,居历史同期(10 月下旬)第二位,干流寸滩站洪峰流量 18800 立方米每秒,居历史同期第十三位,乌江武隆站洪峰流量 7440 立方米每秒,居历史同期第四位。三峡水库入库流量洪峰为 25000 立方米每秒,居历史同期第十一位(较宜昌还原)。三峡水库正值蓄水末期,库水位相对较高,受来水偏大及机组检修等影响,水库进行了短历时泄洪。

(三)联合调度实施效果

1. 防洪减灾效益

2014 年汛期,长江防总认真贯彻落实国家防总领导指示,统筹兼顾,积极应对,科学调度三峡、丹江口、陆水等重要水库,精心实施长江上游水库群联合调度,有效应对了乌江、资水、沅江等支流洪水。

(1) 上游水库群配合三峡水库成功应对长江两次洪峰

在国家防总的领导下,长江防总密切监视流域汛情变化,滚动会商,科学研判,精心调度,共组织会商 55 次,下发 25 道调度令,成功应对了长江两次洪峰,确保了防洪安全。同时,首次为交通运输部长江航务管理局开展大流量实船试航试验创造了条件,使其顺利完成了 45000 立方米每秒和 40000 立方米每秒两个流量级 5 艘次实船试验任务。

2014 年汛期,三峡水库来水总体平稳,先后出现了 40000 立方米每秒以上的洪水 4 次,以 9 月 20 日 8 时 55000 立方米每秒为最大。7 月下旬发生的洪水过程,考虑到洞庭湖水系沅江、资水来水较大,预计中游 1 号洪峰 7 月 19 日左右形成,为减轻长江中游防汛压力,三峡水库按日均 30000 立方米每秒下泄,水库最高调洪水位为 151.08 米,拦蓄洪水 23 亿立方米。8 月上中旬,水库拦蓄两场中小洪水,最高调洪水位控制在 151 米左右。8 月下旬则将最高调洪水位控制在 154 米左右。9 月初出现入库洪峰 49000 立方米每秒时,最大出库流量为 43400 立方米每秒(9 月 3 日 18 时),除满发流量外,开 9 个深孔泄洪,9 月 6 日 8 时库水位达 163.24 米。从 9 月 11 日开始洪水过程,最大入库流量 47000 立方米每秒(9 月 14 日 20 时),最大下泄流量按 35000 立方米每秒控制。9 月 20 日出现本年度最大入库洪峰 55000 立方米每秒,为避免库区淹没损失,在保证下游防洪安全的前提下,最大下泄流量按 45000 立方米每秒控制。2014 年汛期,三峡水库共拦蓄洪水 253 亿立方米,弃水 113 亿立方米,很好地利用了洪水资源(图 5-17)。

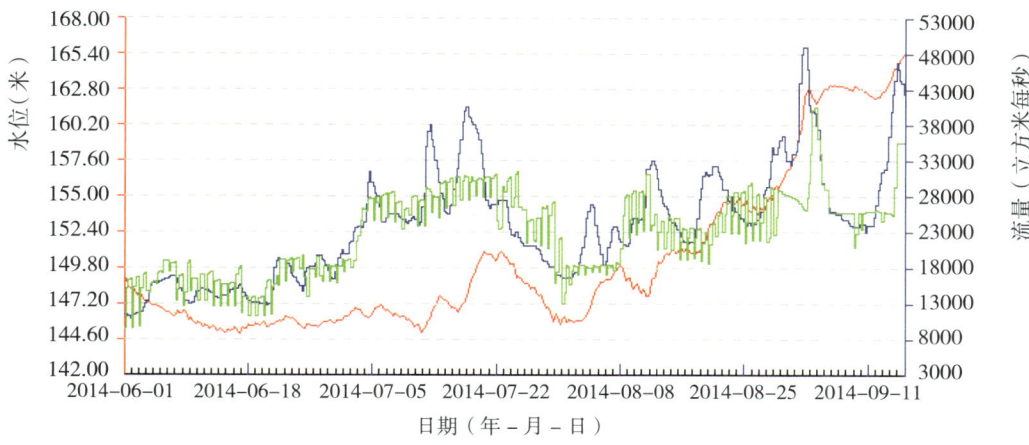

图 5-17 2014 年汛期三峡水库库水位及入出库流量过程线

（2）首次开展乌江水库群防洪联合调度

2014 年 7 月中旬，受强降雨影响，乌江流域发生一次较大洪水。据还原分析计算，乌江干流各梯级水库入库洪峰重现期分别为乌江渡水库 15 年一遇、构皮滩水库 20 年一遇、思林水库 40 年一遇、沙沱水库 50 年一遇、彭水水库 25 年一遇，特别是构皮滩至沙沱水电站区间 3 天雨量超过 200 毫米，区间来水量约 1000 年一遇。长江防总与贵州、重庆两省（直辖市）防汛抗旱指挥部密切沟通，及时了解乌江沿岸城镇的防汛形势，成功实施水库群联合调度，充分发挥上游洪家渡、乌江渡、构皮滩水库拦蓄洪水的功能，及时调整思林、沙沱水库下泄流量，有效缓解了思南、沿河县城防汛压力。彭水水库及时采取预泄措施，有效控制库水位上涨幅度，减小了对沿河县城顶托影响，也确保了下游彭水、武隆的防洪安全（图 5-18）。

在遭遇 7 月 17 日流域性洪水中，通过充分挖掘联合调度的最大优势，乌江梯级经受住了本次流域大洪水的考验，实现了梯级电站水库大坝和下游防护对象的安全度汛。在洪水调度过程中，通过提前采取小流量逐步加开闸门预泄方式，利用各水库自身调节，平稳下泄流量，对平稳下游洪水发挥了重要作用。在思南县城对思林水电站出库流量进行限制后，对乌江渡、构皮滩水库的空库容均衡布置，乌江渡水库预留一定空库容在关键时刻参与错峰调节，7 月 16 日 20 时乌江渡、构皮滩空库容分别为 1.29 亿立方米和 3.6 亿立方米，至 7 月 17 日 19 时两座水库分别剩余空库容 2950 万立方米和 3450 万立方米，最后时刻两水库同时减小出库流量，为 7 月 17 日晚上全力保思南县城水位发挥了重要作用。梯级联合调度对削峰调度效果非常明显，沙沱水库削峰 5180 立方米每秒、思林水库削峰 6110 立方米每秒、构皮滩水库削峰 5160 立方米每秒、乌江渡水库削峰 4070 立方米每秒，特别是构皮滩水库 20 年一遇入库洪水经过削减后，至思林水库变成 10 年一遇洪水，再经思林水库削减后的思南河段洪水仅 5 年一遇，这充分展示了乌江梯级水库联合调度的优势，为思南县城、乌江镇和川黔铁路桥的安全度汛发挥了不可估量的作用，确保了沿岸人民生命财产安全。

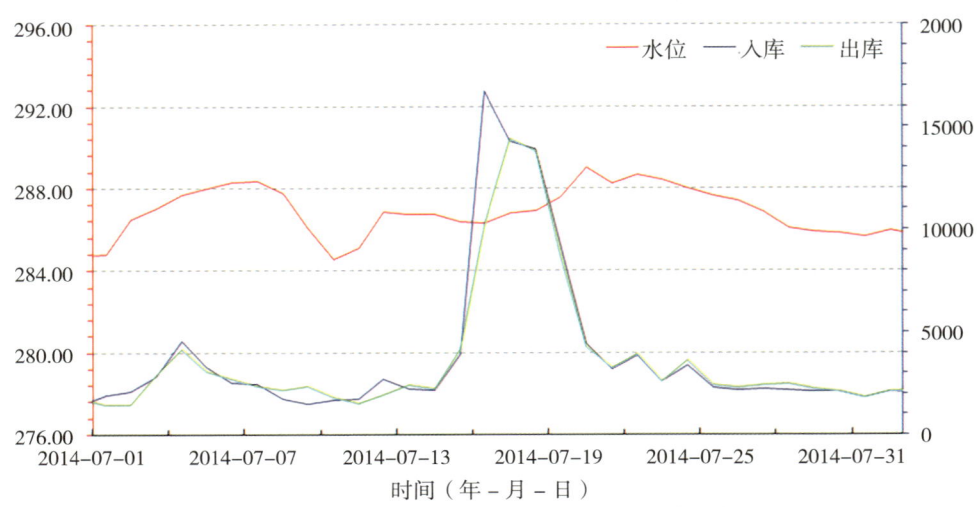

图 5-18　2014 年彭水水库洪水期运行过程线

2. 抗旱应急调度效益

2014 年，长江上游四川、中游湖北等部分地区发生了较严重的春夏连旱，重庆、河南等地发生了夏旱，江西省发生了秋旱，上海长江口遭受了陈行水库建成以来最严重的咸潮入侵灾害。在国家防总、水利部的领导下，长江防总主动应对，积极指导地方科学抗旱，切实做好从丹江口水库向平顶山市应急调水、长江口咸潮入侵应对、汉江中下游补水等工作，圆满完成南水北调中线一期工程总干渠黄河以南渠段充水试验供水调度任务。长江流域有关省市提前部署，快速反应，采取水库群联合调度等积极有效的措施投入抗旱，为确保城乡供水安全、最大限度地减少旱灾损失发挥了重要作用。

（1）从丹江口水库向平顶山市应急水量调度

2014 年入汛以来，河南省高温少雨干旱天气持续发生，中西部和北部部分地区发生了严重干旱，部分城市出现供水困难，特别是平顶山市主要水源地白龟山水库蓄水一直偏少，已低于死水位，预测一段时间河南省仍无有效的降水过程，干旱情况将加剧。为保障平顶山市城市用水需求，河南省防汛抗旱指挥部紧急请示国家防总，请求从丹江口水库通过南水北调中线总干渠向平顶山市实施应急调水。国家防总于 8 月 4 日下午发出《关于实施从丹江口水库向平顶山市应急调水的通知》，决定实施从丹江口水库向平顶山市应急调水。应急调水从 8 月 7 日正式实施，至 9 月 14 日完成调水 2400 万立方米的初期任务，后应河南省要求继续实施调水，增加调水量到 5000 万立方米，应急调水工作于 9 月 20 日全部结束，历时 45 天，共完成应急调水量 5022 万立方米（彭河断面计量）。通过此次应急调水，平顶山市城市生活用水得到有效保障，生产和生态用水得到补充，旱情紧张状况得到有效缓解，应急调水的社会效益十分显著。在应急调水工作中，长江防总高度重视，积极支持，在国家防总的领导下，按照分工要求切实担负起统一调度、总体协调和监督管理重任，及时启动应急响应，迅速落实工作专班，研究制定应急调水实施方案，大力加强沟通协调，不断优化丹江口水库调度运行方式，组织开展水文监测和现场督查，加大信息报送和宣传力度，确保了应急调水任务的顺利完成。

（2）南水北调中线充水试验供水调度

根据汉江雨水情及丹江口水库蓄水情况，2014 年 9 月 19 日，国家防总向长江防总下达了《关于做好南水北调中线一期工程总干渠充水试验供水陶岔枢纽调度的通知》，决定从 9 月 20 日 8 时起，通过陶岔枢纽向南水北调中线一期工程总干渠供水，以满足南水北调中线一期工程总干渠黄河以南渠段充水试验需要。长江防总按照国家防总的要求，调度陶岔渠首闸 9 月 20 日开始向南水北调中线一期工程总干渠充水试验供水，至 10 月 23 日结束，历时 34 天，圆满完成了充水试验供水任务。

（3）长江口咸潮应对

受长江枯水期低水位和潮汐现象共同影响，2014 年春季上海长江口遭遇历史上最长咸潮期，影响历时 24 天。咸潮上溯导致上海陈行水库、青草沙水库取水口自 2 月 3 日 19 时开始，氯化物浓度持续超过 250 毫克每升的《地表水环境质量标准》（GB 3838—2002）对集中饮用水地表水源中氯化物浓度的要求，氯化物浓度最高近 3000 毫克每升，水质变化影响范围涉及上海宝山、普陀、嘉定等部分地区约 200 万市民，对居民生活供水造成威胁。

国家防总、水利部领导高度重视。按照陈雷部长重要指示精神，2 月 19 日上午，长江防总主持会议，组织长江水利委员会有关部门部署长江口咸潮入侵应对工作，研究长江河口供水保障措施。一是报请国家防总同意，紧急调度三峡水库从 2 月 21 日起加大出库流量，日均流量在 6000 立方米每秒的基础上再增加 1000 立方米每秒，即按 7000 立方米每秒控制。二是向太湖流域管理局和江苏、安徽两省防汛抗旱指挥部下发紧急通知，要求建立健全枯水期引江水量报告制度，及时上报当前长江下游引江水量实时情况，必要时长江防总将启动应急水量调度机制，控制引江水量。三是要求上海市完善自身供水工程建设，加强陈行水库和宝钢水库联调，充分发挥现有水源工程潜力。后期受长江中下游降雨等影响，大通站流量逐步增加，对咸潮的压制作用加强，至 2 月 27 日 12 时，青草沙水库、陈行水库取水口氯化物浓度连续 12 天低于 250 毫克每升，咸潮入侵结束，上海市城市供水恢复正常。

3. 联合蓄水调度

2014 年，长江上游水库群蓄水进程顺利。7 月，调度金沙江中游阿海、金安桥、龙开口和鲁地拉 4 座水库适当上浮水位运行，既解决了发电受阻的问题，又为后期蓄水做好准备。8 月，上述 4 座水库逐步开始蓄水，溪洛渡和向家坝水库也先后安排在 8 月中旬和 9 月初蓄水，与三峡水库蓄水时间错开。9 月，长江上游和汉江流域来水偏丰，长江防总在确保防洪安全的前提下，调度水库拦蓄洪水尾巴，蓄水形势好转。三峡水库于 10 月 30 日连续第 5 年蓄水至正常蓄水位 175 米，上游各重要水库（水电站）均于汛末基本蓄满。

4. 生态调度效益

2014 年 6 月，长江防总继续组织开展了生态调度试验。长江防总要求中国长江三峡集团有限公司将三峡水库 6 月 4 日、5 日和 6 日的日均下泄流量分别按 15500 立方米每秒、17000 立方米每秒和 18500 立方米每秒控制；7 日日均下泄流量按 18500 立方米每秒控制。6 月 8 日起按批复的汛期调度运用方案进行调度。6 月 1 日至 6 日宜昌江段持续涨水 6 天，从 6 月 4 日开始，通过调度水位涨幅进一步增加，分别为 0.36 米每天、0.48 米每天、0.53 米每天。"四大家鱼"对生态调度产生了较积极的响应，生态调度试验监测期间，沙市江段监测到"四大家鱼"自然繁殖时段为 6 月 5 日至 7 月 5 日，发生了 4~5 次相对集中的产卵活动，"四大家鱼"产卵规模约为 1.6 亿尾。生态调度试验取得了预想成效，进一步证明了通过调度三峡水库制造适宜的涨水过程，能够促进下游"四大家鱼"大规模繁殖。

四、《2015 年度长江上游水库群联合调度方案》及其实施效果

为统筹协调长江上游水库群防洪抗旱、发电、航运、供水和水生态与水环境保护等方面的关系，充分发挥水库群综合利用效益，长江防总根据《中华人民共和国水法》《中华人民共和国防洪法》《中华人民共和国防汛条例》和《中华人民共和国抗旱条例》等相关法律法规及《长江流域综合规划（2012—2030 年）》《长江流域防洪规划》和《长江洪水调度方案》，组织编制了《2015 年度长江上游水库群联合调度方案》。

《2015 年度长江上游水库群联合调度方案》主要包括纳入调度范围的水库、调度原则与目标、调度方案、调度权限、信息报送与共享、附则六部分内容，对纳入调度范围水库的洪水与水量调度原则、目标、防洪调度、蓄水调度、各水库调度方式、调度权限及信息共享等进行了明确。与 2014 年联合调度方案相比，结合最新的联合

调度研究和2014年联合调度的运行经验，《2015年度长江上游水库群联合调度方案》重新确定了梨园、观音岩、溪洛渡、锦屏一级等水库的防洪任务，对溪洛渡、向家坝与三峡水库三库联调、乌江流域等控制性水库等联合调度方案进行了细化，进一步明确了干支流水库群联合调度的目标要求和调度运用指标。《2015年度长江上游水库群联合调度方案》的批复，为做好2015年长江上游水库群联合调度工作提供了重要依据。

（一）上游水库群联合调度方式

综合考虑上游水库的建设规模、防洪能力、调节库容、控制作用、建设进度等因素，纳入2015年度联合调度范围的水库包括：金沙江梨园、阿海、金安桥、龙开口、鲁地拉、观音岩、溪洛渡、向家坝，雅砻江锦屏一级、二滩，岷江紫坪铺、瀑布沟，嘉陵江碧口、宝珠寺、亭子口、草街，乌江构皮滩、思林、沙沱、彭水，长江干流三峡等21座水库。

1. 防洪调度

（1）川渝河段

川渝河段的防洪任务为提高宜宾、泸州的防洪标准，减轻重庆主城区的防洪压力，主要由溪洛渡、向家坝水库承担；必要时，梨园、阿海、金安桥、龙开口、鲁地拉、观音岩、锦屏一级、二滩、紫坪铺、瀑布沟、亭子口等水库配合溪洛渡、向家坝水库对川渝洪水实施拦洪错峰。

1）对宜宾、泸州的防洪调度方式：溪洛渡、向家坝水库预留专用防洪库容14.6亿立方米，对宜宾、泸州进行防洪补偿调度。当预报李庄（宜宾防洪控制站）洪峰流量超过51000立方米每秒，或朱沱（泸州防洪控制站）洪峰流量超过52600立方米每秒时，通过补偿调度，控制李庄、朱沱两站洪峰流量分别不超过51000立方米每秒和52600立方米每秒。视水情和防洪形势的需要，瀑布沟、紫坪铺等水库适时配合调度。

2）对重庆的防洪调度方式：当预报寸滩（重庆防洪控制站）洪峰流量大于83100立方米每秒，利用溪洛渡、向家坝水库对重庆进行防洪补偿调度，尽可能控制寸滩洪峰流量不超过83100立方米每秒。当岷江大渡河、嘉陵江上游来水较大时，运用瀑布沟、亭子口水库拦洪错峰，减轻重庆主城区防洪压力。

3）溪洛渡、向家坝水库联合防洪调度时，先运用溪洛渡水库拦蓄洪水，当溪洛渡水库库水位上升至573.1米后，溪洛渡水库维持出入库平衡，向家坝水库开始拦蓄洪水；当向家坝水库库水位达到380米后，向家坝水库维持出入库平衡，溪洛渡水库继续拦蓄洪水；当溪洛渡水库库水位达到600米后，则实施保枢纽安全的防洪调度方式。

4）在溪洛渡、向家坝水库开始拦蓄洪水时，视水情和防洪形势的需要，雅砻江、金沙江、岷江、嘉陵江等梯级水库适时配合调度。

（2）嘉陵江中下游

嘉陵江中下游的防洪任务主要由亭子口水库承担，碧口、宝珠寺、草街水库适时配合调度。

当嘉陵江中下游发生大洪水时，亭子口水库适时拦洪削峰，提高嘉陵江中下游苍溪、阆中、南充等城镇的防洪标准，减轻合川、重庆主城区的防洪压力；碧口、宝珠寺等水库在保证枢纽安全和本河段防洪安全的前提下，适时减少亭子口水库的入库洪量。溪洛渡、向家坝等金沙江干流的水库如不需要为宜宾、泸州等地区实施防洪补偿调度，在留足必要防洪库容的条件下，适时减小下泄流量，减轻重庆主城区的防洪压力。

（3）乌江中下游

乌江中下游的防洪任务主要是提高思南县城防洪标准，减轻沿河、彭水、武隆等城镇的防洪压力，由构皮滩、思林、沙沱、彭水水库承担，其他水库配合运用。

1）对思南的防洪调度方式：构皮滩水库联合思林水库适时拦洪削峰，遭遇20年一遇洪水（洪峰流量16400立方米每秒）时尽可能控制思南县城河段的洪峰流量不超过13900立方米每秒（10年一遇），与此同时控制沙沱水库坝前水位降低思南县城河段的洪水位。

2）对沿河的防洪调度方式：构皮滩、思林、沙沱水库实施联合调度，适时拦洪削峰，减少进入彭水水库的入库洪量，遭遇20年一遇入库洪水时还应控制彭水水库坝前水位不超过288.85米。

3）对彭水、武隆的防洪调度方式：构皮滩、思林、沙沱、彭水水库联合调度，适时拦洪错峰，彭水水库遭遇20年一遇入库洪水时其下泄流量不超过19900立方米每秒。

（4）长江中下游

当长江中下游发生大洪水时，三峡水库根据长江中下游防洪控制站沙市、城陵矶等站水位控制目标，实施防洪补偿调度。当三峡水库拦蓄洪水时，上游水库群配合拦蓄洪水，减少三峡水库的入库洪量。

一般情况下，梨园、阿海、金安桥、龙开口、鲁地拉、观音岩、锦屏一级、二滩等有配合三峡水库承担长江中下游防洪任务的水库，实施与三峡水库同步拦蓄洪水的调度方式。溪洛渡、向家坝水库在留足川渝河段所需防洪库容的前提下，根据长江中下游防洪需要，配合三峡水库承担长江中下游防洪任务。瀑布沟、亭子口、构皮滩、思林、沙沱、彭水等承担所在河流防洪和配合三峡水库承担中下游防洪双重防洪任务的水库，当所在河流发生较大洪水时，结合所在河流防洪任务，实施防洪调度；当所在河流来水量不大且预报短时期内不会发生大洪水时，也需要减少水库下泄流量，配合其他水库降低长江干流洪峰流量，减少三峡水库入库洪量。

2. 蓄水调度

1）各水库应有序逐步蓄水，水库蓄水期间下泄流量应不小于规定的下限值，减轻对水库下游供水、生态、航运等不利影响。

2）梨园、阿海、金安桥、龙开口、鲁地拉、锦屏一级、二滩等水库于 2015 年 8 月初开始有序逐步蓄水。溪洛渡、亭子口、草街、构皮滩、思林、沙沱、彭水等水库于 9 月初在留足所在河流防洪要求库容的前提下可逐步蓄水。三峡、向家坝水库于 9 月中旬可逐步蓄水。紫坪铺、碧口、宝珠寺等水库于 10 月初开始蓄水。观音岩、瀑布沟水库根据防洪库容预留要求分时段逐步蓄水。

3）干支流、上下游水库蓄水应统一协调，以满足长江中下游流量要求。

（二）流域水雨情

2015 年长江流域汛情、旱情和灾情主要呈现以下特点：

1. 长江流域汛期降水量正常略偏多，来水量接近正常

2015 年 4 月至 9 月，长江流域降雨较 30 年均值正常略偏多，其中长江上游正常略偏少；长江中下游偏多近一成。长江流域各分区降雨：长江下游干流偏多近三成；鄱阳湖偏多二成；洞庭湖基本正常；岷沱江偏少近一成；其余各区基本正常。累计面雨量大于 1500 毫米的地区位于鄱阳湖水系东部，累计面雨量小于 1000 毫米的地区主要位于金沙江中上游、嘉岷流域上游、乌江、汉江中上游、湘江。2015 年 1 月至 9 月长江流域来水前丰后枯，总体基本正常，其中 1 月至 3 月偏多一成多，4 月至 9 月正常偏少；长江上游 4 月至 9 月偏少约两成，6 月至 8 月偏少近三成。

2. 长江干流水情基本平稳，但支流发生严重汛情

2015 年汛期长江干流水情基本平稳，未发生编号洪水，但部分支流发生严重汛情。其中，6 月长江下游滁河、秦淮河出现超历史最高水位洪水，6 月 28 日启用长江下游滁河荒草二圩、荒草三圩蓄洪，以削减滁河干流洪峰；嘉陵江、汉江上游部分支流出现超保证水位洪水，洞庭湖水系湘江归阳站、鄱阳湖水系部分站点出现超警戒水位洪水。

3. 降雨时空分布不均

丹江口水库来水前丰后枯，而金沙江来水前枯后丰。2015 年 4 月至 9 月，丹江口水库来水总体偏少三成，但降雨时空分布不均，4 月至 6 月偏多三成多，7 月至 9 月偏少六成，其中 7 月偏少近四成，8 月、9 月偏少七成至八成，8 月入库月均流量

居历史同期从小到大排序第三位。出库流量较多年同期偏少两成多，7月至8月累计向下游补水16.17亿立方米。受上游来水严重偏枯影响，丹江口及其上游水库蓄水严重不足，9月底丹江口、石泉、安康水库距正常蓄水位待蓄水量达150亿立方米。2015年6月至8月中旬，金沙江来水持续偏少，石鼓、攀枝花、向家坝站6月来水偏少三成至四成，7月偏少四成至五成，但8月下旬至9月底金沙江来水明显增加，各梯级水库加快蓄水进程，拦蓄洪水资源，9月底金沙江主要水库均如期完成蓄水任务。

4. 登陆台风强度大，造成洪涝灾害严重

2015年入汛以来，先后有6个台风登陆我国，其中第9号台风"灿鸿"、第13号台风"苏迪罗"和第21号台风"杜鹃"台风登陆时中心风力达12～14级，侵入长江流域安徽、江西、江苏、浙江、湖北等省境内，致使局地遭受严重洪涝灾害。

5. 部分地区遭受山洪泥石流灾害，西藏发生堰塞湖险情

2015年，重庆市巫山县、四川省叙永县和云南省华坪县、昌宁县遭受暴雨袭击，引发严重滑坡、泥石流和山洪灾害。重庆市巫山县大宁河红岩子发生滑坡，总方量约23万立方米，转移受影响群众229人；四川省叙永县清水河两岸山体多处滑坡，发生山洪泥石流灾害，造成11人死亡13人失联；云南省华坪县、昌宁县5.3万人受灾，17人死亡，3人失踪，19人受伤，6305间房屋受损。2015年4月25日尼泊尔发生8.1级地震和同日西藏日喀则市定日县发生5.9级地震后，26日在吉隆县吉隆镇下游约11千米处发生一处因山体滑坡阻塞吉隆藏布河形成的堰塞湖险情。堰塞体宽约35米，滑坡堆积约100万立方米，形成的堰塞湖长约800米，平均水深约20米，库容约28万立方米。

6. 云南、贵州等省发生干旱

2015年受厄尔尼诺现象影响，云南省气候异常，旱涝并存。全省旱情虽与近5年相比总体偏轻，但由于全省进入雨季偏晚至特晚，5月至7月上旬降水持续偏少，致使主汛期滇西及滇中部地区发生区域性旱情，受旱区域一度波及大理、楚雄、丽江、保山、迪庆、怒江、玉溪7个州市41个县（区），给群众饮水安全和大春作物生产造成影响。7月下旬，贵州省持续高温，黔西南自治州出现旱情，其中轻度干旱800公顷，重旱513公顷。

（三）联合调度实施效果

1. 防洪减灾效益

2015年汛期，长江防总认真贯彻落实国家防总领导指示，统筹兼顾，精心实施长江上游水库群联合调度，充分发挥了水利工程的综合效益，及时启用分蓄洪工程，有效应对了滁河等支流发生的较大洪水。

及时调度水利工程,应对滁河干流超历史洪水。6月下旬,滁河流域连续遭遇强降雨袭击,受强降雨影响,6月27日滁河干流水位迅猛上涨。长江防总立即协调江苏省防汛抗旱指挥部开启滁河三汊湾闸泄洪,之后又向安徽、江苏两省下达通知,要求将滁河节制闸全部敞开泄洪,充分发挥滁河干流和驷马山、马汊河等通江水道的泄洪作用。在开启闸门泄洪之后,襄河口闸上游水位仍在继续上涨,经连夜会商讨论,长江防总决定向安徽省防汛抗旱指挥部下达做好滁河蓄滞洪区荒草三圩、荒草二圩分洪准备的紧急通知。随着汛情的进一步发展,在收到安徽省防汛抗旱指挥部《关于相机启用滁河蓄滞洪区的紧急请示》后,长江防总报经国家防总同意,迅速批复同意由安徽省防汛抗旱指挥部根据水雨情和工程运行安全状况相机启用荒草三圩、荒草二圩蓄滞洪区;同时要求安徽省防汛抗旱指挥部做好蓄洪区运用的各项准备工作,确保蓄洪区正常运用和人员安全。6月28日5时,襄河口闸上游水位达14.25米,超历史最高水位0.02米,且水位仍在继续上涨。为确保滁河流域防洪安全,安徽省防汛抗旱指挥部决定于6月28日启用滁河荒草二圩、荒草三圩蓄洪,以削减滁河干流洪峰。荒草二圩、荒草三圩蓄滞洪区启用后,滁河干流防洪减灾作用显现,有效降低滁河干流主要控制站水位0.5~0.8米,成功应对了滁河洪水。国家防总副总指挥、水利部部长陈雷于7月7日批示:"这次滁河防汛抗洪工作体现了靠前指挥、科学调度、合力抗洪、应对有序的特点值得认真总结。"

2. 供水调度效益

通过精心调度丹江口水库,保障南水北调中线受水区用水需求。2015年汛前预测长江中下游来水偏多,可能发生较严重洪涝灾害,汉江流域汛期来水基本正常。为满足汉江中下游用水和南水北调中线供水需求,长江防汛抗旱总指挥部办公室汛前调度水库消落水位,且为汛期调节洪水做好准备。但随着天气形势的变化,主汛期7月份来水偏少近四成,8月来水偏少近八成,后汛期9月来水偏少七成。长江防总及时协调湖北省电力调度部门调整发电计划,同时积极与湖北省防办和丹江口水利枢纽管理局协商,在满足汉江中下游用水需求的前提下,根据来水及预测情况,不断减小水库下泄流量,日均出库流量由1800立方米每秒逐步减至500立方米每秒(汉江中下游的最低用水需求)。丹江口水库库水位也由152.47米逐步涨至153米以上。

3. 联合蓄水调度

2015年,长江上游水库群蓄水进程顺利。当年汛期长江上游来水严重偏少,其中7月上游来水总体偏少三成左右,上游金沙江向家坝站来水偏少近五成,为历史同期最枯来水年,较原最枯年份(1988年,5840立方米每秒)偏少近两成,岷江高场站偏少三成多,嘉陵江北碚站偏少五成,乌江武隆站偏少两成。8月初,三峡及以上大型水库有 400 多亿立方米待蓄库容，2015 年上游水库群的蓄水压力很大。为避免水库群集中蓄水从而造成下游用水紧张的局面，长江防总积极开展蓄水联合调度，统筹规划，悉心安排，6 月下旬至 7 月提前让金沙江中游水库按照出力不受阻方式抬高运行水位；8 月安排金沙江中游梨园至鲁地拉 5 座水库和雅砻江锦屏一级、二滩水库开始蓄水。根据金沙江溪洛渡、向家坝水库与三峡水库联合调度研究成果，结合川渝河段和长江中下游的防洪形势以及流域来水预测，开展溪洛渡、向家坝梯级水库蓄水优化调度，逐步抬高水库运行水位。长江上游各重要水库已基本蓄满，三峡水库蓄水进程顺利，10 月底蓄至 175 米（图 5-19）。

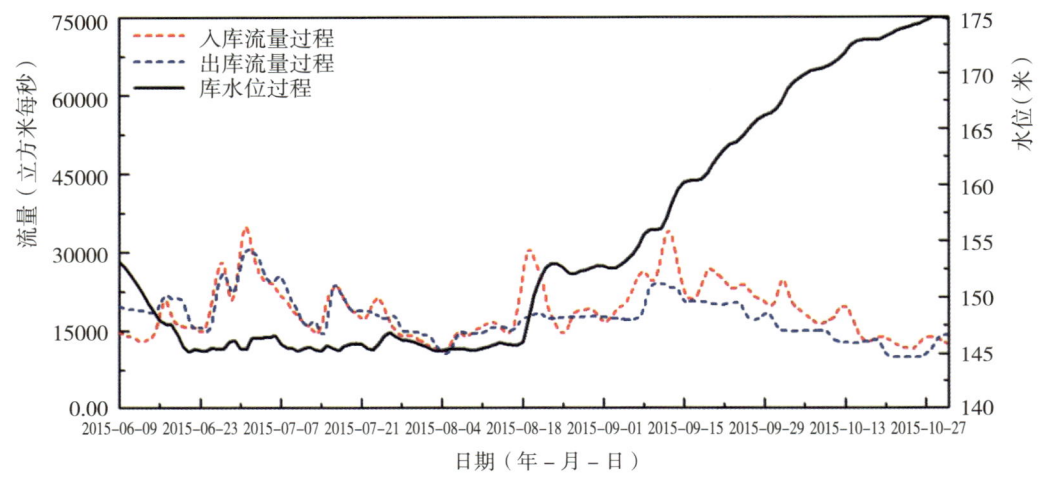

图 5-19　三峡水库汛期调度运用过程线

4. 事故应急调度

2015 年 6 月 1 日晚，"东方之星"号客轮在长江中游湖北监利水域发生沉船突发事件。根据国家防总副总指挥、水利部部长陈雷的指示，国家防总、水利部、长江防总派出水利应急工作组迅速赶赴监利，与气象部门有关人员一起组成气象水文工作组，加密长江流域水雨情会商和气象水文预测预报，组织开展沉船附近区域水文应急监测，全力配合做好救援打捞工作。国家防总、水利部和长江防总紧急启动三峡水库应急调度预案，立即与有关部门和单位进行协调。长江防总自 6 月 2 日上午 7 时 30 分起，连发三道调度令，将三峡水库下泄流量由 17200 立方米每秒逐步压减至 10000 立方米每秒、8000 立方米每秒和 7000 立方米每秒。受压减流量影响，长江干流宜昌至监利段水位迅速止涨转降，6 月 3 日 2 时监利站水位最高涨至 30.05 米后开始回落并持续降低（据分析，三峡水库如不减泄，监利站水位最高将涨至 32.0 米左右，沉船区域水流条件将大大恶化）。搜救打捞阶段沙市、监利站水位最大降幅分别为 2.80 米和 0.80 米，同时沉船区域流速也相应减缓，为沉船救援打捞创造了有利条件。此后三峡水库维持7000立方米每秒的出库流量整整5天，库水位最高涨至154.06米。6月4日，根据长江上游来水情况，长江防总实施了上游水库联合调度，乌江构皮滩、思林、沙沱、彭水水库适时拦蓄，减缓三峡水库水位上涨。通过实施事故应急调度，为"东方之星"号沉船救援创造了有利条件。

6月12日，水利部部长陈雷、副部长刘宁分别在工作组提交的《关于"东方之星"号客轮翻沉事件水利应急处置工作情况的报告》上作出重要批示。陈雷部长批示："在这次'翻沉事件'的应对中，国家防总办公室、水利部水文局、长江水利委员会高度重视，抽调精干力量组成应急工作组，科学、迅速、高效、细致地开展工作，得到了国务院领导和有关部委的充分肯定，圆满完成了国务院领导交付的水文气象和三峡调度控泄任务，展示了水利系统的良好作风和业务水平。请向大家转达部党组的感谢和问候。"刘宁副部长批示："这项工作迅速有力，成效显著，为救援工作创造了有利条件，提供了及时、准确信息，取得了很好的社会反响。与此同时，很好地兼顾了流域防汛需求，彰显了善打硬仗、科学协作的精神，也是统一指挥、发挥优良传统作风的又一次展现。"

5. 生态应急调度

2015年2月中旬，汉江中下游发生水华，影响了湖北省的仙桃、潜江城乡居民用水安全。为确保仙桃、潜江等汉江中下游城镇春节期间供水，应湖北省防汛抗旱指挥部请求，长江防总于2月17日至25日调度丹江口水库加大下泄流量，汉江中下游各控制站水位涨幅0.6~1.5米，累计向下游补水3.96亿立方米，通过加大丹江口水库下泄流量，有效缓解了汉江中下游发生的水华危机。

五、《2016年度长江上游水库群联合调度方案》及其实施效果

2016年，长江流域发生自1998年以来的最大洪水。在防洪紧要关头，国家防总、长江防总联合调度长江上中游30余座大型水库，共拦蓄洪水227亿立方米，避免了荆江河段超警戒水位和城陵矶地区分洪，有效减轻中下游防洪压力。2016年长江防洪实践表明，中下游水库纳入联合调度十分必要。

（一）上游水库群联合调度方式

综合考虑上游水库的建设规模、防洪能力、调节库容、控制作用和建设进度等因素，纳入2016年度联合调度范围的水库有：金沙江梨园、阿海、金安桥、龙开口、鲁地拉、观音岩、溪洛渡、向家坝，雅砻江锦屏一级、二滩，岷江紫坪铺、瀑布沟，嘉陵江碧口、宝珠寺、亭子口、草街，乌江构皮滩、思林、沙沱、彭水和长江干流三峡等21座水库。其他水库根据属地管理权限，由有调度权限的防汛抗旱指挥机构负责调度。

1. 防洪调度

(1) 川渝河段

川渝河段的防洪任务为提高宜宾、泸州的防洪标准至 50 年一遇，减轻重庆主城区的防洪压力，主要由溪洛渡、向家坝水库承担；必要时，梨园、阿海、金安桥、龙开口、鲁地拉、观音岩、锦屏一级、二滩、紫坪铺、瀑布沟、亭子口等水库配合溪洛渡、向家坝水库对川渝河段洪水实施拦洪错峰。

1）对宜宾、泸州的防洪调度方式：溪洛渡、向家坝水库预留专用防洪库容 14.6 亿立方米，对宜宾、泸州进行防洪补偿调度。当预报李庄（宜宾防洪控制站）洪峰流量超过 51000 立方米每秒，或朱沱（泸州防洪控制站）洪峰流量超过 52600 立方米每秒时，通过补偿调度，控制李庄、朱沱两站洪峰流量分别不超过 51000 立方米每秒和 52600 立方米每秒。若遭遇以岷江来水为主的洪水类型时，视水情和防洪形势的需要，瀑布沟、紫坪铺等水库适时配合调度。

2）对重庆主城区的防洪调度方式：溪洛渡、向家坝水库预留防洪库容 29.6 亿立方米，对重庆主城区进行防洪补偿调度。当预报寸滩（重庆防洪控制站）洪峰流量大于 83100 立方米每秒时，利用溪洛渡、向家坝水库对重庆进行防洪补偿调度，尽可能控制寸滩洪峰流量不超过 83100 立方米每秒。当岷江大渡河、嘉陵江上游来水较大时，运用瀑布沟、亭子口水库拦洪错峰，减轻重庆主城区防洪压力。

3）溪洛渡、向家坝水库联合防洪调度时，先运用溪洛渡水库拦蓄洪水，当溪洛渡水库库水位达到 573.1 米后，若溪洛渡入库流量超过 28000 立方米每秒并呈上涨趋势，可继续动用溪洛渡水库拦蓄洪水；若溪洛渡入库流量低于 28000 立方米每秒，溪洛渡水库维持出入库平衡，向家坝水库开始拦蓄洪水；当向家坝水库库水位达到 380 米后，向家坝水库维持出入库平衡，溪洛渡水库继续拦蓄洪水；当溪洛渡水库库水位达到 600 米后，按保枢纽安全方式进行调度。

4）在溪洛渡、向家坝水库开始拦蓄洪水时，视水情和防洪形势的需要，雅砻江、金沙江、岷江、嘉陵江等梯级水库适时配合调度。

(2) 嘉陵江中下游

嘉陵江中下游的防洪任务主要由亭子口水库承担，碧口、宝珠寺、草街水库适时配合调度。

当嘉陵江中下游发生大洪水时，亭子口水库适时拦洪削峰，提高嘉陵江中下游的苍溪、阆中、南充等城市的防洪标准，减轻合川、重庆主城区的防洪压力；碧口、宝珠寺等水库在保证枢纽安全和本河段防洪安全的前提下，适时减少亭子口水库的入库洪量。

（3）乌江中下游

乌江中下游的防洪任务主要是提高思南县城防洪标准，减轻沿河、彭水、武隆等城市的防洪压力，由构皮滩、思林、沙沱、彭水水库承担，其他水库配合运用。

1）对思南的防洪调度方式。构皮滩联合思林水库适时拦洪削峰，遭遇20年一遇洪水（洪峰流量16400立方米每秒）时尽可能控制思南县城河段的洪峰流量不超过13900立方米每秒（10年一遇），与此同时控制沙沱水库坝前水位以降低思南县城河段的洪水位；遭遇20年一遇以上洪水时，适当拦洪削峰，尽量减轻思南县城灾害损失。

2）对沿河的防洪调度方式。构皮滩、思林和沙沱水库实施联合调度，适时拦洪削峰，减少进入彭水水库的入库洪量，遭遇20年一遇入库洪水时还应控制彭水水库坝前水位不高于288.85米。

3）对彭水、武隆的防洪调度方式。构皮滩、思林、沙沱、彭水水库实施联合调度，适时拦洪削峰，彭水水库遭遇20年一遇入库洪水时，其下泄流量不超过19900立方米每秒，遭遇20年一遇以上入库洪水时，适当拦洪削峰，尽量减轻彭水、武隆区灾害损失。

（4）长江中下游

当长江中下游发生大洪水时，三峡水库根据长江中下游防洪控制站沙市、城陵矶等站水位控制目标，实施防洪补偿调度。当三峡水库拦蓄洪水时，上游水库群配合拦蓄洪水，减少三峡水库的入库洪量。

一般情况下，梨园、阿海、金安桥、龙开口、鲁地拉、锦屏一级、二滩等有配合三峡水库承担长江中下游防洪任务的水库，实施与三峡水库同步拦蓄洪水的调度方式。溪洛渡、向家坝水库在留足川渝河段所需防洪库容的前提下，根据长江中下游防洪需要，配合三峡水库承担长江中下游防洪任务。观音岩、瀑布沟、亭子口、构皮滩、思林、沙沱、彭水等承担所在河流防洪和配合三峡水库承担中下游防洪双重防洪任务的水库，当所在河流发生较大洪水时，结合所在河流防洪任务，实施防洪调度；当所在河流来水量不大且预报短时期内不会发生大洪水时，也需要减少水库下泄流量，配合其他水库降低长江干流洪峰流量，减少三峡水库入库洪量。

2. 蓄水调度

1）长江干支流各水库应有序逐步蓄水，水库蓄水期间下泄流量应不小于规定的下限值，减轻对水库下游供水、生态、航运等不利影响。

2）梨园、阿海、金安桥、龙开口、鲁地拉、锦屏一级、二滩等水库于2016年8月初开始有序逐步蓄水。溪洛渡、亭子口、草街、构皮滩、思林、沙沱、彭水等水库于9月初在留足所在河流防洪要求预留库容的前提下可逐步蓄水。三峡、向家坝水库于9月中旬可逐步蓄水。紫坪铺、碧口、宝珠寺等水库于10月初开始蓄水。观音岩、瀑布沟水库根据防洪库容预留要求分时段逐步蓄水。

3）干支流、上下游水库蓄水应统一协调，以满足长江中下游流量要求。

（二）流域水雨情

2016年，长江流域来水总体偏多，来水前丰后枯，个别支流旱涝严重，汛期长江中下游地区发生区域性大洪水。现将当年水情主要特点概述如下（图5-20和图5-21）：

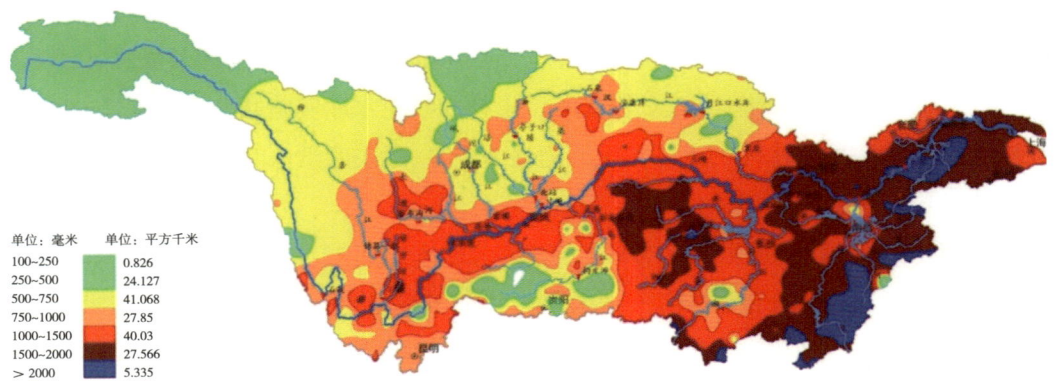

图5-20　2016年1月至10月长江流域降雨量实况

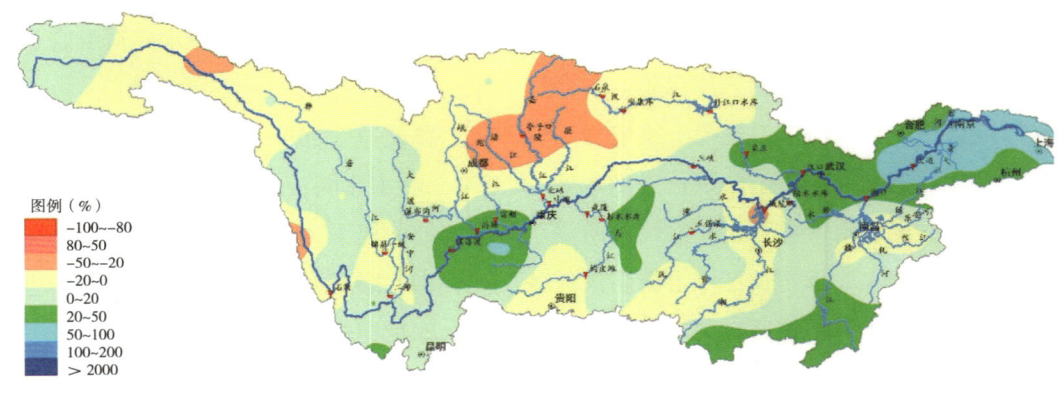

图5-21　2016年1月至10月长江流域降雨距平百分率

1.流域前期来水丰、河湖底水高

2016年3月至6月，长江流域降雨量较常年偏多一成，其中汉江、长江下游干流偏多四成至五成，乌江偏多三成，嘉陵江、长江上游干流偏多两成，长江中游干流、鄱阳湖偏多一成左右。3月下旬至6月上旬，仅长江上中游水库群合计消落库容239.8亿立方米，其中3月下旬消落20.8亿立方米，4月消落61.3亿立方米，5月消落139.4亿立方米，6月上旬消落18.3亿立方米。受两者共同作用，长江中下游干流及两湖水系3月至6月来水较历史同期（近30年均值）总体偏多，底水偏高。其中，宜昌、汉口、大通站来水偏多三成至四成，城陵矶、湖口站偏多四成至五成；4月城陵矶、汉口、湖口、大通站月均水位创历史同期新高，6 月分别较历史同期偏高幅度 2 米左右。

2. 中下游干流水位高、高水持续时间长

2016 年 7 月 1 日和 3 日，长江当年 1 号洪水和 2 号洪水先后在长江上游和中下游形成。其中，2 号洪水期间，长江中下游干流监利以下江段全线超警戒水位。莲花塘站洪峰水位达 34.29 米，接近保证水位 34.40 米，螺山、汉口站洪峰水位排历史最高水位第五位，湖口、大通站洪峰水位排历史最高水位第六位，九江站洪峰水位排历史最高水位第七位。鄱阳湖 7 月出现明显的长江洪水倒灌现象，最大倒灌流量 9100 立方米每秒，居历年最大倒灌流量排序（由大到小）中第四位。长江中下游干流主要控制站超警戒水位时间在 8 天至 29 天之间，其中莲花塘江段、中下游码头镇以下江段水位超警时间均在 20 天以上。超警范围、超警持续时间均为 1999 年以来首位。

根据洪水还原分析成果，在 2016 年 7 月洪水过程中莲花塘至螺山江段洪峰水位接近 1996 年，汉口及其以下江段较 1996 年偏高 0.1～0.35 米。

3. 河湖超警站点多、超警时间长

2016 年 3 月至 7 月，长江流域 155 条河流 245 个站点发生超警戒水位及以上洪水，其中 29 个站点发生超保证水位洪水，35 个站点发生超历史纪录洪水，主要分布在长江中下游干流、两湖水系、鄂东北诸河及长江下游主要支流。洞庭湖南泊站、鹿角站水位分别超警戒水位 26 天和 22 天；鄱阳湖星子站、棠荫站水位分别超警戒水位 34 天和 33 天；武汉梁子湖梁子镇站水位超警戒水位 51 天，超保证水位 16 天；南漪湖南姥咀站水位超警戒水位 38 天，超保证水位 14 天；巢湖的巢湖闸水位超警戒水位 45 天，超保证水位 20 天；水阳江新河庄站水位超警戒水位长达 42 天，其中超保证水位 13 天。

4. 多条支流发生特大洪水

2016 年 7 月，长江中下游干流附近及两湖水系共 23 条支流发生超历史洪水。其中，武汉附近汉北河发生 2 次超历史洪水，鄂东北的澴水长轩岭站、倒水李家集站、举水柳子港站、府环河卧龙潭站（洪峰流量 140 年一遇）和环水孝感站发生一次至三次超警戒水位以上洪水，且至少发生 1 次超历史纪录洪水，7 月 2 日 2 时，鄂东北诸支流合成流量 25000 立方米每秒，超历史纪录；清江水布垭水库 7 月 19 日 20 时出现入库洪峰流量 13100 立方米每秒，为水布垭建库以来最大洪峰，重现期约为 100 年一遇；资水柘溪水库 7 月 4 日最大入库流量 20400 立方米每秒，为 1962 年建库以来最大洪水，约为 200 年一遇，水库拦蓄后（削峰率 75%），水库下游沿程水位仍超保证。

湖北省的梁子湖 7 月 7 日 22 时出现自 1958 年有水文观测记录以来的最高水位 21.44 米，为缓解位于鄂州市境内广家洲大堤的防汛压力，7 月 7 日破垸分洪，7 月 12 日 1 时再创历史新高，达到 21.49 米。

5. 城市内涝渍水严重

2016年7月,受连续强降雨影响,长江中下游干流附近城市出现了不同程度的内涝,渍水严重。如武汉、南昌、南京等城市陷入"城区看海"的尴尬,其中武汉城区大部分地段出现内涝,重要交通道路被阻造成拥堵;南昌市40多处路段因积水内涝出现严重拥堵,全市100多条公交线路停开或改道;南京市多个居民小区被淹,最高水深1米以上。

6. 涝旱急转,中下游部分地区出现旱情

自2016年9月起,长江流域来水总体偏少,中下游干流江段水位总体呈现持续消退态势,并出现严重枯水,最低水位居历史同期前列。与历史同期均值相比,长江上游金沙江向家坝站偏少两成多,干流寸滩站偏少近四成,中游干流宜昌至大通各站偏少三成至六成;上游支流岷江高场站偏少三成多,嘉陵江北碚站偏少八成多,乌江武隆站偏少近六成;中游洞庭湖出口城陵矶站偏少六成多;汉江上游白河站、中游皇庄站均偏少七成至九成,为长江流域偏少最为严重的支流。长江干流汉口、大通站9月月平均水位分别为17.92米和8.53米,分别较历史同期平均水位偏低5.18米和2.68米,月最低水位分别为16.01米和6.43米,分别居历史最低水位第二位和第三位。10月,长江流域来水总体继续偏少,中下游干流各站水位总体呈现先消退后小幅回涨态势。与历史同期均值相比,干流寸滩站偏少近两成,中游干流宜昌至大通各站偏少四成至六成;上游支流嘉陵江北碚站偏少近六成,乌江武隆站偏少近四成;两湖城陵矶站、湖口站分别偏少七成、偏少近两成;汉江上游白河站、中游皇庄站均偏少六成至七成。长江干流汉口、大通站10月月平均水位分别为15.87米和6.91米,分别较历史同期平均水位偏低5.70米和3.01米,月最低水位分别为15.00米和6.18米,分别居历史最低水位第二位和第七位。

(三) 联合调度实施效果

在水利部、国家防总的指导下,长江防总超前谋划,精心安排,科学调度长江流域水库群,做好应对大洪水的各项准备。长江防总先后组织85次防汛会商,调度流域水库群汛前加快消落,提前腾空660亿立方米库容。汛期,科学防控,精准调度,有效减轻了长江中下游的防洪压力。面对三峡水库和中下游干支流水位已经较高、长江1号洪峰和2号洪峰相继在长江上游和中下游形成的严峻防汛形势,长江防总首次实施长江上游与中游清江以及洞庭湖"四水"水库群的联合调度,精细化调度30多座大型水库拦洪、削峰、错峰,共拦蓄洪水227亿立方米,有效降低洞庭湖湖口以上洪峰水位0.8~1.7米、洞庭湖湖口洪峰水位0.7米、武汉以下江段洪峰水位0.2~0.4米,首次实现了三峡水库对城陵矶地区的补偿调度,减少超警戒水位堤段长度250千

米，有效减轻了长江中游城陵矶河段和洞庭湖区防汛压力，避免了荆江河段超警戒水位和城陵矶地区的分洪运用，充分发挥了水利工程的防洪作用，顺利实现了"两个确保"的目标。汛末，精心组织，统筹安排，顺利实现重要水库保水蓄水目标。面对长江上游7月下旬后来水偏枯、水库群蓄水总量大、长江中下游干流及两湖水位偏低等不利情况，在国家防总的正确领导下，长江防总坚持生态优先、绿色发展，在充分考虑上下游需水要求的前提下通过强化预测预报、科学精细调度，圆满完成上游水库群蓄水目标，三峡水库连续第七年蓄至175米水位，为冬春供水补水奠定了坚实的基础。针对丹江口水库连续五年来水偏枯特别是2016年来水偏少四成的不利局面，长江防总强化汉江流域水量统一调度，适时开展应急调度，12月底丹江口水库库水位达到154.55米，较2015年同期多蓄水13.9亿立方米，保障了南水北调中线调水和汉江中下游供水安全。

1. 防洪减灾效益

在国家防总的坚强领导下，长江防总汛前调度流域水库群有序消落，汛前腾空库容660亿立方米，留足了防洪库容；汛中调度水库群拦洪、削峰、错峰，最大程度减轻中下游防洪压力。面对三峡水库和中下游干支流水位已经较高、长江1、2号洪峰相继在长江上游和中下游形成的严峻防汛形势，长江防总首次实施长江上游与中游清江和洞庭湖"四水"水库群的联合调度，精细化调度30多座大型水库拦洪、削峰、错峰，共拦蓄洪水227亿立方米，有效降低洞庭湖湖口以上洪峰水位0.8~1.7米、洞庭湖湖口洪峰水位0.7米、武汉以下江段洪峰水位0.2~0.4米，首次实现了三峡水库对城陵矶地区的补偿调度，减少超警戒水位堤段长度250千米，有效减轻了长江中游城陵矶河段和洞庭湖区防汛压力，避免了荆江河段超警戒水位和城陵矶地区的分洪运用，充分发挥了水利工程的防洪作用（图5-22、图5-23和图5-24）。

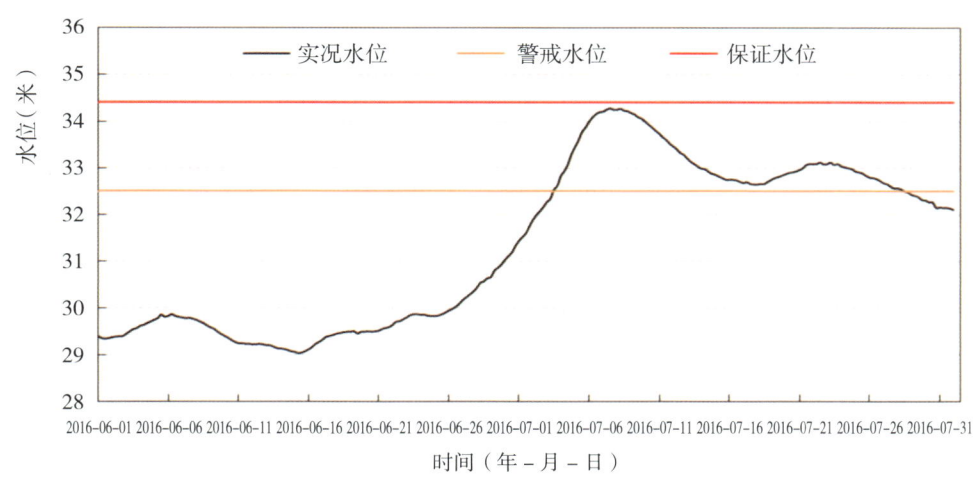

图5-22 2016年6月30日至8月1日莲花塘站实况水位过程线

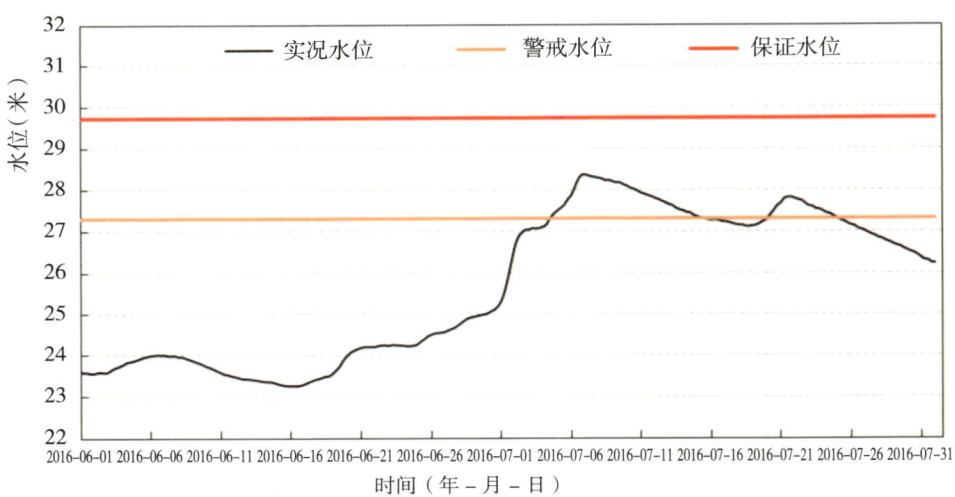

图 5-23 2016 年 6 月 30 日至 8 月 1 日汉口站实况水位过程线

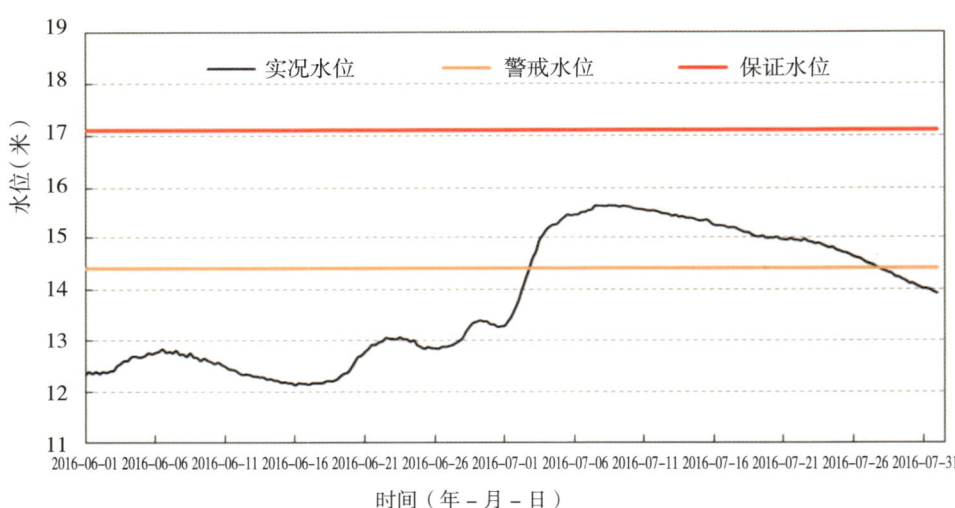

图 5-24 2016 年 6 月 30 日至 8 月 1 日大通站实况水位过程线

针对 2016 年长江 1 号洪峰，调度三峡水库最大出库流量 31000 立方米每秒，削减洪峰流量 19000 立方米每秒，削峰率达 38%，拦蓄洪量约 29 亿立方米。针对长江 2 号洪峰和长江监利以下河段全线超警戒水位的严峻形势，在调度金沙江梯级水库配合三峡水库拦蓄上游洪水的同时，先后两次调度三峡水库减小出库流量，并持续维持 20000 立方米每秒下泄。同时指导湖南省防汛抗旱指挥部调度柘溪、五强溪水库拦蓄洪量分别达 13 亿立方米和 10 亿立方米，削峰率分别达 69% 和 49%，实现了城陵矶河段不超保证水位的控制目标，有效减轻了长江中游城陵矶河段和洞庭湖区的防汛压力，也有利于中下游干流水位尽快转退，减少了长江中下游高水位持续时间，为长江防汛工作赢得了主动。

若三峡等上中游水库群不拦蓄洪水，长江中游城陵矶莲花塘站水位 7 月 5 日将突破保证水位 34.4 米，洪峰水位将接近 35 米，超保证水位时间将达 7 天左右，超额洪量达 30 亿立方米，需要安排钱粮湖和大通湖东两个蓄滞洪区来妥善蓄纳超额洪量，这样减免耕地受淹 3.5 万公顷，减少受灾人口 38 万。

2. 供水调度效益

在汉江流域连续数年来水偏枯，2015 年 11 月至 2016 年 10 月供水年度较同时段内多年均值偏少四成的不利情况下，在国家防总的领导下，长江防总强化汉江水量统一调度、丹江口水库优化调度、清泉沟应急监测和信息报送与共享等工作，实施了汉江水量应急调度和汉江中下游水华影响应急调度，圆满完成了南水北调中线一期工程 2015 年至 2016 年供水任务，有效保障了南水北调中线供水和汉江中下游用水安全。

3. 抗旱应急调度

为确保南水北调中线调水和汉江中下游供水安全，及时启动丹江口水库抗旱应急调度。自 2015 年 7 月开始，丹江口水库来水严重偏少，7 月至 10 月偏少近七成，丹江口水库持续在低水位运行。面对复杂多变的水情，为做好丹江口水库蓄水保水，在确保汉江中下游基本用水需求的前提下，保障南水北调中线一期工程供水安全，根据国家防总指示，长江防总于 2015 年 11 月 6 日至 2016 年 3 月对丹江口水库实施应急调度。

应急调度实施期间，汉江中下游供水日均流量为 398 立方米每秒，总体控制在 400 立方米每秒范围内。2015 年 11 月至 2016 年 3 月，丹江口水库向汉江中下游累计供水 51.9 亿立方米，通过南水北调中线工程供水 13 亿立方米，清泉沟引水 4.5 亿立方米。通过实施应急调度，将丹江口水库 3 月底最低水位成功控制在死水位 150.00 米以上，有效保障了南水北调中线供水和汉江中下游用水安全。

4. 生态应急调度

为有效缓解汉江中下游水华危机，紧急加大丹江口水库下泄流量。2016 年 2 月 24 日，汉江沙洋段发生水华，26 日起汉江钟祥、潜江段也出现了水华现象。为应对汉江水华，保障汉江中下游供水安全，应湖北省防汛抗旱指挥部请求，3 月 1 日至 6 日，长江防总调度丹江口、王甫洲梯级枢纽下泄流量同步加大至日均 600 立方米每秒，同时要求湖北省防汛抗旱指挥部对崔家营枢纽、兴隆枢纽等实施工程调度，同步加大下泄流量，调度引江济汉进水闸工程闸门全开运行，加大引调长江入汉江流量。经过及时响应，科学调度，强化监测和压污减排措施等综合措施，有效缓解了汉江中下游发生的水华危机，确保城乡居民供水安全。

5. 通航应急调度

为确保汉江中游航运安全，应急调度丹江口水库补水。2016 年 4 月，丹江口水库恢复按照水利部批复的《南水北调中线一期工程 2015 年至 2016 年度水量调度计划》安排供水,即按 490 立方米每秒进行调度。4 月 29 日,湖北省防汛抗旱指挥部办公室向长江防总办公室上报《湖北省防办关于请求加大丹江口水库出库流量的请求》,因襄阳余家湖煤炭储备中转港及下游宜城沿途有 16 条煤炭船 10000 余吨煤炭已装载停运一个多星期,下游化肥厂停产待料,情况紧急,请求加大丹江口水库下泄流量。长江防总于 4 月 29 日 20 时至 5 月 1 日 20 时调度丹江口水库增大泄量向汉江中下游补水,保障日均出库流量在 650 立方米每秒,以确保汉江中游襄阳至钟祥河段航运安全。

6. 联合蓄水调度

按照国家防总的批复,精心调度上游水库群汛末蓄水。在上游来水偏枯、水库群蓄水总量大、长江中下游干流及两湖水位偏低等不利条件下,国家防总、长江防总加强预测预报,滚动会商,科学调度,圆满完成了三峡水库当年蓄水任务,连续第七年顺利实现 175 米试验性蓄水目标。上游除嘉陵江、乌江外,其他干支流控制性水库基本蓄满,为 2016 年冬 2017 年春供水、发电奠定了坚实的基础。

六、《2017 年度长江上中游水库群联合调度方案》及其实施效果

为统筹协调长江上中游水库群防洪抗旱、发电、航运、供水和水生态保护等方面的关系,加强水库群联合调度,充分发挥水库群综合利用效益,促进长江大保护,推动长江经济带发展,长江防总根据《中华人民共和国水法》《中华人民共和国防洪法》等有关法律法规和《长江流域综合规划(2012—2030 年)》《长江流域防洪规划》《长江防御洪水方案》《长江洪水调度方案》,结合相关水库调度规程,组织编制了《2017 年度长江上中游水库群联合调度方案》。《2017 年度长江上中游水库群联合调度方案》首次将中游清江、洞庭湖区控制性水库群纳入联合调度范围,联合调度范围由上游扩展至中游城陵矶控制断面以上,控制性水库数量从 2016 年的 21 座增加到 2017 年的 28 座,为充分发挥水库群的综合效益奠定了坚实的基础。

《2017 年度长江上中游水库群联合调度方案》主要包括纳入联合调度范围的水库、调度原则与目标、联合调度方案、各水库调度方式、调度权限、信息报送及共享、附则七部分内容,对纳入调度范围水库的调度原则、目标、防洪调度、蓄水调度、应急调度等进行了明确,并细化了各水库在不同时期的调度方式及调度管理权限。

与 2016 年联合调度方案相比,最大的变化在于在上游水库群的基础上,将联合调度范围扩展至长江中游城陵矶控制断面以上,将清江水布垭、隔河岩水库和洞庭湖水系资水柘溪、沅江凤滩、五强溪、澧水江垭、皂市水库纳入了 2017 年联合调度范围,2017 年将纳入联合调度的控制性水库数量从 2016 年的 21 座增加到 28 座。此举不仅

为防御长江洪水增添了有效手段,在保障流域供水、发电、航运、生态等方面,也将发挥多重效益。

2017年,长江流域发生中游型大洪水。在防洪紧要关头,国家防总、长江防总联合调度长江上中游28座大型水库,共拦蓄洪水144亿立方米,确保了长江干流莲花塘站水位不超分洪水位,缩短洞庭湖超保时间6天左右,避免了城陵矶地区分洪。有效减轻中下游防洪压力。2017年长江防洪实践表明,中下游水库纳入联合调度十分必要。

(一)上游水库群联合调度方式

原则上,重要大型水库均应纳入水库群防洪和水量统一调度范围,但综合考虑水库的建设规模、防洪能力、调节库容、控制作用、运行情况等因素,纳入2017年度联合调度范围的水库共28座,包括:长江上游的金沙江梨园、阿海、金安桥、龙开口、鲁地拉、观音岩、溪洛渡、向家坝水库,雅砻江锦屏一级、二滩水库,岷江紫坪铺、瀑布沟水库,嘉陵江碧口、宝珠寺、亭子口、草街水库,乌江构皮滩、思林、沙沱、彭水水库,长江干流三峡水库;长江中游清江水布垭、隔河岩水库,洞庭湖水系资水柘溪、沅江凤滩、五强溪、澧水江垭、皂市水库(图5-25)。

1. 防洪调度

(1)川渝河段

川渝河段的防洪任务为提高宜宾、泸州主城区的防洪标准至50年一遇,减轻重庆主城区的防洪压力,主要由溪洛渡、向家坝水库承担;必要时,梨园、阿海、金安桥、龙开口、鲁地拉、观音岩、锦屏一级、二滩、紫坪铺、瀑布沟、亭子口等水库配合溪洛渡、向家坝水库对川渝河段洪水实施拦洪错峰。

1)对宜宾、泸州主城区的防洪调度方式:溪洛渡、向家坝水库预留专用防洪库容14.6亿立方米,对宜宾、泸州进行防洪补偿调度。当预报李庄(宜宾防洪控制站)洪峰流量超过51000立方米每秒,或朱沱(泸州防洪控制站)洪峰流量超过52600立方米每秒时,通过补偿调度,控制李庄、朱沱两站洪峰流量分别不超过51000立方米每秒和52600立方米每秒。若遭遇以岷江来水为主的洪水类型时,视水情和防洪形势的需要,瀑布沟、紫坪铺等水库适时配合调度。

2)对重庆主城区的防洪调度方式:溪洛渡、向家坝水库预留防洪库容29.6亿立方米,对重庆主城区进行防洪补偿调度。当预报寸滩(重庆防洪控制站)洪峰流量大于83100立方米每秒时,利用溪洛渡、向家坝水库对重庆进行防洪补偿调度,尽可能控制寸滩洪峰流量不超过83100立方米每秒。当岷江大渡河、嘉陵江上游来水较大时,运用瀑布沟、亭子口、草街水库拦洪错峰,减轻重庆主城区防洪压力。

3)溪洛渡、向家坝水库联合防洪调度时,先运用溪洛渡水库拦蓄洪水,当溪洛

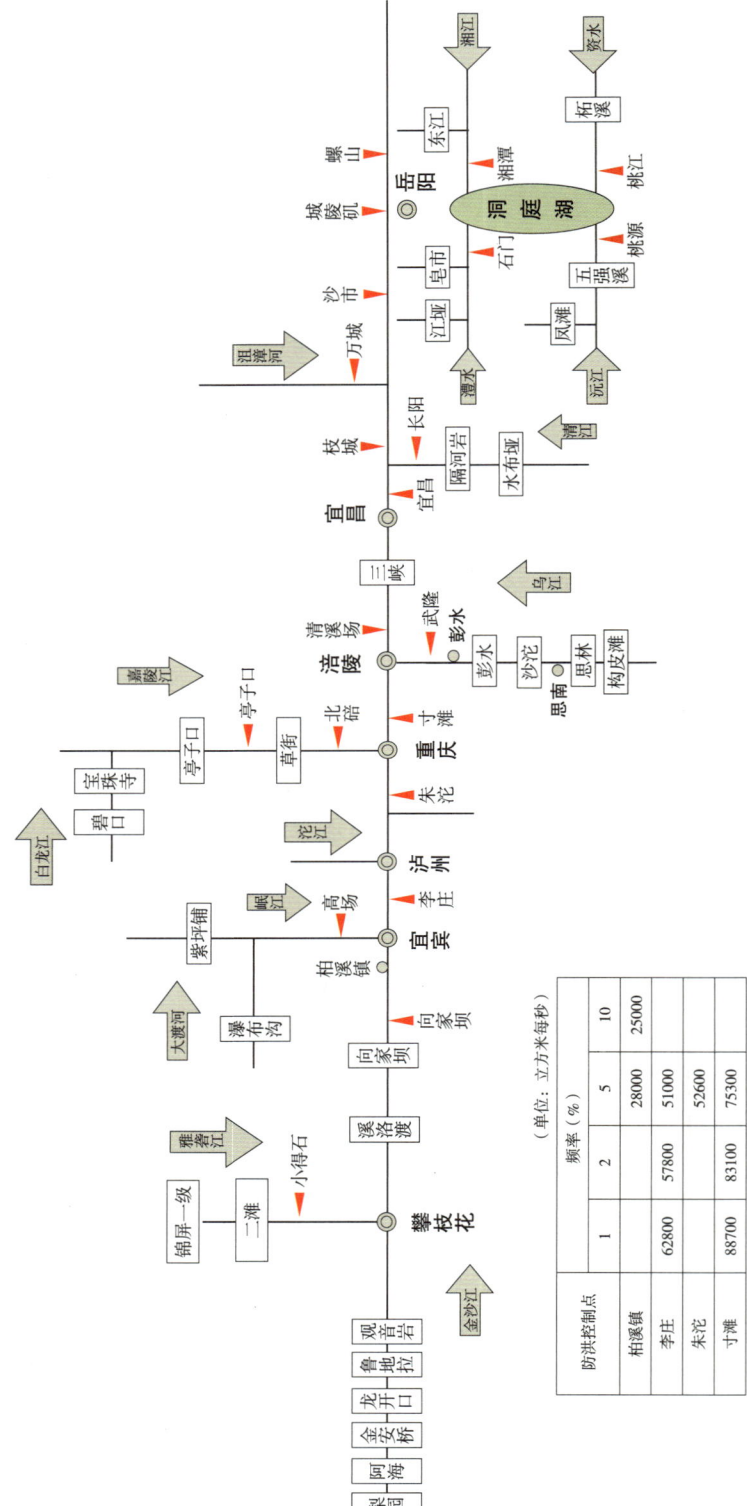

图 5-25 2017 年纳入联合调度的长江上游干支流水库群

渡水库水位上升至 573.1 米后，若溪洛渡入库流量超过 28000 立方米每秒并呈上涨趋势，可继续动用溪洛渡水库拦蓄洪水；若溪洛渡入库流量低于 28000 立方米每秒，溪洛渡水库维持出入库平衡，向家坝水库开始拦蓄洪水；当向家坝水库拦蓄至接近 378 米，溪洛渡和向家坝水库继续拦蓄；当溪洛渡水库水位达到 600 米、向家坝水库水位达到 380 米后，实施保枢纽安全的防洪调度方式。

4）在溪洛渡、向家坝水库开始拦蓄洪水时，视水情和防洪形势的需要，雅砻江、金沙江、岷江、嘉陵江等梯级水库适时配合调度。

（2）嘉陵江中下游

嘉陵江中下游防洪主要由亭子口水库承担，碧口、宝珠寺、草街水库适时配合调度。

当嘉陵江中下游发生大洪水时，亭子口水库适时拦洪削峰，提高嘉陵江中下游苍溪、阆中、南充等城市的防洪标准，减轻合川、重庆主城区的防洪压力；碧口、宝珠寺等水库在保证枢纽安全和本河段防洪安全的前提下，适时减少亭子口水库的入库洪量。

（3）乌江中下游

乌江中下游的防洪任务主要是提高思南县城防洪标准，减轻沿河、彭水、武隆等城市的防洪压力，由构皮滩、思林、沙沱、彭水水库承担，其他水库配合运用。

1）对思南的防洪调度方式：构皮滩联合思林水库适时拦洪削峰，遭遇 20 年一遇洪水（洪峰流量 16400 立方米每秒）时尽可能控制思南县城河段的洪峰流量不超过 13900 立方米每秒（10 年一遇），与此同时控制沙沱水库坝前水位降低思南县城河段的洪水位；遭遇 20 年一遇以上洪水时，适当拦洪削峰，尽量减轻思南县城灾害损失。

2）对沿河的防洪调度方式：构皮滩、思林、沙沱水库实施联合调度，适时拦洪削峰，减少进入彭水水库的入库洪量，遭遇 20 年一遇入库洪水时还应控制彭水水库坝前水位不高于 288.85 米。

3）对彭水、武隆的防洪调度方式：构皮滩、思林、沙沱、彭水水库实施联合调度，适时拦洪削峰，彭水水库遭遇 20 年一遇入库洪水时，其下泄流量不超过 19900 立方米每秒；遭遇 20 年一遇以上入库洪水时，适当拦洪削峰，尽量减轻彭水、武隆区灾害损失。

（4）清江

清江的防洪任务是提高长阳县城及下游沿江城镇的防洪标准，主要由隔河岩水库承担，水布垭水库配合运用。隔河岩水库联合水布垭水库适时拦洪削峰，遭遇 20 年一遇洪水时，尽可能控制长阳县城河段的洪峰流量不超过 11800 立方米每秒。

（5）洞庭湖水系

洞庭湖水系的防洪任务是配合堤防等防洪工程运用，提高各支流下游沿江城市防洪标准，主要由柘溪、凤滩、五强溪、江垭、皂市等各支流骨干水库承担，一般控制不超过河道安全泄量，以减轻下游尾闾地区防洪压力。

（6）长江中下游干流

1）当长江中下游发生大洪水时，以沙市、城陵矶等防洪控制站水位为主要控制目标，三峡水库联合上中游水库群实施防洪补偿调度。

2）梨园、阿海、金安桥、龙开口、鲁地拉、锦屏一级、二滩等有配合三峡水库承担长江中下游防洪任务的水库，实施与三峡水库同步拦蓄洪水的调度方式，适当控制水库下泄。

3）金沙江下游溪洛渡、向家坝水库在留足川渝河段所需防洪库容的前提下，根据长江中下游防洪需要，配合三峡水库承担长江中下游防洪任务，按三峡水库预报入库洪量进行分级控泄，减少进入三峡水库的洪量；当预报三峡水库入库洪峰较大时，削减进入三峡水库的洪峰流量。

4）观音岩、瀑布沟、亭子口、构皮滩、思林、沙沱、彭水等承担所在河流防洪和配合三峡水库承担中下游防洪双重防洪任务的水库，当所在河流发生较大洪水时，结合所在河流防洪任务，实施防洪调度；当所在河流来水量不大且预报短期内不会发生大洪水时，也需减少水库下泄流量，配合其他水库降低长江干流洪峰流量，减少三峡水库入库洪量。

5）水布垭、隔河岩等清江梯级水库实施与三峡水库错峰防洪调度方式。

6）洞庭湖水系水库防洪调度在满足本流域防洪要求的前提下，与干流防洪调度相协调。当三峡水库对长江中下游防洪调度时，若洞庭湖水系来水较大，按所在河流防洪任务拦蓄洪水；若洞庭湖水系来水不大且预报短时期内不会发生大洪水时，水库群相机配合调度，减少入湖洪量；本河流洪峰过后，水库泄水腾库时，应在确保水库上下游安全的前提下，考虑城陵矶附近地区的防洪要求，适当控制泄水过程。

2. 蓄水调度

1）长江上游配合三峡水库承担长江中下游防洪任务的梨园、阿海、金安桥、龙开口、鲁地拉、锦屏一级、二滩等水库，一般情况下于2017年8月初开始有序逐步蓄水。承担所在河流防洪和长江中下游防洪双重任务的溪洛渡、亭子口、草街、构皮滩、思林、沙沱、彭水等水库。9月初在留足所在河流防洪要求库容的前提下可逐步蓄水。观音岩、瀑布沟水库根据防洪库容预留要求分时段逐步蓄水。三峡、向家坝水库于9月中旬可逐步蓄水。紫坪铺、碧口、宝珠寺等水库于10月初开始蓄水。

2）长江中游清江及洞庭湖水系水库开始蓄水时间宜先于上游水库，一般可在2017年8月初开始逐步蓄水，蓄水起始时间根据水库承担的防洪任务确定，合理安排蓄水过程。

3）干支流、上下游水库蓄水应统一协调，以满足长江中下游流量要求。

3. 应急调度

1）当长江流域发生特枯水、水污染、咸潮入侵、水上安全事故、涉水工程事故等突发事件时，启动应急调度。

2）实施应急调度方案前，及时向相关部门和单位通报，视情况向社会公告。

（二）流域水雨情

1. 长江流域来水正常略偏多，6月至7月两湖、10月长江上游和汉江来水明显偏多

2017年1月至10月长江流域来水正常略偏多。上游干流宜昌站、中游干流汉口站来水正常略偏多。上游各主要支流中，金沙江来水正常，岷江来水偏少一成左右，嘉陵江、乌江来水基本正常；汉江上游来水偏多近四成，下游兴隆站来水偏多一成；洞庭湖水系来水偏多一成，鄱阳湖水系来水正常略偏多。

6月至8月，长江上游支流来水显著偏少，两湖水系来水明显偏多。其中，岷江、嘉陵江7月偏少四成至五成，洞庭湖水系6月至7月来水偏多近四成，鄱阳湖水系偏多近三成。10月，长江流域来水偏多两成多，其中长江上游、汉江来水显著偏多，三峡入库偏多近四成，汉江上游白河站来水偏多3.5倍，中下游兴隆站偏多1.2倍。

2. 洞庭湖水系支流洪水遭遇恶劣，河湖水位涨势迅猛

受6月22日至28日、6月29日至7月2日长江中下游地区连续两次大范围强降雨过程影响，湘江、资水及沅江同时发生大洪水过程。湘江湘潭站于6月25日起流量由5000立方米每秒左右快速增加，30日涨至19000立方米每秒左右后维持至7月5日后消退；资水桃江站流量自6月23日起快速增加并连续出现3次涨落过程，其中第三次过程29日流量由2000立方米每秒左右快速增加，7月1日最大增至11100立方米每秒，7月5日后方才快速削减。其间，沅江桃源站亦出现2次涨落过程，其中第二次过程于6月30日流量由8000立方米每秒左右快速涨至7月2日晚出现最大流量22500立方米每秒。三江洪水过程几乎同时在洞庭湖区遭遇，与此同时，汨罗江、浏阳河、捞刀河、沩水、涟水等湖区附近支流发生大洪水，多支流洪水遭遇，致使洞庭湖发生超历史特大入湖洪水过程，还原日均最大入湖流量达61900立方米每秒。"四水"合成流量于6月23日由12000立方米每秒左右起涨，6月25日快速增至30000立方米每秒左右后略有回落，6月29日2时再由24900立方米每秒快速涨至7月1日8时的50000立方米每秒，之后维持至7月3日，7月3日2时"四水"合成最大流量为51000立方米每秒，洞庭湖七里山站水位1日突破警戒水位，3日超

保证水位，实测最大流量 49200 立方米每秒为历史第一位，湖区南咀、湘阴等多站超保证水位。

洞庭湖七里山站及长江中下游干流莲花塘以下江段各站水位 6 月 23 日起快速上涨，7 月 4 日至 8 日相继现峰；七里山、莲花塘站日均涨幅均居典型大水年第一位，最大日涨幅分列典型大水年第二位、第三位，两站从起涨至警戒水位上涨历时均较典型大水年均值少 3 天以上；七里山从警戒水位涨至保证水位历时仅约 3 天，位居典型大水年第一位；湖区及中游干流各站水位涨势迅猛。

3. 汛期上游来水平稳，洞庭湖水系发生大洪水，城螺河段干支流来水倒置严重

受多支流洪水遭遇影响，洞庭湖发生超历史入湖、出湖洪水过程，洞庭湖水系总入流（"四水"加区间）最大 7 天、15 天洪量分别为 286 亿立方米和 464 亿立方米，均为 1951 年来首位；螺山总入流（还原）最大 7 天洪量 465 亿立方米，与 1996 年相当，大于 2016 年。

据统计，螺山总入流（实测）径流量地区组成中，不管是汛期（4 月至 10 月）径流量还是最大 30 天、60 天洪量，或是最大 7 天、15 天洪量，宜昌径流量占比均在 70% 左右；1996 年等中游型大洪水，洞庭湖水系来水占比偏大但未超 60%。2017 年，螺山总入流（实测）最大 7 天、15 天洪量组成中，宜昌站来水仅占 30% 左右，洞庭湖水系占比近 70%，占绝对主导地位，城螺河段干支流来水倒置程度较 1996 年等中游型大洪水更为严重；螺山站出现洪峰前后，七里山站实测流量与螺山站流量比值高达 80% 以上。由此可见，2017 年城螺河段干支流来水主次易位、倒置严重，为历史罕见。

4. 长江第 1 号洪水期间河湖水位落差大，洪水宣泄通畅

洞庭湖出口七里山站与长江干流莲花塘站水位落差平均为 0.15 米左右。长江 1 号洪水过程中，在城陵矶河段达洪峰水位附近时，七里山至莲花塘河段出现最大落差 0.57 米，远大于历史典型年最大落差的均值及最大值，创历史之最，最大程度加大了出湖水量，七里山站 7 月 4 日最大实测流量 49200 立方米每秒，为历史实测最大值；同时，莲花塘至螺山段、螺山至汉口段涨水面水位落差均较典型大水年均值明显偏大，水面比降大。2017 年洪水期间，螺山站水位流量关系明显偏右，涨水面水位流量关系线位于历史典型大水年的最右侧，与 2016 年相比，水位 31～33 米时，流量最大偏多近 10000 立方米每秒。该次洪水螺山站水位 32.91 米时，最大实测流量达 60000 立方米每秒（莲花塘站同时水位 33.84 米），河道行洪能力大，泄流通畅。

5. 长江上游、汉江流域发生明显秋汛，汉江部分河段超警戒

受 9 月中下旬至 10 月上旬连续强降雨过程影响，长江上游、汉江流域发生明显秋汛过程。其间，三峡水库出现 3 次 30000 立方米每秒以上量级的洪水过程，洪峰流量

分别为34000立方米每秒（9月27日20时）、34800立方米每秒（10月6日8时）、31000立方米每秒（10月12日8时），分列2017年最大洪峰流量第三位、第二位和第五位，其中，10月6日8时洪峰流量34800立方米每秒为近30年10月第二大流量（宜昌）。自9月23日至10月14日期间，丹江口水库连续出现了4次较大涨水过程，其中3次入库洪峰量级超过17000立方米每秒，分别为9月28日10时17300立方米每秒、10月5日10时17300立方米每秒、10月12日18时18600立方米每秒。丹江口水库在确保防汛及工程安全的前提下实施拦洪削峰，库水位最高涨至165.85米（10月6日12时，为大坝加高后最高水位），出库流量最大加大至8040立方米每秒（9月28日14时），削峰率在60%以上；与此同时，丹皇区间出现多次较大涨水过程，最大洪峰流量7000立方米每秒；汉江中下游各站水位大幅上涨，皇庄、沙洋、潜江、岳口、仙桃、汉川站水位均超过警戒水位。皇庄站10月6日21时洪峰水位48.62米，沙洋站10月7日17时洪峰水位42.27米，仙桃站10月8日12时洪峰水位35.64米，汉川站10月9日6时洪峰水位29.95米，分别超警戒水位0.62米、0.47米、0.54米和0.95米。自9月下旬起涨至洪峰水位出现，上述各站累计最大涨幅超11米。2017年汉江秋汛洪水主要表现为持续时间长、洪水过程多、洪峰不高但洪量大、中下游水位涨幅大等特点。

6. 长江上游及汉江上游水库群蓄水情况良好，三峡水库蓄满

2017年，截至11月1日8时，除乌江梯级部分水库外，长江上中游水库群、汉江上游水库群主要水库库水位均已蓄至或接近正常蓄水位运行，蓄水情况良好。其中，金沙江溪洛渡、向家坝水库分别于9月20日、10月4日蓄满；大渡河瀑布沟库水位于10月16日达到850米，嘉陵江亭子口库水位于10月9日达到457.99米（正常蓄水位458米），汉江上游石泉、安康、潘口、黄龙滩水库库水位均接近或达到正常蓄水位；10月29日2时，丹江口水库库水位蓄至167.0米历史最高库水位。10月21日7时9分，三峡水库水位已蓄至175米，连续第8年实现试验性蓄水目标。

（三）联合调度实施效果

汛前，长江防总安排长江上中游水库群提前消落到位，腾空防洪库容约530亿立方米，为迎战大洪水做好了准备。在国家防总的领导下，长江防总有序实施长江上中游水库群联合调度，科学调度三峡水库及上游金沙江梯级、雅砻江梯级、洞庭湖控制性水库、汉江丹江口水库及上游主要水库拦洪、削峰、错峰，减轻长江、汉江中下游防洪压力；有效应对长江第1号洪水。7月1日12时至7月2日22时，长江防总连续发出5道调度令，紧急调度三峡水库，将出库流量由27300立方米每秒压减至历史同期罕见的8000立方米每秒，以减轻城陵矶附近地区防洪压力；提前对五强溪、柘溪水库实施预泄调度，协调凤滩等控制性水库适当拦蓄洪水，与三峡等长江上游控制性水库联合拦洪，实施对城陵矶地区防洪补偿调度，控制莲花塘水位不超防汛保证水位。长江上游和汉江秋汛期间，长江防总加密会商研判，共发布三峡和丹江口水库调度令43道，科学调度三峡和丹江口水库，顺利实现三峡水库175米蓄水目标、丹江口水库防洪调度和蓄水试验，成功应对汉江中下游超警洪水。

2017年9月下旬至10月三峡、丹江口水库实况过程线分别见图5-26、图5-27，2017年汛期三峡、溪洛渡、向家坝水库日均出入库流量、水位过程线分别见图5-28、图5-29、图5-30，2017年丹江口水库调度过程线见图5-31，2017年三峡水库消落期日均出入库流量、水位过程线见图5-32。

图5-26　2017年9月下旬至10月三峡水库实况过程线

图5-27　2017年9月下旬至10月丹江口水库实况过程线

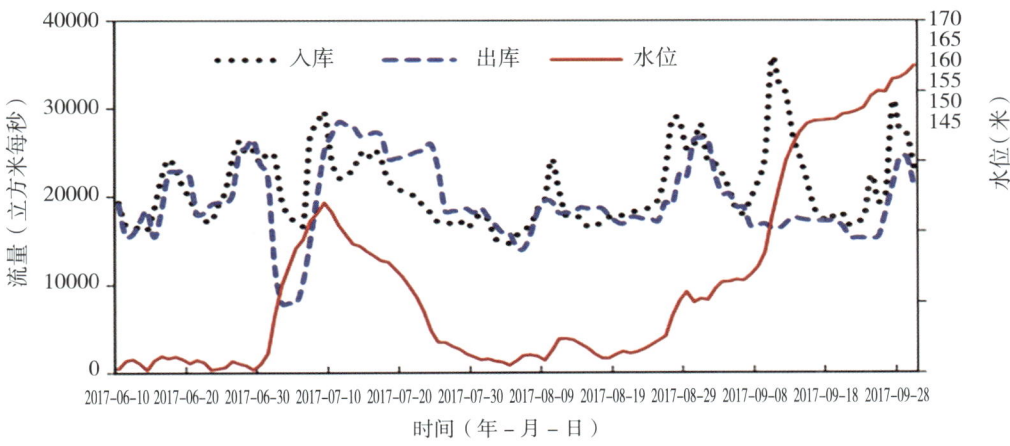

图 5-28　2017 年汛期三峡水库日均出入库流量、水位过程线

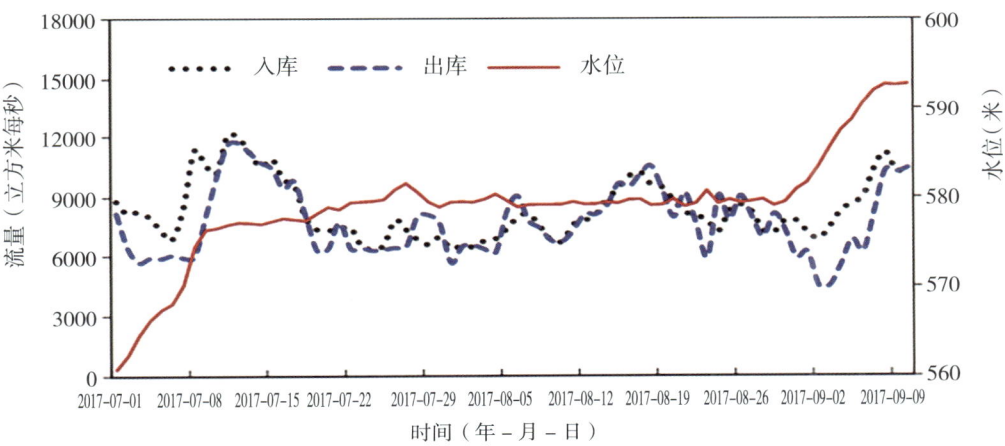

图 5-29　2017 年汛期溪洛渡水库日均出入库流量、水位过程线

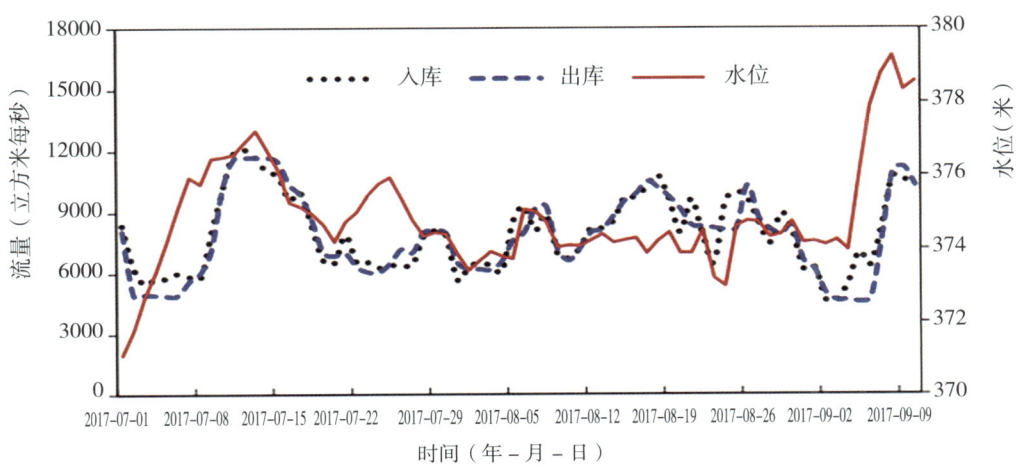

图 5-30　2017 年汛期向家坝水库日均出入库流量、水位过程线

图 5-31　2017 年丹江口水库调度过程线

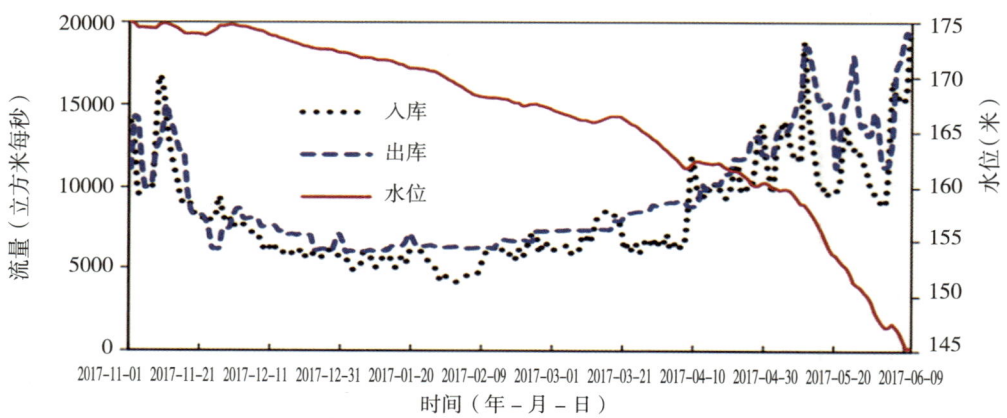

图 5-32　2017 年三峡水库消落期日均出入库流量、水位过程线

1. 防洪减灾效益

（1）长江流域水库群应对 1 号洪水联合防洪调度

2017年7月1日，长江干流莲花塘站水位超警戒水位，长江2017年1号洪水形成，同时洞庭湖及其支流湘江、资水、沅江水位快速上涨，洞庭湖入长江流量快速增加，干流莲花塘站将突破分洪水位，防汛形势十分严峻。国家防总、长江防总多次紧急会商研判，启用三峡水库及上游金沙江、雅砻江梯级水库同步拦蓄水量，与洞庭湖水系水库联合，实施对城陵矶地区防洪补偿调度。长江防总于7月1日12时、1日19时、1日22时、2日12时、2日22时34小时内先后发出5道调度令，将三峡水库出库流量由 27300 立方米每秒逐步压减至 8000 立方米每秒并维持，拦蓄率达 60% 以上，金沙江梯级、雅砻江梯级同步拦蓄，溪洛渡与向家坝水库联合运用，向家坝水库出库流量减小至 5000 立方米每秒并维持，以减少三峡水库入库水量，控制库水位过快上涨。

同时，提前对五强溪、柘溪水库实施预泄调度，增加汛限水位以下调蓄库容13.66亿立方米，并指导湖南省防汛抗旱指挥部五强溪、凤滩和柘溪等控制性水库适当拦蓄洪水，与三峡等长江上游控制性水库联合拦洪，实施对城陵矶地区防洪补偿调度，控制莲花塘水位不超防汛保证水位。为缓解三峡水库腾库压力，在洞庭湖洪水明显转退后，长江防总分别于7月5日和7日下达第24号和第26号调度令，三峡水库下泄流量逐步增加至25000立方米每秒，7月10日水库出现最高库水位157.10米，至此三峡水库对城陵矶地区防洪补偿调度结束。

针对长江第1号洪水，自7月1日14时至7月6日8时，上中游水库群合计拦蓄洪量约102.39亿立方米，其中三峡水库拦蓄洪量49.68亿立方米，雅砻江锦屏一级、二滩和金沙江梨园、阿海、金安桥、鲁地拉、龙开口、观音岩、溪洛渡、向家坝等上游控制性水库合计拦蓄洪量25.38亿立方米，资水柘溪水库入库洪峰流量15800立方米每秒，最大下泄流量8500立方米每秒，削峰率46.2%，拦蓄洪量11.85亿立方米；沅江五强溪水库入库洪峰流量32400立方米每秒，最大下泄流量22500立方米每秒，削峰率30.56%，拦蓄洪量15.48亿立方米。据测算，经过三峡、五强溪、柘溪等上中游水库群联合调度，降低洞庭湖区及长江干流莲花塘江段洪峰水位1.0~1.5米、汉口江段洪峰水位0.6~1.0米、九江至大通江段洪峰水位0.3~0.5米，降低沅江下游桃源站洪峰水位约2.5米、常德站洪峰水位约2.0米，有效避免了资水下游桃江、益阳等地溃堤灾害，确保了长江干流莲花塘站水位不超分洪水位，缩短洞庭湖七里山站超保证水位时间6天左右，显著减轻了洞庭湖区及长江中下游干流的防洪压力。

（2）汉江秋汛联合防洪调度

1997年9月25日以前，丹江口水库向汉江中下游供水流量基本维持在520立方米每秒，总出库流量约770立方米每秒，库水位持续上升，9月25日8时库水位升至162.28米。在3次15000立方米每秒以上的洪水过程中，丹江口水库均实施了拦洪、错峰、削峰调度，对皇庄站进行防洪补偿控泄。长江防总先后下达了59号、62号、63号、65号、66号调度令，自9月26日起逐步加大下泄流量，最大增至7500立方米每秒。10月1日起，考虑汉江中下游防洪形势的变化，长江防总下达调度令，将丹江口水库下泄流量逐步减至2900立方米每秒。3次较大洪水过程期间，丹江口最大出库流量分别为8040立方米每秒、7600立方米每秒和7550立方米每秒，削峰率均在50%以上，最高调洪库水位分别为164.63米（9月29日6时）、165.85米（10月6日12时）和165.82米（10月14日20时），最大拦蓄洪量分别为21.14亿立方米、15.0亿立方米和11.71亿立方米。以汉江中下游水力学模型为工具，考虑丹江口水库不拦蓄，在汛限水位附近维持出入库平衡调度，还原计算汉江中下游干流主要站洪峰水位可知，本次秋汛期间，丹江口水库的防洪调度降低了汉江中游干流主要站洪峰水位约2米，避免了洪峰水位超保证水位，同时避免汉江下游分洪民垸和杜家台分洪区的启用，显著减轻汉江中下游防洪压力，保障了流域防洪安全。

10月1日，根据预见期降雨预报，预计汉江中下游干流各站水位将大幅上涨，考虑丹江口来水消退，经会商研究，长江防总下达70号调度令，将丹江口水库向汉江中下游下泄流量减至6700立方米每秒。经过科学调度，降低了汉江中游干流主要站洪峰水位约2米，控制多站不超保证水位，同时避免汉江下游分洪民垸和杜家台分洪区的启用，缩短了汉江中下游主要站超警戒水位时间。9月27日18时，丹江口水库水位超过秋季汛限水位163.5米，10月20日8时库水位涨至166.38米，29日2时库水位涨至167.00米，顺利开展了164米和167米蓄水试验，实现了预期蓄水目标。

2. 供水调度效益

2016年11月1日，三峡水库连续第七年成功蓄水至175米正常蓄水位，11月至12月维持在高水位运行，同时下泄流量按照庙嘴水位不低于39.0米和三峡水电站保证出力对应的流量控制，2017年1月至4月按照不小于6000立方米每秒控制，库水位逐步消落，消落过程中统筹兼顾了航运、生态补水、电网保电、库岸稳定、生态调度试验等综合利用需求，6月10日消落至汛限水位。

整个消落期间，三峡水库平均入库流量8040立方米每秒，平均出库流量9220立方米每秒，累计为下游补水177天，补水总量232.94亿立方米，平均增加下泄流量1520立方米每秒。三峡水库枯水期补水调度有效改善了中下游地区的通航条件，同时也为沿江生产、生活和生态用水提供了重要保障。

3. 生态调度效益

结合水库上游来水及汛前消落计划，2017年4月下旬至6月中旬，溪洛渡水库实施了首次分层取水生态调度试验，向家坝、三峡水库实施了3次水文过程生态调度试验（其中，三峡、向家坝水库实施联合生态调度试验1次，两库单独实施生态调度试验各1次）。试验期间监测结果表明，向家坝、三峡水库生态调度试验均对鱼类繁殖产卵起到了促进作用，其中，宜宾断面监测到漂流性鱼卵总量0.05亿粒，江津断面监测到漂流性鱼卵总量1.06亿粒，宜都断面监测到"四大家鱼"鱼卵总量10.8亿粒，为历年最高。

七、《2018年度长江上中游水库群联合调度方案》及其实施效果

为统筹协调长江上中游水库群防洪抗旱、供水、水生态保护、发电和航运等方面的关系，加强水库群联合调度，充分发挥水库群综合利用效益，促进长江大保护，推

动长江经济带发展，长江防总根据《中华人民共和国水法》《中华人民共和国防洪法》等有关法律法规和《长江流域综合规划（2012—2030年）》《长江流域防洪规划》《长江防御洪水方案》《长江洪水调度方案》，结合相关水库调度规程，组织编制了《2018年度长江上中游水库群联合调度方案》，该方案首次将汉江、中游鄱阳湖区控制性水库群纳入联合调度范围，联合调度范围由上游扩展至中游湖口（鄱阳湖出口）控制断面以上，控制性水库数量从2017年的28座增加到2018年的40座，为充分发挥水库群的综合效益奠定了坚实的基础。

《2018年度长江上中游水库群联合调度方案》主要包括纳入联合调度范围的水库、调度原则与目标、联合调度方案、各水库调度方式、调度权限、信息报送及共享、附则七部分内容，对纳入调度范围水库的调度原则、目标、防洪调度、蓄水调度、应急调度等进行了明确，并细化了各水库在不同时期的调度方式及调度管理权限。与2017年联合调度方案相比，方案最大的变化在于在城陵矶（洞庭湖出口）以上水库群的基础上，将联合调度范围扩展至长江中游鄱阳湖区控制断面以上，将鄱阳湖水系赣江万安、峡江，抚河廖坊，修水柘林水库；汉江石泉、安康、丹江口、潘口、黄龙滩、三里坪、鸭河口水库；陆水水库纳入了2018年联合调度范围，2018年将纳入联合调度的控制性水库数量从2017年的28座增加到40座。2017年，长江发生中游型大洪水和汉江秋汛，洞庭湖和汉江流域洪水肆虐，2018年出于防洪调度需求，调度水库范围扩大至湖口以上和汉江流域，此举不仅为防御长江洪水增添了有效手段，在保障流域供水、生态、发电、航运等方面也将发挥多重效益。

（一）上游水库群联合调度方式

综合考虑工程规模、防洪能力、调节库容、控制作用、运行情况等因素，纳入2018年度联合调度范围的水库共40座（图5-33），总调节库容854亿立方米，防洪库容574亿立方米，包括：

长江上游：金沙江梨园、阿海、金安桥、龙开口、鲁地拉、观音岩、溪洛渡、向家坝水库，雅砻江锦屏一级、二滩水库，岷江紫坪铺、瀑布沟水库，嘉陵江碧口、宝珠寺、亭子口、草街水库，乌江构皮滩、思林、沙沱、彭水水库，长江干流三峡水库，共21座。

长江中游：清江水布垭、隔河岩水库；洞庭湖水系资水柘溪，沅江凤滩、五强溪，澧水江垭、皂市水库；陆水水库；汉江石泉、安康、丹江口、潘口、黄龙滩、三里坪、鸭河口水库；鄱阳湖水系赣江万安、峡江，抚河廖坊，修水柘林水库，共19座。

1. 防洪调度

（1）川渝河段

川渝河段的防洪任务为提高宜宾、泸州主城区的防洪标准至50年一遇，尽量提

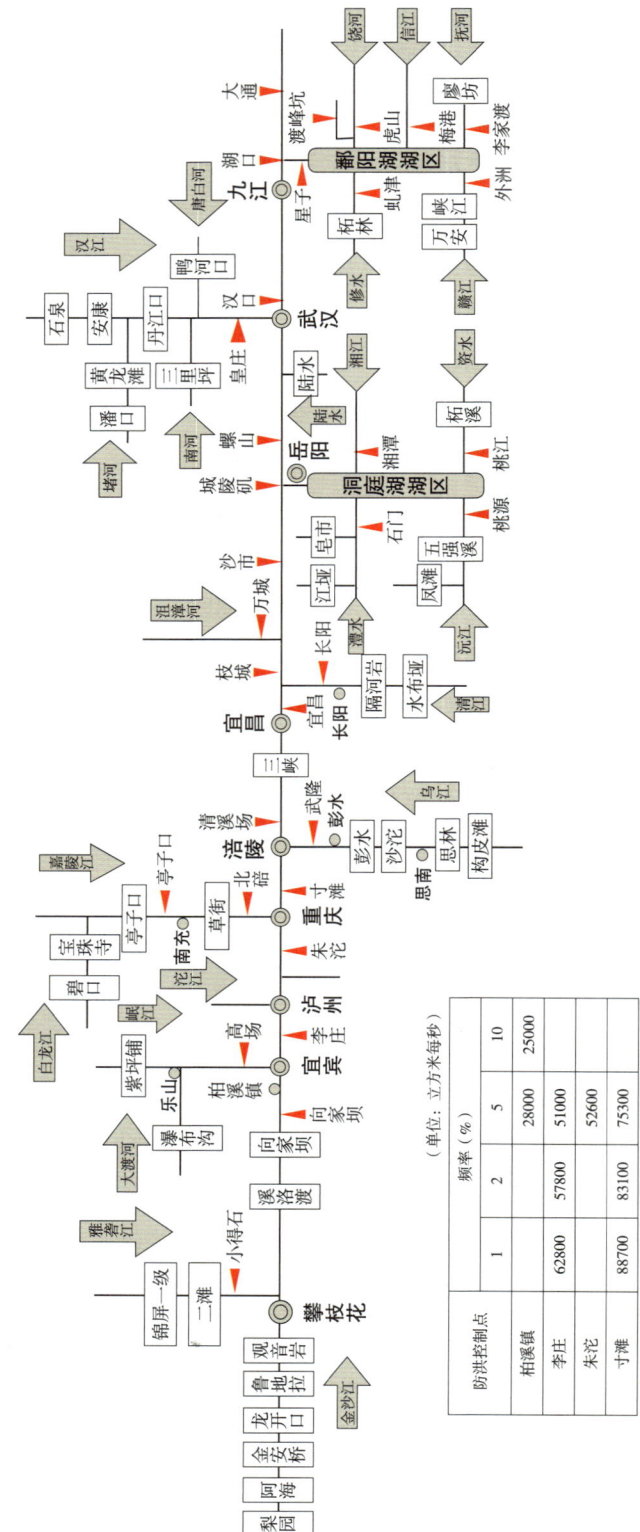

图 5-33　2018 年纳入联合调度的长江上游干支流水库群

高重庆主城区的防洪标准至100年一遇，主要由溪洛渡、向家坝水库承担；必要时，梨园、阿海、金安桥、龙开口、鲁地拉、观音岩、锦屏一级、二滩、紫坪铺、瀑布沟、亭子口等水库配合溪洛渡、向家坝水库对川渝河段洪水实施拦洪错峰。

1）对宜宾、泸州主城区的防洪调度方式：溪洛渡、向家坝水库预留专用防洪库容14.6亿立方米，对宜宾、泸州进行防洪补偿调度。当预报李庄（宜宾防洪控制站）洪峰流量超过51000立方米每秒，或朱沱（泸州防洪控制站）洪峰流量超过52600立方米每秒时，通过补偿调度，控制李庄、朱沱两站洪峰流量分别不超过51000立方米每秒和52600立方米每秒。若遭遇以岷江来水为主的洪水类型时，视水情和防洪形势的需要，瀑布沟、紫坪铺等水库适时配合调度。

2）对重庆主城区的防洪调度方式：溪洛渡、向家坝水库预留防洪库容29.6亿立方米，对重庆主城区进行防洪调度。当预报寸滩（重庆防洪控制站）洪峰流量大于83100立方米每秒时，利用溪洛渡、向家坝水库对重庆进行削峰调度，尽量控制寸滩洪峰流量不超过83100立方米每秒。当岷江大渡河、嘉陵江上游来水较大时，运用瀑布沟、亭子口、草街水库拦洪错峰，减轻重庆主城区防洪压力。

3）溪洛渡、向家坝水库联合防洪调度时，先运用溪洛渡水库拦蓄洪水，当溪洛渡水库库水位上升至573.1米后，若溪洛渡入库流量超过28000立方米每秒并呈上涨趋势，可继续动用溪洛渡水库拦蓄洪水；若溪洛渡入库流量低于28000立方米每秒，溪洛渡水库维持出入库平衡，向家坝水库开始拦蓄洪水；当向家坝水库库拦蓄至水位接近378米，溪洛渡和向家坝水库继续拦蓄；当溪洛渡水库库水位达到600米、向家坝水库库水位达到380米后，实施保枢纽安全的防洪调度方式。

4）在溪洛渡、向家坝水库开始拦蓄洪水时，视水情和防洪形势的需要，雅砻江、金沙江、岷江、嘉陵江等梯级水库适时配合调度。

（2）嘉陵江中下游

嘉陵江中下游的防洪任务主要由亭子口水库承担，碧口、宝珠寺、草街水库适时配合调度。

当嘉陵江中下游发生大洪水时，亭子口水库适时拦洪削峰，提高嘉陵江中下游苍溪、阆中、南充等城市的防洪标准，减轻合川、重庆主城区的防洪压力；碧口、宝珠寺等水库在保证枢纽安全和本河段防洪安全的前提下，适时减少亭子口水库的入库洪量。

（3）乌江中下游

乌江中下游的防洪任务主要是提高思南县城防洪标准，减轻沿河、彭水、武隆等城市的防洪压力，由构皮滩、思林、沙沱、彭水水库承担，其他水库配合运用。

1)对思南县城的防洪调度方式。构皮滩联合思林水库适时拦洪削峰,遭遇20年一遇洪水(洪峰流量16400立方米每秒)时,控制思南县城河段的洪峰流量不超过13900立方米每秒(10年一遇),与此同时控制沙沱水库坝前水位降低思南县城河段的洪水位;遭遇20年一遇以上洪水时,适当拦洪削峰,尽量减轻思南县城的灾害损失。

2)对沿河县城的防洪调度方式。构皮滩、思林、沙沱水库实施联合调度,适时拦洪削峰,减轻沿河县城的防洪压力,减少进入彭水水库的入库洪量,遭遇20年一遇入库洪水时还应控制彭水水库坝前水位不高于288.85米。

3)对彭水、武隆县城的防洪调度方式。构皮滩、思林、沙沱、彭水水库实施联合调度,适时拦洪削峰,彭水水库遭遇20年一遇入库洪水时,其下泄流量不超过19900立方米每秒;遭遇20年一遇以上入库洪水时,适当拦洪削峰,尽量减轻彭水、武隆县城的灾害损失。

(4)清江

清江的防洪任务是提高长阳县城及下游沿江城镇的防洪标准,主要由隔河岩水库承担,水布垭水库配合运用。

对长阳县城的防洪调度方式:隔河岩水库联合水布垭水库适时拦洪削峰,遭遇20年一遇洪水时,尽可能控制长阳县城河段的洪峰流量不超过11800立方米每秒。

(5)洞庭湖水系

洞庭湖水系的防洪任务是配合堤防等防洪工程运用,提高各支流下游沿江城市的防洪标准,主要由柘溪、凤滩、五强溪、江垭、皂市等各支流骨干水库承担,一般控制不超过河道安全泄量,以减轻下游尾闾地区防洪压力。

(6)汉江

汉江上游的防洪任务是提高安康市及沿江城镇的防洪能力,主要由安康水库承担,采取提前预泄和错峰调度方式,尽最大可能减轻安康城区防洪压力,石泉等水库适时配合调度。

汉江中下游的防洪任务是配合堤防、蓄滞洪区及民垸等防洪工程运用,实现汉江中下游河段防御1935年型大洪水(相当于100年一遇)的防洪目标,主要由丹江口水库承担,安康、潘口、三里坪、鸭河口等干支流骨干水库配合。夏汛遭遇1935年型大洪水时,控制皇庄洪峰流量不超过20000立方米每秒;秋汛遭遇秋汛期100年一遇洪水时,控制皇庄洪峰流量不超过21000立方米每秒。

(7)鄱阳湖水系

鄱阳湖水系的防洪任务是配合堤防、蓄滞洪区等防洪工程运用,提高各水库所在河流下游沿江城市的防洪标准,赣江由万安、峡江水库,抚河由廖坊水库,修水由柘林水库等承担，一般控制不超过河道安全泄量，以减轻下游河段及尾闾地区防洪压力。

（8）长江中下游干流

1）当长江中下游发生大洪水时，以沙市、城陵矶（莲花塘站，下同）等防洪控制站水位为主要控制目标，三峡水库联合上中游水库群实施防洪补偿调度。

2）梨园、阿海、金安桥、龙开口、鲁地拉、锦屏一级、二滩等有配合三峡水库承担长江中下游防洪任务的水库，实施与三峡水库同步拦蓄洪水的调度方式，适当控制水库下泄。

3）金沙江下游溪洛渡、向家坝水库在留足川渝河段所需防洪库容的前提下，根据长江中下游防洪需要，配合三峡水库承担长江中下游防洪任务，按三峡水库预报入库洪量进行分级控泄，减少进入三峡水库的洪量；当预报三峡水库入库洪峰较大时，削减进入三峡水库的洪峰流量。

4）观音岩、瀑布沟、亭子口、构皮滩、思林、沙沱、彭水等承担所在河流防洪和配合三峡水库承担中下游防洪双重防洪任务的水库，当所在河流发生较大洪水时，结合所在河流防洪任务，实施防洪调度；当所在河流来水量不大且预报短期内不会发生大洪水时，也需减少水库下泄流量，配合其他水库降低长江干流洪峰流量，减少三峡水库入库洪量。

5）水布垭、隔河岩等清江梯级水库在满足本流域防洪要求的前提下，与三峡水库实施联合防洪调度，减轻长江干流荆江河段防洪压力。

6）洞庭湖水系水库防洪调度在满足本流域防洪要求的前提下，与干流防洪调度相协调。当三峡水库对长江中下游防洪调度时，若洞庭湖水系来水较大，按所在河流防洪任务拦蓄洪水；若洞庭湖水系来水不大且预报短时期内不会发生大洪水时，水库群相机配合调度，减少入湖洪量；本河流洪峰过后，水库泄水腾库时，应在确保水库上下游安全的前提下，考虑城陵矶附近地区的防洪要求，适当控制泄水过程。

7）陆水水库在满足本流域防洪要求的前提下，必要时控制水库下泄，减轻长江干流武汉河段的防洪压力。

8）丹江口等水库在满足本流域防洪要求的前提下，必要时配合长江上中游水库联合调度，控制水库下泄，减轻长江干流武汉河段的防洪压力。

9）鄱阳湖水系水库防洪调度在满足本流域防洪要求的前提下，与干流防洪调度相协调。当三峡水库对长江中下游防洪调度时，若鄱阳湖水系来水不大且预报不会发生大洪水时，水库群相机配合调度，减少入湖洪量。

2. 蓄水调度

1）长江上游配合三峡水库承担长江中下游防洪任务的梨园、阿海、金安桥、龙开口、鲁地拉、锦屏一级、二滩等水库，一般情况下 2018 年 8 月初开始有序逐步蓄水。承担所在河流防洪和长江中下游防洪双重任务的溪洛渡、向家坝、亭子口、草街、构皮滩、思林、沙沱、彭水等水库，9 月初在留足所在河流防洪要求库容的前提下可逐步蓄水；观音岩、瀑布沟水库根据防洪库容预留要求分时段逐步蓄水。三峡水库于 9 月中旬可逐步蓄水。紫坪铺、碧口、宝珠寺等水库于 10 月初开始蓄水。

2）长江中游清江及洞庭湖水系水库一般可在 2018 年 8 月初开始逐步蓄水，陆水及鄱阳湖水系水库一般可在 7 月初开始逐步蓄水；汉江流域水库一般可在 10 月初开始逐步蓄水，其中潘口、鸭河口水库于 8 月中下旬开始蓄水。

3）各水库具体开始蓄水时间根据水库承担的防洪任务及防洪形势确定，并合理安排蓄水过程。干支流、上下游水库蓄水应统一协调，以满足长江中下游流量要求。

3. 应急调度

1）当流域内及跨流域调水受水区发生特枯水、水污染、咸潮入侵、水上安全事故、涉水工程事故等突发事件时，适时启动应急调度。

2）实施应急调度方案前，及时向相关部门和单位通报，视情况向社会公告。

（二）流域水雨情

2018 年，长江上游流域平均降水量为 1134.5 毫米，较历年均值 967.4 毫米偏多近两成。各子流域/区间面雨量在 725.4 毫米（石鼓至攀枝花区间）至 1452.8 毫米（岷沱江流域）之间，降水时空分布较为不均。从时间上看，降水偏多偏少阶段性特征明显：1 月偏多近六成，2 月偏少近四成，3 月偏多近八成，4 月至 5 月偏多三成至四成，6 月偏多一成，7 月偏多近四成，8 月基本与历年均值持平，9 月偏多约两成，10 月偏少近三成，11 月基本与历年均值持平，12 月偏多近 5 成。从空间上看，总体表现为西多东少的状况：岷沱江偏多约五成，金沙江中下游偏多一成至三成不等，嘉陵江、乌江、宜宾至重庆区间基本正常，万州至宜昌、重庆至万州均偏少约一成。

2018 年梯级水库水雨情呈现来水丰、洪水量大、次数多的特点，预报工作准备充分、预报精度高。溪洛渡、三峡入库水量均创建库以来新高。溪洛渡水库汛期发生 4 次超 12000 立方米每秒洪水，7 月 16 日出现 16300 立方米每秒的建库最大洪峰；三峡水库发生 4 次超 44000 立方米每秒洪水，7 月水量为建库以来单月第二位；7 月 14 日发生 60000 立方米每秒的第 2 号洪峰，为近六年最大；32 天内 4 次超 44000 立方米每秒的洪水，次数创建库以来新高；单月 3 次超 49000 立方米每秒洪峰，次数与 2012 年并列第一位。

2018 年，溪洛渡和三峡来水较多年均值均偏丰，金沙江来水占三峡全年来水的 34.6%。其中，金沙江来水与多年均值相比，除 6 月来水略偏枯，5 月、7 月、8 月、9

月基本持平以外，其他月份均不同程度偏丰，尤其是1月至4月受上游水库调蓄影响，来水平均偏丰达54.0%；三峡入库水量年内分配总体呈现蓄水期偏枯，主汛期、供水期持平，消落期偏丰的特点，与多年均值相比，除6月、8月至11月来水偏枯外，其他月份均偏丰，尤其是1月至4月受上游水库调蓄影响，来水平均偏丰达42.0%。从溪洛渡来水组成上来看，雅砻江桐子林以上区域占44.5%，金沙江中游流域占45.9%，金下区间占9.6%。从三峡来水组成上来看，重庆寸滩站以上区域占89.7%（其中金沙江、岷江、嘉陵江分别占坝址来水的34.6%、22.5%、16.0%）；乌江流域占9.8%，三峡区间占0.5%。

（三）联合调度实施效果

2018年，在国家防总和长江防总的科学指导下，以溪洛渡、向家坝、三峡等控制性水库为核心的长江流域水库群实施联合防洪运用，充分发挥了防洪效益。汛前，梯级水库如期完成消落任务，为汛期防洪度汛腾出了库容。其中，三峡水库于6月10日消落至汛限水位变幅范围以内，溪洛渡、向家坝水库于6月30日消落至汛限水位变幅范围以内。消落期间，三峡水库为下游累计补水153天，累计补水量226.7亿立方米，有效满足了下游生产、生活、生态和航运需水。结合水库上游来水及汛前消落计划，1月中下旬至5月初，溪洛渡水库实施了分层取水生态调度试验；5月15日至18日，溪洛渡—向家坝实施了联合生态调度试验；5月中旬至6月下旬，三峡水库实施了两次生态调度试验。生态调度期间，宜都断面产漂流性卵鱼类繁殖总规模为130亿粒，其中"四大家鱼"繁殖总规模约为13.3亿粒。

汛期7月至8月，长江上游来水偏丰，上游干、支流接连发生两次较大洪水。三峡水库单独或联合溪洛渡、向家坝实施防洪调度，充分发挥拦蓄作用。三峡在上游水库配合下最高调洪水位156.83米，最大出库流量控制在42000立方米每秒以下，库水位、出库流量控制基本合理，有效保证了上下游的防洪安全、减轻了防洪压力，同时合理运用城陵矶防洪补偿库容，有效利用了部分洪水资源。在防洪调度的同时择机开展了疏散船舶调度，缓解了通航压力。

汛末，长江防总科学合理调度上游水库群有序蓄水，调度溪洛渡、向家坝、三峡水库前期运行与蓄水平稳衔接，三库分别于9月1日、5日和10日正式开始蓄水。各水库均严格按照防总批复的蓄水方案有序蓄水，至9月30日8时，溪洛渡、向家坝水库分别蓄至599.69米和379.70米，顺利完成蓄满目标。10月31日13时三峡水库蓄水至175.00米，顺利蓄满水库。蓄水期间，梯级枢纽运行状况良好，未出现异常情况。2018年汛期三峡、溪洛渡、向家坝水库月均出入库流量、水位过程线分别见图5-34、图5-35、图5-36，2018年汛期三峡、溪洛渡和向家坝联合防洪调度过程线见图5-37。

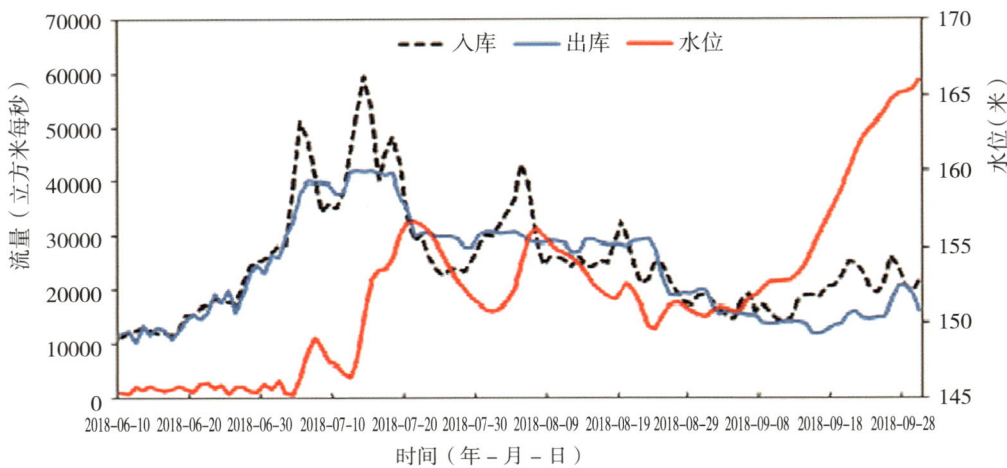

图 5-34　2018 年汛期三峡水库日均出入库流量、水位过程线

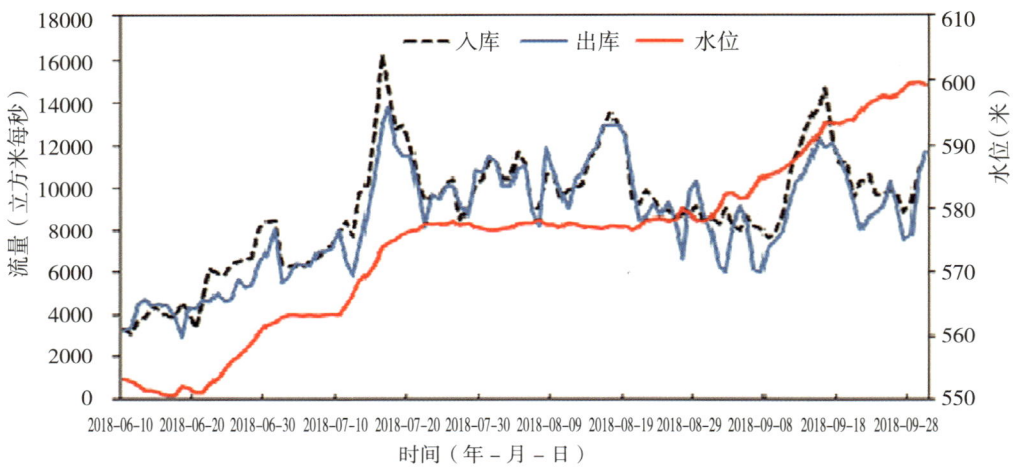

图 5-35　2018 年汛期溪洛渡水库日均出入库流量、水位过程线

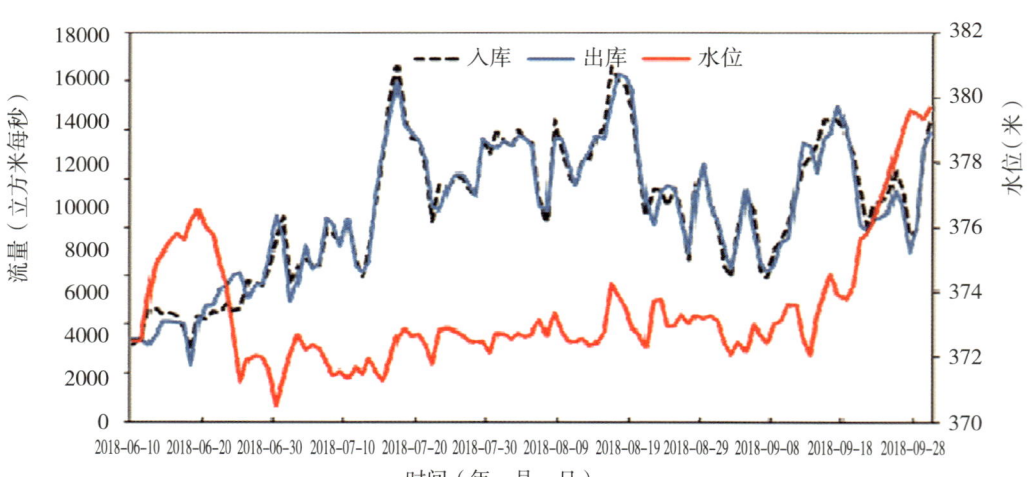

图 5-36　2018 年汛期向家坝水库日均出入库流量、水位过程线

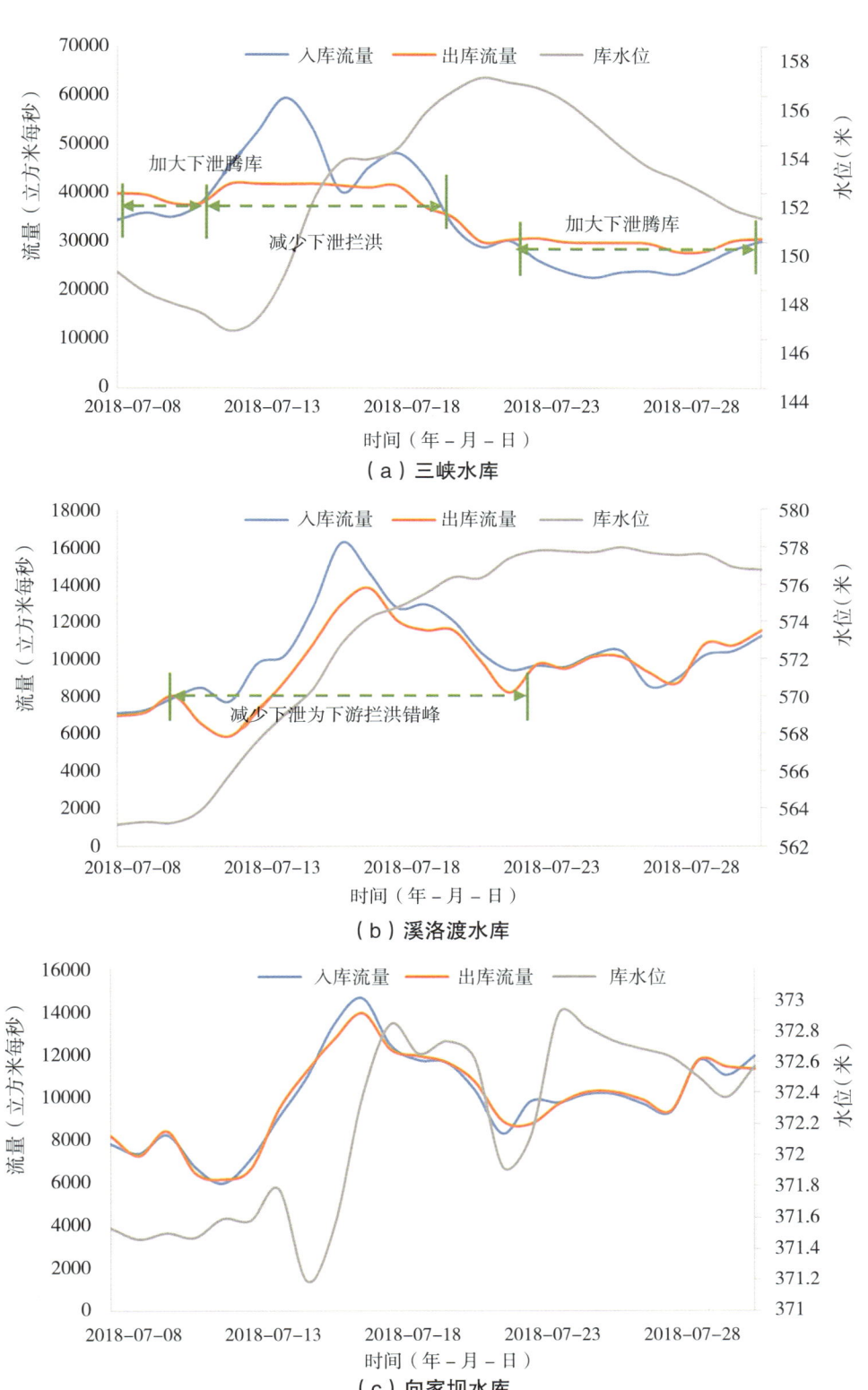

图 5-37 2018年汛期三峡、溪洛渡和向家坝联合防洪调度过程线

1. 防洪减灾效益

2018年汛期，梯级枢纽在保障自身防洪安全的前提下，为保障了防洪对象的安全度汛，共开展了5次防洪调度，累计拦蓄洪水149.92亿立方米。其中开展三库联合防洪调度2次，拦蓄洪水117.38亿立方米，创历史新高；溪洛渡—向家坝开展错峰调度2次，三峡单独开展蓄洪调度1次，2018年汛期，溪洛渡水库共经历了4次峰值12000立方米每秒以上的洪水过程，最大洪峰流量为16300立方米每秒，出现在7月16日14时，为建库以来最大。三峡出现4次超44000立方米每秒洪水，最大洪峰流量60000立方米每秒，出现在7月14日10时，为近六年最大；最高蓄洪水位156.83米（9月10日蓄水开始以前）。

2018年7月3日至8日，长江干流发生第一场洪水过程，编号"长江第1号洪水"。长江上游1号洪水流量峰值为53000立方米每秒（约2年一遇），之后流量逐步退至8日18时的33400立方米每秒，洪水历时130个小时。在实时调度中，根据水雨情预报，计划三峡可以重复利用库容，开展洪水优化调度。4日10时，三峡库水位通过发电拉至最低点145.06米。4日17时，长江防总下达23号调度令，三峡水库于当日20时37分开启深孔泄洪，出库流量逐步加大，7月5日8时增加至40000立方米每秒并维持。三峡库水位缓涨，8日7时涨至最高点149.05米，之后水位转退。本次洪水三峡共拦蓄20.1亿立方米，洪峰削峰率25%（出库流量39700立方米每秒）。下游沙市、城陵矶水位均未超警戒，有效减轻了长江中下游地区的防洪压力。

2018年7月10日至22日，长江干流发生第二次洪水过程（其中三峡入库有2次超过35000立方米每秒的洪峰），编号"长江第2号洪水"。长江第2号洪水期间，溪洛渡—向家坝—三峡实施联合防洪调度，共同发挥拦蓄作用，溪洛渡水库也迎来了建库以来最大洪水（16日14时洪峰流量16300立方米每秒），溪向梯级水库联合拦蓄洪水，最大共拦蓄洪量17.29亿立方米，溪洛渡水库最大洪峰流量对应的洪水削峰率达21%（出库流量12900立方米每秒）。溪洛渡、向家坝和三峡水库联合共拦蓄洪量80.04亿立方米。

2018年7月8日至14日，长江上游共28站超警戒、18站超保证、5站超历史，站点主要集中在岷沱江、嘉陵江流域，特别是上游地区。其中，岷江支流大渡河、沱江以及嘉陵江支流涪江、白龙江的主要站水位基本全线超保证，涪江出口控制站小河坝站、嘉陵江下游东津沱站洪峰水位分别超保5.16米、2.59米，长江上游干流寸滩站洪峰水位超保0.55米。通过长江上游梯级水库群联合调度，启用岷江、嘉陵江、长江上游干流水库群拦蓄洪水，有效降低了长江干流各站洪峰水位，降低了寸滩、沙市、莲花塘水位分别达4.0米、2.2米和0.9米，避免了荆江河段超警戒水位。

8月中小洪水期间，三峡水库拦洪37.34亿立方米。汛期（7月至9月）溪洛渡、向家坝和三峡梯级水库总拦蓄洪量150.05亿立方米，其中三峡水库在4次超35000立方米每秒洪水过程中，溪洛渡、向家坝梯级水库配合三峡水库总拦蓄洪量137.48亿立方米。在洪水调度过程中，水位、出库流量控制基本合理，下游沙市、城陵矶水位均未超警戒，有效保证了上下游的防洪安全、减轻了防洪压力，同时也利用城陵矶防洪补偿库容有效利用了部分洪水资源。

2. 生态调度效益

三峡水库在长江防总的大力支持下已连续7年（2011年至2017年）开展了10次生态调度试验，对促进"四大家鱼"产卵繁殖效果明显，积累了一定的调度实践经验。2018年，在前期大量科学研究和试验准备的基础上，溪洛渡、向家坝水库也具备了生态调度的条件。结合水库上游来水及汛前消落计划，1月中下旬至5月初，溪洛渡水库实施了分层取水生态调度试验；5月15日至18日，溪洛渡—向家坝实施了联合生态调度实验；5月中旬至6月下旬，三峡水库实施了2次生态调度试验。

为促进长江上游珍稀特有鱼类繁殖，实现对长江上游鱼类资源的有效保护，结合水库上游来水及汛前消落计划，溪洛渡水电站于1月15日至5月3日开展了分层取水生态调度试验，通过落下叠梁门实现水库分层取水以调节出库水温。

2018年5月15日至18日，溪洛渡—向家坝实施了联合生态调度实验。此次生态调度对鱼类产卵起到了促进作用，宜宾江段在生态调度期间出现了较明显的产卵现象，坝下鱼类产卵受调度刺激明显。江津江段的监测结果发现，调度结束后第六天出现产卵高峰期，调度开始前该断面产卵量较低，调度期间和调度结束后产卵量呈上升趋势。溪洛渡—向家坝水库联合生态调度期间，监测到金沙江宜宾断面鱼卵量为0.03亿粒，泸州纳溪断面鱼卵量为0.07亿粒，江津断面鱼卵量为1.73亿粒。

5月中旬至6月下旬，三峡水库实施了2次生态调度试验，配合了中华鲟放流活动。2018年三峡水库2次生态调度期间，宜都江段均出现了明显的"四大家鱼"自然繁殖响应。生态调度试验期间，宜都断面监测到"四大家鱼"产卵总量13.3亿粒，为历年最高，超过了2017年的10.8亿粒。

2018年长江三峡中华鲟放流活动于4月14日在葛洲坝坝下胭脂园长江珍稀鱼类放流点举行，为保证放流活动顺利进行，要求葛洲坝下泄流量6时至11时30分控制在8800～9000立方米每秒。在实时调度过程中通过及时调整出力，将放流期间的葛洲坝出库流量准确地控制在8800～9000立方米每秒，确保流量稳定，水位缓涨，为中华鲟放流提供了有利的水文条件。

3. 航运调度效益

2018年汛期,择机开展了船舶疏散应急调度,保障航运安全畅通。2018年7月和8月,三峡水库大洪水期间,出库流量较大,三峡—葛洲坝两坝间积压船舶较多。在防控防洪风险、确保防汛安全的前提下,在防总和电网的支持下,三峡水库开展了4次航运应急调度,合理控制出库以满足适航条件的通航流量,为疏散积压船舶日夜差异化调度,提高船舶疏散效率,累计疏散船只838艘。有效缓解了通航压力,尽最大限度减少三峡江段待闸船舶数量,缓减两坝间航运压力,保障航运安全畅通,在维护社会稳定方面发挥了重要作用。

4. 梯级联合蓄水调度

2018年8月以来,溪洛渡来水偏丰,截至8月末,溪洛渡以上水库待续水量较2017年同期少3.21亿立方米。三峡水库来水较初设偏枯,三峡以上待蓄132.9亿立方米,较2017年同期多36.3亿立方米。三峡水库蓄水形势较2017年严峻,而2018年是三峡工程整体竣工验收的关键一年,圆满完成175米蓄水任务意义重大。为保障流域水库群联合蓄水工作顺利进行,确保三峡水库连续9年实现175米试验蓄水目标。中国长江三峡集团有限公司高度重视,成立集团公司2018年流域梯级水库联合蓄水协调领导小组,统筹协调蓄水期间相关事项,及时处置蓄水期间突发事件。在蓄水期间定期举行蓄水协调例会,统筹考虑下游供水需求,科学调度溪洛渡、向家坝、三峡水库前期运行与后期蓄水平稳衔接,向家坝、溪洛渡水库于9月30日顺利完成蓄水任务;三峡水库10月31日13时蓄水至175米。至此,梯级水库圆满完成2018年蓄水任务。

5. 应急调度

(1)事故应急调度

2018年2月底,川江渝宜段航道香炉滩(桌子角)航段通航水位仅为2.4米左右,出现2艘直航船舶、5艘中转船舶搁浅事件,同时多艘船舶等待上行和下行,通航形势较为严峻,四川省交通运输厅航务管理局致函梯调中心请求援助。为协助搁浅船舶尽快脱浅,保障船舶正常航线和通航安全,临时加大向家坝水库出库流量。3月1日,向家坝水库高峰时段出力由175万千瓦增至302万千瓦,高峰时段出库流量由1730立方米每秒增至3000立方米每秒,为下游补水0.61亿立方米。当天,搁浅船只成功脱浅,积压船舶顺利行驶。

2018年3月26日清晨,葛洲坝下游区域由于浓雾"宇宏688号"和"兴旺588号"船只发生擦碰,造成破洞漏水,船只搁浅,为配合救援工作的顺利开展,葛洲坝调减出力,9时至13时按150万千瓦运行(原计划161万千瓦)并平稳过渡,有效协助了下游船只脱险。

2018年9月1日上午9时左右,重庆江津籍船舶"津州9号"在距离溪洛渡坝址下游13千米处(禁航区)发生翻沉事故。为顺利对该船开展施救工作,避免其被水流冲走,根据凉山州地方海事局来函要求,控制溪洛渡出库在7000立方米每秒以下。溪洛渡入库流量在8500立方米每秒左右,因此梯调中心与长江防总协调,暂时放宽对溪向联合防洪库容要求,并将深孔全部关闭,控制出库流量在7000立方米每秒以下。9月3日上午,翻沉船只被固定,脱离危险,溪洛渡和向家坝水库恢复正常调度。

(2)有效应对白格堰塞湖

2018年10月11日凌晨,金沙江右岸(西藏自治区昌都市江达县波罗乡波贡村)及左岸(四川省甘孜藏族自治州白玉县建设镇日西村)山体均发生垮塌,金沙江干流几乎完全堵塞,形成堰塞湖。堰塞湖位于金沙江上游河段,估算事发地至溪洛渡河道距离1700千米左右,传播时间约90小时。堰塞体于12日17时30分开始漫顶自然溢流,13日凌晨起逐步溃决,堰塞湖最大下泄流量10000立方米每秒,进入河道内的堰塞体约2.5亿立方米,巴塘站最大洪峰7850立方米每秒,石鼓站最大洪峰5220立方米每秒。为拦蓄洪水,长江防总于10月12日发出调度令,调度金沙江中游梨园、阿海、金安桥等水电站提前预泄,金中梯级释放库容超3亿立方米。

受金沙江中游梯级水库调度影响,溪洛渡入库流量先涨后退。入库流量从前期的7000立方米每秒最高上涨至14日20时的9700立方米每秒,后流量转退,16日退至6000立方米每秒。面对上游堰塞湖险情,溪洛渡—向家坝水库采取联合调度,通过合理安排电站运行方式和泄洪方案、积极协调电网增加出力等措施,保障枢纽及下游河道安全。

第二次白格堰塞湖于2018年11月3日17时形成。堰塞体长850米、宽480米、平均坝高85米,堰塞湖最大蓄水量5.8亿立方米。堰塞湖从11月12日10时50分通过人工开挖的泄流槽开始过流,推算13日18时最大溃决流量31000立方米每秒,14日8时基本退至基流;巴塘江段14日1时55分出现历史最大流量20900立方米每秒,15日15时基本退至基流;15日14时梨园最大入库流量7410立方米每秒。为应对险情,金沙江中游6座水库预泄腾库13.5亿立方米,对堰塞湖溃决的水进行全部拦蓄;至11月16日,第二次白格堰塞湖应急处置基本完成。

两次堰塞湖位置相同,发展过程和处置措施也相似。两次均采取了金中梯级水库预泄和拦蓄的调度措施,受此影响,金沙江下游来水短期发生较大波动,流量先涨后退。流量上涨2500立方米每秒左右,11月9日最大流量分别涨到5420立方米每秒、5780立方米每秒和6000立方米每秒。堰塞湖处置期间,溪洛渡、向家坝水库均处于高水位未弃水运行状态,通过采取优化检修工期、增加发电出力等措施,溪洛渡库水位最高控制到598.2米左右、向家坝库水位不超过378米，有效避免了弃水损失。

八、《2019年长江流域水工程联合调度运用计划》及其实施效果

按照水利部统一部署，长江水利委员会根据有关法律法规和《长江流域综合规划（2012—2030年）》《长江流域防洪规划》《长江防御洪水方案》《长江洪水调度方案》，结合相关水工程调度规程，组织长江勘测规划设计研究院、长江水利委员会水文局等单位在相关前期研究成果的基础上编制了《2019年度长江流域水工程联合调度运用计划》，并获得水利部正式批复。《2019年度长江流域水工程联合调度运用计划》首次将流域内蓄滞洪区、重要排涝泵站和引调水工程等水工程纳入联合调度范围，联合调度的水工程由2018年度的40座控制性水库，进一步扩展至包括40座控制性水库、46处蓄滞洪区、10座重点大型排涝泵站、4座引调水工程等在内的100座水工程，调度范围也由上中游扩展至全流域，旨在保障防洪安全、供水安全和水生态安全，发挥水资源的综合效益，实现水工程的统一调度，更好地服务于长江大保护和推动长江经济带高质量发展。

《2019年度长江流域水工程联合调度运用计划》主要包括纳入联合调度范围的水工程、调度原则与目标、联合调度方案、各水库调度方式、河道湖泊及蓄滞洪区运用方式、排涝泵站调度方式、引调水工程调度方式、调度权限、信息报送及共享、附则10部分内容，对纳入调度范围水工程的调度原则、目标、防洪调度、水库群蓄水调度、供水调度、生态调度和应急调度等进行了明确，并细化了联合调度方案以及各水工程的调度管理权限。与《2018年度长江上中游水库群联合调度方案》相比，2019年最大的变化是在长江上中游40座控制性水库的基础上，将联合调度范围扩展至全流域包括40座控制性水库、46处蓄滞洪区、10座重点大型排涝泵站、4座引调水工程等在内的100座水工程。随着长江流域水旱灾害防御综合体系的日趋完善，长江中下游排涝泵站数量和体量越来越大，对长江干流水位、流量的影响已经不容忽视；而蓄滞洪区则是防洪工程体系中的最后兜底环节，纳入联合调度后对提升流域防洪调度能力意义重大。

（一）上游水库群联合调度方式

1. 纳入联合调度范围的水工程

综合考虑工程规模、控制作用、运行情况等因素，纳入2019年度长江流域联合调度范围的水工程共计100座，其中，水库40座，总调节库容854亿立方米，总防洪库容574亿立方米；蓄滞洪区46处，总蓄洪容积591亿立方米；涵闸泵站10座，总排涝能力1562立方米每秒；引调水工程4项，年设计总引调水规模247亿立方米。

（1）水库

长江流域已建成大型水库（总库容在1亿立方米以上）300座，总调节库容达1800多亿立方米，防洪库容约775亿立方米。其中，长江上游（宜昌以上）有大型水库111座，总调节库容800多亿立方米、预留防洪库容397亿立方米；中游（宜昌至湖口）有大型水库170座，总调节库容949亿立方米、预留防洪库容333亿立方米。

纳入2019年度联合调度范围的水库包括（图5-38）：

长江上游：金沙江梨园、阿海、金安桥、龙开口、鲁地拉、观音岩、溪洛渡、向家坝水库；雅砻江锦屏一级、二滩水库；岷江紫坪铺、瀑布沟水库；嘉陵江碧口、宝珠寺、亭子口、草街水库；乌江构皮滩、思林、沙沱、彭水水库；长江干流三峡水库，共21座。

长江中游：清江水布垭、隔河岩水库；洞庭湖水系资水柘溪、沅江凤滩、五强溪、澧水江垭、皂市水库；陆水水库；汉江石泉、安康、丹江口、潘口、黄龙滩、三里坪、鸭河口水库；鄱阳湖水系赣江万安、峡江，抚河廖坊，修水柘林水库，共19座。

未纳入联合调度的其他水库，根据属地管理权限，由有调度权限的水行政主管部门负责调度。

（2）蓄滞洪区

长江中下游的荆江地区、城陵矶附近区、武汉附近区、湖口附近区、滁河等地区共安排了46处蓄滞洪区，均纳入2019年度联合调度范围，包括（图5-39）：

荆江地区：荆江分洪区、涴市扩大分洪区、人民大垸及虎西备蓄区，共4处，蓄洪容积72.27亿立方米。

城陵矶附近区：钱粮湖垸、共双茶垸、大通湖东垸、澧南垸、围堤湖垸、民主垸、城西垸、西官垸、建设垸、九垸、屈原垸、建新垸、江南陆城垸、六角山垸、安澧垸、安昌垸、安化垸、南顶垸、和康垸、南汉垸、义合垸、北湖垸、集成安合垸、君山垸、洪湖东分块、洪湖中分块、洪湖西分块，共27处，蓄洪容积338.23亿立方米。

武汉附近区：杜家台、西凉湖、武湖、涨渡湖、白潭湖、东西湖，共6处，蓄洪容积129.94亿立方米。

湖口附近区：康山、珠湖、黄湖、方洲斜塘、华阳河，共5处，蓄洪容积49.55亿立方米。

滁河流域：荒草二圩、荒草三圩、蒿子圩、汪波东荡，共4处，蓄洪容积0.97亿立方米。

（3）排涝泵站

长江中下游主要干支流及两湖涝区已建排涝泵站共计2546座，总设计流量

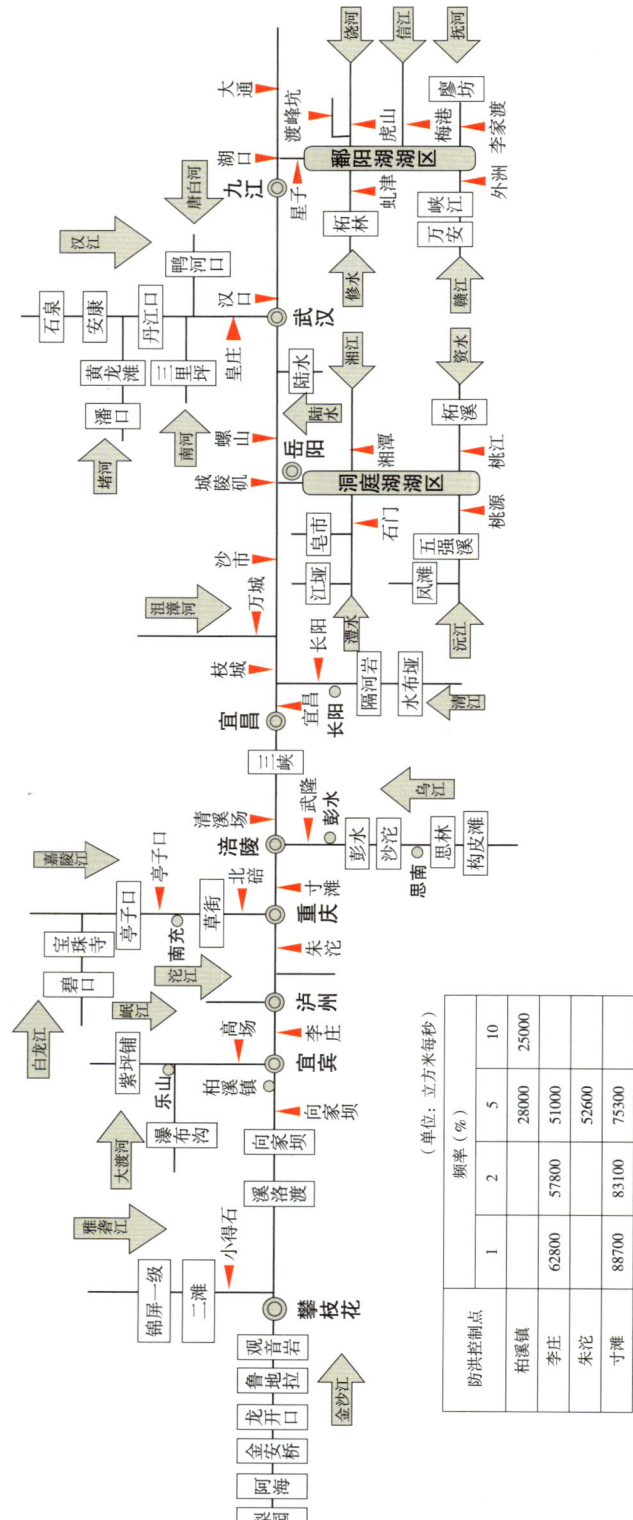

图 5-38 2019年长江流域水库群及水工程联合调度范围

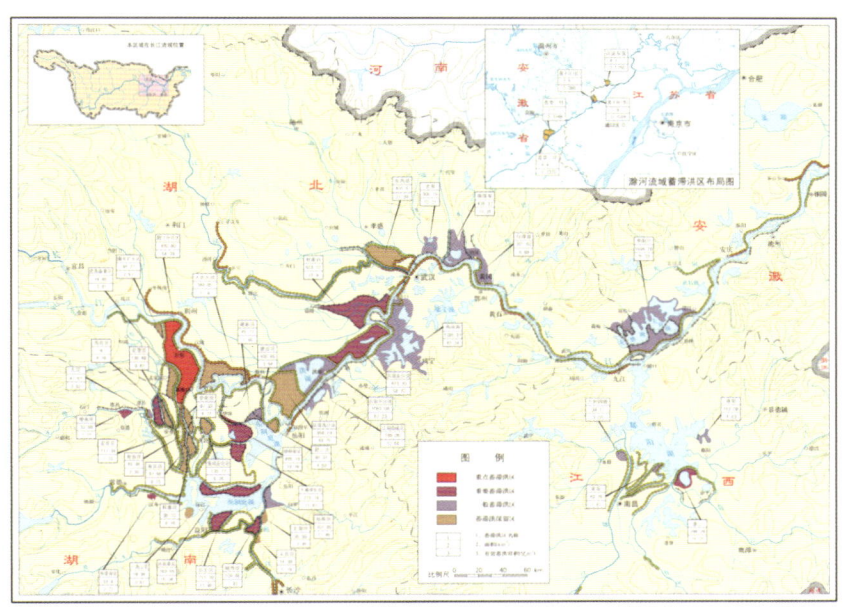

图 5-39 纳入 2019 年度联合调度的蓄滞洪区

16526 立方米每秒。其中，宜昌至城陵矶（含洞庭湖区）河段：已建泵站 1140 座，总设计流量 5783 立方米每秒；城陵矶至汉口河段：已建泵站 52 座，总设计流量 1769 立方米每秒；汉口至湖口（含鄱阳湖区）河段：已建泵站 576 座，总设计流量 3910 立方米每秒；湖口至徐六泾：已建泵站 778 座，总设计流量 5064 立方米每秒。

纳入 2019 年度联合调度范围的主要为宜昌至湖口河段（含洞庭湖区和鄱阳湖区）排涝能力大于 100 立方米每秒、位于蓄滞洪区和农田涝片的排涝泵站，共 10 处，总设计流量 1562 立方米每秒，包括（图 5-40）：

图 5-40 纳入 2019 年度联合调度的排涝泵站

宜昌至城陵矶（含洞庭湖区）河段：闸口二站、苏家吉排洪泵站、蒋家嘴大电排站、明山电排泵站，共4处，设计流量606立方米每秒。

城陵矶至汉口河段：新滩口泵站、螺山泵站、金口电排站、铁山咀电排站，共4处，设计流量622立方米每秒。

汉口至湖口（含鄱阳湖区）河段：樊口电排站、大冶湖泵站等2处，设计流量334立方米每秒。

（4）引调水工程

长江流域已建跨流域调水工程、流域内跨一级支流调水工程10余项，纳入2019年度联合调度范围的引调水工程包括南水北调中线引江济汉工程、南水北调中线一期工程、南水北调东线一期工程、引江济太工程4项（图5-41）。

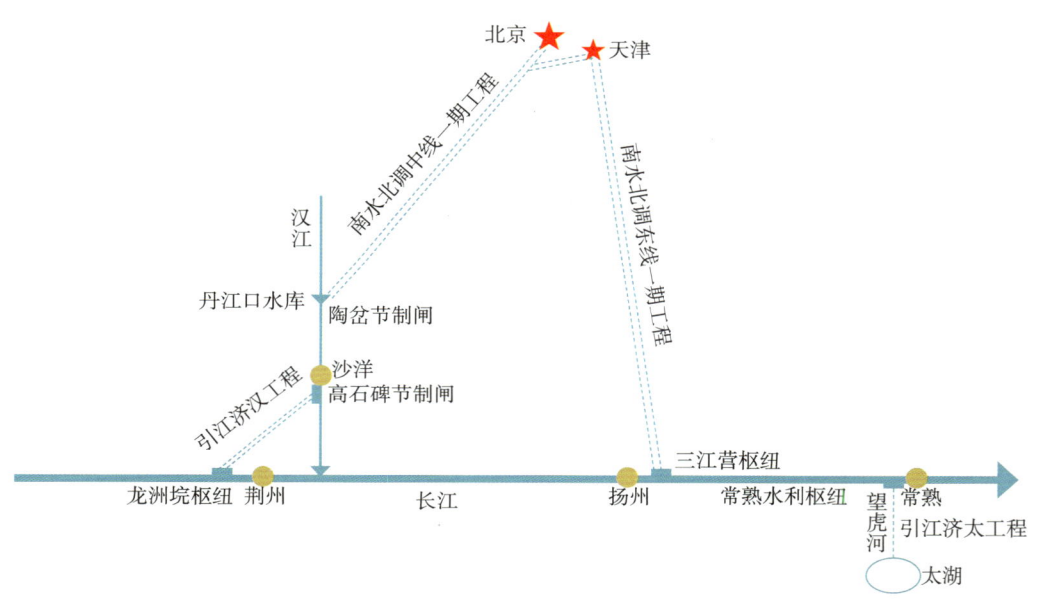

图5-41 纳入2019年度联合调度的引调水工程

南水北调中线引江济汉工程龙洲垸枢纽设计流量350立方米每秒，最大流量500立方米每秒，多年平均引水量33.43亿立方米。

南水北调中线一期工程总干渠渠首陶岔设计流量350立方米每秒，加大流量420立方米每秒，多年平均调水量95亿立方米。

南水北调东线一期工程渠首设计抽江流量500立方米每秒，多年平均抽江水量87.7亿立方米（比现状增加抽江水量38亿立方米）。

引江济太工程常熟枢纽泵站设计流量180立方米每秒，节制闸设计流量375立方米每秒，校核流量750立方米每秒。调水试验规模为全年引长江水25亿立方米。

2. 水工程联合调度方式

（1）防洪调度

1）川渝河段。

川渝河段的防洪任务为提高宜宾、泸州主城区的防洪标准至 50 年一遇，提高重庆主城区的防洪标准至 100 年一遇，主要由上游的溪洛渡、向家坝、瀑布沟、亭子口、草街等水库承担。

①对宜宾、泸州主城区的防洪调度方式：溪洛渡、向家坝水库预留专用防洪库容 14.6 亿立方米，对宜宾、泸州进行防洪补偿调度。当预报李庄（宜宾防洪控制站）洪峰流量超过 51000 立方米每秒，或朱沱（泸州防洪控制站）洪峰流量超过 52600 立方米每秒时，通过补偿调度，控制李庄、朱沱两站洪峰流量分别不超过 51000 立方米每秒、52600 立方米每秒。若遭遇以岷江来水为主的洪水类型时，视水情和防洪形势的需要，瀑布沟、紫坪铺等水库适时配合调度。

②对重庆主城区的防洪调度方式：溪洛渡、向家坝水库预留防洪库容 29.6 亿立方米，对重庆主城区进行防洪补偿调度。当预报寸滩（重庆防洪控制站）洪峰流量大于 83100 立方米每秒，利用溪洛渡、向家坝水库对重庆进行防洪补偿调度，控制寸滩洪峰流量不超过 83100 立方米每秒。当岷江大渡河、嘉陵江上游来水较大时，运用瀑布沟、亭子口、草街水库拦洪错峰，减轻重庆主城区防洪压力。通过上述水库群联合调度，提高重庆主城区防洪标准至 100 年一遇。

③溪洛渡、向家坝水库联合防洪调度时，先运用溪洛渡水库拦蓄洪水，当溪洛渡水库库水位上升至 573.1 米后，若溪洛渡入库流量超过 28000 立方米每秒并呈上涨趋势，可继续动用溪洛渡水库拦蓄洪水；若溪洛渡入库流量低于 28000 立方米每秒，溪洛渡水库维持出入库平衡，向家坝水库开始拦蓄洪水；当向家坝水库拦蓄至水位接近 378 米，溪洛渡和向家坝水库继续拦蓄；当溪洛渡水库库水位达到 600 米、向家坝水库库水位达到 380 米后，实施保枢纽安全的防洪调度方式。

④在溪洛渡、向家坝开始拦蓄洪水时，视水情和防洪形势的需要，雅砻江、金沙江、岷江、嘉陵江等梯级水库适时配合调度。

2）嘉陵江中下游。

嘉陵江中下游的防洪任务主要由亭子口承担，碧口、宝珠寺、草街等水库适时配合调度。

当嘉陵江中下游发生大洪水时，亭子口水库适时拦洪削峰，提高嘉陵江中下游苍溪、阆中、南充等城市的防洪标准，减轻合川、重庆主城区的防洪压力；碧口、宝珠寺等水库在保证枢纽安全和本河段防洪安全的前提下，适时减少亭子口水库的入库洪量。

3）乌江中下游。

乌江中下游的防洪任务主要是提高思南县城防洪标准，减轻沿河、彭水、武隆等城市的防洪压力，主要由构皮滩、思林、沙沱、彭水等水库承担，其他水库配合运用。

①对思南县城的防洪调度方式：构皮滩水库联合思林水库适时拦洪削峰，遭遇20年一遇洪水（洪峰流量16400立方米每秒）时，控制思南县城河段的洪峰流量不超过13900立方米每秒（10年一遇），与此同时控制沙沱水库坝前水位降低思南县城河段的洪水位；遭遇20年一遇以上洪水时，适当拦洪削峰，尽量减轻思南县城灾害损失。

②对沿河县城的防洪调度方式。构皮滩、思林、沙沱水库联合调度，适时拦洪削峰，减轻沿河县城的防洪压力，减少进入彭水水库的入库洪量，遭遇20年一遇入库洪水时还应控制彭水水库坝前水位不高于288.85米。

③对彭水、武隆县城的防洪调度方式：构皮滩、思林、沙沱、彭水水库联合调度，适时拦洪削峰，彭水水库遭遇20年一遇入库洪水时其下泄流量不超过19900立方米每秒；遭遇20年一遇以上入库洪水时，适当拦洪削峰，尽量减轻彭水、武隆县城灾害损失。

4）清江。

清江的防洪任务是提高长阳县城及下游沿江城镇的防洪标准，主要由水布垭、隔河岩等水库承担。

对长阳县城的防洪调度方式：隔河岩水库联合水布垭水库适时拦洪削峰，遭遇20年一遇洪水时，尽可能控制长阳县城河段的洪峰流量不超过11800立方米每秒。

5）洞庭湖水系。

洞庭湖水系的防洪任务是提高安化、桃江、益阳、桃源、常德、石门、澧县、津市等城市及下游尾闾地区防洪能力，主要由各支流骨干水库群承担，堤防、蓄滞洪区等工程配合运用。

①当资水发生20年一遇以下洪水时，柘溪水库拦蓄洪水，控制下游桃江站不超过安全泄量。

②当沅江发生20年一遇以下洪水时，凤滩水库与五强溪水库联合防洪调度，将沅江尾闾防洪标准由5年一遇提高至20年一遇。

③当澧水发生20年一遇以下洪水时，江垭、皂市水库联合防洪调度，提高下游及尾闾地区防洪能力，按三江口安全泄量12000立方米每秒进行控制。

6)汉江。

汉江上游的防洪任务是提高石泉、安康及沿江城镇的防洪能力,主要由石泉、安康水库承担。

汉江中下游的防洪任务是防御汉江中下游河段防御1935年型大洪水(相当于100年一遇),主要由丹江口水库承担,安康、潘口、三里坪、鸭河口等其他干支流水库以及蓄滞洪区、分洪民垸等配合运用。丹江口水库拦蓄洪水遇夏汛1935年型大洪水时,控制皇庄洪峰流量不超过20000立方米每秒;遇秋汛100年一遇洪水时,控制皇庄洪峰流量不超过21000立方米每秒。

7)鄱阳湖水系。

鄱阳湖水系的防洪任务是提高南昌、吉安、抚州、永修等城市及下游尾闾地区的防洪能力,赣江由万安、峡江水库,抚河由廖坊水库,修水由柘林水库等承担,一般控制不超过河道安全泄量,以减轻下游河段及尾闾地区防洪压力。

8)滁河。

滁河发生洪水时,充分发挥支流水库的拦洪作用,合理调度控制闸站,利用分洪道、河湖泄蓄洪水,相机运用蓄滞洪区分蓄洪水。

9)长江中下游干流。

当长江中下游发生大洪水时,充分利用河道泄流能力,以沙市、城陵矶(莲花塘,下同)、汉口、湖口等防洪控制站水位为主要控制目标,三峡水库联合上中游水库群实施防洪补偿调度,蓄滞洪区配合运用。

①荆江河段:荆江河段发生大洪水时,利用三峡等水库联合拦蓄洪水,当荆江河段发生100年一遇以下洪水时,控制沙市水位不超过44.5米;当荆江河段发生100年一遇以上、1000年一遇以下洪水时,配合蓄滞洪区、排涝泵站运用,控制沙市水位不超过45.0米。其中:

梨园、阿海、金安桥、龙开口、鲁地拉、锦屏一级、二滩等有配合三峡水库承担长江中下游防洪任务的水库,实施与三峡水库同步拦蓄洪水的调度方式,适当控制水库下泄。

溪洛渡、向家坝、观音岩、瀑布沟、亭子口、构皮滩、思林、沙沱、彭水等承担所在河流防洪和配合三峡水库承担中下游防洪双重防洪任务的水库,结合所在河流防洪任务,配合其他水库降低长江干流洪峰流量,减少三峡水库入库洪量。

水布垭、隔河岩等清江梯级水库在满足本流域防洪要求的前提下,与三峡水库实施联合防洪调度,减轻长江干流荆江河段防洪压力。

荆江河段发生100年一遇以上、1000年一遇以下洪水时,充分利用三峡等水库

联合拦蓄洪水，控制枝城最大流量不超过 80000 立方米每秒。视实时水情工情，依次运用荆江分洪区、涴市扩大区、虎西备蓄区及人民大垸蓄滞洪区分蓄洪水，控制沙市站水位不超过 45.00 米，保证荆江两岸干堤防洪安全，防止发生毁灭性灾害。发生 1000 年一遇以上洪水，视需要爆破人民大垸中洲子江堤吐洪入江，进一步运用监利河段主泓南侧青泥洲、北侧新洲垸等措施扩大行洪；若来水继续增大，爆破洪湖西分块蓄滞洪区上车湾进洪口门，利用洪湖西分块蓄滞洪区分蓄洪水。

当沙市水位超过 44.5 米时，排涝泵站服从统一调度。

②城陵矶河段：当城陵矶地区发生大洪水时，利用三峡等水库联合拦蓄洪水，控制城陵矶水位不超过 34.4 米。其中：

梨园、阿海、金安桥、龙开口、鲁地拉、锦屏一级、二滩、观音岩、瀑布沟、亭子口、构皮滩、思林、沙沱、彭水等水库，结合所在河流防洪任务，实施与三峡水库同步拦蓄洪水的调度方式，适当控制水库下泄。

金沙江下游溪洛渡、向家坝水库在留足川渝河段所需防洪库容的前提下，按三峡水库预报入库洪量进行分级控泄，减少进入三峡水库的洪量；当预报三峡水库入库洪峰较大时，削减进入三峡水库的洪峰流量。

洞庭湖水系水库防洪调度在满足本流域防洪要求的前提下，与干流防洪调度相协调。当三峡水库对长江中下游防洪调度时，若洞庭湖水系来水较大，按所在河流防洪任务拦蓄洪水；若洞庭湖水系来水不大且预报短时期内不会发生大洪水时，水库群相机配合调度，减少入湖洪量；本河流洪峰过后，水库泄水腾库时，应在确保水库上下游安全的前提下，考虑城陵矶附近地区的防洪要求，适当控制泄水过程。

当三峡水库对城陵矶地区的防洪补偿调度库容用完后，预报城陵矶水位仍将达到 34.4 米并继续上涨，视实时水情工情，相机运用重要蓄滞洪区、一般蓄滞洪区分洪，控制城陵矶水位不高于 34.9 米。启用城陵矶附近区蓄滞洪区次序为：视重点保护对象安全需要，首先运用洞庭湖钱粮湖、大通湖东、共双茶垸，并相机运用屈原垸、建新垸、建设垸、民主垸、城西垸、江南陆城、澧南垸、西官垸、围堤湖、九垸等和洪湖蓄滞洪区蓄洪。若在执行上述分洪过程中，预报城陵矶超额洪峰、洪量较大，运用上述蓄滞洪区分洪不能有效控制城陵矶水位时，则运用君山垸、集成安合等蓄滞洪保留区分蓄洪水。

洞庭湖"四水"尾闾水位超过其控制水位（湘江长沙站 39.00 米、资水益阳站 39.00 米、沅江常德站 41.50 米、澧水津市站 44.00 米），危及重点垸和城市安全，可先期运用"四水"尾闾相应蓄滞洪区。

当城陵矶水位超过 34.0 米时，视沙市和汉口水位，排涝泵站服从统一调度。

③武汉河段：通过上游水库群联合调度，武汉河段洪水仍然较大时，为减小武汉河段分洪量和蓄滞洪区的使用概率，相机启用丹江口、陆水等水库，配合蓄滞洪区、排涝泵站运用，控制武汉水位不超过29.73米。其中：

汉口水位达到29.50米，并预报继续上涨时，视长江、汉江水情，首先运用杜家台蓄滞洪区，再运用武汉附近其他蓄滞洪区。

若汉江来水较大，在丹江口水库充分运用的条件下，则开启汉江下游杜家台分洪闸分洪；若汉江来水不大，首先运用黄陵矶闸分长江洪水入杜家台蓄滞洪区，若分洪量不足，视情况采取扩大分洪量的措施。

如果长江干流来水大，在首先运用杜家台蓄滞洪区之后，则视超额洪量大小，依次运用西凉湖、武湖、涨渡湖、白潭湖蓄滞洪区蓄纳洪水，以控制汉口水位不超过29.73米。如果长江干流来水小，而汉口至湖口区间洪水较大，在首先运用杜家台蓄滞洪区之后，视超额洪量大小，依次运用武湖、涨渡湖、白潭湖、西凉湖蓄滞洪区蓄纳洪水，以控制汉口水位不超过29.73米。

武汉附近杜家台、武湖、涨渡湖、白潭湖、西凉湖蓄滞洪区运用后，汉口水位仍将超过29.73米时，启用东西湖蓄滞洪保留区蓄纳洪水。

当汉口水位超过29.0米时，排涝泵站服从统一调度。

④湖口河段：鄱阳湖水系水库防洪调度在满足本流域防洪要求的前提下，与干流防洪调度相协调。当三峡水库对长江中下游防洪调度时，若鄱阳湖水系来水不大且预报不会发生大洪水时，水库群相机配合调度，减少入湖洪量。

湖口水位达到22.50米，并预报继续上涨，首先运用鄱阳湖区的康山蓄滞洪区，相机运用珠湖、黄湖、方洲斜塘蓄滞洪区蓄纳洪水。运用上述4处蓄滞洪区后仍不能控制湖口水位上涨且危及重点堤防安全时，则运用华阳河蓄滞洪区分蓄洪水。

当湖口水位超过22.0米时，排涝泵站服从统一调度。

（2）水库蓄水调度

1）长江上游配合三峡水库承担长江中下游防洪任务的梨园、阿海、金安桥、龙开口、鲁地拉、锦屏一级、二滩等水库，一般情况下2019年8月初开始有序逐步蓄水。承担所在河流防洪和长江中下游防洪双重任务的溪洛渡、向家坝、亭子口、草街、构皮滩、思林、沙沱、彭水等水库，9月初在留足所在河流防洪要求库容的前提下可逐步蓄水；观音岩、瀑布沟水库根据防洪库容预留要求分时段逐步蓄水。三峡水库9月中旬可逐步蓄水。紫坪铺、碧口、宝珠寺等水库10月初开始蓄水。

2）长江中游清江及洞庭湖水系水库一般可在2019年8月初开始逐步蓄水；陆水及鄱阳湖水系水库一般可在7月初开始逐步蓄水；汉江流域水库一般可在10月初开

始逐步蓄水，其中潘口、鸭河口水库8月中下旬开始蓄水。

3）水库具体开始蓄水时间根据水库承担的防洪任务及防洪形势确定，并合理安排蓄水过程。干支流、上下游水库蓄水应统一协调，以满足长江中下游流量要求。

（3）供水调度

按照批复的水量分配方案和年度水量调度计划，通过水工程联合调度，满足控制断面最小下泄流量要求，保障流域生活、生产用水安全。水库枯水期应结合供水调度，逐步消落，汛前按规定时间消落至防洪限制水位或以下。

1）长江上游干流。

通过上游干支流水库群联合调度，控制向家坝站和寸滩站流量分别不小于最小下泄流量1200立方米每秒和3310立方米每秒。

2）岷江（大渡河）。

通过紫坪铺、瀑布沟等水库群联合调度，控制高场站流量不小于最小下泄流量635立方米每秒。

3）嘉陵江。

通过碧口、宝珠寺、亭子口、草街等水库群联合调度，控制武胜站和北碚站流量分别不小于最小下泄流量188立方米每秒和327立方米每秒。

4）乌江。

通过构皮滩、思林、沙沱、彭水等水库群联合调度，控制武隆站流量不小于最小下泄流量345立方米每秒。

5）洞庭湖水系。

通过洞庭湖水系东江、洣天河、柘溪、凤滩、五强溪、江垭、皂市等水库及涵闸泵站等水工程联合调度，控制湘江湘潭站、资水桃江站、沅江桃源站、澧水石门站流量分别不小于207立方米每秒、69立方米每秒、238立方米每秒和36立方米每秒。洞庭湖水系水库联合长江上游水库群，保障下游生活、生产用水。

6）汉江。

石泉、安康、潘口、黄龙滩、丹江口等水库及南水北调中线一期工程、引江济汉工程等引调水工程，按照批复的《汉江2018—2019年度水量调度计划》开展供水调度。

丹江口水库陶岔渠首、清泉沟渠首按照批复的《南水北调中线一期工程2018—2019年度水量调度计划》开展供水调度。

通过丹江口水库及上游石泉、安康、潘口、黄龙滩等水库联合调度，控制黄家港站流量一般不小于最小下泄流量490立方米每秒，当丹江口水库来水小于350立方米每秒且库水位低于150米时，黄家港站流量可按400立方米每秒控制。

通过丹江口配合引江济汉工程等水工程联合调度，控制仙桃站流量 2018 年 11 月至 2019 年 3 月不小于 500 立方米每秒，2019 年 5 月至 9 月不小于 800 立方米每秒，4 月和 10 月不小于 600 立方米每秒。

7）鄱阳湖水系。

通过鄱阳湖水系万安、峡江、廖坊、柘林等水工程联合调度，控制赣江外洲站、抚河李家渡站、信江梅港站、饶河虎山站、修水虬津站流量分别不小于 281 立方米每秒、44 立方米每秒、57 立方米每秒、10 立方米每秒和 24 立方米每秒。鄱阳湖水系水库联合长江上游水库群，保障下游生活、生产用水。

8）长江中下游干流。

通过三峡水库及上游水库群联合调度，控制宜昌、汉口、大通站流量分别不小于最小下泄流量 6000 立方米每秒、8640 立方米每秒和 10000 立方米每秒。

南水北调东线一期干线工程、引江济太工程根据其批复年度水量调度计划（或方案）开展供水调度。

（4）生态调度

1）生态水量调度。

通过水工程联合调度，满足各主要控制断面生态流量，维护两湖及河口地区的生态环境用水安全。

2）促进鱼类繁殖的生态调度。

2019 年 5 月至 6 月，在防洪形势和水雨情条件许可的情况下，相机开展溪洛渡、向家坝、三峡等梯级水库促进典型鱼类自然繁殖的生态调度试验。

3）减缓下泄水流滞温效应的生态调度。

溪洛渡水库在 2019 年 2 月至 4 月可有针对性地实施单层或多层叠梁门分层取水调度试验，尽可能提高出库水温，以减缓低温水下泄对达氏鲟、胭脂鱼等产黏沉性卵鱼类产卵繁殖的不利影响。

4）抑制水华形成的生态调度。

通过丹江口水库及汉江中下游梯级、引江济汉工程联合调度，为抑制汉江中下游水华创造有利条件。

（5）应急调度

1）当流域内发生特枯水、水污染、咸潮入侵、水上安全事故、涉水工程事故等突发事件时，在突发事件发生地人民政府或相关部门提出应急调度请求后，视当时水情、工情等具体情况适时启动水工程水量应急调度。

2）当南水北调工程发生突发事故，按照《南水北调工程供用水管理条例》的要求，配合开展水量应急调度。

3）长江口发生咸潮入侵灾害时，按照《长江口咸潮应对工作预案》的要求，实施应急调度。

（二）流域水雨情

2019年1月至10月长江上游流域降水总量在309毫米（托托河）至1925毫米（峨眉山）之间。其中，金沙江上游、金沙江中下游干流、横江、岷沱江上游、嘉陵江上游、三峡区间东段局部在800毫米以下，其他大部地区在800毫米以上。2019年上游流域1月至10月降水量时空分布不均，总雨量正常。其中：金沙江中下游、长江上游干流、三峡区间偏少近一成，乌江降水与往年均值基本持平，嘉陵江、岷沱江偏多一成至两成不等。上游流域降水各月分布差异较大：其中1月北部偏少，南部偏多；2月全流域整体偏少；3月东部偏多，西部偏少；4月金沙江中下游和三峡区间偏少，其他区间偏多一成至两成；5月流域降水北部偏多，南部偏少；6月流域东部偏多、西部偏少；7月流域降水东部偏少、西部偏多；8月流域降水大部偏少；9月西部偏多或正常，东部和南部偏少；10月金沙江中下游偏少，长江上游整体偏多，其中三峡区间、嘉陵江偏多1.1～1.3倍不等。

2019年1月至10月，三峡水库上游来水总量3869亿立方米，比初步设计值偏枯5.4%，较三峡水库建库以来（2003年至2018年）均值偏丰6.3%。1月至10月最大入库流量45000立方米每秒，出现时间为8月8日20时，最小入库流量4500立方米每秒，出现时间为2月15日14时。溪洛渡水库上游来水总量1120亿立方米，比设计多年同期均值偏枯21.2%。1月至10月最大入库流量11300立方米每秒，出现时间为9月18日20时，最小入库流量1400立方米每秒，出现时间为5月1日20时。

（三）联合调度实施效果

2019年，在各水库管理机构和调度部门的指导之下，长江流域溪洛渡、向家坝、三峡等控制性梯级水库均实现了安全度汛，梯级水库实施联合防洪运用，防洪效益显著发挥。

2019年汛前，各梯级水库如期完成消落任务，为汛期防洪度汛腾出了库容。消落期间，三峡水库为下游累计补水124天，累计补水量232.5亿立方米，有效满足了下游生产、生活、生态和航运需水。结合上游来水及汛前消落计划，1月初至5月上旬，溪洛渡水库首次实施了两层叠梁门分层取水生态调度试验；5月25日至31日，溪洛渡—向家坝—三峡水库实施了联合生态调度试验（图5-42）。这是三峡水库自2011年开始连续第九年开展的第十三次生态调度试验，也是迄今为止首次开展的三库联合生态调度试验。从监测数据分析结果来看，此次联合生态调度期间的鱼类产卵总规模超过 90 亿颗，工程生态调度效果显著。

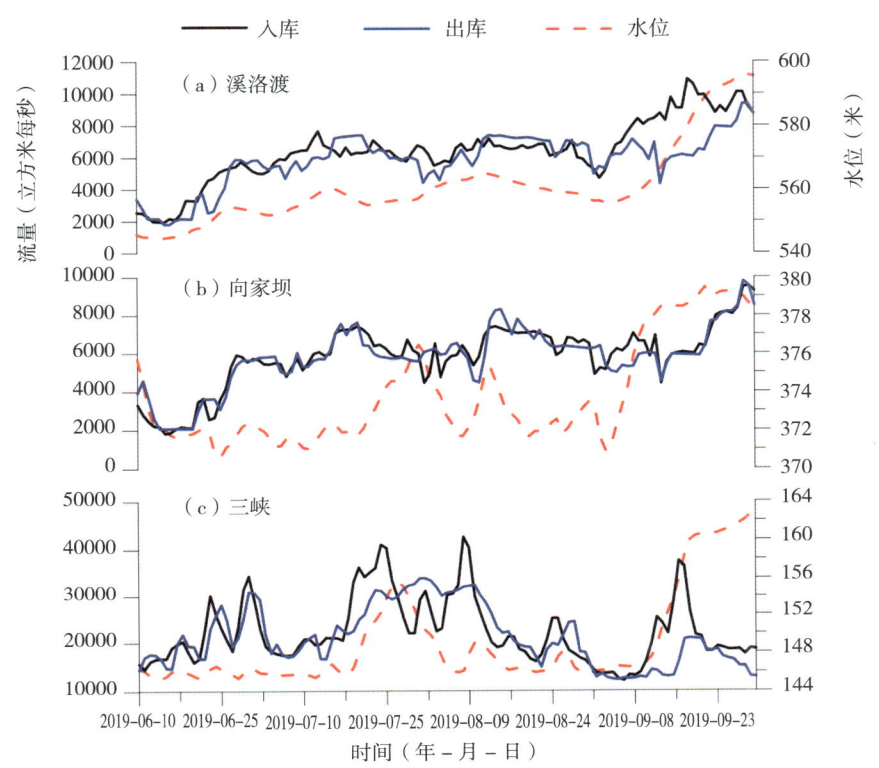

图 5-42 纳入 2019 年汛期溪洛渡—向家坝—三峡水库洪水调度过程线

汛期 7 月至 8 月，长江上游来水偏枯，长江中下游发生一次编号洪水。三峡水库单独或联合溪洛渡、向家坝实施防洪调度，充分发挥拦蓄作用，成功应对两场洪峰流量超 40000 立方米每秒洪水过程，同时为长江中下游洞庭湖和鄱阳湖地区实施一次防洪补偿调度，成功应对了 2019 年长江第 1 号洪水，有效保证了上下游的防洪安全、减轻了防洪压力。汛末，长江流域水库群有序蓄水调度，溪洛渡、向家坝、三峡水库前期运行与蓄水平稳衔接，三库分别于 9 月 1 日、5 日和 10 日正式开始蓄水，先后于 9 月 21 日、10 月 4 日和 10 月 31 日顺利完成蓄水目标。

1. **防洪减灾效益**

2019 年汛期，长江流域梯级水库联合防洪运用持续开展，通过拦洪削峰，三峡水库有效应对两场洪峰流量超 40000 立方米每秒的洪水过程，并为长江中下游洞庭湖和鄱阳湖地区实施了一次防洪补偿调度，成功应对了 2019 年长江第 1 号洪水；清江梯级汛期也成功应对一次超 3000 立方米每秒的洪水，控制水布垭最大出库流量 750 立方米每秒，削峰率 77%，充分发挥了梯级水库的防洪功能，有效减轻了长江中下游的防洪压力。

2019年7月上中旬，长江中下游持续强降雨，干流九江、大通江段及洞庭湖、鄱阳湖水位超过警戒水位，2019年长江第1号洪水在中下游形成。为减轻中下游防洪压力，三峡水库随即启动防洪调度。根据长江水利委员会调度指令，三峡水库库水位于7月12日21时最低降至145.08米，此后库水位逐步上涨。因预报后期长江上游有强降雨过程，为给中下游预留足够的防洪库容，三峡水库启动防洪预泄，于7月15日起逐步加大出库，本次防洪调度结束。本次调度过程，入库流量较平缓，维持在20000立方米每秒左右，库水位最高涨至7月15日6时的147.24米，为下游拦蓄洪量10.73亿立方米。

2. 生态调度效益

（1）首次实施三库联合生态调度试验，持续发挥梯级水库生态功能

2011年至2018年，三峡水库在水利部和长江水利委员会的大力支持下已连续8年开展了12次水文过程生态调度试验，对促进"四大家鱼"产卵繁殖效果明显，积累了一定的调度实践经验。溪洛渡水库也在2017年和2018年连续两年开展了分层取水生态调度试验，也取得了一定的效果。在前期大量科学研究和试验准备的基础上，2019年1月初至5月上旬，溪洛渡水库首次成功实施两层叠梁门分层取水试验，生态调度期间溪洛渡至向家坝两坝间监测到鲤、鲫的集中产卵高峰，向家坝水库下游在宜宾三块石产卵场、横江河口和江安发现达氏鲟活动信号，距离坝下20千米范围内分布较为集中。5月25日至31日，溪洛渡—向家坝—三峡水库联合水文生态调度试验，这是三峡水库自2011年开始连续第九年开展的第十三次生态调度试验，也是迄今为止首次开展的三库联合生态调度试验。从监测数据分析结果来看，此次联合生态调度期间的鱼类产卵总规模超过90亿颗，工程生态调度效果显著。

（2）结合中小洪水调度，首次实施抑制支流水华的生态调度试验

作为改善水生态环境的重要组成部分，防控支流水华也是三峡水库的生态调度目标之一。其主要原理为：利用水库的调节功能改善支流库湾的水动力学条件，间接影响库湾的水环境状态，进而减少发生水华的频率，甚至达到抑制的效果，从而在改善水生态水环境等方面发挥作用。2019年7月中下旬，结合中小洪水调度，首次实施了抑制支流水华的生态调度试验，三峡水库合理控制水库水位涨落，首次开展了"潮汐式"防控支流水华的生态调度试验。调度开始后，水库经历了一次水位抬升——稳定——下降——抬升——稳定——下降的过程：7月18日水位从145.71米开始起涨，涨至7月26日的155米左右稳定；维持3天后于7月29日开始回落，8月7日回落至145.93米；之后，水位在146.12米至149.03米范围内小幅涨落。随着水位的波动，水华覆盖面积未见明显扩大，香溪河上游蓝藻漂浮情况明显减小。监测资料表明，7

月 23 日水华得到抑制，后续伴随水位的进一步变化，7 月 31 日水华消失。本次生态调度对抑制香溪河水华取得了较好的效果。

3. 联合蓄水调度

在 2019 年水库运行强监管的大背景下，长江干流梯级水库前期来水偏少、起蓄水位偏低，得益于 2019 年长江上游发生秋汛，抢蓄了部分洪水资源，梯级水库顺利完成年度蓄水任务的同时，尽量减小蓄水对下游的影响。其中，三峡水库更是连续第十年顺利实现 175 米试验性蓄水目标，在新中国成立 70 周年实现这一目标更具特殊重要意义。蓄水期间，长江中下游地区持续晴热高温，来水整体偏枯，出现不同程度旱情，三峡水库加大下泄流量，按大于三峡水库蓄水实施计划批复中 9、10 月的最低下泄流量标准下泄，减小了水库蓄水对长江中下游遭遇的干旱枯水的影响。

第六章

未来水库建设运行展望

第一节　新时期长江水利发展面临的形势

一、存在的主要问题

新中国成立以来，特别是改革开放以来，随着三峡等一批流域骨干性枢纽工程陆续建成，长江流域防洪减灾和水资源利用形势发生了根本性转变，生态环境保护逐步加强，流域综合管理不断强化，为保障防洪安全、供水安全、生态安全、能源安全，支撑经济社会可持续发展做出了重要贡献。当前长江治水的主要矛盾已经从除水害兴水利的需求与水利工程能力不足的矛盾，转变为水资源水生态水环境的需求与水利行业监管能力不足的矛盾，"水利工程补短板、水利行业强监管"是当前和今后一个时期水利改革发展的总基调。与新时期经济社会发展和长江大保护的需求相比，长江水利发展不平衡不充分问题依然突出，面临诸多问题与挑战。

（一）防洪减灾体系存在薄弱环节

长江流域洪灾分布范围广、类型多，以长江中下游平原区洪灾最为频繁、严重，历来是中华民族的心腹之患。尽管三峡工程建成后长江中下游防洪形势得到改善，但流域防洪减灾体系仍不完善，还存在薄弱环节。而且随着经济社会的发展、城市化水平的提高、人口的持续增长、财富的更加积聚，对防洪减灾提出了更高的要求。同时受全球气候变化影响，流域内极端天气出现频次增加，大洪水发生概率可能增大，一旦遭遇特大洪水袭击，灾害损失将更大。

长江中下游洪水峰高量大与河湖蓄泄能力不足的矛盾依然突出，遇长江中下游防御标准1954年洪水仍需大量分洪，但蓄滞洪区建设相对滞后，难以完全实现"分得进、蓄得住、退得出"的要求；上游控制性水库群建成后，长江中下游干流河道将长期面临清水下泄的局面，河道崩岸加剧，部分河段河势变化，威胁防洪安全；江湖关系变化影响河湖蓄泄能力；部分上游干流河段和长江重要支流、湖泊堤防防洪能力偏低，部分支流亟待建设防洪水库或挖掘已建水库的防洪潜力；中小河流治理、山洪灾害防治、病险水库除险加固仍需加强；部分重点区域排涝能力较低；防汛法规制度、组织指挥、应急管理、社会保障、科技支撑等非工程体系需进一步完善。

（二）水资源利用与节约存在短板

长江流域水资源不仅承载流域内经济社会发展的用水需求，同时也是南水北调等引（调）水工程的重要水源地。由于水资源时空分布不均、水资源利用设施不足、水污染加重和用水管理粗放等，流域内局部地区水资源供需矛盾日趋突出，进一步合理开发、优化配置和节约使用流域水资源仍是亟待解决的突出问题。

长江流域水资源时空分布不均，与经济社会发展需求不相适应。滇中高原、黔中地区、衡邵丘陵等干旱区域，水资源短缺，水资源调控能力不足，供需矛盾突出。供水灌溉水利基础设施区域间发展不平衡。节水型社会建设任务艰巨，水资源利用率低、开发利用方式粗放等问题未得到根本性解决。农业节水灌溉意识不强，持续发展的驱动力不足，水肥利用效率不高，农业面源污染严重，节水减排和高效节水灌溉面临的形势严峻。部分城市应急水源建设仍存在短板，农村安全饮水尚需巩固提升。枯水年和枯水期部分支流区域间、生产生活与生态用水、跨流域调水与流域内用水存在需协调的问题。长江上游干支流水库群多目标联合优化调度体系尚需进一步完善。长江下游地区引江能力巨大，用水安全不容忽视。长江中游干流航道仍存局部"肠梗阻"，尚未充分发挥黄金水道的优势。

（三）水电开发建设要求和难度持续提高

长江流域幅员辽阔，水量丰沛，落差巨大，蕴藏着丰富的水能资源。目前，长江流域已在建水电站总装机容量2.29亿千瓦，年发电量0.88万亿千瓦时，发电量约为流域技术可开发量的70%左右，尚有一定的开发潜力。为保障能源供应，改善能源结构，我国能源发展战略将可再生能源作为中远期发展的主要新增能源，水电仍是今后能源开发的重点之一。长江流域化石能源资源有限、开发潜力不大，从资源可靠性和技术经济性来看，开发水电也是必然选择。须在保护生态和移民利益的前提下，合理、有序开发水能资源。

水电开发对我国经济社会的发展起着非常积极的作用，同时对生态效益、社会效益和经济效益也起到了有效的促进作用；但在开发的同时，也不可避免地会对当地原有的生态环境造成不良影响。随着经济社会的发展和人们环保意识的提高，特别是生态文明建设，对水电开发提出了更高要求；随着水电开发的不断推进和开发规模的扩大，长江流域水电开发逐渐由河流的中下游向上游延伸，剩余水电开发条件相对较差，生态环境相对脆弱，敏感因素相对较多，面临的生态环境保护和移民压力加大。

长江流域开发条件较好的水电站已基本开发完成，尚未开发的水电资源集中在西南地区金沙江、雅砻江、大渡河等河流的上游，大多地处偏远高原，不同程度地存在开发难度大的问题，主要体现在：建设条件差，待开发水电站大多处于世界最年轻、海拔最高的青藏高原区，区内以高山和峡谷地貌为主，气候恶劣，交通不便，区域构造稳定性普遍较差，地震烈度高，地形地质条件复杂，水电开发面临着高寒、高海拔、强震等问题；技术难度高，开发西南水电需要修建高坝大库和深埋大规模地下引水发电系统，工程本身极具挑战性，复杂的气候和地质条件又加剧了枢纽工程设计、施工及输送的难度；移民问题复杂，规划电站多处于高山峡谷地区，耕地稀缺，少数民族聚居，经济社会发展相对滞后，移民安置问题复杂、难度大，同时当地人民政府和群众将脱贫致富的期望越来越多地寄托在水电开发上，水电工程承担了更多的社会责任，进一步加大了移民安置的难度。

（四）生态环境保护与修复任务艰巨

长江流域部分区域水污染、水生态受损、水土流失等问题依然突出。岷江、沱江、湘江等重要支流仍存在水污染现象，上海、南京、武汉、重庆、攀枝花等主要城市江（河）段近岸水域存在污染带，滇池、巢湖、太湖仍处于中度富营养状态，流域部分集中式饮用水水源地尚不能达到全年水质均合格的要求；潜在水污染风险源多、突发水污染风险隐患大；江湖的天然连通性降低、生境条件改变对水生生物的多样性、完整性构成威胁，湿地萎缩、重要湿地功能退化，部分天然产卵场消失、栖息地环境改变；流域内尚有30多万平方千米的水土流失面积和1亿多亩坡耕地未得到有效治理，部分生产建设项目造成人为水土流失问题依然较严重；局部江段岸线开发利用与水生态环境保护矛盾突出；流域部分地区农村小水电开发无序，掠夺式开发农村水能资源问题突出，生态流量泄放设施缺乏，河流减水脱流情况普遍存在。

（五）流域综合管理亟待加强

流域管理法律法规不完善，跨部门、跨区域的联动协调不够，争端解决机制不完善，流域生态补偿制度进展缓慢，采砂、岸线管理、水工程调度等部门间合作需要进一步深化。流域信息监测还未形成全覆盖，信息化水平有待提高，信息交流共享渠道不畅通；流域综合规划刚性约束不强，规划的落实和监督力度不够，统一监控体系不完备，综合执法能力不足；流域治理与保护研究未形成合力，重大问题研究还需要突破，科技支撑保障作用有待进一步强化。

二、面临的新形势

党的十九大明确了决胜全面建成小康社会、开启全面建设社会主义现代化国家新征程的宏伟目标，我国经济社会进入生态文明建设和高质量发展的新阶段，人们对水安全以及优质水资源、健康水生态、宜居水环境的要求更加迫切。在新的历史起点上，长江水利建设迎来重要的发展机遇，同时也提出了新的要求。

（一）生态文明建设的要求

建设生态文明是中华民族永续发展的千年大计，党中央、国务院高度重视生态文明建设，提出了加快推进生态文明建设、建设美丽中国的目标任务。党的十八大以来，党中央高瞻远瞩地提出了"五位一体"总体布局，生态文明建设是其中的重要组成部分。2015年，中共中央、国务院印发《关于加快推进生态文明建设的意见》，把生态文明建设放在突出的战略位置。习近平总书记高度重视长江的保护与发展，在推动长江经济带发展座谈会上强调"推动长江经济带发展必须从中华民族长远利益考虑，把修复长江生态环境摆在压倒性位置，共抓大保护、不搞大开发"。

按照生态文明建设的要求，需要进一步加强资源的节约与保护，在水资源的利用上强化需求管理，优化水资源配置，突出节水，推进节水型社会建设，将绿色发展、循环发展、低碳发展理念落实在长江治理与保护的各个方面，落实严守资源消耗上限、环境质量底线、生态保护红线的要求，提高水资源的利用效率，减少污染物排放。需要加强洪水行蓄洪空间的维护和保护，加强岸线和采砂的管理，促进人水和谐。需要加强生态的保护和修复，贯彻山水林田湖草是生命共同体的思想，按照尊重自然的原则，加强重要水域的生态修复，加快河湖生态的修复和生物通道的恢复，保障河湖的生态水量，加强流域水土流失治理；充分发挥水利工程的生态效益，系统治理，加大自然生态系统和环境保护力度，建设人与自然和谐共生的美丽长江。

（二）经济社会发展的要求

党的十九大明确了我国从现在到21世纪中叶分阶段的奋斗目标和战略安排，水利是建设富强民主文明和谐美丽的社会主义现代化强国、满足人民美好生活需要的基础内容和重要保障。

长江流域横跨我国东、中、西部，是长江经济带发展、长江三角洲一体化发展国家战略的载体，是连接丝绸之路经济带和21世纪海上丝绸之路的重要纽带，承载着长江三角洲、长江中游和成渝等城市群发展。《长江经济带发展规划纲要》将长江经济带发展战略定位为生态文明建设的先行示范带、引领全国转型发展的创新驱动带、具有全球影响力的内河经济带、东中西互动合作的协调发展带。长江三角洲地区是国家主体功能区规划中的优化发展区域，江淮地区、长江中游地区、成渝地区、黔中地区、滇中地区是重点开发区域。

随着决胜全面建成小康社会的日益临近和社会主义现代化建设的稳步推进，长江流域经济社会发展必将发生深刻变化，推动经济高质量发展、绿色发展，提高保障和改善民生、实施区域协调发展、建设美丽中国,对增强流域水安全保障能力提出了新的更高要求。要支撑国家和区域协调战略发展,必须通过水利基础设施的高质量发展来破解流域水资源分布与生产力布局不相匹配问题,统筹解决水安全、水资源、水环境、水生态等方面的问题。流域防洪安全需要得到全面保障,要加快推进防洪薄弱环节建设,建成完善的防洪减灾体系,与经济社会发展水平相适应;需要保障城乡供水安全,提高水资源节约和高效利用水平,进一步优化流域水资源配置,补齐水资源综合利用短板;需要加强生态环境保护,促进生态系统良性循环;需要加强流域综合管理,充分发挥市场在资源配置中的作用,形成与基本建成现代化相匹配的水治理体系。

党的十九届四中全会作出《关于坚持和完善中国特色社会主义制度推进国家治理体系和治理能力现代化若干重大问题的决定》,对继续深化水利体制机制改革提出了新的要求。应建立现代化的水法律体系、智能化水行政执法体系,创新水治理体制,推进水价和水资源税改革,推进水权改革,创新水利工程建设管理机制,深化水利投融资机制改革。当前,5G、云计算、物联网、大数据、移动互联、人工智能等新兴信息浪潮突飞猛进,建设现代化智能水管理系统是大势所趋。

(三)自然环境变化的挑战

受全球气候变化影响,近年来长江流域气候异常,极端天气事件频发。20世纪90年代长江连续发生了1991年、1995年、1996年、1998年、1999年等多次大洪水,2008年11月上中旬长江上游出现了历史罕见的晚秋汛,寸滩站洪峰流量相当于历史同期的200年一遇,特别是1998年全流域性大洪水造成损失重大;2006年长江上中游干旱,2009年至2010年云南、贵州、四川、重庆、广西西南5个省(自治区、直辖市)发生连片连续干旱。近年来,局地突发性强降雨频繁出现,多地降雨强度创历史极值,如2016年汛期湖北多地短历时降雨量排历史第一位和2017年洞庭湖的湘江、资水和沅江发生历史罕见的洪水。这些情况表明,全球气候变化对长江流域降雨的影响正在日益显现。而城市快速扩张过程中对自然调蓄空间的侵占、抗御洪涝灾害风险的能力不足等问题凸显,在极端降水事件中一些城市开启了"看海"模式。为了有效应对极端气候条件下局部区域甚至全流域可能发生的超标准洪水,迫切需要进一步完善洪水预报预警和超标准洪水防御方案等非工程措施,提升应急管理能力,加快向洪水风险管理转变;同时通过应急水源供水及骨干工程调蓄等多举措,提高特枯水年份或突发事件应对能力。

地震、堰塞湖等灾害给经济社会发展带来严重威胁。2008年汶川地震、2010年玉树地震,破坏山体,导致大量人员伤亡和财产损失,对水利基础设施造成了严重破坏；2018年金沙江接连发生两次滑坡形成堰塞湖，虽经科学调度避免了人员伤亡，但对下游基础设施造成了严重破坏，对下游水库的安全运行构成了严重威胁。

第二节　水库建设展望

一、加强以防洪、供水、灌溉为主综合利用大中型水库工程建设

水利是国民经济和社会发展的重要基础设施，不仅直接关系着防洪安全、供水安全、粮食安全，而且关系到经济安全、生态安全、国家安全。水库作为重要的水利基础设施，是水利事业发展的支柱。

经济社会又好又快发展和社会主义新农村建设对防洪安全、供水安全、粮食安全和生态安全提出了更高的要求。为完善长江流域防洪减灾体系，重点解决中小河流防洪能力低、农村和城镇洪水灾害损失严重的问题；为我国城镇和农村提供安全饮水和改善农村地区的能源结构，以水电代燃料，减少薪柴砍伐，保护农村生态环境；为合理开发等都需要建设必要的大中型水库。但是，长江流域自然状况十分复杂，上游干支流地区生态与环境比较脆弱，流域内人口众多，耕地资源紧缺，人口、资源与环境的矛盾十分突出。大中型水库建设将面临耕地资源保护、水库移民安置、生态环境保护等方面的制约。因此，应按照科学发展观的要求，认真总结新中国成立以来水库建设的经验教训，慎重规划水库建设，尤其是在平原地区拦河筑坝、兴建水库更需慎重，避免造成河道干涸，生态环境恶化；在协调好水库建设与耕地资源保护、水库移民安置、生态环境保护关系的基础上，规划先行，合理布局、慎重决策，按照构建资源节约型、环境友好型社会的要求，加强以防洪、供水、灌溉等综合利用为主的大中型水库规划建设，充分发挥水库预期效益，起到支撑地区经济社会可持续发展，保障社会主义新农村建设的防洪安全、供水安全要求和建设生态文明的作用。

长江上游地区和湖泊主要支流暴雨洪水洪峰高，破坏力大，由于防洪基础设施较薄弱，城市和耕地集中的盆地与河谷地区的防洪问题突出，应规划建设以防洪任务为主的大中型水库，完善防洪减灾体系，保障防洪安全。

长江流域降雨地区分配不均，云南、贵州、四川、重庆、湖北、湖南、江西等7个省（直辖市）的山丘区，降水不足，水低田高，工程性缺水严重，应根据地形地质条件，合理布局建设一批以供水和灌溉为主大中型水库，有效开发利用水资源，改善局部地区的城镇和农村饮水安全状况，提高城乡供水和工农业供水保证率，发展和改善灌溉面积，提高粮食生产能力。为促进区域经济社会发展，结合水电电气化县建设

和实施以电代燃料工程，建设一批以发电为主的综合利用水库，改善农村能源结构，保护生态环境，增加农民收入。

二、合理、有序开发水电工程

长江流域水能资源丰富，技术可开发装机容量2.81亿千瓦，年发电量1.30万亿千瓦时。金沙江、雅砻江、大渡河是长江流域重要的水电基地，现状开发利用率约为80%；长江上游水电基地、乌江水电基地、湘西水电基地等已基本开发完毕，只余下少量开发条件较差的水能资源；怒江干流尚未开发。长江上游地区的水力资源仍具有一定的开发潜力。

我国常规能源以煤炭和水电为主，水电仅次于煤炭，居十分重要的地位。水电作为当前技术成熟、开发经济、调度灵活的清洁可再生能源，符合我国节能减排以及能源结构转型的战略方向，是完成我国非化石能源消费目标的重要基石。长江流域水资源时空分布不均，水资源供需矛盾突出，洪涝灾害频繁，为解决水资源短缺问题，实现水资源合理配置，满足防洪、电力供应等方面的要求，也需要继续建设综合性水利水电工程。因此，以规划为约束引领，协调开发与保护关系，合理、有序推进长江上游西南水电资源开发、实现西电东送，对于解决国民经济发展中的能源短缺问题、改善生态环境、促进区域经济的协调和可持续发展具有非常重要的意义。

三、加快实施病险水库除险加固工程

根据全国第一次水利普查成果，长江流域已建水库有51643座，其中大型水库有285座，中型水库1541座。很多水库建于20世纪50年代至70年代，限于当时建设条件及管理水平，水库的质量很难达到当前质量标准。另外，多数水库年久失修，存在安全隐患，不但影响到水库效益的发挥，而且还严重威胁下游人民生命财产及设施的安全，病险水库已日益成为防洪体系中最为薄弱的环节和最大的安全隐患。通过近十余年的病险水库除险加固建设，大中型水库病险问题明显改善，水库的正常功能得以恢复，综合效益得以充分发挥，但仍有大量小型病险水库亟待除险加固。需要进一步巩固大中型病险水库除险加固成果，加快小型病险水库除险加固步伐，尽快消除水库安全隐患，恢复水库正常功能。

四、推进水库工程智能设计与建设

随着设计手段的不断技术创新，BIM（Building Information Modeling）技术等智能化设计手段在水库工程设计、建设和运行管理中得到了越来越广泛的应用。BIM技术是建设项目运行管理领域未来的发展方向，也是水库工程运行维护中安全可靠的新技术支持，可以为水库建设形成一个规划、设计、施工建设和运行管理等全生命周期共享的资源库，通过协同设计，有效提高工作效率、节省资源、降低成本、以实现可持续发展，为运行管理和应急处置提供科学可靠的决策支持系统，维护水库工程的安全稳定运作，实现工程效益和建设目标。

BIM 技术是一次重大的技术变革，可以将设计人员从繁重的低技术含量、重复性劳动中解放出来。由于 BIM 项目的可视化程度高，某种程度上是实际工程的具体展现，可以根据 BIM 项目的进度实时观看、检查、纠偏，并进行实际施工现场的场地布置，优化工程设计及施工组织设计等，同时能够提高工程设计的准确性、合理性，工程量的统计及项目的成本分析具有更高的可控性。将 BIM 技术应用到水利工程勘察、设计、建造和管理中，已成为当前和今后发展的大趋势。

主要参考文献

［1］全国水力资源复查工作领导小组.水力资源复查成果（2003年）[M].北京：中国电力出版社，2004.

［2］水利部长江水利委员会.长江志[M].北京：中国大百科全书出版社，2007.

［3］水利部长江水利委员会.长江流域水库大全[M].武汉：长江出版社，2011.

［4］《第一次全国水利普查成果丛书》编委会.全国水利普查数据汇编[M].北京：中国水利水电出版社，2016.

［5］熊宇.重视科学技术 优质高效建设乌江水电[C]// 南方十三省水电学会联络会暨学术交流会论文集.2009.

［6］吴小林，罗卫国，朱颖，等.乌江彭水水库汛限水位动态研究初探[C]// 中国水利学会2011学术年会——减灾专委员会暨水库汛限水位动态研究学术年会论文集.2011.

［7］水利部长江水利委员会.长江治理开发保护60年[M].武汉：长江出版社，2010.

［8］水利部长江水利委员会.长江治理与保护报告（2019）[M].武汉：长江出版社，2019.

［9］中国电建集团成都勘测设计研究院有限公司.四川省雅砻江锦屏一级水电站枢纽工程运行说明书（2017版）[R].2017.

［10］水利部长江水利委员会.长江水利发展战略（2020—2050年）[R].2020.

［11］浙江水利.我是水库，我有话说！[EB/OL].[2019-08-13]. https：//zj.zjol.com.cn/news/1265244.html.

［12］张博庭.水库建设：被误读的水资源利用[J].知识就是力量，2015（3）：24-27.

［13］林一山.林一山回忆录[M].武汉：长江出版社，2019.

［14］李京文，李平.三峡工程的巨大成就和宝贵经验[EB/OL].[2014-12-10]. http：//opinion.people.com.cn/n/2014/1210/c1003-26178580.html.

［15］四川省水文总站.四川81·7暴雨洪水分析[J].水文，1985（2）：55-62.

［16］朱铁铮.嘉陵江中游水电开发值得重视[J].水利水电技术，1991（4）：42-43.

［17］张登仕，郑平.嘉陵江中游河段中型水电站梯级规划意见[J].四川水力发电，1987（1）：5-10.

［18］四川省升钟水库工程现场指挥部技术处.正在兴建的四川省升钟水库[J].水利水电技术，1982（11）：65.

［19］张娟娟.民生工程解民困——南部县升钟库区"金土地工程"纪实[J].资源与人居环境，2010，4（4）：44.

［20］聂锐华，刘兴年.紫坪铺与都江堰和谐共存初探[J].2004.

［21］中国水利.科学预报 精准调度 四川省成功应对"7·21"大渡河流域洪水[EB/OL].[2019-07-31].http：//www.chinawater.com.cn/newscenter/df/sic/201907/t20190731_736716.html.

［22］刘纪仁.安康水电站工程概况及其地位与作用[J].水力发电，1990（11）：6-9.

［23］刘恒杰.黄龙滩水电厂[J].水电站机电技术，1982（1）：70-71，75.

［24］吴蒙蒙.湖北房县三里坪水利水电枢纽工程地质勘察[C]//中国水利水电勘测设计协会.水利水电工程勘测设计新技术应用，2018.

［25］李毅军.全面投产发电后的向家坝水电站侧记[EB/OL].[2015-12-28].http：//www.iwhr.com/zgskywwnew/xmdt/webinfo/2015/12/1450317606223839.htm.

［26］陶景良.国之重器——长江三峡工程的五大功能[EB/OL].[2019-05-10].https：//www.sohu.com/a/313156245_651611.

［27］田建军，杨希伟.优质设计是三峡工程建设顺利进行的重要保障[EB/OL].[2003-06-07].http：//news.sohu.com/85/08/news209890885.shtml.

［28］贵州日报.贵州：构皮滩水电站通航建筑物多项指标居世界之最[EB/OL].[2010-08-22].http：//www.gov.cn/gzdt/2010/08/22/content_1685537.htm.

［29］潘明.漫谈亭子口工程项目前期工作[J].四川水力发电，2006（4）：112-113.

［30］段忠民.论建设亭子口水利枢纽的必要性[J].水力发电，2009，35（10）：1-4.

[31] 张宇生, 周高峰. 川北亭子口水利枢纽工程[J]. 西部论丛, 2002（2）: 36-38.

[32] 胡剑. 升钟水库建设回眸[J]. 四川档案, 2019, 210（4）: 58-59.

[33] 吴秋凤. 水电宝珠更璀璨——记发展中的华电四川宝珠寺水力发电厂[J]. 四川水力发电, 2007（4）: 121-123, 133.

[34] 王瑶勋. 宝珠寺水电站简介[J]. 四川水力发电, 1987（1）: 82-83.

[35] 李友辉, 孔琼菊. 柘林水利枢纽对社会、经济、环境的影响分析[J]. 水电站设计, 2006, 22（3）: 78-82.

[36] 陈云华. 雅砻江流域近期水电项目开发输电规划研究[J]. 水力发电学报, 2007（1）: 16-19, 47.

[37] 吴世勇. 锦屏一级水电站建设在雅砻江流域水电资源开发中的地位和作用[J]. 四川水力发电, 2004（1）: 5-6, 17-110.

[38] 聂强. 雅砻江流域梯级水电站群大坝运行安全管理现状[J]. 大坝与安全, 2017（2）: 7-13.

[39] 佚名. 二滩水电站——世纪之交的宏伟工程[J]. 科技与经济画报, 2000（1）: 12-13.

[40] 王洪炎. 二滩水电站的设计回顾[J]. 水电站设计, 1986（1）: 1-8.

[41] 吴世勇. 二滩水电站的建设管理和工程效益[C]// 中国水电100年（1910—2010）. 2010: 393-397.

[42] 林雪梅. 二滩: 共和国水电建设史上的辉煌[J]. 四川水力发电, 2009, 28（5）: 125-128.

[43] 李洪. 紫坪铺工程建设与管理回顾[J]. 四川水力发电, 2018, 37（4）: 1-6.

[44] 佚名. 紫坪铺水利枢纽开发岷江泽被天府[J]. 中国水利, 2009（18）: 144-145.

[45] 李洪. 搞好紫坪铺工程建设管理建设西部开发标志性工程[J]. 水利水电技术, 2002（11）: 1-3.

[46] 涂扬举. 瀑布沟水电站简介[J]. 水利水电施工, 2003（2）: 1.

[47] 金焕. 以瀑布沟水电站建设为龙头, 实现大渡河流域水电建设可持续发展[J]. 水力发电, 2010, 36（6）: 1-3, 11.

[48] 彭进夫. 汉江安康水电站勘测工作回顾[J]. 西北水电, 1999（3）: 6-9.

[49] 刘纪仁. 安康水电站建设的回顾[J]. 电网与清洁能源, 1994（2）: 1-7.

[50] 张雄. 潘口水电站工程[C]// 中国南方十三省（市、区）水电学会联络会暨学术交流研讨会论文集. 2006.

[51] 胡伟, 胡军. 潘口水电站工程设计综述[J]. 人民长江, 2012, 43（16）: 26-30.

[52] 张进. 浅议水电开发建设在促进地方经济社会发展中的作用[J]. 科技信息, 2011（31）: 398, 395.

[53] 罗昌瑞. 黄龙滩水电厂扩建工程的必要性与可行性[J]. 湖北水力发电, 1998.

[54] 刘德波. 鸭河口水库兴利水位设计与运用分析[J]. 人民长江, 2012（S1）: 11-15.

[55] 裴新国. 水库最大的效益是防洪效益[J]. 河南水利与南水北调, 2004.

[56] 余蔚卿, 饶光辉, 谢敏. 三里坪和寺坪水库对汉江中下游防洪的作用[J]. 湖北水力发电, 2008（1）: 73-76, 83.

[57] 王小毛, 曾祥虎. 三里坪水库在南河干流开发利用中的地位与作用[J]. 人民长江, 2012, 43（6）: 5-7.

[58] 王玮. 乌江——流域水电开发的典范[J]. 中国三峡（科技版）, 2010（2）: 70-74.

[59] 黄福九. 绿色大水电畅想曲——乌江公司水电开发纪实[J]. 山花, 2005（7）: 139-143.

[60] 何云江, 马芳. 乌江流域梯级开发梦圆"中国田纳西"[J]. 当代贵州, 2009（12）: 24-25.

[61] 朱颖. 乌江彭水水库汛期调度方式研究[J]. 企业技术开发, 2015（21）: 145-146.

[62] 杨本新, 陈烈奔. 彭水水电站勘测设计过程及主要技术问题研究[J]. 人民长江, 2006, 37（1）: 9-11, 19.

[63] 舒卫民, 马光文, 黄炜斌, 等. 彭水水电站对重庆电网运行方式的影响研究[J]. 水电能源科学, 2010（9）: 31, 157-159.

[64] 胡中平, 向光红, 班红艳. 构皮滩水电站泄洪消能设计[J]. 贵州水力发电, 2005, 19（2）: 30-33.

［65］龚大庆，尹春明，向能武，等．乌江构皮滩水电站工程地质[J]．人民长江，2007，38（9）：99-102．

［66］钮新强，王犹扬，胡中，等．乌江构皮滩水电站设计若干关键技术问题研究[J]．人民长江，2010，41（22）：1-4．

［67］张新田，李中平．构皮滩水电站设计洪水分析[J]．人民长江，2006，37（3）：17-19．

［68］雅砻江流域水电开发有限公司．雅砻江流域电站水库调度规程[S]．四川：雅砻江流域水电开发有限公司，2018．

［69］水利部长江水利委员会．关于雅砻江锦屏一级和二滩水电站2019年汛期联合调度运用计划的批复[R]．2019．

图书在版编目(CIP)数据

高峡平湖：长江水利建设70年/丁毅等编著.
—武汉：长江出版社，2019.12
（长江巨变70年丛书）
ISBN 978-7-5492-6707-1

Ⅰ.①高… Ⅱ.①丁… Ⅲ.①长江－水利建设－成就
Ⅳ.①TV882.2

中国版本图书馆CIP数据核字(2019)第219077号

高峡平湖：长江水利建设70年　　　　　　　　　　　　　　　　　　　　　丁毅 等编著
出版策划：赵冕 郭利娜
责任编辑：高伟 郭利娜 闫彬
装帧设计：刘斯佳
出版发行：长江出版社
地　　址：武汉市解放大道1863号　　　　　　　　　　邮　　编：430010
网　　址：http://www.cjpress.com.cn
电　　话：(027)82926557（总编室）
　　　　　(027)82926806（市场营销部）
经　　销：各地新华书店
印　　刷：武汉市金港彩印有限公司
规　　格：797mm×1092mm　　　　1/16　　　　31印张8页彩页　　　　730千字
版　　次：2019年12月第1版　　　　　　　　　　2020年12月第1次印刷
ISBN 978-7-5492-6707-1
定　　价：228.00元

（版权所有　翻版必究　印装有误　负责调换）